科学出版社“十四五”普通高等教育本科规划教材

化工基础

（第二版）

主　编　娄向东　崔世海

副主编　陈玉琴　韩爱鸿

科学出版社

北京

内 容 简 介

本书根据高等院校“化学工程基础”课程教学要求编写。全书共分 12 章，以化工过程开发方法为引导，系统地介绍了化学工程中典型单元操作与反应器基本原理，主要包括流体流动过程、传热过程、传质分离过程等的基本原理、反应工程基本原理、合成氨及硫酸生产工艺。

本书可作为综合性大学和师范院校化学专业及相关工程专业的化学工程基础课程教材或教学参考用书，也可供相关专业的教师和科研人员参考。

图书在版编目（CIP）数据

化工基础 / 娄向东，崔世海主编. —2 版. -- 北京 ：科学出版社，2025.8. --（科学出版社“十四五”普通高等教育本科规划教材）.
ISBN 978-7-03-083033-3

Ⅰ. TQ02

中国国家版本馆 CIP 数据核字第 2025DOZ355 号

责任编辑：丁　里 / 责任校对：杨　赛
责任印制：张　伟 / 封面设计：迷底书装

科学出版社 出版
北京东黄城根北街 16 号
邮政编码：100717
http://www.sciencep.com

北京九州迅驰传媒文化有限公司印刷

科学出版社发行　各地新华书店经销

*

2011 年 7 月第　一　版　开本：787×1092　1/16
2025 年 8 月第　二　版　印张：23
2025 年 8 月第十次印刷　字数：604 000

定价：78.00 元

（如有印装质量问题，我社负责调换）

第二版前言

本书第一版自2011年出版以来，受到了同行和读者的肯定与认可。教材的整体结构编排精练而紧凑，符合《普通高等学校本科专业类教学质量国家标准》关于化学类专业知识体系中掌握化学工程基础知识、强化经典化工单元设备与操作的要求，经过十余年的教学实践检验，总体使用效果良好。此次修订，编者结合学科的最新进展并吸取课程教学改革的成果，在保持原来总体结构和特色的基础上，对教材内容进行部分增删、更新和修改。主要修订内容如下：

(1) 进一步突出化学工程特点，增加必要的化学工程设计教学环节的内容。加强学生工程思维的培养和经济技术观点的养成。

(2) 强化用基础理论解决实际生产问题的创新思维方法，让化学及相关专业的学生掌握化学工程的理论和解决复杂工程问题的方法，培养学生的创新能力。

(3) 为便于更好地运用启发式教学，在教材中进一步充实能激发学生兴趣的思考题。

(4) 结合学科的新发展，增加了绿色可持续发展的内容和学科研究的新成果。

(5) 以前在教学过程中体现的课程思政内容，在教材中直接体现或以思考题的形式适当体现。

(6) 教材内容仍适合72课时教学，选用教材的院校可根据实际情况讲授相应章节内容。

参与本次修订、编写工作的有：南京师范大学李明海(第1章、第6章)，河南师范大学王晓兵(第2章)，山东师范大学陈玉琴(第3章、第10章、第11章)，河南师范大学娄飞健(第4章)，沈阳师范大学韩爱鸿(第5章、第12章)，南京师范大学尹中龙(第7～9章)。本书由娄向东和崔世海任主编，陈玉琴和韩爱鸿任副主编。

本次修订得到了参编高校相关院系及部门领导与老师的大力支持，特别是科学出版社给予的帮助，在此表示衷心的感谢。

由于编者水平有限，本书不足之处在所难免，恳请读者批评指正。

编　者

2024年12月

第一版前言

根据教育部有关“高等学校本科教学质量与教学改革工程”的实施意见，在科学出版社的大力支持与精心组织下，由河南师范大学娄向东教授与南京师范大学彭盘英教授共同主持召开了“《化工基础》编写研讨会”，会议于2010年11月在南京召开，参会代表基于当前“化学工程基础”课程教学的现状与发展趋势，确定了《化工基础》教材编写的基本原则。

(1) 教材必须具有规范性与实用性，内容必须适应高等院校培养目标的需要，适应课程教学的实际需求，同时体现绿色化工、低碳经济、可持续发展的时代要求。

(2) 当前理科专业学生普遍缺乏工程意识，教材内容的编写必须能使学生建立工程概念和技术经济观点，培养学生应用开发、科技管理及分析和解决一般生产问题的能力，提高学生科技创新和科技成果产业化的意识和能力。

(3) 针对理科学生缺乏工程技术知识的实际情况，适当增加基础化学工业及化工过程开发知识的介绍。

(4) 教材内容适合72课时，选用教材兄弟院校可根据实际情况讲授相应章节内容。

参与本书编写的有南京师范大学王玉萍(第1章、第9章)、河南师范大学赵晓华(第2章)、山东师范大学陈玉琴(第3章、第10章、第11章)、河南师范大学娄向东(第4章)、沈阳师范大学韩爱鸿(第5章、第12章)、南京师范大学崔世海(第6～8章)。全书由彭盘英和娄向东统稿、定稿。

在本书编写过程中，得到参编高校相关院系及相关部门领导和老师的支持，特别是科学出版社编辑给予的帮助，在此表示衷心的感谢。

由于编者水平有限，本书不足之处在所难免，恳请读者批评指正。

编　者

2011年4月

目　　录

第1章 绪　　论

化学工业是国民经济的基础性和支柱性产业之一，它既为农业、轻工业、重工业和国防工业提供生产资料，也为人类衣、食、住、行等各方面提供必不可少的化工产品。化学工程学是研究以化学工业为典型代表的各类工业生产中有关化学过程与物理过程的一般原理和规律，并应用这些原理和规律来解决过程及装置的模拟、放大、开发、设计、操作及优化的理论和方法问题。它以化学、物理和数学等学科的基本原理为基础，以化学反应为核心，以提供技术最先进、经济最合理的方法、原理、设备与工艺为目标，涉及机械、电气、仪表、控制等工程学科的理论支持和技术上的应用。因此，化学工程学是源自化学，同时融合了诸多工程技术学科的综合学科。化学工程学与化学和化学工业有着密切的联系。

化学工程学的任务是研究化工生产过程的基本规律和工程技术，从理论上阐明化工生产的各个过程，找到其中具有规律性的问题，为有效地实现工业生产提供可靠的基础理论和技术。这些基础理论和技术也是实施各类化工工业生产和工程(如冶金、医药、核能和环境工程等)的基本依据。

1.1　化学工程学的形成与发展

1791 年，吕布兰(N. N. Leblanc)发明的吕布兰法制碱工业化标志着化学工业的诞生。化学工程学则始于 19 世纪末，经历了三个发展阶段，即 20 世纪 40 年代之前的“单元操作”阶段，20 世纪 60 年代的“三传一反”阶段，1996 年以来提出的“多尺度、多目标”的研究阶段。化学工程学是随着化学工业的发展而逐渐形成和发展起来的。

19 世纪 70 年代，制碱、制酸、化肥、煤化工等都已有了相当规模，许多新发明、新技术被应用到化学工业生产中。1888 年，美国的麻省理工学院开设了世界上第一个“化学工程”的四年制学士学位课程，并于 1920 年成立了化学工程系。从此，“化学工程”这一名词获得应用。1901 年，戴维斯(G. E. Davis)出版了《化学工程手册》，这是世界上第一部阐述各种化工生产过程共性规律的著作。戴维斯首次将化工生产过程的各个步骤加以分类，系统阐述了化工基本操作过程，如蒸馏、干燥、过滤、吸收和萃取等，从化工产品的生产工艺中归纳出共同规律。化学工程学成为继冶金工程、机械工程、土木建筑工程和电气工程学科之后诞生的第五个工程学科。这一时期化学工业正在兴起，其主要研究对象是化学加工技术、涉及各种行业的化工生产工艺，研究内容涉及原料特点、生产原理、工艺流程、最适宜操作条件以及所用机械设备的构造与使用，开设的课程称为化学工艺学。

1915 年，利特尔(A. D. Little)提出“单元操作”的概念，他明确提出任何化工生产过程，无论其规模大小，都可以用一系列称为单元操作的技术来解决，将纷杂众多的化工生产过程分解为构成它们的单元操作进行研究，这样的方法能够赋予化学工程专业更为广泛的适应性和应用能力。沃克(W. H. Walker)、刘易斯(W. K. Lewis)和麦克亚当斯(W. H. McAdams)完成了《化工原理》一书的初稿并于 1923 年正式出版。该书阐述了各种单元操作的物理、化学原理，提出了定量计算方法，并从物理学等基础学科中吸取了对化学工程有用的研究成果和研究方法，为化学工程成为一门独立学科奠定了基础。单元操作概念提出后，在处理只含有物理变化的化工操作时获得了巨大成功，但在处理含有化学变化的化工操作时却很不成功。对气、固相催化反应的研究使化学工程师认识到，在工业反应过程中，质量传递和热量传递对反应结果都有影响。20 世纪 40 年代，化工技术的突破发展促进了工程上对化学反应过程的研究，在 50 年代形成了化学反应工程分支。化学反应工程研究反应器内传递过程和化学反应的相互关系及影响，阐明工业反应过程的实质，目的在于控制生产规模下的化学反应过程，实现反应器的最佳设计。在对连续过程的研究中，提出了返混、停留时间、微观混合、反应器参数敏感性和反应器的稳定性等一系列概念，同时化学工程师认识到，本质上所有单元操作都可以分解为动量传递、热量传递和质量传递三种过程。在工业反应器的研究中，应注重传递过程规律的探索。

化学反应工程涉及化工生产过程的核心问题，自创立以来，至今方兴未艾，与早先发展起来的传递过程共同形成化学工程学两大支柱，有力地解释和解决了化学过程中的理论问题。1957 年，第一届欧洲化学反应工程讨论会宣布了化学反应工程学科的诞生。而 1960 年伯德(R. B. Bird)、斯图尔德(W. E. Steward)、莱特富特(E. N. Lightfoot)合著的《传递现象》出版，标志着化学工程进入了“三传一反”的时代。20 世纪 70 年代以后，化工生产日趋大型化、连续化，计算机技术也迅速发展，化学工程学的研究已不再仅限于单个单元操作或化学反应过程，而是深入整个工厂，甚至是整个行业的大系统研究，从而形成了化学系统工程，其主要任务是研究系统的设计、控制和管理，并用数学模拟方法寻求最优的化工系统。这种从实际到理论、分解到综合的研究过程是人们认识化学工业生产实际、解决工程实际问题的过程。这就是最新发展起来的化工系统工程学。

近年来，伴随着化学、材料、信息及人工智能、机械等行业的高速发展，化学工程学也不断面临新的挑战和机遇，主要体现在以下几个方面：

(1) 新材料方向的需求。全球对新材料需求激增，增长率超过 15%，成为化工技术热点，支撑经济高速高质量增长，但目前新材料工业面临技术挑战。未来，新型能源、高性能膜、生物基、生物医用、高性能纤维复合、电子陶瓷、先进半导体、微电子制造、稀土功能及新型显示等材料是未来材料领域高端前沿技术竞争的焦点。

(2) 新能源领域的需求。世界能源需求正在从保证能源供应向节能减排，最终到净零排放发展，预计从现在开始到未来几十年，煤炭、石油等化石能源的需求会呈现下降态势。与此同时，可再生能源特别是氢能的生产技术、生产成本、系统配套能力等都在飞速发展。可再生能源的技术突破正在加快世界能源结构的变化调整。

(3) 高端精细化学品的需求。精细化学品是化学工业中技术含量高、用途广、功能性强的专用化学品，涵盖农药、医药、染料、涂料、表面活性剂、黏合剂、催化剂等几十大类。高端精细化学品市场需求虽有限，但技术门槛高、功能卓越，尤其在芯片、药物领域应用显著，正驱动相关研发与生产投入的快速增长。

(4) 生命科学领域的需求，主要涉及从分子与细胞层面理解个体生命活动的发生和发展过程。综合应用基因测试测序、生物医学分析、大数据分析、分子影像等技术，对大样本人群与特定疾病进行生物标志物的检测、鉴定、分析与应用，将为生命健康及疾病防治体系带来革命性变化。特别是在 2020～2022 年的全球新型冠状病毒感染疫情中，人们对疾病预防、疫苗研发、特效药物生产十分重视。

(5) 安全环保领域的需求。气候变暖与生态失衡促使全球关注生产安全、环保及污染治理。绿色可持续化工生产成为未来关键，需解决本质安全、人与自然和谐发展等重大问题。化学工业在安全环保上既遇挑战又担重任，预示技术创新将成为推动其高质量发展的核心竞争领域。

这些需求推动着化学工业高端前沿技术的发展，使化工技术呈现出不断创新、跨界融合的特征，各种高效、安全、环境友好的密集生产不断涌现，推动社会和经济的可持续发展，从整体上提升了化学工业的绿色生产技术水平。化学工业“高能耗、高污染和高物耗”的问题正在逐步解决，未来有望从根本上改变化学工业的面貌。绿色生产技术的发展主要体现在以下几个方面：

(1) 不断创新的反应器与单元操作设备。反应器一直是化工生产的“心脏”，近年来人们在安全、高效、节能、易放大等方面不断探索，发展了静态反应器、超重力反应器、转盘反应器、膜催化反应器、挤出反应器、微反应器、整块蜂窝状结构催化反应器、规整结构催化反应器等新型反应器。单元操作设备的发展包括静态混合器、新型动态混合器、超重力装置、紧凑式换热器、高效板式塔、高效填料塔等一系列体积小、效率高的通用设备。

(2) 化工过程耦合的研究与应用日趋成熟，出现了反应精馏、反应吸附、膜反应、反应色谱、反应萃取等反应与分离耦合方法，以及膜精馏、萃取精馏、膜吸收、膜萃取等不同分离过程的耦合方法。

(3) 物理外场作用下的化工强化过程不断发展，主要包括超声波化工、微波化工、等离子体化工和离心力场化工(超重力、旋流、旋转流化床)等过程。

(4) 一些新型的反应介质得到实际应用，主要包括超临界流体、离子液体等，实现了零排放下的反应与分离过程。

(5) 新型分离方法正在快速取代一些传统过程，变压吸附技术、膜分离技术和分子蒸馏技术不断走向大规模应用。

(6) 交替流反应技术、热集成反应技术、超重力电解耦合技术和燃料电池技术等新型反应技术在新能源、生物医药和高端精细化工产品的研发与生产中发挥日益重要的作用。

1.2 化学工程学的性质、任务、内容和研究方法

1.2.1 化学工程学的性质和任务

化学工业是将自然界的物质经过化学和物理方法的处理，制造成生产资料和生活资料的工业。化工产品生产过程中，从原料到成品往往需要几个或几十个加工过程，其中除了化学反应过程外还有大量的物理加工过程。化学工程学是研究大规模地改变物料的化学组成和物理性质的工程技术学科。化学工程学研究的对象不仅包括化工生产装置中进行的化学变化过程，也包括混合物的分离净化过程以及改变物料物理状态和性质的过程。其任务是从理论上阐明化工生产的各个过程并找出其中具有规律性的问题，降低在化工开发中的盲目性。

1.2.2 化学工程学的内容

化学工业产品种类繁多，各生产过程差异很大，每一种化工过程包含着许多操作工序。但是分析发现，任何化工生产过程都包括工程和工艺两个基本内容。因此，相应的课程内容

就包括化学工程和化学工艺两个方面。

化学工程学研究化工生产过程中共同性操作规律及其工程性质的问题。众多的化工过程可以归纳为动量传递、热量传递、质量传递和化学反应工程。研究以“三传一反”为中心的化学工程可以解决生产中出现的下列问题：①设计或改进生产设备和装置，使其效率和性能更佳；②确定适宜的操作条件；③提高物料利用率以及物料和能量的综合利用；④指导实验室或中试研究工作，获得能应用于工业生产的实验数据。

1.2.3　化学工程学的研究方法

化学工程学之所以成为一门学科，除了有具体的研究对象外，还有统一的研究方法。化学工程学作为一门工程技术学科，面临着真实的、复杂的化工生产过程，其复杂性不完全在于过程本身，而首先在于化工设备复杂的几何形状和所处理的物料千变万化的物性。例如，过滤中发生的过程是流体的流动，本身并不复杂，但滤饼提供的则是形状不规则的网状通道，并且过滤物各式各样，使过滤这一过程复杂化。要对其流动过程做出如实的、逼真的描述几乎不可能，采用理论的研究方法困难重重。因此，对于实际的化工生产过程，探求合理的研究方法是化学工程学的重要方面。

在化学工程学的发展过程中形成了两种基本的研究方法。一种是经验归纳法，即对于一些化工过程，通过大量实验归纳影响过程的变量之间的关系，常采用物理学的相似论和量纲分析法等。例如，热交换过程中的传热系数是通过实验测定将其归纳成量纲为一的相似特征数的关系式确定的。另一种是数学模型法。化工生产过程中的问题并不是用经验归纳法都能解决，由于化学反应工程的复杂性，依靠物理学的相似论和量纲分析法并不能完全解决，它的研究主要借助数学模型法。数学模型法的实质是使复杂的工程问题简化或分解为一个或若干个单纯的问题。例如，将工业化学反应器中传递过程和反应过程相互关联、相互制约的复杂问题分解成化学方面、传递过程方面和两者结合方面的问题。化学方面的问题归纳为研究反应对象，提出反应动力学模型；传递过程方面的问题归纳为研究不同类型反应器，提出反应器的传递模型；而两者结合方面的问题则是将各种反应模型和各种传递模型相结合的问题。

将数学模型法应用于解决化工生产过程的实际问题，推动了化学反应工程的迅速发展，使化学工程学摆脱了单纯从实验数据归纳过程规律的传统做法。例如，前面涉及的单元操作过滤也可使用数学模型法，将滤饼中的不规则网状通道简化成若干个平行的圆形细管，由此引入的一些修正系数由实验测定，从而建立起过滤过程的数学模型。

1.2.4　本课程的学习目的

根据化学和化学(师范)专业的培养目标，学习“化学工程基础”课程的目的包括如下几方面。

1. 加深对基本理论的理解

熟悉化工生产中涉及的基本原理和典型设备，了解它们在化工生产中的应用，理解物理化学原理及化学工程基础中的规律在化工生产中的应用，以及这些规律在设备的选择、工艺流程的确定和操作条件的优化等方面所起的作用，加强理论与实际的联系，从而加深对物理和化学原理的理解。

2. 提高分析问题和解决问题的能力

认识在化工生产中分析问题、解决问题的方法和途径。实际生产过程中存在诸多影响因素，需根据生产特点，抓住主要因素，确定生产流程和设备。

3. 指导化学科研工作

科研实验的结果能否应用于生产中是检验其能否成为科研成果的标志。在实验室的研究过程中，不仅要探索反应的最适宜条件，而且要考虑工程因素和实际生产条件的各种限制因素。在确定原料路线时既要考虑技术经济的原则，又要考虑在工艺中能量和原料的综合利用，还要考虑环保和可持续发展的要求。

1.3 化学工程学的基本规律

在进行化学工程研究、化工过程开发及设备的设计、操作时，经常要用到物料衡算、能量衡算、平衡关系和过程速率等基本规律。

1.3.1 物料衡算

物料衡算遵循质量守恒定律。对任意化工生产过程的输入系统物料量、输出系统物料量和积累物料量进行衡算，其衡算式为

$$\sum m_{\mathrm{i}} = \sum m_{\mathrm{o}} + A \tag{1-1}$$

式中，$\sum m_{\mathrm{i}}$ 为输入系统物料量的总和；$\sum m_{\mathrm{o}}$ 为输出系统物料量的总和；A 为系统中积累的物料量。

无化学变化时，混合物中的任一组分都符合式(1-1)，当有化学变化时，物料中具有的各种元素仍然符合式(1-1)。

物料衡算的范围依衡算目的而定，可以是单一设备或其中一部分，也可以是一组设备，还可以是一个生产过程的全流程。进行衡算的物料可以是总物料，也可以是其中某一组分。

物料衡算是化工计算中最基本、最重要的计算，也是其他化工计算的基础。物料衡算概念虽然简单，但它在化工生产过程中起着重要作用：①根据处理的物料量，确定设备的某些主要尺寸或规模；②拟订加工方案，选择工艺流程；③了解操作偏离正常情况的程度，为进一步改进提供依据。

【例 1-1】 KNO_3 溶液浓度为 20%，以 1000 kg/h 的速率加入蒸发器中，KNO_3 溶液浓度达到 50%，温度为 422 K，冷却结晶，结晶温度为 311 K，KNO_3 晶体含水 4%，母液中 KNO_3 浓度为 37.5%，送回蒸馏器浓缩。计算 KNO_3 晶体的产量 P、蒸发的水分量 W、循环的母液量 R 及被浓缩 KNO_3(50%)的速度 S。

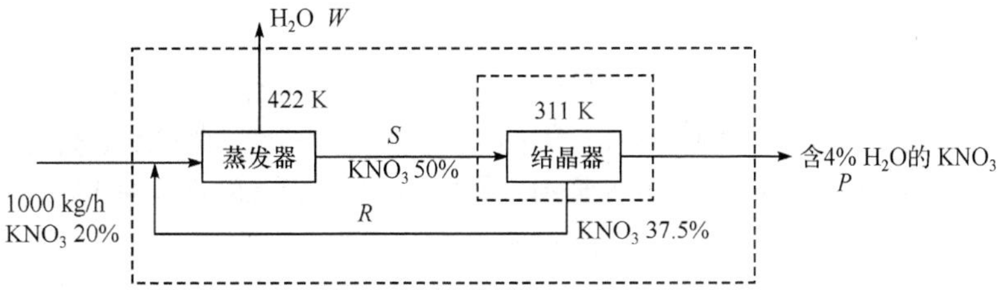

解　(1) 总的物料衡算

$$1000=W+P$$

KNO_3 的衡算

$$1000\times0.2=P\times(1-0.04)$$

H_2O 的衡算

$$1000\times0.8=W+P\times0.04$$

得

$$P=208.3\ \text{kg/h},\ W=791.7\ \text{kg/h}$$

(2) 结晶器的物料衡算

$$S=R+208.3$$

KNO_3 的衡算

$$S\times0.5=0.375R+0.96\times208.3$$

H_2O 的衡算

$$S\times0.5=0.625R+0.04\times208.3$$

得

$$S=974.0\ \text{kg/h},\ R=766.6\ \text{kg/h}$$

1.3.2　能量衡算

能量衡算依据能量守恒定律。根据能量守恒定律，对于连续、稳定的操作过程，输入系统的能量等于输出系统的能量，即

$$\sum E_{输入}=\sum E_{输出} \tag{1-2}$$

有化学反应参加的过程，式(1-2)变为

$$\sum E_{输入}+\sum E_{反应放出}=\sum E_{输出}+\sum E_{系统积累} \tag{1-3}$$

能量可随进、出系统的物料一起输入、输出，也可以分别加入与引出。化工生产过程涉及的能量主要为热量，能量衡算多为热量衡算。

能量衡算以物料衡算为基础，与物料衡算一样，能量衡算主要有下列作用：

(1) 根据能量的形式及其转化，确定能量输出或输入的基本方法和措施(如加压、减压、加热、冷却、蒸发、冷却等)。

(2) 根据过程需要输入或输出的数值，确定设备的基本尺寸(如流体输送泵的功率、换热器的面积等)。

(3) 根据能量的关系，确定能量综合利用的途径。

(4) 根据能量衡算的结果，考察操作偏离正常情况或偏离设计条件的程度，为改进工艺或条件提供依据。

【例 1-2】　在换热器内将平均比热容为 3.56 kJ/(kg · ℃)的某种溶液自 25℃加热到 80℃，溶液流量为 1.0 kg/s，加热介质为 120℃的饱和水蒸气，其消耗量为 0.095 kg/s，水蒸气冷凝成同温度的饱和水后排出。试计算此换热器的热损失占水蒸气所提供能量的百分数(120℃水蒸气的 H=2706 kJ/kg，水的 H=503.7 kJ/kg)。

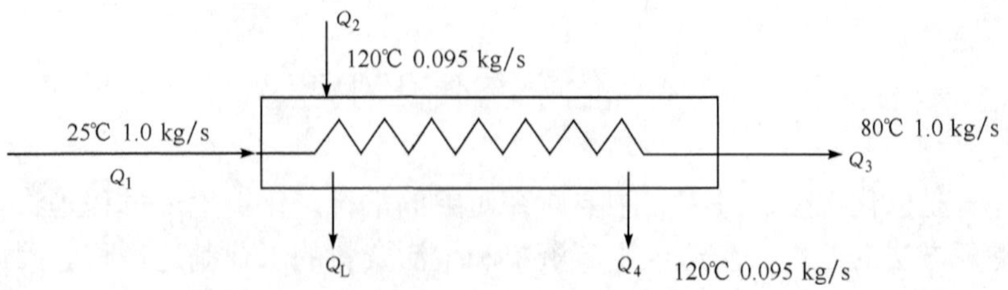

解 热量衡算式：

溶液带入系统的热量(Q_1)+饱和水蒸气带入的热量(Q_2)

=溶液带出系统的热量(Q_3)+饱和水带走的热量(Q_4)+换热器的热损失(Q_L)

$$Q_1 + Q_2 = Q_3 + Q_4 + Q_L$$

求 $\dfrac{Q_L}{Q_2 - Q_4} \times 100\%$。

$$Q_1=1\times3.56\times(25-0),\ Q_2=0.095\times2706,\ Q_3=1\times3.56\times(80-0),\ Q_4=0.095\times503.7$$

得

$$Q_L=13.4\ \text{kJ/s}$$

所以

$$\frac{Q_L}{Q_2 - Q_4} \times 100\% = 6.4\%$$

1.3.3 平衡关系

平衡是在一定条件下物系变化可能达到的极限。化工生产中的许多过程，无论在何种条件下，只要经过足够长的时间，都会达到平衡状态。例如，热量从热物体传向冷物体时，此过程的极限是两物体的温度相等。又如，食盐在水中溶解时，一直进行到溶液达到饱和为止，此时食盐和溶液处于平衡状态。在化学反应中，当正、逆反应的速率相等时，反应达到平衡。

通过平衡关系可以判断化工过程能否进行，以及进行的方向和能达到的程度，对分析化工过程具有重要意义。例如，考虑外界参数对平衡的影响和系统物系对平衡转化率的作用，寻求最大限度利用物料或能量所应选择的操作条件。操作条件确定后，依据此时物料或能量能够达到的极限，选取合理的加工方案和适宜的设备。

1.3.4 过程速率

任何系统如果不处于平衡状态，则必然会发生趋向平衡的过程。物系所处状态与平衡状态的偏离是这种过程进行的推动力，其大小决定着过程的速率。推动力越大，过程速率越大；物系越接近平衡态，推动力和过程速率越小；当达到平衡时，过程速率变为零。过程速率也可通过降低过程阻力的办法来提高，这已在很多科学定律或定理中得以证实。例如，电学中的欧姆定律，电流反比于电阻。实际上，自然界任何过程的速率都可表示为

过程速率=过程推动力/过程阻力

推动力和阻力的性质取决于过程的内容。传热过程的推动力是温度差，阻力为热阻；传质过程的推动力是浓度差，阻力则为扩散阻力。阻力的具体形式与过程中物料特性和操作条件有关。过程速率是决定设备尺寸的重要因素。当处理的物料量一定时，较高的过程速率通常可采用较小的设备。

1.4　化学与化工生产

化学工程学是以化工生产过程为主要研究对象的学科，化工生产过程是将自然界的物质经过化学与物理方法的处理，制造成生产资料和生活资料的工业制造过程。因此，化工生产过程与化学有着密切的关系。

1.4.1　从实验室研究到工业化生产

在化工生产过程的研究中，无论是新产品的研制还是新的生产工艺过程的开发，或生产方法和工艺的改进等，都是在化学理论研究和应用研究的基础上，从实验室研究开始的。而将实验室研究的研究成果在工业生产上实施的研究过程称为化工开发过程。

从实验室研究到实现工业化生产，不仅有生产量的变化，而且有本质的飞跃。两者既有联系又有很大的差异。

(1) 实验室的研究设备较小，难以对工业设备中出现的传热、传质以及物料的流动和混合等因素进行充分的考察。

(2) 实验室一般采用较纯的化学试剂作为原料，物料配比也较准确，而工业生产中的原料来源不同，纯度和工艺条件的控制等很难达到实验室研究的精密程度。因此，工业生产中获得的产品，其产量、质量和收率都较难达到实验室研究的水平。

(3) 实验室研究一般采用间歇操作的方式，而工业生产中多采用连续操作。因此，在生产中须考虑整个生产流程中各工艺步骤之间的配合和设备的布局问题。

(4) 实验室研究中一般不考虑物料的综合利用问题，也不考虑由母液循环引起的杂质积累及其对工艺过程和产品质量的影响。

(5) 实验室研究的设备主要是玻璃仪器，研究中系统的操作参数(如压强、温度等)的波动范围较小，实验室研究中确定的操作参数不一定是生产中的最佳工艺条件。

(6) 实验室研究中一般不考虑设备的腐蚀对生产过程和产品质量带来的影响，而工业生产中必须考虑设备的腐蚀和防腐蚀问题。

由此可见，将实验室的研究成果工业化(以新产品的开发为例)，必须考虑以下问题：

(1) 原料：由于原料的消耗费用在生产成本中占 60%～85%，所以原料的选择在生产中非常重要。选择原料不仅要考虑在技术上和经济上合理可靠，还要考虑国家或地区的资源以及运输的成本和安全。

(2) 工艺流程：工业生产过程中应考虑原料的储存和运输、母液的循环使用、加热和混匀的方式、产品精制的方法和步骤以及设备之间的相对位置等，最大化降低生产和运行成本，提高产品的质量和收率。

(3) 操作方式：生产方法和工艺路线确定之后，在设计工艺流程的同时，需要考虑采用哪种操作方式，即是连续操作还是间歇操作。间歇操作灵活，易于适应不同操作条件和产品品种，适用于小批量、多品种、反应时间较长的产品生产。其缺点是：需有装料和卸料等辅助操作，产品质量也不易稳定。规模生产应尽可能采用连续反应器。连续反应器的优点是产品质量稳定，易于操作控制。其缺点是：连续反应器中都存在不同程度的返混，这对于大多数反应均为不利因素，应通过反应器合理选型和结构设计加以抑制。

(4) 化工设备与机械：生产方法、工艺路线和流程确定后，化工设备和化工机械的选型和设计是化工开发过程中关键的一环。为使实验室结果迅速而成功地放大成工业生产，必须具备足够的基础数据、可靠的设计和计算方法，对化学工艺过程的规律性有深入的了解，同时充分考虑化工设备和机械材料的耐腐蚀性等问题。

(5) 技术经济评价：实验室研究成果能否实现工业化，还必须有技术、经济和安全方面的考虑。也就是说，技术上具有先进性、实用性和可靠性；经济上对于同类产品或技术具有竞争能力，工业化后可能取得较好的经济效益；安全上需要考察对操作人员和操作环境的影响和安全措施，以及对生产中“三废”的处理方法。

1.4.2 化工开发过程及步骤

化工开发过程就是把实验室的研究结果转化为工业化生产的全过程。化工生产过程的开发涉及范围极广、综合性强。它包括研究、设计、建设和试生产等过程，涉及化学、化学工艺、化学工程、化工机械设备、检测与控制、经济分析及系统优化等多种学科。开发也是一个十分费时、费力和耗费资金的过程。

化工开发的步骤一般包括实验室研究(基础研究和应用研究)、可行性研究(包括资料的收集、概念设计或工艺方案设计、过程评价)、模拟试验和中间试验、工业装置设计和评价、工业装置建立和试生产等，见图 1-1。

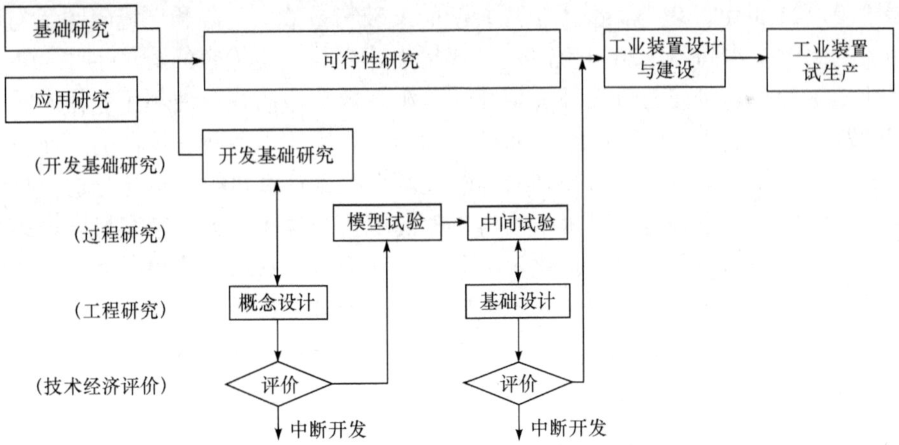

图 1-1 化工开发过程的程序和步骤

1.4.3 信息技术在化工开发中的应用

现代化工与现代信息技术结合得越来越紧密，表现为信息技术已在化工研发的每个环节得到充分运用，人工智能、大数据、数字孪生等在生产管理、运营各个方面发挥了重要作用。

(1) 信息技术在化合物设计、合成方法及路线中初获成功，特别是机器学习助力有机物与药物结构设计。药物研发耗资巨大，需大量试验。有机合成亦然，追求目标化合物或者找到高产率的反应条件需多次尝试。随着组学及生物学数据累积，深度学习模型在药物设计各领域崭露锋芒，实现数据驱动的设计与合成。此外，该模型还凭借卓越的学习与数据处理能力，在逆合成路线预测及反应产物预判上表现优异。

(2) 信息技术在装置设计与运行中作用显著。例如，基于计算流体力学(CFD)对化工生产各关键设备进行物理建模仿真，可以计算出装置内的温度场、流场、浓度场数据并直观显示，为反应、混合、热传递、多相传质过程设计更高效的生产装置，并提出对工艺参数或设备的优化依据，还可以针对工艺放大过程中出现的放大现象进行分析并转化为具体的解决方案。

(3) 目前，仿真软件已被用于设计和改进工厂的工艺流程，对生产装置设计、稳态模拟和优化起到了重要作用。软件一般包含数据、物性、单元操作模型，并且内置了大量的缺省值，能够满足整个工厂对工艺流程的优化。

(4) 在工厂设计中应用 3D 系统设计软件，对工厂进行设计、建模和文档编制，能完整呈现工厂全貌，不仅能宏观地显示工厂总体布局，还能微观地展示一个阀门、一个管托的结构。应用系统设计软件，能在工厂建成前预先了解工厂情况，及时纠正设计中的不合理情况，同时支持工厂设计师和工程师创建先进的三维设计。

(5) 数字孪生、元宇宙、人工智能等越来越多的技术也应用于化工研发、生产和经营的各环节。

1.5 化学工程学的发展趋势

近年来，在近代科学与技术快速发展的推动下，化学工程的传统领域在学术内涵和研究目标上正发生着深刻的变化。继单元操作、传递原理和反应工程之后，化学工程将逐步进入新的发展阶段。21 世纪，化学工程正孕育着新的突破与挑战，资源和环境问题是与可持续发展密切相关的两大基本问题。20 世纪 90 年代提出建立与环境相容的清洁生产生态工业新模式。绿色化学工程正是研究与自然环境相容的资源高效、清洁和合理利用的物质转化过程与工程的科学与技术，是化学工程的学科前沿。随着计算机技术和测量仪器的迅速发展，化学工程的研究水平日益提升，由经验规则的判断逐渐提高到计算机模拟量化分析。化学工程的研究范围也日益扩大，小到纳米尺度结构与界面的观察与量化，大到宏观尺度设备与工厂的系统集成。化学工程的服务对象也由化学工业扩展到冶金、材料、能源、环境、生物等诸多进行物质转化的过程工业。传统的“三传一反”难以突破常规化工过程的量化放大和调控这一瓶颈问题，更需面对解决高技术，尤其是生物技术、纳米技术和材料科学发展过程中遇到的新问题，其时空内涵和范围必须深化和扩展。

1.5.1 化工过程与系统工程结合

过程工程的研究对象是复杂系统，具有非线性和非平衡、多种控制因素、结构多尺度的特点。结构是过程工程复杂系统的中心问题，解决的思路是发展简化的方法，以便在工程中具有实用性；通过对特定系统的研究，发展具有普适性的方法，这也是过程工程发展的机遇和优势；解决复杂系统应采用整体论与还原论相结合的方法；多尺度方法可能是解决复杂系统的有效方法，过程工程是时间/空间的多尺度问题，关键是解决跨尺度敏感性、尺度之间的关联、模型封闭问题。化学工程中面对的大多数问题是非线性、非平衡过程并具有多尺度结构特征。尽管混沌、分形等非线性科学的方法已在化工中得到应用，但仍限于对表观现象的描述。因此，揭示多尺度结构形成的内在机制是化学工程面临的重大挑战，呼唤着研究模式的变革。可持续发展要求对产品进行全生命周期的设计，从产品研发时就必须考虑以后如何回收和整个周期中可能产生的生态环境效应，这需要大大扩展化学工程研究的时空范围。

1.5.2 化学工程与材料科学结合

随着科学技术的发展，新能源、新资源、新材料、生物技术等新兴产业有取代传统产业的趋势。如何为新产业的形成与发展提供更好的服务，并不断发展本学科的理论，是化学工程学科面对变化的时代必须考虑的重大问题，化学工程的发展也由此进入了一个新的阶段。在研究方法上以学科交叉研究为典型特征，现在已经衍生出材料化学工程、生物化学工程、能源化学工程、资源化学工程、环境化学工程等方向，为化学工程学科的发展带来了新的活力和发展空间。而材料化学工程是发展最快的新的增长点之一，成为当代化学工程的热点研究领域。

1.5.3 化学工程与信息工程结合

从科学发展史看，科学数据的大量积累往往会促使重大科学规律的发现。到目前为止，美国《化学文摘》登记的分子、化合物和物相的数目已超过4000万种，但人们还不能充分利用这一化学文献宝库来总结规律。特别是在化学工程领域，每天都产生大量的数据，对这些数据进行重新评估与整理，有时可以提高生产效率和效益。应用先进的信息处理技术(如数据挖掘技术)，从大量的数据中挖掘已有工艺的生产潜力，将缩短产品的开发周期，使化学工程的研究出现一个崭新的形式。

1.5.4 化工过程的绿色化

化工过程的绿色化就是清洁生产。绿色化是指用化学的技术和方法减少或消灭那些对人类健康、社区安全和生态环境有害的原料、催化剂、溶剂、试剂、产物和副产物等的使用和产生，从源头上阻止化学污染。它的主要内容包括选择原子经济性和高选择性反应，使用无毒、无害原料和以可再生资源为原料，采用无毒、无害催化剂和溶剂，生产环境友好产品以及对废物进行回收利用。绿色化学与化学工程技术的研究重点主要有：临界流体反应技术的放大、无溶剂反应、固体酸催化反应与离子型液体的反应、新型高效的催化剂。

第 2 章　流体流动与输送机械

流体流动是化工生产中最普遍的现象，属于动量传递的范畴。为便于化工生产中物料的输送、控制和连续操作，绝大部分化工生产加工的对象(如原料、半成品和成品)常在管路中以气体或液体的流动状态进行操作。这不仅有利于物料在设备或上、下道工序之间的转移，还便于通过流量计、阀门或输送机械等设备对其流动参数进行测量和调控，使物料以最优配比进入反应器反应，从而减少副反应产物的生成。因此，流体流动与输送机械在化工生产中占有非常重要的地位，无论是输送流体的管路设计、流量的确定以及输送机械设备的设计和选择，还是生产过程中的传热和传质等，都与流体流动的基本原理和规律有关。

气体和液体统称为流体。流体与固体的主要区别在于以下几个方面：

(1) 流体具有流动性，即其抗剪和抗张的能力很小。相对于固体较小的分子间距，流体较大的分子间距使其内聚力减小，几乎不能承受任何拉力，故其抗剪和抗张的能力很小。

(2) 流体无固定形状，其形状随盛放容器的形状而变化。液体的形状与容器相同，而气体则完全充满整个容器。

(3) 流体具有可压缩性，即在温度不变的情况下，流体的体积和密度具有随压强而改变的性质。在外力作用下，其内部发生相对运动。

为使某些条件下的有关计算简化，也常用理想流体的概念简化实际流体。理想流体是指不具有黏度(黏度为 0)，因此流动时不产生摩擦阻力的流体。实际液体接近理想液体，但实际液体在流动时具有较大的摩擦阻力。实际气体在压强不太高、温度不太低的情况下可视为理想气体，可采用理想气体状态方程进行相关计算，但实际气体在流动时也存在一定的摩擦阻力。

在化工生产中，研究流体流动与输送机械的原理和规律可以解决以下几个方面的问题：

(1) 确定流体输送所需的设备、管径和能量。为了完成化工生产中的物料输送任务，化工设备之间的物料转移经常通过连接的管道进行输送。这就需要根据生产负荷的要求、输送流体的性质、输送距离的长短、阻力损失的大小等因素确定适宜的流速、输送流体的管径和所需要的能量，进而选择适宜的输送机械设备。

(2) 测量和控制流体的压强、流速、流量等性能参数。选用可靠而准确的测量和控制仪表，及时、准确地测量流体在设备或管道内的压强、流速、流量等性能参数是生产稳定进行的前提，而这些测量仪表的工作原理多是根据流体流动的基本原理设计的。

(3) 为强化设备和操作提供适宜的流动条件。化工生产中的各种传热、传质以及化学反应等都是物料在流动过程中进行的，这与流体的流动状态密切相关。因此，研究流体流动对提高设备操作效率、寻找强化设备的途径具有重要意义。

工程上在研究流体流动时，常从宏观角度出发，将流体视为由无数质点(或微团)组成的、彼此无间隙的、完全充满所占空间的连续介质，而不是微观运动状态下的单个分子。

2.1　流体静力学

流体静力学是研究流体在静止状态下受外力作用时的内部压强变化规律。特别是在重力作用下，流体静力学的应用很广，如管道中流体压强的变化与测量、储罐内液位的测量以及液封高度的计算等。

2.1.1　密度和比体积

1. 密度

单位体积流体所具有的质量称为流体的密度，通常用符号ρ表示。若流体为均质流体，其密度与流体的体积和质量间的关系为

$$\rho = \frac{m}{V} \tag{2-1}$$

式中，ρ为流体的密度，kg/m^3；m 为流体的质量，kg；V 为流体的体积，m^3。

1) 纯组分流体的密度

流体的密度是压强和温度的函数，即$\rho=f(p, T)$，其数值可通过物理化学手册或相关资料查得。

对于液体，压强的变化(极高压强除外)对其密度的影响一般很小，可以忽略不计，故通常将液体视为不可压缩流体。但是温度的变化对液体的密度有一定的影响，因此从物理化学手册或相关资料中查阅液体密度时需注意其所对应的温度。

气体是可压缩流体，其密度随压强和温度的变化而变化。因此，手册中查到的气体密度往往是某一指定状态下的数据，使用时需将其换算为操作状态下的密度。当压强不太高、温度不太低时，气体的密度一般可按理想气体处理，按式(2-2)进行计算：

$$\rho = \frac{m}{V} = \frac{pM}{RT} \tag{2-2}$$

式中，p 为气体的绝对压强，kPa；M 为气体的摩尔质量，kg/mol；T 为气体的热力学温度，K；R 为摩尔气体常量，其值为 8.314 J/(mol · K)。

2) 混合物的密度

化工生产中遇到的流体多为几种组分共同构成的混合物，而手册中通常给出的是纯组分物质的密度。在无直接数据时，流体混合物的密度可以采用一些近似公式进行估算。

对于液体混合物，若混合前后体积不变，则可按式(2-3)计算平均密度ρ_m：

$$\frac{1}{\rho_m} = \frac{x_{m1}}{\rho_1} + \frac{x_{m2}}{\rho_2} + \cdots + \frac{x_{mn}}{\rho_n} \tag{2-3}$$

式中，x_{m1}，x_{m2}，…，x_{mn} 为液体混合物中各组分的质量分数；ρ_1，ρ_2，…，ρ_n 为各纯组分的密度，kg/m^3。

对于气体混合物，若各组分在混合前后质量不变，则平均密度ρ_m为

$$\rho_m = \rho_1 x_{V_1} + \rho_2 x_{V_1} + \cdots + \rho_n x_{V_n} \tag{2-4}$$

式中，x_{V_1}，x_{V_2}，…，x_{V_n} 为气体混合物中各组分的体积分数。

气体混合物的平均密度ρ_m也可利用式(2-2)计算，但式(2-2)中的摩尔质量 M 应用混合气体的平均摩尔质量 M_m 代替，即

$$\rho_m = \frac{pM_m}{RT} \tag{2-5}$$

而

$$M_m = M_1y_1 + M_2y_2 + \cdots + M_ny_n \tag{2-6}$$

式中，M_1，M_2，…，M_n 为各纯组分的摩尔质量，kg/mol；y_1，y_2，…，y_n 为气体混合物中各组分的摩尔分数。

2. 比体积

单位质量物料所具有的体积称为比体积，用符号 v 表示，单位为 m^3/kg，是密度的倒数，即

$$v = \frac{V}{m} = \frac{1}{\rho} \tag{2-7}$$

3. 相对密度与比重

在给定条件下，指定物质的密度ρ_1与参考物质的密度ρ_2的比值称为相对密度，用符号 d 表示，是量纲一的量，即

$$d = \frac{\rho_1}{\rho_2} \tag{2-8}$$

当以水作为参考物质时，所得到的相对密度 d 习惯上又称为比重(specific gravity)。

【例 2-1】 一煤化工企业所生产水煤气的主要组成为：H_2 48.0%，N_2 6.4%，CO 38.5%，CO_2 6.1%，H_2S 0.4%，O_2 0.2%，CH_4 0.4%(均为体积分数)，试求压强为 100 kPa、温度为 25℃时混合气体的密度。

解 设该气体的平均摩尔质量为 M_m，则由

$$M_m = M_1y_1 + M_2y_2 + \cdots + M_ny_n$$

$$M_m=2\times0.48+28\times0.064+28\times0.385+44\times0.061+34\times0.004+32\times0.002+16\times0.004=16.48\ (g/mol)$$

$$\rho = \frac{m}{V} = \frac{pM_m}{RT} =(100\ 000\times16.48)/(8.314\times298)=665.17(g/m^3)=0.67(kg/m^3)$$

2.1.2 压强

流体垂直作用于单位面积上的力称为流体的静压强，简称压强。工程上又习惯称为压力，与物理学中的“压强”属同一概念。用符号 p 表示，其表达式为

$$p = \frac{F}{A} \tag{2-9}$$

式中，p 为流体的压强，Pa；F 为垂直作用于作用面上的力，N；A 为作用面的面积，m^2。

在国际单位制(SI 制)中，压强的单位是 N/m^2，以 Pa 表示，称为帕斯卡，简称帕。1 Pa 表示 1 m^2 面积上受到 1 N 的垂直作用力。为了工程应用的需要，有时也采用 kPa(10^3 Pa)、

MPa(10^6 Pa)和 GPa(10^9 Pa)等作为压强的单位。

除此之外，在物理学和工程技术领域，习惯上还采用标准大气压(atm)、毫米汞柱(mmHg)、米水柱(mH_2O)、工程大气压(at 或 kgf/cm^2)、巴(bar)等其他压强单位。它们之间的换算关系为

$$1\ \text{atm}=1.033\ \text{kgf/cm}^2=760\ \text{mmHg}=10.33\ \text{mH}_2\text{O}=1.0133\ \text{bar}=1.0133\times10^5\ \text{Pa}$$

$$1\ \text{at}=1\ \text{kgf/cm}^2=735.6\ \text{mmHg}=10\ \text{mH}_2\text{O}=0.9807\ \text{bar}=9.807\times10^4\ \text{Pa}$$

在实验安全和生产安全方面，压强是重要的控制因素之一，一旦设备的操作压强超过了设备的许用安全压强范围，将容易引发爆炸事故。同时，压强还决定流体的流动阻力、具有的能量和化学反应能否发生及进行的程度等。由于外界大气压会随温度、湿度和所在地区的海拔高度等发生变化，因此化工生产中对压强的检测至关重要。

流体的压强除可采用不同的单位制计量外，还可采用两种不同的基准表示：一种是以绝对真空为基准，以绝对零压为起点计算的压强，称为绝对压强(绝压)，它是流体的真实压强；另一种是以当时当地的大气压为基准，采用测压仪表测得的压强，称为表压强(表压)或真空度。

当被测流体的绝对压强大于外界大气压时，压力表所测得的压强实际为高于外界大气压的绝对压强，称为表压强，即

$$\text{表压强}=\text{绝对压强}-\text{大气压强}$$

当被测流体的绝对压强小于外界大气压时，所测得的压强实际为低于外界大气压的绝对压强，称为真空度(又称负压)，常使用真空表来测量，即

$$\text{真空度}=\text{大气压强}-\text{绝对压强}$$

$$\text{真空度}=-\text{表压强}$$

绝对压强、表压强与真空度的关系如图 2-1 所示。

为了避免混淆，通常对表压强、真空度等加以标注，如 1000 Pa(表压)、50 mmHg(真空度)等。另外，由于表压强及真空度是以外界大气压为基准测得的，而外界大气压又随所在地区的海拔高度而改变，因此还应标明当时当地的大气压。

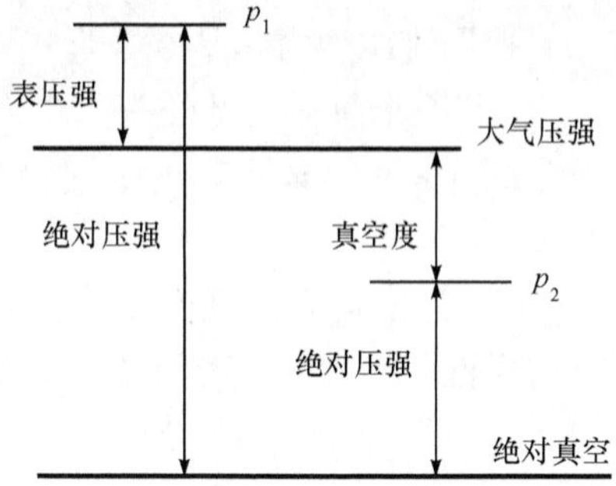

图 2-1　绝对压强、表压强与真空度的关系

【例 2-2】　某真空蒸馏塔在大气压为 101.3×10^3 Pa 的地区进行蒸馏作业时，塔顶真空表的读数为 20×10^3 Pa。若在大气压为 96.3×10^3 Pa 的地区维持塔内相同的绝对压强，真空表的读数应为多少？

解　在大气压为 101.3×10^3 Pa 的地区，真空蒸馏塔塔顶的绝对压强为

$$\text{绝对压强}-\text{大气压}\quad \text{真空度}=101\,300\quad 20\,000=81\,300(\text{Pa})$$

维持塔内相同的绝对压强，则

$$\text{真空度}=\text{大气压}-\text{绝对压强}=96\,300-81\,300=15\,000(\text{Pa})=15(\text{kPa})$$

2.1.3　流体静力学基本方程式及应用

1. 流体静力学基本方程式

流体静力学基本方程式是描述静止流体所受压力和重力的平衡关系，实质是描述静止或相对静止状态下流体内部压强的变化规律。

如图 2-2 所示，容器内密度为ρ的不可压缩流体(如液体)，其密度不会随着压力的变化而变化。在流体中任取一段高度为 h，上、下截面面积为 A 的液柱。

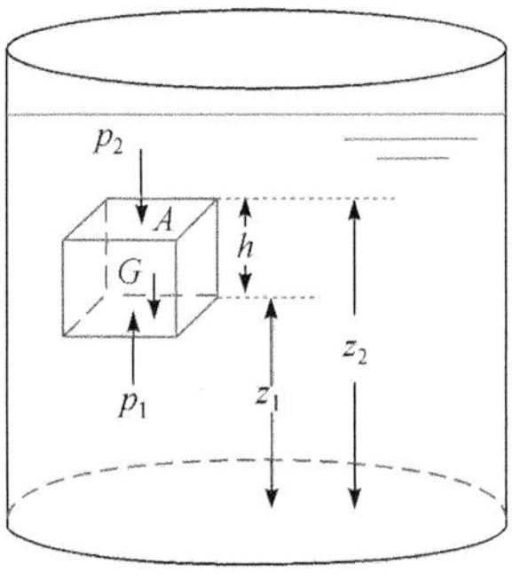

图 2-2　静止液体内任意点的受力分析

作用于液柱上表面向下的压力：$F_2=p_2A$；

作用于液柱下表面向上的压力：$F_1=p_1A$；

液柱自身受到向下的重力：$G=mg=\rho Vg=\rho gA(z_2-z_1)$。

则维持液柱静止的条件是：液柱所受的合力为零，即$F_2+G=F_1$，则

$$p_2A+\rho gA(z_2-z_1)=p_1A \tag{2-10}$$

整理并消去 A，则

$$p_2+\rho g(z_2-z_1)=p_2+\rho gh=p_1 \tag{2-11}$$

由式(2-11)进一步可以推出

$$\frac{p_1}{\rho}+gz_1=\frac{p_2}{\rho}+gz_2 \tag{2-12}$$

式(2-10)～式(2-12)均称为流体静力学基本方程式。该方程式适用于在重力场中静止、连续的同种不可压缩流体，如液体。而对于气体，密度随压强变化。但若气体的压强变化不大时，密度可近似地取其平均值而视为常数，上述流体静力学基本方程式也适用。

2. 流体静力学基本方程式的讨论

根据流体静力学基本方程式可得出以下结论：

(1) 静止流体内部任一水平面上的压强与其位置及流体的密度有关。因此，在静止的、连续的同一种液体内，处于同一水平面上各点的压强都相等。压强相等的各点组成的面称为等压面。

(2) 液面上方压强变化时，液体内部各点的静压强也将发生同样大小的变化，即压强具有传递性。当液面上方压强一定时，液体密度越大，距离液面越远，该点受到的压强越大。

(3) 式(2-11)可改写为

$$\frac{p_1-p_2}{\rho g}=h \tag{2-13}$$

说明压强或压强差的大小也可用液柱高度表示，这也是压强的单位可用 mH_2O、mmHg 等液柱高度表示的依据。但用液柱高度表示压强的大小时需注明液体的种类，否则没有意义。

3. 流体静力学基本方程式的应用

利用流体静力学基本方程可以解决流体压强或压差的测量、容器中的液位及液封高度的确定等问题。

1) 压强的测量

在工程技术和化工生产中，很多场合需要及时、准确地测量流体的压强大小并对其进行调控。因此，根据施工生产的不同要求，压强测量装置的分类方法有很多种。可以根据功能、测量精度、测量介质等选择合适种类的压强测量仪器。就其工作原理来说，压强测量的仪表可分为液柱式、弹性式(如弹簧管压力表)、负荷式、电测式和压阻式等类型。而根据流体静力学原理设计的压强测量装置统称为液柱压差计，它具有较高的灵敏度，常用于实验室中的低压基准校验。

(1) U 形管压差计。U 形管压差计是典型的液柱压差计之一，由一根内装指示液的 U 形玻璃管构成，其结构如图 2-3 所示。工作时，将 U 形管的两端与被测管路中的两点连接，如果作用于管路两点对应截面上的静压强不同，则指示液将在 U 形管的两臂上出现高度差 R，利用 R 可进一步计算出两点间的压强差。

如图 2-3 所示，A 和 A'两点处于静止的、连通的同一种流体内，且在同一水平面上，因此 A-A'面为等压面，即

$$p_A = p_{A'}$$

又根据流体静力学基本方程式，可得

$$p_A = p_1 + \rho_B g(z+R)$$

$$p_{A'} = p_2 + \rho_B gz + \rho_A gR$$

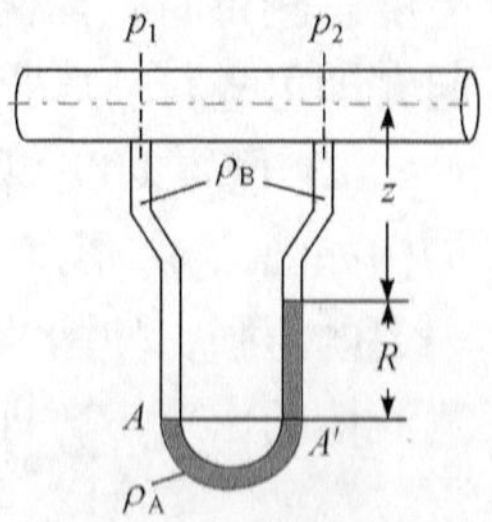

图 2-3　U 形管压差计

所以

$$p_1 + \rho_B g(z+R) = p_2 + \rho_B gz + \rho_A gR$$

整理得

$$p_1 - p_2 = (\rho_A - \rho_B)gR \tag{2-14}$$

若被测管路中的流体为气体，则由于气体的密度ρ_B远小于指示液的密度ρ_A，即$\rho_B \ll \rho_A$，式(2-14)可近似为

$$p_1 - p_2 \approx \rho_A gR \tag{2-15}$$

U 形管压差计具有结构简单、测量精度高、价格便宜的优点，但其易碎、不耐高压、量程有限、读数不便。

在 U 形管压差计指示液的选取上，要求指示液 A 与被测流体 B 不互溶，不发生化学反应，且其密度ρ_A应大于被测流体的密度ρ_B。因此，应根据被测流体的种类和测量范围合理选择指示液。一般情况下，在测量液体压强时，常用的指示液是汞和四氯化碳等密度较大的液体；在测量气体压强时，常用水作指示液，但要求被测气体不溶于水。

思考　若将 U 形管压差计安装在倾斜管路中，此时读数 R 反映了什么？U 形管压差计的读数是否与 U 形玻璃管的管径大小有关？

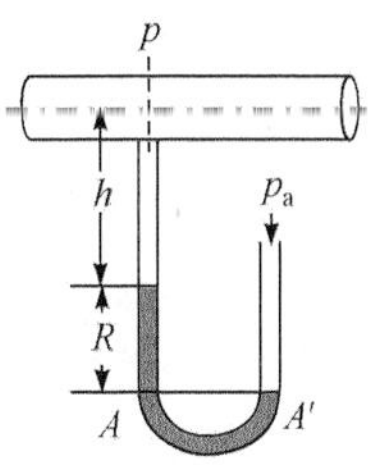

例 2-3 附图

【例 2-3】　如本题附图所示，水在水平管道内流动。为测量流体在某截面处的压强，直接在该处连接一 U 形管压差计，指示液为汞，读数 R=200 mm，h=1000 mm。已知当地大气压为 101.33 kPa，水的密度 $\rho_{H_2O}=1000\ kg/m^3$，汞的密度ρ_{Hg}=13 600 kg/m^3。试求该截面处的压强。

解　过 U 形管压差计右侧的水银面作水平面 A-A'，根据流体静力学基本方程式知，A-A'为等压面，则

$$p_A = p_{A'} = p_a$$

设管内该截面处的压强为 p，由流体静力学基本方程式可得

$$p_A = p + \rho_{H_2O}gh + \rho_{Hg}gR$$

因此

$$p = p_a - \rho_{H_2O}gh - \rho_{Hg}gR$$

式中，p_a=101 330 Pa，ρ_{H_2O}=1000 kg/m^3，ρ_{Hg}=13 600 kg/m^3，h=1 m，R=0.2 m。所以，截面处的绝对压强为

$$p = 101\,330 - 1000\times9.81\times1 - 13\,600\times9.81\times0.2 = 64\,840(\text{Pa})$$

由计算结果知，该截面流体的绝对压强小于大气压强，因此该截面流体的真空度为

$$101\,330-64\,840=36\,490(\text{Pa})$$

由以上结果可以看出，U 形管压差计也可用来测量管道中任一截面处流体的表压强或真空度。测量时，如例 2-3 附图所示，只需将 U 形管的一端与被测点连接，另一端与大气相连通，即可进行表压强或真空度的测量。

(2) 倒置 U 形管压差计。倒置 U 形管压差计是一种用于测量液体压强差的测压装置，其结构如图 2-4 所示。测量时，将所测液体作为指示液，通过其顶部的充气阀在液面上方施加一定的压强，使两测压管中的液面都位于压差计的刻度范围内。由于空气的密度ρ_B远小于被测液体的密度ρ_A，即 $\rho_A-\rho_B\approx\rho_A$，故压强差 p_1-p_2 可根据液柱高度差 R 进行计算，此时

$$p_1-p_2\approx\rho_A gR \tag{2-16}$$

(3) 微差压差计。若所测体系的压强差很小，采用普通 U 形管压差计时 R 的读数也会很小，难以准确读出，以至于测量的误差较大。为了提高 U 形管压差计的灵敏度，可采用由两种互不相溶的液体组成的微差压差计，其结构如图 2-5 所示。在 U 形管的上端分别增设两个扩大室(俗称“水库”)，扩大室内径与 U 形管内径之比一般应大于 10，压差计内装入密度接近但互不相溶的两种指示液 A 和 C($\rho_A>\rho_C$)。由于扩大室的截面积比 U 形管截面积大得多，即使 U 形管内指示液 A 的液面差 R 很大，但两扩大室内指示液 C 的液面变化却很微小，因此可认为指示液 C 的液面维持等高。根据流体静力学基本方程式，有

$$p_1-p_2=(\rho_A-\rho_C)gR \tag{2-17}$$

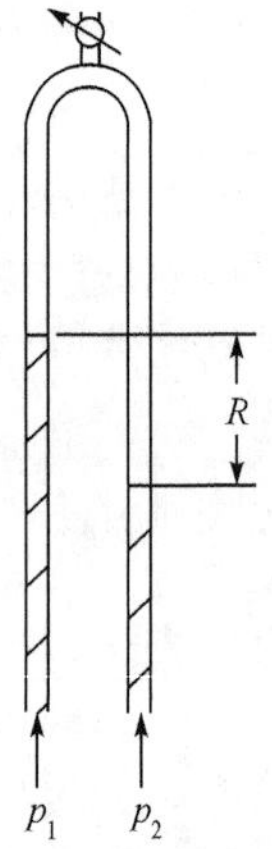

图 2-4　倒置 U 形管压差计

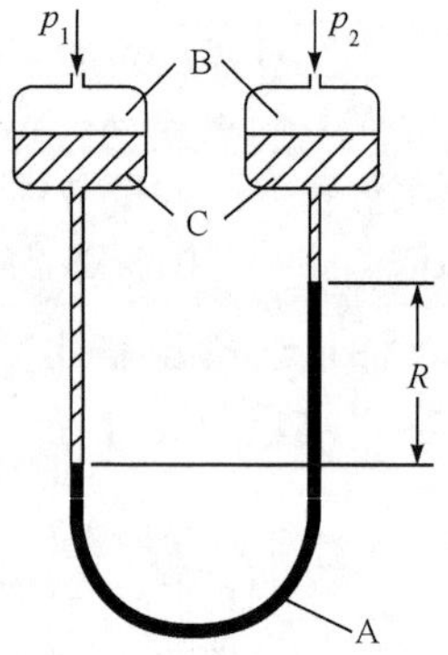

图 2-5　微差压差计

由式(2-17)可知，当压差一定时，两种指示液的密度越接近，$\rho_A-\rho_C$越小，其读数 R 就越大。因此，微差压差计可以提高 U 形管压差计的灵敏度和读数 R 的精度。

2) 液位的测定

化工生产中经常用液位计来指示和观察容器内液体的储量变化，以便及时进行调控。根据其工作方式和测量原理的不同，液位计大致可分为接触式和非接触式两大类。接触式液位计如浮子式、电容式、压力式等，非接触式液位计如雷达式、光导式、磁致式、超声波等。最原始的液位计是液面管液位计，即在容器的底部器壁及容器液面上方器壁各接出一支管，支管间用玻璃管相连，玻璃管中液柱的高度就是容器内液面的高度。这种液位计结构简单、

使用比较普遍，但也存在易破损且不便于远处观测的缺点。

根据流体静力学基本原理，也可以利用液柱压差计测量液位，如图 2-6 所示。在容器 1 的底部侧壁和上方侧壁分别接一个支管并安装一个带有扩大室 2 的 U 形管压差计，通过测量指示液 A 的高度差 R，根据流体静力学基本方程式，可得到压差计读数 R 与液面高度 h 的关系为

$$h=\frac{\rho_A-\rho_B}{\rho_B}R \tag{2-18}$$

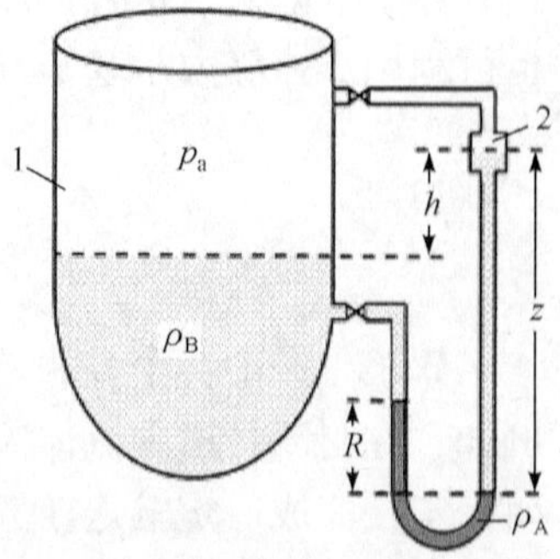

图 2-6　利用液柱压差计测量液位

由式(2-18)可以看出，液位越低，读数 R 越大。

除了可以近距离测量液位的装置，一些危险品(易燃易爆液体)或埋在地下储罐中的液位测量则需要远距离测量液位装置。图 2-7 为吹气式液位计，压缩氮气经调节阀调节流量后通入鼓泡观察器。只需鼓泡观察器内有气泡缓慢逸出即可。由于气体流量很小，气体通过吹气管的流动阻力可以忽略不计。储罐内吹气管出口 a 处压强 p_a 近似等于 U 形管压差计 b 处的压强 p_b。根据流体静力学基本方程式，由压差计的读数 R 可计算出储罐内液面的高度 h：

$$h=\frac{\rho_{指示液}}{\rho_{被测流体}}R \tag{2-19}$$

思考　如图 2-7 所示，储罐内吹气管出口 a 处是否密封？鼓泡观察器的作用是什么？

3) 液封高度的计算

化工生产和日常生活中液封的使用都比较广泛。利用液体的静压强封闭气体的通道，使气体的压强不超过某一设定的值，这种简单的装置就是液封。简单的液封装置类似于图 2-7 中的 1 和 2 共同组成的部分，当来自 1 的气体压强超过规定值时，气体就从液封管(2 的插入管)中排出，以确保设备的操作安全。液封管插入水面下的深度就是根据流体静力学基本方程式计算出的气体压强规定值。

设备内操作条件不同，采用液封的目的也不同。除了可以采用安全液封(或称水封)装置控制气体压强不超过某一值外，还可以采用液封装置保障系统的真空度，防止外界空气漏入。如图 2-8 所示，在真空蒸发操作中，采用冷水与水蒸气直接接触的方式冷凝水蒸气，为了防

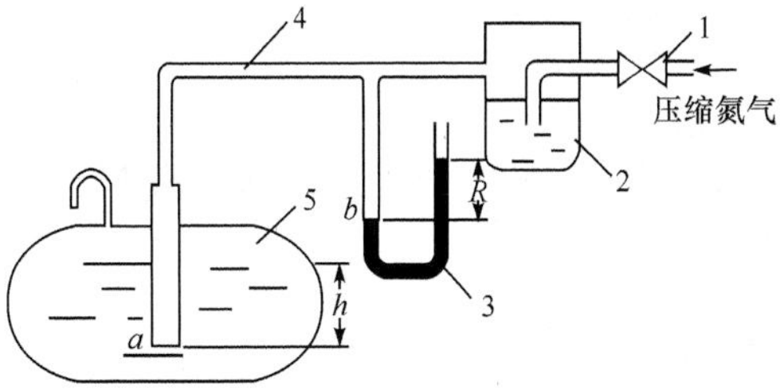

图 2-7　吹气式液位计

1. 调节阀；2. 鼓泡观察器；3. U 形管压差计；4. 吹气管；5. 储罐

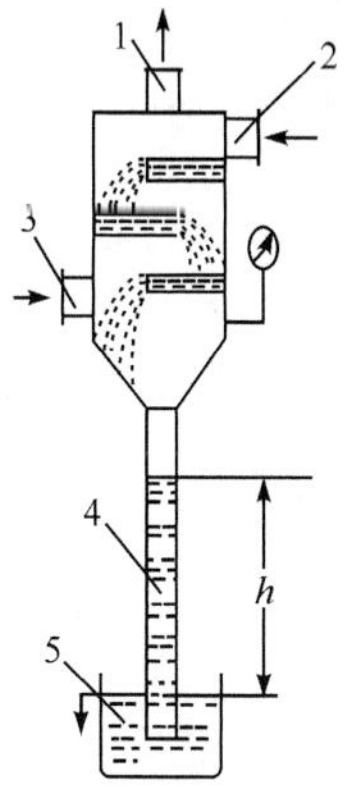

图 2-8　真空蒸发操作中的液封

1. 与真空泵相通的不凝性气体；2. 冷水进口；3. 水蒸气进口；4. 气压管；5. 液封槽

止外界空气漏入、保持操作时的真空度，需将气压管插入液封槽中，气压管中水封的高度 h 也可利用流体静力学基本方程式计算。

2.2　流体流动基本规律

化工生产中，更多的是处于流动状态下的流体，涉及流体流动的基本规律和流体输送。例如，在封闭管道中流体流动时的流速、压强等参数如何变化；高位槽及设备的安装高度如何确定；完成一定输送任务需要输送机械提供多少能量等。这些都是在流体输送过程中经常遇到的问题。因此，研究流体在管内的流动规律十分必要。利用相关守恒原理，推导出反映流体流动基本规律的主要有连续性方程和伯努利(Bernoulli)方程。

2.2.1　流量与流速

单位时间内流经管道内任一截面的流体的量称为流体的流量。若流体的量用体积表示，称为流体的体积流量，以 q_V 表示，单位为 m^3/s 或 m^3/h。若流体的量用质量表示，称为流体的质量流量，以 q_m 表示，单位为 kg/s 或 kg/h。当流体的密度为 ρ 时，体积流量与质量流量的关系为

$$q_m = q_V \rho \tag{2-20}$$

单位时间内流体在流动方向上所流过的距离称为流速，用 u 表示，单位为 m/s。实验证明，实际流体在管道内流动时，管内任一横截面上各点的流速并不相同。管中心处流速最大，离管中心距离越远，流速越小，在靠近管壁处流速几乎为零。工程上为了计算方便，流体的流速通常采用整个横截面上平均流速 u，即流体的体积流量 q_V 与管道截面积 A 之比，其表达式为

$$u = \frac{q_V}{A} \tag{2-21}$$

习惯上所指的流体流速也为流体的平均流速。

由于气体的体积会随温度和压强的变化而变化，因此气体的平均流速也会随之变化。工程计算中为了避免气体流速随温度和压强变化带来的不便，常采用质量流速的概念，其定义为：单位时间内流体流过管道内单位横截面积的质量，也称质量通量，以 G 表示，其表达式为

$$G = \frac{q_m}{A} = \frac{q_V \rho}{A} = u\rho \tag{2-22}$$

式中，G 的单位为 $kg/(m^2 \cdot s)$。

由式(2-20)～式(2-22)可以得出如图 2-9 所示的流体流量与流速的关系，或写成如下表达形式：

$$q_m = q_V \rho = uA\rho = GA \tag{2-23}$$

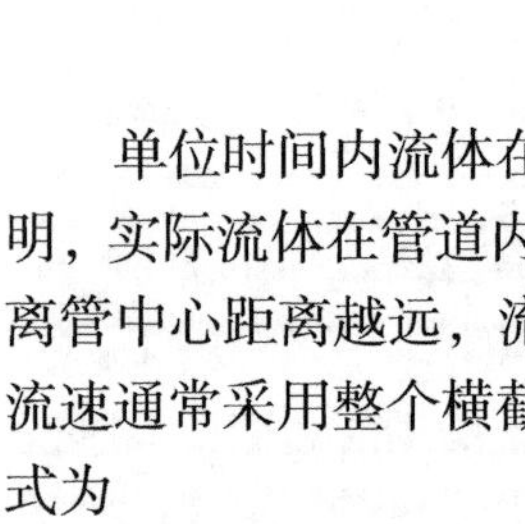

图 2-9　流体流量与流速的关系

化工生产中常使用圆形管道，若以 d 表示管道的内径，则式(2-21)可写为

$$u=\frac{q_V}{\frac{\pi d^2}{4}} \tag{2-24}$$

则

$$d=\sqrt{\frac{4q_V}{\pi u}} \tag{2-25}$$

在工程建设中，管道的造价在基建费用中占有一定的比例，管路直径的选择应综合考虑。若选择较小管径，管路的基建费用虽然可以降低，但流体流经管路的流速过大，阻力损失将增加，对应的动力消耗增加，操作费用随之增加；反之，相同条件下选择较大的管径，虽然流速减小，动力消耗降低，但管径增大后的基建费用也将增加。因此，应根据生产任务、流体的流量、流体的适宜流速和市场的供需状况等综合考虑输送流体的合适管路直径。

流体的流量一般由生产任务决定。流体的适宜流速主要是根据工业生产经验选择，可参照人们总结出的不同流体在管道中的适宜流速范围。例如，水及低黏度液体的流速取 1.5～3.0 m/s，常压一般气体流速取 10～20 m/s 等。一般来说，黏度大的流体，流速可取小一些；含有固体杂质的流体，流速宜取大一些，以免固体杂质沉积在管道中。表 2-1 列出了一定操作条件下某些流体常用适宜流速范围。

表 2-1　某些流体常用适宜流速范围

流体的类别及情况	流速范围/(m/s)	流体的类别及情况	流速范围/(m/s)
自来水(3×10^5 Pa 左右)	1.0～1.5	过热蒸汽	30～50
水及低黏度液体(1×10^5～1×10^6 Pa)	1.5～3.0	低压空气	12～15
高黏度液体	0.5～1.0	高压空气	15～25
工业供水(8×10^5 Pa 以下)	1.5～3.0	一般气体(常压)	10～20
锅炉供水(8×10^5 Pa 以下)	> 3.0	离心泵吸入管(水一类液体)	1.5～2.0
饱和蒸汽	20～40	离心泵排出管(水一类液体)	2.5～3.0

市场上销售的管子都具有一定的规格，用公称直径 D_g 表示。对于容器，公称直径可用内径表示；对于管道，则用小于外径并大于内径的某个尺寸表示，如表 2-2 所列水管、煤气管的规格。一般情况下，可以根据所选用的流速对管路的管径进行初选，在此基础上，再综合多方面因素确定实用的管径。

表 2-2　水管、煤气管的规格

公称直径/mm	外径/mm	普通管壁厚		加厚管壁厚	
		内径/mm	质量/(kg/m)	内径/mm	质量/(kg/m)
8	13.50	9.00	0.62	8.00	0.73
10	17.00	12.50	0.82	11.50	0.97
15	21.25	15.75	1.25	14.75	1.44
20	26.75	21.25	1.63	19.75	2.01
25	33.50	27.00	2.43	25.50	2.91

续表

公称直径/mm	外径/mm	普通管壁厚		加厚管壁厚	
		内径/mm	质量/(kg/m)	内径/mm	质量/(kg/m)
32	42.25	35.75	3.13	34.25	3.77
40	48.00	41.00	3.84	39.50	4.58
50	60.00	53.00	4.88	51.00	6.16
70	75.50	68.00	6.64	66.50	7.88
80	88.50	80.50	8.34	79.00	9.31
100	114.00	106.00	10.85	104.00	13.44
125	140.00	131.00	15.04	129.00	18.24
150	165.00	156.00	17.81	154.00	21.63

【例 2-4】 冷却塔中需每小时输送 54 t 20℃的水用于冷却，试选择输送水的管道管径。

解 20℃水的密度为

$$\rho = 998.2 \approx 1000(\mathrm{kg/m^3})$$

水的体积流量为

$$q_V = \frac{54\times 1000}{60\times 60\times 1000} = 0.015(\mathrm{m^3/s})$$

参考表 2-1 所列常用流速，选择流速=2.0 m/s，则

$$d = \sqrt{\frac{q_V}{\frac{\pi}{4}u}} = \sqrt{\frac{0.015}{0.785\times 2.0}} = 0.098(\mathrm{m}) = 98(\mathrm{mm})$$

根据表 2-2 的管路规格，可选用 D_g=100 mm 普通管(外径 114 mm，内径 106 mm，也可表示为 Φ 114 mm×4 mm)。

重新核算其流速为

$$u = \frac{q_V}{\frac{\pi}{4}d^2} = \frac{0.015\times 4}{3.14\times 0.106^2} = 1.70(\mathrm{m/s})$$

2.2.2　定态流动与非定态流动

在流动系统中，若各截面上流体的流速、压强、密度等有关物理量均不随时间而变化，仅随位置而改变，这种流动称为定态流动，也称定常流动；相反，若流体在各截面上的有关物理量既随位置变化，也随时间变化，这种流动则称为非定态流动或非定常流动。

如图 2-10(a)所示，水箱上部进水管 1 不断向水箱注水，下部排水管 3 则不断排出水，单位时间内，进水量总是大于排水量，多余的水由上方溢流管 4 流出，以维持水箱内水位恒定不变，这一流动系统也称为敞口恒液位的高位槽。在此流动系统中，排水管 3 的不同横截面上，虽然流速和压强并不相同，但是每个横截面上流体的流速和压强却不随时间而变化，这种流动就是定态流动。若关闭进水管，水箱 2 内的水位在流动过程中会不断下降[图 2-10(b)]。此时，排水管 3 各截面上的流速和压强不但随着位置变化，还会随时间变化，这种流动则称为非定态流动。因此，定态是指对时间稳定的状态；稳态是指对几何位置稳定的状态。

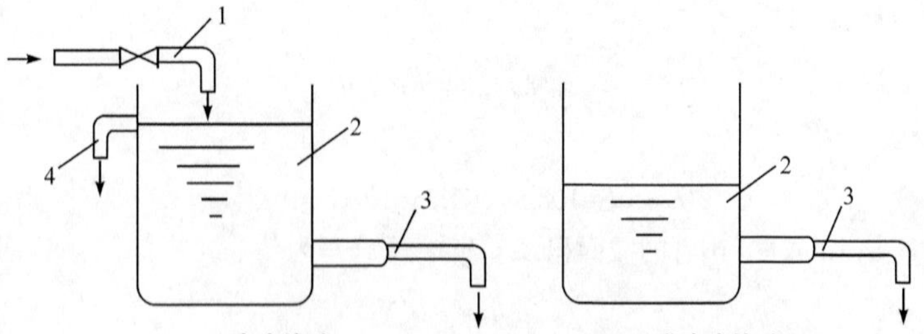

(a) 定态流动　　(b) 非定态流动

图 2-10　流动情况示意图

1. 进水管；2. 水箱；3. 排水管；4. 溢流管

化工生产中，过程多采用连续定态操作，只有间歇操作过程或连续生产的开、停车阶段属于非定态过程，因此重点讨论定态流动的相关问题。

2.2.3　流体定态流动时的物料衡算——连续性方程

如图 2-11 所示，在具有不同管径的流动系统中，管路中的流体充满管路且在没有外加和损失的情况下做定态流动，根据质量守恒定律，单位时间内进入各截面的流体质量必然相等，即在管路中任意取截面 1-1′和 2-2′，则

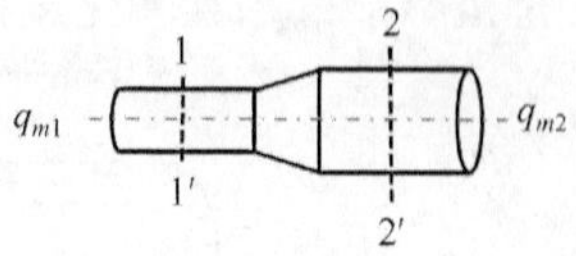

图 2-11　连续性方程的推导

$$q_{m1} = q_{m2}$$

或

$$u_1 A_1 \rho_1 = u_2 A_2 \rho_2 \tag{2-26}$$

若把这一关系推广到做定态流动管路系统的任一截面，则有

$$q_m = u_1 A_1 \rho_1 = u_2 A_2 \rho_2 = \cdots = uA\rho = \text{常数} \tag{2-26a}$$

对于不可压缩流体，ρ为常数，式(2-26a)可简化为

$$q_V = u_1 A_1 = u_2 A_2 = \cdots = uA = \text{常数} \tag{2-26b}$$

式(2-26b)表明，不可压缩流体流经各截面时不仅质量流量 q_m 相等，它们的体积流量 q_V 也相等。

式(2-26)、式(2-26a)和式(2-26b)均称为流体在管内做定态流动时的连续性方程。它们反映了流体在定态流动系统中，流量一定时，流速 u 与管道截面积 A 及流体密度ρ之间的关系。这一关系与管路的布置以及管路上是否装有管件、阀门或输送设备等无关。

对于圆形管道，式(2-26b)可变形为

$$\frac{u_1}{u_2} = \frac{A_2}{A_1} = \left(\frac{d_2}{d_1}\right)^2 \tag{2-26c}$$

式(2-26c)说明不可压缩流体在圆形管道中做定态流动，且体积流量一定时，管内流体的流速与管径的平方成反比。因此，流体流动的连续性方程，其实质是流体流动体系的质量守恒关系。

【例 2-5】　一离心水泵，其吸入管规格为 Φ 89 mm×4 mm，压出管为 Φ 108.5 mm×3.75 mm，吸入管中水的流速为 1.4 m/s，试求压出管中水的流速。

解　吸入管的内径为

$$d_1=89-2\times4=81(\text{mm})$$

压出管的内径为

$$d_2=108.5-2\times3.75=101(\text{mm})$$

根据连续性方程 $u_1A_1=u_2A_2$，圆管的截面积 $A=\pi d^2/4$，上式写为

$$u_2/u_1=(d_1/d_2)^2$$

压出管中水的流速为

$$u_2=u_1(d_1/d_2)^2=1.4\times(81/101)^2=0.90(\text{m/s})$$

2.2.4　流体定态流动时的能量衡算——伯努利方程

如图 2-10(b)所示，处于高位的流体可以通过将部分势能(或静压能)转换为动能而自发地向低处流动，但处于低位的流体需要获得足够的能量才能被输送到高处。因此，在流体流动过程中，各种形式的机械能之间可以相互转换并保持总能量守恒，而流体流动过程实质上也是机械能的相互转化过程。

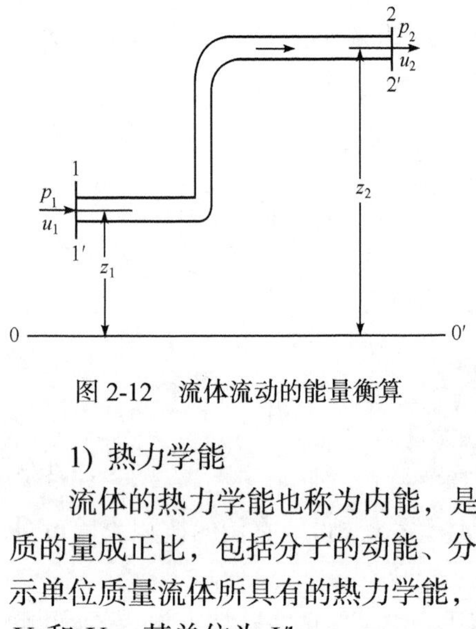

图 2-12　流体流动的能量衡算

1. 理想流体定态流动时的能量衡算

物质具有的能量形式多种多样，对于流体，无论是静止还是运动的流体，都具有一定的能量。流体以位能、静压能和动能等形式存在的机械能以及流体的热力学能(内能)是流体的主要能量形式。

在如图 2-12 所示的定态流动系统中，流体从 1-1′截面流入，2-2′截面流出，以 1-1′和 2-2′截面之间为衡算范围，以 0-0′水平面为基准面。每千克流体在此衡算范围内流动时所具有的能量包括以下几项。

1) 热力学能

流体的热力学能也称为内能，是流体内部所有微观粒子各种形式能量的总和，与系统物质的量成正比，包括分子的动能、分子内电子运动的能量、分子间的相互作用等。若以 U 表示单位质量流体所具有的热力学能，则单位质量流体在 1-1′和 2-2′截面处的热力学能分别为 U_1 和 U_2，其单位为 J/kg。

2) 位能

流体因重力作用，在不同高度具有不同的位能，相当于将质量为 m 的流体自基准面 0-0′升举到 z 处所做的功，即

$$位能=mgz$$

位能的大小与其所选基准面的位置密切相关。如图 2-12 所示，当以 0-0′水平面为基准面时，单位质量流体在管路 1-1′和 2-2′截面处的位能分别为 gz_1 和 gz_2，其单位为 J/kg。但当以 1-1′截面的管路中心线所在的水平面为基准面时，单位质量流体在 1-1′和 2-2′截面处的位能则分别为 0 和 $g(z_2-z_1)$。由此可以看出：位能是一个相对值，会随其所选基准面的位置而变化。

3) 动能

由于流体运动而具有的能量称为流体的动能。质量为 m、流速为 u 的流体所具有的动

能为

$$动能=\frac{1}{2}mu^2$$

单位质量流体在 1-1′和 2-2′截面处所具有的动能分别为$\frac{u_1^2}{2}$和$\frac{u_2^2}{2}$，其单位为 J/kg。

4) 静压能

流体在一定压强 p 作用下具有向外膨胀做功的能力称为流体的静压能，即流体因被压缩而具有向外膨胀做功的能力，其能量大小等于 pV。

除了静止流体，流动流体的内部也存在静压强。如图 2-13 所示，如果在内部有液体流动的管壁上开一小孔，并在小孔处装一根垂直的细玻璃管，液体便会在玻璃管内上升，上升液柱高度所对应的压强即管内该截面处液体的静压强。

同时，在如图 2-12 所示的流动系统中，由于 1-1′截面处流体具有一定的静压强，流体要通过该截面进入流动系统，就需要对流体做一定的功，以克服 1-1′截面处的静压强。这样通过 1-1′截面处的流体必定要带有与所需功相当的能量才能进入流动系统，流体具有的这种能量称为流体的静压能或流动功。

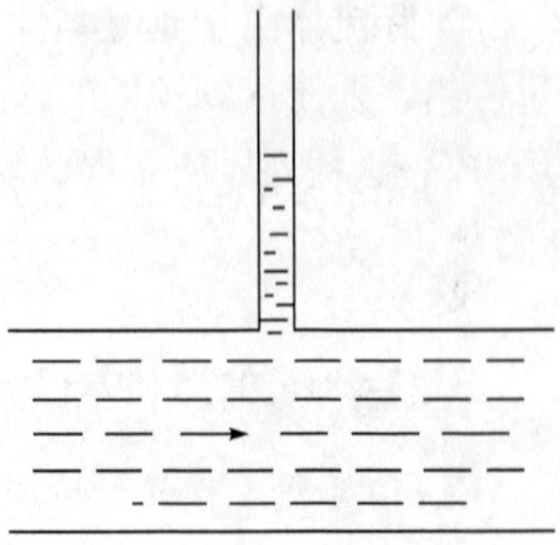

图 2-13　流动液体存在静压强的示意图

质量为 m、体积为 V_1 的流体，通过 1-1′截面所需的作用力 $F_1=p_1A_1$，所移动的距离为 V_1/A_1，故流体带入系统的静压能为

$$静压能=p_1A_1\frac{V_1}{A_1}=p_1V_1=\frac{mp_1}{\rho}$$

因此，单位质量流体进入 1-1′截面所输入的静压能为$\frac{p_1V_1}{m}=\frac{p_1}{\rho}$，离开 2-2′截面时所输出的静压能为$\frac{p_2}{\rho}$，其单位为 J/kg。

位能、动能和静压能称为流体的机械能，三者之和称为流体的总机械能。流体的热力学能是随流体的温度和比体积的改变而变化的，液体受热几乎是不膨胀的，其热力学能不能转化为机械能，而在流体的输送过程中，主要考虑的是各种形式机械能之间的相互转换。因此，对不可压缩流体进行能量衡算时，不考虑热力学能的变化，仅对流体的机械能进行衡算。

根据能量守恒定律，在如图 2-12 所示的流动系统中，对于任一定态流动下的理想液体，由于无黏性，流动时不产生摩擦阻力，从 1-1′截面输入系统的总机械能应等于从 2-2′截面离开系统时所输出的总机械能，则有

$$mgz_1+\frac{1}{2}mu_1^2+\frac{mp_1}{\rho}=mgz_2+\frac{1}{2}mu_2^2+\frac{mp_2}{\rho} \tag{2-27}$$

式中各项单位均为 J，表示输入和输出系统相应机械能的大小。

式(2-27)两边同除以 m，得

$$gz_1+\frac{u_1^2}{2}+\frac{p_1}{\rho}=gz_2+\frac{u_2^2}{2}+\frac{p_2}{\rho} \tag{2-27a}$$

式(2-27a)称为理想流体的伯努利方程，各项表示每千克流体所具有的相应机械能的大小，单位均为 J/kg。

若式(2-27)两边同除以 mg，则得

$$z_1+\frac{u_1^2}{2g}+\frac{p_1}{\rho g}=z_2+\frac{u_2^2}{2g}+\frac{p_2}{\rho g} \tag{2-27b}$$

式(2-27b)中各项表示每牛顿流体所具有的相应机械能的大小，单位为 m=J/N。

式(2-27)、式(2-27a)和式(2-27b)均表示流体在定态流动时的机械能守恒与转化关系，但均未考虑实际流体受摩擦阻力影响而造成的能量损失。

实际流体由于具有黏性，流动时总会有一部分能量消耗在摩擦阻力上，需要有外界的能量供给，才能达到预期的输送目的。若用 $\sum h_{\mathrm{f}}$ 表示单位质量流体在定态流动时的能量损失，用 W_{e} 表示从外界所获得的功(能量)，则实际流体的伯努利方程可表示为

$$gz_1+\frac{u_1^2}{2}+\frac{p_1}{\rho}+W_{\mathrm{e}}=gz_2+\frac{u_2^2}{2}+\frac{p_2}{\rho}+\sum h_{\mathrm{f}} \tag{2-28}$$

式(2-28)是伯努利方程的引申，又称工程伯努利方程。

2. 伯努利方程的讨论

(1) 伯努利方程式(2-27a)、式(2-27b)和式(2-28)适用于不可压缩流体。对于可压缩流体，当所取系统两截面间的绝对压强变化率小于 20%，即 $\frac{p_1-p_2}{p_1}<20\%$ 时，仍可用该方程计算，但式中的密度 ρ 应以两截面的平均密度 ρ_{m} 代替。

(2) 伯努利方程式(2-27a)和式(2-27b)表明，理想流体做定态流动而无外功加入时，单位质量流体在任一截面上所具有的各种形式的机械能之和为一常数，即总机械能相等。虽然各种形式的机械能不一定相等，但相互之间可以转换；而扩展的伯努利方程式(2-28)则表明，实际流体做定态流动而无外界功 W_{e} 加入时，系统的总机械能将因流动阻力损失而沿流体流动的方向逐渐减小。

(3) 伯努利方程式(2-28)是以单位质量流体为衡算基准获得的，表示单位质量流体在某截面处所具有的相应机械能大小。若衡算基准不同，式(2-28)也可写成不同的表达形式。

(i) 以单位重量(1 N)流体为衡算基准时，式(2-28)两边同除以 g，则

$$z_1+\frac{u_1^2}{2g}+\frac{p_1}{\rho g}+\frac{W_{\mathrm{e}}}{g}=z_2+\frac{u_2^2}{2g}+\frac{p_2}{\rho g}+\frac{\sum h_{\mathrm{f}}}{g}$$

令

$$H_{\mathrm{e}}=\frac{W_{\mathrm{e}}}{g} \qquad H_{\mathrm{f}}=\frac{\sum h_{\mathrm{f}}}{g}$$

则

$$z_1+\frac{u_1^2}{2g}+\frac{p_1}{\rho g}+H_{\mathrm{e}}=z_2+\frac{u_2^2}{2g}+\frac{p_2}{\rho g}+H_{\mathrm{f}} \tag{2-28a}$$

式中各项单位为 m，表示单位重量流体所具有的各种形式的能量大小，统称为压头。习惯上

将 z、$\dfrac{u^2}{2g}$、$\dfrac{p}{\rho g}$ 又分别称为位压头、动压头(速度头)和压力头(静压头)，而动压头与压力头之和 $\left(\dfrac{u^2}{2g}+\dfrac{p}{\rho g}\right)$ 则称为冲压头，三者之和则称为总压头。H_f 称为压头损失；H_e 为单位重量的流体从流体输送机械获得的能量，称为外加压头或有效压头。

(ii) 以单位体积($1\ m^3$)流体为衡算基准，则

$$\rho g z_1+\frac{\rho u_1^2}{2}+p_1+\rho W_e=\rho g z_2+\frac{\rho u_2^2}{2}+p_2+\rho\sum h_f \tag{2-28b}$$

式中各项单位为 Pa，表示单位体积流体所具有的能量。

(4) 伯努利方程式(2-28)中，gz、$\dfrac{u^2}{2}$、$\dfrac{p}{\rho}$ 分别表示单位质量流体在某截面上流体本身所具有的能量；而 W_e、$\sum h_f$ 是指单位质量流体在两截面间流动过程中获得或消耗的能量。W_e 是输送设备对单位质量流体所做的有效功。单位时间输送设备对流体所做的有效功称为有效功率，用 P_e 表示：

$$P_e=W_e q_m=gH_e q_m=q_V\rho g H_e \tag{2-29}$$

式中，P_e 为有效功率，W；q_m 为流体的质量流量，kg/s。

流体输送机械实际消耗的功率 P 应为

$$P=\frac{P_e}{\eta} \tag{2-30}$$

式中，P 为由电机输入离心泵的功率，也称为泵的轴功率，W；η 为流体输送机械的效率。

(5) 伯努利方程除可以表示流体的运动规律外，还可以表示流体静止状态的规律。如果系统中的流体处于静止状态，则 $u=0$。此时，由于没有流动，$\sum h_f=0$，$W_e=0$，则伯努利方程式(2-28)变为

$$gz_1+\frac{p_1}{\rho}=gz_2+\frac{p_2}{\rho}$$

与流体静力学基本方程式(2-12)一致。由此可见，流体的静止状态只不过是流体运动状态的一种特殊形式。

(6) 伯努利方程式的表达形式不同，对应的能量损失的表示方法和单位也不同。由式(2-28)、式(2-28a)及式(2-28b)可知，1 kg 流体流动时的阻力损失表示为 $\sum h_f$，单位为 J/kg；1 N 流体流动时的阻力损失表示为 H_f，单位为 m；$1\ m^3$ 流体流动时的阻力损失表示为 $\rho\sum h_f$，可用 Δp_f 表示，即 $\Delta p_f=\rho\sum h_f$，单位为 Pa。由于 Δp_f 的单位与压强单位一致，故通常将 Δp_f 称为因流动阻力损失而引起的压强降。Δp_f 与两截面之间的压强差 Δp 是两个截然不同的概念，在实际应用中应加以区分。

思考　分析 Δp_f 与 Δp 的异同，二者在什么情况下数值可能相等？

2.2.5　伯努利方程的应用

伯努利方程在化工生产中应用非常广泛，与连续性方程结合，可以计算流体在管内流动

时的流量、输送流体所需的压头和功率以及容器间的相对位置、压强等，解决涉及流体流动方面的诸多实际问题。

1. 管道中流体流量的确定

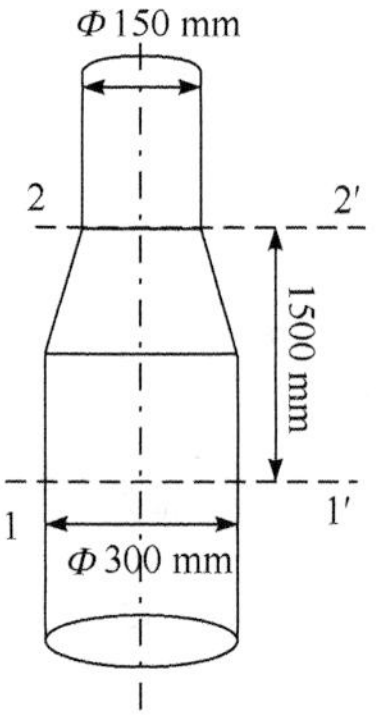

例 2-6 附图

【例 2-6】 水在如本题附图所示的管道内由下向上自粗管流入细管。粗管内径为 0.3 m，细管内径为 0.15 m。已测得水在 1-1′及 2-2′两个截面上的静压强分别为 0.2×10^6 Pa 及 0.16×10^6 Pa(均为表压)，两测压点的垂直距离为 1.5 m，流体流过两测压点的阻力损失忽略不计。试求水在管道中的质量流量(kg/h)。

解 沿水的流动方向分别取 1-1′、2-2′截面为上、下游截面，并以截面 1-1′为基准面，在此两截面之间列伯努利方程：

$$gz_1+\frac{u_1^2}{2}+\frac{p_1}{\rho}+W_e=gz_2+\frac{u_2^2}{2}+\frac{p_2}{\rho}+\sum h_f$$

式中，$z_1=0$，$z_2=1.5$ m，$p_1=0.2\times10^6$ Pa(表压)，$p_2=0.16\times10^6$ Pa(表压)，$W_e=0$，$\sum h_f=0$。根据连续性方程，有

$$\frac{\pi}{4}d_1^2u_1=\frac{\pi}{4}d_2^2u_2$$

或

$$u_1=u_2\left(\frac{d_2}{d_1}\right)^2=0.25u_2$$

将以上各值代入伯努利方程，有

$$\frac{(0.25u_2)^2}{2}+\frac{0.2\times10^6}{1000}=1.5\times9.81+\frac{u_2^2}{2}+\frac{0.16\times10^6}{1000}$$

解得

$$u_2=7.3\ \text{m/s}$$

水的流量为

$$q_V=\frac{\pi}{4}\times0.15^2\times7.3\times3600=464(\text{m}^3/\text{h})$$

2. 容器间相对位置的确定

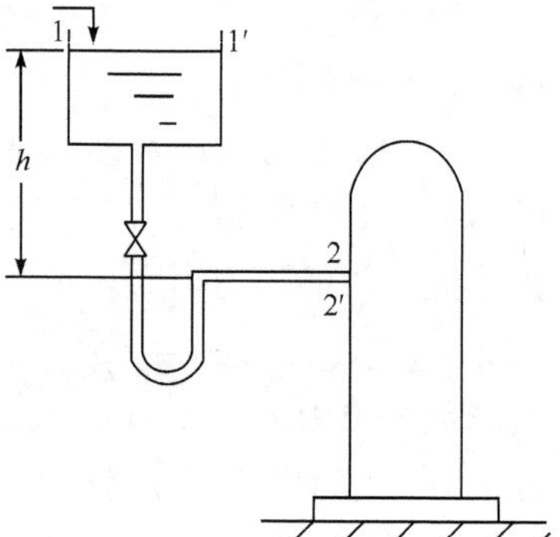

例 2-7 附图

【例 2-7】 如本题附图所示，密度为 850 kg/m³ 的料液从高位槽送入塔中，高位槽中液位恒定。塔内表压强为 9.81×10^3 Pa。送液管为 Φ 38 mm×2.5 mm 的钢管，要求送液量为 5 m³/h。设料液在管内流动时的能量损失为 30 J/kg(不包括出口能量损失)，则高位槽的液位要高出塔的进料口多少米？

解 如附图所示，取高位槽液面为上游截面 1-1′，进料管出口内侧为下游截面 2-2′，以截面 2-2′的中心线为基准面。在两截面间列伯努利方程，即

$$gz_1+\frac{u_1^2}{2}+\frac{p_1}{\rho}+W_e=gz_2+\frac{u_2^2}{2}+\frac{p_2}{\rho}+\sum h_f$$

式中，$z_1=h$，$z_2=0$，$p_1=0$(表压)，$p_2=9.81\times10^3$ Pa(表压)，$W_e=0$，$\sum h_f=30$ J/kg。

因高位槽截面比管道截面大得多，在体积流量相同情况下，槽内流速比管内流速小得多，故槽内流速可

以忽略不计，即 $u_1\approx 0$；又

$$u_2=\frac{q_V}{\frac{\pi}{4}d^2}=\frac{5/3600}{0.785\times 0.033^2}=1.62(\text{m/s})$$

将以上各值代入伯努利方程中，并整理得

$$z_1=h=\left(\frac{1.62^2}{2}+\frac{9.81\times 10^3}{850}+30\right)\Big/9.81=4.37(\text{m})$$

即高位槽的液面应比塔的进料口高 4.37 m。

解本题时应注意，除了处理高位槽液面流速的近似方法之外，题中所给的能量损失不包括出口处的能量损失，因此下游截面 2-2′应取管出口内侧，而非出口外侧。若选截面 2-2′的出口外侧，计算过程有所不同。

思考 流体在出口处为什么会有能量损失？

3. 输送设备功率的确定

【例 2-8】 某化工厂用离心泵将敞口池中的溶液(密度为 1200 kg/m³)输送至蒸发器中，如本题附图所示，池中液面维持恒定。蒸发器上部的蒸发室内操作压强为 200 mmHg(真空度)。蒸发器进料口高于池内液面 15 m，输送管道的直径为 Φ 68 mm×3 mm，送料量为 20 m³/h，溶液流经全部管道的能量损失为 120 J/kg。设泵的效率为 65%，试求泵的轴功率。

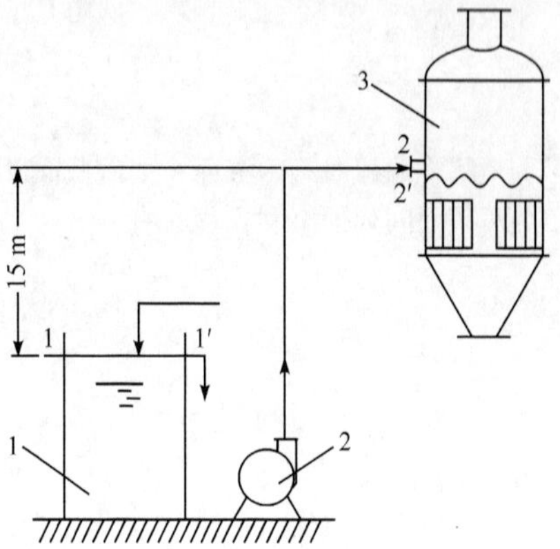

例 2-8 附图

1. 储槽；2. 泵；3. 蒸发器

解 取池中液面为上游截面 1-1′，管路出口内侧为下游截面 2-2′，并以截面 1-1′为基准面。在两截面间列伯努利方程，有

$$gz_1+\frac{u_1^2}{2}+\frac{p_1}{\rho}+W_e=gz_2+\frac{u_2^2}{2}+\frac{p_2}{\rho}+\sum h_f$$

或

$$W_e=(z_2-z_1)g+\frac{u_2^2-u_1^2}{2}+\frac{p_2-p_1}{\rho}+\sum h_f \qquad \text{(a)}$$

式中，z_1=0，z_2=15 m，p_1=0(表压)，$u_1\approx 0$，$\sum h_f$=120 J/kg

$$p_2=-\frac{200}{760}\times 101\,330=-26\,670(\text{Pa})(\text{表压})$$

$$u_2=\frac{20/3600}{\frac{\pi}{4}\times 0.06^2}=1.97(\text{m/s})$$

将以上各值代入式(a)，可得

$$W_e=15\times 9.81+\frac{1.97^2}{2}-\frac{26\,670}{1200}+120=246.9(\text{J/kg})$$

输送液体的质量流量为

$$q_m=q_V\rho=\frac{20\times 1200}{3600}=6.67(\text{kg/s})$$

因此泵的有效功率为

$$P_e=W_eq_m=246.9\times 6.67=1647(\text{W})\approx 1.65(\text{kW})$$

已知泵的效率为 65%，则泵的轴功率为

$$P = \frac{P_e}{\eta} = \frac{1.65}{0.65} = 2.54(\text{kW})$$

4. 流体压强的确定

【例 2-9】 某生产车间用压缩空气压送 20℃的浓硫酸(密度为 1831 kg/m^3)，如本题附图所示。若每批压送量为 0.36 m^3，要求在 10 min 内压送完。管子为 Φ 38 mm×3 mm 钢管，管子出口在硫酸罐液面上垂直距离为 15m。设硫酸流经全部管路的能量损失为 12 J/kg(不包括出口的能量损失)，则开始压送时压缩空气的表压应为多少?

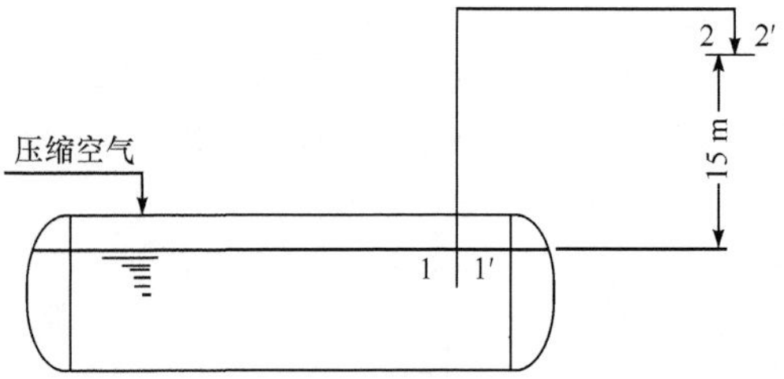

例 2-9 附图

解 取硫酸罐内液面为上游截面 1-1′，硫酸出口管管口内侧为下游截面 2-2′，并以截面 1-1′为基准面。在两截面间列伯努利方程，有

$$gz_1 + \frac{u_1^2}{2} + \frac{p_1}{\rho} + W_e = gz_2 + \frac{u_2^2}{2} + \frac{p_2}{\rho} + \sum h_f$$

式中，z_1=0，z_2=15 m，$u_1 \approx 0$，$u_2 = \dfrac{0.36/(10\times60)}{\dfrac{\pi}{4}\times0.032^2} = 0.746(\text{m/s})$，$p_2$=0(表压)，$W_e$=0，$\sum h_f$=12 J/kg 。

将以上各值代入伯努利方程，并化简得

$$\frac{p_1}{1831} = 15\times9.81 + \frac{0.746^2}{2} + 12$$

解得

$$p_1 = 2.92\times10^5\ \text{Pa(表压)}$$

即开始压送时，压缩空气的表压至少为 2.92×10^5 Pa。

用伯努利方程解题时，需注意以下几点：

(1) 作图。为使计算过程清晰且有助于解题，通常应在计算之前根据题意画出示意图，标出流动方向和主要数据，确定流体流动的衡算范围(表现为截面的选取)。

(2) 选取截面。两截面均应与流体的流动方向垂直且两截面间的流体必须是定态连续流动，给出的已知量或所求的未知量应在截面上或在两截面之间。

(3) 选取基准面。选取基准面是为了确定流体位能的大小。位能基准面必须与地面平行。为计算方便，宜选取两截面中位置较低的截面为基准面。若截面不是水平面，而是垂直于地面，则基准面应选管中心线所在的水平面。

(4) 注意采用一致的单位。除了各物理量的单位要保持一致外，在计算截面上的静压能时，p_1和 p_2所选取的基准也应一致，即要同为绝对压强、表压强或真空度。

思考 应用伯努利方程解题时，方程两边的压强(绝对压强、表压强或真空度)为什么要一致?

2.3 流体流动阻力

在流体流动过程中，实际流体质点(分子或分子团)间的相互吸引会导致其质点之间，以及流体与管壁之间产生内摩擦阻力而消耗能量。而且，实际流体在流动过程中因阻力损失而消耗的机械能往往较大，以至于需要输入足够的外界能量才能保障流体的正常流动。因此，理解和掌握实际流体流动时的阻力计算有助于解决输送流体的管径、压头、输送设备功率以及类型的选用等问题。

2.3.1 牛顿黏性定律与流体的黏度

1. 牛顿黏性定律

流体除了具有流动性之外，在运动状态下还具有抗拒内在向前运动的特性，称为黏性，是流动性的反面。

如图 2-14 所示，设有上、下两块面积很大且相距很近的平行平板，板间充满某种液体。若将下板固定不动，而对上板施加一个恒定的推力，仅当上板推力与其底面受到的内摩擦力 F 相等时，上板才会以恒定速度 u 沿 x 方向运动。此时，两板间的液体就会分成无数平行的薄层而运动，黏附在上板底面下的一薄层液体以速度 u 随上板运动，其下各层液体的速度依次降低，黏附在下板表面的液层速度为零。实验证明，对于大多数流体，任意毗邻两流体层间产生的内摩擦力 F 与两流体层间的速度差 Δu 成正比，与两层间的接触面积 A 成正比，而与两层间的垂直距离 Δy 成反比，这一关系称为牛顿黏性定律。引入比例系数μ，牛顿黏性定律可写成等式关系，即

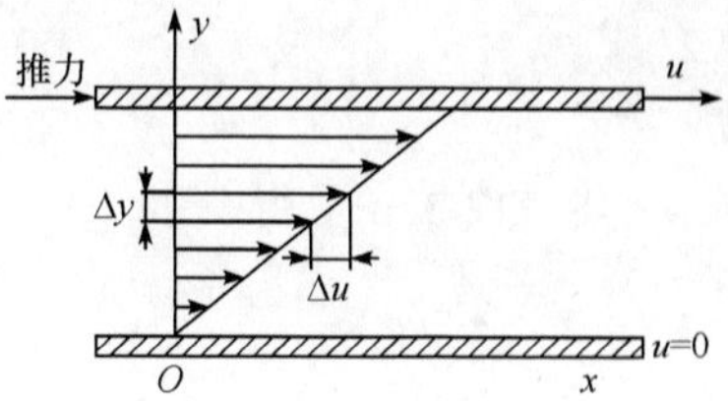

图 2-14 平板间液体速度变化

$$F = \mu \frac{\Delta u}{\Delta y} A \tag{2-31}$$

式中，内摩擦力 F 与作用面 A 平行，又称为剪力。单位面积上的内摩擦力称为内摩擦应力或剪应力，以 τ 表示，则有

$$\tau = \frac{F}{A} = \mu \frac{\Delta u}{\Delta y} \tag{2-32}$$

式(2-32)只适用于 u 与 y 呈直线关系的场合。当流体在管内流动时，径向速度的变化并不是直线关系，而是曲线关系，则有

$$\tau = \mu \frac{\mathrm{d}u}{\mathrm{d}y} \tag{2-32a}$$

式中，$\frac{\mathrm{d}u}{\mathrm{d}y}$ 为速度梯度，即与流体流动方向垂直的 y 方向上流体流速的变化率，1/s；μ 为比例系数，称为黏性系数或动力黏度，简称黏度，单位为 Pa · s，是流体的物性参数。

服从牛顿黏性定律的流体称为牛顿流体，所有气体和大多数液体都属于这一类。反之，

不遵从牛顿黏性定律的流体称为非牛顿流体，如某些高分子溶液、胶体溶液及泥浆等。本章主要讨论牛顿流体。表 2-3 列出了牛顿流体与非牛顿流体的比较。

表 2-3　牛顿流体与非牛顿流体的比较

类型		典型举例	特点	剪应力表达式
牛顿流体		气体、大多数液体	剪应力正比于速度梯度	$\tau=\mu\dfrac{\mathrm{d}u}{\mathrm{d}y}$
非牛顿流体	塑性流体	油墨、泥浆	剪应力超过某临界值后才能流动，剪应力正比于速度梯度	$\tau=\tau_c+\mu\dfrac{\mathrm{d}u}{\mathrm{d}y}$
	假塑性流体	高分子溶液、油漆	表观黏度随速度梯度的增大而降低	$\tau=K\left(\dfrac{\mathrm{d}u}{\mathrm{d}y}\right)^n \quad n<1$
	涨塑性流体	高固体含量的悬浮液	表观黏度随速度梯度的增大而增加	$\tau=K\left(\dfrac{\mathrm{d}u}{\mathrm{d}y}\right)^n \quad n>1$

注：表观黏度指剪应力与速度梯度之比。

2. 流体的黏度

由式(2-32a)可得

$$\mu=\frac{\tau}{\dfrac{\mathrm{d}u}{\mathrm{d}y}} \tag{2-33}$$

由此，黏度的物理意义是：在相距单位距离的两液层中，维持两液层流体流动单位速度差所需要的剪应力。或者是：当流体流动的速度梯度为 1 时，在单位面积上由流体的黏度所产生的内摩擦力的大小。因此，流体的黏度越大，流动性越小。

由牛顿黏性定律导出黏度的 SI 单位是 $\mathrm{N\cdot s/m^2}$，即 $\mathrm{Pa\cdot s}$。目前在一些手册中查得的黏度数据单位多采用物理单位制(CGS 制)单位泊(P)，即 $\mathrm{dyn\cdot s/cm^2}$，为非法定单位，可按以下换算关系换算：

$$1\ \mathrm{P}(泊)=100\ \mathrm{cP}(厘泊)=10^{-1}\ \mathrm{Pa\cdot s}$$

此外，流体的黏度还可以用黏度μ与密度ρ的比值，即运动黏度ν表示，则

$$\nu=\frac{\mu}{\rho} \tag{2-34}$$

运动黏度的 SI 单位是 $\mathrm{m^2/s}$。CGS 制中的单位为 $\mathrm{cm^2/s}$，称为“斯”，以 St(斯托克斯，简称斯)表示。其换算关系为

$$1\ \mathrm{St}(斯)=100\ \mathrm{cSt}(厘斯)=10^{-4}\ \mathrm{m^2/s}$$

流体具有流动性，但不同流体的黏度不同，原因在于不同流体分子间的相互作用不同，导致流体在流动时产生的内摩擦力不同。许多流体的黏度由实验测定并汇集于有关手册。液体的黏度受压强影响较小，但受温度的影响较大，且一般情况下液体的黏度随温度的升高而降低；气体的黏度随温度的升高而增加，只有在极高或极低的压强条件下才需考虑压强对气体黏度的影响。

在工业生产中常遇到各种流体的混合物。对于混合物的黏度，在缺乏实验数据的情况下，可参阅有关资料，选用适当的经验公式进行估算。

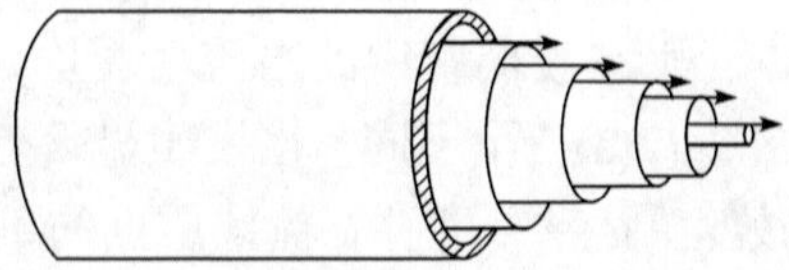

图 2-15　流体在圆管内分层流动示意图

黏度是衡量流体流动性的重要物性参数，黏性的本质是流体分子间的相互作用和分子运动。如图 2-15 所示，实际流体在圆管内流动时，可以看成被分割成无数一层套着一层的极薄圆筒层。流体本身具有黏性，使其与管壁之间存在摩擦力，因此流体在管内任一横截面上各点的流速分布并不相同，管中心处的流速最大，越靠近管壁流速越小，管壁处的流速几乎为零。由于各层速度不同，层与层之间发生相对运动，在分子间力的作用下，运动较快的流体层“拖动”运动速度较慢的流体层，同时运动较慢的流体层则“拖拽”运动较快的流体层。这种流体内部相邻两流体层间的相互作用是流体黏性的表现。因此，黏性可以理解为流体流动性的反面，具有抵抗变形或阻止相邻流体层产生相对运动的性质，是流体流动时产生能量损失的根源。

2.3.2　流体的流动现象

1. 流体的流动形态和雷诺数

1883 年，雷诺(O. Reynolds)通过著名的雷诺实验表明，流体流动时有两种截然不同的流动形态(或流型)，即滞流和湍流。

图 2-16 为雷诺实验装置示意图。水箱 3 内装有溢流装置 6，以维持水箱内水位恒定，箱的底部装有一段直径相同的水平玻璃管 4，管的出口处装有阀门 5 以调节水平玻璃管中水的流速。水箱上方装有带颜色液体(墨水)的小瓶 1，墨水经细管 2 由安置在水平玻璃管中心位置的细针头流入管内。

当管出口处阀门 5 稍开、水在水平玻璃管中的流速不大时，从针头引入水流中心的墨水呈一直线平稳地流过整根水平玻璃管，如图 2-17(a)所示，说明流体的质点只沿着平行于管轴向的流动方向做平滑的直线运动，与其周围的流体在径向上无宏观的混合，这种流动形态称为滞流或层流。

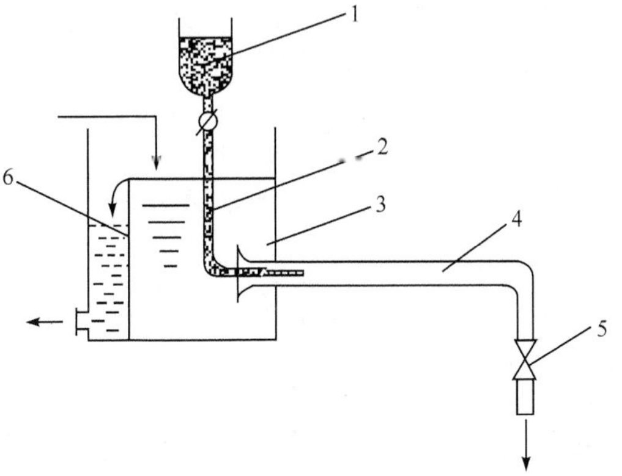

图 2-16　雷诺实验装置示意图

1. 小瓶；2. 细管；3. 水箱；4. 水平玻璃管；5. 阀门；6. 溢流装置

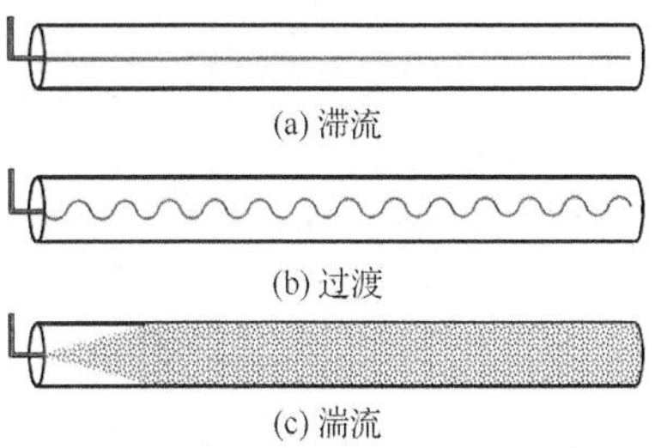

图 2-17　流体的流动类型示意图

随着阀门的开启，水流速度逐渐增加，当增加到一定程度后，墨水的直线开始抖动、弯曲，呈现波浪形，如图 2-17(b)所示，说明流体的质点在沿着管的轴线方向运动的同时，也有径向方向的移动。

继续增大阀门开度，墨水线开始断裂并被冲散到整个管中，最后完全与水流主体混为一体，水平玻璃管中的水流呈现均匀的颜色，如图 2-17(c)所示，说明此时流体的流动状态与图 2-17(a)所示不同，已发生显著变化。流体质点除流动方向上的轴向运动外，还向其他方向做随机运动，即存在流体质点的不规则运动，且彼此混合，这种流动形态称为湍流或紊流。

大量的雷诺实验表明：影响流体流动形态的因素除了流速 u 外，还有流体的密度ρ、黏度μ 以及流体流道的几何尺寸(如管径 d)等因素有关。雷诺将这些因素归纳成一个数群，判断流体的流动形态，称为雷诺数，用 Re 表示，即

$$Re = \frac{du\rho}{\mu} \tag{2-35}$$

雷诺数是一个量纲一的复合数群，是一个特征数，计算时无论采用何种单位制，只要数群中各物理量的单位一致，算出的 Re 值必相等，且量纲为一(即没有物理量单位)。

通过雷诺实验的大量测试计算可以证明，流体在直管中流动，当 $Re \leqslant 2000$ 时，流动类型为滞流(或层流)，此区域称为层流区；当 $Re \geqslant 4000$ 时，流动类型属于湍流(或紊流)，此区域称为湍流区；当 $2000 < Re < 4000$ 时，流动类型可能是滞流，也可能是湍流，该区域称为过渡区。过渡区并非表示一种过渡的流动形态，而只是表示该区域内的流体处于一种不稳定的状态，可能出现滞流，也可能出现湍流，究竟出现哪一种流型往往取决于外界的干扰条件。

2. 滞流和湍流的比较

流体充满导管做定态流动时，滞流和湍流的区分不仅在于 Re 的不同，更重要的是它们的流动特征有明显的区别。

滞流的特征：如图 2-18(a)所示，当流体在圆管内做滞流流动时，流体的质点在平行于中心轴的方向(轴向)上做一层滑过一层的移动，层与层之间没有明显的干扰。层间分子只因分子扩散运动而转移。流体的流速按断面(在径向上)呈抛物线规律分布，紧靠管壁处的流速几乎为零，管中央处的流速最大，管内流体的平均流速是最大流速的 0.5 倍。

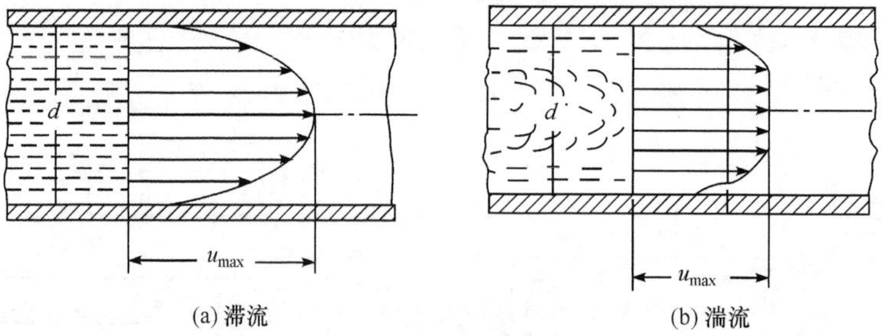

图 2-18　圆管内速度分布

湍流的特征：如图 2-18(b)所示，流体在圆管内做湍流流动时，流体质点间产生剧烈的骚扰涡动，轴向上一层滑过一层的黏性流动基本消失，只有在靠近管壁处还保留滞流状态。在靠近管中央相当大的范围内流体的流速接近最大流速，管内流体的平均流速约为最大流速的 0.8 倍。

流体在管内做湍流流动时，无论主体的湍动程度如何剧烈，在靠近管壁处总有一薄层流

体做滞流运动，这一薄层流体称为滞流内层或滞流底层。滞流内层的厚度虽然随着雷诺数 Re 的增大而减小，但它永远不会消失。滞流内层的存在对传热和传质等单元过程都有重要的影响。

思考　为什么工业生产中流体的输送大多数是以流体的湍流形态进行输送的?

【例 2-10】　在 Φ 168 mm×5 mm 的无缝隙钢管中输送原料油，已知油的黏度为 0.082 Pa · s，密度为 910 kg/m^3，试求原料油在管中做滞流时的临界速度。

解　层流时 Re 的临界值为 2000，$Re=(du\rho)/\mu$，其中

$$d=168-2\times5=158(\text{mm})=0.158(\text{m})$$

代入

$$Re=(du\rho)/\mu=2000$$

则临界速度为

$$u=2000\times0.082/(0.158\times910)=1.14(\text{m/s})$$

3. 边界层及边界层的分离

如图 2-19 所示，流体沿平板的固定壁面流动。在进入平板前，流体以均匀的流速 u_s 流动。当流体进入平板的固定壁面后，流体的黏性使紧靠壁面的流体层呈静止状态，这一静止流体层与其垂直方向上相邻的流体层之间又因黏度而产生内摩擦力，导致相邻流体层的流动速度逐渐减慢。这种减速作用将由壁面开始逐层向流体中心传递，使流体在垂直于流动方向上产生速度梯度。离壁面越远，减速作用越小，流体的流速越接近未受壁面影响时的流速 u_s。

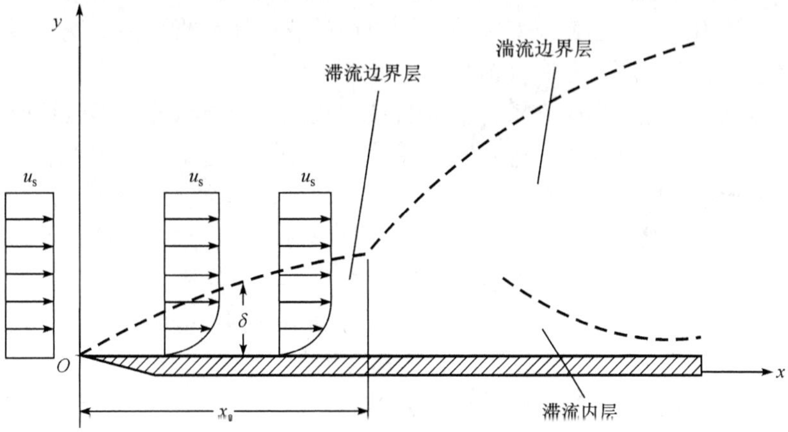

图 2-19　平板上的流动边界层

1904 年，普朗特(L. Prandtl)首先提出流动边界层的概念，即流体受壁面影响而存在较大速度梯度的区域称为流动边界层，简称边界层。由于边界层内的减速作用是逐渐消失的，工程上一般规定边界层的厚度 δ 为自壁面到流速达到主体流速 99%($0.99u_s$)区域的垂直距离，这种人为规定对解决实际问题时所引起的误差可以忽略不计。

边界层内具有明显的速度梯度，即使流体的黏度很小，摩擦应力 τ 也很大，流体的流动阻力主要集中在这一区域。边界层内流体的流动形态可能是滞流也可能是由滞流转变为湍流，但在靠近壁面处，总有一薄层滞流内层存在。边界层以外，速度梯度小到可以忽略不计，黏性几乎不起作用，摩擦应力 τ 也可忽略，故此区域的流体可视为理想流体，这一区域也称为

流体的外流区或主流区。

边界层概念的应用很方便地阐明了流体产生流动阻力的机理，为计算和减小流体流动阻力提供了理论依据。如果将流体边界层的概念进一步与传热、传质和化学反应等结合起来，还可以产生温度边界层、浓度边界层和反应边界层等理论。这为阐明传热、传质和化学反应等的机理，计算流体传递过程中的浓度分布、传热分系数、温度分布、传质分系数以及反应速率等奠定了基础，也为传热、传质等过程的强化指明了方向。

在工业生产中，遇到更多的是流体进入圆管中的流动。当流体以均匀的流速进入圆管时，如图 2-20 所示，流体受黏度的影响而产生速度梯度，在其入口处开始形成边界层。虽然边界层开始只占管壁处很薄的一层环状区域，但随着管内流动距离 x 的增加，边界层逐渐加厚，并有向管中心处汇合的趋势。根据进入管口的流速 u_s，可以分为两种情况。其一是流速 u_s 较小，如图 2-20(a)所示，边界层汇合后占据了全部管截面，此后边界层的厚度维持不变，等于管道半径；其二是流速 u_s 较大，如图 2-20(b)所示，进口区域先形成滞流边界层，然后逐渐过渡到湍流边界层，以至于在管中心区域汇合形成充分发展的湍流。

从管进口到形成边界层所经历的管长 x_0 称为稳定段长度或进口段长度。此长度 x_0 的大小与管的形状、壁面粗糙度、流体的性质及雷诺数等因素有关。

如图 2-20 所示，光滑圆管中滞流边界层的稳定段长度近似为

$$x_0 = (0.05\sim0.06)Re \cdot d \tag{2-36}$$

当圆管内流体为湍流时，其湍流边界层的滞流内层厚度可用式(2-37)近似估算：

$$\delta = 61.5d/Re^{7/8} \tag{2-37}$$

在完全发展的边界层汇合时，若边界层内的流动还是滞流，则以后的管内流动为滞流；若在汇合前边界层内的流动已发展为湍流，则以后的管内流动将变为湍流。只有在稳定段长度之后，管内各截面上的流速分布和流型才会保持不变。

边界层分离现象也经常发生在流体流经管件、阀门、管道截面突然收缩或扩大、突然改变流动方向等处。流体以均匀的流速流过平板或直径相同的管道时，边界层是紧贴在壁面上的。但如果流体流过曲面，如球体、圆柱体或其他几何形状物体的表面时，会出现流动边界层与固体壁面分离的现象，并在发生边界层分离处形成旋涡，加剧流体质点间的相互碰撞，损耗流体的能量。这种边界层与壁面脱离的现象称为边界层分离。如图 2-21 所示，流体流过圆柱体时，在圆柱表面 ABC 处逐步形成边界层，并因流动截面受阻而在 B 处流速最大，静压强最小。B 点以后，流道扩大，流速下降，静压强增加，以至于在 C 处静压强的作用下局部流体产生逆向流动或旋涡，使边界层从壁面分离。

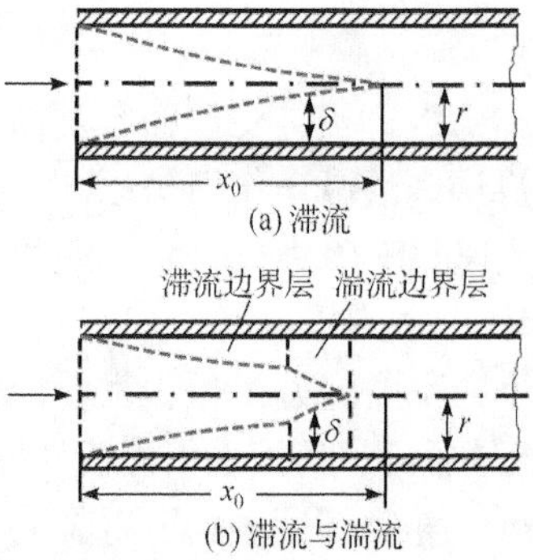

图 2-20　圆管内的流动边界层

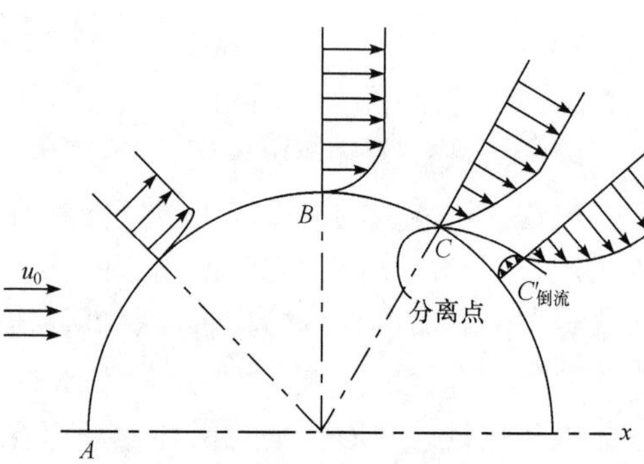

图 2-21　流体流过圆柱体表面的边界层分离

2.3.3　流体管内流动阻力的计算

实际流体在直管中流动时，因内摩擦力而产生的阻力称为直管阻力，用 h_f 表示。流体流经管路中的弯头、阀门以及截面的突然扩大或缩小等局部障碍时，因形成涡流而引起的阻力称为局部阻力，用 h_f' 表示。因此，伯努利方程中的 $\sum h_f$ 项是指所研究的管路系统中的总能量损失(即总阻力损失)，是系统中直管阻力损失 h_f 和局部阻力损失 h_f' 之和，即

$$\sum h_f = h_f + h_f' \tag{2-38}$$

1. 流体在圆形直管中的流动阻力

如图 2-22 所示，不可压缩流体以一定的流速 u 在直径为 d 的水平直管中做定态流动，在没有外功加入的情况下，流体在截面 1-1′和 2-2′之间受到的直管阻力损失为 h_f，列伯努利方程为

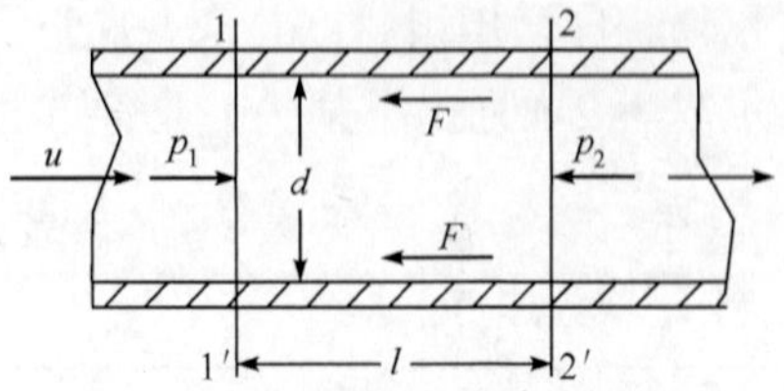

图 2-22　直管阻力通式的推导

$$gz_1 + \frac{u_1^2}{2} + \frac{p_1}{\rho} = gz_2 + \frac{u_2^2}{2} + \frac{p_2}{\rho} + h_f$$

式中，$z_1 = z_2$，$u_1 = u_2$，因此

$$p_1 - p_2 = \rho h_f$$

对 1-1′和 2-2′截面之间的流体柱进行受力分析，由于流体柱在两截面之间处于匀速定态流动状态，其所受的阻力和推动力应处于平衡状态，即推动整个流体柱向前运动的净压力 F' 应等于作用于流体柱表面的摩擦阻力 F。设流体与管路壁面的内摩擦应力为 τ，则摩擦阻力 F 为

$$F = \tau \pi d l$$

推动力 F' 为

$$F' = \frac{\pi}{4} d^2 (p_1 - p_2)$$

摩擦阻力 F 等于推动力 F'，则

$$\tau \pi d l = \frac{\pi}{4} d^2 (p_1 - p_2)$$

代入 $p_1 - p_2 = \rho h_f$，则有

$$\tau \pi d l = \frac{\pi}{4} d^2 \rho h_f \Rightarrow h_f = \frac{4\tau l}{d\rho} = \frac{8\tau}{\rho u^2} \frac{l}{d} \frac{u^2}{2}$$

令 $\lambda = \dfrac{8\tau}{\rho u^2}$，则

$$h_f = \lambda \frac{l}{d} \frac{u^2}{2} \tag{2-39}$$

式(2-39)为圆形直管内流体流动阻力的通式，称为范宁(Fanning)公式。根据能量的不同表示形式，范宁公式也可将阻力损失写成用液柱高度 H_f 和压强 Δp_f 表示的形式：

$$H_{\mathrm{f}}=\lambda\frac{l}{d}\frac{u^2}{2g} \tag{2-39a}$$

$$\Delta p_{\mathrm{f}}=\lambda\frac{l}{d}\frac{\rho u^2}{2} \tag{2-39b}$$

范宁公式对滞流和湍流均适用，式中λ为无量纲系数，称为摩擦系数，与流体的流动形态、雷诺数 Re 及管壁粗糙度等因素有关。

化工生产上所铺设的管道，按其材料性质和加工情况，大致可分为光滑管和粗糙管。常把黄铜管、玻璃管、塑料管等列为光滑管，把钢管和铸铁管等列为粗糙管。即使同一材质的管道，由于磨损、腐蚀及结垢等的程度不同，管壁的粗糙程度也会发生很大的变化。管壁的粗糙程度常用粗糙度表示。通常，管壁粗糙面突出部分的平均高度称为绝对粗糙度，以 ε 表示。表 2-4 列出了某些工业管道的绝对粗糙度。

表 2-4　某些工业管道的绝对粗糙度

管道类别		ε/mm
金属管	无缝黄铜管、钢管及铝管	0.01～0.05
	新的无缝钢管或镀锌铁管	0.1～0.2
	新的铸铁管	0.3
	轻度腐蚀的无缝钢管	0.2～0.3
	显著腐蚀的无缝钢管	0.5 以上
	旧铸铁管	0.85 以上
非金属管	干净玻璃管	0.0015～0.01
	橡皮软管	0.01～0.03
	木管道	0.25～1.25
	陶土排水管	0.45～6.0
	很好整平的水泥管	0.33
	石棉水泥管	0.03～0.8

摩擦系数λ除与绝对粗糙度 ε 有关之外，还与管道管径有关，因此常用相对粗糙度反映管壁的几何特性对流体流动阻力的影响。绝对粗糙度 ε 与管道直径 d 的比值 ε/d 称为相对粗糙度。

1) 滞流时的摩擦系数

滞流时，流体做一层滑过一层的流动，管壁上凹凸不平的地方都被液体层覆盖，由于流体的流动速度也比较缓慢，流体对管壁凸出部分没有显著的碰撞作用，流体的流动阻力遵从牛顿黏性定律，主要来自流体层与层之间的内摩擦力。所以，滞流时的摩擦系数λ与管壁的粗糙度无关，只与 Re 有关。

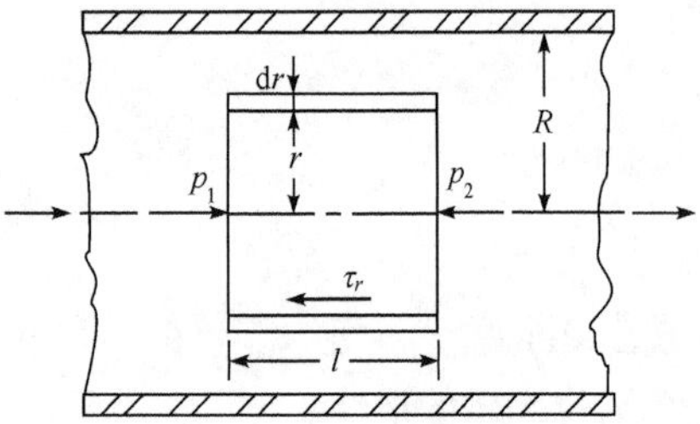

图 2-23　λ与 Re 关系推导

如图 2-23 所示，流体在半径为 R 的水平管道中做滞流流动，于距离管轴心 r 处任取一长度为 l 的流体柱作为研究对象，设距管中心 r 处流体的流速为 u_r，相邻流体层$(r+\mathrm{d}r)$处的速度为$(u_r+\mathrm{d}u_r)$，作用于流体柱两端面的压强分别为 p_1 和 p_2，则作用于流体柱的推动力为

$$(p_1 - p_2)\pi r^2 = \Delta p_f \pi r^2$$

由牛顿黏性定律可知，流体流动时相邻层流体产生的内摩擦力为

$$F = \tau_r A = -\mu \frac{du}{dr} A = -\mu(2\pi rl)\frac{du_r}{dr}$$

流体在管内做定态流动，推动力与阻力大小相等，方向相反，则

$$\Delta p_f \pi r^2 = -\mu(2\pi rl)\frac{du_r}{dr}$$

整理上式并确定积分上、下限，当 $r = 0$ 时(管中心线处)，$u_r=u_{max}$；当 $r=R$ 时(管壁处)，$u_r=0$，得

$$-\frac{\Delta p_f}{2\mu l}\int_R^0 r dr = \int_0^{u_{max}} du_r$$

积分整理得

$$\Delta p_f R^2 /2 = 2\mu l u_{max}$$

滞流时，$u = \frac{u_{max}}{2}$，同时 $d=2r$，代入上式，整理后有

$$\Delta p_f = \frac{32\mu l u}{d^2} \tag{2-40}$$

式(2-40)称为哈根-泊谡叶(Hagen-Poiseuille)公式，是流体在圆管内做滞流流动时的直管阻力计算式。由此可见，滞流时 Δp_f 与 u 成正比。将式(2-40)与式(2-39b)比较，可知滞流时摩擦系数 λ 为

$$\lambda = \frac{64}{Re} \tag{2-41}$$

2) 湍流时的摩擦系数

湍流时，随着 Re 的增加，滞流底层减薄，越来越小的凸出物也会暴露于湍流中，流体质点受到不规则的扰动而造成更大的能量损失，因此湍流时的摩擦系数 λ 不仅与 Re 有关，还与管道的相对粗糙度 ε/d 有关。对于这类复杂问题，在工程上常采用实验的方法建立经验关系式。

对于光滑管，常用的经验关系式有布莱修斯(Blasius)公式：

$$\lambda = 0.3164 Re^{-0.25} \tag{2-42}$$

式(2-42)适用范围为 $Re=3\times10^3$～1×10^5。

对于粗糙管，常用的有科尔布鲁克(Colebrook)公式：

$$\frac{1}{\sqrt{\lambda}} = 2\lg\frac{d}{\varepsilon} + 1.14 - 2\lg\left(1 + 9.35\frac{d/\varepsilon}{Re\sqrt{\lambda}}\right) \tag{2-43}$$

式(2-43)适用于 $\frac{d/\varepsilon}{Re\sqrt{\lambda}} < 0.005$。

经验公式一般都比较复杂，使用起来很不方便。在工程计算中，常将实验数据进行综合整理，再把摩擦系数 λ 与 Re 和 ε/d 之间的关系绘于双对数坐标内，如图 2-24 所示。在使用时，

可以根据 Re 与 ε/d 的值，从图 2-24 中查得 λ 值，该图称为穆迪(Moody)摩擦系数图。

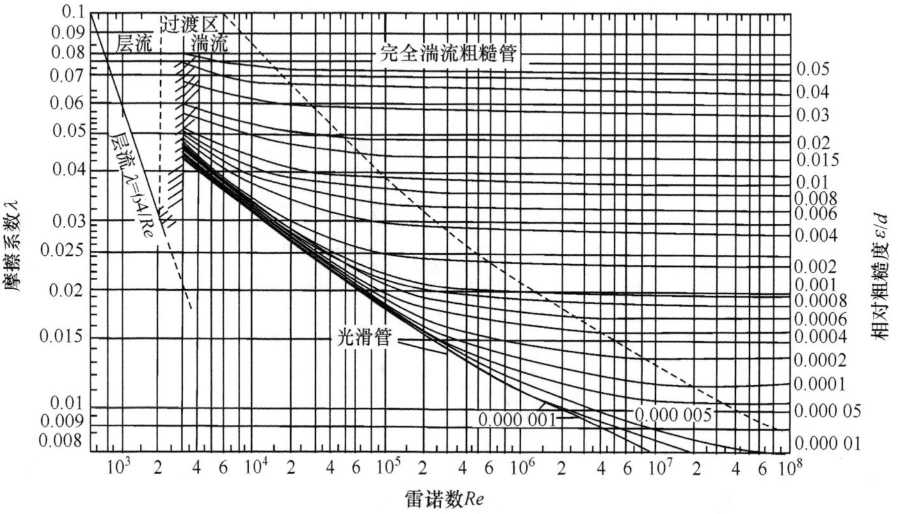

图 2-24　摩擦系数 λ 与雷诺数 Re 及相对粗糙度 ε/d 的关系

根据 Re 的不同，图 2-24 可以分成 4 个不同的区域：

(1) 滞流区，$Re\leqslant 2000$。λ 与 ε/d 无关，仅与 Re 呈直线关系，即 $\lambda=\dfrac{64}{Re}$。

(2) 过渡区，$2000<Re<4000$。在此区域内滞流或湍流的 λ-Re 曲线均可应用。但保险起见，在工程计算中一般将相应的湍流曲线延伸，按湍流处理来查取 λ 值。

(3) 湍流区，$Re\geqslant 4000$ 及虚线以下的区域。此时，λ 与 Re、ε/d 都有关。当 ε/d 一定时，λ 值随 Re 的增大而减小；但当 Re 增大至一定程度后，λ 值下降趋势减缓。同时，当 Re 一定时，λ 随 ε/d 的增加而增大。

(4) 完全湍流区，即图 2-24 中虚线以上的区域。此区域内各 λ-Re 曲线都趋近水平线，即 λ 只与 ε/d 有关，与 Re 几乎无关。对于特定管路，ε/d 一定，λ 为常数，根据范宁公式可知 $h_f\propto u^2$，所以此区域又称阻力平方区。相对粗糙度 ε/d 越大，达到阻力平方区的 Re 越低。

【例 2-11】 有一根铸铁水平直管，长 800 m，内径为 50 cm，以 1000 m^3/h 的稳定流量输送水，已知水的密度为 1000 kg/m^3，黏度为 1×10^{-3} Pa · s，铸铁管的绝对粗糙度为 1.2 mm，求水流经该直管的阻力损失。若改为输送密度为 1260 kg/m^3、黏度为 1.499 Pa · s 的甘油，则其阻力损失为多少？

解　根据已知条件：$l=800$ m，$d=0.5$ m，$\varepsilon=1.2$ mm

$$u=\frac{q_V}{\dfrac{\pi d^2}{4}}=\frac{1000}{3600\times\dfrac{\pi}{4}\times0.5^2}=1.41(\text{m/s})$$

则

$$Re=\frac{d\rho u}{\mu}=\frac{0.5\times1000\times1.41}{10^{-3}}=7.05\times10^5$$

可见水在管内为湍流流动，结合 $\varepsilon/d=1.2\times10^{-3}/0.5=0.0024$，查图 2-24，可知 $\lambda=0.025$。

将以上数据代入范宁公式，则流体流经直管的阻力损失为

$$\Delta p_f=\lambda\frac{l}{d}\frac{\rho u^2}{2}=0.025\times\frac{800}{0.5}\times\frac{1000\times1.41^2}{2}=39\,762(\text{Pa})$$

改为输送甘油时，则

$$Re = \frac{d\rho u}{\mu} = \frac{0.5 \times 1260 \times 1.41}{1.499} = 592.6$$

则

$$\lambda = \frac{64}{Re} = \frac{64}{592.6} = 0.11$$

代入范宁公式，则流体流经直管的阻力损失为

$$\Delta p_f = \lambda \frac{l}{d} \frac{\rho u^2}{2} = 0.11 \times \frac{800}{0.5} \times \frac{1260 \times 1.41^2}{2} = 220\,440(\text{Pa})$$

阻力损失提高了约 5.5 倍。

2. 流体在非圆形直管中的流动阻力

前面讨论的都是流体在圆管内的流动，化工生产中不可避免地会遇到横截面是非圆形的管道。对于非圆形管内的湍流流动，仍可采用在圆形管内流动的阻力公式，但需用非圆形管道的当量直径 d_e 代替圆管直径 d 来进行阻力计算。

$$d_e = 4 \times 水力半径 = 4 \times \frac{过流截面积A}{润湿周边长度\Pi} \tag{2-44}$$

对于由外管内径为 D、内管外径为 d 构成的套管，其环形通道的当量直径为

$$d_e = 4 \times \frac{\frac{\pi}{4}(D^2 - d^2)}{\pi(D+d)} = D - d$$

对于边长分别为 a 和 b 的矩形管道，其当量直径为

$$d_e = 4 \times \frac{ab}{2(a+b)} = \frac{2ab}{a+b}$$

一些研究结果表明，当量直径用于湍流流体的流动阻力计算时，对于矩形通道截面，其长∶宽<3∶1 时比较可靠，而环形截面通道可靠性较差。用于滞流流动阻力计算时，除管径由当量直径代替外，摩擦系数还应用式(2-45)修正：

$$\lambda = \frac{C}{Re} \tag{2-45}$$

式中，C 值根据管道截面的形状而定，见表 2-5。

表 2-5　某些非圆形管的常数 C 值

非圆形管的截面形状	正方形	等边三角形	环形	长方形	
				长∶宽 =2∶1	长∶宽 =4∶1
常数 C	57	53	96	62	73

需要注意的是，当量直径一般只用于非圆形管道流动阻力、雷诺数的计算，而不能用于流通面积、流速和流量的计算。

3. 局部阻力损失的计算

与直管阻力损失的沿程均匀分布不同，管路中的局部阻力损失多集中在流体流过的管件处，因产生大量的涡流而损失机械能。

局部阻力损失的计算一般采用两种方法，即阻力系数法和当量长度法。

1) 阻力系数法

阻力系数法是将局部阻力所引起的能量损失用动能的倍数表示，即

$$h_f' = \zeta \frac{u^2}{2} \tag{2-46}$$

式中，ζ为局部阻力系数，由实验测定；流速 u 取小管中的流速。

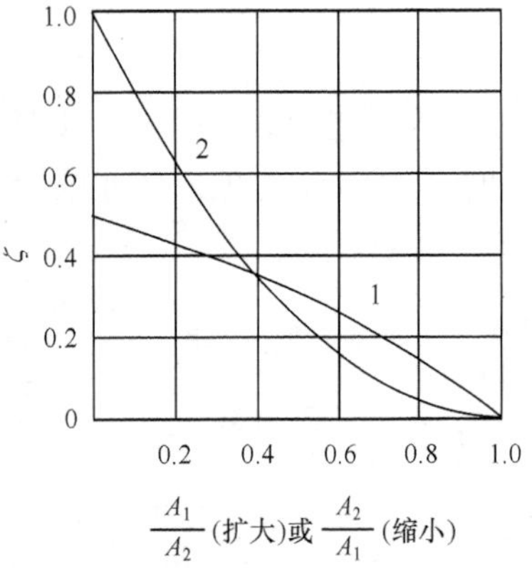

图 2-25　管路直径突然缩小和突然扩大的局部阻力系数

1. 突然缩小；2. 突然扩大

图 2-25 为管路直径突然扩大或突然缩小时对应的局部阻力系数，几种常见局部阻力系数可采用如下处理方法：

(1) 管路的突然扩大与突然缩小。流体由于管路直径的突然扩大或突然缩小产生的能量损失可按式(2-46)计算，局部阻力系数可根据小管的截面积 A_1 与大管的截面积 A_2 之比，从图 2-25 中的对应曲线查得。

(2) 管路的进口与出口。当流体从容器进入管内时，可看作从很大的截面 A_1 突然流入很小的截面 A_2，即 $A_2/A_1 \approx 0$，这种原因造成的阻力损失常称为进口阻力损失，从图 2-25 曲线 1 查得进口阻力系数 $\zeta_c=0.5$。

当流体从管口进入容器或从管口直接排放到外部空间时，可看作从很小的截面 A_1 突然扩大到很大的截面 A_2，即 $A_1/A_2 \approx 0$，这种原因造成的阻力损失常称为出口阻力损失，从图 2-25 曲线 2 查得出口阻力系数 $\zeta_e=1$。

应予指出，流体从管口直接排放到管外空间时，若出口截面选在管出口内侧，表示流体未离开管路，截面上仍具有动能，出口损失不应计入系统的总能量损失内，即 $\zeta_e=0$；若截面选在管出口外侧，则表示流体已经离开管路，此时截面上的动能为零，而系统的总能量损失中应包含出口的阻力损失，即 $\zeta_e=1$。

2) 当量长度法

当量长度法是将流体流过弯头、接头或阀门等的局部阻力损失折合成相应长度的直管所造成的摩擦阻力损失来计算，即

$$h_f' = \lambda \frac{l_e}{d} \frac{u^2}{2} \tag{2-47}$$

式中，l_e 即为对应管件折合成对应直管后的当量长度，单位 m。它表示流体流经某管件的局部阻力损失相当于流体流过与其管径相同、长度为 l_e 的直管的阻力损失。

当量长度的值由实验测定，湍流情况下，某些管件与阀门的当量长度可从图 2-26 的共线图中查得。

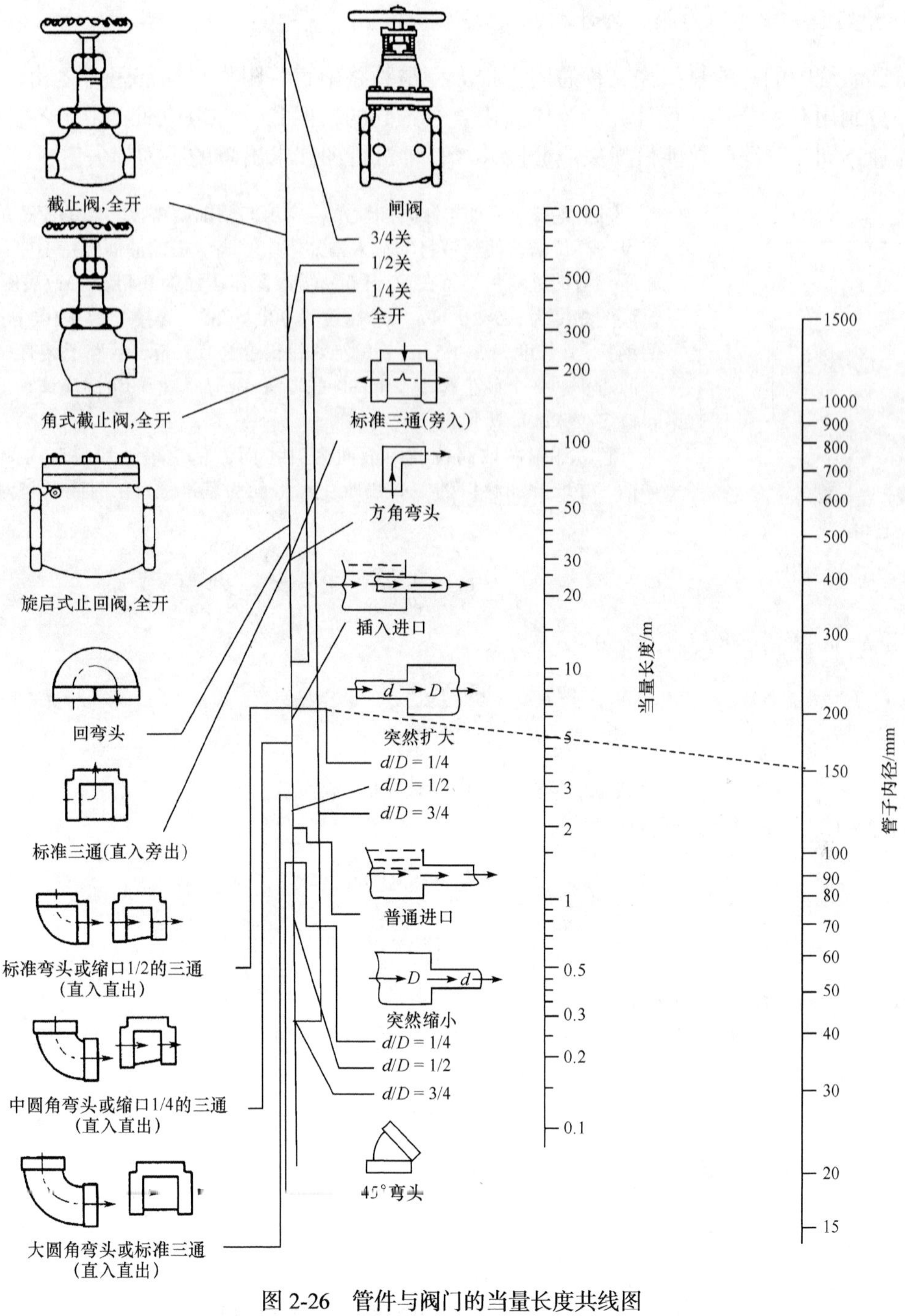

图 2-26　管件与阀门的当量长度共线图

在查取时，将图中左侧表示对应管件的点和右侧表示对应内径的点用直线相连，连接直线与表示当量长度的中间直线相交，交点处所对应当量长度直线上的值即为对应管件的当量长度 l_e。

有时也用 l_e/d 表示局部阻力的当量长度，各管件的 l_e/d 值可从相关化工手册中查到。

4. 管路系统中总阻力损失的计算

管路系统中的总能量损失又称总阻力损失，是管路中直管阻力与局部阻力之和。这些阻力可以分别用有关公式进行计算。当管路由直径不同的管段和管件组成时，由于各管段和管件的流速不同，管路的总能量损失应分段计算，再进行加和求出总的阻力损失。

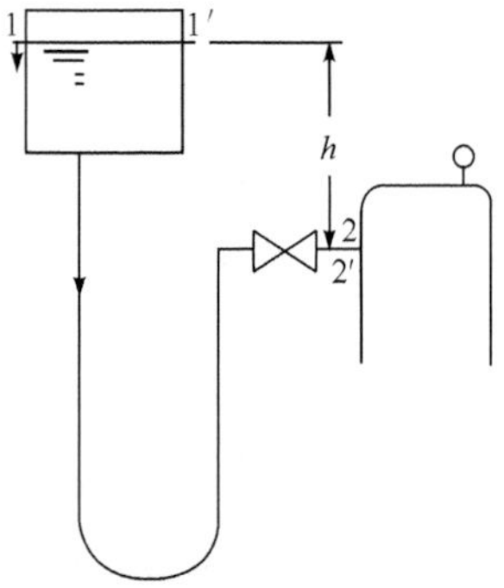

例 2-12 附图

【例 2-12】 如本题附图所示，要求向精馏塔中以均匀的流速进料，现装设一高位槽，使料液自动流入精馏塔中。高位槽的液面保持不变且与大气相通，塔的进料量维持在 50 m³/h，塔内操作压强为 0.4 kgf/cm²(表压)。已知料液的黏度为 1.5×10^{-3} Pa · s，密度为 900 kg/m³，连接管为 Φ108 mm×4 mm 的钢管，其长度为 h+1.5 m，管壁绝对粗糙度为 0.3 mm，管路上装有一个 180°的回弯头、一个截止阀、一个 90°的弯头。则高位槽的液面应该高出塔的进料口多少米才能达到要求？

解 如附图取高位槽内液面为 1-1′面，精馏塔的加料口内侧为 2-2′截面，并取此加料口的中心线所在水平面为基准面。在两截面间列伯努利方程：

$$gz_1+\frac{u_1^2}{2}+\frac{p_1}{\rho}+W_e=gz_2+\frac{u_2^2}{2}+\frac{p_2}{\rho}+\sum h_f$$

式中，$z_1=h$，$u_1\approx 0$，$p_1=0$(表压)，$W_e=0$，$z_2=0$

$$u_2=\frac{q_V}{\frac{\pi}{4}d^2}=\frac{50/3600}{0.785\times0.1^2}=1.77(\text{m/s})$$

$$p_2=0.4\times9.81\times10^4=3.92\times10^4(\text{Pa})(\text{表压})$$

由题意知，d=108−2×4=100(mm)=0.1(m)，则

$$\varepsilon/d=0.3/100=0.003$$

$$Re=\frac{du\rho}{\mu}=\frac{0.1\times1.77\times900}{1.5\times10^{-3}}=1.06\times10^5$$

由图 2-24 查得对应的 $\lambda=0.0275$。

由图 2-26 查出管件阀门当量长度分别为：180°弯头，l_e=10 m；截止阀(按 1/2 开度计)，l_e=28 m；90°弯头，l_e=4.5 m，则

$$\sum l_e=10+28+4.5=42.5(\text{m})$$

管路进口阻力系数 ζ_c=0.5。因此

$$\sum h_f=h_f+h_f'=\left(\lambda\frac{l+\sum l_e}{d}+\zeta_c\right)\frac{u^2}{2}$$

$$=\left(0.0275\times\frac{h+1.5+42.5}{0.1}+0.5\right)\times\frac{1.77^2}{2}=0.43h+19.74$$

将以上数据代入伯努利方程，得

$$gh=\frac{p_2}{\rho}+\frac{u_2^2}{2}+\sum h_f=45.12+0.43h+19.74\Rightarrow h=6.92\text{ m}$$

即高位槽的液面应该高出塔的进料口 6.92 m，才能满足精馏塔的进料要求。

2.4 管 路 计 算

应用流体的连续性方程和伯努利方程可计算实际流体在流动过程中需要输送的流量、应选取的管路管径、阻力损失 $\sum h_f$ 、需要输送设备的类型和功率等，解决实际工作中遇到的流体管路输送问题，这些问题也往往是输送设备的选择和管道布置设计的依据。

2.4.1 管路计算的类型和基本方法

管路计算一般分为设计型计算和操作型计算。设计型计算一般是对于给定的流体输送任务，选用合理且经济的管路。而操作型计算是在管路系统已固定的情况下，要求核算某给定条件下的输送能力或某项技术指标。在管路计算中，由于已知量与未知量情况不同，计算方法也不同。上述两类计算方法归纳起来有以下三种情况：

(1) 已知流体的流量和管道的尺寸、管件等，计算管路系统的阻力损失，以便进一步确定输送设备所加入的外功、设备内的压强或设备间的相对位置等。

(2) 给定流体的流量、管长、所需管件和允许的能量损失等，计算管路直径。

(3) 已知管道尺寸、管件和允许的能量损失等，求管道中流体的流速或流量。

对于第一种情况，计算比较容易，可以根据已知条件与基本关系，直接计算得到结果。对于后两种情况，由于管径或流速未知，无法求取流体流动的 *Re*，这样既无法直接进行流型的判断，又因为λ与 *Re* 是十分复杂的非线性函数，也不能确定摩擦系数，所以计算时如例 2-13，需采用试差法进行计算。

【例 2-13】 用 Φ 108 mm×4 mm 的钢管输送原油，管路总长为 2000 m，管路中允许的压强降为 0.2 MPa，原油的密度为 850 kg/m^3，黏度为 5.0×10^{-3} Pa · s，钢管的粗糙度为 0.2 mm，求管路中的流量。

解　依题意知：$\Delta p_f=2\times10^5$ Pa，d=0.1 m，l=2000 m，ρ=850 kg/m^3，μ=5.0×10^{-3} Pa · s。

根据范宁公式：

$$\Delta p_f = \lambda \frac{l}{d}\frac{\rho u^2}{2}$$

得

$$u = \sqrt{\frac{2d\Delta p_f}{\lambda l \rho}}$$

假设λ为 0.03，将相应数据代入上式，则

$$u = \sqrt{\frac{2d\Delta p_f}{\lambda l \rho}} = \sqrt{\frac{2\times 0.1\times 2\times 10^5}{0.03\times 2000\times 850}} = 0.886(\text{m/s})$$

因此

$$Re = \frac{du\rho}{\mu} = \frac{0.1\times 0.886\times 850}{5.0\times 10^{-3}} = 1.51\times 10^4$$

又

$$\varepsilon/d = 0.2/100 = 0.002$$

查图 2-24 得 $\lambda = 0.031$ ，与假设的λ值不符，进行第二次试算。

假设λ为 0.031，则

$$u=\sqrt{\frac{2d\Delta p_{\mathrm{f}}}{\lambda l\rho}}=\sqrt{\frac{2\times 0.1\times 2\times 10^{5}}{0.031\times 2000\times 850}}=0.871(\mathrm{m/s})$$

核算

$$Re=\frac{du\rho}{\mu}=\frac{0.1\times 0.871\times 850}{5.0\times 10^{-3}}=1.48\times 10^{4}$$

查得 $\lambda=0.031$，与假设的λ值相符，试算结束。

故原油的流量为

$$q_V=3600\times\frac{\pi}{4}\times 0.1^{2}\times 0.871=24.6(\mathrm{m^3/h})$$

2.4.2 简单管路

根据流体输送的管路的连接和铺设情况，可将其分为简单管路和复杂管路。

简单管路是指流体从入口到出口只在一条管路中流动，而没有在流动过程中出现分支或汇合的情况。不同管径管道连接成的管路又称串联管路。其主要特点如下：

(1) 流体通过各管段的质量流量不变，对于不可压缩流体，体积流量也不变。

(2) 整个管路的总阻力损失等于各段阻力损失之和。

前面介绍的例题计算均属于简单管路的计算。

2.4.3 复杂管路

与简单管路不同，复杂管路存在流体的分流或合流，以便使流体从一处分别输送至几处，或由几处汇合于一处。在实际生产中往往会遇到十分复杂的管网排列问题，相应的管路计算也要比简单管路复杂得多，这里仅介绍几种典型的复杂管路及其特点。

1. 分支管路与汇合管路

典型的分支管路或汇合管路是流体由一条总管分流至几条支管，或由几条支管汇合于一条总管。图 2-27 即为一典型的分支管路。流体在这类分支管路中流动的特点如下：

(1) 总管流量等于各支管流量之和，对于不可压缩性流体，有

$$q_{V_C}=q_{V_A}+q_{V_B} \tag{2-48}$$

(2) 虽然各支路的流量不等，但在分支处 O 点的总机械能为一定值，即流体在各支管流动终止时的总机械能与能量损失之和必相等。

因此，有

$$E_O=E_A+\sum h_{\mathrm{f}(AO)}=E_B+\sum h_{\mathrm{f}(BO)} \tag{2-49}$$

图 2-28 为汇合管路，其特点与分支管路类似。

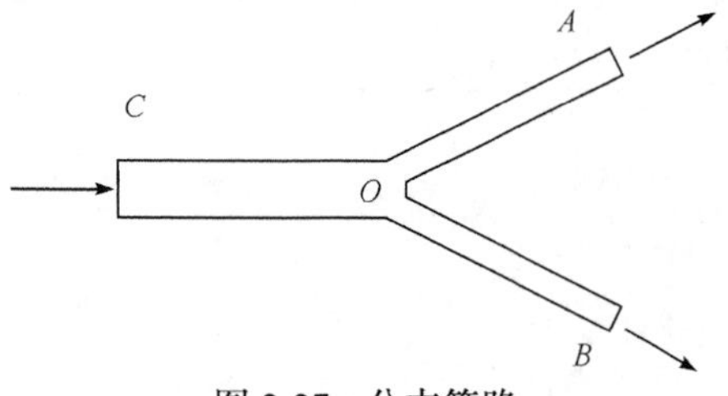

图 2-27　分支管路

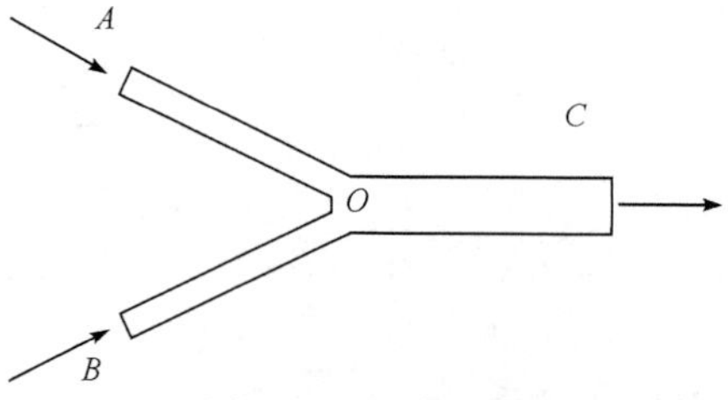

图 2-28　汇合管路

2. 并联管路

并联管路是指管路在主管某处出现分支后，又汇合到一根主管。如图 2-29 所示，并联管路的特点如下：

(1) 总管流量等于各支管流量之和，对于不可压缩流体，则有

$$q_V = q_{V1} + q_{V2} + q_{V3} \tag{2-50}$$

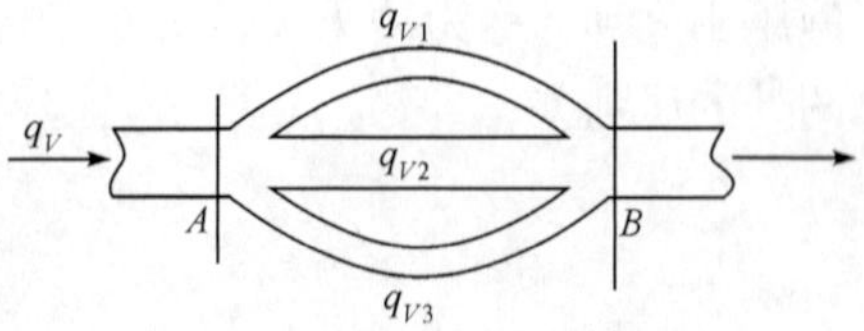

图 2-29　并联管路

(2) 各支管的阻力损失均相等，即

$$\sum h_{f1} = \sum h_{f2} = \sum h_{f3} = \sum h_{(AB)} \tag{2-51}$$

2.5　流速和流量的测量

流体的流量是化工生产过程中的重要参数之一，为了满足生产工艺的要求，经常需要根据操作条件的要求对流体的流量、流速和压强等进行测量和调节。测量流体流速和流量的装置很多，原理各异，且随着科技的进步，流体测量和控制的自动化程度不断提高。这里主要介绍以流体机械能守恒原理为基础的流量测量装置，即测速管、孔板流量计、文丘里流量计和转子流量计等。在这些流量计中，孔板流量计和文丘里流量计属于变压头流量计，即节流口的面积不变，流体流经节流口时所产生的压强差随流量不同而变化；而转子流量计则属于变截面流量计，即流体流经节流口所产生的压强差保持不变，而节流口的面积随着流量的变化而变化。

2.5.1　测速管

测速管又称皮托管(Pitot tube)，由一根弯曲成直角的同心圆管组成。如图 2-30 所示，在皮托管头部，内管在迎流方向开有一个小孔称为总压孔，在该处形成驻点；而外管在头部密封，只在距头部一定距离处开有若干个垂直于流体流向的静压孔。所测静压经均压室均压后输出。使用时，测速管可以放在管界面的任一位置上，内外管的另一端延伸到管路外部，分别与压差计的两端相连接。

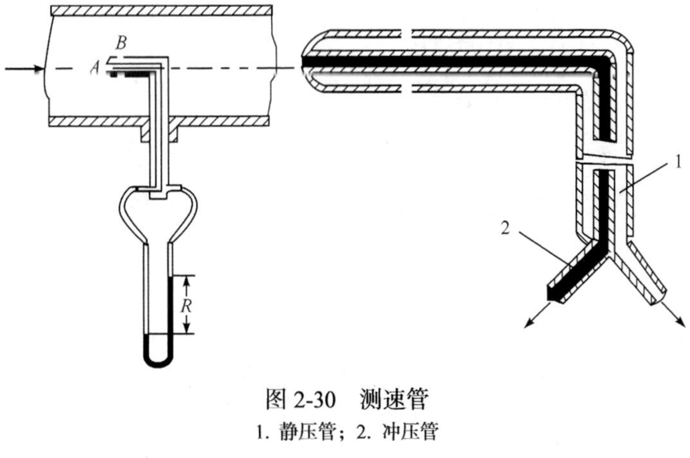

图 2-30　测速管

1. 静压管；2. 冲压管

对于某水平管路，流体以流速 u_r 接近测速管前端，由于测速管内充满被测液体，因此流体在 A 处形成驻点，动压头在 A 处转化为静压头。此时，内管传递出的压头相当于动压头与静压头之和，称为冲压头；而 B 点传递的压头只是静压头。因此，压差计的读数代表了 A、B 两处的压强差，即

$$\frac{u_r^2}{2}=\frac{p_A-p_B}{\rho}$$

若所测流体密度为ρ，指示液密度为ρ_A，U 形管内指示液的读数为 R，则

$$u_r=\sqrt{\frac{2gR(\rho_A-\rho)}{\rho}} \tag{2-52}$$

式(2-52)就是测速管测定管内流速的计算公式。严格来说，由于测速管制造精度等原因，式(2-52)右侧应乘以校正系数 C，通常 C= 0.98～1.00。

使用测速管时应注意以下几点：

(1) 测速管所测得的流速是流体在管内某一点的线速度，因此可用于测定流道中某一截面的速度分布情况。

(2) 要测定管截面的平均流速，可将测速管置于管道中心线上以测量其最大流速 u_{max}，然后根据 u/u_{max} 与按最大流速计算的雷诺数 Re_{max} 的关系曲线，计算管截面平均流速 u，进而求出流量。图 2-31 表示了 u/u_{max} 与 Re、Re_{max} 的关系。

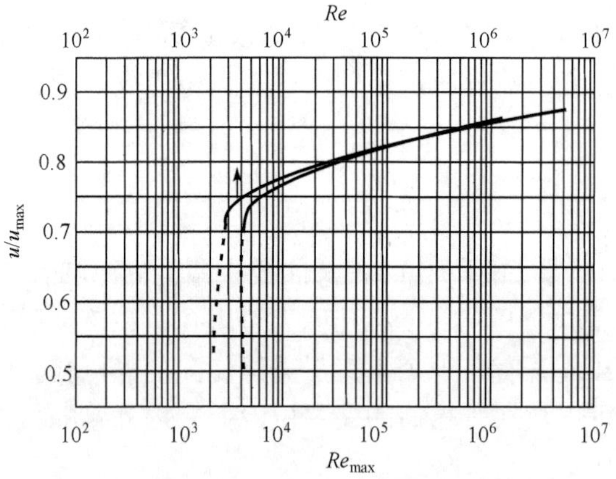

图 2-31 u/u_{max} 与 Re、Re_{max} 的关系

(3) 测速管应放置于流体均匀的流段，且管口截面应严格垂直于流动方向。为此，测量点的上、下游最好各有 50 d(d 为管径)以上的直管距离，至少也应在 12d 以上。

(4) 测速管的直径 d_0 应小于管径 d 的 1/50，即 $d_0<\frac{d}{50}$，以减少对流动的干扰。

测速管装置简单，流动阻力小，适用于测量大直径管道内的气体流速，但不能直接测出平均流速，且一般压差的读数较小，需要放大才能使读数较为准确。

2.5.2 孔板流量计

如图 2-32 所示，孔板流量计的核心部分是在管道中插入一块中央开圆孔的金属板，并将其固定于导管中。金属板上的孔口经过精密加工，从前到后扩大，侧边与管轴线成 45°，称为锐孔。在孔板两侧装有测压管，分别与 U 形管压差计的两侧连接。

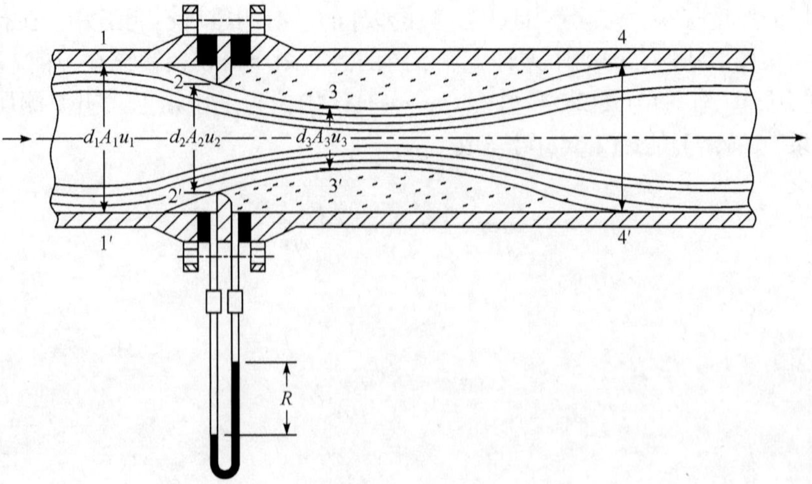

图 2-32　孔板流量计

设不可压缩流体在水平管内流动，取孔板上游流动截面尚未收缩处为 1-1′截面，此处相应的流体流速为 u_1。当流体流过锐孔时，由于流道 2-2′截面的截面积突然缩小，流速 u_2 增加，静压强降低。由于惯性作用，流体经过锐孔后，实际流道将继续缩小，直至截面 3-3′(缩脉)为止，缩脉处流速 u_3 最大，静压强最低。此后，流体流动至截面 4-4′处又恢复到 1-1′截面的流动状态，流速也恢复。因此，可以利用流体流经锐孔前后产生压强差的方法来测量流体流量，流量越大，所产生的压强差也就越大。

若不考虑孔的阻力损失，流体的密度为ρ，在截面 1-1′和 3-3′之间列伯努利方程，有

$$\frac{p_1}{\rho}+\frac{u_1^2}{2}=\frac{p_3}{\rho}+\frac{u_3^2}{2} \tag{2-53}$$

用 A_1 表示管道截面积，由于缩脉处的流道面积 A_3 无法直接测出，因此实际以孔口截面积 A_2、流速 u_2 分别代替 A_3、u_3，则根据连续性方程，有

$$u_1A_1=u_2A_2=u_3A_3$$

结合式(2-53)，则

$$\frac{p_1-p_3}{\rho}=\frac{u_2^2}{2}\left[1-\left(\frac{A_2}{A_1}\right)^2\right]$$

因此，孔口处的流速 u_2 为

$$u_2=\frac{1}{\sqrt{1-(A_2/A_1)^2}}\sqrt{\frac{2(p_1-p_3)}{\rho}} \tag{2-54}$$

考虑流体在截面 1-1′和 3-3′间的阻力损失，需加校正系数 C_1，则式(2-54)可写为

$$u_2=\frac{C_1}{\sqrt{1-(A_2/A_1)^2}}\sqrt{\frac{2(p_1-p_3)}{\rho}} \tag{2-54a}$$

由于孔板的厚度很小，实际连接 U 形管压差计的下游测压口不能正好装在孔板上，常用的一种方法是角接取压法，即把压差计上、下游的两个测压口装在紧靠孔板前、后的位置上。这样测出的压强差(p_a–p_b)与式(2-54a)中的(p_1–p_3)有区别，为了校正上、下游测压口位置，又引入一校正系数 C_2，于是式(2-54a)可写成

$$u_2 = \frac{C_1 C_2}{\sqrt{1-(A_2/A_1)^2}}\sqrt{\frac{2(p_a - p_b)}{\rho}} \tag{2-54b}$$

令

$$C_0 = \frac{C_1 C_2}{\sqrt{1-(A_2/A_1)^2}}$$

则

$$u_2 = C_0\sqrt{\frac{2(p_a - p_b)}{\rho}} \tag{2-55}$$

式中，ρ为被测流体的密度，kg/m^3；C_0 为流量系数，量纲为一，其值由实验测定或由经验关系式确定，通常为 0.6～0.7。

若 U 形管压差计的读数为 R，指示液的密度为ρ_A，则有

$$p_a - p_b = gR(\rho_A - \rho)$$

代入式(2-55)，得

$$u_2 = C_0\sqrt{\frac{2gR(\rho_A - \rho)}{\rho}} \tag{2-56}$$

因此，管道中的体积流量 q_V 为

$$q_V = u_2 A_2 = C_0 A_2\sqrt{\frac{2gR(\rho_A - \rho)}{\rho}} \tag{2-57}$$

孔板流量计在安装时应注意孔板与管道轴线垂直，孔口中心与管道轴线重合。同时，孔板流量计的上游需要至少 10 倍管径长度的直管，下游需要至少 5 倍管径长度的直管作为稳定段。由于孔板流量计的结构简单，制造容易，流量有变化时调换孔板容易，因而应用较为广泛。但流体流经孔板后能量损失较大，且孔口边缘易腐蚀磨损，应定期校正。

2.5.3　文丘里流量计

文丘里流量计(Venturi meter)针对孔板流量计能量损耗较大的缺点，把锐孔结构改成渐缩渐扩管，从而避免了流体流过流量计时出现的突然缩小和突然扩大造成的能量损失。如图 2-33 所示，文丘里流量计测压口的位置是流体进入流量计前和流量计的喉管(文丘喉)处。

由于文丘里流量计与孔板流量计的设计原理类似，所以文丘里流量计的流量计算公式与孔板流量计也类似，即

$$q_V = C_V A_0 \sqrt{\frac{2Rg(\rho_A - \rho)}{\rho}} \tag{2-58}$$

式中，C_V 为文丘里流量计的流量系数，量纲为一，其值同样由实验测定，一般为 0.98～0.99；A_0 为喉管处的截面积，m^2；R 为 U 形管压差计的读数，m；ρ_A 为指示液的密度，kg/m^3；ρ为被测流体的密度，kg/m^3。

文丘里流量计的能量损失小，多用于低压气体输送中的测量。但文丘里流量计加工精度要求高，造价也相应较高，并且安装时流量计本身占据较长的管路位置。

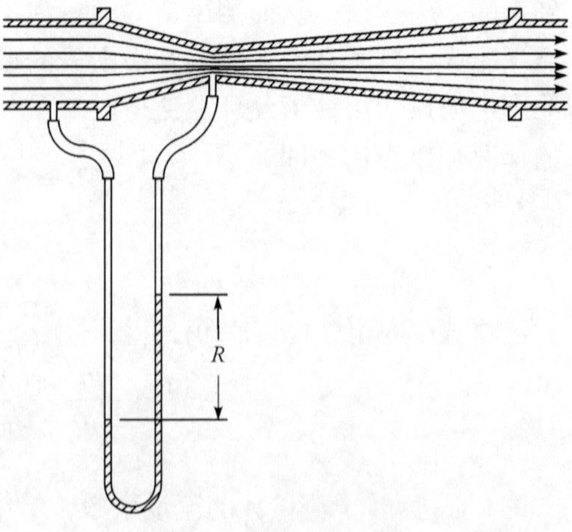

图 2-33　文丘里流量计

2.5.4　转子流量计

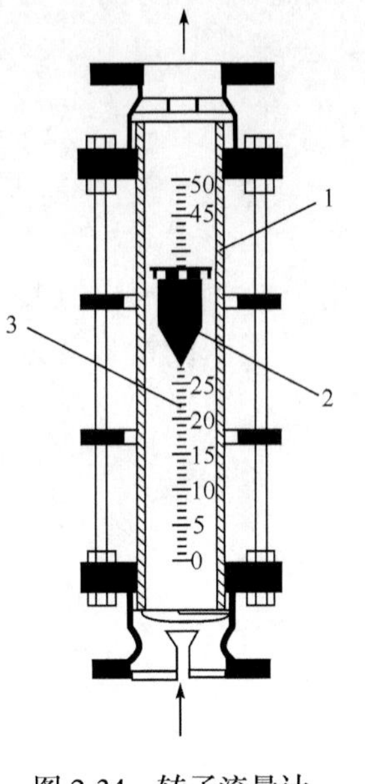

图 2-34　转子流量计

1. 锥形玻璃管；2. 转子；3. 刻度

转子流量计的结构如图 2-34 所示，在一根截面积自下而上逐渐扩大的垂直微锥形玻璃管内，装有一个能够上下自由浮动的转子(或称浮子)，使转子和管内壁之间形成一个下小上大的环隙流道。转子的顶部直径比底部直径略大，材质是金属、玻璃、塑料等，但其密度必须大于所测流体的密度。工作时，被测流体从玻璃管底部进入，经过环隙流道，从顶部流出。

当没有流体通过时，转子处于锥形玻璃管的底部。当被测流体以一定的流量通过转子流量计时，在转子的上、下截面之间形成压力差，造成转子受到向上的上升力作用。当转子受到的上升力与转子所受的重力和浮力达到平衡时，转子将稳定在锥形管的某个高度。这个高度所对应的流量可以通过玻璃管外表面上预先标定好的刻度直接读出，即所测流体的流量。

设转子的体积为 V_f，最大部分的截面积为 A_f，材质密度为ρ_f，被测流体密度为ρ。若转子上、下方环形截面的压强分别为 p_1 和 p_2，则流体流经环隙截面产生的压强差为(p_1-p_2)。当转子在流体中处于受力平衡状态时，有

转子承受的压力差=转子所受的重力−流体对转子的浮力

即

$$(p_1 - p_2)A_f = V_f \rho_f g - V_f \rho g$$

因此

$$p_1 - p_2 = \frac{V_f g(\rho_f - \rho)}{A_f} \tag{2-59}$$

从式(2-59)可以看出，当用固定的转子流量计测量某流体流量时，式中的 V_f、A_f、ρ_f、ρ 均为定值。由于转子受到的压力差是流体通过环隙流道时流速增大造成的，当流体的流量改变时，转子两端的压力差也随之改变，转子在原来位置的受力平衡被破坏，将在另一位置达

到新的受力平衡，从而测出新的流量大小。由于流量与环隙流道的面积成正比，因此流体的流量越大，转子在锥形玻璃管中上升的位置越高，环隙面积越大，这就是转子流量计的工作原理。所以，流体流经环隙流道的流量与压强差的关系可以仿照流体通过孔板流量计小孔时的情况加以表达，即

$$q_V = C_g A_g \sqrt{\frac{2(p_1 - p_2)}{\rho}} \tag{2-60}$$

将式(2-59)代入式(2-60)，得

$$q_V = C_R A_R \sqrt{\frac{2gV_f(\rho_f - \rho)}{A_f \rho}} \tag{2-61}$$

式中，C_R为转子流量计的流量系数，量纲为一，与 Re 及转子形状有关，由实验测定或从手册中获取；A_R为玻璃管与转子之间的环隙面积，m^2。

转子流量计在出厂时一般用 20℃的水或 20℃、0.1 MPa 的空气进行标定，流量值刻在玻璃管上。若在使用流量计时流体的条件与标定条件不符，应进行实验标定或刻度换算。由于同一刻度下 A_f相同，因此

$$\frac{q_{V2}}{q_{V1}} = \sqrt{\frac{\rho_1(\rho_f - \rho_2)}{\rho_2(\rho_f - \rho_1)}} \tag{2-62}$$

式中，下标 1 代表标定流体；下标 2 代表实际工作时的流体。

转子流量计结构简单，读数方便，能量损失小，测量范围宽，能用于腐蚀性流体的测量，应用很普遍，常用于 D_g 为 50 mm 以下的管路系统，耐压 300～400 kPa。但因测量管多为玻璃材质，故不能经受高温高压，同时在安装过程中容易破碎，且安装时必须保持与水平面垂直。

2.6　流体输送机械

在无外功加入的情况下，流体只能从高能位流向低能位。然而，在实际生产过程中，经常需要将流体从低处输送到高处，从低压系统输送到高压系统，或者创造真空系统等，这就需要使用流体输送机械对流体做功，以完成流体输送任务。由于输送流体的性质和状态不同，并且不同的生产工艺条件对流体的输送要求也不同，故在实际工作中针对不同的需要和工况，研制了不同种类的输送机械。一般将输送液体的机械称为泵，将输送气体的机械按不同的工况分别称为通风机、鼓风机、压缩机和真空泵等。这些输送机械按其工作原理大致可以分为以下三类：

(1) 动力式(或叶轮式)。利用高速旋转的叶轮使流体的动能增大，动能继而转变为静压能。典型的是离心式、轴流式输送机械。

(2) 容积式(或正位移式)。利用活塞或转子挤压使流体升压并推动其前进，如往复式、旋转式输送机械。

(3) 其他类型，如喷射式、虹吸管等。

本节以典型的液体输送设备离心泵和气体输送设备往复压缩机为例，简单介绍它们的基本结构、工作原理及相关特性等。

2.6.1　离心泵

离心泵结构简单，操作容易，流量易于调节，且输送液体范围广，因此在工业生产中普遍被采用。

1. 离心泵的构造

离心泵的装置简图如图 2-35 所示，具有弯曲叶片的叶轮 1 安装在泵壳 2 内，并紧紧固定于泵轴 3 上。泵轴 3 由电动机带动旋转。泵壳中央的吸入口与吸入管 4 连接，吸入管路底部装有单向底阀 5，泵壳侧旁的排出口与排出管 6 连接。

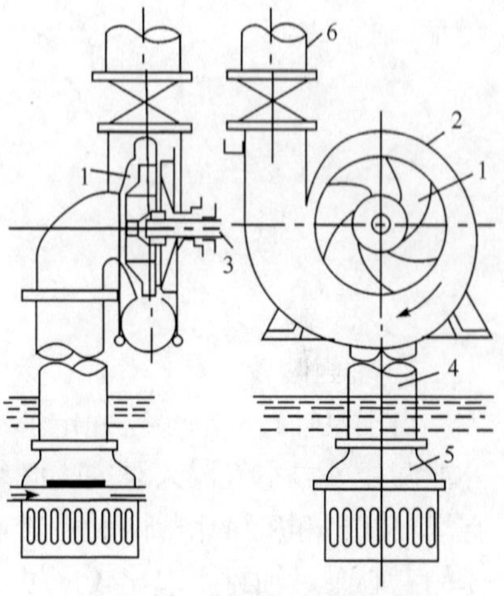

图 2-35　离心泵装置简图

1. 叶轮；2. 泵壳；3. 泵轴；4. 吸入管；5. 底阀；6. 排出管

离心泵的主要部件包括叶轮、泵壳和轴封装置等。

1) 叶轮

叶轮是离心泵的核心部件。离心泵通过快速旋转的叶轮对流体做功，将外部机械产生的机械能传给液体，使通过离心泵的液体的总机械能提高，以至于液体能够克服摩擦阻力及外压力而被输送。工作时，液体借助压力差，从叶轮中央的入口进入叶轮，然后随叶轮高速旋转而获得能量。由于液体沿叶轮径向运动，且叶片之间的流道在逐渐扩大，流体获得的一部分动能转化为静压能，使流体获得较高的静压能从排出管排出。

叶轮通常由若干弯曲叶片组成，按其机械结构可分为开式、半闭式和闭式三种。如图 2-36 所示，闭式叶轮在叶片两侧带有前、后盖板。半闭式叶轮在吸入口一侧无盖板。开式叶轮前、后均没有盖板，仅由叶片和轮毂组成。闭式叶轮适用于输送清洁液体，开式和半闭式叶轮由于流道不易堵塞，适用于输送含有固体颗粒的液体悬浮液。由于没有盖板，液体在叶片间流动时易产生倒流，故相对而言，闭式叶轮的效率较高，半闭式和开式叶轮的效率较低。

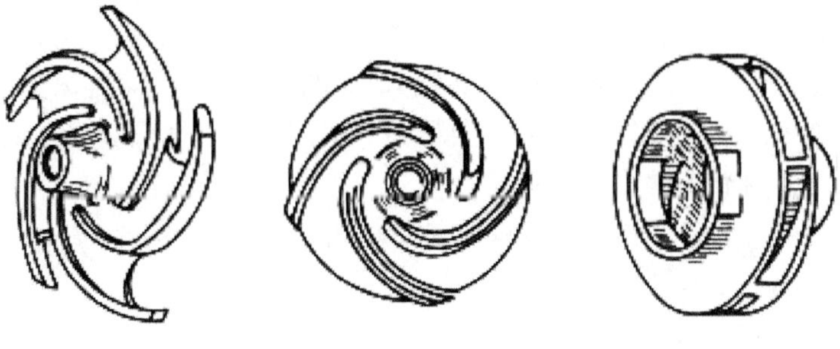

(a) 开式　　(b) 半闭式　　(c) 闭式

图 2-36　离心泵的叶轮

2) 泵壳

离心泵的泵壳是一截面逐渐扩大的蜗牛形流道结构，因此又称为蜗壳。壳内叶轮的旋转方向与流道逐渐扩大的方向一致，如图 2-37 所示。泵壳的主要作用一方面是汇集叶轮抛出的液体；另一方面是提供一个逐渐扩大的流道，使液体的一部分动能转变为静压能。

为了减少叶轮外缘抛出的高速液体与泵壳的碰撞，有时在叶轮与泵壳之间还安装一个导轮(图 2-37)。导轮和叶片间形成了多个逐渐转向的流道，可以减少能量损失，使动能转换为静压能的效率提高。

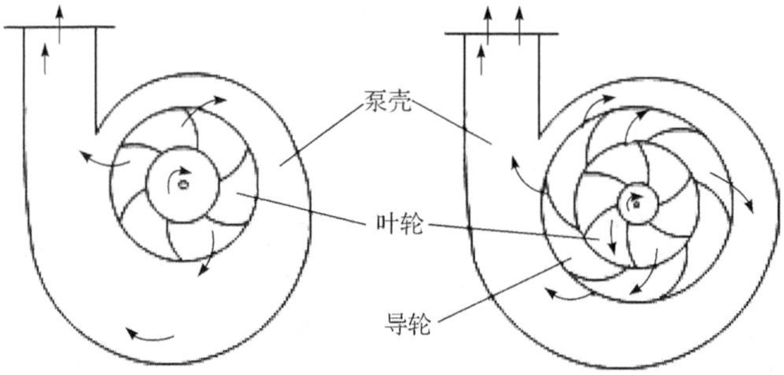

图 2-37　泵壳与导轮

3) 轴封装置

由于泵轴转动而泵壳固定不动，泵轴穿过泵壳处必定有间隙。为了防止泵内高压液体向外泄漏或外界空气漏入泵内，必须采用轴封装置，使泵轴和泵壳之间密封。常用的轴封装置有填料密封和机械密封两种。普通离心泵多采用填料密封。而用于输送酸、碱、油、毒等液体的离心泵对轴封要求比较严格，一般采用机械密封。

2. 离心泵的工作原理

离心泵在启动之前需先向泵壳内灌满被输送的液体。启动后，泵轴带动叶轮高速旋转，迫使叶片间的液体旋转，液体在离心力的作用下自叶轮中心甩向外周并获得能量，这主要表现为离开叶轮外缘流向泵壳的液体因获得外界功而流速显著增加，静压强也有所增加。在泵壳内流道截面积逐渐扩大，会使液体的流速降低，部分动能转换为静压能。最终具有较高静压能的液体从泵的排出口进入排出管，被输送到所需的场所。当液体自叶轮中心甩出外周时，叶轮中心会形成低压区。由于储槽液面上的压强大于泵吸入口的压强，在压强差的作用下，液体被源源不断地吸进叶轮中心，以补充被排出的液体，从而使离心泵完成输送任务。

如果离心泵在启动前，泵内没有灌满被输送的液体而存有空气，由于空气密度很小，叶轮旋转后产生的离心力会显著下降，在叶轮中心形成的低压不足以将储槽内的液体吸入泵内，此时即使启动泵也不能输送液体，这种现象称为气缚。因此，为了避免这种现象的发生，离心泵启动前必须向泵内灌满被输送液体。

思考　离心泵吸入管路底部安装底阀有什么作用？

3. 离心泵的主要性能参数

要正确地选择和使用离心泵，就需要了解离心泵的性能。离心泵的主要性能参数包括转速、流量、压头、效率和轴功率等。

1) 转速

离心泵的转速是指单位时间内离心泵叶轮的转数，通常用符号 n 表示，单位为 r/min。

2) 流量

离心泵的流量是指单位时间内泵输送液体的体积，也称送液能力，用符号 q_V 表示，单位为 m^3/s 或 m^3/h。离心泵的流量与泵的结构、尺寸及转速等有关。

3) 压头

离心泵的压头又称扬程，是指离心泵对单位重量液体提供的有效能量，用符号 H 表示，单位为 m。离心泵的压头与泵的结构、转速及流量等有关，一般通过实验测定。但是把液体从一处输送到另一处需要离心泵提供的能量可以通过伯努利方程计算出来。例如，输送单位重量液体需要离心泵提供的能量可以表示为

$$H = \Delta z + \frac{\Delta p}{\rho g} + H_{\mathrm{f}} \tag{2-63}$$

需要注意，扬程 H 与升举高度 Δz 不是同一概念，扬程是泵的性能，而升举高度则是管路系统的特征。

4) 效率

泵在输送液体的过程中，不可避免地会有能量损失，即泵轴转动所做的功不能全部被液体获得。通常用效率来表示能量损失，用符号 η 表示。

离心泵的效率与泵的类型、尺寸、制造精密度、液体的流量和性质等有关。一般小型离心泵的效率为 50%～70%，大型泵可高达 90%。

5) 轴功率

离心泵的轴功率是指由电动机或其他转动机械直接传递给泵轴的功率，用符号 P 表示，单位为 W 或 kW。而离心泵的有效功率是指液体从叶轮获得的功率，用符号 P_{e} 表示。由于存在能量损失，故泵的轴功率大于有效功率，式(2-30)已表示出二者之间关系为

$$P = \frac{P_{\mathrm{e}}}{\eta}$$

4. 离心泵的特性曲线

离心泵的主要性能参数之间的关系可以通过实验测定，用特性曲线来表示其压头、轴功率、效率和流量之间的关系，如图 2-38 所示。离心泵的特性曲线是分析和选用泵的重要依据。

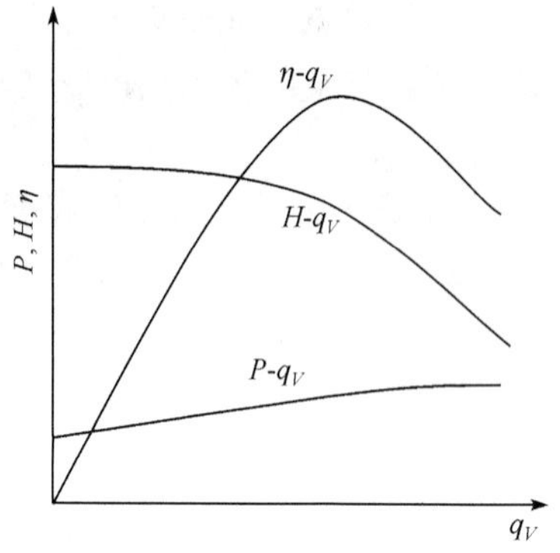

图 2-38　离心泵的特性曲线

离心泵的特性曲线是在固定转速、常压下，用 20℃清水测定的，一般由泵的生产厂商提供，附于泵样本或产品说明书中。各种型号的离心泵都有其独特的特性曲线，但它们都有以下共同点。

1) H-q_V 曲线

H-q_V 曲线表示泵的压头与流量的关系。离心泵的压头一般随流量的增大而下降(在流量极小时可能有例外)。

2) P-q_V 曲线

P-q_V 曲线表示泵的轴功率与流量的关系。离心泵的轴功率随着流量的增大而上升，流量为零时轴功率最小。所以离心泵在启动时应关闭泵的出口阀门，以减小轴功率，从而减小带动泵轴旋转电机的功率。

3) η-q_V 曲线

η-q_V 曲线表示泵的效率与流量的关系。离心泵的效率开始时随流量的增大而增加，达到最大值后，如再继续增大流量，泵的效率反而会下降。这说明离心泵在一定转速下有一效率

最高点，该点称为泵的设计点。离心泵在最高效率所对应的流量与压头下工作最经济，所以与最高效率点对应的 q_V 、H、P 值称为最佳工况参数。离心泵的铭牌上标明的参数就是该泵的最佳工况参数。因此，根据生产任务选用离心泵时，应使所选用的泵在最高效率点附近工作。通常将最高效率的 92%左右的这段工作范围称为泵的高效率区。

由于离心泵的特性曲线是用 20℃水测定的，因此在实际应用过程中，若输送液体的性质与水的性质相差很大，或离心泵的转速、叶轮直径等发生变化时，离心泵的原特性曲线也将发生变化，应对其进行相应校正。

5. 离心泵的安装高度与汽蚀现象

离心泵安装高度的确定是使用离心泵的一个重要问题，因为离心泵在管路中的安装高度将直接影响离心泵的性能、操作状况和使用寿命。

1) 离心泵的汽蚀现象

由离心泵的工作原理可知，离心泵在工作时，叶轮中心(叶片入口)附近会形成低压区，离心泵依靠泵内低压和外界大气压吸入液体。当叶片入口附近的最低压强等于或小于输送温度下液体的饱和蒸气压时，液体进入泵内后将部分汽化并产生气泡。这些因液体汽化而产生的气泡将随液体从低压区流向高压区。在此过程中，气泡在高压作用下迅速凝结或破裂，并在气泡消失处产生局部真空，使周围的液体以极高的速度涌向原气泡处，产生巨大的冲击压力撞击叶片或泵壳，且冲击频率极高。叶轮局部在这种巨大冲击力的反复作用下，材料表面会因疲劳产生蚀点，甚至出现裂缝，这种现象称为汽蚀现象。

离心泵在汽蚀条件下运转时，泵体震动发出噪声，泵的性能如流量、压头和效率会明显降低，严重时泵不能正常操作。

为了避免汽蚀现象的发生，叶片入口附近的压强必须高于输送温度下液体的饱和蒸气压，这一压强与泵的吸上高度密切相关，因此合理地确定离心泵的安装高度是避免汽蚀现象发生的有效措施。

2) 离心泵的允许安装高度

离心泵的允许安装高度也称允许吸上高度，是指离心泵吸入口与储槽液面间允许达到的最大垂直距离 H_g，如图 2-39 所示。

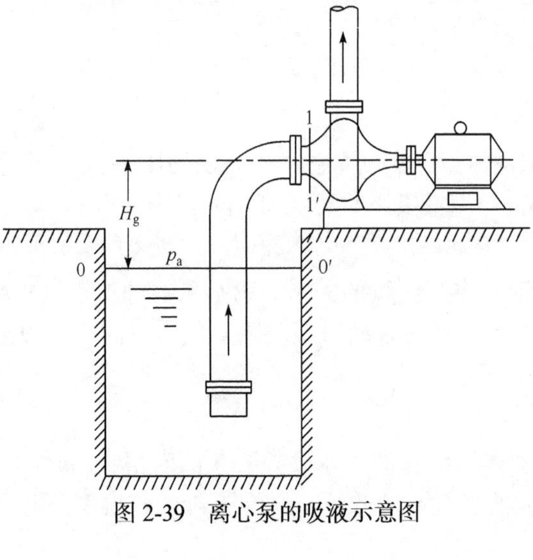

图 2-39　离心泵的吸液示意图

为了避免汽蚀现象的发生，常采用两种指标对泵的安装高度加以限制。

(1) 允许吸上真空度。如图 2-39 所示，假设离心泵在可允许的高度 H_g 下操作，储槽中的液体密度为ρ，压强为 p_a，将液体由 0-0′截面输送到泵入口的 1-1′截面的阻力损失为 $\sum h_f$ ，在储槽液面 0-0′与泵入口处 1-1′截面间列伯努利方程，得

$$H_g = \frac{p_a - p_1}{\rho g} - \frac{u_1^2}{2g} - \sum h_f \tag{2-64}$$

式中，H_g 为泵的允许安装高度，m；p_1 为泵入口处可允许的最低压强，也可写为 $p_{1,\min}$，Pa。

若储槽上方与大气相通，则 p_0 为大气压强，式(2-64)可写为

$$H_g = \frac{p_0 - p_1}{\rho g} - \frac{u_1^2}{2g} - \sum h_f \tag{2-64a}$$

在式(2-64)中，若除去动压头和阻力损失的影响，离心泵入口处可允许达到的最大真空度(或高度)称为允许吸上真空度(或称允许吸上真空高度)H_s'，其表达式为

$$H_s' = \frac{p_a - p_1}{\rho g} \tag{2-65}$$

式中，p_a 为大气压强，Pa；p_1 为泵吸入口处允许的最低绝对压强，Pa；ρ为被输送液体的密度，kg/m^3；H_s'的单位是 m(液柱)。

若已知离心泵的允许吸上真空度，则由式(2-64)和式(2-65)可得

$$H_s = H_s' - \frac{u_1^2}{2g} - \sum h_f \tag{2-66}$$

由此可以看出，H_s'值越大，表明该离心泵在一定操作条件下的抗汽蚀性能越好。H_s'值与泵的结构、流量、被输送液体的性质及当地大气压等因素有关，通常由泵的生产厂家通过实验测定，实验值列在泵样本的性能表中。

泵样本中的 H_s'值是在 10 mH_2O 大气压(9.81×10^4 Pa)下以 20℃的清水为介质测定的。如果输送条件与泵样本所给条件不相符时，应用式(2-67)进行校正：

$$H_s = \left[H_s' + H_a - 10 - \left(\frac{p_v}{9.81\times10^3} - 0.24\right)\right] \times \frac{1000}{\rho} \tag{2-67}$$

式中，H_s 为输送条件下的允许吸上真空度，m 液柱；H_s'为泵样本上的允许吸上真空度，mH_2O；H_a 为泵安装地区的大气压，mH_2O；p_v 为输送条件下液体的饱和蒸气压，Pa；10 为实验测定时的大气压强，mH_2O；0.24 为 20℃时水的饱和蒸气压，mH_2O；1000 为实验温度(20℃)水的密度，kg/m^3；ρ为输送条件下液体的密度，kg/m^3。

(2) 汽蚀余量。离心泵的汽蚀余量是指泵入口处的静压头 $p_1/\rho g$ 与动压头 $u_1^2/2g$ 之和与所输送液体在操作温度下的饱和蒸气压头 $p_v/\rho g$ 之差，用 NPSH 表示，则

$$\text{NPSH} = \frac{p_1}{\rho g} + \frac{u_1^2}{2g} - \frac{p_v}{\rho g} \tag{2-68}$$

当离心泵叶轮入口处的压强减小到与操作温度下的液体饱和蒸气压相等时，泵内即开始发生汽蚀，相应泵入口处的压强 p_1 为最小压强 $p_{1,\min}$，该条件下的汽蚀余量为临界汽蚀余量，

用$(NPSH)_c$表示：

$$(NPSH)_c = \frac{p_{1,\min}}{\rho g} + \frac{u_1^2}{2g} - \frac{p_v}{\rho g} \quad (2\text{-}69)$$

$(NPSH)_c$值与泵的结构及尺寸有关，由生产厂家通过实验测定。为了确保离心泵的正常操作，将所测得的临界汽蚀余量$(NPSH)_c$加上一定的安全量后，称为必需汽蚀余量，用$(NPSH)_r$表示，$(NPSH)_r$将作为泵的性能列入泵的产品样本中。

若已知离心泵的必需汽蚀余量，则由式(2-68)和式(2-64)可得

$$H_g = \frac{p_a - p_v}{\rho g} - (NPSH)_r - \sum h_f \quad (2\text{-}70)$$

通常为了安全起见，离心泵的实际安装高度应比允许安装高度低 0.5～1.0 m。

【例 2-14】 用离心泵从储罐向反应器中输送液态异丁烷，储罐内异丁烷液面恒定。其上方绝对压强为 650 kPa。泵位于储罐液面以下 1.5 m 处，吸入管的全部压头损失为 1.6 m。异丁烷在输送条件下的密度为 530 kg/m³，饱和蒸气压为 635 kPa。在泵的性能表上查得输送流量下泵的必需汽蚀余量为 3.5 m。试确定该泵能否正常操作。

解 要确定该泵能否正常操作，就应核算泵的安装高度是否合适，即能否避免汽蚀现象。可先计算泵的允许吸上高度，以便和实际安装高度进行比较。

泵的允许吸上高度为

$$H_g = \frac{p_0 - p_v}{\rho g} - (NPSH)_r - \sum h_f$$

式中，$p_0 = 650$ kPa，$p_v = 635$ kPa，$\sum h_f = 1.6$ m，$(NPSH)_r = 3.5$ m，则

$$H_g = \frac{(650-635)\times 10^3}{530\times 9.81} - 3.5 - 1.6 = -2.22(\text{m})$$

H_g为负值，表示泵应安装在液面以下，至少应在储槽液面以下 2.22 m 处，而泵的实际安装高度位于储罐液面以下 1.5 m 处，说明泵的安装位置太高，在输送过程中会发生汽蚀现象，使泵不能正常操作。

6. 离心泵的类型

化工生产过程中，被输送液体的性质、压强和流量等差异很大，为了适应不同的要求，离心泵的类型也多种多样。按照输送液体性质的不同，离心泵可以分为清水泵、耐腐蚀泵、油泵、液下泵和杂质泵等；按照吸入方式的不同，离心泵可分为单吸式泵和双吸式泵；按照叶轮数目，离心泵可分为单级泵和多级泵。每种类型的离心泵又有多种规格。为便于区别，用一些字母和数字代表泵的类型和规格，泵样本目录中的型号就是由这些字母和数字组合而成。以下简要介绍几种常用的离心泵。

1) 清水泵(IS 型、D 型、Sh 型)

清水泵应用最广，凡是输送清水以及物理、化学性质类似于水的清洁液体都可以选用清水泵。IS 型水泵为单级单吸悬臂式离心水泵的代号，是最常见的清水泵。当输送要求的压头较高而流量不太大时，可采用多级泵，即在一根轴上串联多个叶轮，液体在几个叶轮中多次接受能量，以达到较高的压头。国产多级泵的系列代号为 D，称为 D 型离心泵。当输送液体的压头要求不高而流量较大时，可以采用双吸泵，因为双吸泵有两个吸入口，且叶轮宽度与直径之比加大。国产双吸泵的系列代号为 Sh。

2) 防腐蚀泵(F 型)

当输送酸、碱等腐蚀性液体时应采用防腐蚀泵，该泵的主要特点是与液体接触的泵的部件是由耐腐蚀材料制造的。

3) 油泵(Y 型)

输送石油产品的离心泵称为油泵。油泵要求有良好的密封性能，以防易燃、易爆物的泄漏。输送高温油品的泵还应对轴承和轴封装置等进行良好的冷却，因此这些部件上都装有冷却夹套。油泵类似于水泵，也有单级和多级、单吸和双吸之分。

4) 杂质泵(P 型)

杂质泵用于输送悬浮液和稠厚的浆液等，这类泵的叶轮流道宽，叶片数目少，常采用开式或半闭式叶轮，其系列代号为 P，又细分为污水泵 PW、砂泵 PS、泥浆泵 PN 等。

7. 离心泵的选用

根据工况选用离心泵时，一般按以下步骤进行。

1) 确定输送系统所需的流量和压头

选择输送系统中的最大流量，根据输送系统管路的安排，利用伯努利方程计算最大流量下管路所需的压头。

2) 选择离心泵的类型和型号

(1) 根据输送液体的性质和操作条件，确定泵的类型。

(2) 按照已经确定的流量和压头，从泵的样本或产品目录中选出合适的型号。所选泵提供的流量、压头与管路要求的流量、压头不完全相符时，考虑到操作条件的变化和备有一定的裕量，所选泵的流量和压头可稍大些，但此条件下泵的效率应较高。

(3) 选好泵型号后，列出泵的各性能指标。

3) 核算泵的轴功率

根据泵的特性参数核算泵的轴功率。

2.6.2 往复压缩机

往复压缩机是一种正位移式气体输送与压缩设备，可获得很高的出口压强。

1. 往复压缩机的结构

往复压缩机主要由汽缸、活塞、吸入阀和排出阀等部件组成。汽缸是一个金属制成的圆筒，外壁设有水夹套或气冷翅片，用于冷却气体因压缩而造成的温度升高。由于汽缸与活塞直接接触摩擦，故要求良好润滑。高压压缩机需要用齿轮泵强制注油，由于油雾污染气体以及气体压缩时原含水蒸气的凝结，因而排出气要经过油和水的分离器。另外，由于往复压缩机排气不匀，常用缓冲罐稳压。要求输出压强高时，常采用多级压缩，这时还要附加中间冷却和中间油水分离器。

2. 往复压缩机的工作原理和理想压缩循环

往复式空气压缩机的工作原理如图 2-40 所示，工作时，压缩机主要依靠活塞的往复运动，将气体吸入和压出。

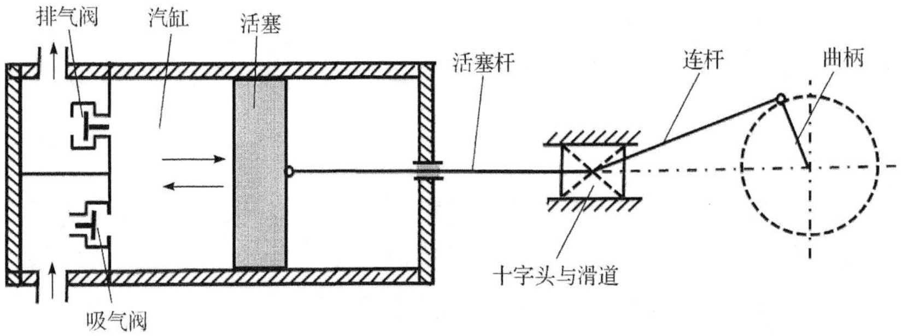

图 2-40　往复式空气压缩机的工作原理

假设单动往复压缩机的理想工作过程为：压缩工质为理想气体；气体在流经吸气、排气阀时，流动阻力忽略不计；压缩机无泄漏；吸入汽缸的气体全部排出。往复压缩机的理想压缩循环可分为 3 个阶段，如图 2-41 所示。

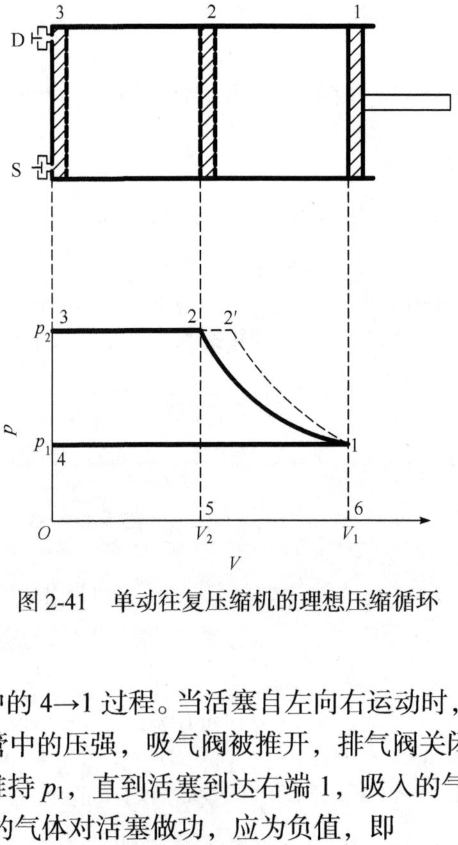

图 2-41　单动往复压缩机的理想压缩循环

1) 吸气阶段

吸气阶段即 p-V 曲线中的 4→1 过程。当活塞自左向右运动时，左边空间变大，压强减小，汽缸内的压强稍低于吸气管中的压强，吸气阀被推开，排气阀关闭，气体被吸入。由于忽略流体阻力，汽缸内的压强维持 p_1，直到活塞到达右端 1，吸入的气体体积为 V_1，这个过程是恒压吸气过程，压强为 p_1 的气体对活塞做功，应为负值，即

$$W_1 = -p_1V_1$$

2) 压缩阶段

此时，活塞自右端 1 处向左运动，压强由 p_1 开始升高，吸气阀被关闭，而排气阀因出口管内的压强比汽缸内压强大，仍然处于关闭状态。压强逐渐升高，气体体积逐渐减小，这一压缩过程若为等温过程，就是 p-V 曲线中的 1→2 过程，若为绝热压缩，则为图中的 1→2′ 过程。这一压缩过程至汽缸内气体压强上升到排气阀外部压强 p_2 为止。这一过程中，活塞对气体做功，按热力学规定应取负值，即

$$W_2 = -\int_{V_1}^{V_2} p\mathrm{d}V$$

3) 排气阶段

当汽缸内的压强达到 p_2 时，排气阀被顶开，排气过程开始，随着活塞继续向左移动，气体在压强 p_2 下排出，活塞移动到端面 3 时，气体全部被排净。该过程为恒压下的排气过程，即 p-V 曲线中的 2→3(或 2′→3)过程。当活塞自左端开始向右移动时，由于缸内无气体，活塞稍一移动，缸内压强立即下降至 p_2，从而开始下一个循环。在排气过程中，活塞对气体做功为

$$W_3 = p_2V_2$$

对于上述理想压缩循环，全部外功应该为

$$\begin{aligned} W &= W_1 + W_2 + W_3 \\ &= -p_1V_1 + p_2V_2 - \int_{V_1}^{V_2} p\mathrm{d}V \\ &= \Delta(pV) - \int_{V_1}^{V_2} p\mathrm{d}V \\ &= \int_{p_1}^{p_2} V\mathrm{d}p \end{aligned}$$

与 p-V 曲线对照，W 值相当于图 2-41 中 1—2—3—4—1 围成的面积，称为压缩机理想压缩循环消耗的理论功。

因此，理想压缩循环过程所需外功只与气体压缩过程有关。根据理想气体的 p-V 关系，对于等温过程，有

$$W = p_1V_1 \ln\frac{p_2}{p_1} \tag{2-71}$$

对于绝热压缩过程，有

$$W = p_1V_1\frac{\kappa}{\kappa-1}\left[\left(\frac{p_2}{p_1}\right)^{\frac{\kappa-1}{\kappa}} - 1\right] \tag{2-72}$$

式中，κ 为绝热压缩指数。

绝热压缩循环时排出气体的温度为

$$T_2 = T_1\left(\frac{p_2}{p_1}\right)^{\frac{\kappa-1}{\kappa}} \tag{2 73}$$

式中，T_1、T_2 分别为吸入、排出气体的温度，K。

如果压缩过程是介于等温过程和绝热过程之间的多变过程，则其压缩循环功和排出气体温度仍可按式(2-72)和式(2-73)计算，只是式中的绝热压缩指数 κ 应以多变指数 m 代替，即

$$W = p_1V_1\frac{m}{m-1}\left[\left(\frac{p_2}{p_1}\right)^{\frac{m-1}{m}} - 1\right] \tag{2-74}$$

$$T_2 = T_1\left(\frac{p_2}{p_1}\right)^{\frac{m-1}{m}} \tag{2-75}$$

3. 实际压缩循环

前述的理想压缩循环是假定吸入汽缸的气体全部排出，这实际上是不可能的，因为排气终了时，为了防止压缩机活塞与汽缸的端面相撞，必须在活塞与汽缸之间留有空隙，此空隙称为余隙。有余隙的理想气体压缩循环又称为实际压缩循环。

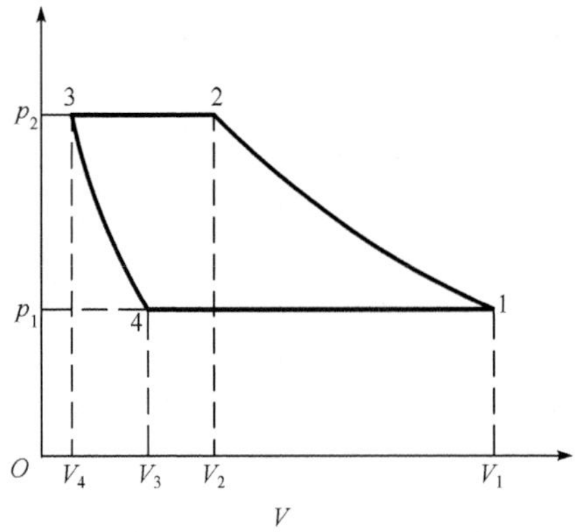

图 2-42　实际压缩循环的 p-V 曲线

由于余隙的存在，活塞不可能将所有的高压气体全部排出，因而使压缩机的工作循环与理想压缩循环有区别。从图 2-42 的 p-V 曲线可知，活塞在下一个吸气过程中必须先等余隙中的残余气体膨胀到进气压强 p_1(即点 4)时，才能开始吸气。因此，压缩机的每一个实际压缩循环都是由吸气、压缩、排气和余隙气体膨胀四个连续过程组成。封闭曲线 4—1—2—3—4 表示一个完整的工作循环过程。

4. 多级压缩循环

由式(2-73)可以看出，若要求气体的压缩比 p_2/p_1 越大，则气体终了时的温度越高。由于受到润滑油工作条件的限制，气体的温度不允许太高，否则润滑油黏度下降，性能恶化，甚至着火引发事故。因此，各个压缩机都规定了压缩终了时的温度，加上余隙的存在，仅采用单级压缩不可能获得压强很高的气体。要获得高压气体(压缩比 $p_2/p_1>8$)，就必须采用多级压缩。

多级压缩机是使气体通过多个汽缸经几次压缩达到所需要的终压，采用多级压缩可以避免排出气体温度过高，减少能量消耗，提高汽缸容积利用率，并使压缩机的结构更加合理。

图 2-43 是三级压缩机的流程图。气体经第一级压缩后，通过中间冷却器和油水分离器进入第二级汽缸进行压缩，然后通过中间冷却器和油水分离器进入第三级。这样各级的压缩比只占总压缩比的一部分。

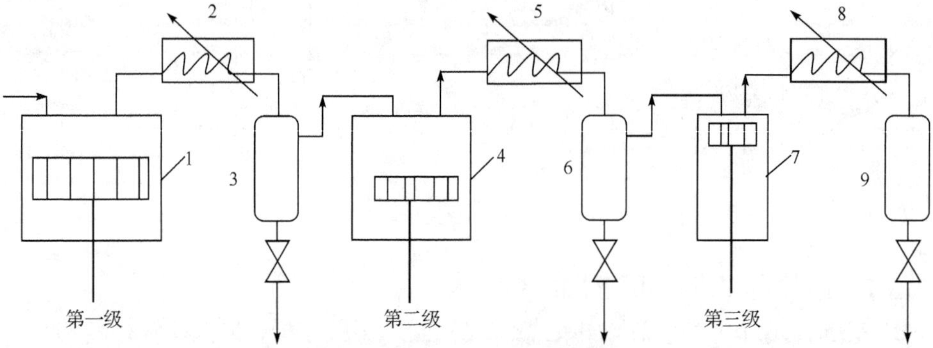

图 2-43　三级压缩机的流程图

1、4、7. 汽缸；2、5. 中间冷却器；8. 出口气体冷却器；3、6、9. 油水分离器

当然，压缩机的级数越多，系统的结构就越复杂，辅助设备也越多，克服流动阻力的消耗也就越多，因此应该根据具体情况确定适当的级数。

习　题

1. 乙炔发生器装有水封管(本题附图)，当发生器内压强过大时通过水封排气至安全处。要控制发生器内压强不超过 12 kPa(表压)，求水封管应插入水的深度 H。

[1.22 m]

2. 某流化床反应器上装有两个 U 形管压差计，如本题附图所示。测得 R_1=400 mm，R_2=50 mm，指示液为水银。为防止水银蒸气向空间扩散，向右侧的 U 形管与大气相通的玻璃管内灌入一段水，其高度 R_3=50 mm。试求两处的表压。

[p_A=7.16×10^3 Pa(表压)，p_B=6.05×10^4 Pa(表压)]

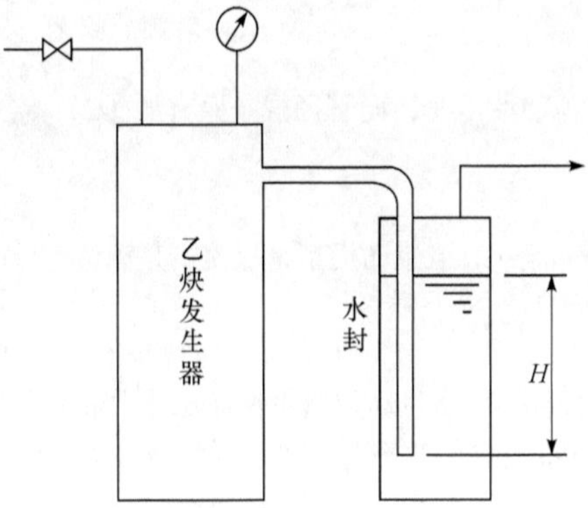

习题 1 附图

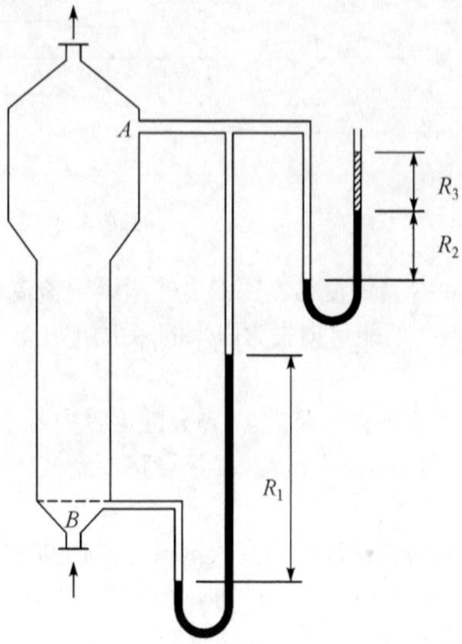

习题 2 附图

3. 列管换热器的管束由 121 根 Φ 25 mm×2.5 mm 钢管组成。空气以 9 m/s 的速度在列管内流动。空气在管内的平均温度为 50℃、压强为 196×10^3 Pa(表压)，当地大气压为 98.7×10^3 Pa。试求：(1) 空气的质量流量；(2) 操作条件下的空气的体积流量；(3) 将(2)的计算结果换算为标准状况下空气的体积流量。

[1.09 kg/s；0.343 m^3/s；0.845 m^3/s]

4. 水在内径为 250 mm 的钢管内流动，如本题附图所示。已知截面 1-1′处的流速为 1 m/s，测压管中水柱高为 1 m；在截面 2-2′处管内径为 150 mm。试计算在截面 1-1′与 2-2′处产生的水柱高度差 h 为多少 m H_2O(忽略阻力损失)。

[0.343 mH_2O]

5. 喷水泉的喷嘴为截头圆锥形，其长度 L=0.5 m，两端的直径 d_1=40mm，d_2=20mm，竖直装置，如本题附图所示。若把表压为 9.807×10^4 N/m^2 的水引入喷嘴，而喷嘴的阻力损失为 1.5 mH_2O，如不计空气阻力，试求水喷出的流速和射流的上升高度。水的密度为 1000 kg/m^3。

[12.94 m/s，8.53 m]

6. 如本题附图所示的输水系统，用泵将水池中的水输送到敞口高位槽，管道直径均为 Φ 83 mm×3.5 mm，泵的进、出管道上分别安装真空表和压力表，真空表安装位置离储水池的水面高度为 4.8 m，压力表安装位置离储水池的水面高度为 5 m。当输水量为 36 m^3/h 时，进水管道的全部阻力损失为 1.96 J/kg，出水管道的全部阻力损失为 4.9 J/kg，压力表的读数为 2.5 kgf/cm^2，泵的效率为 70%，试求：(1) 真空表的读数(kgf/cm^2)；(2) 泵所需的实际功率(kW)；(3) 两液面的高度差 H(m)。

[0.5248 at(真空度)；4.267 kW；29.75 m]

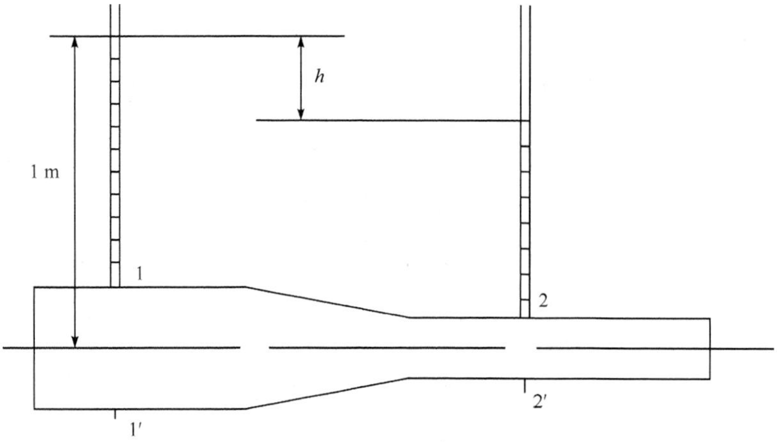

习题 4 附图

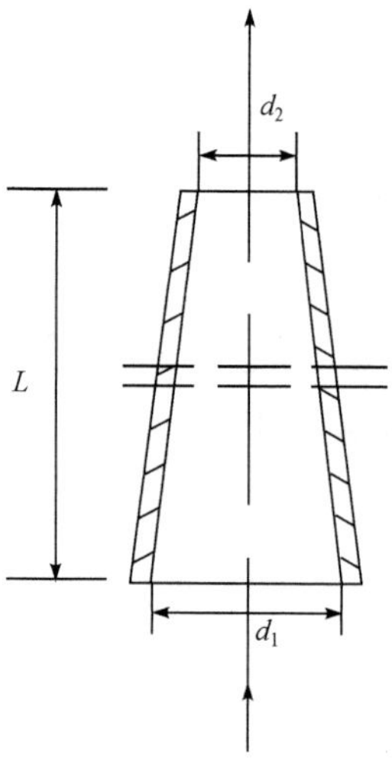

习题 5 附图

7. 一定量的流体在圆形直管内做层流流动。若管长及液体物性不变，而管径减至原有的 1/2，则因流动阻力而产生的能量损失为原来的多少倍？

[16]

8. 15℃水在内径为 10 mm 的钢管内流动，流速为 0.15 m/s。(1) 该流动类型是层流还是湍流？(2) 如上游压强为 7 kgf/cm^2，流经多长管路，流体的压强降至 3 kgf/cm^2？

[层流流动；7171 m]

9. 用泵自储油池向高位槽输送矿物油，流量为 38.4 t/h。池及槽均敞口。高位槽中液面比池中液面高 20 m。管径为 Φ 108 mm×4 mm，油的黏度为 3430 cP，密度为 960 kg/m^3，泵的效率为 50%，泵的轴功率为 153 kW，求包括局部阻力当量长度的总管长。

[431 m]

10. 硫酸是一种腐蚀性很强的酸，工厂中常用压缩空气和耐压容器(酸蛋)来输送硫酸(本题附图)。现欲将地下储酸槽中的硫酸以 0.10 m^3/min 的流量通过 Φ 38 mm×3 mm 的钢管，将酸送到距地下储酸槽液面 10 m 的高位槽中。假设输送过程中液面差基本不变。管路的全长为 40 m(包括局部阻力的当量长度)。管道的摩擦系数可按 λ=0.316Re−0.25 计算，硫酸的密度为 1830 kg/m^3，黏度可取 0.018 Pa · s。求输送硫酸所需压缩空气的压强。

[0.354 MPa(表压)]

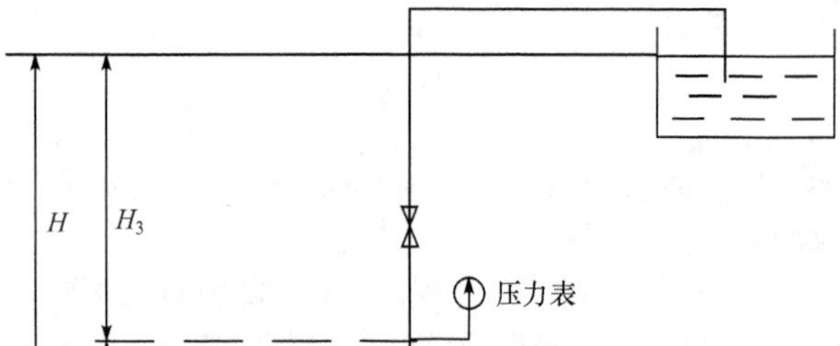

习题 6 附图

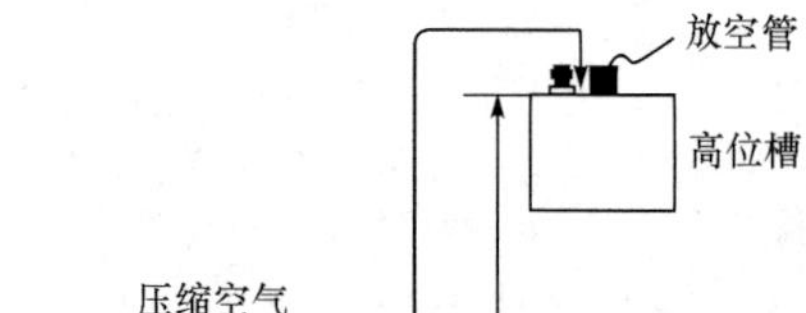

习题 10 附图

11. 每小时将 2×10^4 kg 的溶液用泵从反应器输送到高位槽(本题附图)。反应器液面上方保持 26.7×10^3 Pa 的真空度，高位槽液面上方为大气压强。管道为 Φ 76 mm×4 mm 的钢管，总长为 50 m，管路上有两个全开的闸阀、一个孔板流量计(局部阻力系数为 4)、五个标准弯头。反应器内液面与管路出口的距离为 15 m。若泵的效率为 70%，求泵的轴功率。已知溶液的密度为 1073 kg/m^3，黏度为 6.3×10^{-4} Pa · s。管壁绝对粗糙度 ε 可取为 0.3 mm。

[1.63 kW]

12. 如本题附图所示，槽内水位保持不变，槽的底部与内径为 100 mm 的钢质管道相连，管路上装有一个闸阀，阀的上游距管路入口端 15 m 处装有以汞为指示液的 U 形管压差计，其一臂与管道相连，另一臂通大气，压差计连接管内充满了水。当闸阀关闭时，测得 R_0=600 mm，h_0=1500 mm。当闸阀部分开启时，测得 R=400 mm，h=1400 mm。每小时从管中流出的水为多少立方米？已知管路的摩擦系数为 0.02，入口处局部阻力的当量长度为 2.5 m，水的密度为 1000 kg/m^3，汞的密度为 13 600 kg/m^3。

[95.2 m^3/h]

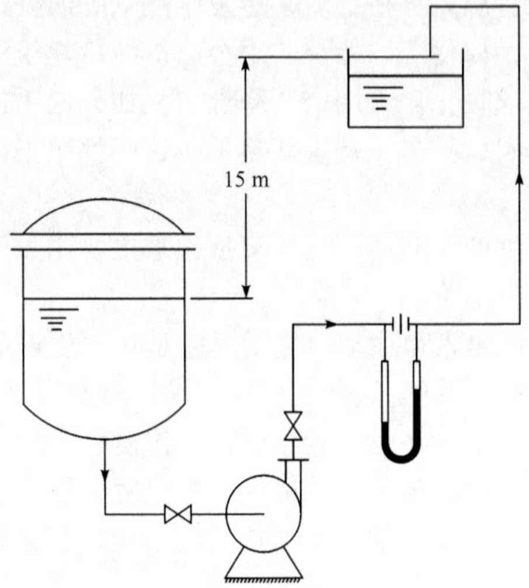

习题 11 附图

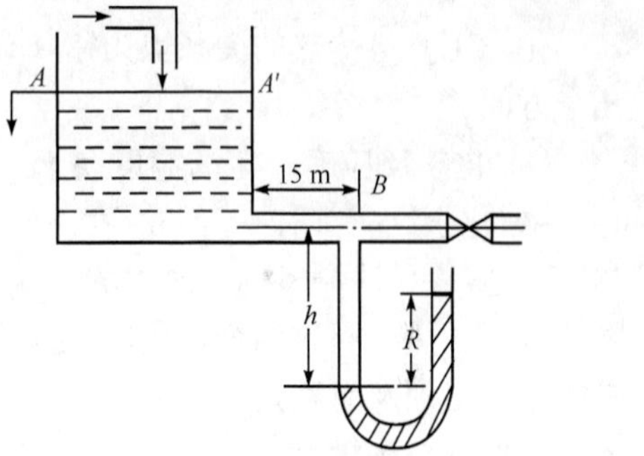

习题 12 附图

13. 10℃的水以 500 L/min 的流量流过一根长 300 m 的水平钢管，管壁的绝对粗糙度为 0.05 mm。有 6 m 的压头可供克服流动阻力，试求管径的最小尺寸。

[90.4 mm]

14. 用离心泵以 18 m^3/h 流量将处于饱和温度的液体从容器 A 输至容器 B。此流量下泵的允许汽蚀余量为 2.3 m。此液体密度 800 kg/m^3，黏度 1.5 cP，泵的吸入管可估计为 20 m 长(包括局部阻力)，管路为 Φ 55 mm×2.5 mm 钢管。摩擦系数可按下式计算：

$$\lambda = 0.012\,27 + 0.7543/Re^{0.38}$$

有人建议将泵安装在容器 A 中液位以下 4 m 处，此安装高度是否合理？

[不合理]

15. 以某离心泵输 20℃清水，当地气压为 760 mmHg。泵的吸入口在敞口水池液面上方 2 m 处。吸入管路长 15 m(包括局部阻力)，管内径 50 mm，管内水流速 1.5 m/s，摩擦系数为 0.03。已知允许吸上真空度为 6 m。上述安装高度是否合适？

[H_g=2 m，安装高度合适]

第3章　热量传递

3.1　概　　述

3.1.1　传热过程在化工生产中的应用

传热就是热量的传递，是指温度差引起的能量转移。这是自然界和工程技术领域中非常普遍的一种传递过程。由热力学第二定律可知，凡有温差存在，就必然发生热从高温处传递到低温处的传热过程。所以在几乎所有的工业部门，如化工、能源、冶金、机械、建筑等都涉及传热问题。生活中也离不开传热，冬天用暖气取暖，夏天用空调降温。又如，用手抓冰块时会感到冷，对一根铁棒的一端加热，过一段时间后其另一端也变热了。这些都属于传热过程。

化学工业与传热的关系更为密切，传热在化工生产中应用广泛，概括起来主要用于以下几个方面：

(1) 化学反应有一定的温度要求，为此物料需要加热和冷却。化学反应是化工生产的核心，多数化学反应都有一定的温度条件且伴随着反应热。例如，氨合成反应的操作温度为420～480℃，氨氧化法制备硝酸过程的反应温度为800℃等。为了达到要求的反应温度，必须先对原料进行加热；而这两个过程的反应都是可逆放热反应，为了保持最佳反应温度、加快正反应速率，必须及时移走反应放出的热量；而若是吸热反应，就需要保持反应温度，那么就需要及时地补充热量。

(2) 某些单元操作，如蒸发、蒸馏、干燥、结晶等，都要向其设备输入或输出热量。对于上述单元操作过程，只有输入或输出热量，才能保证操作的正常进行。例如，蒸馏操作中，为使塔釜内的液体不断汽化，就需要向塔釜内的液体输入热量；同时，为了使塔顶的蒸气冷凝得到回流液和液体产品，就需要从塔顶蒸气中移出热量。

(3) 回收废热，节约能源，达到绿色环保低碳经济的目的。仍以合成氨生产过程为例，合成塔出口的合成气温度很高，为了将合成气中的反应产物氨与反应原料氮气、氢气加以分离，必须先降温，为了提高热量的综合利用和回收余热，可用其副产蒸气或加热循环气等。

此外，高温设备与管路的保温或低温设备的隔热等也涉及传热过程。所以传热是化工生产过程中最常用的单元操作之一。

综上所述，化工生产中对传热过程的要求主要有以下两种情况：其一是强化传热过程，如在传热设备中加热或冷却物料，希望以高传热速率进行热量传递，使物料达到指定温度或回收热量，同时使传热设备紧凑，节省设备费用；其二是削弱传热过程，如对高温设备或管道进行保温，以减少热损失。为此，必须掌握传热的共同规律。

本章重点讨论传热的基本原理及其典型的换热设备。

思考　试举一个学习或生活中见过的热能回收利用的实例，说明节约能源的重要性。

3.1.2 传热的基本方式

热的传递是物体内部或物体存在温差引起的。据热力学第二定律，当无外功输入时，热量总是自动地从温度较高的物体传至温度较低的物体。只有在消耗机械功的条件下，才有可能由低温物体向高温物体传递热量。

根据传热机理的不同，热量传递有三种基本方式：热传导、热对流和热辐射，但根据具体情况，热量传递可以以其中一种方式进行，也可以以两种或三种方式同时进行。在无外功输入时，净的热流方向总是由高温处向低温处流动。

1. 热传导

当物体内部或两个直接接触的物体之间有温差时，借分子、原子和自由电子等微观粒子的热运动而引起的热量传递称为热传导，简称导热。在热传导过程中，在传热方向上介质质点宏观上不发生或无明显的相对位移，这是导热的特点。

热传导在固体、液体和气体中均可进行。但它的微观机理因物态而异。固体中的热传导属于典型的导热方式，固体以两种方式传导热能，即金属固体中，热传导靠自由电子的迁移传递热量，而在不良导体中，热传导是通过晶格结构的振动，即原子、分子在平衡位置附近的振动实现的。物体中，温度较高部分的分子因振动而将一部分能量传给相邻的分子，通过晶格振动传递能量比依靠自由电子迁移传递能量慢，这就是良好的导电体往往是良好的导热体的原因。在大多数液体中，热传导也是通过晶格结构的振动实现的。气体热传导是气体分子做不规则热运动时相互碰撞的结果，物理学指出，气体分子的动能取决于温度，高温区的分子运动速度比低温区大，能量高的分子与能量低的分子相互碰撞的净结果就是热量由高温处传到低温处。

所以，导热的实质就是，温度较高部分物质微粒(分子、原子、电子)具有较高的能量，因而热振动较剧烈，当它与相邻的能量较低的微粒相互碰撞时，前者传给后者的能量大于后者传给前者的能量，因而净结果就是使热量从高温部分传到低温部分，直到整个物体的温度均匀一致为止。

2. 热对流

热对流是指在流体中存在温度差时，由于流体质点发生相对位移(流动混合)，把热量从一处传到另一处的过程。

热对流只能发生在流体中，因此它与流体的流动状况密切相关。在进行热对流的同时，必然伴随着流体质点间的热传导，只是此时导热处于次要地位。

流体的热对流根据产生的原因不同，可分为以下两种方式：

(1) 自然对流：流体内部各点之间的温度不同而引起密度的差异，使温度高的地方流体密度小而上浮，温度低的地方流体密度大而下沉，这样引起质点的相对位移而传递热量，这种热对流称为自然对流。

(2) 强制对流：流体质点的运动是由于外界的机械作用，如泵(风机)或搅拌等而强迫进行的，所以称为强制对流。

强制对流时，流体质点的运动较为剧烈，故强制对流有较好的传热效果。对流的方式不同，遵循的规律也不一样。在同一种流体中，在发生强制对流的同时也会伴随着自然对流，只是此时自然对流处于次要地位。

在化工传热的过程中，常遇到的并非简单的热对流，而是流体流过固体壁面时发生的热对流和热传导联合作用的传热过程，即热由流体传到固体壁面(或由固体壁面传到流体)的过程，通常将这种传热过程称为对流传热(又称给热)。其特点是：靠近壁面附近的流体层中依靠传导方式传热(传热边界层)，而在流体主体中则依靠对流方式传热。

思考 在发生自然对流时，有没有热传导同时发生？

3. 热辐射

热辐射是一种通过电磁波传递热能的过程。由于物体本身有一定的温度，即可向外界发射能量，此能量以电磁波的形式在空间传播，当被另一种物体部分或全部接收后，又重新转变为热能，此种传递方式称为热辐射。

所有物体(包括固体、液体、气体)都能将热能以电磁波的形式发射出去，而不需要任何介质，即它可以在真空中传播。

物体之间相互辐射和吸收能量的总结果就是辐射传热。辐射传热的特点是：不仅有能量的传递，而且有能量形式的转换，即在放热处，热能转变为辐射能，以电磁波的形式向空间传送；当遇到另一能吸收辐射能的物体时，即被其部分或全部吸收而转变为热能。

需要注意的是，任何物体，只要温度在绝对零度以上，都能发射辐射能，但是只有在物体温度较高时，热辐射才能成为主要的传热方式。

实际上，上述三种基本传热方式，在传热过程中通常不是单独存在的，而是两种或三种传热的组合，称为复杂传热。

例如，在化工厂中普遍使用的间壁式换热器内，冷、热流体分别流过间壁两侧，它是热流体通过固体壁面将热传给冷流体的传热过程，涉及壁面两侧及与接触流体间的热对流和通过固体壁面间的热传导。

化工生产中的传热主要是热对流与热传导，所以本章着重讨论这两种传热方式。

思考 传热的基本方式有哪几种？其各自的传热机理分别是什么？

3.1.3 定态传热与非定态传热

1. 定态传热

若传热系统(如换热器)中传热面各点的温度不随时间而改变，则此种传热为定态传热。

定态传热过程中，传热系统不积累能量，即输入热量等于输出热量，$Q_{入}=Q_{出}$。定态传热的特点是单位时间内传递的热量(传热速率)在任何时刻恒为常数。

2. 非定态传热

若传热系统中传热面各点的温度随时间而改变，则此传热过程为非定态传热。

思考 定态传热的特点是什么？

3.1.4 载热体及其选择

在化工生产中，物料在换热器内被加热或冷却时，通常需要用另一种流体供给或取走热量，此种流体称为载热体，其中起加热作用的载热体称为加热剂(或加热介质)；起冷却(冷凝)作用的载热体称为冷却剂(或冷却介质)。

对于一定的传热过程，待加热或冷却物料的初始与终了温度常由工艺条件决定，因此需要提供或取出的热量是一定的。热量的多少决定了传热过程的操作费用。但应指出，单位热量的价格因载热体而异。例如，当加热时，温度要求越高，费用越高；当冷却时，温度要求越低，费用越高。因此，为了提高传热过程的经济效益，必须选择适当温位的载热体。同时，选择载热体时还应考虑以下原则：

(1) 载热体的温度易调节控制。

(2) 载热体的饱和蒸气压较低，加热时不易分解。

(3) 载热体的毒性小，不易燃、易爆，不易腐蚀设备。

(4) 价格便宜，来源容易。

1. 加热剂

工业上常用的加热剂有热水、饱和水蒸气、矿物油、联苯混合物、熔盐及烟道气等。它们的适用温度范围如表 3-1 所示。若所需的加热温度很高，则需采用电加热。

表 3-1 常用加热剂及其适用温度范围

加热剂	热水	饱和水蒸气	矿物油	联苯混合物	熔盐(KNO_3 53%，$NaNO_2$ 40%，$NaNO_3$ 7%)	烟道气
适用温度/℃	40～100	100～180	180～250	255～380(蒸气)	142～530	约 1000

1) 饱和水蒸气

饱和水蒸气是一种应用最广泛的加热剂，由于饱和水蒸气冷凝时的传热膜系数很高，可以改变水蒸气的压强以准确地调节加热温度，而且常可利用价格低廉的蒸汽机及涡轮和排放的废气。但饱和水蒸气温度超过 180℃，就需采用很高的压强。一般只用于加热温度在 180℃以下的情况。

2) 烟道气

燃料燃烧所得到的烟道气具有很高的温度，可达 700～1000℃，适用于需要达到高温度的加热。用烟道气加热的缺点是其比热容低，控制困难及传热膜系数很低。

除了以上两种常用的加热剂之外，还可以结合工厂的具体情况，采用热空气作为加热剂。也可应用热水作为加热剂。

2. 冷却剂

工业上常用的冷却剂有水、空气和各种冷冻剂。水和空气可以直接取自大自然，不必特别加工。水的比热容高，传热膜系数也很高，但在水资源紧缺的地区宜采用空气冷却，需因地制宜加以选用。水和空气作为冷却剂可将物料最低冷却至环境温度，其值随地区和季节而异，一般冷却温度为 10～25℃。如果要冷却到较低的温度，则需应用低温剂，常用的低温剂有冷冻盐水($CaCl_2$、NaCl 及其他溶液)等。一些常用冷却剂及其适用的温度范围如表 3-2 所示。

表 3-2 常用冷却剂及其适用温度范围

冷却剂	水(自来水、河水、井水)	空气	盐水	氨蒸气
适用温度/℃	0～80	>30	−15～0	−30～−15

思考 为完成一个传热任务，怎样选择适宜的载热体？

3.1.5 工业中的换热方式

化工生产中常见的情况是冷、热流体进行热交换。根据冷、热流体的接触情况，工业上的换热方式可分为三大类：直接接触式、蓄热式、间壁式。

1. 直接接触式换热

在这类换热中，冷、热流体在传热设备中通过直接混合的方式进行热量交换，又称混合式传热，所采用的设备称为混合式换热器。由于两流体混合换热后必须及时分离，这类换热器适用于气、液两流体之间的换热。例如，化工厂和发电厂所用的凉水塔中，热水由上往下喷淋，而冷空气自下而上吸入，在填充物的水膜表面或飞沫及水滴表面，热水和冷空气相互接触进行换热，热水被冷却，冷空气被加热，然后依靠两流体本身的密度差及时分离。这种换热方式的优点是方便有效，而且设备结构较简单，常用于热气体的水冷或热水的空气冷却，但前提是在工艺上必须允许两种流体相互混合。

2. 蓄热式换热

这种换热方式是冷、热流体交替通过同一蓄热室中的蓄热体(填料)表面，即可通过填料将热流体的热量传递给冷流体，达到换热的目的。例如，炼焦炉下方预热空气的蓄热室，这类换热器主要用于回收和利用高温废气的热量。以回收冷量为目的的同类设备称为蓄冷器，多用于空气分离装置中。这种换热方式的优点是结构较简单，可耐高温，常用于气体的余热或冷量的利用。缺点是由于填料需要蓄热，所以设备的体积较大，且两种流体交替时难免会有一定程度的混合。

3. 间壁式换热

在多数情况下，化工工艺上不允许冷、热流体直接接触，故直接接触式换热和蓄热式换热在工业上并不很多，工业上应用最多的是间壁式换热过程。

间壁式换热是指进行换热的冷、热流体分别处于固体间壁的两侧，热流体将热量传给壁面，通过间壁的另一侧壁面将热量传给冷流体，这就是间壁式换热。

如图 3-1 所示，间壁式换热时，冷、热流体被固体壁面隔开，各走各的通道，不相混合。这是间壁式换热器最大的优点，因此这种换热方法在化工生产中应用得最多，其所用设备就是间壁式换热器。这类换热器中以套管式换热器和列管式换热器为典型设备。

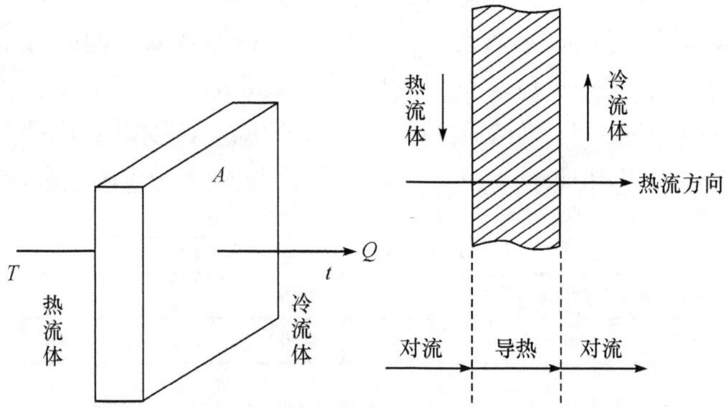

图 3-1 流体通过间壁换热示意图

3.1.6 传热速率与热通量

换热器中的传热一般是通过热传导和热对流等方式实现的，传热的快慢用传热速率表示，也可用热通量表示。

传热速率(Q)：单位时间内通过传热面的热量，单位为 W。

热通量(q)：单位时间内通过单位传热面积的热量，即单位传热面积的传热速率，又称热流密度(或传热强度)，单位为 W/m^2。

3.2 热 传 导

前已述及，热传导是起因于物体内部微观粒子热运动的一种传热方式，虽然其微观机理非常复杂，但热传导的宏观规律可用傅里叶(Fourier)定律来描述。本节主要介绍傅里叶定律和平面壁及圆筒壁的热传导过程计算。

3.2.1 傅里叶定律

傅里叶定律是用以确定在物体内部存在温差时，因热传导而产生的热流大小的定律，这是热传导的基本定律，也是求解导热问题的一个基本公式。

傅里叶定律：某一微元的传热速率(单位时间内传导的热量)与该微元等温面的法向温度梯度及该微元的导热面积成正比，即

$$dQ = -\lambda dS\frac{\partial t}{\partial n} \tag{3-1}$$

式中，dQ 为传热速率，W 或 J/s；dS 为导热面积，m^2；$\partial t/\partial n$ 为温度梯度，即沿着温度升高的方向单位距离的温度变化率，℃/m 或 K/m；λ为导热系数，表征材料导热性能的物性参数，λ越大，导热性能越好，W/(m · ℃)或 W/(m · K)。

用热通量表示：

$$q = \frac{dQ}{dS} = -\lambda\frac{\partial t}{\partial n}$$

一维稳态热传导：

$$dQ = -\lambda dS\frac{dt}{dx} \tag{3-2}$$

温度梯度是一个向量，其方向指向温度升高的方向，与热流的方向相反，所以式(3-2)中有负号。

思考 试查找科学家傅里叶的资料，了解他的生平和科学成果，以及他在追求科学真理的道路上有哪些踏实勤奋、吃苦耐劳、精益求精的事迹，学习这位科学家的探索精神和坚韧不拔的精神。

3.2.2 导热系数

将傅里叶定律改写为

$$\lambda = -\frac{\mathrm{d}Q / \mathrm{d}S}{\partial t / \partial n}$$

上式即为导热系数的定义式，该式表明，导热系数在数值上等于单位温度梯度下的热通量。因此，导热系数λ表征了物质导热能力的大小，其数值越大，物质的导热能力就越强。这是物质的物理性质之一。

各种物质的导热系数通常用实验方法测定。导热系数数值的变化范围很大。一般来说，金属的导热系数最大，非金属固体次之，液体较小，气体最小。表 3-3 列举了一般情况下各类物质的导热系数的大致范围，其中数据表明了气体、液体和固体的导热系数的数量级范围。

表 3-3　物质导热系数的大致范围

物质种类	气体	液体	非导固体	金属	绝热材料
λ/[W/(m · ℃)]	0.006～0.6	0.07～0.7	0.2～3.0	15～420	<0.25

与黏度一样，导热系数也是物质粒子微观运动特性的表现，其值与物质的组成、结构、密度、温度和压强等因素有关。通常由实验测定，不同物质的导热系数相差很大，导热系数越大，导热性能越好。

1. 固体的导热系数

在所有固体中，金属的导热性能最好。大多数金属的导热系数随着温度的升高而降低，随着纯度的增加而增大，即合金比纯金属的导热系数低。

非金属固体的导热系数与其组成、结构的紧密程度及温度有关。大多数非金属固体的导热系数随密度增加而增大；在密度一定的前提下，其导热系数与温度呈线性关系，随温度升高而增大。

应予指出，在导热过程中，导热体内的温度沿传热方向发生变化，其导热系数也在变化，但在工程计算中，为简便起见，通常使用平均导热系数。

2. 液体的导热系数

液体可分为金属液体(液态金属)和非金属液体。

液态金属的导热系数比一般液体的高，其中熔融的纯钠具有较高的导热系数，大多数液态金属的导热系数随温度的升高而降低。

在非金属液体中，水的导热系数最大。除水和甘油外，大多数非金属液体的导热系数也随温度的升高而降低，但水与甘油的导热系数随温度的升高而增大。通常纯液体的导热系数比其溶液大。液体的导热系数基本上与压强无关。

3. 气体的导热系数

与液体和固体相比，气体的导热系数最小，对导热不利，但有利于保温和绝热。工业上所使用的保温材料(如玻璃棉等)就是因为其空隙中有大量静止的空气，所以其导热系数很小，适用于保温隔热。

气体的导热系数随着温度的升高而增大；这与温度升高后气体分子的热运动加剧，碰撞机会增多有关。而在相当大的压强范围内，气体的导热系数随压强的变化很小，可以忽略不计，只有当压强很高(大于 200 MPa)或很低(小于 2.7 kPa)时，才应考虑压强的影响，此时导热系数随压强的增加而增大。

3.2.3　平壁热传导

1. 单层平壁热传导

如图 3-2 所示，假设一均匀的、面积很大的单层平壁，厚度为 b(若平壁的面积 S 与厚度 b 相比很大，则边缘处的散热可以忽略)。平壁内的温度只沿着垂直于壁面的 x 轴方向变化，壁面两侧的温度为 t_1、t_2，且 $t_1>t_2$。

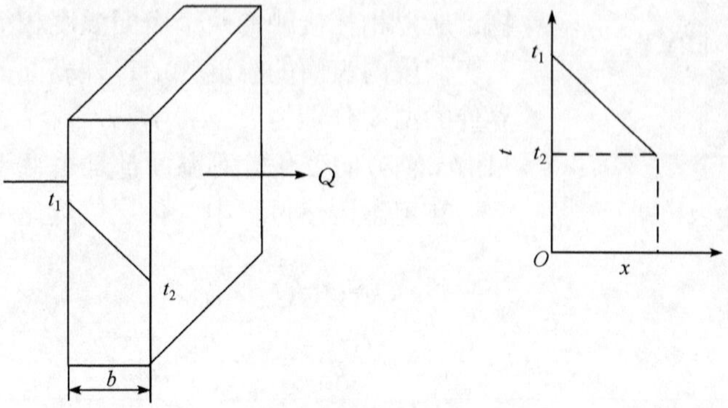

图 3-2　单层平壁热传导

在定态传热时，传热速率 Q 不随时间变化，传热面积 S 和导热系数 λ(导热系数取平均值)也是常数，则傅里叶定律可简化为

$$Q=-\lambda S\frac{\mathrm{d}t}{\mathrm{d}x}$$

当 x=0，t=t_1；x=b，t=t_2，且 $t_1>t_2$时，积分得

$$Q=\frac{\lambda}{b}S(t_1-t_2)$$

或

$$Q=\frac{t_1-t_2}{\dfrac{b}{\lambda S}}=\frac{\Delta t}{R} \tag{3-3}$$

式中，b 为平壁厚度，m；$R=\dfrac{b}{\lambda S}$，为热传导热阻，℃/W；Δt 为平壁两侧的温度差，热传导推动力，℃。式(3-3)即为单层平壁传热速率的计算式。

式(3-3)的使用条件如下：

(1) 假设材料均匀，导热系数不随温度变化，或可取平均值。

(2) 平壁内的温度仅沿垂直于平壁的方向变化。

(3) 平壁面积与平壁厚度相比很大，故可以忽略从边缘处散失的热量。

式(3-3)说明，单层平壁的传热速率与推动力 Δt 成正比，与热阻 R 成反比。

如 1.3.4 小节所述，任何一个传递过程，过程速率与过程推动力成正比，与过程阻力成反比。这是自然界中传递过程的普遍规律，这个普遍规律在后续的章节里也会用到，如吸收速率计算式也符合这个规律。

2. 多层平壁热传导

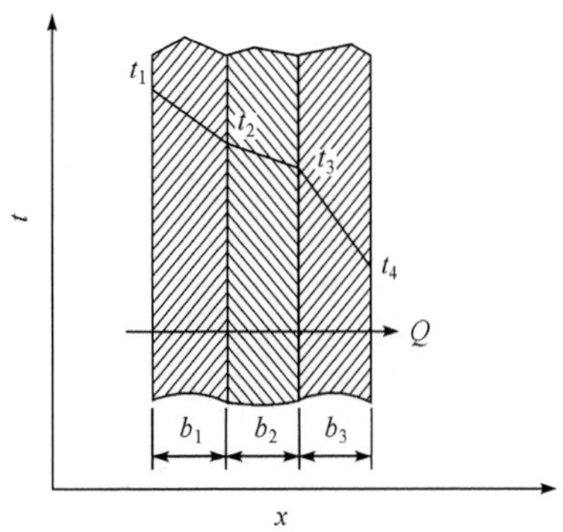

图 3-3　多层平壁热传导

由几层不同厚度、不同材料组成的复合平面壁称为多层平壁。

以 3 层平壁为例，如图 3-3 所示，各层的壁厚分别为 b_1、b_2、b_3，各层的导热系数分别为 λ_1、λ_2、λ_3，各层之间相互接触良好，即层与层之间贴合紧密，无任何空隙及杂物，所以相互接触的两个表面温度相等。

假设内表面的温度为 t_1，外表面的温度为 t_4，中间交界处的温度分别为 t_2、t_3，$t_1>t_2>t_3>t_4$，而且平壁内的温度只沿 x 轴方向变化，等温面都是垂直于 x 轴的平行平面。

在定态传热过程中，各层传热速率必然相等：

$$Q_1=Q_2=Q_3=Q$$

$$Q=\frac{t_1-t_2}{\dfrac{b_1}{\lambda_1 S}}=\frac{t_2-t_3}{\dfrac{b_2}{\lambda_2 S}}=\frac{t_3-t_4}{\dfrac{b_3}{\lambda_3 S}}$$

$$Q=\frac{\sum \Delta t_i}{\sum \dfrac{b_i}{\lambda_i S}}=\frac{t_1-t_4}{\sum\limits_{i=1}^{3}\dfrac{b_i}{\lambda_i S}}=\frac{t_1-t_4}{\sum R}=\frac{\text{总推动力}}{\text{总热阻}}$$

推广至 n 层：

$$Q=\frac{t_1-t_{n+1}}{\sum\limits_{i=1}^{n}\dfrac{b_i}{\lambda_i S}}=\frac{t_1-t_{n+1}}{\sum\limits_{i=1}^{n}R_i} \tag{3-4}$$

所以多层平壁的定态热传导的总推动力为各层温度差之和，即总温度差，总热阻为各层热阻之和。

从上面的公式还可以推出：

$$(t_1-t_2):(t_2-t_3):(t_3-t_4)=\frac{b_1}{\lambda_1 S}:\frac{b_2}{\lambda_2 S}:\frac{b_3}{\lambda_3 S}=R_1:R_2:R_3$$

上式说明，在定态多层平壁热传导过程中，哪层热阻大，分配于该层的温差也就大；反之，哪层温差大，哪层热阻一定大。当总温差一定时，传热速率的大小取决于总热阻的大小。

必须指出：多层平壁的计算中，“假设层与层之间接触良好，两个接触表面具有相同的温度”，实际上，不同材料构成的界面之间可能出现明显的温度降低。这是由于平壁表面粗糙不平而产生接触热阻。接触热阻主要由空隙造成。接触热阻与接触面材料、表面粗糙度及接触面上压强等因素有关，目前还没有可靠的理论或经验计算公式，主要依靠实验测定。

【例 3-1】 如本题附图所示，有一平壁燃烧炉，炉壁由耐火砖、保温砖(保温层)及建筑砖(保护层)三种材料组成，相邻材料接触良好，已知耐火砖：b_1=150 mm，λ_1=1.64 W/(m · ℃)；保温砖：b_2=310 mm，λ_2=0.15 W/(m · ℃)；建筑砖：b_3=240 mm，λ_3=0.75 W/(m · ℃)；测得耐火砖与保温砖接触面的温度 t_2=850℃，保温砖与建筑砖接触面的温度 t_3=280℃。试求：(1) 单位面积的热损失；(2) 各层材料以单位面积计的热阻；(3) 耐火砖内壁的温度；(4) 炉壁的总温差及在各层材料中的分配。

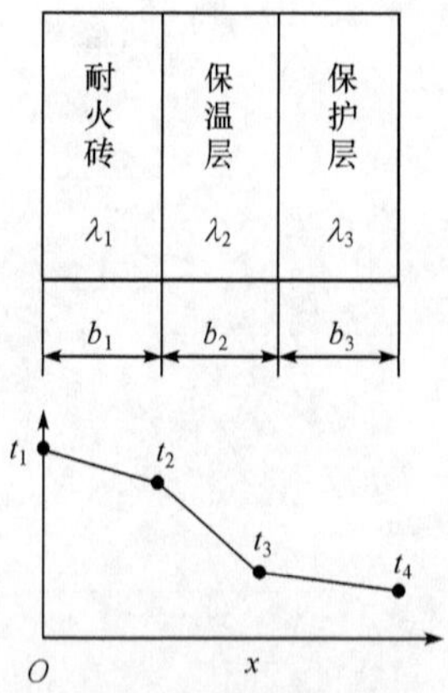

例 3-1 附图

解　(1) 在定态传热过程中，通过各层材料中的传热速率相等，又因各层平壁面积相同，所以单位面积的热损失为

$$q=\frac{Q}{S}=\frac{t_2-t_3}{\dfrac{b_2}{\lambda_2}}=\frac{850-280}{\dfrac{0.310}{0.15}}=276(\mathrm{W/m^2})$$

(2) 各层材料以单位面积计的热阻。

耐火砖：

$$R_1=\frac{b_1}{\lambda_1}=\frac{0.150}{1.64}=0.091(\mathrm{m^2\cdot ℃/W})$$

保温砖：

$$R_2=\frac{b_2}{\lambda_2}=\frac{0.310}{0.15}=2.07(\mathrm{m^2\cdot ℃/W})$$

建筑砖：

$$R_3=\frac{b_3}{\lambda_3}=\frac{0.240}{0.75}=0.32(\mathrm{m^2\cdot ℃/W})$$

(3) 耐火砖内壁温度。

对耐火砖可按单层平壁计算：

$$q_1=q=\frac{t_1-t_2}{R_1}=276\ \mathrm{W/m^2}$$

则

$$t_1=276R_1+t_2=276\times0.091+850=875(℃)$$

(4) 总温差及各层材料中的温度差。

总温差：

$$\sum\Delta t=q\sum R=276(R_1+R_2+R_3)=276\times(0.091+2.07+0.32)=685(℃)$$

各层温差分配：

$$\Delta t_1:\Delta t_2:\Delta t_3=R_1:R_2:R_3=0.091:2.07:0.32=1:23:3.5$$

由计算结果可以验证前面的结论：在定态传热过程中，热阻大，分配于该层的温差也大，即温差与热阻成正比，而正比例系数即为单位面积的传热速率，即热通量。

思考　对于多层平壁，层与层之间如果接触不好，会出现什么情况？

3.2.4　圆筒壁的定态热传导

化工生产中常用圆筒形的设备或容器。因此，通过圆筒壁的导热是最常见的情况。

圆筒壁的导热与平壁热传导的不同之处在于圆筒壁的传热面积不是常量，而是随半径而变，同时温度也随半径而变。

1. 单层圆筒壁的定态热传导

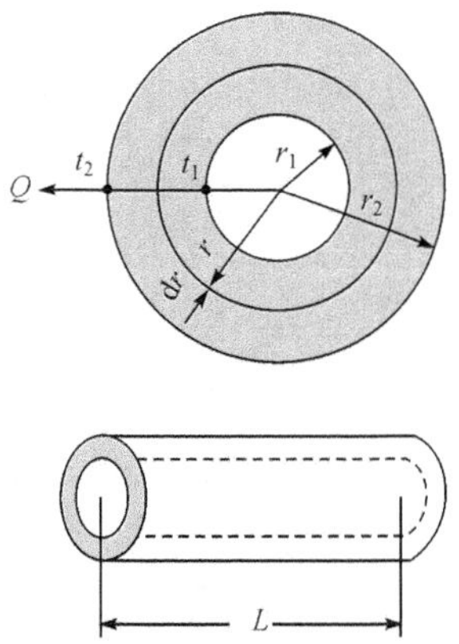

图 3-4　单层圆筒壁的定态热传导

单层圆筒壁的定态热传导如图 3-4 所示。假设材料均匀，导热系数不随温度变化，或可取平均值；圆筒壁内的温度仅沿垂直于圆筒壁的方向变化，即等温面垂直于传热方向，其热传导可视为一维稳态热传导；圆筒壁面积与圆筒壁厚度相比很大，故可以忽略热损失。

设圆筒内半径为 r_1，外半径为 r_2，长度为 L。导热系数为λ，圆筒内、外壁面温度分别为 t_1、t_2，且 $t_1>t_2$，并且温度只沿半径方向而变。

在圆筒半径 r 处沿半径方向取微分厚度为 dr 的薄壁圆筒，其传热面积可视为常数，即

$$dS=2\pi rL$$

同时，通过该薄层的温度变化为 dt，因为是定态热传导，所以通过这一微分厚度 dr 的圆筒壁的传热速率即为通过整层圆筒壁的传热速率：

$$Q=-\lambda S\frac{dt}{dr}=-\lambda 2\pi rL\frac{dt}{dr}$$

边界条件为：$r=r_1$ 时，$t=t_1$；$r=r_2$ 时，$t=t_2$，则

$$\int_{r_1}^{r_2}Q\,dr=-\int_{t_1}^{t_2}\lambda 2\pi rL\,dt$$

因λ不随 t 而变，所以λ和 Q 均可提到积分号外，得

$$Q=\frac{2\pi L\lambda(t_1-t_2)}{\ln\frac{r_2}{r_1}}=\frac{2\pi L(t_1-t_2)}{\frac{1}{\lambda}\ln\frac{r_2}{r_1}} \tag{3-5}$$

式中，Q 为传热速率，即单位时间通过圆筒壁的热量，W 或 J/s；λ 为圆筒壁的导热系数，W/(m · ℃)或 W/(m · K)；t_1、t_2 分别为圆筒壁两侧的温度，℃；r_1、r_2 分别为圆筒壁内、外半径，m；L 为圆筒壁的长度，m。式(3-5)就是单层圆筒壁传热速率的计算式。

2. 多层圆筒壁的定态热传导

对于 n 层圆筒壁，若各层之间接触良好，各层的导热系数为λ_1、λ_2、…、λ_n，相应的厚度分别为 b_1、b_2、…、b_n，则 $b_1=r_2-r_1$，$b_2=r_3-r_2$，$b_n=r_{n+1}-r_n$，处理方法与多层平壁的热传导类似，多层圆筒壁导热的总推动力也为总温度差，总热阻也为各层热阻之和，则通过 n 层及穿过各层圆筒壁的传热速率计算通式为

$$Q=\frac{t_1-t_{n+1}}{\sum_{i=1}^{n}\frac{1}{2\pi L\lambda_i}\ln\frac{r_{i+1}}{r_i}} \tag{3-6}$$

需要注意的是，通过平壁的热传导，各处的 Q 和 q 均相等；而在圆筒壁的热传导中，圆筒的内、外表面积不同，各层圆筒的传热面积不相同，所以在各层圆筒的不同半径 r 处传热速率 Q 相等，但各处热通量 q 不相等。

【例 3-2】　Φ 38 mm×2.5 mm 的蒸汽管，导热系数λ_1=50 W/(m · ℃)，外包 40 mm 厚的石棉绒，导热系数λ_2=0.29 W/(m · ℃)，若管内温度为 140℃，石棉外壁温度为 30℃，试求每米管长的热损失。若保持温度差不变，使热损失减少 60%，在石棉绒外再包一层保温灰，导热系数λ_3=0.07 W/(m · ℃)，计算保温灰的厚度。

解　这是多层圆筒壁的定态热传导：

$$r_1 = \frac{38 - 2\times 2.5}{2} = 16.5(\text{mm})$$

$$r_2 = \frac{38}{2} = 19(\text{mm})$$

$$r_3 = r_2 + 40 = 59(\text{mm})$$

(1) 求每米管长的热损失。这是两层圆筒壁的热传导，L=1 m，t_1=140℃，t_3=30℃，则

$$Q = \frac{2\pi L(t_1 - t_3)}{\frac{1}{\lambda_1}\ln\frac{r_2}{r_1} + \frac{1}{\lambda_2}\ln\frac{r_3}{r_2}} = \frac{2\pi\times 1\times(140-30)}{\frac{1}{50}\ln\frac{19}{16.5} + \frac{1}{0.29}\ln\frac{59}{19}} = 177(\text{W})$$

(2) 求保温灰的厚度 b。再包一层保温灰后变为三层圆筒壁的热传导：

$$r_4 = r_3 + b = 59 + b$$

要保持温差不变，即 t_1-t_4=140−30=110(℃)，热损失减少 60%，若三层圆筒壁的热损失为 Q'，则

$$Q' = Q(1-60\%) = 0.4Q$$

$$Q' = \frac{2\pi L(t_1 - t_4)}{\frac{1}{\lambda_1}\ln\frac{r_2}{r_1} + \frac{1}{\lambda_2}\ln\frac{r_3}{r_2} + \frac{1}{\lambda_3}\ln\frac{r_4}{r_3}} = 0.4Q$$

$$Q' = \frac{2\pi\times 1\times(140-30)}{\frac{1}{50}\ln\frac{19}{16.5} + \frac{1}{0.29}\ln\frac{59}{19} + \frac{1}{0.07}\ln\frac{59+b}{59}} = 0.4\times 177$$

解得

$$b = 29.8\ \text{mm}$$

保温灰的厚度为 29.8 mm。

思考　圆筒壁的热传导与平壁的热传导不同之处是什么？

3.3　对 流 传 热

热对流是在流体流动过程中发生的热量传递现象，它是依靠流体质点的移动与混合进行传热的。工业上遇到的传热通常是指间壁式换热器中流体与壁面之间的热量交换，即流体流过固体壁面(流体温度和壁面温度不同)时的传热过程，称为对流传热，即给热。

3.3.1　对流传热机理

对流传热主要是借流体质点的移动和混合完成的，因此对流传热与流体的流动状况密切相关。在第 2 章中已经讲了流体的流动形态有滞流和湍流。滞流流动时，由于流体质点只在流动方向上做一维运动，在传热方向上无质点运动，此时主要依靠热传导方式进行热量传递，但由于流体内部存在温差，还会有少量的自然对流，此时传热速率小，应尽量避免此种情况。

流体在换热器内的流动大多数情况下为湍流，在靠近壁面处流体流动分别为滞流底层、

过渡层(缓冲层)、湍流主体。

(1) 在湍流主体中，远离壁面的湍流主体，流体充分湍动，内部充满大大小小的旋涡，流体质点充分混合，传热主要以热对流方式进行，流体的温度比较均匀，温度差很小或几乎不存在温度差。

(2) 在滞流底层(厚度为 δ_b)中，由于在垂直于流动方向上不存在热对流，该方向上的热传递只能通过流体内部的热传导实现(实际上，在滞流流动时，传热总要受到自然对流的影响，使传热加剧)。而流体的导热系数比较小，滞流底层内的导热热阻很大，该层中的温度差也比较大，即温度梯度较大。

(3) 在滞流底层和湍流主体之间还存在一个过渡区，又称缓冲层，在此区域中，流体的流动既不像滞流那样平稳，也不像湍流那样剧烈，热对流和热传导的作用大致相同，在该区域温度发生比较缓慢的变化，也就是说仍存在一定的温度差。

为了处理问题时方便，将过渡区的温度差连同湍流主体中可能存在的很小的温度差一起，按温度变化的相应关系折算成一定的滞流底层厚度，称为虚拟厚度，以 δ_f 表示。δ_f 与滞流底层厚度 δ_b 之和即为传热边界层的厚度 δ_t，即 $\delta_t=\delta_b+\delta_f$，见图 3-5。

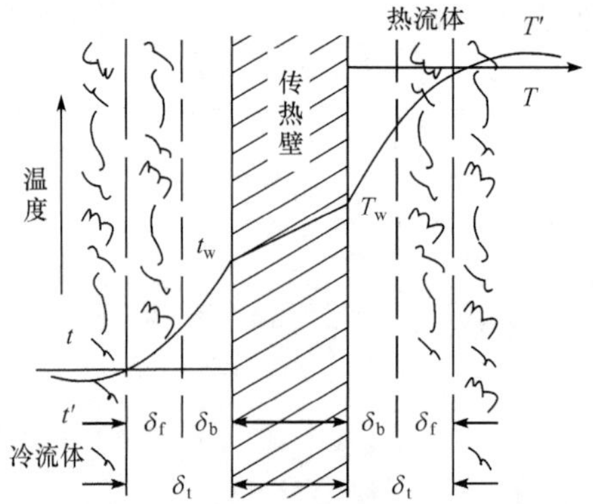

图 3-5　对流传热时沿热流方向的温度分布情况及传热边界层的厚度

传热边界层就是沿传热方向存在显著的温度梯度的区域。根据在热传导中的分析，温度差大，热阻就大。所以，流体做湍流流动时，热阻主要集中在以滞流底层为主的传热边界层内。如果要加强传热，必须采取措施来减小滞流底层的厚度。而在湍流主体中，即使存在很小的温度差，也已折算在 δ_f 中，所以湍流主体可以看作不存在热阻。

因此，对流传热是集热对流和热传导于一体的综合现象。对流传热的热阻主要集中于传热边界层内，减小传热边界层的厚度是强化传热过程的关键。

思考　为什么对流传热与流体的流动状况密切相关？

3.3.2　对流传热基本方程

由前面讨论知，对流传热是一个复杂的过程，影响因素很多，因此对流传热速率的计算只能用半理论半经验的公式。根据传递过程的普遍规律，壁面与流体间的对流传热速率也应该等于推动力与阻力之比，即

$$\text{对流传热速率}=\frac{\text{对流传热推动力}}{\text{对流传热阻力}}=\text{对流传热系数}\times\text{对流传热推动力}$$

$$Q=\alpha S\Delta t \tag{3-7}$$

式中，Δt 为流体平均温度与壁面平均温度之差，℃；α为对流传热分系数或对流传热膜系数，W/(m^2 · ℃)，对流传热分系数越大，对流传热越剧烈；S 为对流传热面积，m^2。

式(3-7)是对流传热速率方程，该定律是实验定律，又称牛顿冷却定律，是对流传热的基本方程。

对于热流体与壁面间的对流传热：

$$Q=\alpha S(T-T_w) \tag{3-8}$$

式中，Q 为传热速率，W；α 为热流体与壁面间的对流传热分系数，W/(m^2 · K)或 W/(m^2 · ℃)；S 为热流体一侧的传热面积，m^2；T 为热流体主体温度，K 或℃；T_w 为热流体一侧壁面温度，K 或℃。

如果是壁面与冷流体间的对流传热，则对流传热速率方程为

$$Q=\alpha S(t_w-t) \tag{3-9}$$

式中，α 为冷流体与壁面间的对流传热分系数，W/(m^2 · K)或 W/(m^2 · ℃)；S 为冷流体一侧的传热面积，m^2；t_w 为冷流体一侧壁面温度，K 或℃；t 为冷流体主体温度，K 或℃。

注意，用对流传热速率方程计算时，对流传热分系数 α 要与传热面积 S 以及温差相对应。

对流传热速率方程虽然形式简单，但是并没有减少计算的困难，只是将所有复杂的因素都转移到对流传热分系数α中，所以如何确定在各种情况下α的计算公式是对流传热的中心问题。

3.3.3　对流传热分系数

1. 对流传热分系数的定义式及物理意义

对流传热分系数的定义式由对流传热速率方程得到

$$\alpha=\frac{Q}{S\Delta t} \tag{3-10}$$

其物理意义也根据这个定义式描述，即对流传热分系数表示在单位温差下，由对流传热产生的热通量，也即对流传热分系数表示，当流体与壁面间的温差为 1 K(或 1℃)时，单位时间通过单位传热面积所传递的热量。

对流传热分系数越大，表示单位时间内传递的热量越多。所以对流传热分系数反映了对流传热的强弱程度。

2. 影响对流传热分系数的因素

由对流传热机理可知，对流传热分系数取决于传热边界层的厚度，而传热边界层的厚度与流体的物性、温度、流动状况以及壁面的几何状况等很多因素有关。

1) 引起流动的原因

如前所述，根据引起流动的原因不同，流体的热对流分为自然对流和强制对流。自然对流是由于流体内部存在温度差，因而各部分流体的密度不同，引起质点的相对位移，质点运动缓慢，对流传热分系数较小。强制对流是外力的机械作用，如泵、搅拌器等迫使流体流动，流速较快，因此强制对流的对流传热分系数大。一般情况下，强制对流的对流传热分系数要

比自然对流的对流传热分系数大几倍或几十倍。

2) 流体的种类

液体、气体和蒸汽的对流体传热分系数都不同，牛顿流体和非牛顿流体的对流传热分系数也相差很大。

3) 流体的物性

对对流传热分系数影响较大的流体物性有导热系数λ、黏度μ、密度ρ、定压比热容 c_p 以及对自然对流影响较大的体积膨胀系数β。对于同一种流体，这些物性又是温度的函数，其中某些物性还与压强有关。

(1) 导热系数：由于对流传热的热阻主要由传热边界层内的导热热阻构成，湍流主体和过渡区的导热热阻较小，所以对流传热主要受滞流底层热阻控制。当滞流底层的温度梯度一定时，流体的λ值越大，α也越大。

(2) 黏度：由流体的流动规律可知，当流体在管中流动时，若管径和流速一定，流体的黏度μ越大，其雷诺数 Re 越小，即湍流程度越低，因此传热边界层越厚，α越小。

液体在管内被加热时，壁面附近的流体层(传热边界层)的温度就会比管道中心处流体的温度高。对于液体，温度升高会使黏度下降，从而使流体的流速增加，滞流底层厚度变小，对传热有利。反之，若液体在管内被冷却，则会对传热不利。

(3) 定压比热容和密度：ρc_p代表单位体积流体具有的热容量(流体携带热量的能力)。ρc_p值越大，代表流体携带热量的能力越强，对流传热的强度越强，即α越大。

(4) 体积膨胀系数：一般来说，体积膨胀系数β越大的流体，所产生的密度差越大，因此有利于自然对流。

由于绝大部分传热过程是非定温流动，因此即使是在强制对流的情况下，也会产生附加的自然对流。因此，β值对强制对流有一定影响。

4) 流体的流动形态

滞流和湍流两种流动形态的传热机理有本质的区别。

当流体呈滞流流动时，靠微观粒子热振动的热传导进行，由于流体的导热系数小，传热边界层的厚度大，所以对流传热分系数小。

湍流时，传热以热对流为主，传热强度高，对流传热分系数大。雷诺数 Re 越大，流体的湍流程度越大，滞流底层越薄，传热边界层也越薄，对流传热分系数越大。

5) 传热面的形状、位置及大小

传热面的形状(如管、板、环隙、翅片等)、传热面的方位和布置(如水平或垂直放置，管束的排列方式)及流道的尺寸(如管径、管长、板高和进口效应)等都直接影响对流传热分系数。这些因素比较复杂，但都将反映在对流传热分系数的计算公式中。

6) 流体有无相变化

前述的情况都是流体做单向流动，依靠流体的显热变化实现传热，但是在有相变化的对流传热过程(如沸腾或冷凝过程)中，发生相变时，汽化或冷凝的潜热远大于温度变化的显热。一般情况下，有相变化时的对流传热分系数远大于无相变化时的对流传热分系数，但机理各不相同，情况比较复杂。

综上所述，影响对流传热分系数的因素很多，所以对流传热分系数的确定是一个极为复杂的问题。到目前为止，还不能从理论上推导出一个普遍公式，用于计算各种情况下的对流传热分系数，而只能用实验进行测定。

3.3.4 对流传热分系数准数关联式

由于影响对流传热的因素太多，很难用一个普遍公式计算各种情况下的对流传热分系数。目前常用量纲分析法，把影响对流传热分系数的众多因素组合成若干个无量纲数群(准数)，进行待求函数的无量纲化，以减少变量，然后通过实验确定这些准数间的关系，从而整理出一些经验性的准数关联式，用以计算不同情况下的对流传热分系数。

1. 对流传热过程中的准数

1) 努塞特数

$$Nu=\frac{\alpha l}{\lambda}$$

努塞特(Nusselt)数(Nu)是表示对流传热分系数的准数，反映了对流传热的强弱程度，以及导热系数与特性尺寸对对流传热的影响。

2) 雷诺数

$$Re=\frac{du\rho}{\mu}$$

雷诺数(Re)反映了流体的流动形态和湍流程度对对流传热的影响。

3) 普朗特数

$$Pr=\frac{c_p\mu}{\lambda}$$

普朗特(Prandtl)数(Pr)是表示物性影响的准数，反映了流体的物理性质对对流传热的影响。

4) 格拉斯霍夫数

$$Gr=\frac{\beta g\Delta t l^3\rho^2}{\mu^2}$$

格拉斯霍夫(Grashof)数(Gr)是表示自然对流影响的准数。

准数中各物理量的意义：l为传热面的特性尺寸，m；g为重力加速度，m/s^2；β为流体的体积膨胀系数，1/K 或 1/℃；Δt为流体的温度差，K 或℃。

5) 应用准数关联式时应注意的问题

在整理实验结果与关联式的使用中必须注意以下问题：

(1) 应用范围：即应用条件，关联式中各个准数的数值范围必须根据建立关联式时的实验范围而定。

(2) 特性尺寸：Nu、Re 中的传热面尺寸 l 称为特性尺寸。通常选取对流体的流动和传热发生主导影响的尺寸作为特性尺寸，又称特征尺寸。例如，流体在圆管内强制对流传热时，特性尺寸取管内径；对非圆形管道取当量直径。

(3) 定性温度：无相变对流传热过程中，流体温度处处不同，流体的物性也随之而变。决定准数中各物性数据的温度称为定性温度。

不同的关联式确定定性温度的方法不同，则准数的数值就不同。必须注意定性温度的取法。大多数情况下取流体进、出口温度的算术平均值作为定性温度：$t_m=(t_2+t_1)/2$；也有的取膜温作为定性温度，即流体的平均温度与壁面温度 t_W 的平均值：$t=(t_m+t_W)/2$。

由于计算膜温需要知道壁温，而壁温一般不好测，所以大多情况下采用流体的平均温度作为定性温度。

2. 具体条件下的对流传热分系数准数关联式

1) 流体在圆管内做强制湍流

无相变时，流体在圆管内做强制湍流时的对流传热分系数准数关联式 $Nu=F(Re, Pr)$可简化为

$$Nu = CRe^m Pr^n \tag{3-11}$$

在一定的实验条件下，对于低黏度流体(流体的黏度低于同温度下水的黏度的 2 倍)可通过实验得到常数 C、m 以及 n 的数值，则得到如下的具体关系式：

$$Nu = 0.023Re^{0.8} Pr^n \tag{3-12}$$

$$\alpha = 0.023\frac{\lambda}{d}\left(\frac{du\rho}{\mu}\right)^{0.8}\left(\frac{c_p\mu}{\lambda}\right)^n \tag{3-13}$$

(1) 应用范围：$Re>10^4$；$Pr=0.7\sim120$，管长与管内径比 $L/d>50$，低黏度流体($\mu<2\mu_水$)。

(2) 特性尺寸：d(管内径)。

(3) 定性温度：取流体进、出口温度的算术平均值 t_m。

(4) n 值取值法：视热流方向而定，流体被加热，$n=0.4$；流体被冷却，$n=0.3$。

这里 n 取不同值的原因主要是温度对近壁面滞流底层中流体黏度的影响。当管内流体被加热时，靠近管壁处滞流底层的温度高于流体主体温度；而流体被冷却时，情况正好相反。对于液体，其黏度随温度升高而降低，液体被加热时滞流底层减薄，大多数液体的导热系数随温度升高也有所减小，但不显著，总的结果使对流传热分系数增大。所以液体被加热时的对流传热分系数必大于被冷却时的对流传热分系数。而大多数液体的 $Pr>1$，即 $Pr^{0.4}>Pr^{0.3}$，因此液体被加热时，n 取 0.4；冷却时，n 取 0.3。对于气体，其黏度随温度升高而增大，气体被加热时滞流底层增厚，气体的导热系数随温度升高也略有增大，总的结果使对流传热分系数减小。气体被加热时的对流传热分系数必小于被冷却时的对流传热分系数。由于大多数气体的 $Pr<1$，即 $Pr^{0.4}<Pr^{0.3}$，故与液体一样，气体被加热时 n 取 0.4，冷却时 n 取 0.3。

若定性温度确定，则式(3-13)中各物理数据在定性温度下都是常数，将其合并为 A，则

$$\alpha = A\frac{u^{0.8}}{d^{0.2}}$$

这说明，在流体的进、出口温度一定的条件下，对流传热分系数与流速的 0.8 次方成正比，与管内径的 0.2 次方成反比。

流速提高，会使对流传热分系数增大，对强化传热有利；而流量一定时，减小管径，同样会使流速增大，两者的影响均能提高传热分系数。但管径对传热分系数的影响应作具体分析。

【例 3-3】 有一列管式换热器，由 60 根 Φ23 mm×1.5 mm 的钢管组成，管长为 2 m，用水冷却物料，水在钢管内的流速为 u=1 m/s，水进口温度为 20℃，出口温度为 46℃。(1) 试求管壁对水的对流传热分系数；(2) 若增加管长，保持总传热面积不变，而把总管数改为 50 根，冷却水量不变，对流传热分系数为多少？

解　(1) 管壁对水的对流传热分系数。

定性温度：

$$t=\frac{t_1+t_2}{2}=\frac{20+46}{2}=33(℃)$$

33℃时水的物性数据要用内插法计算：

μ=75.68×10⁻⁵ Pa · s，c_p=4.174×10³ J/(kg · K)，λ=0.622 W/(m · K)，ρ=994.2 kg/m³，管内径 d=23−1.5×2=20(mm)=0.02(m)，管长 L=2 m。

$$Re=\frac{du\rho}{\mu}=\frac{0.02\times1\times994.2}{75.68\times10^{-5}}=2.63\times10^4>10^4$$

湍流

$$Pr=\frac{c_p\mu}{\lambda}=\frac{4.174\times10^3\times75.68\times10^{-5}}{0.622}=5.1$$

所以 $0.7<Pr<120$

$$\frac{L}{d}=\frac{2}{0.02}=100>50$$

水在管内被加热，n=0.4

$$\alpha=0.023\frac{\lambda}{d}Re^{0.8}Pr^n=0.023\times\frac{0.622}{0.02}\times(2.63\times10^4)^{0.8}\times5.1^{0.4}=4.72\times10^3[\mathrm{W/(m^2\cdot K)}]$$

(2) 管数减少后的对流传热分系数α。

管数减少，但总传热面积不变则 Q 不变，则必须要加长管长，又因冷却水量不变，所以水的进、出口温度不变，即水的物性数据不变，由于管径不变，冷却水流量不变，则管数减少后，水的流速必然增大。

$$\alpha=A\frac{u^{0.8}}{d^{0.2}}$$

水的流量不变，则 $\dfrac{\alpha'}{\alpha}=\left(\dfrac{u'}{u}\right)^{0.8}$

$$u=\frac{V_s/60}{\frac{\pi}{4}d^2},\quad u'=\frac{V_s/50}{\frac{\pi}{4}d^2}$$

$$\frac{u'}{u}=\frac{V_s/50}{V_s/60}=\frac{60}{50}=1.2$$

$$\frac{\alpha'}{\alpha}=1.2^{0.8}$$

所以

$$\alpha'=1.2^{0.8}\alpha=1.157\times4.72\times10^3=5.46\times10^3[\mathrm{W/(m^2\cdot K)}]$$

由于流速增加，传热分系数增大，即

$$\frac{\alpha'-\alpha}{\alpha}\times100\%=\frac{(5.46-4.72)\times10^3}{4.72\times10^3}\times100\%=15.7\%$$

或

$$\frac{\alpha'-\alpha}{\alpha}\times100\%=\frac{1.2^{0.8}\alpha-\alpha}{\alpha}=15.7\%$$

2) 流体在圆管内做强制滞流

流体在圆管内做强制滞流时，因为流速较低，故应考虑自然对流的影响，此时在热流方向上同时存在自然对流和强制对流而使问题变得复杂化，也正是上述原因，强制滞流时的对流传热分系数关联式的计算结果的误差要比湍流的大。Gr<25 000 时，自然对流影响小可忽略，这时可用式(3-14)计算：

$$Nu = 1.86\left(RePr\frac{d}{L}\right)^{1/3}\left(\frac{\mu}{\mu_{\mathrm{w}}}\right)^{0.14} \tag{3-14}$$

适用范围：$Re<2300$，$\left(RePr\frac{d}{L}\right)>10$，$L/d>60$。

定性温度、特性尺寸取法与前相同，μ_{w}按壁温确定，工程上可近似处理为

对于液体

$$加热时：\left(\frac{\mu}{\mu_{\mathrm{w}}}\right)^{0.14}=1.05\text{；}冷却时：\left(\frac{\mu}{\mu_{\mathrm{w}}}\right)^{0.14}=0.95$$

Gr>25 000 时，自然对流的影响不能忽略时，乘以校正系数 $f = 0.8(1+0.015Gr^{1/3})$。

需要说明的是，在换热器设计中，应尽量避免在滞流条件下进行传热，因为此时对流传热分系数小，从而总传热系数也很小。

思考　什么是定性温度？什么是特性尺寸？如何提高对流传热分系数？

3.4 传 热 计 算

在实际生产中，需要冷、热两种流体进行热交换时，多采用间壁式换热器。此时，冷、热两流体分别处在间壁两侧，两流体间的热交换包括固体壁面上的导热和流体与固体壁面间的对流传热。本节主要讨论间壁式换热器的传热计算。

换热器的传热计算有两类：①设计型计算，即根据生产任务所给定的热负荷，确定换热器的几何尺寸及结构参数，主要是指传热面积；②校核型计算，即对于某些换热器，根据它的几何尺寸和结构参数进行校核，即计算该换热器的传热速率、流体的流量和温度，看是否能满足生产任务(热负荷)的要求。

这两类计算都是以换热器的热量衡算和总传热速率方程为依据。下面仅考虑定态传热过程，假设换热器绝热良好，热损失可以忽略。

3.4.1　热量衡算及热负荷的计算

对于定态传热过程，一般将生产上要求单位时间内流体温度变化或相变化所放出或吸收的热量称为热负荷，用 Q_r 表示，单位为 W 或 J/s。

当不计操作过程中损失于周围的热量时，据能量守恒原理，在定态传热过程中，热流体放出的热量应等于冷流体吸收的热量，即 $Q_{r,\mathrm{h}}=Q_{r,\mathrm{c}}=Q_r$(下标 h 代表热流体，下标 c 代表冷流体)，此为热量衡算。

1. 无相变化时热负荷的计算

无相变化时，热负荷的计算有两种方法，即比热容法与热焓法，因为焓的值有时不容易得到，所用的多是比热容法。下面分别介绍。

1) 比热容法

$$Q_r = q_{mh}c_{ph}(T_1 - T_2) = q_{mc}c_{pc}(t_2 - t_1) \tag{3-15}$$

式中，Q_r 为热负荷，W；q_{mh}、q_{mc} 分别为热、冷流体的质量流量，kg/s；c_{ph}、c_{pc} 分别为热、冷流体的平均定压比热容，J/(kg · ℃)或 J/(kg · K)；T_1、T_2 分别为热流体开始、终了时的温度，℃或 K；t_1、t_2 分别为冷流体的开始、终了温度，℃或 K。

2) 热焓法(焓差法)

$$Q_r = q_{mh}(H_{h1} - H_{h2}) = q_{mc}(H_{c2} - H_{c1}) \tag{3-16}$$

式中，H_{h1}、H_{h2} 分别为热流体开始、终了时的焓，J/kg；H_{c1}、H_{c2} 分别为冷流体开始、终了时的焓，J/kg。

2. 有相变时热负荷的计算

$$Q_r = q_{mh}r_h = q_{mc}r_c \tag{3-17}$$

式中，r 为液体汽化或蒸气冷凝的潜热，J/kg，r 等于饱和蒸气的焓与同温度下液体的焓之差。

3.4.2 总传热速率方程

1. 传热面积

在间壁式换热器中，由于两流体间的传热是通过管壁进行的，故管壁表面积即为传热面积。显然，传热面积越大，传递的热量越多。

$$S = n\pi dL \tag{3-18}$$

式中，S 为传热面积，m^2；n 为管数；d 为管径，m；L 为管长，m。

式(3-18)中的 d 可分别用管内径 d_i、外径 d_o 或平均直径 d_m 来计算，则对应的传热面积分别为管内侧表面积 S_i、外侧表面积 S_o 或平均表面积 S_m。

2. 总传热速率方程的推导

间壁两侧流体的热交换过程包括如下三个串联的传热过程。流体在换热器中沿管长方向的温度分布如图 3-6 所示，现截取一段微元来进行研究，其传热面积为 dS，微元壁内、外流体温度分别为 T、t(平均温度)，则单位时间通过 dS 的冷、热流体交换的热量 dQ 应正比于壁面两侧流体的温差，即

$$\mathrm{d}Q = K\mathrm{d}S(T - t)$$

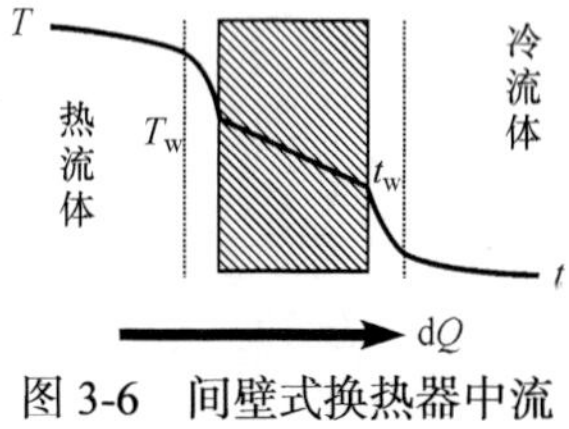

图 3-6 间壁式换热器中流体的热交换

若想求出整个换热器的 Q，需要对上式积分，由于 K 和(T−t)均具有局部性，因此积分有困难。为此，可以将该式中 K 取整个换热器的平均值 K，(T−t)也取整个换热器上的平均值Δt_m，则积分结果如下：

$$Q = KS\Delta t_m \tag{3-19}$$

式中，K 为总传热系数，W/(m^2 · K)或 W/(m^2 · ℃)；Δt_m 为平均温度差，K 或℃。式(3-19)即为总传热速率方程。

必须强调的是，热负荷与传热速率是两个截然不同的概念，热负荷是由工艺条件决定的，是对换热器换热能力的要求，与换热器的种类、形式无关；传热速率是指某一台具体的换热器在一定操作条件下的换热能力，是换热器本身的特性，与换热器的种类、形式有关。具体计算时，通常将传热速率与热负荷在数值上视为相等，即换热器的换热能力要满足生产工艺热负荷的要求，所以传热速率依热负荷的值进行计算，即 $Q \geqslant Q_r$。

热负荷通过热量衡算计算，计算式中的温度差是同一种流体进、出口的温度差；而传热速率通过传热速率方程计算，式中的温度差是冷、热流体四个温度的平均温度差。计算时，传热速率依热负荷的值进行计算。由于 $Q \geqslant Q_r$，因此只能取相等，即 $Q = Q_r$ 进行计算。

思考　热负荷与传热速率有什么区别？

3.4.3　总传热系数的计算

由总传热速率方程可知：

$$K = \frac{Q}{S\Delta t_{\mathrm{m}}} \tag{3-20}$$

总传热系数 K 的物理意义为：当传热平均温度差为 1 K 时，单位时间通过单位传热面积所传递的热量。

K 值越大，传热热阻越小($1/K$：总传热热阻)，单位面积传递的热量就越多。因此，K 值是衡量换热器性能的一个重要指标。K 值取决于流体的物性、传热过程的操作条件及换热器的类型等，因而 K 值变化范围很大。

1. K 值的计算

前已述及，两流体的热交换过程由三个串联的传热过程组成，即热流体在流动过程中把热量传递给管壁的对流传热；通过管壁的热传导将热量由热流体侧管壁传到冷流体侧管壁；热量由冷流体侧管壁传给冷流体的对流传热，如图 3-7 所示。理论计算是通过间壁两侧流体的对流传热和通过固体壁面的导热进行计算，即换热器的总热阻等于两侧流体的对流传热热阻与管壁的导热热阻之和。

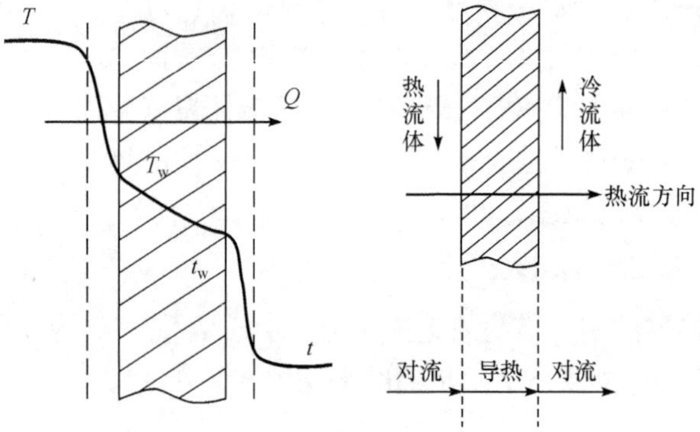

图 3-7　换热器中的总传热过程

管外对流：

$$\mathrm{d}Q_1 = \alpha_{\mathrm{o}}\mathrm{d}S_{\mathrm{o}}(T - T_{\mathrm{W}})$$

管壁热传导：

$$dQ_2 = \frac{\lambda}{b} dS_o (T_w - t_w)$$

管内对流：

$$dQ_3 = \alpha_i dS_i (t_w - t)$$

对于定态传热：

$$dQ = dQ_1 = dQ_2 = dQ_3$$

所以

$$dQ = \frac{T - T_w}{\dfrac{1}{\alpha_o dS_o}} = \frac{T_w - t_w}{\dfrac{b}{\lambda dS_m}} = \frac{t_w - t}{\dfrac{1}{\alpha_i dS_i}} = \frac{T - t}{\dfrac{1}{\alpha_o dS_o} + \dfrac{b}{\lambda dS_m} + \dfrac{1}{\alpha_i dS_i}}$$

据前述可知，$dQ = K dS(T - t)$，即 $dQ = \dfrac{T - t}{\dfrac{1}{K dS}}$，得

$$\frac{1}{K dS} = \frac{1}{\alpha_o dS_o} + \frac{b}{\lambda dS_m} + \frac{1}{\alpha_i dS_i} \tag{3-21}$$

式中，K 为总传热系数，W/(m^2 · K)或 W/(m^2 · ℃)；α_i、α_o 分别为间壁内侧、外侧流体的对流传热分系数，W/(m^2 · K)或 W/(m^2 · ℃)；T_w 为间壁与热流体接触一侧的壁面温度，℃或 K；t_w 为间壁与冷流体接触一侧的壁面温度，℃或 K；λ为间壁的导热系数，W/(m · ℃)或 W/(m · ℃)；b 为间壁的厚度，m；S_i、S_o、S_m 分别为传热管壁面的内侧、外侧、平均表面积，m^2。

当传热面为圆筒壁时，两侧的传热面积不相等，因此 K 的计算公式依传热面积的不同而稍有变化。

(1) 以传热管外表面积 S_o 为基准，$S_o=n\pi d_o L$(L 为管长)，则

$$\frac{1}{K_o} = \frac{1}{\alpha_o} + \frac{b}{\lambda}\frac{dS_o}{dS_m} + \frac{1}{\alpha_i}\frac{dS_o}{dS_i}$$

或

$$\frac{1}{K_o} = \frac{1}{\alpha_o} + \frac{b}{\lambda}\frac{d_o}{d_m} + \frac{1}{\alpha_i}\frac{d_o}{d_i} \tag{3-22}$$

式中，d_m 为换热管的对数平均直径，$d_m = (d_1 - d_2) / \ln\dfrac{d_1}{d_2}$。

(2) 传热面为平壁时，$dS=dS_o=dS_i=dS_m$，则

$$\frac{1}{K} = \frac{1}{\alpha_o} + \frac{b}{\lambda} + \frac{1}{\alpha_i} \tag{3-23}$$

(3) 以传热管内表面积 $S_i=n\pi d_i L$ 为基准，则

$$\frac{1}{K_i} = \frac{1}{\alpha_o}\frac{d_i}{d_o} + \frac{b}{\lambda}\frac{d_i}{d_m} + \frac{1}{\alpha_i} \tag{3-24}$$

(4) 以传热管壁的平均表面积 $S_m=n\pi d_m L$ 为基准，则

$$\frac{1}{K_m}=\frac{1}{\alpha_o}\frac{d_m}{d_o}+\frac{b}{\lambda}+\frac{1}{\alpha_i}\frac{d_m}{d_i} \tag{3-25}$$

由此可见，所取传热面积不同，对应的 K 值也不同，所以计算时总传热系数 K 必须和传热面积相对应。一般情况下取管外表面积为基准计算 K 值。

2. 污垢热阻

换热器操作一段时间后，传热面上常有污垢积存，污垢附着在管壁上，对传热产生附加热阻，该热阻称为污垢热阻。虽然此层污垢不厚，但其导热系数小、热阻大，在计算 K 值时不可忽略。由于污垢层厚度及其导热系数不易估测，计算时常用经验数值。表 3-4 列出了一些常见流体的污垢热阻的经验数值。若传热管内、外侧的污垢热阻分别用 R_{si}、R_{so} 表示，则根据热阻叠加原理得

$$\frac{1}{K_o}=\frac{1}{\alpha_o}+R_{so}+\frac{b}{\lambda}\frac{d_o}{d_m}+R_{si}\frac{d_o}{d_i}+\frac{1}{\alpha_i}\frac{d_o}{d_i} \tag{3-26}$$

式中，R_{si}、R_{so} 单位为 $m^2 \cdot K/W$ 或 $m^2 \cdot ℃/W$。

表 3-4　常见流体的污垢热阻的经验数值

流体	$R_s/(m^2 \cdot ℃/kW)$	流体	$R_s/(m^2 \cdot ℃/kW)$
水(>50℃)	—	水蒸气	—
蒸馏水	0.09	优质不含油	0.052
海水	0.09	劣质不含油	0.09
清净的河水	0.21	液体	—
未处理的凉水塔用水	0.58	盐水	0.172
已处理的凉水塔用水	0.26	有机物	0.172
已处理的锅炉用水	0.26	熔盐	0.086
硬水、井水	0.58	植物油	0.52
气体	—	燃料油	0.172～0.52
空气	0.26～0.53	重油	0.86
溶剂蒸气	0.172	焦油	1.72

式(3-26)表明，间壁两侧流体间传热总热阻等于两侧流体的对流传热热阻、污垢热阻及管壁导热热阻之和。为了消除污垢热阻的影响，应定期清洗换热器。

有关提高总传热系数 K 的途径将在强化传热途径中讨论。

【例 3-4】 某列管式换热器由 Φ 25 mm×2.5 mm 的钢管组成，热空气流经管程，冷却水在管间与空气成逆流流动。已知管内空气的 α_i=50 W/(m² · ℃)，$R_{si}=0.3\times10^{-3}$ m² · ℃/K，管外水的 α_o=1000 W/(m² · ℃)，$R_{so}=0.2\times10^{-3}$ m² · ℃/K，钢的λ=45 W/(m · ℃)。(1) 计算基于管外表面积的总传热系数 K_o。(2) 试求按平壁计算的总传热系数 K。(3) 若壁阻和垢阻均可忽略，为了提高总传热系数 K，在其他条件不变的情况下：①将 α_i 提高一倍；②将 α_o 提高一倍，试分别计算 K_o。

解　(1) 求 K_o。

$$\begin{aligned}\frac{1}{K_o}&=\frac{1}{\alpha_i}\frac{d_o}{d_i}+R_{si}\frac{d_o}{d_i}+\frac{b}{\lambda}\frac{d_o}{d_m}+R_{so}+\frac{1}{\alpha_o}\\&=\frac{1}{50}\times\frac{0.025}{0.02}+0.3\times10^{-3}\times\frac{0.025}{0.02}+\frac{0.0025}{45}\times\frac{0.025}{0.0225}+0.2\times10^{-3}+\frac{1}{1000}\\&=0.0266\end{aligned}$$

所以 $K_o=37.6\ \mathrm{W/(m^2\cdot ℃)}$。

(2) 按平壁计算的 K。

$$\begin{aligned}\frac{1}{K}&=\frac{1}{\alpha_i}+R_{si}+\frac{b}{\lambda}+R_{so}+\frac{1}{\alpha_o}\\&=\frac{1}{50}+0.3\times10^{-3}+\frac{0.0025}{45}+0.2\times10^{-3}+\frac{1}{1000}\\&=0.0216\end{aligned}$$

$$K=46.3\ \mathrm{W/(m^2\cdot ℃)}$$

从上面的计算式可知，管径较小、管壁较厚时，按平壁计算 K 值误差较大：

$$\frac{K-K_o}{K_o}\times100\%=\frac{46.3-37.6}{37.6}\times100\%=23.1\%$$

所以管径较小时，不能按平壁来计算 K 值，应以管外表面积为基准来计算。

(3) ① α_i 提高一倍：

$$\alpha_i=2\times50=100[\mathrm{W/(m^2\cdot ℃)}]$$

$$\frac{1}{K_o}=\frac{d_o}{\alpha_i d_i}+\frac{1}{\alpha_o}=\frac{0.025}{100\times0.02}+\frac{1}{1000}=0.0135$$

$$K_o=74.1\ \mathrm{W/(m^2\cdot ℃)}$$

② α_o 提高一倍：

$$\alpha_o=2000\ \mathrm{W/(m^2\cdot ℃)}$$

$$\frac{1}{K_o}=\frac{0.025}{50\times0.02}+\frac{1}{2000}=0.0255$$

$$K_o=39.2\ \mathrm{W/(m^2\cdot ℃)}$$

计算结果表明，K 值接近热阻大的流体侧的 α 值，即接近 α 值较小者。所以，要提高总传热系数 K，关键在于提高对流传热分系数较小者。本例控制空气侧的 α 值，效果较好。

思考　提高流体的流速是否一定能提高 K，从而达到强化传热的目的？为什么？

3.4.4 传热平均温度差的计算

传热平均温度差是指换热器中参与换热的冷、热流体进、出口温度的平均差值，用 Δt_m 表示。根据参与换热器的两种流体沿着换热器壁面流动时温度的变化情况，可将其分为恒温传热和变温传热两种情况，而变温传热又分为一侧流体变温与两侧流体变温。

1. 恒温传热

恒温传热是指在换热器的间壁两侧，冷、热流体的温度既不随时间变化又不随位置(如管长)变化的传热。传热温差可表示为

$$\Delta t_m=T-t \tag{3-27}$$

则

$$Q = KS(T - t)$$

这是热交换中的一种特例，只有在间壁两侧流体均有相变化时才可发生。例如，在间接加热式蒸发器里，间壁的一侧是液体在保持恒定的沸腾温度 t 下沸腾汽化；而间壁的另一侧是饱和蒸气在恒定温度 T 下冷凝，在这个传热过程中，传热壁面两侧冷、热流体的温度都不随位置变化，那么温差也保持均一不变，就是恒温传热。

2. 变温传热

变温传热过程中，传热面各点温度不随时间变化，但随传热面位置不同而变化，即为定态变温传热过程。这是换热中较为常见的情况。根据间壁一侧流体有无相变，变温传热过程可分为一侧流体变温和两侧流体变温两种情况。

1) 一侧流体变温

一侧流体变温是指间壁一侧流体恒温，另一侧流体变温，如用蒸汽加热另一流体，蒸汽冷凝放出潜热，冷凝温度 T 不变，另一流体被加热，由 t_1 升温至 t_2，如图 3-8(a)所示。又如，用热流体加热另一种在较低温度下沸腾的液体，液体的沸腾温度保持在沸点 t 不变，热流体的温度由 T_1 降为 T_2，如图 3-8(b)所示。

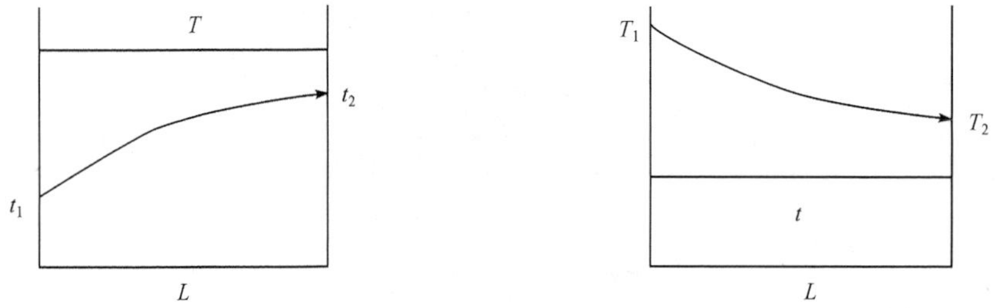

(a) 热流体恒温　　(b) 冷流体恒温

图 3-8　一侧流体变温示意图

2) 两侧流体变温

两侧流体变温是指间壁两侧流体均发生温度变化，这时参与换热的两种流体沿着传热壁面两侧流动，因其流动方向不同，平均温度差也不同，即平均温度差与两种流体的相对流动方向有关。生产上换热器内流体流动方向大致可分为下列四种情况。图 3-9 为换热器中流体流动方向示意图。

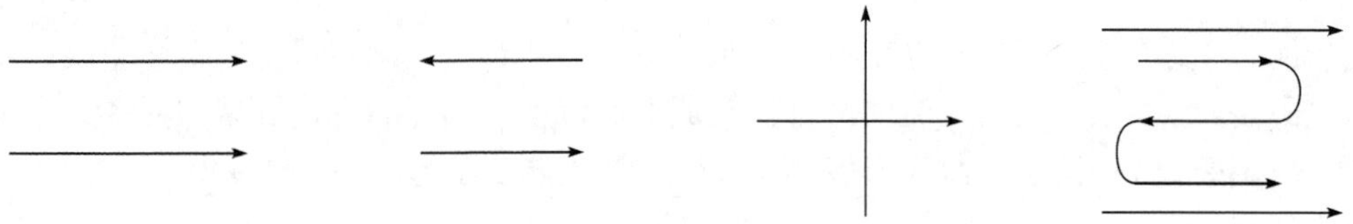

(a) 并流　　(b) 逆流　　(c) 错流　　(d) 折流

图 3-9　换热器中流体流动方向示意图

(1) 并流：如图 3-9(a)所示，参与换热的冷、热流体在传热面两侧分别以相同的方向流动。

(2) 逆流：如图 3-9(b)所示，参与换热的冷、热流体在传热面两侧分别以相反的方向流动。

(3) 错流：如图 3-9(c)所示，参与换热的两种流体在传热面两侧彼此呈垂直方向流动。

(4) 折流：如图 3-9(d)所示，参与换热的两种流体在传热面两侧，其中一侧流体只沿一个方向流动，而另一侧的流体则先沿一个方向流动，然后折回以相反方向流动，如此反复地做折流，使两侧流体间有并流与逆流交替存在。此种情况称为简单折流。若参与热交换的双方流体均做折流，则称为复杂折流。

在上述四种流向中，并流与逆流应用较为普遍，所以后面只讨论并流与逆流的有关计算。并流与逆流时温度沿传热面的变化情况如图 3-10 所示。

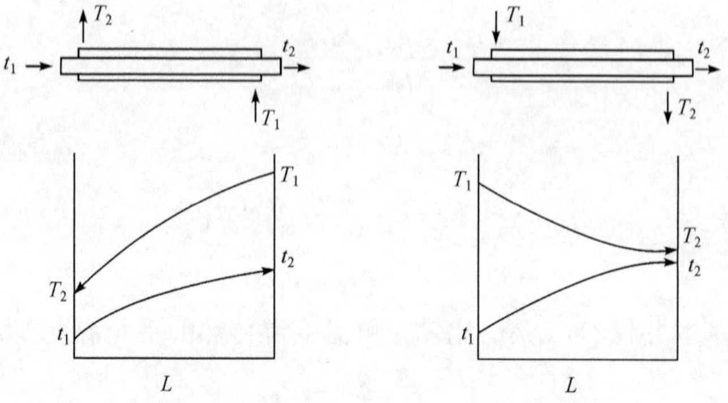

图 3-10　并流与逆流时温度沿传热面的变化情况

由图 3-10 可见，无论是哪种情况，壁面两侧冷、热流体的温度均沿着传热面而变化，其相应各点的温度差显然也是变化的，所以在计算传热速率时必须用积分的方法求出整个传热面上的平均温度差Δt_m。下面以逆流操作(两侧流体均无相变)为例，推导Δt_m的计算式。

设热流体的质量流量为q_{mh}，定压比热容为c_{ph}，进口温度为T_1，出口温度为T_2，冷流体的质量流量为q_{mc}，定压比热容为c_{pc}，进口温度为t_1，出口温度为t_2。在定态传热条件下，q_{mh}、q_{mc}是常数，c_{ph}、c_{pc}取流体平均温度下的数值，也视作常数。换热器的传热面积为S。在换热器中取一微元段为研究对象，其传热面积为 dS，在 dS 内热流体因放热而温度下降 dT，冷流体因受热而温度上升 dt，而传热量为 dQ。列出 dS 段内热量衡算的微分式为

$$\mathrm{d}Q = -q_{mh}c_{ph}\mathrm{d}T = q_{mc}c_{pc}\mathrm{d}t$$

由上式可得，$\dfrac{\mathrm{d}Q}{\mathrm{d}T} = -q_{mh}c_{ph} =$ 常数，Q 与热流体的温度呈直线关系；同理可得$\dfrac{\mathrm{d}Q}{\mathrm{d}t} = q_{mc}c_{pc} =$ 常数，Q 与冷流体的温度也呈直线关系。

如图 3-11 所示，显然 Q 与冷、热流体之间的温度差 $\Delta t=T-t$ 必然也呈直线关系，该直线的斜率为

$$\frac{\mathrm{d}(\Delta t)}{\mathrm{d}Q} = \frac{\Delta t_1 - \Delta t_2}{Q}$$

这里，$\Delta t_1=T_1-t_2$，$\Delta t_2=T_2-t_1$。传热基本方程的微分式为 $\mathrm{d}Q=K\Delta t\mathrm{d}S$，将此式代入$\dfrac{\mathrm{d}(\Delta t)}{\mathrm{d}Q}$中得

$$\frac{\mathrm{d}(\Delta t)}{K\Delta t\mathrm{d}S} = \frac{\Delta t_1 - \Delta t_2}{Q}$$

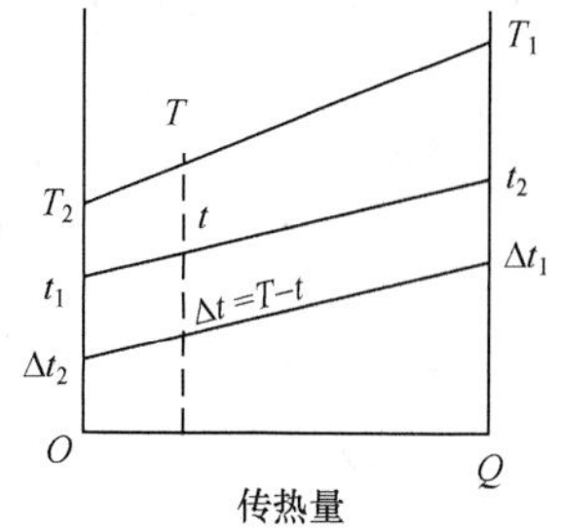

图 3-11　逆流时平均温度差的推导

或

$$\frac{d(\Delta t)}{K\Delta t}=\frac{\Delta t_1-\Delta t_2}{Q}dS$$

如将换热器内传热系数 K 值视为常数(K 值不随位置变化)，将上式积分，即

$$\frac{1}{K}\int_{\Delta t_2}^{\Delta t_1}\frac{d(\Delta t)}{\Delta t}=\frac{\Delta t_1-\Delta t_2}{Q}\int_0^S dS$$

得

$$\frac{1}{K}\ln\frac{\Delta t_1}{\Delta t_2}=\frac{\Delta t_1-\Delta t_2}{Q}S$$

则

$$Q=KS\frac{\Delta t_1-\Delta t_2}{\ln\frac{\Delta t_1}{\Delta t_2}}=KS\Delta t_m$$

将上式与传热基本方程 $Q=KS\Delta t_m$ 比较，可见变温传热的平均温度差为

$$\Delta t_m=\frac{\Delta t_1-\Delta t_2}{\ln\frac{\Delta t_1}{\Delta t_2}} \tag{3-28}$$

其值为换热器进、出口处两种流体温度差的对数平均值，故称为对数平均温度差。

虽然式(3-28)是根据两侧流体变温且在逆流操作情况下推导出来的，但对各种变温传热都适用。当一侧变温、另一侧流体恒温时，不论并流或逆流，两种情况的平均温度差相等；当两侧流体变温传热时，并流和逆流时的平均温度差则不同。通常将换热器两端温度差 Δt 中数值大者写成 Δt_1，小者写成 Δt_2，以使式(3-28)中分子与分母都是正数。这样计算 Δt_m 较为简便。

上述推导的前提条件是：①传热为定态传热过程；②两流体的定压比热容为常量(取定性温度下的值)；③换热器的热损失可以忽略；④总传热系数 K 为常数，即 K 值不随换热器的管长而变化。

【例 3-5】 在一列管换热器中，用机油和原油换热，原油在管外流动，进口温度为 120℃，出口温度为 160℃，机油在管内流动，进口温度为 245℃，出口温度为 175℃。(1) 试分别计算逆流和并流的 Δt_m；(2) 若已知机油质量流量为 q_{m1}=0.5 kg/s，比热容为 c_{p1}=3 kJ/(kg · ℃)，并流和逆流时总传热系数均为 100 W/(m² · ℃)，求单位时间内传过相同热量时并流和逆流分别所需的传热面积。

解 (1) 求 $\Delta t_{m并}$ 和 $\Delta t_{m逆}$。

逆流：

$$T_1=245℃ \longrightarrow T_2=175℃$$

$$t_2=160℃ \longleftarrow t_1=120℃$$

$$\Delta t_{m逆}=\frac{(245-160)-(175-120)}{\ln\frac{85}{55}}=69(℃)$$

并流：

$$T_1=245℃ \longrightarrow T_2=175℃$$

$$t_1=120℃ \longrightarrow t_2=160℃$$

$$\Delta t_{m并}=\frac{(245-120)-(175-160)}{\ln\frac{125}{15}}=52(℃)$$

由此可知，$\Delta t_{m逆}>\Delta t_{m并}$。

(2) 求传热面积$S_{逆}$、$S_{并}$。

$$Q=q_{m1}c_{p1}(T_1-T_2)=0.5\times3\times(245-175)=105(\text{kW})$$

$$S_{逆}=\frac{Q}{K\Delta t_m}=\frac{105\times10^3}{100\times69}=15.2(\text{m}^2)$$

$$S_{并}=\frac{Q}{K\Delta t_m}=\frac{105\times10^3}{100\times52}=20.2(\text{m}^2)$$

由此可知，$S_{并}>S_{逆}$。

3. 并流与逆流传热的比较

1) 逆流操作的优越性

(1) 从流体流动方向对传热平均温度差的影响来看，逆流有利。对于间壁两侧流体均为恒温及一侧流体恒温另一侧流体变温的传热过程，并流或逆流操作时的平均温度差相同，这时流体流动方向的选择主要应考虑换热器的构造及操作上的方便。当间壁两侧流体均变温且进、出口温度都已确定时，逆流操作时的平均温度差比并流时大，因此单位时间内传递相同的热量时，逆流所需的传热面积比并流时小。例3-4就说明了这一点。

(2) 从流体流动方向对载热体用量的影响来看，逆流有利。对于间壁两侧流体恒温传热及一侧流体恒温另一侧流体变温的传热过程，并、逆流时载热体用量均相同。而当间壁两侧流体均为变温传热时，则流体的流动方向对流体的最终温度有很大影响，逆流操作可以节省载热体的用量，如图3-12所示。

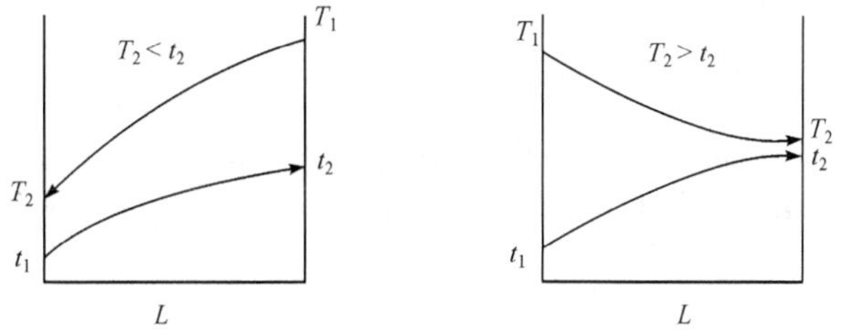

(a) 逆流　　(b) 并流

图3-12　并流与逆流的比较

在加热操作中，冷流体的流量，进、出口的温度以及热流体的进口温度一定，即Q一定，若采用并流操作，热流体的出口温度T_2始终高于t_2，若采用逆流操作，T_2却可以低于t_2。因此，逆流加热时，加热剂的温降$\Delta T=T_1-T_2$可以比并流时的大，则根据$Q=q_{mh}c_{ph}(T_1-T_2)$可知，传递相同热量时，加热剂用量q_{mh}比并流时少。

而在冷却操作时，热流体的流量、进出口温度以及冷流体的进口温度一定，即Q一定，由于逆流时冷流体的出口温度可以高于热流体的出口温度T_2，而并流时冷流体的出口温度t_2永远低于T_2，所以逆流冷却时，冷却剂的温升$\Delta t=t_2-t_1$可以比并流时的大，根据$Q=q_{mc}c_{pc}(t_2-t_1)$可知，传递相同热量时，冷却剂用量q_{mc}比并流时少。但应注意，若是用逆流代替并流而节省了冷却剂或加热剂用量，则其平均温度差未必仍比并流时的大。

(3) 逆流操作时，由图 3-12 还可看出，传热面上冷、热流体间的温度差较为均匀，物料受热也比较均匀。

2) 并流操作的优越性

虽然逆流操作具有以上优点，但并流操作在某些情况下有其独特之处。

(1) 并流操作时，因为 t_2 永远低于 T_2，所以并流操作容易控制冷流体的出口温度。例如，对于某些热敏性物料的加热，不得超过某一温度，从而避免因出口温度过高而影响产品的质量，或热流体被冷却时不得低于某一温度，也宜采用并流操作。

(2) 当加热高黏度的物料时，采用并流操作，可使物料迅速升温，从而降低物料黏度，提高对流传热分系数。

这符合唯物辩证法，因为事物都是一分为二的，换一个角度，就会有不同的观点或结论，从一个角度看是缺点，换一个角度就变成了优点。例如，并流操作 t_2 永远低于 T_2，从节约载热体的用量这个角度看，不如逆流节约载热体的用量，从这个角度看这是缺点；但是从另一个角度看，冷、热流体的两个出口温度是互相制约的，这说明并流操作容易控制冷、热流体的出口温度，所以特别对于热敏性物料的加热，利用这个特点，就变成了优点。所以当遇到问题，特别是遇到难题时，要学会换一个角度看问题，这样可能就会找到问题的解决办法。

思考　并流与逆流操作各有什么优越性？

3.5　传热设备——换热器

换热器是实现传热过程的基本设备。由于生产规模、物料的性质、传热的要求等各不相同，换热器的类型也多种多样。按用途可分为加热器、冷却器、冷凝器、蒸发器和再沸器等。而根据冷、热流体热量交换的原理和方式不同可分为三大类：直接接触式(混合式)、蓄热式、间壁式。其中，应用最广泛的是间壁式换热器。

3.5.1　间壁式换热器

前已述及，间壁式换热时，冷、热流体被固体壁面隔开，不相混合。这种换热方式在化工生产中应用最多，所用设备就是间壁式换热器。间壁式换热器类型很多，其典型代表就是套管式换热器和列管式换热器。

1. 套管式换热器

套管式换热器是由直径不同的两根管子同心套在一起构成的同心套管。可根据换热要求，将几段套管用 U 形回弯管连接，以增加传热面积；冷、热流体可以逆流或并流。冷、热流体分别流经内管和环隙进行热量的交换，内管的壁面为传热面。图 3-13 为没有回弯的套管式换热器，图 3-14 为有回弯的套管式换热器。

套管式换热器的优点是：结构简单；能耐高压；传热面积可根据需要增减；适当地选择管内、外径，可使流体的流速增大，且两种流体呈逆流流动，有利于传热。其缺点是：单位传热面积的金属耗量大；管子接头多，检修清洗不方便。此类换热器适用于高温、高压及小流量流体间的换热。

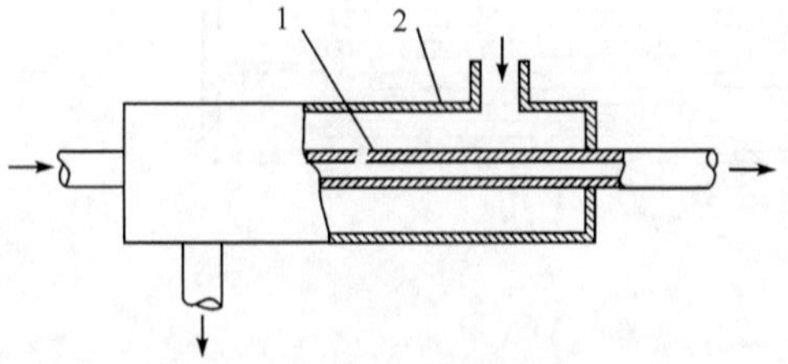

图 3-13 没有回弯的套管式换热器

1. 内管；2. 外管

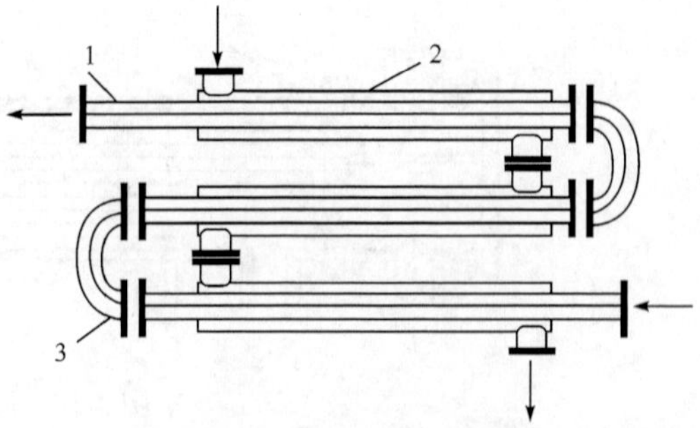

图 3-14 有回弯的套管式换热器

1. 内管；2. 外管；3. U 形回弯管

2. 列管式换热器

列管式换热器又称管壳式换热器，是最典型的间壁式换热器，历史悠久，应用广泛。其主要由壳体、管束、管板、折流挡板和封头等组成。管束安装在壳体内，两端固定在管板上。封头用螺栓与壳体两端的法兰相连。这种结构易于检修和清洗。

在进行热交换时，一种流体由封头的进口接管进入，通过平行管束的管内，从另一端封头出口接管流出，流体的行程称为管程；另一种流体则由壳体的接管进入，在壳体内从管束的空隙处流过，通过折流板的引导，由壳体的另一个接管流出，其行程称为壳程。管束的壁面即为传热面。冷、热流体可以逆流，也可以并流。

管程流体流经管程一次，称为单程列管式换热器。若管程流体在管束内流经两次，称为双程列管式换热器。若管程流体在管束内来回流过多次，称为多程(如四程、六程)列管式换热器。分程可使壳流体流速增大，流程增长，扰动加剧，有助于强化传热。但是，壳程分程不仅使流动阻力增大，且制造安装较为困难，故工程上应用较少。为改善壳程换热，往往在壳体内安装一定数目的、与管束相互垂直的折流挡板。折流挡板不仅可防止流体短路、增加流体流速，还迫使流体按规定路径多次错流通过管束，使湍动程度大为增加，以达到强化传热的目的。

列管式换热器的优点是单位体积设备所能提供的传热面积大，传热效果好，结构坚固，可选用的结构材料范围宽广，操作弹性大，大型装置中普遍采用。

在列管式换热器中，由于管内、外流体的温度不同，管束和壳体的温度和材料不同，因此它们的热膨胀程度也有差别。若两流体的温差较大，就可能由热应力引起设备变形、管束弯曲，甚至破裂或从管板上松脱。因此，当两流体的温差超过 50℃时，就必须采用一定的热补偿措施。按热补偿的方法不同，列管式换热器可分为以下几种主要形式。

1) 固定管板式换热器

当冷、热流体的温差不大时，可采用固定管板式换热器，如图 3-15 所示，管子两端与管板的连接方式可用焊接法或胀接法固定。壳体则与管板焊接，从而使管束、管板与壳体成为一个不可拆的整体。固定管板式换热器常用膨胀节结构进行热补偿，即在壳体上焊接一个横断面带圆弧形的钢环。该膨胀节在受到换热器轴向应力时会发生形变，使壳体伸缩，从而减小热应力。但这种补偿方式仍不适用于热、冷流体温差较大(大于 70℃)的场合，且因膨胀节是承压薄弱处，壳程流体压强不宜超过 600 kPa。

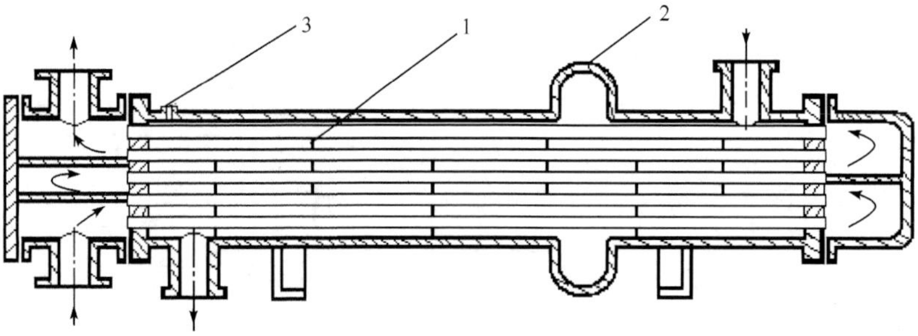

图 3-15　固定管板式换热器
1. 挡板；2. 补偿圈；3. 放气嘴

这种换热器的特点是结构简单，制造成本低。但是由于壳程不易清洗或检修，要求壳程流体必须是洁净而且不易结垢的流体。

2) U 形管式换热器

U 形管式换热器的管束由 U 形弯管组成，如图 3-16 所示。管子的两端固定在同一块管板上，弯曲端不固定，使每根管子具有自由伸缩的余地而不受其他管子或壳体的影响。这种换热器壳程易清洗，而清除管子内壁的污垢则比较困难，且制造时需要不同曲率的模子弯管，管板的有效利用率较低。此外，损坏的管子也难于调换，U 形弯管管束的中心部分空间对换热器的工作存在不利的影响。由于上述缺点，这种形式的换热器的应用受到很大的限制。

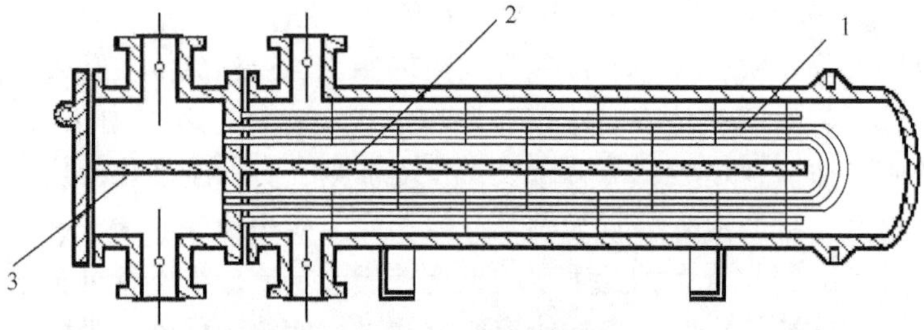

图 3-16　U 形管式换热器
1. U 形弯管；2. 壳程隔板；3. 管程隔板

U 形管式换热器适用于管、壳壁温差较大或壳程介质易结垢，而管程介质清洁不易结垢，以及高温、高压、腐蚀性强的场合。一般高温、高压、腐蚀性强的介质走管内，可使高压空间减小，密封易解决，并可节约材料和减少热损失。

3) 浮头式换热器

浮头式换热器的结构如图 3-17 所示。其结构特点是两端管板之一不与壳体固定连接，可在壳体内沿轴向自由伸缩，该端称为浮头。浮头式换热器的优点是当换热管与壳体有温差存在，壳体或换热管膨胀时互不约束，不会产生温差应力；管束可从壳体内抽出，便于管内和管间的清洗。其缺点是结构较复杂，用材量大，造价高；浮头盖与浮动管板之间若密封不严，发生内漏，会造成两种介质的混合。浮头式换热器适用于壳体和管束壁温差较大或壳程介质易结垢的场合。

思考　为什么间壁式换热器应用最广泛？

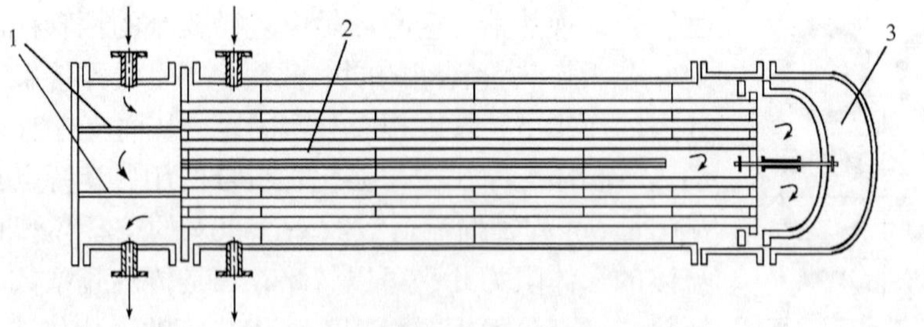

图 3-17 浮头式换热器

1. 管程隔板；2. 壳程隔板；3. 浮头

3.5.2 国内外新型换热器

现在科学技术发展突飞猛进，特别我国强调节能环保，越来越多的厂家研发生产新型的换热器设备。目前国内外典型的新型高效换热器有以下几种。

1. 螺旋折流板换热器

螺旋折流板换热器(图 3-18)是最新发展起来的一种管壳式换热器，是由美国 ABB(阿西布朗勃法瑞)公司提出的。其基本原理为：将圆截面的特制板安装在拟螺旋折流系统中，每块折流板占换热器壳程横剖面的 1/4，其倾角朝向换热器的轴线，即与换热器轴线保持一定倾斜度。相邻折流板的周边相接，与外圆呈连续螺旋状。每个折流板与壳程流体的流动方向成一定的角度，使壳程流体做螺旋运动，能减少管板与壳体之间易结垢的死角，从而提高换热效率。在气-水换热的情况下，传递相同热量时，该换热器可减少 30%～40%传热面积，节省 20%～30%材料。相对于弓形折流板，螺旋折流板消除了弓形折流板的返混现象、卡门涡街，从而提高有效传热温差，防止流动诱导振动；在流速相同时，壳程流动压降小；基本不存在振动与传热死区，不易结垢。

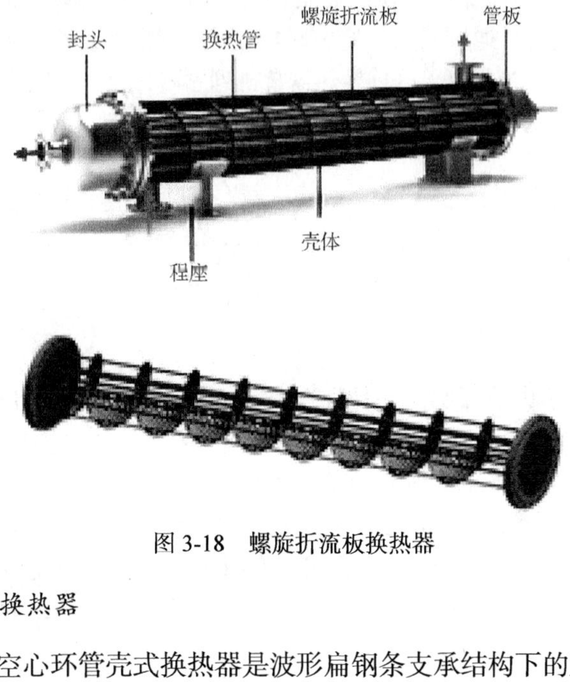

图 3-18 螺旋折流板换热器

2. 空心环管壳式换热器

如图 3-19 所示，空心环管壳式换热器是波形扁钢条支承结构下的正三角形布管的一种新

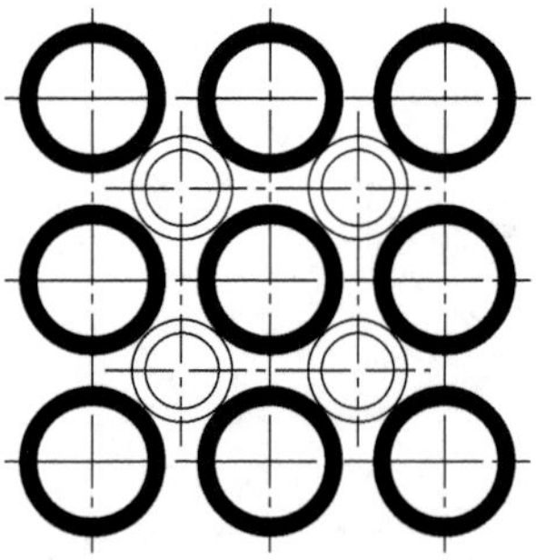

图 3-19　空心环支撑

型管壳式换热器。空心环是由直径较小的钢管截成的短节，均匀地分布于换热管管间的同一截面上，呈线性接触，在紧固装置螺栓力的作用下，管束相对紧密固定，从而支撑管束并促进流体扰动。空心环支撑往往与强化管组合使用，其特点有二：一是壳程流阻低，壳程轴向流道空隙率达 80%的空心环管间支承物对纵向流体的形体阻力几乎可以忽略；二是传热膜系数高，这种结构的换热器可充分发挥粗糙型强化传热管的强化传热性能，利用传热管的周向粗糙肋，促进纵向流体在传热界面上滞流层的湍流度，获得比普通光滑管界面高 80%～100%的传热膜系数。

3. 管子自支承式换热器

近年来，人们将壳程强化传热的两种主要途径综合考虑，利用管子形状的变化实现相互支撑和强化传热双重功能。目前主要有刺孔膜片式、螺旋扁管式和变截面管式几种形式。

如图 3-20 所示，刺孔膜片式的特点是刺孔膜片既是支撑元件，又是管壁的延伸，增大了单位体积内的有效传热面积；膜片上的毛刺和小孔增大了流体湍流度，各区间的流体经小孔实现一定程度的混合；刺和孔使换热表面的边界层不断更新，减薄了滞流底层厚度，从而提高了换热系数；壳程流体纵向流动，压降很小。

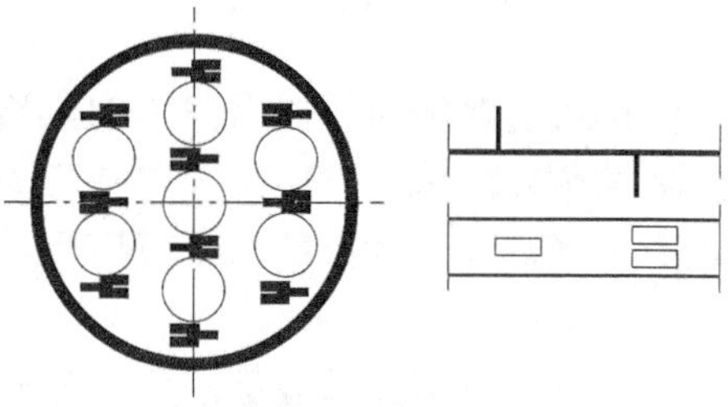

图 3-20　刺孔膜片管

螺旋扁管(twisted tube，图 3-21)是瑞典 Allares 公司近年推出的一种高效换热元件。螺旋扁管的结构特点是管子换热段的任一截面均为一椭圆，当组装成换热器时可以混合管束，也可以是纯螺旋扁管。螺旋扁管的截面类似于椭圆管，椭圆的长、短轴比根据换热管程和壳程的流速设计确定，当管程流量较低时，可增大长、短轴比，以减小流通截面、提高流速，使换热器两侧处于较理想的流动状态。

变截面管(图 3-22)是把普通圆管按一定节距压制出互成 90°或 60°的扁圆形截面，利用这种变截面管互相支撑并构成扰流元件。这种换热器管排列紧凑，减小了换热器的尺寸和质量，而且可实现管束间流体薄层流动。其结构比较简单，且是双面强化管，但最大弱点是管内阻力太大。

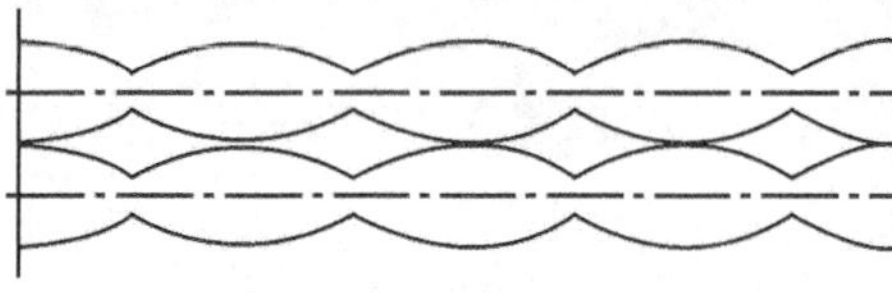

图 3-21　螺旋扁管

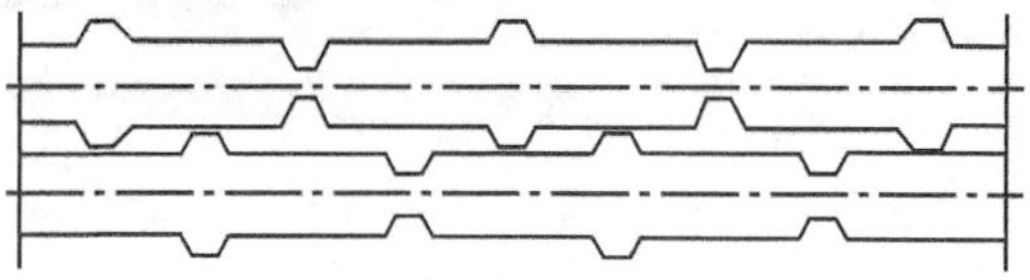

图 3-22　变截面管

新型高效换热器除了以上介绍的几种外，还有以下几种：Hamon Lummus 公司的 SRC 空冷式冷凝器、NTIW 列管式换热器、英国 Cal Gavin 公司的丝状花内插物换热器、日本的 Hybrid 混合式换热器，俄罗斯的变形翅片管换热器、喷涂翅片管冷却器、非钎焊金属丝缠绕翅片管换热器和螺旋绕管式换热器、美国 Chemineer 公司的 Kenics 换热器、日本的 SM 型换热器(内插静态混合器)、美国的 Brown Fintube 公司的带纽带插入物的湍流增强式换热器(exchanger with turbulator)、美国 Yuba 公司的 Hemilok 换热器、澳大利亚 Roach Heat Exchangers 公司的柔性换热器(flexible heat exchanger)等。

3.5.3　强化传热的途径

强化传热指的是力求用较小的传热面积或较小体积的传热设备完成较大的传热任务，或传递较多的热量，即要求换热器单位面积的传热速率越大越好。这就需要通过分析和计算，采取一定的技术措施以提高换热器中冷、热流体之间的传热速率。

强化传热的意义在于：①在设备投资及输送功耗一定的条件下，获得较大的传热量，从而增大设备容量，提高劳动生产率；②在保证设备容量不变情况下，使其结构更加紧凑，减少占有空间，节约材料，降低成本。所以，强化传热的目的符合绿色化工、低碳经济的理念与节能减排、可持续发展的要求。

由总传热速率方程 $Q=KS\Delta t_m$ 知，增大 K、S 或 Δt_m 都能提高传热速率 Q。因此，强化传热的途径要从这三方面来考虑。

1. 增大传热面积 S

传热速率 Q 与传热面积 S 成正比，S 增大，可使传热强化。但应注意，增大传热面积不应靠增大设备的尺寸来实现，而应从改进设备的结构来考虑，提高其紧凑性，增加单位体积设备的传热面积，如改用螺纹管、波纹管来代替光滑管，或采用翅片式换热器等，都能提高单位体积设备的传热面积。这样不但让换热器更加紧凑，而且用的材料少，节省占地面积，也属于绿色化工、环保节能的范畴。例如，暖气片的发展，暖气片体积、尺寸越来越小，占地面积越来越小，用的材料越来越少，但是换热效率却越来越高，这与翅片的加入和不断的改良有很大的关系。图 3-23 是常见的翅片形式，图 3-24 是新型板翅式换热器的翅片形式。

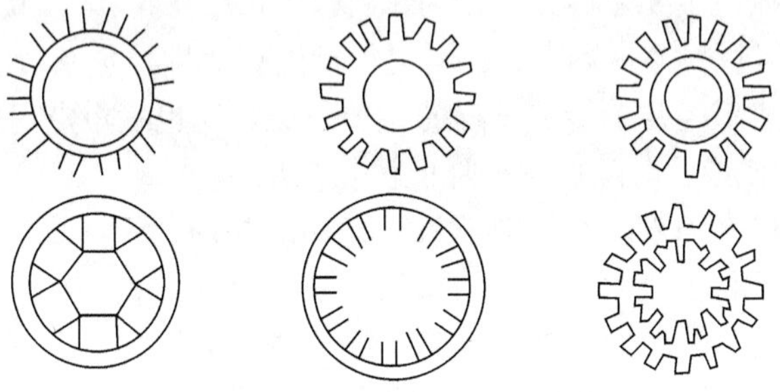

(a) 横向

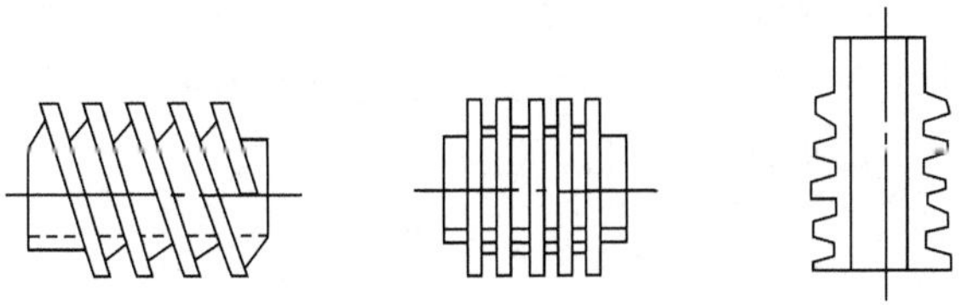

(b) 纵向

图 3-23　常见的翅片形式

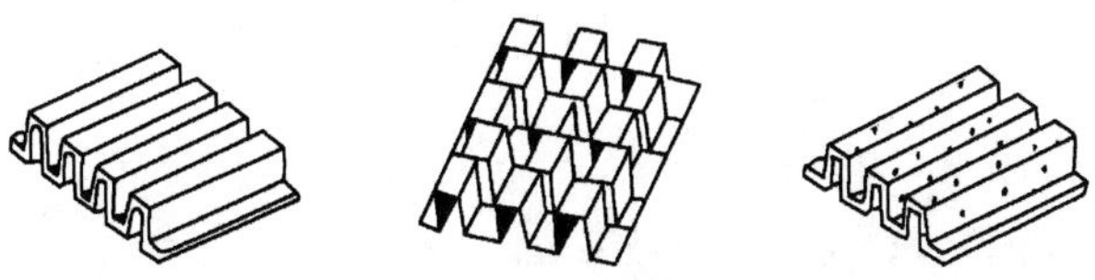

(a) 光直翅片　(b) 锯齿翅片　(c) 多孔翅片

图 3-24　新型板翅式换热器的翅片形式

2. 增大传热平均温度差 Δt_m

增大传热温度差是强化传热的途径之一。平均温度差的大小主要取决于物料和载热体的温度条件和两流体在换热器中的相对流动方向。

一般来说，物料的温度由生产工艺决定，不能随意变动，而载热体的温度则与所选的载热体有关。载热体的种类很多，温度范围各不相同，但在选择时要考虑技术上的可行性和经济上的合理性。例如，在化工中常用的加热介质是饱和水蒸气，提高蒸汽的压强就可以升高蒸汽的温度，从而提高平均温度差。但是，水蒸气温度到 200℃时，温度每升高 2.5℃压强就要提高 1 atm，到 250℃时，温度每升高 1.3℃压强就要提高 1 atm。所以，使用高压蒸汽会使设备庞大，技术要求高，经济效益低，安全性下降。因此，升高介质的温度必须考虑技术上的可行性和经济上的合理性，载热体的选择受到一些条件的限制，温度变化范围很有限。在换热器两侧流体均变温的情况下，可采用逆流操作，这时可获得较大的传热平均温度差 Δt_m。

3. 提高总传热系数 K

强化传热最主要的途径就是提高总传热系数 K。增大总传热系数 K，可以提高换热器的传热速率。增大总传热系数 K 可以通过降低换热器总热阻的方法来实现。

为便于分析，现假设传热壁为平壁，则总热阻为

$$\frac{1}{K}=\frac{1}{\alpha_i}+R_{si}+\frac{b}{\lambda}+R_{so}+\frac{1}{\alpha_o}$$

要降低总热阻，必须减小各项分热阻。但不同情况下，各项分热阻所占比例不同，故应具体问题具体分析，抓住主要矛盾，找出对 K 值影响较大的因素，减小它对 K 值的影响。

一般来说，在金属材料换热器中，金属材料壁面较薄且导热系数高，不会成为主要热阻；污垢热阻和对流传热热阻经常是传热过程的主要矛盾，这也是重点讨论的内容。

1) 抑制污垢的生成或及时除垢——降低污垢热阻

污垢热阻是一个可变因素。在换热器投入使用的初期，污垢热阻很小。随着使用时间的延长，污垢将逐渐集聚在传热面上，成为阻碍传热的重要因素。因此，应通过增大流体流速等措施减弱污垢的形成和发展，并注意及时清除传热面上的污垢。

2) 提高流体的对流传热分系数——降低对流传热热阻

通常，流体的对流传热热阻是传热过程的主要热阻。当间壁两侧流体的对流传热分系数相差较大时，应设法强化对流传热分系数较小一侧的对流传热。如果壁面导热热阻(b/λ)和污垢热阻(R_{si}、R_{so})均可忽略，K 的计算式可简化为

$$K=\frac{\alpha_i\alpha_o}{\alpha_i+\alpha_o}\qquad \frac{1}{K}=\frac{1}{\alpha_i}+\frac{1}{\alpha_o}$$

(1) 若 $\alpha_i>\alpha_o$，则

$$K=\frac{\alpha_o}{1+\dfrac{\alpha_o}{\alpha_i}}\qquad \left(\text{因为}\frac{\alpha_o}{\alpha_i}>0，\text{所以}K<\alpha_o\right)$$

特殊情况：若 $\alpha_i\gg\alpha_o$，则 $\alpha_o/\alpha_i\approx 0$，$K\approx\alpha_o$。

此时，总热阻主要来自管外侧的对流传热热阻，称为管壁外侧对流传热控制。所以，要提高总传热系数 K，关键在于提高管壁外侧的对流传热分系数。

(2) 若 $\alpha_i<\alpha_o$，则

$$K=\frac{\alpha_i}{1+\frac{\alpha_i}{\alpha_o}} \qquad K<\alpha_i$$

特殊情况：若 $\alpha_i \ll \alpha_o$，则 $\alpha_i/\alpha_o \approx 0$，$K \approx \alpha_i$。

此时，总热阻主要来自管内侧的对流传热热阻，称为管壁内侧对流传热控制。所以，要提高总传热系数 K，关键在于提高管壁内侧的对流传热分系数。

若两侧 α 相差不是很大(为同一数量级)，则必须同时提高两侧的 α 才能提高总传热系数。目前强化对流传热的方法主要有以下几种。

1) 改变流体的流动状况

(1) 提高流速。提高流速可增强流体流动的湍动程度，减薄滞流底层，从而强化传热。例如，在列管式换热器中，可通过增加管程数(如单程式变为双程式)和壳程中的挡板数来提高流速。

(2) 增加人工扰流装置。对列管式换热器采用各种异形管或在管内加装螺旋圈、金属卷片等添加物，也可采用板式或螺旋式换热器，均可增强流体的扰动。

流体的扰动增强，使滞流底层减薄，可提高对流传热分系数，从而减小对流传热热阻。

2) 改变流体物性

流体物性对传热有很大影响，一般导热系数与比热容较大的流体，其对流传热分系数也较大。例如，空气冷却器改用水冷却后，传热效果大大提高。

另一种改变流体性能的方法是在流体中加入添加剂。例如，在气体中加入少量固体颗粒以形成气-固悬浮体系，固体颗粒可增强气流的湍流程度；在液体中添加固体颗粒(如在油中加入聚苯乙烯悬浮物)，其强化传热的机理类似于搅拌完善的液体传热。

3) 改变传热表面状况

通过改变传热表面的性质、形状、大小以增强传热的方法主要有以下几种：

(1) 增加传热面的粗糙程度。增加传热面的粗糙程度不仅有利于强化单相流体对流传热，也有利于沸腾传热。在不同的流动和换热条件下，粗糙度对传热的影响程度是不同的。不过增加粗糙度会使流动阻力增加。

(2) 改进表面结构。对金属管表面进行烧结、电火花加工、涂层等，制成多孔表面管或涂层管，可以有效地改善沸腾或冷凝传热。

(3) 改变传热面的形状和大小。为了增大对流传热分系数，可采用各种异形管，如椭圆管、波纹管、螺旋管和变截面管等。由于传热表面形状的变化，流体在流动中将不断改变流动方向和流动速度，促进湍流形成，减小边界层厚度，从而加强传热。

应予指出，强化传热过程要权衡利弊，综合考虑。由于传热过程的影响因素很多，评价强化传热的效果不能单纯考虑总传热系数 K 提高了多少，还要考虑操作维修的便捷性、经济性、安全性以及可靠性等因素。例如，上面各种增大总传热系数 K 的方法可强化传热，但都伴随流动阻力的增加，所以在流动阻力不同时就不好评价强化传热的效果。因此，工程上都是将流动阻力相同时强化传热前后的总传热系数 K 的比值作为评价强化传热的一个指标。

因此，对于实际的传热过程，要对设备结构、动力消耗、运行维修等方面予以全面考虑，选用经济、合理的强化方法，以期达到既经济低碳又绿色环保的目的。

思考 强化传热的途径主要有哪几条？其中最主要的途径是什么？

习　　题

1. 某平壁燃烧炉由一层耐火砖与一层普通砖砌成，两层的厚度均为 100 mm，其导热系数分别为 0.9 W/(m · ℃)及 0.7 W/(m · ℃)。待操作稳定后，测得炉膛的内表面温度为 700℃，外表面温度为 130℃。为了减少燃烧炉的热损失，在普通砖外表面增加一层厚度为 40 mm、导热系数为 0.06 W/(m · ℃)的保温材料。操作稳定后，又测得炉内表面温度为 740℃，外表面温度为 90℃。设两层砖的导热系数不变，则加保温层后炉壁的热损失比原来减少百分之几?

[68.5%]

2. 在一 Φ 60 mm×3.5 mm 的钢管外包有两层绝热材料，里层为 40 mm 的氧化镁粉，平均导热系数 λ=0.07 W/(m · K)，外层为 20 mm 的石棉层，其平均导热系数 λ=0.15 W/(m · K)。现用热电偶测得管内壁的温度为 500℃，最外层表面温度为 80℃，管壁的导热系数 λ=45 W/(m · K)。试求每米管路的热损失及保温层界面的温度。

[191 W/m，132℃]

3. 直径为 Φ 60 mm×3 mm 的钢管用 30 mm 厚的软木包扎，其外又用 100 mm 厚的保温灰包扎，作为绝热层。现测得钢管外壁面温度为–110℃，绝热层外表面温度为 10℃。已知软木和保温灰的导热系数分别为 0.043 W/(m · ℃)和 0.07 W/(m · ℃)，求每米管长的冷量损失量。

[25 W/m]

4. 水在一圆形直管内呈强制湍流时，若流量及物性均不变，将管内径减半，则管内对流传热分系数为原来的多少倍?

[3.482]

5. 有一列管式换热器，由 38 根 Φ 25 mm×2.5 mm 的无缝钢管组成。苯在管内流动，由 20℃加热至 80℃，苯的流量为 8.32 kg/s。外壳中通入水蒸气进行加热。试求管壁对苯的传热系数。若苯的流量提高一倍，传热系数有何变化[50℃下苯的物性数据：ρ=860 kg/m^3，c_p=1.80 kJ/(kg · ℃)，μ=0.45×10^{-3} Pa · s，λ=0.14 W/(m^2 · ℃)]?

[1272 W/(m^2 · ℃)，2215 W/(m^2 · ℃)]

6. 一空气冷却器，空气横向流过管外壁，对流传热系数 α_o=100 W/(m^2 · ℃)。冷却水在管内流动，α_i=6000 W/(m^2 · ℃)。冷却水管为 Φ25 mm×2.5 mm 的钢管，其导热系数 λ=45 W/(m · ℃)。(1) 试求在该状况下的总传热系数。(2) 若将管外空气一侧的对流传热分系数提高一倍，其他条件不变，总传热系数有何变化? (3) 若将管内冷却水一侧的对流传热分系数提高一倍，其他条件不变，总传热系数又有何变化?

[97.4 W/(m^2 · ℃)；192 W/(m^2 · ℃)；99 W/(m^2 · ℃)]

7. 有一台运转中的单程逆流列管式换热器，热空气在管程由 120℃降至 80℃，其对流传热分系数 α_1=50 W/(m^2 · K)。壳程的冷却水从 15℃升至 90℃，其对流传热分系数 α_2=2000 W/(m^2 · K)，管壁热阻及污垢热阻均可不计。当冷却水量增加一倍时，(1) 试求水和空气的出口温度 t_2' 和 T_2'，忽略流体物性参数随温度的变化。(2) 传热速率 Q'比原来增加了多少?

[61.9℃，69.9℃；25%]

8. 某工业乙醇精馏塔顶的全凝器，塔顶为工业乙醇的饱和蒸气，温度为 78℃，汽化潜热为 r=850 kJ/kg，蒸气流量为 3340 kg/h。全凝器用 Φ 30 mm×2.5 mm 的铜管，管内通冷却水。现测得冷却水在管内的流速为 g_s=0.5 m/s，冷却水的进、出口温度分别为 20℃、40℃。在定性温度下水的物理数据如下：ρ=995.7 kg/m^3，μ=0.817 cP，λ=0.618 W/(m · K)，c_p=4174 J/(kg · K)。已知乙醇蒸气对管壁的冷凝传热系数 α=2268 W/(m^2 · ℃)，钢管的导热系数 λ=45 W/(m · K)，试求该换热器的传热面积和冷却水消耗量。

[16.3 m^2，9.5 kg/s]

9. 在并流换热器中，用水冷却油。水的进、出口温度分别为 15℃、40℃，油的进、出口温度分别为 150℃、100℃。现因生产任务要求油的出口温度降至 80℃，设油和水的流量、进口温度及物性均不变，若原换热器的管长为 1 m，求将此换热器的管长增加多少米才能满足要求。换热器的热损失可忽略。

[0.855 m]

10. 一单程列管式换热器，由直径为 Φ 25 mm×2.5 mm 的钢管束组成。苯在换热器的管内流动，流量为 1.25 kg/s，由 80℃冷却到 30℃，冷却水在管间和苯呈逆流流动，进口水温为 20℃，出口水温不超过 50℃。

已知水侧和苯侧的对流传热分系数分别为 1.70 kW/(m^2 · ℃)和 0.85 kW/(m^2 · ℃)，污垢热阻和换热器的热损失可忽略，求换热器的传热面积。苯的平均比热容为 1.9 kJ/(kg · ℃)，管壁材料的导热系数为 45 W/(m · ℃)。

[13.8 m^2]

11. 在列管式换热器中用水冷却油，水在管内流动。已知管内水侧对流传热分系数α_i=349 W/(m^2 · ℃)，管外油侧对流传热分系数α_o=258 W/(m^2 · ℃)。换热器在使用一段时间后，管壁面两侧均有污垢形成，水侧的污垢热阻 R_{si} 为 0.000 26 m^2 · ℃/W，油侧的污垢热阻 R_{so} 为 0.000 176 m^2 · ℃/W。若此换热器可按薄壁管处理，管壁导热热阻忽略不计，求：(1) 产生污垢后热阻增加的百分数；(2) 总传热系数 K。

[6.48%；139.3 W/(m^2 · ℃)]

12. 在一传热面积为 25 m^2 的单程管壳式换热器中，用水冷却某种有机溶液。冷却水的流量为 28 000 kg/h，其温度由 25℃升至 38℃，平均比热容为 4.17 kJ/(kg · ℃)。有机溶液的温度由 110℃降至 65℃，平均比热容为 1.72 kJ/(kg · ℃)。两流体在换热器中呈逆流流动。设换热器的热损失可忽略，试核算该换热器的总传热系数，并计算该有机溶液的处理量。

[310.3 W/(m^2 · ℃)，1.96×10^4 kg/h]

13. 某列管式换热器由 Φ 25 mm×2.5 mm 的钢管组成，热空气流经管程，冷却水在管间与空气呈逆流流动。已知管内空气的 α_i=50 W/(m^2 · ℃)，R_{si}=0.3×10^{-3} m^2 · ℃/K，管外水 α_o=1000 W/(m^2 · ℃)，R_{so}=0.2×10^{-3} m^2 · ℃/K，钢λ=45 W/(m^2 · ℃)。(1) 计算基于管外表面积的总传热系数 K_o。(2) 试求按平壁计算的总传热系数 K。(3) 若壁阻和垢阻均可忽略，为了提高总传热系数 K，在其他条件不变的情况下：①将 α_i 提高一倍；②将 α_o 提高一倍，试分别计算 K_o。

[37.6 W/(m^2 · ℃)；46.4 W/(m^2 · ℃)；74.1 W/(m^2 · ℃)，39.2 W/(m^2 · ℃)]

14. 在一单程管壳式换热器中，用水冷却某种有机溶剂。冷却水的流量为 10 000 kg/h，其初始温度为 30℃，平均比热容为 4.174 kJ/(kg · ℃)。有机溶剂的流量为 14 000 kg/h，温度由 180℃降至 120℃，平均比热容为 1.72 kJ/(kg · ℃)。设换热器的总传热系数为 500 W/(m^2 · ℃)，试分别计算逆流和并流时换热器所需的传热面积，设换热器的热损失和污垢热阻可以忽略。

[7.85 m，8.45 m^2]

15. 在一单程管壳式换热器中，用冷水将常压下的纯苯蒸气冷凝成饱和液体。已知苯蒸气的体积流量为 1600 m^3/h，常压下苯的沸点为 80.1℃，汽化潜热为 394 kJ/kg。冷却水的入口温度为 20℃，流量为 35 000 kg/h，水的平均比热容为 4.17 kJ/(kg · ℃)。总传热系数为 450 W/(m^2 · ℃)。设换热器的热损失可忽略，试计算所需的传热面积。

[19.3 m^2]

第4章 气体吸收

4.1 概　　述

化工生产的目的是制取人们生活和生产中所需要的各种物料，而许多纯物料的获取需要从混合物中提取。混合物的分离是化工生产中重要的过程。利用物系中不同组分的物理性质或化学性质的差异来构造一个两相物系，使其中某一组分或某些组分从一相转移到另一相，从而达到分离的目的，这一过程称为传质分离过程。

以传质分离过程为特征的基本单元操作在化工生产中有很多。例如：

(1) 气体吸收。选择合适的溶剂与气体混合物接触，使易溶组分溶入液相，难溶组分则留在气相，以分离气体混合物。例如，用水作溶剂吸收混合在空气中的氨，这是利用氨和空气在水中溶解度的差异进行分离。

(2) 液体蒸馏。对于液体混合物，通过加热等手段将其部分汽化，使混合物形成两相，利用不同组分挥发性的差异，通过液相与气相间的质量传递实现分离。

(3) 固体干燥。对含一定湿分(水或其他溶剂)的固体提供一定的热量，使溶剂汽化，利用湿分压差，使湿分从固体表面或内部转移到气相，从而使含湿固体物料得以干燥。

(4) 液-液萃取。向液体混合物中加入某种溶剂，利用混合液体中各组分在不完全互溶的两液相间溶解度的差异分离液体混合物。在其分离过程中，溶质由一液相转移到另一液相。

(5) 结晶。对混合物(蒸气、溶液或熔融物)采用降温或浓缩的方法使其达到过饱和状态，析出溶质，得到固体产品。

(6) 吸附。利用多孔固体颗粒选择性地吸附混合物(液体或气体)中的一个或几个组分，从而使混合物得以分离。其逆过程为脱附过程。

(7) 膜分离。利用固体膜对混合物中各组分的选择性渗透，从而分离各组分。

4.1.1 气体吸收过程

利用混合气中各组分在液体中溶解度的差异，选择合适的吸收剂，使气体混合物中易溶的一个或几个组分溶于液相，而难溶解的组分留在气相中，实现气体混合物中各组分分离的单元操作称为吸收过程。吸收是一个典型的扩散传质分离过程，吸收过程包括气、液两相：气相(混合气体)由易溶组分和难溶或不溶组分组成，液相为吸收剂。混合气体中，能够显著溶解的组分称为溶质或吸收质，不被溶解的组分称为惰性组分(惰气)或载体，吸收操作中所用的溶剂称为吸收剂或溶剂。吸收操作中得到的溶液称为吸收液或溶液，其成分主要为溶质和溶剂；排出的气体称为吸收尾气，其主要成分是惰性气体和残余的溶质。吸收过程作为一种重要的分离手段，广泛应用于化工、医药、冶金等生产过程，吸收的目的主要有以下几种：

(1) 除去有害组分以净化或精制气体，如合成氨中的一系列气体净制过程。

(2) 回收混合气体中的有用组分，以减少物料的损失，如从炼焦炉气、石油裂解气中分离回收有用组分。

(3) 某些产品的制取，如硫酸、硝酸、盐酸的制取。

(4) 环境保护的手段，如工业废气的治理。

4.1.2 吸收过程的分类

1. 物理吸收与化学吸收

1) 物理吸收

在吸收过程中溶质与溶剂不发生显著的化学反应，称为物理吸收。物理吸收属物理化学过程，是可逆的，热效应一般较小；吸收质仅简单地从气相溶入液相，两者间没有显著的化学反应或只有弱的化学反应；吸收后吸收质在溶液中是游离的或结合得很弱，条件稍微改变，解吸即发生；吸收的极限取决于当时条件下吸收质在吸收剂中的溶解度；吸收速率主要取决于从气相主体进入液相主体的扩散速率；压强和温度对吸收速率有显著的影响。用水吸收二氧化碳、用洗油吸收芳烃等过程属于物理吸收。

2) 化学吸收

在吸收过程中，如果溶质与溶剂发生显著的化学反应，则此吸收操作称为化学吸收。化学吸收常伴有化学反应，热效应一般较大；吸收质与吸收剂间发生化学反应，选择性较高；吸收的推动力一般较大；吸收后，在溶液中有新物质生成，若反应不可逆，条件改变，解吸不发生；吸收的极限(平衡)主要取决于当时条件下吸收反应的化学平衡；吸收速率主要取决于吸收质的扩散速率或化学反应速率，其中最慢的为过程的控制步骤。用硫酸吸收氨、用碱液吸收二氧化碳等过程属于化学吸收。

2. 单组分吸收与多组分吸收

1) 单组分吸收

在吸收过程中，若混合气体中只有一个组分进入液相被吸收，其余组分均不溶或微溶于吸收剂，称为单组分吸收。

2) 多组分吸收

在吸收过程中，若混合气体中有两个或多个组分进入液相被吸收，则称为多组分吸收。

3. 等温吸收与非等温吸收

1) 等温吸收

气体溶于液体中时常伴随热效应，若热效应很小，或被吸收的组分在气相中的浓度很低，而吸收剂用量很大，液相的温度变化不显著，则可认为是等温吸收。若吸收设备散热良好，虽热效应较大仍能保持吸收过程温度基本不变，也可按等温处理。

2) 非等温吸收

若吸收过程中的热效应较大，如发生化学反应，其反应热很大，液相的温度明显变化，则该吸收过程为非等温吸收过程。

4. 低浓度吸收与高浓度吸收

1) 高浓度吸收

混合气中溶质含量较高，被吸收溶质量较多时的吸收称为高浓度吸收。

2) 低浓度吸收

溶质在气、液两相中摩尔分数均较低(通常认为小于 0.1)时的吸收称为低浓度吸收。低浓度吸收的特点是：①气、液两相流经吸收塔的流量视为常数；②低浓度吸收可视为等温吸收。

本章重点讨论低浓度、单组分、等温的物理吸收过程。

4.1.3　吸收剂的选择

吸收剂性能往往是决定吸收效果的关键。在选择吸收剂时，应从以下几方面考虑：

(1) 溶解度。溶质在溶剂中的溶解度要大，这样可以提高吸收速率并减小吸收剂的耗用量，气相中溶质的极限残余浓度也可降低。同时，溶质在吸收剂中的溶解度对操作条件(温度、压强)要敏感，即随操作条件的变化，溶解度要显著地变化，这样被吸收的气体组分容易解吸，吸收剂再生方便。当吸收剂与溶质发生化学反应时，溶解度可大大提高。但要使吸收剂循环使用，化学反应必须是可逆的。

(2) 选择性。吸收剂对混合气体中的溶质要有良好的吸收能力，而对其他组分应不吸收或吸收甚微，否则不能直接实现有效的分离。

(3) 挥发度。操作温度下吸收剂的蒸气压要低，挥发度要小，以减少吸收和再生过程中吸收剂的损失，也避免吸收气体被污染。

(4) 黏度。吸收剂黏度要低，有利于吸收塔内气、液的接触，减少流体输送功耗，提高吸收速率。

(5) 化学稳定性。吸收剂化学稳定性好可避免因吸收过程中条件变化而引起吸收剂变质。

(6) 腐蚀性。吸收剂腐蚀性应尽可能小，以减少设备费和维修费。

(7) 其他。所选用吸收剂应尽可能满足价廉、易得、易再生、无毒、无害、不发泡、不易燃烧、不易爆等要求。

选择吸收剂时，应对吸收剂做全面评价后，做出经济、合理、恰当的选择。

4.1.4　吸收操作的流程

在实际生产中，经常是吸收与解吸(或称脱吸)联用。但两个过程的传质方向正好相反，吸收过程溶质由气相向液相传递，解吸过程溶质由液相向气相传递。所以，两个过程的操作条件也不同。高压、低温有利于吸收，低压、高温有利于解吸。由于解吸的原理与吸收相同，因此解吸过程可以对照吸收过程处理。在吸收操作过程中，应根据体系的特性选择合适的吸收剂及吸收操作方式和条件(温度、压力和设备类型等)。

4.2　吸收的气、液相平衡关系

4.2.1　气体在液体中的溶解度

在一定压强和温度下，将一定量的吸收剂与混合气体充分接触，气相中的溶质便向液相溶剂中转移，经长时间充分接触后，液相中溶质组分的浓度不再增加，表示气、液两相达到平衡，此状态称为平衡状态。此时，宏观上过程好像不再进行了，但微观上过程仍在继续进行，只是任何瞬间进入液相的溶质分子数与从液相中逸出的溶质分子数恰好相等。因此，该平衡为动态平衡。气、液平衡时，溶质在液相中的浓度称为饱和浓度或平衡浓度，该浓度就是某种气体在指定液体中的溶解度，气相中溶质的分压称为平衡分压。平衡时溶质组分在气、液两相中的浓度关系符合相平衡关系。由此也可以判断溶质在相间传质的方向和极限，以及确定传质过程的推动力。

对于单组分物理吸收过程，根据相律可知，自由度为3，则在一定总压和温度下，溶质在液相中的溶解度取决于其在气相中的组成。一定温度下，溶质在气、液相平衡状态下的组成关系可用溶解度曲线表示。图4-1为不同温度下氨在水中的溶解度曲线；图4-2为不同气体在水中的溶解度曲线(图中$10^n c_A$中的n值，O_2为3、CO_2为2、SO_2为1、NH_3为0)。由图4-1可知，一定温度下，气体组分的溶解度随着该气体在气相中平衡分压的增大而增大；在相同的平衡分压下，气体组分的溶解度则随着温度的升高而减小。由图4-2可知，同一溶剂中，相同温度下不同气体的溶解度有很大差异。因此，要想得到相同浓度的溶液，易溶气体仅需控制较低的分压，难溶气体则需较高的分压。从溶解度曲线的规律看，加压和降温有利于吸收操作；反之，升温和降压有利于解吸。

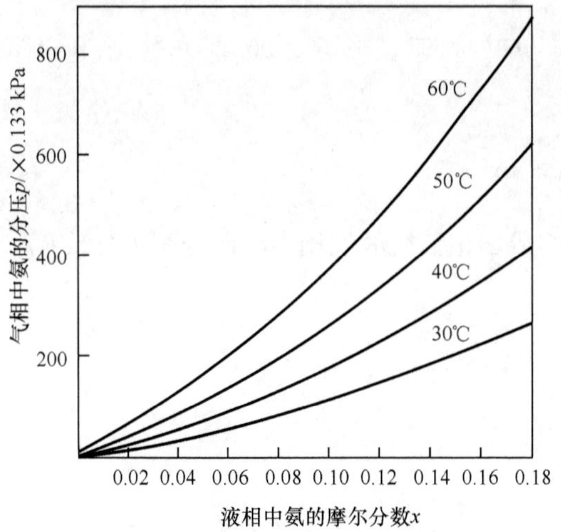

图4-1　不同温度下氨在水中的溶解度曲线

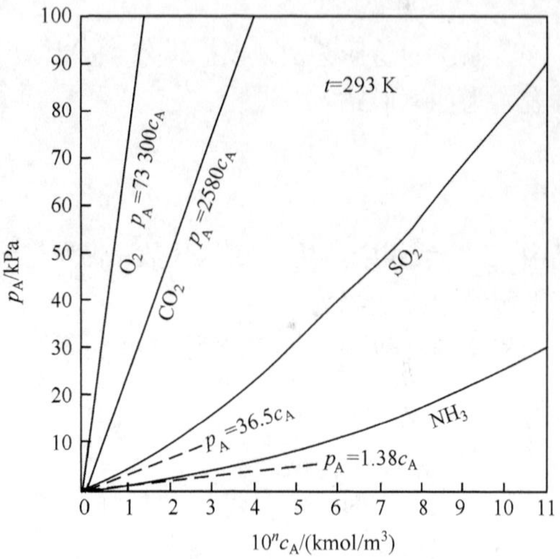

图4-2　不同气体在水中的溶解度曲线

4.2.2　亨利定律

总压不高时，在一定温度下，稀溶液上方气相中溶质的平衡分压与溶质在液相中的浓度成正比，这一关系称为亨利(Henry)定律。亨利定律的数学表达式为

$$p^* = Ex \tag{4-1}$$

式中，p^*为溶质A在气相中的平衡分压，kPa；E为亨利系数，kPa，单位与p^*一致，其值随温度的升高而增大；x为溶质在液相中的摩尔分数。

由于浓度的表示方法不同，亨利定律还有不同的表达形式，当液相中溶质的含量以物质的量浓度c表示时，亨利定律的形式为

$$p^* = \frac{c}{H} \tag{4-2}$$

式中，c为溶质在液相中的物质的量浓度，kmol/m^3；H为溶解度系数，kmol/(m^3 · kPa)；p^*为溶质在气相中的平衡分压，kPa。

溶解度系数 H 与亨利系数 E 的关系可推导如下：

若溶液中溶质 A 的摩尔分数为 x，溶液密度为 ρ，则 1 m^3 溶液的总物质的量浓度为 $c_0=\rho/[M_A x+M_S(1-x)]$，于是溶质在溶液中的物质的量浓度为

$$c=\frac{\rho}{M_A x+M_S(1-x)}x \qquad 或 \qquad x=\frac{cM_S}{\rho+c(M_S-M_A)}$$

式中，ρ 为溶液的密度，kg/m^3；M_A 和 M_S 分别为溶质 A 和溶剂 S 的摩尔质量，kg/kmol。

由上式结合亨利定律的表达式可得 E 与 H 的关系式如下：

$$E=\frac{\rho}{M_A x+M_S(1-x)}\frac{1}{H} \tag{4-3}$$

稀溶液中，溶质在液相中的浓度 x 很小，且 $\rho\approx\rho_S$，则式(4-3)可简化为

$$E=\frac{\rho_S}{M_S}\frac{1}{H} \tag{4-4}$$

若系统的总压为 P，根据道尔顿分压定律 $y=p/P$，同理 $y^*=p^*/P$，即 $p^*=Py^*$，亨利定律也可表达为如下形式：

$$y^*=\frac{E}{P}x=mx \tag{4-5}$$

式中，x 为液相中溶质的摩尔分数；y^*为与液相组成 x 相平衡的气相中溶质的摩尔分数；m 为相平衡常数，量纲为一。

相平衡常数 m 与亨利系数 E 的关系为

$$m=\frac{E}{P} \tag{4-6}$$

当物系一定时，m 是温度和压强的函数。

思考 温度和压强如何影响 m 值？如何由 m 值判断操作条件是否有利于吸收？

吸收计算中，在吸收塔的任一截面上，认为惰性组分 B 难溶，不进入液相中，其摩尔流量不变；要求溶剂 S 挥发度低，即在吸收过程中无显著挥发，其摩尔流量也不变。对于低浓度的气体吸收过程，常用 B 和 S 为基准的物质的量比表示溶质 A 在气液两相中的组成，以方便计算。物质的量比是指混合物中某组分的物质的量与惰性组分(不参加传质的组分)的物质的量之比。对于 A、B、S 参与的吸收过程，物质的量比的定义式为

$$Y_A=\frac{n_{AV}}{n_B}=\frac{气相中溶质的物质的量}{气相中惰性组分的物质的量} \tag{4-7}$$

$$X_A=\frac{n_{AL}}{n_S}=\frac{液相中溶质的物质的量}{液相中溶剂的物质的量} \tag{4-8}$$

式中，Y_A 和 X_A 分别为组分 A 在气相和液相中的物质的量比。

不难得出摩尔分数 y、x 与物质的量比 Y、X 之间的关系为

$$Y=\frac{y}{1-y} \qquad y=\frac{Y}{1+Y}$$

$$X = \frac{x}{1-x} \qquad x = \frac{X}{1+X}$$

将 $y^* = Y^*/(1+Y^*)$ 与 $x = X/(1+X)$ 代入式(4-5)，整理可得

$$Y^* = \frac{mX}{1+(1-m)X} \tag{4-9}$$

式中，X 为液相中溶质的物质的量比；Y^*为与液相组成 X 相平衡的气相中溶质的物质的量比。

对于稀溶液，X 很小，式(4-9)可简化为

$$Y^* = mX \tag{4-10}$$

这是亨利定律的又一表达形式。

思考 亨利定律的适用条件是什么？亨利系数的影响因素有哪些？

【例 4-1】 某系统温度为 10℃，总压为 101.3 kPa，则此条件下在与空气充分接触后的水中，每立方米水溶解了多少克氧气？

解 空气按理想气体处理，由道尔顿分压定律可知，氧气在气相中的分压为

$$p = Py = 101.3 \times 0.21 = 21.27(\text{kPa})$$

因为

$$H = \frac{\rho_S}{EM_S}$$

$$c^* = Hp$$

所以

$$c^* = \frac{\rho_S p}{EM_S}$$

氧气为难溶气体，所以氧气在水中的液相组成 x 很低，气、液相平衡关系服从亨利定律，由附录五查得 10℃时氧气在水中的亨利系数 $E=3.31\times10^6$ kPa，10℃水的密度近似取值为 1000 kg/m³。

$$c^* = \frac{1000 \times 21.27}{3.31 \times 10^6 \times 18} = 3.57 \times 10^{-4}(\text{kmol/m}^3)$$

溶解氧的质量

$$m = 3.57 \times 10^{-4} \times 32 \times 1000 = 11.42(\text{g/m}^3)$$

4.2.3 相平衡关系与吸收过程的关系

1. 判断过程进行的方向

发生吸收过程的充分必要条件是

$$y > y^* \quad 或 \quad x < x^*$$

反之，溶质自液相转移至气相，即发生解吸过程。

2. 指明过程进行的极限

吸收的极限是气、液两相经充分接触达到相平衡。以逆流吸收塔为例，若塔无限高、溶剂量很小的情况下，塔底出塔液体的最大浓度为

$$x_{1,\max} = x_1^* = \frac{y_1}{m}$$

同理，无限高的塔内，在大量的吸收剂和气体流量较小的情况下，塔顶出塔气体的最小浓度为

$$y_{2,\min} = y_2^* = mx_2$$

当 $x_2=0$ 时，$y_{2,\min}=0$，理论上实现气相溶质的全部吸收。

3. 确定过程的推动力

吸收或解吸过程之所以可以发生，是因为一相的原始组成不等于其与另一相平衡的平衡组成，即实际组成偏离其平衡组成，两者之间的差值称为过程的推动力，差值越大，推动力越大，传质速率也越大。如前所述，由于各组成有不同的表示方法，推动力的表示方法也有多种形式，如

$y-y^*$为以气相中溶质的摩尔分数差表示的吸收过程的推动力；

x^*-x 为以液相中溶质的摩尔分数差表示的吸收过程的推动力；

$p-p^*$为以气相分压差表示的吸收过程的推动力；

c^*-c 为以液相物质的量浓度差表示的吸收过程的推动力。

思考 总结吸收推动力的各种表达形式。

【例 4-2】 在总压为 101.3 kPa、温度为 30℃的条件下，SO_2摩尔分数为 0.3 的混合气体与 SO_2摩尔分数为 0.01 的水溶液相接触。(1) 从液相分析 SO_2的传质方向；(2) 其他条件不变，从气相分析温度降到 0℃时 SO_2的传质方向；(3) 其他条件不变，从气相分析总压提高到 202.6 kPa 时 SO_2的传质方向，并计算以液相摩尔分数差及气相摩尔分数差表示的传质推动力。

解 (1) 查得在总压为 101.3 kPa、温度为 30℃条件下，SO_2在水中的亨利系数 E=4850 kPa，所以

$$m = \frac{E}{P} = \frac{4850}{101.3} = 47.88$$

从液相分析

$$x^* = \frac{y}{m} = \frac{0.3}{47.88} = 0.00627 < x = 0.01$$

故 SO_2必然从液相转移到气相，进行解吸过程。

(2) 查得在总压为 101.3 kPa、温度为 0℃条件下，SO_2在水中的亨利系数 E=1670 kPa，所以

$$m = \frac{E}{P} = \frac{1670}{101.3} = 16.49$$

从气相分析

$$y^*=mx=16.49\times0.01=0.16<y=0.3$$

故 SO_2必然从气相转移到液相，进行吸收过程。

(3) 在总压为 202.6 kPa、温度为 30℃条件下，SO_2在水中的亨利系数 E=4850 kPa，所以

$$m = \frac{E}{P} = \frac{4850}{202.6} = 23.94$$

从气相分析

$$y^*=mx=23.94\times0.01=0.24<y=0.3$$

故 SO_2必然从气相转移到液相，进行吸收过程。

$$x^*=\frac{y}{m}=\frac{0.3}{23.94}=0.0125$$

以液相摩尔分数表示的吸收推动力为

$$\Delta x=x^*-x=0.0125-0.01=0.0025$$

以气相摩尔分数表示的吸收推动力为

$$\Delta y=y-y^*=0.3-0.24=0.06$$

由计算结果可知：降低操作温度，E、m 减小，溶质在液相中的溶解度增大，有利于吸收；压强不太高时，E 变化忽略不计；但加压 m 减小，使溶质在液相中的溶解度增大，有利于吸收。

思考 推导亨利定律各系数间的换算关系，讨论各系数的影响因素及与吸收的关系。

4.3 吸收速率

当不平衡的气、液两相接触时，若气相中的溶质浓度大于液相中的溶质浓度，则发生溶质从气相向液相传递的吸收过程，该过程包括以下三个步骤：

(1) 溶质由气相主体向气、液相界面传递，即在单一相(气相)内传递物质。

(2) 溶质在气、液相界面上的溶解，由气相转入液相，即在相界面上发生溶解过程。

(3) 溶质自气、液相界面向液相主体传递，即在单一相(液相)内传递物质。

无论溶质在气相还是液相内传递，它在单一相中的传递依赖扩散作用，流体中的扩散有分子扩散和涡流扩散两种形式。要讨论吸收的速率，首先要研究吸收过程的机理，了解单一相内物质的传递规律。

4.3.1 单一相内物质的传递

1. 分子扩散

在静止或滞流流体内部，若某一组分存在浓度差，分子无规则的热运动使该组分由浓度较高处传递至浓度较低处，这种现象称为分子扩散。

如图 4-3 所示的容器中，用一块隔板将容器分为左、右两室，两室分别盛有温度及压强相同的 A、B 两种气体。当抽出中间的隔板后，气体 A 借分子无规则热运动由高浓度的左室向低浓度的右室扩散，同理气体 B 由高浓度的右室向低浓度的左室扩散，扩散过程进行到整个容器中 A、B 两组分浓度均匀为止。

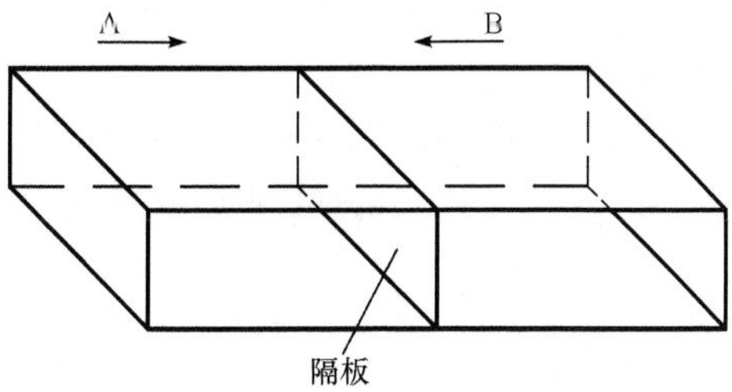

图 4-3 扩散现象

扩散进行的快慢用扩散通量(扩散速率)来衡量，定义为：单位时间内通过垂直于扩散方向的单位截面积扩散的物质的量，以符号 J 表示，单位为 $\mathrm{kmol/(m^2 \cdot s)}$。

2. 菲克定律

由 A、B 两组分组成的混合物，某组分的分子扩散通量与该组分扩散方向上的浓度梯度成正比，此定律称为菲克(Fick)定律，数学表达式为

$$J_A = -D_{AB}\frac{dc_A}{dz} \tag{4-11}$$

式中，J_A为组分 A 在扩散方向上的扩散通量，kmol/(m^2 · s)；$\frac{dc_A}{dz}$为组分 A 在扩散方向上的浓度梯度，kmol/m^4；D_{AB}为组分 A 在组分 B 中的扩散系数，m^2/s。式中负号表示扩散方向与浓度梯度方向相反，扩散沿着浓度降低的方向进行。

当分子扩散发生在 A、B 两组分的混合气体中时，若气体视为理想气体，且各处的温度与压强相同，则混合物的总浓度在各处是相等的，即 $c_0=c_A+c_B=$ 常数，所以任一时刻、任一处，有

$$\frac{dc_A}{dz} = -\frac{dc_B}{dz} \tag{4-12}$$

但它们的扩散方向正好相反，即

$$J_A=-J_B \tag{4-13}$$

将式(4-12)和式(4-13)代入菲克定律式(4-11)中，可得

$$D_{AB}=D_{BA}=D \tag{4-14}$$

式(4-14)说明，在双组分混合物中，组分 A 在组分 B 中的扩散系数等于组分 B 在组分 A 中的扩散系数。

3. 分子扩散系数

由菲克定律可知，扩散系数可表示为单位浓度梯度下的扩散通量，单位为 m^2/s，即

$$D = \frac{J_A}{\frac{dc_A}{dz}}$$

扩散系数反映了某组分在一定介质(气相或液相)中的扩散能力，是物质的物性参数之一。其值随物系种类、温度、浓度或总压的不同而变化。

通常气体中的扩散系数在压强不太高的条件下，仅与温度、压强有关，浓度的影响可忽略。根据分子运动论，分子本身运动速度很快，但由于分子间剧烈碰撞，分子运动速度的大小和方向不断改变，其扩散速度很慢。通常气体中的扩散系数与温度的 1.75 次方成正比，与压强成反比。

溶质在液体中的扩散系数与物质的种类、温度有关，同时与溶液的浓度密切相关，溶液浓度增加，其黏度发生较大变化，溶液偏离理想溶液的程度也将发生变化。因此，有关液体的扩散系数数据多以稀溶液为主。液体的扩散系数比气体的扩散系数小得多，这主要是由于液体中的分子比气体中的分子密集得多。液体中的扩散系数通常与温度成正比，与液体的黏度成反比。

虽然物质在气相中的扩散系数比液相中大得多，但液体的密度常比气体大得多，因而液

相中物质的浓度及浓度梯度也远高于气相，故在一定条件下，气、液两相中仍可达到相同的扩散通量。

4. 单向扩散

吸收过程中，只有溶质从气相向液相传递，而没有物质从液相向气相传递，这是近似单向扩散的例子。如图 4-4 所示的吸收过程，气相主体中的组分 A 扩散到界面，然后通过界面不断进入液相，而没有任何组分由液相通过界面返回气相，这样在相界面气相一侧因为 A 的不断溶解而留下相应的空缺，使气相主体与界面产生一定的压差，促使 A、B 混合气体为递补这些空缺同时由气相主体向界面处移动，形成了 A、B 两种分子并行向气、液界面处递补的运动，此流动称为总体流动。

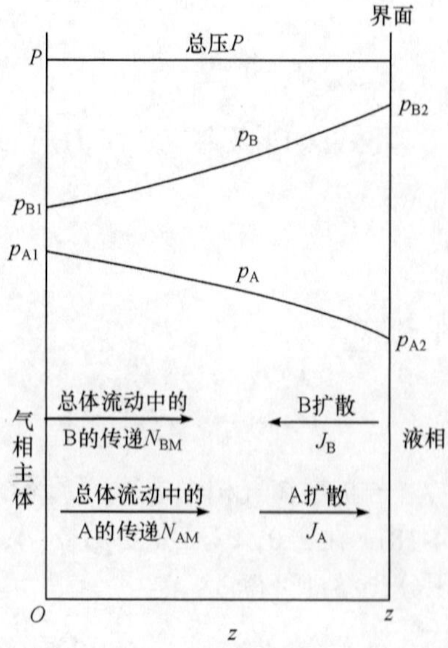

图 4-4 单向扩散

因总体流动而产生的传递速率分别为 $N_{AM}=N_M\dfrac{c_A}{c_0}$ 和 $N_{BM}=N_M\dfrac{c_B}{c_0}$，$N_M$ 为总体流动的通量，c_0 为系统的总物质的量浓度。

组分 A 因分子扩散和总体流动综合作用产生的传质速率为 N_A，则有

$$N_A=J_A+N_M\frac{c_A}{c_0} \tag{4-15}$$

同理

$$N_B=J_B+N_M\frac{c_B}{c_0} \tag{4-16}$$

组分 B 不能通过气、液界面，即 N_B=0，故

$$0=J_B+N_M\frac{c_B}{c_0}$$

即

$$J_B=-N_M\frac{c_B}{c_0}$$

因为

$$J_A=-J_B$$

所以

$$J_A=N_M\frac{c_B}{c_0}$$

代入式(4-15)，得到

$$N_A=N_M\frac{c_B}{c_0}+N_M\frac{c_A}{c_0}=N_M\frac{c_A+c_B}{c_0}=N_M$$

即

$$N_A = N_M \tag{4-17}$$

将式(4-17)及菲克定律 $J_A = -D_{AB}\dfrac{dc_A}{dz}$ 代入式(4-15)得

$$N_A = -D_{AB}\frac{dc_A}{dz} + N_A\frac{c_A}{c_0}$$

即

$$N_A = -\frac{D_{AB}c_0}{c_0 - c_A}\frac{dc_A}{dz} \tag{4-18}$$

若扩散在气相中进行，系统的总物质的量浓度 c_0 恒定，则 $c_A=p_A/RT$ 及 $c_0=P/RT$，代入式(4-18)，在 $z=0$，$c_A=c_{A1}$(或 $p_A=p_{A1}$)；$z=z$，$c_A=c_{A2}$(或 $p_A=p_{A2}$)的边界条件下，对式(4-18)分离变量积分，整理可得

$$N_A = \frac{D_{AB}P}{RTz}\ln\frac{p_{B2}}{p_{B1}} \tag{4-19}$$

式中，总压为 $P=p_A+p_B$ 恒定，则 $p_{B2}=P-p_{A2}$，$p_{B1}=P-p_{A1}$，因此 $p_{B2}-p_{B1}=p_{A1}-p_{A2}$，于是式(4-19)又可写为如下形式：

$$N_A = \frac{D_{AB}P}{RTz}\frac{p_{A1}-p_{A2}}{p_{B2}-p_{B1}}\ln\frac{p_{B2}}{p_{B1}} = \frac{D_{AB}P}{RTzp_{Bm}}(p_{A1}-p_{A2}) \tag{4-20}$$

其中

$$p_{Bm} = \frac{p_{B2}-p_{B1}}{\ln\dfrac{p_{B2}}{p_{B1}}}$$

式中，p_{Bm} 为 1、2 两截面上组分 B 分压的对数平均值，kPa；P/p_{Bm} 称为漂流因子，量纲为一。

漂流因子的大小反映了总体流动对传质速率的影响程度，因 $P>p_{Bm}$，故 $P/p_{Bm}>1$。其值为总体流动使传质速率较单纯分子扩散增大的倍数。当混合物中溶质 A 的浓度较低，即 p_A 很小时，$P\approx p_{Bm}$，即 $P/p_{Bm}\approx 1$，总体流动可以忽略不计，式(4-20)可略去漂流因子项。

若扩散在液相中，可仿照式(4-20)写出组分 A 在液相中的传递速率关系式：

$$N_A = \frac{D'c_0}{zc_{Sm}}(c_{A1}-c_{A2}) \tag{4-21}$$

其中

$$c_{Sm} = \frac{c_{S2}-c_{S1}}{\ln\dfrac{c_{S2}}{c_{S1}}}$$

式中，D' 为溶质 A 在溶剂 S 中的扩散系数，m^2/s；c_0 为溶液的总物质的量浓度，$c_0=c_A+c_S$，$kmol/m^3$；c_{Sm} 为 1、2 两截面上溶剂 S 浓度的对数平均值，$kmol/m^3$。

4.3.2　双膜理论

1. 涡流扩散

流体做湍流运动时，其特点在于流动中存在杂乱的涡流运动，由于质点的无规则运动，相互碰撞引起不同部位流体间剧烈混合，在存在浓度梯度的情况下，组分会从高浓度向低浓度方向传递。这种凭借流体质点的湍动和旋涡来传递物质的现象称为涡流扩散。

因流体湍流运动时质点的涡流现象很复杂，所以涡流扩散速率很难从理论上确定，通常采用描述分子扩散的菲克定律形式表示，即

$$J_e = -D_e \frac{dc_A}{dz}$$

式中，J_e为涡流扩散速率，kmol/(m^2 · s)；D_e为涡流扩散系数，m^2/s。

涡流扩散系数与分子扩散系数不同，D_e不是物性常数，其值与流体流动状态及所处的位置有关，D_e的数值难以通过实验准确测定。

流动着的流体与相界面之间发生的传质通常称为对流传质。湍流流动情况下，发生的对流传质包括分子扩散和涡流扩散两种传质作用的总和。

2. 基本要点

双膜理论又称停滞膜理论(也称有效膜理论)，是对传质过程进行的简化，是以吸收质在滞流膜层中的分子扩散过程为基础得出的。它把复杂的对流传质过程描述为溶质以分子扩散形式通过两个串联的有效膜，即气膜和液膜，认为扩散遇到的阻力等于实际存在的对流传质阻力，对流传质的传质阻力全部集中在两个滞流膜层内，膜层内的传质形式仅为分子扩散，其模型如图 4-5 所示。当气体与液体相互接触时，即使在流体的主体中已呈湍流，气、液相界面两侧仍分别存在稳定的气体滞流层(气膜)和液体滞流层(液膜)。吸收过程是吸收质分子从气相主体运动到气相主体与气膜层的界面处，再以分子扩散的方式通过气膜到达气、液两相界面，在界面上吸收质溶入液相，再从气、液相界面处以分子扩散通过液膜进入液相主体。虽然对双膜理论的表述方法不尽相同，但其包含的基本要点可归纳如下：

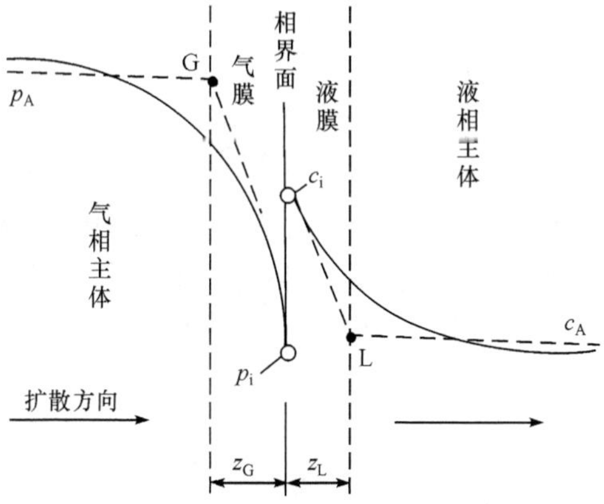

图 4-5　双膜理论模型示意图

(1) 气、液界面上紧邻界面两侧存在停滞的气膜和液膜，其厚度或状态受流体主体的流动

状态影响。吸收质以分子扩散形式通过气膜和液膜。

(2) 膜层中存在吸收质扩散形成的浓度梯度，所以传质阻力主要来源于吸收质通过膜层的阻力。气相和液相主体湍动充分，吸收质浓度均一，不存在浓度梯度，故无传质阻力。

(3) 吸收质在气、液两相界面处于平衡状态，即相界面上也没有传质阻力。

(4) 吸收的推动力为某一相主体浓度与相界面浓度之差，如$(p-p_i)$为气相分压差表示的吸收过程推动力，而(c_i-c)是液相物质的量浓度差表示的吸收过程推动力，当$p>p_i$或$c_i>c$时，吸收过程能持续进行。气、液相组成的表示方法有多种，推动力的表示形式也有多种。

双膜理论的主要贡献是将复杂的吸收传质过程简化为两个膜层，简化了过程，简化了阻力。但这也正是其局限性所在，当流速较大、不具有固定相界面时，双膜理论不能反映传质过程的实际机理。

4.3.3 吸收速率方程

1. 膜吸收速率方程

生产中要计算吸收设备的尺寸或核算吸收所能达到的程度，需要知道吸收速率。类比传热过程的速率关系，吸收的传质速率也等于传质系数乘以吸收的推动力。由于吸收的推动力有多种不同的表示方法，因此吸收速率方程也有多种形式。应该指出，不同形式的吸收速率方程具有相同的意义，可用任意一个方程进行计算；但每个吸收速率方程中传质系数的数值和单位各不相同；传质系数的下标必须与推动力的组成表示法相对应。为讨论方便，下面的讨论省去吸收质各种组成表示法的各物理量的下标 A。

1) 气膜层分吸收速率方程

气膜层分吸收速率方程是吸收质从气相主流体到气、液相界面的对流传质速率方程，结合前面的讨论，根据双膜理论有

$$N_A=\frac{D}{RTz_G}\frac{P}{p_{Bm}}\Delta p$$

吸收质在气相主体中的分压为p，在相界面处的分压为p_i，则

$$N_A=\frac{D}{RTz_G}\frac{P}{p_{Bm}}(p-p_i)$$

令$k_g=\dfrac{DP}{RTz_G p_{Bm}}$，上式可简化为

$$N_A=k_g(p-p_i) \tag{4-22}$$

式中，k_g为气相分压差表示推动力的气相传质系数，kmol/(m^2 · s · kPa)；p为溶质在气相主体中的分压，kPa；p_i为溶质在相界面处的分压，kPa。

同理，可写出气膜层分吸收速率方程的另外两种形式：

$$N_A=k_y(y-y_i) \tag{4-23}$$

$$N_A=k_Y(Y-Y_i) \tag{4-24}$$

式中，k_y为以气相摩尔分数差表示推动力的气相传质系数，kmol/(m^2 · s)；k_Y为以气相物质的量比差表示推动力的气相传质系数，kmol/(m^2 · s)；y、Y分别为溶质在气相主体中的摩尔分数、物质的量比；y_i、Y_i分别为溶质在相界面处的摩尔分数、物质的量比。

各气膜传质系数之间的关系可通过不同组成表示法间的关系推导。例如，当气相总压 P 不太高时，气体按理想气体处理，根据道尔顿分压定律可知

$$p = Py \qquad p_i = Py_i$$

代入式(4-22)并与式(4-23)比较，得

$$k_y = Pk_g \tag{4-25}$$

将 $y=Y/(1+Y)$ 与 $y_i=Y_i/(1+Y_i)$ 代入式(4-23)并与式(4-24)比较，得

$$k_Y = \frac{Pk_g}{(1+Y)(1+Y_i)}$$

低浓度气体吸收时

$$k_Y = Pk_g \tag{4-26}$$

2) 液膜层分吸收速率方程

液膜层分吸收速率方程是吸收质从气、液相界面到液相主流体的对流传质速率方程，吸收质在液相主体中的浓度为 c，液膜相界面处的浓度为 c_i，根据双膜理论有

$$N_A = \frac{D}{z_L}\frac{c_0}{c_{Sm}}(c_i - c)$$

令 $k_l = \dfrac{Dc_0}{z_L c_{Sm}}$，则

$$N_A = k_l(c_i - c) \tag{4-27}$$

式中，k_l 为以液相物质的量浓度差表示推动力的液相传质系数，$[kmol/(m^2 \cdot s)]/(kmol/m^3)$ 或 m/s；c 为溶质在液相主体中的物质的量浓度，$kmol/m^3$；c_i 为溶质在相界面处的物质的量浓度，$kmol/m^3$。

同理，可写出液膜层分吸收速率方程的另外两种形式：

$$N_A = k_x(x_i - x) \tag{4-28}$$

$$N_A = k_X(X_i - X) \tag{4-29}$$

式中，k_x 为以液相摩尔分数差表示推动力的液相传质系数，$kmol/(m^2 \cdot s)$；k_X 为以液相物质的量比差表示推动力的液相传质系数，$kmol/(m^2 \cdot s)$；x、X 分别为溶质在液相主体中的摩尔分数、物质的量比；x_i、X_i 分别为溶质在相界面处的摩尔分数、物质的量比。

仿照气膜可得液膜传质系数之间的关系：

$$k_x = c_0 k_l \tag{4-30}$$

$$k_X = \frac{c_0 k_l}{(1+X)(1+X_i)}$$

当吸收后所得溶液为稀溶液时

$$k_X = c_0 k_l \tag{4-31}$$

3) 相界面浓度的确定和推动力

上述的膜层吸收速率方程要得到应用，必须确定相界面的浓度。要解决这一问题，可以

用图解的方法。如果两相主流体的分压 p、浓度 c 以及膜吸收系数 k_g、k_l 已知，在如图 4-6(a)所示的相平衡关系图中，可首先确定 $A(c, p)$点。由于在连续稳定状态下，气膜和液膜中的传质速率相等，得

$$N_A = k_g(p - p_i) = k_l(c_i - c)$$

$$-\frac{k_l}{k_g} = -\frac{p - p_i}{c_i - c} = \frac{p - p_i}{c - c_i}$$

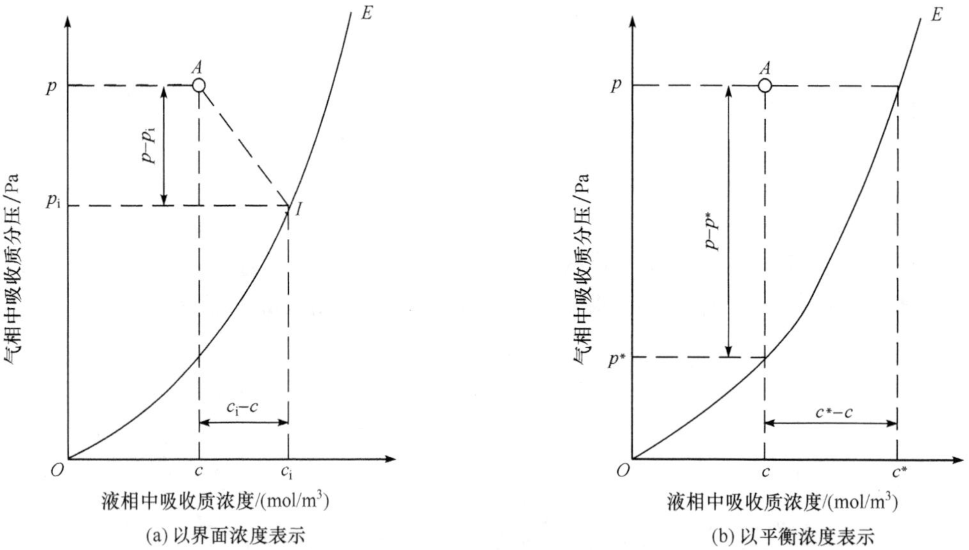

图 4-6　界面浓度的确定与吸收推动力

可见，在直角坐标中 p_i、c_i 的关系为一条通过 $A(c, p)$点、斜率为 $-k_l/k_g$ 的直线，该线与平衡线的交点 I 的横、纵坐标即为相界面上溶质在液相中的浓度 c_i 与在气相中的分压 p_i。吸收质浓度为 c 的溶液与分压为 p 的气体接触，气膜中气相主体向相界面扩散的推动力为 $p-p_i$，液膜中相界面向液相主体扩散的推动力为 c_i-c。

由于相界面浓度难以直接测定，吸收过程经常采用总推动力，即任何一相的主体浓度与其平衡浓度的差。用 p、c 表示的气相主体向液相主体扩散的总推动力分别为 $p-p^*$、c^*-c，二者的关系可用图 4-6(b)描述。

思考　可否用解析法确定相界面浓度?

2. 吸收过程的总传质速率方程

前已述及，气、液相界面的溶质浓度难以测定，在具体计算时，常采用气、液两相主体浓度的某种差来表示吸收总推动力，从而写出相应的总吸收速率方程。但由于气、液相的浓度表示方法不同，总的吸收速率方程同样具有多种表达形式。

1) 气相总传质速率方程

用气相组成表示吸收总推动力时的传质速率方程称为气相总传质速率方程，参照膜层吸收速率方程的表达形式，气相总传质速率方程的具体表达形式如下：

$$N_A = K_G(p - p^*) \tag{4-32}$$

$$N_A = K_y(y - y^*) \tag{4-33}$$

$$N_A = K_Y(Y - Y^*) \tag{4-34}$$

式中，K_G 为以气相分压差 $p - p^*$ 表示推动力的气相总传质系数，kmol/(m^2 · s · kPa)；K_y 为以气相摩尔分数差 $y - y^*$ 表示推动力的气相总传质系数，kmol/(m^2 · s)；K_Y 为以气相物质的量比差 $Y - Y^*$ 表示推动力的气相总传质系数，kmol/(m^2 · s)。

2) 液相总传质速率方程

同理，用液相组成表示吸收总推动力时的传质速率方程称为液相总传质速率方程，具体表达形式如下：

$$N_A = K_L(c^* - c) \tag{4-35}$$

$$N_A = K_x(x^* - x) \tag{4-36}$$

$$N_A = K_X(X^* - X) \tag{4-37}$$

式中，K_L 为以液相物质的量浓度差 $c^* - c$ 表示推动力的液相总传质系数，m/s；K_x 为以液相摩尔分数差 $x^* - x$ 表示推动力的液相总传质系数，kmol/(m^2 · s)；K_X 为以液相物质的量比差 $X^* - X$ 表示推动力的液相总传质系数，kmol/(m^2 · s)。

3. 总传质系数与单相传质系数之间的关系

若吸收系统服从亨利定律或平衡关系在计算范围内为直线，则

$$c = Hp^*$$

根据双膜理论，相界面无阻力，即相界面上气、液两相平衡，对于稀溶液，则

$$c_i = Hp_i$$

将以上两式代入式(4-27)，整理得

$$N_A = Hk_l(p_i - p^*)$$

或

$$\frac{1}{Hk_l} N_A = p_i - p^*$$

式(4-22)可转化为

$$\frac{1}{k_g} N_A = p - p_i$$

两式相加得

$$\left(\frac{1}{Hk_l} + \frac{1}{k_g}\right) N_A = p - p^*$$

$$N_A = \frac{1}{\frac{1}{Hk_l} + \frac{1}{k_g}}(p - p^*)$$

将上式与式(4-32)比较得

$$\frac{1}{K_G} = \frac{1}{Hk_l} + \frac{1}{k_g} \tag{4-38}$$

用类似的方法得到

$$\frac{1}{K_L} = \frac{1}{k_l} + \frac{H}{k_g} \tag{4-39}$$

其他类似的表达式也可同理导出。

通常传质速率可以用传质系数乘以推动力表达，也可用推动力与传质阻力之比表示。从以上总传质系数与单相传质系数关系式可以得出，总传质阻力等于两相传质阻力之和，这与两流体通过间壁换热时总传热热阻等于传热过程所遇到的各项热阻加和相同。但要注意总传质阻力和两相传质阻力必须与推动力相对应。

下面以式(4-38)和式(4-39)为例，进一步讨论吸收过程中传质阻力和传质速率的控制因素。

4. 吸收过程中的控制步骤

1) 气膜控制

由式(4-38)可以看出，以气相分压差 $p - p^*$ 表示推动力的总传质阻力 $1/K_G$ 是由气相传质阻力 $1/k_g$ 和液相传质阻力 $1/(Hk_l)$两部分加和构成的。对于 H 值很大的易溶气体，当 k_g 与 k_l 数量级相当时，$1/k_g \gg 1/(Hk_l)$，有 $K_G \approx k_g$，即传质阻力主要集中在气相，此吸收过程由气相阻力控制，也称气膜控制。用水吸收氯化氢、氨气等过程即是如此。

2) 液膜控制

由式(4-39)可以看出，以液相浓度差 $c^* - c$ 表示推动力的总传质阻力 $1/K_L$ 是由气相传质阻力 H/k_g 和液相传质阻力 $1/k_l$ 两部分加和构成的。对于 H 值很小的难溶气体，当 k_g 与 k_l 数量级相当时，$1/k_l \gg H/k_g$，有 $K_L \approx k_l$，即传质阻力主要集中在液相，此吸收过程由液相阻力控制，也称液膜控制。用水吸收二氧化碳、氧气等过程即是如此。

5. 总传质系数间的关系

式(4-39)除以 H，得

$$\frac{1}{HK_L} = \frac{1}{Hk_l} + \frac{1}{k_g}$$

与式(4-38)比较得

$$K_G = HK_L \tag{4-40}$$

根据道尔顿分压定律

$$p=Py \qquad p^*=Py^*$$

由物质的量比的定义，可知

$$y=\frac{Y}{1+Y} \qquad y^*=\frac{Y^*}{1+Y^*}$$

代入 $N_A=K_G(p-p^*)$，与式(4-34)比较得

$$K_Y=\frac{K_G P}{(1+Y)(1+Y^*)}$$

当吸收质在气相中的浓度很小时，Y 和 Y^* 都很小，则 $K_Y \approx K_G P$。

对于 H 值很大的易溶气体：

$$K_Y \approx K_G P \approx k_g P$$

类似的表达式还有多种，也可以同理导出。

思考　推导不同形式的吸收速率方程中传质系数间相互关系的表达式，并总结其规律。

【例 4-3】　在总压为 100 kPa、温度为 10℃时，用清水吸收混合气体中的氨，气相传质系数 k_g=3.84×10^{-6} kmol/(m^2 · s · kPa)，液相传质系数 k_l=1.83×10^{-4} m/s，假设此操作条件下的平衡关系服从亨利定律，测得液相溶质摩尔分数为 0.05，其气相平衡分压为 6.7 kPa。当塔内某截面上气、液组成分别为 y=0.05、x=0.01 时，(1) 求以 $p_A-p_A^*$、$c_A^*-c_A$ 表示的传质总推动力及相应的总传质系数、传质速率；(2) 分析该过程的控制因素。

解　(1) 根据亨利定律

$$E=\frac{p_A^*}{x}=\frac{6.7}{0.05}=134\,(\text{kPa})$$

相平衡常数

$$m=\frac{E}{P}=\frac{134}{100}=1.34$$

溶解度常数(氨溶液的密度按 10℃水的密度近似取值为 1000 kg/m^3)

$$H=\frac{\rho_S}{EM_S}=\frac{1000}{134\times 18}=0.4146$$

$$p_A-p_A^*=100\times 0.05-134\times 0.01=3.66(\text{kPa})$$

$$\frac{1}{K_G}=\frac{1}{Hk_l}+\frac{1}{k_g}=\frac{1}{0.4146\times 1.83\times 10^{-4}}+\frac{1}{3.84\times 10^{-6}}=13\,180+260\,417=273\,597\ (\text{m}^2\cdot\text{s}\cdot\text{kPa/kmol})$$

$$K_G=3.66\times 10^{-6}\ \text{kmol/(m}^2\cdot\text{s}\cdot\text{kPa)}$$

$$N_A=K_G(p_A-p_A^*)=3.66\times 10^{-6}\times 3.66=1.34\times 10^{-5}\ [\text{kmol/(m}^2\cdot\text{s)}]$$

$$c_A=\frac{1000\times 0.01}{17\times 0.01+0.99\times 18}=0.556(\text{kmol/m}^3)$$

$$c_A^*-c_A=0.4146\times 100\times 0.05-0.556=1.517(\text{kmol/m}^3)$$

$$K_L=\frac{K_G}{H}=\frac{3.66\times 10^{-6}}{0.4146}=8.83\times 10^{-6}(\text{m/s})$$

$$N_A=K_L(c_A^*-c_A)=8.83\times 10^{-6}\times 1.517=1.34\times 10^{-5}\ [\text{kmol/(m}^2\cdot\text{s)}]$$

(2) 与 $p_A-p_A^*$ 表示的传质总推动力相应的气相传质阻力为 273 597 m^2 · s · kPa/kmol。气相阻力为

$$\frac{1}{k_g} = 260\,417\ \text{m}^2 \cdot \text{s} \cdot \text{kPa/kmol}$$

液相阻力为

$$\frac{1}{Hk_l} = 13\,180\ \text{m}^2 \cdot \text{s} \cdot \text{kPa/kmol}$$

气相阻力占总阻力的百分数为 $\frac{260\,417}{273\,597} \times 100\% = 95.2\%$，故该传质过程为气膜控制过程。

由计算可知，推动力的表示形式不同，对应的传质系数的值也不同，但稳定传质过程的传质速率是一样的。

思考　由液相总传质阻力 $1/K_L$ 如何分析该过程的控制因素?

4.4　填料吸收塔的计算

工业上通常在塔设备中实现气、液传质。塔设备一般分为逐级接触式(板式塔)和连续接触式(填料塔)。塔设备的计算可分为设计型计算和操作型计算，设计型计算是按给定的生产任务和工艺条件，设计能满足任务要求的塔；操作型计算是根据已知的设备参数和工艺条件计算能完成的任务。两种计算依据的原理和关系式一样，计算方法步骤有所不同。本节以气、液逆流连续接触操作的填料塔为例，介绍低浓度气体吸收过程吸收塔的设计型计算。计算内容包括：吸收剂用量、吸收液出塔浓度、塔高和塔径等。计算的依据：气液平衡关系、物料衡算、吸收速率方程。

4.4.1　吸收剂用量的计算

1. 物料衡算和操作线方程

1) 物料衡算

定态操作条件下逆流接触的吸收塔如图 4-7 所示，塔内吸收剂从塔顶加入，自上而下流动，与自塔底送入的从下向上运动的混合气体接触传质，吸收液从塔底排出，吸收尾气从塔顶排出。图中各符号定义：V 为单位时间通过任一塔截面惰性气体的量，kmol/s；L 为单位时间通过任一塔截面纯吸收剂的量，kmol/s；Y_1、Y_2、Y 分别为塔底、塔顶、任一截面上混合气体中溶质的物质的量比；X_1、X_2、X 分别为塔底、塔顶、任一截面上吸收剂中溶质的物质的量比。

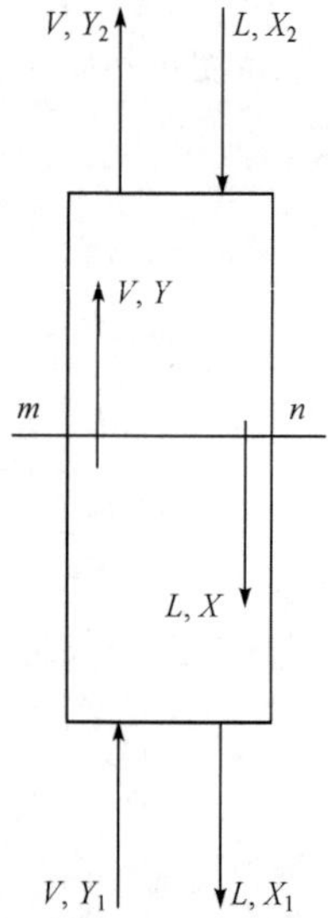

图 4-7　逆流的吸收塔的物料衡算

在定态条件下，假设溶剂不挥发，惰性气体不溶于溶剂。在全塔范围内，对溶质 A 做物料衡算得

$$VY_1 + LX_2 = VY_2 + LX_1$$

或

$$V(Y_1 - Y_2) = L(X_1 - X_2) \tag{4-41}$$

由式(4-41)可得出塔底排出吸收液中溶质的浓度：

$$X_1 = X_2 + \frac{V(Y_1 - Y_2)}{L} \tag{4-42}$$

式(4-42)中进塔气体的流量 V 与组成 Y_1 由生产任务决定，吸收剂的入塔组成 X_2 由工艺条件决定，如果给定吸收率 φ_A，则出塔气体浓度 Y_2 可由下式确定：

$$Y_2 = Y_1(1-\varphi_A)$$

式中，φ_A 为溶质吸收率或回收率，是混合气中溶质 A 被吸收的百分数。

因此，确定了吸收剂用量 L，便可求得塔底排出的吸收液组成 X_1，反之亦然。要解决这个问题，还需借助吸收塔中的操作线方程，即吸收塔中吸收质的半塔物料衡算。

2) 吸收操作线方程

在如图 4-7 所示的逆流吸收塔内任取 mn 截面，在截面 mn 与塔顶间对溶质 A 进行物料衡算：

$$VY + LX_2 = VY_2 + LX$$

或

$$Y = \frac{L}{V}X + \left(Y_2 - \frac{L}{V}X_2\right) \tag{4-43}$$

若在塔底与塔内任一截面 mn 间对溶质 A 做物料衡算，则得到

$$VY_1 + LX = VY + LX_1$$

或

$$Y = \frac{L}{V}X + \left(Y_1 - \frac{L}{V}X_1\right) \tag{4-44}$$

由全塔物料衡算可知，式(4-43)与式(4-44)等价。

式(4-43)与式(4-44)均称为逆流吸收塔的操作线方程，表示塔内任一截面上气相组成 Y 与液相组成 X 之间的关系，其斜率 L/V 称为液气比。

逆流吸收操作线方程具有以下特点：

(1) 当定态连续吸收时，若 L、V 一定，Y_1、X_2 恒定，则该吸收操作线在 X-Y 直角坐标图上为一直线，该直线通过塔顶稀端 $A(X_2, Y_2)$及塔底浓端 $B(X_1, Y_1)$，其斜率为 L/V，如图 4-8 所示。

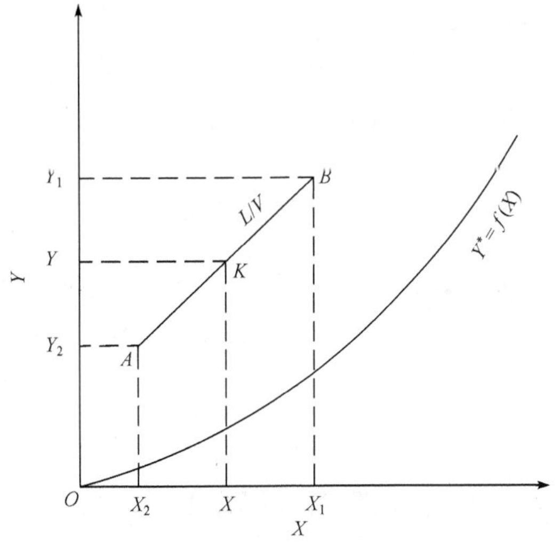

图 4-8　逆流吸收塔的操作线

(2) 吸收操作线来源于物料衡算，仅与液气比、塔底及塔顶溶质组成有关，与系统的平衡关系、塔型及操作条件等均无关。

(3) 吸收操作时，$Y>Y^*$或$X^*>X$，故吸收操作线在平衡线$Y^*=f(X)$的上方；解吸操作时，$Y<Y^*$或$X^*<X$，故解吸操作线在平衡线的下方。操作线与平衡线之间的水平距离为吸收操作的液相推动力，垂直距离为气相推动力。操作线离平衡线越远，吸收的推动力越大。

2. 液气比

1) 数学表达式

吸收操作线的斜率 L/V 称为吸收操作的液气比，是溶剂与惰性气体摩尔流量的比值。其表达式为

$$\frac{L}{V}=\frac{Y_1-Y_2}{X_1-X_2}$$

前已述及，V、Y_1、Y_2、X_2可由工艺要求确定，此时操作线的稀端$A(X_2, Y_2)$点已定，吸收剂 L 用量越大，吸收液的出塔浓度 X_1 越小，吸收的推动力越大，操作线浓端$B(X_1, Y_1)$点沿水平线 $Y=Y_1$ 逐渐远离平衡线。反之，吸收剂用量减少，吸收液浓度 X_1 增大，推动力减小，操作线浓端 B 点沿水平线 $Y=Y_1$ 逐渐接近平衡线。

2) 最小液气比

当吸收剂用量减小到操作线恰好与平衡线相交时，吸收剂的用量最少，出塔液体的浓度最大，$X_1=X_1^*$，表明吸收达到了平衡。这是理论上吸收所能达到的极限情况，对应的液气比称为最小液气比，以$(L/V)_{\min}$表示。此时，推动力为零，吸收需无穷大的面积和无限长的时间。实际上是办不到的，但可以以此作为一定操作条件下的计算基准。需要说明的是，最小液气比是针对一定的分离任务、操作条件和吸收物系而言，是相对的，是当吸收过程的推动力为零时达到指定分离程度所需塔高为无穷大时的液气比。实际生产中，吸收塔采用最小液气比(甚至小于最小液气比)时，吸收过程仍可进行，但不能达到预期的分离目的。

最小液气比的计算可采用以下两种方法：

(1) 图解法。这是一种通用的方法，无论平衡关系是否符合亨利定律，都可以用图解法，尤其适用于气、液平衡关系以图表的形式给出。当平衡曲线符合如图 4-9(a)所示的正常情况时，水平线 $Y=Y_1$ 与平衡线相交于点 $B^*(X_1^*,Y_1)$，可按式(4-45)计算最小液气比：

$$\left(\frac{L}{V}\right)_{\min}=\frac{Y_1-Y_2}{X_1^*-X_2} \tag{4-45}$$

如果平衡线出现如图 4-9(b)所示的非正常情况，则过点 A 作平衡线的切线，水平线 $Y=Y_1$ 与平衡线切线的交点 B'的坐标为(X_1',Y_1)，则可按式(4-46)计算最小液气比：

$$\left(\frac{L}{V}\right)_{\min}=\frac{Y_1-Y_2}{X_1'-X_2} \tag{4-46}$$

(2) 解析法。若平衡关系符合亨利定律，则 $X_1^*=Y_1/m$，可采用式(4-47)计算最小液气比：

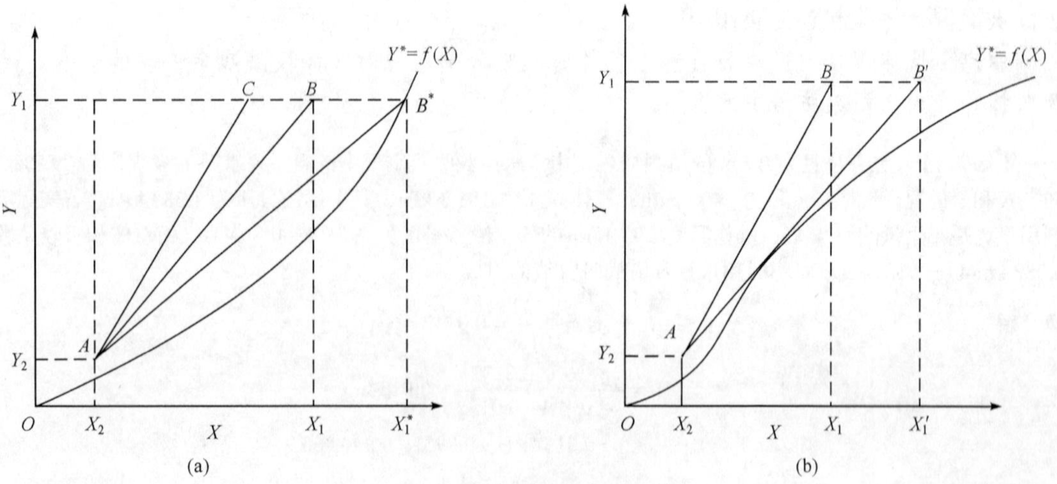

图 4-9 吸收塔的最小液气比

$$\left(\frac{L}{V}\right)_{\min}=\frac{Y_1-Y_2}{\dfrac{Y_1}{m}-X_2} \tag{4-47}$$

将 $Y_2=Y_1(1-\varphi_A)$代入式(4-47)，整理得

$$\left(\frac{L}{V}\right)_{\min}=\frac{Y_1 m\varphi_A}{Y_1-mX_2}$$

清水吸收时，$X_2=0$，则有

$$\left(\frac{L}{V}\right)_{\min}=m\varphi_A$$

3) 适宜液气比

最小液气比是针对一定的分离任务、操作条件和吸收物系，达到指定的分离程度所需塔高为无穷大时的液气比。此时，设备费用无穷大，但操作费用最小，增大吸收剂用量，操作线离开平衡线，吸收的推动力增大，所需的塔高急剧下降，设备费用急剧减小，但操作费用增加。液气比增加到一定程度后，塔高减小的幅度不再显著，而吸收剂消耗量却过大，造成输送及吸收剂再生等操作费用剧增。确定吸收剂用量应从设备费用和操作费用两方面综合考虑。应选择适宜的液气比，使设备费用和操作费用之和最小。根据生产实践经验，通常吸收剂用量为最小用量的 1.1～2.0 倍，即

$$\frac{L}{V}=(1.1\sim2.0)\left(\frac{L}{V}\right)_{\min}$$

3. 吸收剂用量的确定

吸收剂用量 L 必须保证操作条件下，填料表面被液体充分润湿，即保证单位塔截面上单位时间内流下的液体量不得小于某一最低允许值。

$$L=(1.1\sim2.0)L_{\min}$$

如果按上式计算出的吸收剂用量不能充分润湿填料层，则应加大液气比。因为只有填料

表面被润湿，才能起到传质作用。

思考 试述用清水逆流吸收混合气体时，吸收剂用量对气体极限残余浓度的影响。讨论吸收操作在大气污染防治中的应用。

【例 4-4】 在一塔径为 0.8 m 的填料塔内，用清水逆流吸收空气中的氨，要求氨的吸收率为 99.5%。已知空气和氨的混合气质量流量为 1400 kg/h，气体总压为 101.3 kPa，其中氨的分压为 1.333 kPa。若实际吸收剂用量为最小用量的 1.4 倍，操作温度(293 K)下的气、液相平衡关系为 $Y^*=0.75X$，气相总体积吸收系数为 0.088 kmol/(m³ · s)，试求每小时用水量及塔底吸收液的组成 X_1。

解

$$y_1=\frac{1.333}{101.3}=0.0132$$

$$Y_1=\frac{y_1}{1-y_1}=\frac{0.0132}{1-0.0132}=0.0134$$

$$Y_2=Y_1(1-\varphi_A)=0.0134\times(1-0.995)=0.000\,066\,9$$

$$X_2=0$$

因混合气中氨含量很少，故 $\overline{M}\approx 29\ \text{kg/kmol}$，则

$$V=\frac{1400}{29}\times(1-0.0132)=47.6(\text{kmol/h})$$

由式(4-47)得

$$L_{\min}=V\frac{Y_1-Y_2}{X_1^*-X_2}=\frac{47.6\times(0.0134-0.000\,066\,9)}{\dfrac{0.0134}{0.75}-0}=35.5(\text{kmol/h})$$

实际吸收剂用量

$$L=1.4L_{\min}=1.4\times35.5=49.7(\text{kmol/h})$$

塔底吸收液的组成

$$X_1=X_2+\frac{V(Y_1-Y_2)}{L}=0+\frac{47.6\times(0.0134-0.000\,066\,9)}{49.7}=0.0128$$

思考 清水吸收时，如何用更简便的方法计算吸收剂用量和出塔液体的组成？

4.4.2 填料层高度的计算

确定了吸收剂用量之后，吸收塔的另一个主要工艺尺寸是塔的有效高度。对填料塔而言，塔的有效高度就是填料层高度。填料层高度计算运用的主要关系式仍然是物料衡算、传质速率方程及相平衡关系。下面介绍用传质单元数法计算填料层的高度。

1. 填料层高度的基本计算式

气相式：

$$H=\frac{V}{K_YaA}\int_{Y_2}^{Y_1}\frac{\mathrm{d}Y}{Y-Y^*} \tag{4-48}$$

液相式：

$$H=\frac{L}{K_XaA}\int_{X_2}^{X_1}\frac{\mathrm{d}X}{X^*-X} \tag{4-49}$$

2. 基本计算式的推导

在填料塔内任一截面上的气、液两相组成和吸收的推动力均沿塔高连续变化，所以不同截面上的传质速率各不相同。为计算填料层的高度，应从分析填料层内某一微元高度 dH 内的溶质吸收过程入手。

如图 4-10 所示的填料层内，高度为 dH 的微元的传质面积为 dS，定态吸收时，由物料衡算可知，气相中溶质减少的量等于液相中溶质增加的量，即单位时间由气相转移到液相中溶质 A 的量可用下式表达：

$$\mathrm{d}G_{\mathrm{A}} = -V\mathrm{d}Y = L\mathrm{d}X$$

根据吸收速率方程，dH 段内吸收溶质的量为

$$\mathrm{d}G_{\mathrm{A}} = N_{\mathrm{A}}\mathrm{d}S = K_Y(Y - Y^*)\mathrm{d}S = K_X(X - X^*)\mathrm{d}S$$

式中，dG_{A} 为单位时间内吸收质传递的量，kmol/s；V、L 分别为单位时间通过吸收塔的惰性气体、溶剂的量，kmol/s；Y、X 分别为塔任一截面处气相、液相中吸收质的物质的量比；负号表示吸收质含量降低。

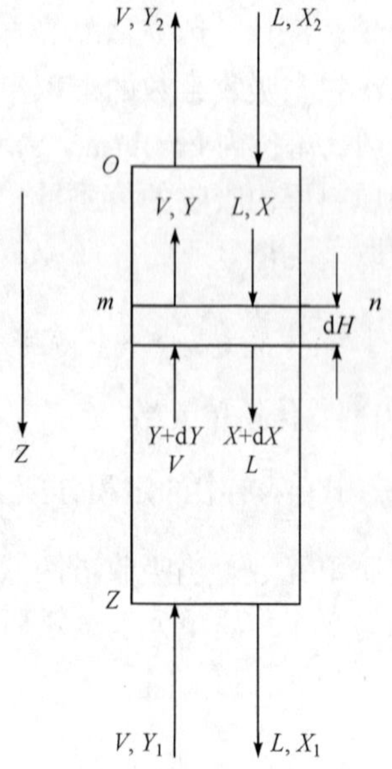

图 4-10 吸收塔的物料衡算

将两式联立得

$$K_Y(Y - Y^*)\mathrm{d}S = -V\mathrm{d}Y$$

$$K_X(X^* - X)\mathrm{d}S = L\mathrm{d}X$$

整理得

$$\mathrm{d}S = -\frac{V}{K_Y}\frac{\mathrm{d}Y}{Y - Y^*}$$

$$\mathrm{d}S = \frac{L}{K_X}\frac{\mathrm{d}X}{X^* - X}$$

当吸收塔定态操作时，V、L 均不随时间变化，也不随截面位置变化。对于低浓度吸收，在全塔范围内气、液相的物性变化都较小，通常 K_Y、K_X 可视为常数，将上两式积分得

$$\int_0^S \mathrm{d}S = -\frac{V}{K_Y}\int_{Y_1}^{Y_2}\frac{\mathrm{d}Y}{Y - Y^*}$$

$$\int_0^S \mathrm{d}S = \frac{L}{K_X}\int_{X_2}^{X_1}\frac{\mathrm{d}X}{X^* - X}$$

$$S = \frac{V}{K_Y}\int_{Y_2}^{Y_1}\frac{\mathrm{d}Y}{Y - Y^*}$$

$$S = \frac{L}{K_X}\int_{X_2}^{X_1}\frac{\mathrm{d}X}{X^* - X}$$

若填料塔的填料层高度为 H，空塔截面积为 A，则堆放填料的体积为 HA，单位体积填料的有效表面积为 a m^2/m^3，则传质面积为 $S = aHA$，可得

$$H = \frac{V}{K_Y aA}\int_{Y_2}^{Y_1}\frac{\mathrm{d}Y}{Y - Y^*}$$

$$H = \frac{L}{K_X aA}\int_{X_2}^{X_1}\frac{\mathrm{d}X}{X^* - X}$$

以上两式为低浓度定态吸收填料层高度计算的基本公式。式中，a 值不仅与填料的类型、形状、尺寸、填充情况等有关，还随流体物性、流动状况而变化。其数值不易直接测定，通常将它与吸收系数的乘积作为一个物理量，称为体积吸收系数。例如，$K_Y a$ 为气相总体积吸收系数，单位为 kmol/(m^3 · s)。体积吸收系数的物理意义是在单位推动力下，单位时间、单位体积填料层内吸收的溶质量。在低浓度吸收的情况下，体积吸收系数在全塔范围内可视为常数，可取平均值。

3. 传质单元数与传质单元高度

1) 传质单元数

式(4-48)中的定积分项 $\int_{Y_2}^{Y_1}\frac{\mathrm{d}Y}{Y - Y^*}$ 是一个无量纲的数值，工程上以 N_{OG} 表示，称为气相总传质单元数。当吸收塔两截面吸收质的浓度变化等于这一范围内吸收的推动力时，此区域就称为一个传质单元。全塔所需要的总传质单元数量称为传质单元数，即

$$N_{OG} = \int_{Y_2}^{Y_1}\frac{\mathrm{d}Y}{Y - Y^*} \tag{4-50}$$

同理

$$N_{OL} = \int_{X_2}^{X_1}\frac{\mathrm{d}X}{X^* - X} \tag{4-51}$$

计算式中的分子为气相或液相组成变化，即分离效果(分离要求)与吸收的工艺要求有关；分母为吸收过程的推动力，与体系的平衡性质和操作条件有关。若吸收剂用量小，吸收液中吸收质的浓度大，吸收的推动力就小，需要的传质单元数就多；反之，若吸收剂用量大，吸收液中吸收质的浓度小，吸收的推动力就大，需要的传质单元数就少。所以，传质单元数反映了吸收过程的难易程度。当吸收要求一定时，欲减少传质单元数，则应设法增大吸收推动力。

2) 传质单元高度

式(4-48)中 $\frac{V}{K_Y aA}$ 项的单位为 m，故将 $\frac{V}{K_Y aA}$ 称为气相总传质单元高度，是指在填料比表面和塔径一定的条件下，与一个传质单元所需的传质面积相当的填料层的高度(m)，以 H_{OG} 表示，即

$$H_{OG} = \frac{V}{K_Y aA} \tag{4-52}$$

吸收过程的推动力$(Y-Y^*)$虽然是变量，但可找到一个平均推动力$(Y-Y^*)_m$ 来代替，若通过一段填料层高度前后浓度变化(Y_1-Y_2)恰好等于此段填料层内的总推动力的平均值$(Y-Y^*)_m$，则这段填料层高度就是一个气相总传质单元高度。

H_{OG} 由过程条件决定，与 (V/A)、K_Ya 有关。体积传质系数 K_Ya 与填料性能和填料润湿情况有关。因此，传质单元高度的数值反映了吸收设备传质效能的高低，H_{OG} 越小，吸收设备传质效能越高，完成一定分离任务所需填料层高度越小。为降低填料层高度，应减少传质阻力，降低传质单元高度。

同理，液相总传质单元高度

$$H_{OL} = \frac{L}{K_X aA} \tag{4-53}$$

3) 填料层高度的计算通式

$$H=传质单元高度\times传质单元数$$

$$H = H_{OG} N_{OG} \tag{4-54}$$

$$H = H_{OL} N_{OL} \tag{4-55}$$

4. 传质单元数的计算

1) 图解积分法

此方法适用于平衡关系的各种情况，特别是当平衡线为曲线时，传质单元数一般用图解积分法求取：

$$N_{OG} = \int_{Y_2}^{Y_1} \frac{\mathrm{d}Y}{Y - Y^*}$$

结合图 4-11，图解积分法的步骤如下：

(1) 在 Y-X 坐标图上作出平衡线。

(2) 在 Y-X 坐标图上作出操作线。

(3) 在 Y_1～Y_2 设不同的 Y 值，从平衡线上找出对应的 Y^*，求得 $(Y-Y^*)$ 的值。

(4) 以 Y 为横坐标，以 $1/(Y-Y^*)$ 为纵坐标作图，在 Y_1～Y_2 曲线下的面积值等于传质单元数。

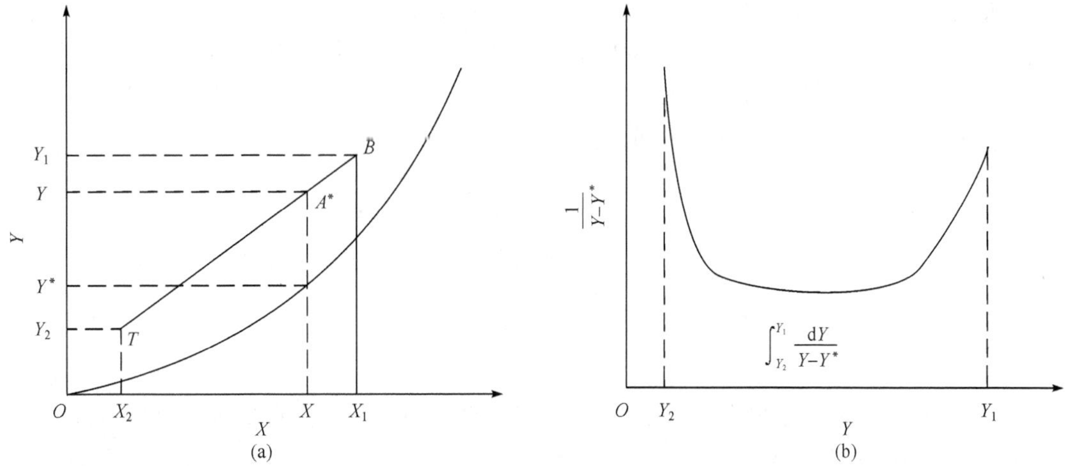

图 4-11　图解法求传质单元数

2) 脱吸因数法

若气、液平衡关系在吸收过程涉及的组成范围内服从亨利定律，根据传质单元数的定义式可导出其解析式。以气相总传质单元数为例，当平衡关系为 $Y^*=mX$，结合逆流吸收时的操作线方程 $X=X_2+\dfrac{V}{L}(Y-Y_2)$，推导如下：

$$N_{OG}=\int_{Y_2}^{Y_1}\frac{dY}{Y-Y^*}=\int_{Y_2}^{Y_1}\frac{dY}{Y-m\left[\dfrac{V}{L}(Y-Y_2)+X_2\right]}$$

$$=\int_{Y_2}^{Y_1}\frac{dY}{\left(1-\dfrac{mV}{L}\right)Y+\left(\dfrac{mV}{L}Y_2-mX_2\right)}$$

令 $S=\dfrac{mV}{L}$，则

$$N_{OG}=\int_{Y_2}^{Y_1}\frac{dY}{(1-S)Y+(SY_2-Y_2^*)}$$

积分得

$$N_{OG}=\frac{1}{1-S}\ln\frac{(1-S)Y_1+(SY_2-Y_2^*)}{(1-S)Y_2+(SY_2-Y_2^*)}$$

整理得

$$N_{OG}=\frac{1}{1-S}\ln\left[(1-S)\frac{Y_1-Y_2^*}{Y_2-Y_2^*}+S\right] \tag{4-56}$$

式中，$S=\dfrac{mV}{L}$，称为脱吸因数(解吸因数)，是平衡线斜率与操作线斜率的比值，量纲为一。

一般吸收操作多着眼于溶质的吸收率，故 S 值常小于 1。当操作条件、物系一定时，S 减小通常是靠增大吸收剂流量实现的，而吸收剂流量增大会使吸收操作费用和再生负荷加大，所以一般情况下，S 取 0.7～0.8 是经济合适的。

液相总传质单元数也可用吸收因数法计算，其计算式为

$$N_{OL}=\frac{1}{1-A}\ln\left[(1-A)\frac{Y_1-Y_2^*}{Y_1-Y_1^*}+A\right] \tag{4-57}$$

式中，$A=\dfrac{L}{mV}$，称为吸收因数，为脱吸因数 S 的倒数。

3) 对数平均推动力法

当气、液平衡线为直线时，对脱吸因数法的公式做进一步的变形处理，可得对数平均推动力求取传质单元数的计算式。

因为

$$S = \frac{mV}{L} = \frac{mX_1 - mX_2}{Y_1 - Y_2} = \frac{Y_1^* - Y_2^*}{Y_1 - Y_2}$$

所以

$$1 - S = \frac{(Y_1 - Y_1^*) - (Y_2 - Y_2^*)}{Y_1 - Y_2} = \frac{\Delta Y_1 - \Delta Y_2}{Y_1 - Y_2}$$

代入式(4-56)中可以推导得

$$N_{OG} = \frac{Y_1 - Y_2}{\Delta Y_1 - \Delta Y_2} \ln \frac{\Delta Y_1}{\Delta Y_2} = \frac{Y_1 - Y_2}{\dfrac{\Delta Y_1 - \Delta Y_2}{\ln \dfrac{\Delta Y_1}{\Delta Y_2}}} \tag{4-58}$$

或简写为

$$N_{OG} = \frac{Y_1 - Y_2}{\Delta Y_m}$$

式中，$\Delta Y_m = \dfrac{\Delta Y_1 - \Delta Y_2}{\ln \dfrac{\Delta Y_1}{\Delta Y_2}}$，$\Delta Y_1 = Y_1 - Y_1^*$，$\Delta Y_2 = Y_2 - Y_2^*$；$Y_1^*$为与 X_1 相平衡的气相组成；Y_2^*为与 X_2 相平衡的气相组成。ΔY_m 为塔顶与塔底两截面上吸收推动力的对数平均值，称为对数平均推动力。

同理，液相总传质单元数的计算式为

$$N_{OL} = \frac{X_1 - X_2}{\dfrac{\Delta X_1 - \Delta X_2}{\ln \dfrac{\Delta X_1}{\Delta X_2}}} = \frac{X_1 - X_2}{\Delta X_m} \tag{4-59}$$

式中，$\Delta X_m = \dfrac{\Delta X_1 - \Delta X_2}{\ln \dfrac{\Delta X_1}{\Delta X_2}}$，$\Delta X_1 = X_1^* - X_1$，$\Delta X_2 = X_2^* - X_2$；$X_1^*$为与 Y_1 相平衡的液相组成；X_2^*为与 Y_2 相平衡的液相组成。

当$\dfrac{1}{2} < \dfrac{\Delta Y_1}{\Delta Y_2} < 2$、$\dfrac{1}{2} < \dfrac{\Delta X_1}{\Delta X_2} < 2$时，对数平均推动力可用算术平均推动力替代，不会产生大的误差。

思考　讨论清水吸收时溶质回收率与塔高的关系。

【例 4-5】　试用平均推动力法求出例 4-4 所需填料层高度。

解　由例 4-4 求出 $Y_1 = 0.0134$，$Y_2 = 0.000\,066\,9$，$V = 47.6$ kmol/h，$X_1 = 0.0128$，$X_2 = 0$，则

$$Y_1^* = 0.75X_1 = 0.75 \times 0.0128 = 0.0096$$

$$Y_2^* = 0$$

$$\Delta Y_1 = Y_1 - Y_1^* = 0.0134 - 0.0096 = 0.0038$$

$$\Delta Y_2 = Y_2 - Y_2^* = 0.000\,066\,9 - 0 = 0.000\,066\,9$$

$$\Delta Y_m = \frac{\Delta Y_1 - \Delta Y_2}{\ln\frac{\Delta Y_1}{\Delta Y_2}} = \frac{0.0038 - 0.000\,066\,9}{\ln\frac{0.0038}{0.000\,066\,9}} = 0.000\,924$$

$$N_{OG} = \frac{Y_1 - Y_2}{\Delta Y_m} = \frac{0.0134 - 0.000\,066\,9}{0.000\,924} = 14.43$$

$$A = 0.785 \times 0.8^2 = 0.50(\text{m}^2)$$

$$H_{OG} = \frac{V}{K_Y aA} = \frac{47.6/3600}{0.088 \times 0.50} = 0.30(\text{m})$$

$$H = N_{OG} H_{OG} = 14.43 \times 0.30 = 4.33(\text{m})$$

【例 4-6】 空气中含 2%(体积分数)丙酮的混合气以 0.024 kmol/(m² · s)的流速进入一填料塔，今用流速为 0.065 kmol/(m² · s)的清水逆流吸收混合气中的丙酮，要求丙酮的回收率为 98.8%。已知操作压强为 100 kPa，操作温度下的亨利系数为 177 kPa，气相总体积吸收系数为 0.0231 kmol/(m³ · s)，试用脱吸因数法求填料层高度。

解 根据题意可知

$$Y_1 = \frac{y_1}{1-y_1} = \frac{2}{100-2} = 0.0204$$

$$Y_2 = Y_1(1-\varphi_A) = 0.0204 \times (1-0.988) = 0.000\,245$$

$$X_2 = 0$$

$$m = \frac{E}{p} = \frac{177}{100} = 1.77$$

因为是低浓度吸收，所以

$$\frac{V}{A} \approx 0.024\ \text{kmol/(m}^2 \cdot \text{s)}$$

$$S = \frac{mV}{L} = \frac{1.77 \times 0.024}{0.065} = 0.654$$

$$\frac{Y_1 - Y_2^*}{Y_2 - Y_2^*} = \frac{Y_1 - mX_2}{Y_2 - mX_2} = \frac{Y_1}{Y_2} = \frac{1}{1-\varphi_A} = \frac{1}{1-0.988} = 83.3$$

气相总传质单元数为

$$N_{OG} = \frac{1}{1-S}\ln\left[(1-S)\frac{Y_1 - Y_2^*}{Y_2 - Y_2^*} + S\right] = \frac{1}{1-0.654}\ln\left[(1-0.654)\times 83.3 + 0.654\right] = 9.78$$

气相总传质单元高度为

$$H_{OG} = \frac{V}{K_Y aA} = \frac{0.024}{0.0231} = 1.04(\text{m})$$

填料层高度

$$H = N_{OG} H_{OG} = 9.78 \times 1.04 = 10.2(\text{m})$$

5. 传质单元高度的求解

传质单元高度的表达式为

$$H_{OG} = \frac{V}{K_Y aA}$$

$$H_{OL}=\frac{L}{K_X aA}$$

式中 V、L 由生产要求确定；a 由填料和液体喷淋量确定，当填料全部润湿时，$a=\sigma$(填料比表面积)；A 由塔中允许的流体流速确定；可见求出 K_Y 或 K_X 就可计算传质单元高度。K_Y、K_X 根据 k_g、k_l 或 K_G、K_L 求取，而 kg、k_l 或 K_G、K_L 则常用特征数关联式或经验式求算。

与传热过程的导热系数的求算相同，可通过准数关联式求算或实验测定。传质过程中常用的几个特征准数如下。

舍伍德数：

$$\text{气相}\quad Sh_G=k_g\frac{l}{D}\frac{RTp_{Bm}}{P} \tag{4-60}$$

$$\text{液相}\quad Sh_L=k_l\frac{l}{D'}\frac{c_{Sm}}{c_0} \tag{4-61}$$

雷诺数(表示流体形态的影响)：

$$Re=\frac{d_e u\rho}{\mu} \tag{4-62}$$

施密特数(表示物性的影响)：

$$Sc=\frac{\mu}{\rho D} \tag{4-63}$$

伽利略数(表示液体因重力作用沿填料表面的流动情况)：

$$Ga=\frac{gd^3\rho_L^2}{\mu_L^2} \tag{4-64}$$

式(4-60)～式(4-64)中，l 为特性尺寸，填料直径或塔径(湿壁塔)等，m；D、D'分别为吸收质在气相、液相中的分子扩散系数，m^2/s；k_g 为气膜吸收系数，$kmol/(m^2\cdot s\cdot kPa)$；$k_l$ 为液膜吸收系数，m/s；R 为摩尔气体常量，kJ/(kmol · K)；T 为热力学温度，K；p_{Bm} 为相界面处与气相主体中的惰性组分分压的对数平均值，kPa；P 为总压强，kPa；c_{Sm} 为相界面处与液相主体中的溶剂物质的量浓度的对数平均值，$kmol/m^3$；c_0 为溶液的总物质的量浓度，$kmol/m^3$；μ 为混合气体或液体黏度，Pa · s；μ_L 为液体黏度，Pa · s；ρ 为混合气体或液体密度，kg/m^3；ρ_L 为液体密度，kg/m^3；d_e 为填料层的当量直径，即填料层中流体通道的当量直径，m；u 为流体通过填料层的实际速度，m/s。

气相分吸收系数：计算气膜吸收系数的准数关联式为

$$Sh_G=\alpha(Re_G)^{\beta}(Sc_G)^{\gamma}$$

或

$$k_g=\alpha\frac{DP}{RTp_{Bm}l}(Re_G)^{\beta}(Sc_G)^{\gamma} \tag{4-65}$$

式(4-65)是在湿壁塔中实验得到的，但既可用于湿壁塔中(l 为湿壁塔径)，此时 $\alpha=0.023$、$\beta=0.83$、$\gamma=0.44$；也可用于采用拉西环的填料塔中(l 为拉西环的外径)，此时 $\alpha=0.066$、$\beta=0.8$、$\gamma=0.33$。适用范围 $Re_G=2\times10^3$～3.5×10^4、$Sc_G=0.6$～2.5、$P=10.1$～303 kPa(绝压)。

液相分吸收系数：较通用的液膜吸收系数的准数关联式为

$$Sh_L = 0.005\,95(Re_L)^{0.67}(Sc_L)^{0.33}(Ga)^{0.33}$$

或

$$k_l = 0.005\,95\frac{c_0}{c_{Sm}}\frac{D'}{l}(Re_L)^{0.67}(Sc_L)^{0.33}(Ga)^{0.33} \tag{4-66}$$

思考　吸收系数与哪些因素有关？如何用实验的方法测定总体积吸收系数 K_Ya？

4.4.3　吸收塔塔径的计算

吸收塔塔径的计算可以仿照圆形管路直径的计算公式：

$$D = \sqrt{\frac{4V_s}{\pi u}} \tag{4-67}$$

式中，D 为吸收塔的塔径，m；V_s 为吸收操作条件下混合气体的体积流量，m^3/s；u 为空塔气速，m/s。

在吸收过程中溶质不断进入液相，故实际混合气量因溶质被吸收而沿塔高变化，混合气在进塔时气量最大，出塔时气量最小。计算时气量通常取全塔中气量的最大值，即以进塔气量为设计塔径的依据。

计算塔径关键是确定适宜的空塔气速，通常先确定液泛气速，然后考虑一个小于 1 的安全系数，适宜的值为 0.6～0.8，计算出空塔气速。液泛气速由吸收塔内气液比、气液两相物性及填料特性等方面决定，详细的求算过程见 4.5 节。同时，按式(4-67)计算出的塔径还应根据压力容器公称直径的标准进行圆整。

4.5　填　料　塔

塔设备是实现传质过程的常用设备，主要分为板式塔和填料塔。本节简单讨论填料塔。工业生产对塔设备的主要要求有：①有大的生产能力；②有高的传质效率，以降低塔高；③操作稳定；④对物流的阻力小；⑤结构简单、易于加工制造、维修方便、耐腐蚀、不易堵塞等。

4.5.1　填料塔结构简介

填料塔是连续接触式的气、液传质设备。填料塔结构简单、压降低、易用耐腐蚀材料制造，是吸收常用的设备。塔内装填填料为气、液两相提供传质场所，填料的润湿表面即为气、液两相的有效传质表面。填料层内气、液两相一般呈逆流接触。

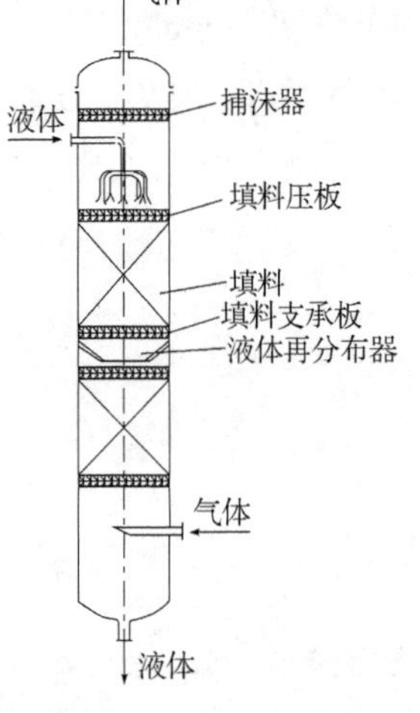

图 4-12　填料塔结构简图

如图 4-12 所示，填料塔主要由塔体、填料、填料支承板、液体再分布器和气液进出管组成。塔体为一直立圆筒，底部有填料支承板，填料以整砌或乱堆的方式放置在支承板上。液体自塔顶由液体分布器均匀喷淋在填料上，在填料表面形成一层液膜，自上而下沿填料表面流经全塔，由塔底排出；气体从塔底送入，自下而上沿填料的空隙流经全塔，由塔顶排出。在填料层表面气、液两相的界面上接触传质，两相组成沿塔高连续变化，液体由上到下浓度增加，气体由下到上浓度降低。为避免发生沟流现象及壁流现象，塔中间加液体再分布器。为防止塔顶气体出口处夹带液体，还需装捕沫器等。

填料塔中传质速率的大小与填料的材料和形状相关。为了改善填料塔的性能，应着力于对填料的研究开发，研究如何提高填料的性能，开发应用新材料及新型高效填料等。

4.5.2 填料

选用填料的主要要求如下：

(1) 比表面积大。单位体积填料层具有的表面积称为比表面积，用 α 表示，单位为 m^2/m^3。要求填料有较大的比表面积，α 越大，传质面积越大。同时要求填料表面易被吸收剂润湿，使其能在吸收时形成充分的有效接触面。填料的尺寸减小，比表面积增大。

(2) 空隙率大。单位体积填料层具有的空隙体积称为空隙率，用 ε 表示，单位为 m^3/m^3。ε 值大时，气体通过能力大，填料层的阻力小，即塔中的压降小。

(3) 质量轻、堆积密度小。单位体积填料的质量称为堆积密度，用 ρ_p 表示，单位为 kg/m^3。机械强度允许时，ρ_p 越小，则 ε 越大，成本降低。

(4) 机械强度好，耐腐蚀。

(5) 价廉易得。

工业上常用的填料按其基体材料可分为实体填料和网体填料。实体填料主要有拉西环、鲍尔环、阶梯环、鞍形填料、波纹板填料等。网体填料主要由金属丝网组成，如网环填料、波纹网填料等。也可按其堆放方式分为乱堆填料(或散装填料)和整砌填料(或规整填料)。一些填料的形状如图 4-13 所示。

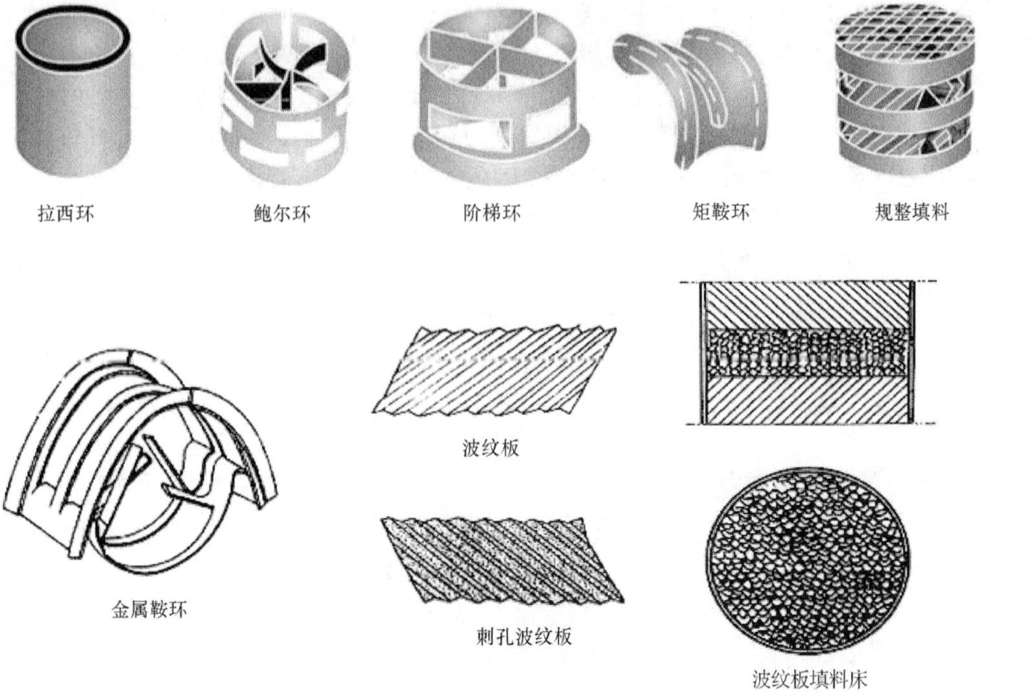

图 4-13　一些填料的形状

拉西环为工业上最早使用的填料，是高度与外径相等的圆环，用陶瓷或金属等制成。拉西环形状简单，易于制造，强度好，价格较低。大尺寸(如直径大于 100 mm)的拉西环在塔内一般采用整砌的方式，此时内、外表面均可进行气、液传质，且可降低流动阻力，但装填麻烦。小尺寸(如直径小于 50 mm)的拉西环在塔内常采用乱堆的方式，便于装卸，此时填料的部分内表面不能成为气、液的有效传质区，液体有壁流、沟流现象，气体阻力较大。工业上目前已很少应用。

鲍尔环是对拉西环的改进，在环的壁上开一层或两层矩形孔，但留下一边仍与填料环壁相连，把切开的部分弯向环的中心。由于环壁的开孔率增加，不仅提高了气体的通量，也提高了环内表面的利用率，所以鲍尔环比拉西环的传质效率高，是一种应用较广泛的填料。

阶梯环是对鲍尔环的进一步改进，同样在环壁上开孔，但高度通常只有直径的一半，环的一端做成喇叭口状，高度约为环高的 1/5，以增加填料间的点接触。与鲍尔环相比，其生产能力提高，气体阻力降低，是一种优良的填料。

鞍形填料又分为弧鞍形和矩鞍形填料，属敞开型填料。填料的两侧表面都可以很好地利用，流体流动阻力小，但弧鞍形填料的结构是两面对称的，相邻填料易重叠，影响传质效率，机械强度也较差。矩鞍形填料是弧鞍形填料的发展，将其两端的弧形面改为矩形面，且两面结构不对称，堆积时不会产生重叠，机械强度也比弧鞍形填料高。虽然性能不如鲍尔环，但结构比鲍尔环简单，制造方便，是一种性能较好的填料。

金属鞍环填料综合了环形填料和鞍形填料的优点，空隙率大，液体分布性能好，表面利用充分，阻力小，传质速率高。其性能优于鲍尔环和矩鞍形填料，常用作散装填料。

波纹填料是由若干长短不同、高度相等的波纹板组合而成的圆盘状填料，属整砌填料。波纹与塔轴的倾角有 30°和 45°两种，相邻的两个波纹板反向靠叠，使其波纹相互交叉，如此叠合组成圆盘，直径略小于塔内径。圆盘填料逐块放入塔内，上、下两个圆盘的波纹板排列方向交错成 90°。波纹整砌填料排列规整，流动阻力小，但装卸清理困难，造价高。

网体填料以金属丝网或多孔金属片为基本材料制成，如金属丝网波纹填料、θ 网环、鞍形网等。网体填料比表面积和空隙率大，填料表面润湿性能好。虽然造价高，但其气体阻力小，传质效率高，常用在科学研究及精密分离用的填料塔中。

选择填料时，填料的尺寸也是需要考虑的重要因素之一，要根据塔径确定。填料乱堆时，为使液体分布均匀，拉西环、矩鞍形填料的直径与塔径之比要小于 1/8，鲍尔环要小于 1/10，弧鞍形填料小于 1/15。小于要求的比值时可减少液体的壁流现象，同时，填料填放时要注意均匀，以避免液体的沟流现象。

4.5.3　填料塔内的流体力学性能

1. 气、液两相通过填料层的流动

填料塔中气、液两相逆流通过填料层时，气体通过填料层的压强降与液体喷淋量和空塔气速有关。当气体以一定流量通过填料层时，按塔横截面积计算的气速称为空塔气速，简称空速。不同喷淋量时单位填料层高度的压强降 $\Delta p/H$ 与空塔气速 u 的关系如图 4-14 所示。无液体喷淋时干填料的 $\Delta p/H\text{-}u$ 关系为直线 L_0，称为干填料压降线。曲线 L_1、L_2 和 L_3 为不同液体喷淋量时填料层的 $\Delta p/H$ 与 u 的关系，压强降与空塔气速变成曲线关系，称为填料操作压降线。由图可知，当气速一定时，液体喷淋量越大，压强降越大；在一定的液体喷淋量下，气

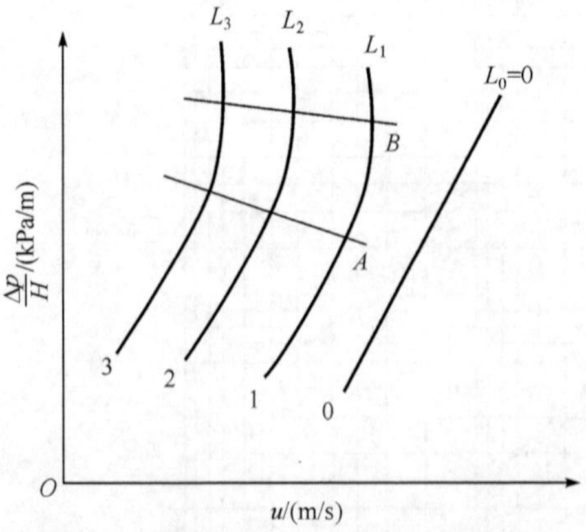

图 4-14　填料层压强降与空塔气速的关系

速越大，压强降越大。填料层压强降随空塔气速的变化可分为三个区域，即恒持液量区、载液区和液泛区。

当气速较低时(低于 A 点)，液体在填料层内向下流动几乎与气速无关。在一定的喷淋量下，单位体积填料层附有的液体体积即持液量不变，该区域称为恒持液量区。由于液体覆盖在填料的表面形成一层液膜，减小了填料间的空间，在同一空速下，气体的真实速度比通过干填料时的气速高、压强降大，故曲线 L_1 在直线 L_0 左侧，且两线平行。

气速增加(超过 A 点)，气体对液体产生一部分曳力，填料层的持液量随气速增加而增加，即发生拦液现象，压强降曲线斜率增大，开始发生拦液现象时的转折点称为载点(A 点)，相应气速为载点气速。

气速继续增加(到达 B 点)，填料层内持液量不断增多，当几乎填满整个填料层空隙时，液相开始由分散相变为连续相，气相开始由连续相变为分散相，气体只能以鼓泡的方式通过液相，压强降急剧增加，压强降曲线斜率进一步增大，曲线几乎垂直上升。此时，填料塔中已发生液泛。开始发生液泛现象时的转折点称为泛点(B 点)，相应气速为泛点气速。泛点气速是填料塔正常操作气速的上限，实际气体流速常取液泛速度的 60%～80%。从载点到泛点的区域称为载液区，泛点以上的区域称为液泛区。

2. 液泛速度的计算

液泛时液体几乎充满整个填料层空隙，压强降急剧上升，液相开始由分散相变为连续相，气相开始由连续相变为分散相，塔的操作极不稳定，甚至完全破坏，这种现象称为填料塔的液泛。泛点气速为开始发生液泛时的气速。

影响液泛的因素有很多，如填料的形状和尺寸、流体物性以及液体与气体的质量流量之比。目前工程上常用的是埃克特(Eckert)等提出的泛点和压强降的通用关联图(图 4-15)。图中 u 为空塔气速；Φ 为填料因子，m^{-1}，在液泛条件下测得，可从附录六的填料特性中查出；ρ_G、ρ_L 分别为气体、液体的密度；q_{mL}、q_{mG} 分别为液体、气体的质量流量；ψ 为水和操作液体的密度之比；μ_L 为液体黏度；$\Delta p/H$ 为每米填料层高度的压强降。埃克特图的特点是用在有液体喷淋时实际测定的填料因子 Φ 代替干填料因子，提高了关联结果的准确性。图中最上面的三条曲线分别为弦栅、整砌拉西环和乱堆填料的泛点线，其余为乱堆填料的等压强降线。与泛点线对应的空塔气速为空塔液泛气速，由图 4-15 可知，液体与气体质量流量之比增大，液泛气速减小；液体黏度增加，液泛气速减小；填料因子越小，越不易发生液泛。利用该图可以根据选定的操作空塔气速求压强降，或根据规定的压强降求相应的空塔气速。

填料塔中气、液传质主要在填料表面流动的液膜上进行。填料表面的润湿状况取决于液体喷淋密度和填料表面的润湿性能。液体喷淋密度是指填料塔单位截面积上，单位时间喷淋液体的体积，单位为 $m^3/(m^2 \cdot h)$。为保证填料层的充分润湿，液体喷淋密度必须大于某一极限

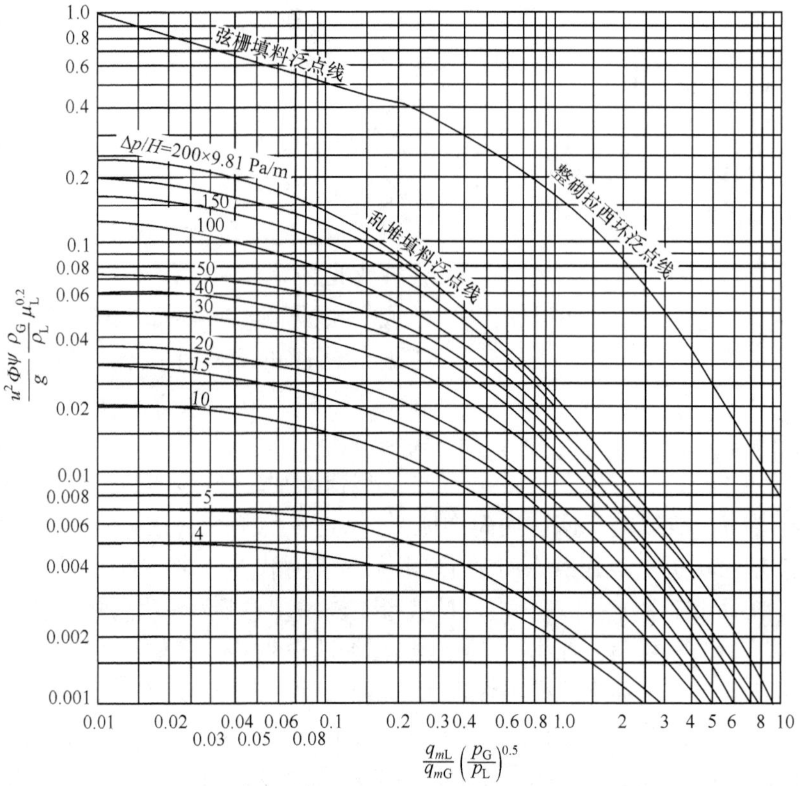

图 4-15　填料塔的泛点和压强降的通用关系图

值，该值称为最小喷淋密度。对某些材质的填料还可采用表面处理的方法，改善其润湿性能。

填料层的压强降与填料特性、装填方式、操作条件等有关。一般填料塔的每米填料层高度的压强降为 300～700 Pa。

思考　试述气体通过填料塔填料层的压强降随空塔气速的变化关系。

4.5.4　填料塔的附件

填料塔的附件有填料支承板、液体分布器、塔中间的液体再分布器和除雾沫装置等。如图 4-16 所示，填料支承板是用来支承填料和填料表面所持有的液体量，要求有足够的机械强度；其自由截面积应大于填料的空隙率，以保证气体和液体顺利通过。

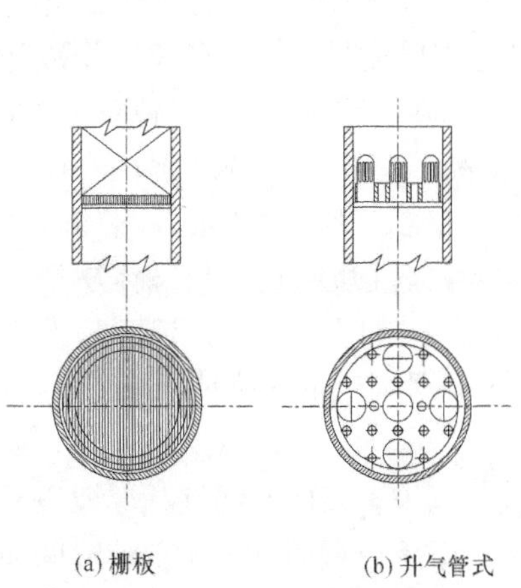

图 4-16　填料支承板

液体分布器有多种形式，如管式、莲蓬头式、盘式、多孔环管式、溢流管式、槽式等，如图 4-17 所示，根据塔的大小和填料的种类选用。液体流经乱堆填料时，有偏向塔壁流动的现象，使塔中心处的填料不被润湿，降低传质效率。为将偏流到塔壁处的液体重新收集起来再引向塔中心，在塔较高时每隔一定距离要安装液体再分布器。对于拉西环填料，再分布器的距离为塔径的 2.5～3 倍。对于鲍尔环，其距离为塔径的 5～10 倍，但通常不超过 6 m。常用的液体再分布器为截锥式再分布器，如图 4-18 所示，其中(a)为不加支承板，将截锥筒焊在塔壁上，截锥筒上、下仍充满填料；(b)是在截锥筒上加支承板，截锥下隔一段距离再放填料。气体出口可安装除雾沫装置，安装在液体分布器的上方，常用的有挡板、丝网等。

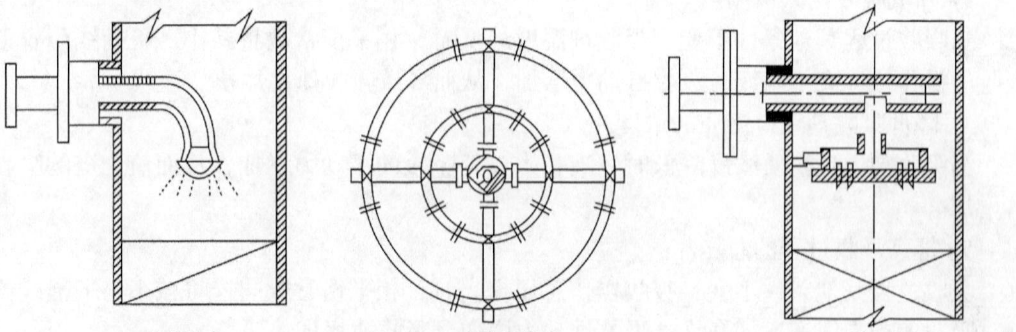

(a) 莲蓬头式　　(b) 多孔环管式　　(c) 溢流管式

图 4-17　液体分布器

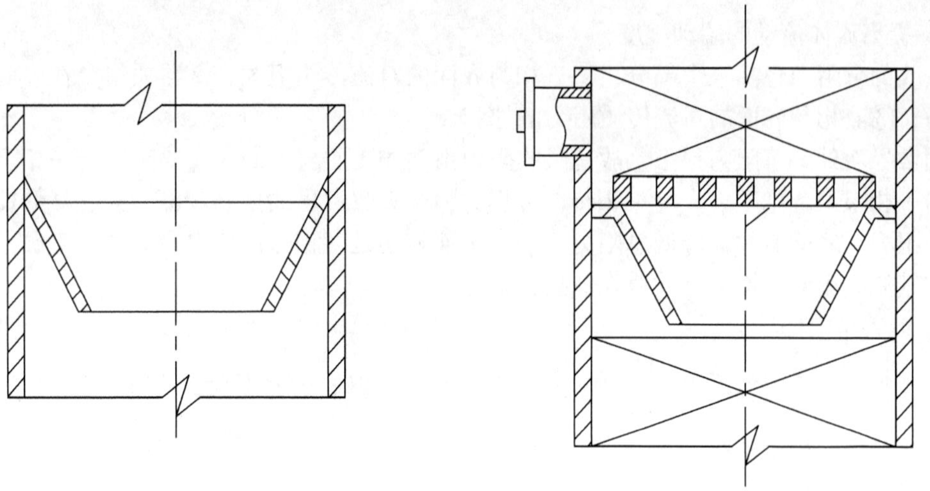

(a)　　(b)

图 4-18　截锥式再分布器

4.5.5　强化吸收过程的措施

吸收速率为吸收推动力与吸收阻力之比，强化吸收过程即设法提高吸收速率。可从以下两个方面考虑：提高吸收过程的推动力或降低吸收过程的传质阻力。

1. 提高吸收过程的推动力

1) 逆流操作

吸收可采用逆流或并流操作，在气、液两相进口组成相等及操作条件相同的情况下，逆流操作可获得更高的吸收液浓度及更大的吸收推动力。

2) 提高吸收剂的流量

通常混合气体入口条件由前一工序决定，即气体流量 V、气体入塔浓度 Y_1 一定，如果吸收操作采用的吸收剂流量 L 提高，即 L/V 提高，则吸收的操作线上扬，气体出口浓度下降，吸收推动力增加，吸收程度加大，因而提高了吸收速率。

3) 降低吸收剂入口温度

当吸收过程其他条件不变，吸收剂温度降低时，相平衡常数将减小，平衡线位置下移，吸收的操作线远离平衡线，吸收推动力增加，从而导致吸收速率加快。

4) 降低吸收剂入口溶质的浓度

当吸收剂入口溶质浓度降低时，液相入口处吸收的推动力增加，从而使全塔的吸收推动力增加。

5) 提高吸收过程的总压

吸收过程其他条件不变，吸收操作总压提高时，相平衡常数同样将减小，平衡线位置下移，吸收的操作线远离平衡线，吸收推动力增加，吸收速率加快。

2. 降低吸收过程的传质阻力

1) 提高流体流动的湍动程度

吸收的总阻力包括三个部分：①气相与界面的对流传质阻力；②溶质组分在界面处的溶解阻力；③液相与界面的对流传质阻力的加和。

通常界面处溶解阻力很小，故总吸收阻力由两相传质阻力的大小决定。若一相阻力远远大于另一相阻力，则阻力大的一相传质过程为整个吸收过程的控制步骤，只有降低控制步骤的传质阻力，才能有效地降低总阻力。但不论液相还是气相为传质阻力的主要来源，提高流速增加其湍流程度，均可有效地降低吸收阻力。

2) 改善填料的性能

因吸收总传质阻力可用 $\dfrac{1}{K_Y a}$ 等类似形式表示，所以通过采用新型填料，改善填料性能，增加吸收过程的传质系数，提高填料的相际传质面积 a，也可降低吸收的总阻力。

思考　查阅相关文献，了解吸收在环境保护中的应用，思考如何增强环保意识。

4.6　其他气体分离技术简介

4.6.1　变压吸附技术

20 世纪上半叶，吸附分离作为一个化工单元操作，在工业上作为一种辅助的工艺过程开始得到应用，其应用范围只限于工业气体的干燥脱水和微量 CO_2 的脱除等。

吸附是指用多孔性的固体吸附剂处理流体混合物，使其中所含的一种或数种组分被吸附在固体表面上以达到分离的操作。具有吸附作用的、密度相对较大的多孔固体称为吸附剂；被吸附的、密度相对较小的气体或液体称为吸附质。吸附按性质不同可分两大类：物理吸附和化学吸附。物理吸附是指依靠吸附剂与吸附质分子间的分子力(包括范德华力和电磁力)进行的吸附，其特点是：吸附过程中没有化学反应，并且这种吸附是完全可逆的。变压吸附(pressure swing adsorption，PSA)主要为物理吸附，由于其工艺简单、能耗低、投资少、操作方便，已成为一种简单的气体分离、浓缩、净化的有效方法。PSA 流程以压强变化为主要操作参数，是在吸附剂固定床上进行净化和部分(或完全)分离的一种工艺，其分离气体的基本原理是，利用吸附剂对不同气体在吸附量、吸附速度、吸附力等方面的差异，以及吸附剂的吸附容量随压强的变化而变化的特性，在加压条件下完成混合气体的吸附分离过程，降压脱附被分离吸附的各种组分，从而实现气体分离以及吸附剂循环使用的目的。变压吸附工艺过程之所以得以实现是由于吸附剂在物理吸附中具有的两个性质：①对不同组分的吸附能力不同，有强、弱吸附质之分；②吸附质在吸附剂上的吸附容量随吸附质分压的上升而增加，随吸附温度上升而下降。利用吸附剂的第一个性质，可实现对气源中强吸附组分的优先吸附而得以与弱吸附组分分离；利用吸附剂的第二个性质，可实现吸附剂在高压下吸附而在低压下脱附再生，从而构成吸附剂的吸附与再生循环，达到连续吸附分离的目的。对于组成复杂的气源，在实际应用中常需要多种吸附剂，按吸附性能依次分层装填组成复合吸附床，才能达到分离所需组分的目的。

变压吸附工艺发展迅速的主要原因是：①与其他传统的蒸馏、萃取、吸收等分离方法相比，变压吸附过程对温度要求不高，因此工艺流程设计的灵活度很大；②有大量的多微孔-中孔类型的吸附剂(新的或改进的)可供选择，如活性炭、沸石、氧化铝、硅胶、聚合物等，不同吸附剂具有不同的吸附特性(如极性、动力学特性、吸附热等)来分离气体混合物；③原料和变压吸附分离设计过程之间最适宜的结合促进了革新；④同一个分离目标可以用多种变压吸附过程实现。

变压吸附一般在室温和不高的压强下操作，具有设备简单、床层不需要外加热源、再生容易、可连续操作、对原料气的质量要求不高、操作弹性大、吸附剂寿命长、易适应进料气组成和处理量波动等优点。因此，近年来变压吸附技术在石油化工、冶金工业、电子国防、医疗、环境保护等方面获得了广泛的应用，并逐渐发展成为继深冷法之后的又一新兴的气体分离技术。由于沸石分子筛的诞生，20 世纪 50 年代以来，国外开始利用变压吸附技术从废气中分离回收轻烃，并应用于氢气的提纯，60 年代实现工业规模的制氢。进入 70 年代以后，变压吸附获得了迅速的发展。20 世纪 80 年代后，变压吸附技术在国内得到了迅速推广和应用。在应用领域方面，已发展并推广应用到以下主要领域：①从各种含氢气源中回收纯氢；②从各种富含 CO_2 气源中提纯并制取食品级 CO_2；③从各种含 CO 气源中回收纯 CO；④合成氨厂变换气脱碳；⑤天然气的净化；⑥空气分离制氧；⑦空气分离制氮；⑧瓦斯气浓缩甲烷；⑨浓缩和提纯乙烯；⑩氯乙烯分馏尾气中分离并回收氯乙烯和乙炔；⑪各种气体的干燥脱水；⑫其他各种工业废气的环保治理等。吸附剂是变压吸附的核心组成部分，不同的吸附剂应具有不同的孔隙分布、不同的比表面积和不同的表面极性性质等，因而对混合气体中的各组分具有差异较大的选择吸附能力和吸附容量，优良的吸附性能和较大的吸附容量是实现吸附分离的基本条件。此外，在吸附过程中，由于吸附床压强是不断变化的，因而吸附剂还应有足够的强度和抗磨性。变压吸附常用的吸附剂有活性氧化铝类、硅胶类、活性炭类与分子筛类等。

变压吸附具有以下优点：

(1) 能耗低。变压吸附只在增压时消耗功，而且工作压强较低。真空解吸流程采用鼓风机就可以增压。吸附剂再生不需要加热，只需消耗真空泵不大的功。

(2) 适应性良好。变压吸附装置稍加调节就可以变换生产能力，如改变原料气的杂质含量和进口压强等工艺条件。

(3) 吸附剂使用周期长。吸附剂一般可以使用 10 年以上，且稍加入新的吸附剂就可以延长使用，检修时间少、开工率高。

(4) 可进行自动化操作。不需要操作人员在场值班，每班稍加巡视即可。

(5) 设备能在室外常温运行，不需绝热保温或加热和冷却。除了不高的增压仪表用电外，没有其他蒸气、水、电的消耗。

变压吸附分离技术发展研究的趋势是：①以更高的回收率生产纯度更高的产品；②实现更低的吸附剂用量和操作能耗；③降低成本，扩大应用范围。用一个变压吸附循环还可从多组分气体中同时分离两种纯产品，如由空气制得 O_2 和 N_2，由甲烷转化炉排放气制得 O_2 和 H_2，这表明变压吸附工艺流程设计具有广泛性、灵活性。

4.6.2 膜分离技术

膜分离方法是利用各种气体分子在透过膜时透过速率的不同，选择性地分离或富集某一气体组分。在这一过程中，既不发生相的变化或包含相变的化学反应过程，不需耗费相变能，也不截留任何气体，所以也不需要再生脱附操作。正因为如此，膜分离气体的方法节省能量、操作方便、构造简单，是一种有广阔应用前景的气体分离方法。

膜分离技术起步于 20 世纪 50 年代，主要进行膜分离的基础理论研究和膜分离技术工业的初期开发。20 世纪 60～70 年代为发展阶段，许多膜分离技术实现了工业化生产并日益得到广泛的应用。20 世纪 80 年代起为拓展深化阶段，主要是不断提高已工业化的膜分离技术的应用水平，拓展应用范围，对尚未实现工业化的膜分离技术加大开发力度，开发出一些新型的膜分离技术。

目前常见气体膜分离的机理有两种：一是气体通过多孔膜的微孔扩散机理；二是气体通过无孔膜的溶解-扩散机理。溶解-扩散机理：气体首先溶解于膜的一侧表面，然后沿着膜中浓度梯度扩散传递到膜的另一侧，最后在膜的另一侧表面解吸。

气体膜分离作为一种绿色技术，在与传统分离技术(吸附、吸收、深冷分离)的竞争中显示出独特的优势，日益广泛地应用于石油、天然气、化工、冶炼、医药等领域。气体膜分离过程无相变产生，能耗低或无需能耗。由于压力是分离过程的推动力，尤其适合进行自身带压强的混合气体的分离与回收。膜本身为环境友好材料，且种类日益增多，分离性能不断改善。气体膜分离作为膜科学的重要分支，已逐渐成为成熟的化工分离技术。迄今为止，膜技术主要应用于分离纯化、控制释放、膜反应器和能量转换等领域。与传统的分离方法相比，膜分离具有节能、高效、操作简单、使用方便、不产生二次污染等优点。随着近年来膜的制备方法与膜分离工艺的发展，用于分离气体的膜技术受到越来越多的关注。在二氧化碳的分离和回收、二氧化硫的分离和回收、汽油蒸气的回收、天然气净化以及有机蒸气回收等领域已经有了成功运用的例子，膜分离技术用于气体净化已经开始进入工业化阶段。

气体膜分离的关键是气体膜分离器，而膜材料的优劣决定着气体膜器的分离性能、应用范围、使用条件和寿命。理想的气体分离膜材料应同时具有高的透气性和良好的透气选择性、高的机械强度、优良的热和化学稳定性以及良好的成膜加工性能。目前气体分离用膜材料主要有高分子聚合物膜材料、无机膜材料和金属膜材料三大类。

高分子聚合物膜材料：高分子气体分离膜是非对称结构或复合膜，其膜表皮层为致密高分子层。膜的渗透特性主要取决于膜表皮层所用高分子材料的特性，膜的渗透量反比于渗透传递距离。因此，高分子气体分离膜开发主要集中于膜材料和超薄皮层制造技术的发展。

无机膜材料：气体分离无机膜为非对称结构。其微观结构视膜的种类和制备方法的不同而不同。一般无机膜由颗粒有规则堆积而成，具有较窄孔径分布。与有机膜相比，它具有热稳定性好，化学稳定性好，能耐有机溶剂、氯化物、强酸、强碱溶液，且不被微生物降解，机械稳定性好，使用寿命长，孔径分布均匀，操作简便等优点；但也存在膜脆易碎、加工成本高、装填面积小、高温密封困难等不足之处。

金属膜材料：金属膜材料主要是稀有金属，以钯及其合金为代表，主要用于氢气的分离。出售的制造特殊用超纯氢的小规模装置使用的也是钯/银合金。钯膜对氢具有很高的选择性，已用于加氢、脱氢及脱氢氧化等过程中。一般采用钯合金，因为纯钯在多次吸附和解吸循环中有变脆的趋势。

膜分离过程的特点如下：

(1) 多数膜分离过程无相变发生，通常能耗较低；膜分离过程一般无需从外界加入其他物质，可节约资源和保护环境。

(2) 膜分离过程可同时实现分离与浓缩、分离与反应，大大提高了过程效率。

(3) 膜分离过程通常在温和条件下进行，因而特别适用于热敏性物质的分离、分级、浓缩与富集。

(4) 膜分离过程不仅适用于从病毒、细菌到微粒的广泛有机物或无机物的分离，还适用于许多特殊溶液体系的分离，如共沸物或近沸物的分离。

(5) 膜的性能可灵活调节。

(6) 膜组件简单，可实现连续操作，易与其他分离过程或反应过程耦合，易自控和维修，易于放大。

膜分离过程的主要缺点是：浓差极化和膜污染、膜寿命短、放大因子呈线性。当利用常规分离方法不能经济、合理地进行分离时，膜分离过程会显示出其特有优势。膜分离过程可与常规的分离过程耦合为一个单元运用，这样可大幅度提高过程效率。

4.6.3 分离技术在碳减排中的前沿应用

工业革命以来，化石燃料成为人类发展的主要能源，其大规模使用造成了 CO_2 的大量排放，导致大气中 CO_2 浓度不断增加，引起温室效应，进而引发一系列气候和环境问题。因此，碳减排是人类发展面临的重要挑战。利用分离技术进行碳捕集有望实现化石燃料的近零排放，解决上述碳减排问题。碳捕集涉及多种分离技术，包括吸收法、吸附法和膜分离法等，是全球范围内研究的热点。

吸收法分为物理吸收法和化学吸收法。物理吸收法的原理是基于 CO_2 在溶液中的溶解度和混合气体中其他组分溶解度的差异。化学吸收法利用吸收剂和气体分子之间的化学反应实现气体吸收。物理吸收法适合在低温高压下进行，其优点有吸收能力大、吸收剂用量少、再生能耗低等。目前工业上常用的物理吸收法有：低温甲醇洗法(Rectisol 法)、碳酸丙烯酯法(Fluor 法)、*N*-甲基吡咯烷酮法(Purisol 法)、聚乙二醇二甲醚法(Selexol 法)等。化学吸收法通常使用胺的水溶液作为吸收剂，常用的吸收剂有乙醇胺(MEA)、二乙醇胺(DEA)和二甲基乙醇胺(DMEA)等，适用于处理 CO_2 浓度较低的混合气体。其中，MEA 作为最成熟的有机胺吸收剂，已有超过 50 年工业碳捕集的历史。由于有机胺和 CO_2 分子之间具有较强的相互作用，化学吸收法对低浓度的 CO_2 的捕集具有优异的效果。在 CO_2 吸收过程中，吸收剂与电厂尾气以逆流的形式接触，在 40～60℃进行 CO_2 吸收，可以达到较高的 CO_2 吸收效率(>90%)。之后，吸收饱和的吸收剂在 100～120℃进行再生，发生吸收反应的逆反应，释放 CO_2，完成一次吸收、解吸的循环。虽然该方法已经商业化多年，但是仍存在一些缺点。其中，最主要的缺点是吸收剂再生能耗高，其再生能耗占总能耗的 60%以上。此外，有机胺吸收剂易降解、腐蚀性强、易挥发等都是吸收法面临的挑战。针对上述问题，混合有机胺吸收剂、相分离吸收剂以及无水吸收剂等有望进一步提高化学吸收法的吸收性能并降低其能耗。

吸附法的原理是基于气体和固体吸附剂表面的吸附位点之间的相互作用实现分离。吸附法也分为物理吸附法和化学吸附法。物理吸附法适用于低温高压条件，而化学吸附法对低浓度 CO_2 具有优异的吸附性能。吸附法常用的吸附剂有：多孔碳、分子筛、金属有机骨架、新型多孔聚合物、固体胺和金属氧化物等。其中，化学吸附法利用吸附剂的吸附位点与 CO_2 分子的化学反应进行气体分离。相比于吸收法，吸附法具有吸附速率快、再生能耗低等优点，因此具有较高的研究和开发潜力，有望在碳捕集中发挥巨大的作用。化学吸附法中常用的吸附剂有固体胺和金属氧化物等。其中，固体胺吸附剂同样使用有机胺作为吸附活性物质，因此其具有吸附量大、吸附速率快、选择性高等优点。由于固体胺吸附剂将有机胺负载在固体多孔载体中，避免了液体溶剂的使用，因此固体胺吸附剂还具有再生能耗低、稳定性好等优点。固体胺吸附剂的最适宜吸附温度通常为 60～90℃，其再生温度通常为 100～120℃，适用于低温碳捕集。中温碳捕集的温度通常为 200～400℃，常用吸附剂为氧化镁和水滑石等。高温碳捕集的温度通常高于 400℃，常用吸附剂为锂基和氧化钙基吸附剂。针对化学吸附法，吸附剂的吸附性能、脱附能耗和稳定性仍需进一步提高，此外吸附剂在工业条件下长期运行的性能及稳定性研究是推进其应用的关键。

膜分离法具有操作简单、能耗低、设备投资少等优点，在碳捕集领域具有广阔的应用潜力，其在经济、安全和环境等方面具有较强的竞争力。通常膜分离效果显著地受到气源参数的影响，如 CO_2 的浓度和压强等。因此，在含 CO_2 浓度较高的气源中，膜分离具有较好的应用前景。针对低浓度 CO_2 捕集，由于膜内气体传质驱动力较小，需要先进行气体压缩才能进行有效分离。同时，由于 CO_2 浓度低，膜材料需要具有优异的选择性，并且采用多级分离的方法才能实现较高的分离效率。进一步，膜材料在长期工业条件下的有效性能参数和稳定性仍需深入研究。

综上所述，碳捕集中吸收法、吸附法和膜分离法均具有各自的优势和特点。相比于已经大规模商业应用的吸收法，吸附法和膜分离法有望进一步满足现今碳捕集的更高要求。研究新型吸收剂、吸附剂和膜材料及其在实际工业条件下运行的数据参数，开发降低能耗的新工艺以及不同碳捕集技术的整合等都是推动碳减排的关键。

思考　试述新型气体分离技术在碳减排中的作用与应用。

习　题

1. 20℃时氧气溶于水中的亨利系数为 4.06×10^6 kPa，求 20℃和 101.33 kPa 时，空气中的氧气溶于水中的饱和浓度(mol/m^3)。

[0.291 mol/m^3]

2. 已知 20℃时，SO_2 水溶液的亨利系数 E=3.55×10^3 kPa，试求 20℃时，与二氧化硫质量分数为 0.030 的水溶液成平衡的气相中 SO_2 的分压。

[31 kPa]

3. 常压 25℃下，气相溶质 A 的分压为 5.47 kPa 的混合气体与溶质 A 浓度为 0.003 kmol/m^3 的水溶液接触，求溶质 A 在两相间的转移方向。若将总压增至 5 atm，气相溶质的摩尔分数保持原来数值，则 A 的传质方向又如何？已知操作条件下，体系符合亨利定律，亨利系数 E=1.52×10^5 kPa。

[从液相到气相，从气相到液相]

4. 某厂用含芳烃的摩尔分数为 0.006 的洗油，从吸收塔顶喷淋吸收焦炉气中的芳烃。洗油用量为 31.2 kmol/h。在操作压强为 108.2 kPa、温度为 30℃时，焦炉气进吸收塔的流量为 4000 m^3/h，其中含芳烃的摩尔分数为 0.022。若要求出塔气体中芳烃的摩尔分数不大于 0.001(设焦炉气为理想气体)，试求：(1) 吸收率；(2) 塔底流出的洗油中芳烃的浓度。

[95.56%；0.1087]

5. 在逆流操作的吸收塔中，用纯溶剂等温吸收某气体混合物中的溶质。在常压、27℃下操作时混合气流量为 1200 m^3/h。气体混合物的初始浓度为 0.05(摩尔分数)，塔截面积为 0.8 m^2，填料层高为 4 m，气相体积总传质系数 K_Ya 为 100 kmol/(m^3 · h)，气、液平衡关系符合亨利定律，且已知吸收因数为 1.2。试求混合气离开吸收塔的浓度和回收率。

[0.00387，92.3%]

6. 某厂有一填料层高为 3 m 的逆流吸收塔，用清水洗去尾气中的有害组分 A。测得浓度数据如下：进塔气体浓度 Y_1=0.02，出塔气体浓度 Y_2=0.004，出塔液相浓度 X_1=0.008。又已知相平衡关系为 $Y = 1.15X$。在该操作条件下，气相总传质单元高度 H_{OG} 为多少米？

[1.28 m]

7. 在直径为 0.6 m、填料层高度为 3.6 m 的填料塔中，用 1000 kg/h 的清水逆流吸收空气中的氨。进塔混合气量为 600 m^3(标准)/h，氨的体积分数为 0.013，并测得氨的回收率达 90%。已知操作压强为 101.3 kPa，操作温度为 20℃，此时的物系相平衡关系遵循亨利定律，即 Y^*=0.75X。试计算：(1) 溶液的出口浓度 X_1；(2) 传质单元高度 H_{OG}；(3) 总体积传质系数 K_Ya。

[5.66×10^{-3}；1.2 m；0.022 kmol/(m^3 · s)]

8. 拟在常压填料吸收塔中，用清水逆流吸收废气中的氨气。废气流量为 2500 m^3/h(标准状态)，废气中氨的浓度为 15 g/m^3(以标准状态计)，要求回收率不低于 98%。若吸收剂用量为 3.6 m^3/h，操作条件下的平衡关系为 $Y = 1.2X$，气相总传质单元高度为 0.7 m。试求：(1) 全塔气相平均吸收推动力；(2) 所需填料层高度。

[0.002 26；6.0 m]

9. 有一个填料吸收塔，塔径为 800 mm，填料层高度为 6 m，填料比表面积为 93 m^2/m^3。该塔在 25℃和 0.10 MPa 下用清水吸收混合气体中的丙酮。已知每小时处理 2000 m^3 混合气体，混合气中丙酮的体积分数为 0.05，其他为惰性气体。若要求吸收率为 95%，塔底出口溶液浓度为 0.065 kg(丙酮)/kg(水)，气、液平衡关系式为 Y^*=2.0 X，当填料表面只有 90%被润湿时，试求：(1) 吸收过程的平均推动力ΔY_m；(2) 吸收速率 G_A；(3) 气相吸收总系数 K_Y；(4) 吸收剂的质量流量 q_{mC}(kg/h)。

[0.006 37；3.87 kmol/h；2.41 kmol/(m^2 · h)；3.49×10^3 kg/h]

10. 拟用逆流操作的吸收塔，在常压下用清水吸收空气中的 CO_2。若塔底进入的混合气体中 CO_2 的体积分数为 0.060，塔底出口溶液 CO_2 的摩尔分数为 4.0×10^{-5}，且要求两者均保持不变，当操作温度由 20℃改为 10℃时，塔底的传质推动力(y_1–y_1^*)将有何变化？已知：20℃时体系的亨利系数 $E_{20℃}$=1.44×10^5 kPa；10℃时体系的亨利系数 $E_{10℃}$=1.05×10^5 kPa。

[5.8 倍]

11. 拟用逆流操作的吸收塔，在 101.33 kPa、20℃时用水吸收空气中的 CO_2。若塔底进入的气体混合物中 CO_2 的体积分数为 0.06，塔底出口溶液中 CO_2 的摩尔分数 x_1=0.4×10^{-4}，且要求两者均保持不变，则操作压强增加 1 倍时，塔底传质推动力(y_1–y_1^*)将增加多少倍？已知：20℃时，该体系的亨利系数 E=1.44×10^5 kPa。

[8.9 倍]

12. 常压下，在逆流操作的降膜湿壁塔中，用水吸收空气中某种有害气体。在 20℃时，测得塔底进塔气体中有害物质的摩尔分数 y_1=0.04，塔底流出溶液中有害物质的摩尔分数 x_1=0.008，该物系的平衡关系服从亨利定律，且已知溶解度常数 H=1.8mol/(m^3 · Pa)，塔底两相的传质膜系数分别为 k_g=4.4×10^{-5} mol/(m^2 · s · Pa)、k_l=8.2×10^{-4} m/s，试求该塔塔底处的传质速率 N_A[mol/(m^2 · s)]。

[0.17 mol/(m^2 · s)]

13. 在吸收塔中用清水逆流接触吸收丙酮-空气混合气体中的丙酮。已知入塔混合气中丙酮的体积分数为 0.060，出口溶液中丙酮的摩尔分数为 0.0305，混合气体积流量为 1.82×10^3 m^3(标准)/h，物系的平衡关系式为 $Y^*=1.68X$，若要求吸收率达 97%，则：(1) 水的最小用量为每小时多少千克？(2) 实际用水量为最小用量的多少倍？

[2.24×10^3 kg/h；1.25 倍]

14. 在逆流操作的吸收塔中，用清水吸收混合气中的 A 组分。进塔气体中 A 的摩尔分数为 0.015，A 组分的吸收率为 80%。水的用量为最小用量的 1.4 倍。操作条件下的平衡关系为 $Y^*=1.5X$，试求：(1) 气相总传质单元数 N_{OG}；(2) 当气相总传质单元数为 6.2(其他条件保持不变)时，出塔气体的浓度。

[3.33；1.56×10^{-3}]

15. 用填料塔从一混合气体中吸收苯。进塔混合气体含苯 5%(体积分数)，其余为惰性气体。回收率为 95%。操作压强为 104 kPa，温度为 25℃，进塔的混合气体量为 1000 m^3/h。吸收剂为不含苯的煤油，煤油的耗用量为最小用量的 1.5 倍，气、液逆流流动。已知该系统的平衡关系式为 $Y=0.14X$(式中 Y、X 均为物质的量比)，气相总体积传质系数 K_Ya=125 kmol/($m^3\cdot$h)，煤油的平均分子量为 170，塔径为 0.6 m。试求：(1) 煤油的耗用量(kg/h)；(2) 煤油的出塔浓度 x_1(摩尔分数)；(3) 填料层高度；(4) 欲提高回收率，可采用哪些措施(说明理由)？

[1354.2 kg/h；0.2；7.16 m]

16. 某厂拟安装填料吸收塔，用水回收尾气中的有用组分 A。每小时处理 2000 m^3(标准)含 5%(体积分数)A 和空气的尾气。塔顶送出的尾气含 0.263%(体积分数)A，塔底送出的溶液每千克含 61.2 g A。在此操作条件下，平衡关系式为 $Y=2.0X$。(1) 每小时能回收多少 A？(2) 若在此操作条件下传质单元高度为 0.7 m，填料高为多少(A 的分子量为 58)？(3) 欲使 A 的回收量增加 2%，填料高应增加多少？

[4.24 kmol A/h；5.61 m；1.53 m]

第5章 蒸　　馏

5.1 概　　述

在化工、石油、轻工等工业生产中，许多工艺涉及互溶液体混合物的分离提纯问题，如石油炼制品的炼制、有机合成产品的提纯、溶剂回收和废液排放前的达标处理等。分离的方法有多种，工业上最常用的是蒸馏或精馏。蒸馏是分离液体混合物最常用、最早实现工业化的典型单元操作过程。它是通过加热均相液体混合物形成气、液两相体系，利用混合物中各组分挥发度的差异而实现组分的分离与提纯的操作过程。在一定的外压下，混合物中沸点低的组分容易挥发，称为易挥发组分或轻组分，而沸点高的组分难挥发，称为难挥发组分或重组分。在一定温度下，混合液中饱和蒸气压高的组分容易挥发，低的组分难挥发。这样若将液体混合物加热至沸腾使之部分汽化(图 5-1)，生成的蒸气相的组成与液相的组成则不同，这时易挥发组分在气相中的相对含量比液相中高，而难挥发组分在液相中的相对含量比气相高。蒸馏技术比较成熟，易于实现不同物系不同程度的分离，同时比较容易获得完成以上分离所需的设备、能源及过程控制方法，随着生产的发展，蒸馏技术、设备和理论也有很大发展。为此，在选择混合物分离方法时，一般优先考虑蒸馏的方法。当蒸馏方法不太适宜时，再选择其他的分离方法。

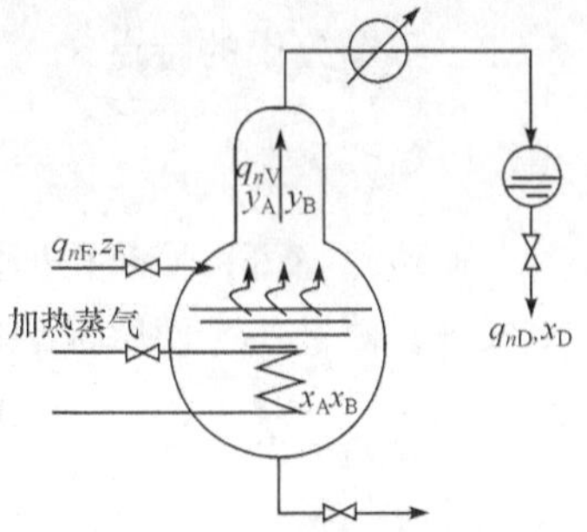

图 5-1　简单蒸馏过程

5.1.1　蒸馏过程的分类

工业上，蒸馏操作可按如下方法分类。

1. 蒸馏操作方式

按蒸馏操作方式可分为单级蒸馏(平衡蒸馏、简单蒸馏等)和多级蒸馏(精馏和特殊精馏)。

2. 操作压强

按蒸馏的操作压强可分为加压蒸馏、常压蒸馏和真空蒸馏。常压下为气体(如空气、石油气等)或常压下泡点为室温的混合物(如乙烯与丙烯，在常压下的沸点分别为−103.7℃与−47.4℃)，若在常温下蒸馏，为了保持其为液态，所需冷量太多。为了节约冷量，提高其沸点，常采用加压蒸馏。常压下泡点为室温至 150℃的混合物，一般采用常压蒸馏；常压下泡点较高或热敏性的混合物，宜采用真空蒸馏，以降低操作温度。从理论上讲，降低压强对蒸馏分离有利。

3. 混合物中组分数目

按蒸馏混合物中组分数目可分为双组分蒸馏和多组分蒸馏。工业生产中，绝大多数为多组分蒸馏，但双组分蒸馏(精馏)的原理和计算原则同样适用于多组分蒸馏，只是在处理多组分物系时更复杂。

4. 操作流程

按蒸馏操作流程可分为连续蒸馏和间歇蒸馏。连续蒸馏具有生产能力大、产品质量稳定、操作方便等优点，工业中以连续蒸馏为主。间歇蒸馏主要应用于小规模、多品种或有某些特殊要求的场合。连续蒸馏为稳态操作，间歇蒸馏为非稳态操作。

此外，对于含高沸点杂质的液体混合物，若它与水不互溶，可采用水蒸气蒸馏，从而降低操作温度，对于热敏性物料，则可采用高真空下操作的分子蒸馏。若蒸馏过程中混合液组分间发生化学反应，称为反应精馏，这是化学反应与分离操作相耦合的新型操作过程。还有一些溶液能形成恒沸物，它们用一般的精馏方法不能分离。在这些情况下，需要加入第三组分，用萃取精馏或恒沸精馏等方法进行分离。

5.1.2　蒸馏分离的特点

1. 流程简单

通过蒸馏可直接获得所需要的产品，而吸收、萃取等分离方法，由于有外加的吸收剂或萃取剂，需进一步使所提取的组分与外加溶剂分离，因此蒸馏操作流程通常较为简单。

2. 使用范围广

蒸馏不仅可以分离液体混合物，而且可用于分离气态或固态混合物。例如，将空气加压液化，再用精馏方法获得氧、氮等产品。又如，脂肪酸混合物(固态)，加热使其熔化，在减压下建立气、液两相体系，再用精馏方法进行分离。蒸馏可用于各种组分混合物的分离，而吸收、萃取等操作只有当被提取组分含量较低时才比较经济。

对于挥发度相等或接近的混合物，可采用特殊精馏方法进行分离。

3. 蒸馏中的节能

蒸馏是通过对混合物的加热建立两相体系的，产生的气相还需再冷凝液化，因此需消耗大量的能量(包括加热介质和冷却介质)。蒸馏过程中的节能是值得重视的问题。

就蒸馏原理而言，常压和连续精馏具有代表性。就组分数而言，多组分和双组分精馏的基本原理和过程计算的方法并无本质区别。因此，本章着重讨论常压下双组分连续精馏，其原理和计算方法可推而广之。

5.2　双组分溶液的气、液相平衡

蒸馏过程是气、液两相间进行传质的过程，过程的极限状态是气、液两相达到平衡。体系的相平衡关系取决于体系的热力学性质，是蒸馏过程的热力学基础，是精馏操作分析和过程计算的重要依据。由于蒸馏一般在恒压下操作，本节介绍恒压下不同组成混合液加热汽化达到气、液两相平衡时的平衡温度与液相组成及气相组成之间的关系，气、液平衡可用气、液平衡方程或相图表示。

5.2.1 相律

相律是研究相平衡的基本规律。体系相平衡状态的确定取决于系统的自由度f。气、液平衡体系中的自由度f、相数Φ及独立组分数C遵循相律所示的基本关系，即

$$f=C-\Phi+2 \tag{5-1}$$

对于双组分的气、液平衡，Φ=2，C=2，则f=2。在气、液平衡体系中，可变化的参数有4个，即压强p、温度t、一组分在液相及气相中的组成x和y(另一组分的组成由归一方程求得)，任意规定其中两个变量，此平衡体系的状态即被唯一确定。若再固定另一个变量(如压强p)，该物系只有一个变量，其他变量都是其函数。例如，在一定压强下，指定液相组成x，其泡点t及气相组成y均可被确定。因此，两组分的气、液相组成在平衡常压恒定下可用t-$x(y)$及x-y函数关系或相图表示。

5.2.2 双组分理想体系的气、液相平衡

理想体系或称完全理想体系，其气相符合道尔顿分压定律，其液相服从拉乌尔(Raoult)定律。尽管此体系实际上不存在或少有，但对研究实际混合物或溶液相平衡关系还是有意义的。

1. 溶液的蒸气压及拉乌尔定律

在密闭容器内，在一定温度下，纯组分液体的气、液两相达到平衡状态，称为饱和状态。其蒸气称为饱和蒸气，其压强就是饱和蒸气压，简称蒸气压。

一般来说，某一纯组分液体的饱和蒸气压只是温度的函数，随温度升高而增大。在相同温度下，不同液体的饱和蒸气压不同。液体的挥发能力越大，其蒸气压就越大。所以液体的饱和蒸气压是表示液体挥发能力的一个属性。纯组分液体的饱和蒸气压与温度的关系通常用下列经验方程[称为安托万(Antoine)方程]表示：

$$\lg p^0 = A - B/(t+C) \tag{5-2}$$

式中，p^0为纯组分液体的饱和蒸气压，kPa；t为温度，℃；A、B、C为安托万常数。常用液体的安托万常数可由手册查得。

液体混合物在一定温度下也具有一定的蒸气压，其中各组分的蒸气分压与其单独存在时的蒸气压不同。

由溶剂与溶质组成的稀溶液，在一定温度下气、液两相达到平衡时，溶剂A在气相中的蒸气分压p_A与其在液相中的组成x_A(摩尔分数)服从拉乌尔定律，其数学表达式为

$$p_A = p_A^0 x_A \tag{5-3}$$

式中，p_A^0为同温度下纯溶剂的饱和蒸气压。

在全部浓度范围内符合拉乌尔定律的溶液称为理想溶液(ideal solution)。上述理想溶液的

微观特征在宏观上则表现为各组分混合成溶液时不产生热效应和体积变化。

理想溶液中两个组分的蒸气分压都可以用拉乌尔定律表示，对于组分 B，则有

$$p_B = p_B^0 x_B \tag{5-4}$$

式中，p_B 为气相中组分 B 的蒸气分压，kPa；p_B^0 为同温度下纯组分 B 的饱和蒸气压，kPa；x_B 为液相中组分 B 的摩尔分数。

2. 理想溶液气、液相平衡

下面介绍在恒压 p 与不同温度 t 下气、液两相达到平衡时的液相组成 x 与气相组成 y 的关系。x 与 y 均为易挥发组分的摩尔分数。

1) t-$x(y)$图与 y-x 图

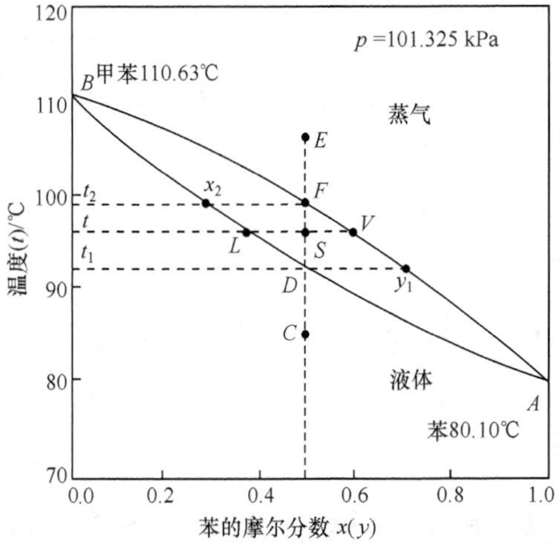

图 5-2 苯-甲苯溶液的 t-$x(y)$图

通常用气、液相平衡器测定恒压下气、液相平衡数据，并绘成温度-组成图[t-$x(y)$图]。

图 5-2 为苯与甲苯混合物在压强为 101.325 kPa 时的 t-$x(y)$图。图中 A 与 B 两点分别为苯与甲苯的沸点。不同组成的苯-甲苯混合物，其平衡温度在这两个纯组分的沸点之间。上边曲线为气相组成 y 与平衡温度 t 的关系曲线，称为气相线，气相线上任一点的混合物称为饱和蒸气；下边曲线为液相组成 x 与平衡温度 t 的关系曲线，称为液相线，液相线上任一点的混合物为饱和液体。气相线以上的区域为过热蒸气区；液相线以下的区域为冷液区；两条曲线之间的区域为气、液共存区。

通常又把液相线称为泡点线，气相线称为露点线。因为若把 C 点的冷液恒压加热，直到 D 点(对应温度为 t_1)，溶液将开始沸腾起泡(气泡组成为 y_1)，t_1 称为溶液 D 的泡点(bubble point)。液相线表示了溶液组成与泡点的关系，故称为泡点线。若把 E 点的过热蒸气恒压冷却，直到 F 点(对应温度为 t_2)开始冷凝而析出露珠似的液滴(液滴组成为 x_2)，t_2 称为蒸气 F 的露点(dew point)。气相线表示了蒸气的组成与露点的关系，故称为露点线。

当混合物的气液相平衡温度 t 与组成 x_S 位于 S 点时，则必分成互成平衡的气、液两相，液相组成 x 在 L 点，气相组成 y 在 V 点，$y>x$。这是蒸馏原理的基础。

若液相与气相的量分别用 L 与 V 表示，单位为 kmol，则气、液两相量的比值由杠杆定律确定，即

$$\frac{L}{A} = \frac{\text{线段}\overline{VS}}{\text{线段}\overline{LS}} = \frac{y - x_S}{x_S - x} \tag{5-5}$$

蒸馏计算中经常用到气、液相平衡曲线(y-x 图)，图 5-3 是恒压下苯-甲苯混合物的 y-x 图。它表示在不同温度下互成平衡的气、液两相组成 y 与 x 的关系。对于理想溶液，气相组成恒大于液相组成，故 y-x 图的平衡曲线位于对角线(对角线方程为 y=x)上方。y-x 曲线离对角线

越远，y 比 x 越大，混合液就越容易分离。曲线上任一点是该温度下的 y 与 x 的关系。

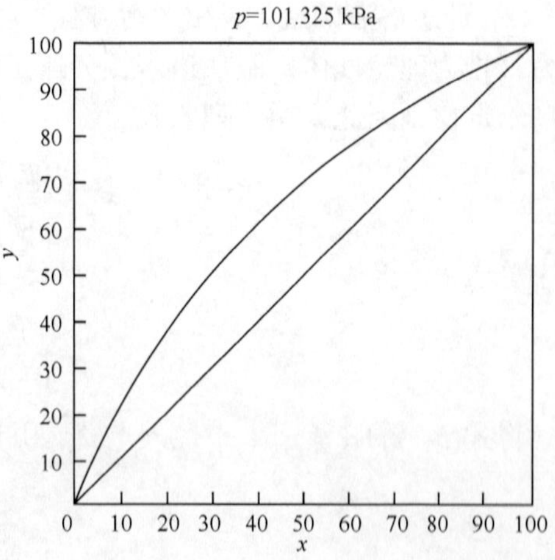

图 5-3　苯-甲苯溶液的 y-x 图

【例 5-1】 苯(A)与甲苯(B)的饱和蒸气压与温度的关系可用安托万方程表示，即 $\lg p_A^0 = 6.032 - 1206.35/(t + 220.24)$，$\lg p_B^0 = 6.078 - 1343.94/(t + 219.58)$，式中，$p^0$ 的单位为 kPa，温度 t 的单位为℃。苯和甲苯可视作理想物系。现测得某精馏塔的塔顶压强 p_1=103.3 kPa，塔顶的液相温度 t_1=81.5℃；塔釜压强 p_2=109.3 kPa，液相温度 t_2=112℃。试求塔顶、塔釜平衡的液相和气相组成。

解　本例可用饱和蒸气压或相对挥发度表示的平衡关系来计算，关键是确定塔顶、塔釜温度下组分的饱和蒸气压。

(1) 塔顶的液、气相组成。

塔顶温度下，苯和甲苯的饱和蒸气压用安托万方程计算，即

$$\lg p_A^0 = 6.032 - 1206.35/(81.5 + 220.24) = 2.034$$

$$p_A^0 = 108.1\ \text{kPa}$$

$$\lg p_B^0 = 6.078 - 1343.94/(81.5 + 219.58) = 1.614$$

$$p_B^0 = 41.11\ \text{kPa}$$

则

$$x_A = (p - p_B^0)/(p_A^0 - p_B^0) = (103.3 - 41.11)/(108.1 - 41.11) = 0.9283$$

$$y_A = p_A^0 x / p = 108.1 \times 0.9283 / 103.3 = 0.971$$

(2) 塔釜的液、气相组成。

用与塔顶相同的方法求得各有关参数为

$$p_A^0 = 251.8\ \text{kPa}$$

$$p_B^0 = 105.9\ \text{kPa}$$

$$x_A = (109.3 - 105.9)/(251.8 - 105.9) = 0.0233$$

$$y_A = 251.8 \times 0.0233 / 109.3 = 0.0537$$

2) 相对挥发度与理想溶液的 y-x 关系式

(1) 挥发度(volatility)。挥发度(ν)是用来表示物质挥发能力大小的物理量，蒸馏分离的基本依据是混合液中各组分挥发度的差异。前面已提到纯组分液体的饱和蒸气压能反映其挥发能力。理想溶液中各组分的挥发能力因不受其他组分存在的影响，仍可用各组分纯态时的饱和蒸气压表示，即挥发度 ν 等于饱和蒸气压 p^0，含组分 A 与 B 溶液中两个组分的挥发度可分别表示为

$$\nu_A = p_A^0 \qquad \nu_B = p_B^0 \tag{5-6}$$

(2) 相对挥发度(relative volatility)。溶液中两组分挥发度之比称为相对挥发度 α。对于理想溶液，由式(5-6)得

$$\alpha = \nu_A / \nu_B = p_A^0 / p_B^0 \tag{5-7}$$

饱和蒸气压 p^0 是温度的函数，故 α 也是温度的函数。在一定温度下，若 $p_A^0 > p_B^0$，则 α>1。

(3) 理想溶液的气、液相平衡方程。对于双组分 A 与 B 的理想溶液，当总压 P 不太高时，认为气相为理想气体，服从道尔顿分压定律，同时蒸气分压 p_A 与其在液相中的组成 x_A 满足拉乌尔定律，因此遵循下列等式：

$$x_A = \frac{P - p_B^0}{p_A^0 - p_B^0} \text{和} y_A = \frac{p_A^0 x_A}{P}$$

消去总压 P，得

$$\frac{y_A}{1-y_A} = \frac{p_A^0}{p_B^0}\frac{x_A}{1-x_A}$$

将式(5-7)的 $\alpha = p_A^0 / p_B^0$ 代入上式，并略去 y 与 x 的下标，则得

$$\frac{y}{1-y} = \frac{\alpha x}{1-x} \tag{5-8}$$

或

$$y = \frac{\alpha x}{1+(\alpha-1)x} \tag{5-9}$$

或

$$x = \frac{y}{\alpha-(\alpha-1)y} \tag{5-10}$$

式(5-8)～式(5-10)表示互成平衡的气、液两相组成 y 与 x 的关系，称为理想溶液的气、液相平衡方程。

如图 5-4 所示，α 为常数时，一个 α 值能画出一条 y-x 相平衡曲线。当 α=1 时，相平衡曲线与对角线 y=x 重合。α 值越大，y-x 曲线越远离对角线，与同一 x 值对应的 y 值就越大，表明两组分越容易分离。

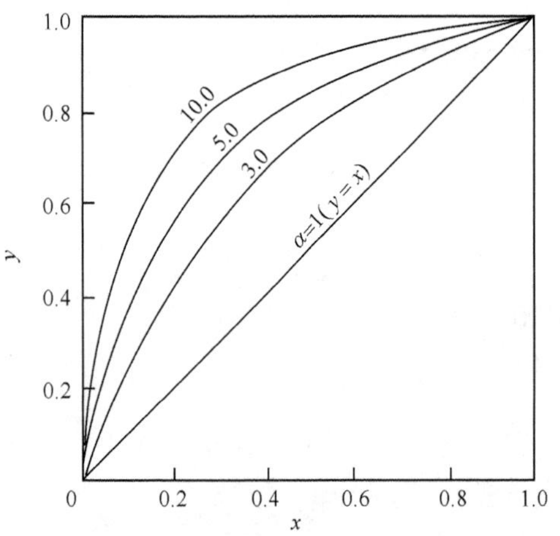

图 5-4　α 为常数的理想溶液相平衡曲线(恒压)

思考　双组分理想溶液的相对挥发度 α 如何计算？α 与什么因素有关？α 的大小对组分的分离有何影响？

5.2.3　双组分非理想体系的气、液相平衡

工业生产中遇到的大多数物系为非理想物系。非理想物系可能有以下三种情况：①液相为非理想溶液，气相为理想气体；②液相为理想溶液，气相为非理想气体；③液相为非理想溶液，气相为非理想气体。

实际生产中，第一种情况遇到的较多，即非理想溶液中各组分的蒸气分压不服从拉乌尔定律，在此做简要介绍。它们对拉乌尔定律的偏差有正偏差与负偏差两大类。实际溶液中，正偏差的溶液比负偏差者多。

1. 对拉乌尔定律有正偏差的溶液

这种溶液中各组分的蒸气分压均大于拉乌尔定律的计算值，即 $p_A > p_A^0 x_A$，$p_B > p_B^0 x_B$。

平衡分压高于拉乌尔定律的计算值，泡点下降。

属于正偏差的溶液有两种情况。

1) 无恒沸点的溶液

这种溶液对拉乌尔定律的偏差不太大，如甲醇-水溶液，其 y-x 曲线如图 5-5 所示。

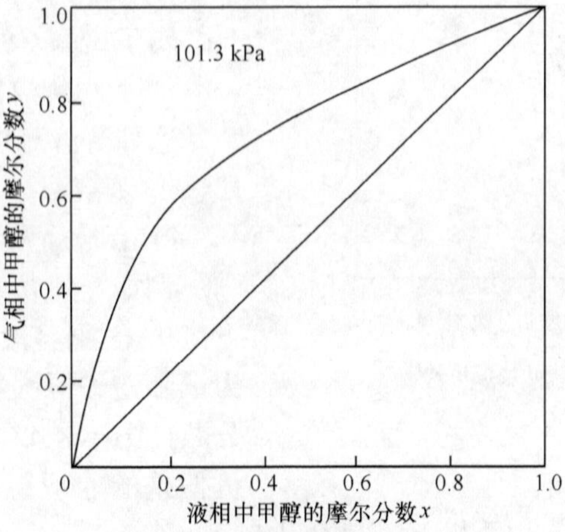

图 5-5　甲醇-水溶液的 y-x 曲线

正偏差，无恒沸点

2) 有最低恒沸点的溶液

例如，乙醇-水溶液，图 5-6 为常压下乙醇-水溶液的 t-$x(y)$图，气相线与液相线在 M 点相切。切点温度为 t_M=78.15℃，其乙醇的组成为 x_M=0.894(摩尔分数)，且气相与液相组成相等。若加热 M 点的溶液，将在恒定温度 t_M=78.15℃下沸腾，溶液组成 x_M 恒定不变。t_M 称为恒沸点，x_M 称为恒沸组成，M 点处的溶液称为恒沸物(azeotrope 或 azeotropic mixture)。泡点曲线的温度在 M 点处最低。故这种对拉乌尔定律具有很大正偏差的非理想溶液又称具有最低恒沸点的溶液。图 5-7 是乙醇-水溶液在常压下的 y-x 图，M 点位于对角线上，说明 y=x，α=1。

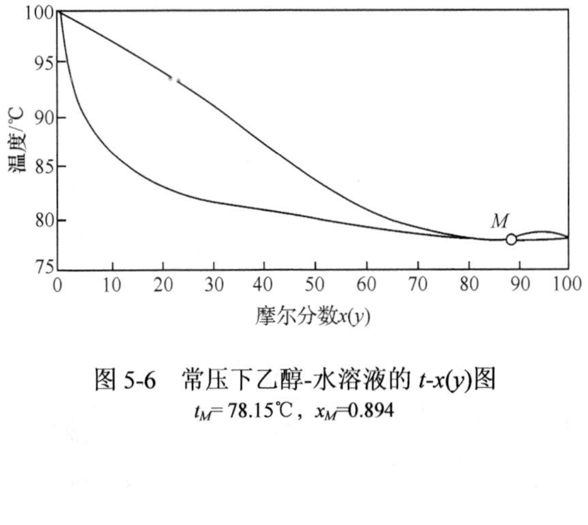

图 5-6　常压下乙醇-水溶液的 t-$x(y)$图

t_M= 78.15℃，x_M=0.894

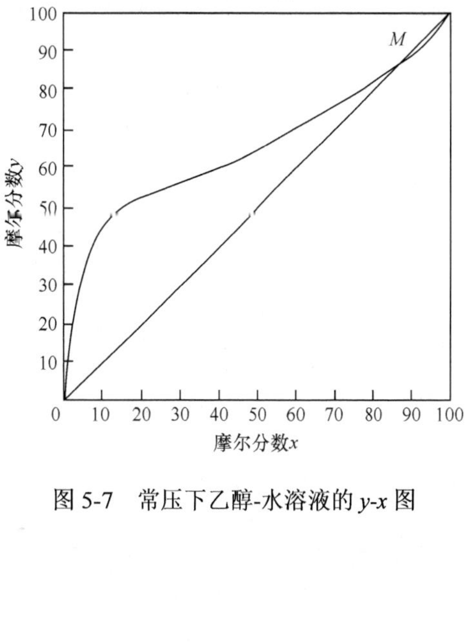

图 5-7　常压下乙醇-水溶液的 y-x 图

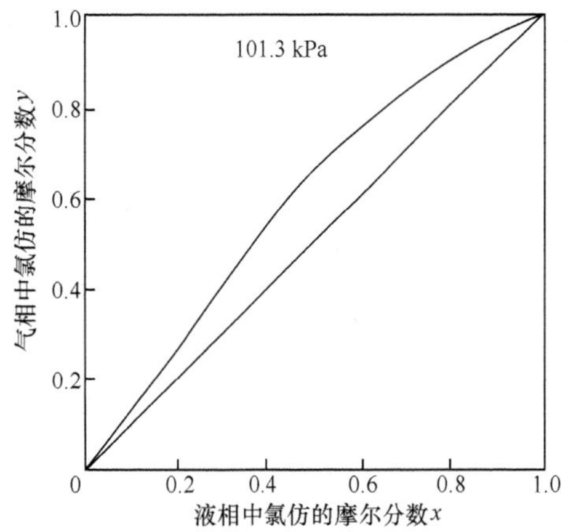

图 5-8　氯仿-苯溶液的 y-x 曲线

负偏差，无恒沸点

2. 对拉乌尔定律有负偏差的溶液

这种溶液中各组分的蒸气分压均小于拉乌尔定律的计算值，即 $p_A < p_A^0 x_A$，$p_B < p_B^0 x_B$。平衡分压低于拉乌尔定律的计算值，泡点升高。

属于负偏差的溶液也有两种情况。

1) 无恒沸点的溶液

这种溶液对拉乌尔定律的偏差不太大，如氯仿-苯溶液，其 y-x 曲线如图 5-8 所示。

2) 有最高恒沸点的溶液

例如，氯仿-丙酮溶液，图 5-9 为常压下氯仿-丙酮溶液的 t-$x(y)$图，M 点处的溶液为恒沸物，恒沸物组成 x_M=0.352(氯仿摩尔分数)，t_M=64.4℃为最高温度。故这种具有负偏差的非理想溶液又称为具有最高恒沸点的溶液。图 5-10 是氯仿-丙酮溶液在常压下的 y-x 图。

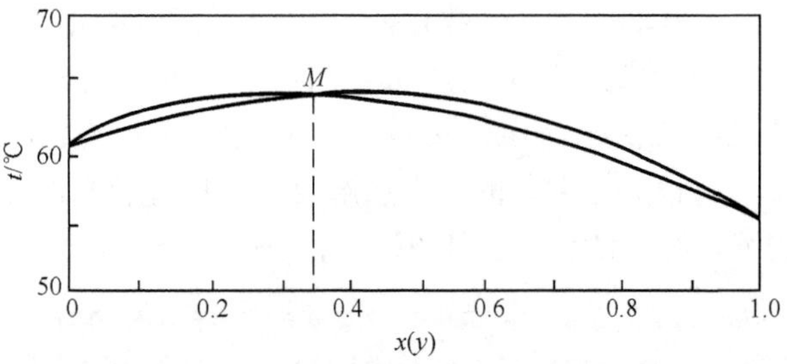

图 5-9　常压下氯仿-丙酮的 t-$x(y)$图

t_M= 64.4℃，x_M=0.352

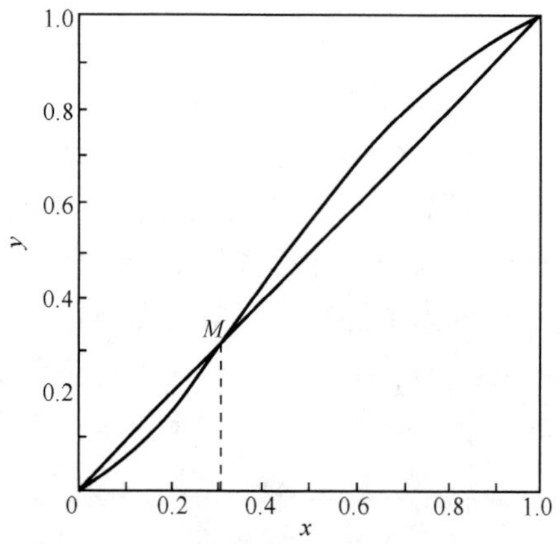

图 5-10　常压下氯仿-丙酮的 y-x 图

思考　什么是非理想溶液？在什么条件下出现最低恒沸点或最高恒沸点？

5.3　简单蒸馏和平衡蒸馏

对于组分挥发度相差较大、分离要求不高的场合(如混合液的初步分离)，可采用单级蒸馏过程，其包括简单蒸馏和平衡蒸馏。

5.3.1　简单蒸馏

简单蒸馏又称微分蒸馏、瑞利蒸馏，是一种分批操作的单级蒸馏过程，图 5-11 是简单蒸馏装置。将混合液加入蒸馏釜，在恒压下加热至沸腾，液体不断汽化，蒸气在冷凝器冷凝为液体，称为馏出液。在蒸馏过程中，釜内溶液的易挥发组分浓度不断下降，相应蒸气中的易挥发组分浓度也随之降低。因此，简单蒸馏过程为不稳定过程。馏出液通常按不同浓度范围分罐收集，最后从釜中排出残液。

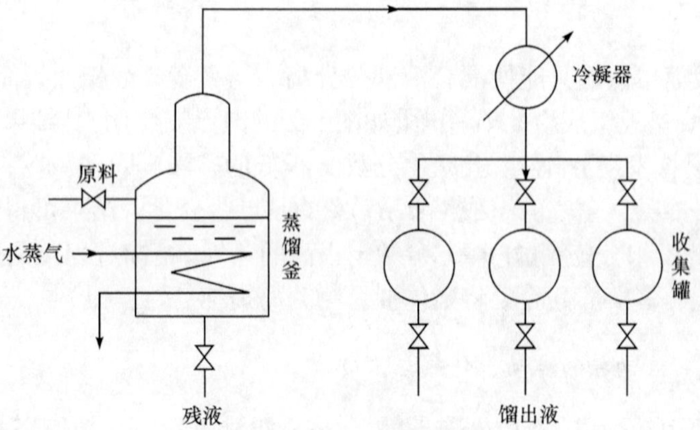

图 5-11　简单蒸馏装置

简单蒸馏只适用于混合液各组分的挥发度相差较大而分离要求不高的情况，或者作为初步加工，粗略分离多组分混合液，如小批量的原油粗略分离。

简单蒸馏的特点是：①间歇操作过程是一动态过程；②易挥发组分更多地传递到气相中，釜液温度不断升高；③产品与釜液组成随时间而改变(降低)；④瞬时蒸气与釜中液体处于平衡状态。

5.3.2　平衡蒸馏

平衡蒸馏又称闪蒸蒸馏，是液体的一次部分汽化或蒸气的一次部分冷凝的蒸馏操作。此处强调的“一次”，是指物系在该平衡条件下所能完成的分离过程。气、液相平衡数据的测定和生产工艺中溶液的闪蒸分离是平衡蒸馏的典型应用。

图 5-12 为平衡蒸馏装置。原料用泵送入加热器(如管式加热器)，加热后经减压阀喷入分离器。原料从加热器流到分离器过程中，压强逐渐减小，液体泡点下降变为过热状态，致使液体突然蒸发，部分汽化。气、液两相充分接触而达到平衡状态。易挥发组分含量较多的气相从顶部排出后，在冷凝器中冷凝为液体，成为顶部产品。易挥发组分含量较少的液相从分离器底部排出，成为底部产品。

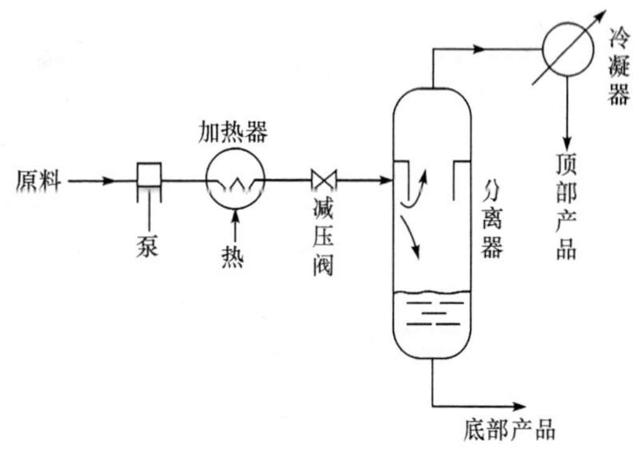

图 5-12　平衡蒸馏装置

平衡蒸馏为稳定连续过程，生产能力大，适用于原料液的初步分离，如原油的粗略分离。

平衡蒸馏的特点是：①连续操作；②组成和温度恒定不变；③气、液两相平衡。

5.4 精　　馏

5.4.1 精馏原理

平衡蒸馏以及简单蒸馏只能使混合液部分分离。与平衡蒸馏相比，简单蒸馏操作是对液体的连续部分汽化，釜液组成沿 $t\text{-}x(y)$相图(如图 5-2)的泡点线变化，其结果可得难挥发组分(重组分)含量很高而易挥发组分(轻组分)摩尔分数 x 很低的釜液。同理，在一定压强下，将混合蒸气进行连续部分冷凝，蒸气的组成沿 $t\text{-}x(y)$图的露点线变化，结果可得到难挥发组分(重组分)含量很低而易挥发组分(轻组分)摩尔分数 y 很高的蒸气。精馏过程正是这两者的有机结合，通过多次部分汽化、多次部分冷凝将液体混合物分离提纯。

1. 精馏塔内气、液两相的流动、传热与传质

精馏装置主要由精馏塔、冷凝器与蒸馏釜(或称再沸器)组成。精馏塔有板式塔与填料塔，填料塔在第 4 章已介绍，本章以板式塔为例介绍精馏过程及设备。连续精馏装置如图 5-13 所示。

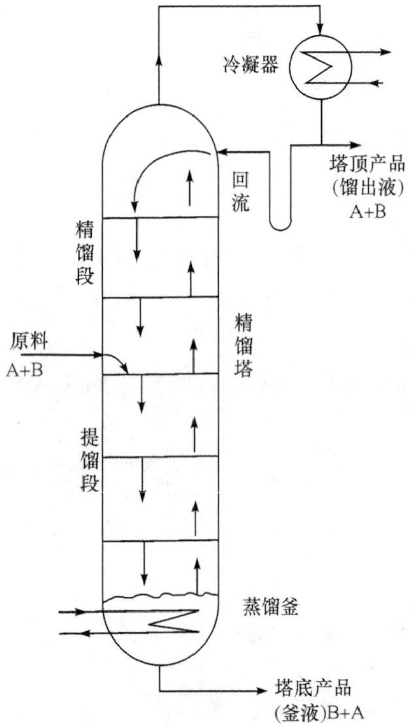

图 5-13　连续精馏装置

如图 5-13 所示，原料从塔的中部附近的进料板连续进入塔内，沿塔向下流到蒸馏釜。釜中液体被加热而部分汽化，蒸气中易挥发组分的组成 y 大于液相中易挥发组分的组成 x，即 $y>x$。蒸气沿塔向上流动，与下降液体逆流接触，因气相温度高于液相温度，气相进行部分冷凝，同时把热量传递给液相，使液相进行部分汽化。因此，难挥发组分从气相向液相传递，易挥发组分从液相向气相传递。结果，上升气相的易挥发组分逐渐增多，难挥发组分逐渐减少；而下降液相中易挥发组分逐渐减少，难挥发组分逐渐增多。上升气相经过进料板继续向上流动，到达塔顶冷凝器，冷凝为液体。冷凝液一部分回流入塔顶，称为回流液，其余作为塔顶产品(或馏出液)排出。塔内下降的回流液与上升气相逆流接触，气相进行部分冷凝，同时液相进行部分汽化。难挥发组分从气相向液相传递，易挥发组分从液相向气相传递。结果，上升气相中易挥发组分逐渐增多，而下降液中难挥发组分逐渐增多。

上面讨论了精馏塔内气、液两相的流动、传热与传质情况，下面进一步讨论塔板上气、液两相的传热与传质。

2. 塔板上气、液两相的传热与传质

板式塔中气、液两相主要是在塔板上接触进行传热与传质。如图 5-14(a)所示，在精馏塔中任取相邻三块塔板，从上而下分别为第 $n-1$ 层塔板、第 n 层塔板、第 $n+1$ 层塔板。

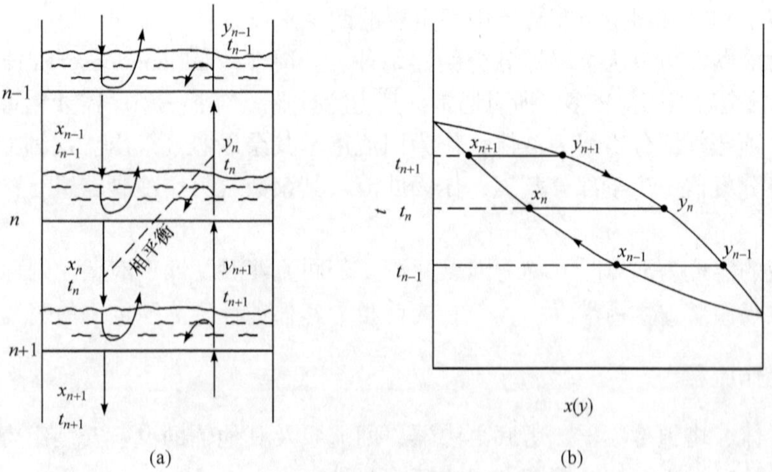

图 5-14 相邻塔板上的温度与气、液组成

在精馏塔中，越往上气、液两相中易挥发组分越多，温度越低，即

$$t_{n-1} < t_n < t_{n+1}$$

$$x_{n-1} > x_n > x_{n+1}$$

$$y_{n-1} > y_n > y_{n+1}$$

x_{n-1}、t_{n-1} 的液相与 y_{n+1}、t_{n+1} 的气相在第 n 层塔板上接触，因气相温度 t_{n+1} 高于液相温度 t_{n-1}，气相发生部分冷凝，把热量传递给液相，使液相发生部分汽化。难挥发组分 B 从气相向液相传递，而易挥发组分 A 从液相向气相传递，则上升气相中 A 组分增多，B 组分减少，而下降液相中 A 组分减少，B 组分增多，即气相组成变大，$y_{n+1} \to y_n$，液相组成减小，$x_{n-1} \to x_n$，如图 5-14(b)中箭头所示。

在理想情况下，如果气、液两相接触良好，且时间足够长，离开第 n 层塔板的气、液两相可能达到平衡状态，平衡温度为 t_n，气相组成 y_n 与液相组成 x_n 为平衡关系。这种使气、液两相达到平衡状态的塔板称为理论塔板(theoretical plate)。

实际情况是，气、液两相在塔板上的接触时间有限，接触不够充分。在未达到平衡状态之前就离开了塔板。因此，A 组分从液相向气相传递的摩尔分数以及 B 组分从气相向液相传递的摩尔分数都比平衡状态时的传递量少。也就是说，实际塔板的分离程度要比理论塔板小。但理论塔板可以作为衡量实际塔板分离程度的最高标准。

精馏塔设计时，先求出理论塔板数，再根据塔板效率确定实际塔板数。实际塔板数要比理论塔板数多。

3. 回流的作用

从以上讨论可知，精馏过程需要气、液两相逐渐接触，气相进行多次部分冷凝，同时液相进行多次部分汽化，使混合物中两组分在气、液两相之间进行传热与传质，以达到两组分的分离。

为此，需要塔顶液体回流以及塔底蒸馏釜的上升蒸气，它们为塔板上气、液两相进行部分冷凝和部分汽化(传热与传质)提供所需的热量和冷量，这是保证精馏操作的必要条件。通常把塔顶的液体回流称为回流(reflux)，为了与塔顶的回流区别，把蒸馏釜的上升蒸气称为气相回流。蒸馏釜和冷凝器是蒸馏装置中很重要的两个附属设备。

塔顶蒸气冷凝器可分为全凝器和分凝器两种。全凝器(total condenser)是把塔顶的蒸气全部冷凝为液体。全凝器用得较多，所以通常称其为冷凝器。当下一工序需要精馏塔提供气相产品时，可使塔顶蒸气部分冷凝为液体，作为回流用，其余以蒸气采出。这种冷凝器称为分凝器。也可以在分凝器中冷凝部分蒸气，作为回流，其余蒸气另用冷凝器进行冷凝，作为馏出液采出。

当回流液的温度为泡点时，称为泡点回流。若回流液温度低于泡点，则称为冷液回流。

思考　在板式精馏塔的塔板上，气、液两相是怎样进行传热和传质的？

5.4.2 精馏操作流程

精馏塔主体、塔顶冷凝器、塔底再沸器、回流泵及其他辅助设备安装组合，便构成了精馏操作装置。精馏过程有连续精馏和间歇精馏两种流程。

1. 连续精馏操作流程

上面以连续操作的板式精馏塔为例分析了精馏原理，图 5-13 即为连续精馏装置。按惯例，加入原料液的塔板称为加料板。加料板以上的塔段，上升气相中的难挥发组分向液相转移，而易挥发组分的含量逐板增大，最终达到上升气相的精制，因而称为精馏段，塔顶产品称为馏出液。加料板以下的塔段(包括加料板)将下降液相中易挥发组分提出，从而提高塔顶易挥发组分的收率，同时获得高纯度的难挥发组分塔底产品，因而称为提馏段，从塔釜排出的液体称为塔底产品或釜残液。

2. 间歇精馏操作流程

图 5-15 为间歇精馏操作流程，其与连续精馏的主要区别是：原料液一次加入塔釜中，而不是连续加入精馏塔中，因而间歇精馏塔只有精馏段而无提馏段；同时，随着操作进行，釜液组成不断变化，在塔底上升气量和塔顶回流液量恒定条件下，馏出液的组成必随之下降。当釜液组成达到规定值后，停止精馏操作，并排出釜残液。应予指出，有时在塔底安装蛇管代替再沸器，塔顶有时用回流液泵提供回流。

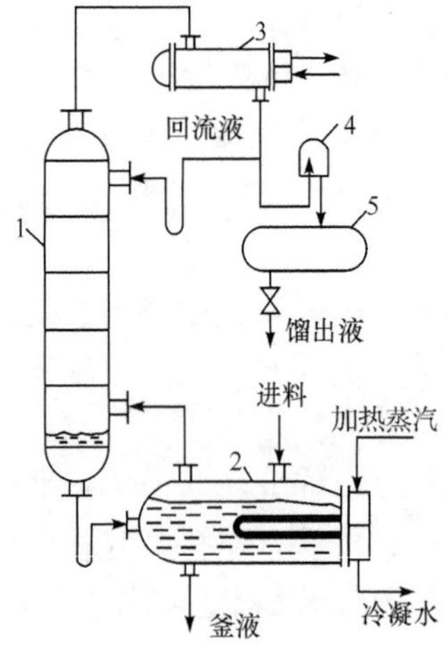

图 5-15　间歇精馏操作流程

1. 精馏塔；2. 再沸器；3. 冷凝器；4. 观察罩；5. 储槽

5.5　双组分连续精馏的计算

本节的主要内容是精馏塔的物料衡算、理论塔板数计算、进料板位置确定、精馏过程影响因素分析及精馏塔的操作计算。

5.5.1 恒摩尔流量假设

精馏过程的影响因素较多，计算复杂。为了简化计算，引入恒摩尔流量(图 5-16)的假设。这种假设在很多情况下接近实际情况。

恒摩尔流量的假设如下。

1) 精馏段

每层塔板上升蒸气的摩尔流量均相等，以 V 表示；每层塔板下降液体的摩尔流量均相等，以 L 表示。

2) 提馏段

每层塔板上升蒸气的摩尔流量均相等，以 V'表示；每层塔板下降液体的摩尔流量均相等，以 L'表示。由于进料的影响，两段上升的蒸气摩尔流量 V 与 V'不一定相等，下降液体的摩尔流量 L 与 L'也不一定相等，视进料热状态而定。

气、液两相在塔板上接触时，若有 1 mol 蒸气冷凝能使 1 mol 液体汽化，则气、液两相的恒摩尔流量的假设才能成立。

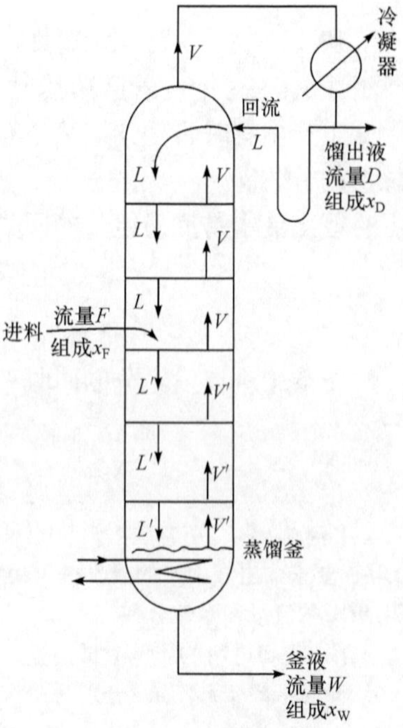

图 5-16 恒摩尔流量

恒摩尔流量假设成立的前提条件有以下 3 个：①溶液中两组分的摩尔汽化热相等；②因气、液两相温度不同而传递的热量可忽略；③精馏塔保温良好，其热量损失可以忽略。

5.5.2 物料衡算与操作线方程

1. 精馏过程物料衡算

通过全塔的物料衡算，可求得精馏塔各流股(包括料液、馏出液及釜残液)之间流量、组成的定量关系。

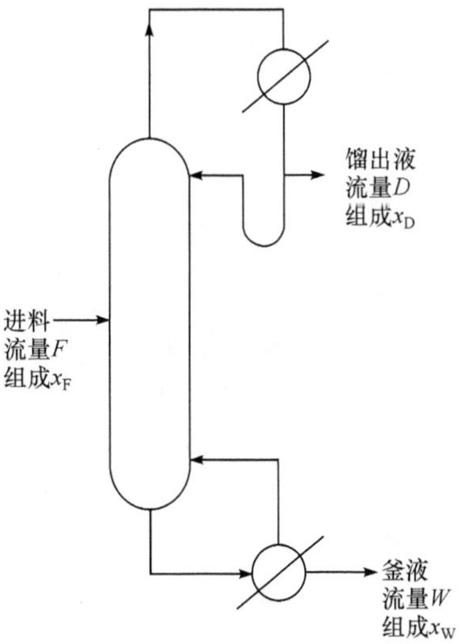

图 5-17 全塔物料衡算

各项流量与组成的符号示于图 5-17 中，流量的单位为 kmol/s，组成为摩尔分数。

总物料衡算：

$$F = D + W \tag{5-11}$$

易挥发组分物料衡算：

$$Fx_F = Dx_D + Wx_W \tag{5-12}$$

由式(5-11)、式(5-12)可求出

$$\frac{D}{F} = \frac{x_F - x_W}{x_D - x_W} \tag{5-13}$$

$$\frac{W}{F} = 1 - \frac{D}{F} = \frac{x_D - x_F}{x_D - x_W} \tag{5-14}$$

式中，D/F、W/F 分别为馏出液、釜液的采出率；F、x_F 通常是给定的。

从式(5-13)、式(5-14)可知以下两点：①若 x_D、x_W 已知，则可求出 D、W；②流量 D、W 及组成 x_D、x_W 中，若已知其中一个流量和一个组成，则可求出另一流量和组成。

生产中有时希望知道某个有用组分的回收率 η。回收率是某组分回收的量占进料中该组分总量的分数。

馏出液中易挥发组分的回收率：

$$\eta_A = \frac{Dx_D}{Fx_F} \tag{5-15}$$

釜液中难挥发组分的回收率：

$$\eta_B = \frac{W(1-x_W)}{F(1-x_F)} \tag{5-16}$$

【例 5-2】 在连续精馏塔中分离苯-甲苯混合液，原料液的处理量为 15 000 kg/h，其中苯的质量分数为 0.46，要求馏出液中苯的回收率为 98%，釜残液中甲苯的回收率不低于 97%，试求馏出液和釜残液的流量和组成(摩尔流量和摩尔分数)。

解 先将进料的质量流量换算为摩尔质量。

苯和甲苯的摩尔质量分别为 78 kg/kmol 和 92 kg/kmol，进料组成为

$$x_F = \frac{0.46/78}{0.46/78 + 0.54/92} = 0.5012$$

进料的平均摩尔质量为

$$M_F = M_A x_F + M_B(1-x_F) = 78 \times 0.5012 + 92 \times (1-0.5012) = 84.98(\text{kg/kmol})$$

则

$$F = 15\,000/84.98 = 176.5(\text{kmol/h})$$

由题意知 $\eta_A = 0.98$，$\eta_B = 0.97$，则

$$Dx_D = 0.98Fx_F = 0.98 \times 176.5 \times 0.5012 = 86.69(\text{kmol/h}) \tag{a}$$

$$W(1-x_W) = 0.97F(1-x_F) = 0.97 \times 176.5 \times (1-0.5012) = 85.40(\text{kmol/h}) \tag{b}$$

又由全塔物料衡算得

$$D + W = F = 176.5 \text{ kmol/h} \tag{c}$$

及

$$Fx_F = Dx_D + Wx_W = 176.5 \times 0.5012 = 88.46(\text{kmol/h}) \tag{d}$$

联立式(a)～式(d)，得

$$D = 89.33 \text{ kmol/h} \qquad W = 87.17 \text{ kmol/h}$$

$$x_D = 0.9704 \qquad x_W = 0.0203$$

2. 操作线方程

在精馏塔中，由任意层(n 层)塔板下降液相组成 x_n 与由其相邻下一层塔板(n+1 层)上升气相组成 y_{n+1} 之间的关系称为操作关系。表述它们之间关系的方程称为操作线方程。因原料液从精馏塔的中部加入，精馏段和提馏段有不同的操作关系。操作线方程可通过各段的物料衡算求得。

1) 精馏段操作线方程

对图5-18中虚线范围(包括精馏段的第n+1层塔板以上塔段及冷凝器)做物料衡算，以单位时间为基准，可得

总物料衡算：

$$V=L+D \tag{5-17}$$

易挥发组分物料衡算：

$$Vy_n = Lx_{n-1} + Dx_D \tag{5-18}$$

式中，x_{n-1}为精馏段中第n–1层塔板下降液相中易挥发组分的摩尔分数；y_n为精馏段中第n层塔板上升气相中易挥发组分的摩尔分数。

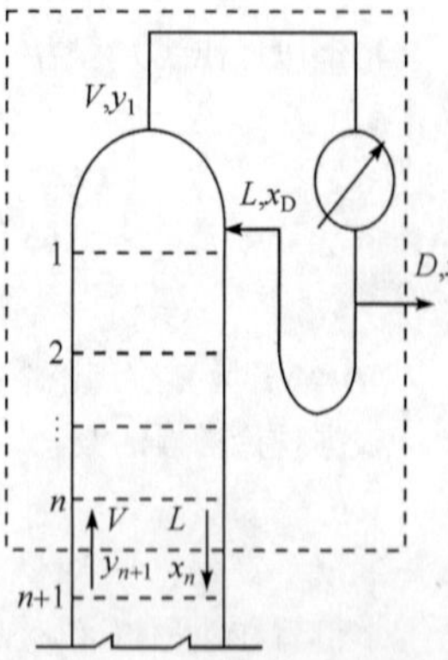

图5-18 精馏段的物料衡算

联立式(5-17)和式(5-18)，并整理得

$$y_n = \frac{L}{V}x_{n-1} + \frac{D}{V}x_D \tag{5-19}$$

式中，L/V为精馏段的液气比。式(5-19)表示精馏段中相邻两层塔板之间的上升蒸气组成y_n与下降液体组成x_{n-1}之间的关系，将式(5-17)代入式(5-19)，得

$$y_n = \frac{L}{L+D}x_{n-1} + \frac{D}{L+D}x_D \tag{5-19a}$$

令$R=L/D$，并代入式(5-19a)，得

$$y_n = \frac{R}{R+1}x_{n-1} + \frac{1}{R+1}x_D \tag{5-20}$$

式中，R称为回流比。塔顶冷凝液在泡点下部分回流入塔，称为泡点回流。泡点回流时，精馏段下降液体量L等于回流量。回流量L与馏出液量D的比值称为回流比。根据恒摩尔流量假设，F为定值，对于稳态操作，D及x_D也为定值，故R为常数，其值一般由设计者选定。

式(5-19)或式(5-19a)与式(5-20)均称为精馏段操作线方程。该式在x-y图上为直线，其斜率为$R/(R+1)$，截距为$x_D/(R+1)$。由上述两个精馏段操作线方程式(5-19)与式(5-20)可知，液气比与回流比之间的关系为

$$\frac{L}{V} = \frac{R}{R+1} \tag{5-21}$$

由式(5-21)可知，R增大能使L/V增大，有利于提高精馏段上升气相的纯度，即提高馏出液的纯度。

【例5-3】 在一连续精馏塔的精馏段中，进入第n层理论塔板的气相组成y_{n+1}=0.75，从该塔板流出的液相组成x_n=0.66。操作气液比为1.4，物系的平均相对挥发度为2.47。试求：(1) 操作回流比R及塔顶馏出液组成x_D；(2) 离开第n层理论塔板的气相组成y_n。

解 (1) 操作回流比R及塔顶馏出液组成x_D。

根据式(5-21)液气比与回流比之间的关系，由题给数据可知

$$\frac{1}{1.4} = \frac{R}{R+1}$$

解得

$$R=2.5$$

精馏段操作线方程为

$$y_{n+1}=\frac{R}{R+1}x_n+\frac{1}{R+1}x_D=0.7143x_n+0.2857x_D$$

将 $y_{n+1}=0.75$，$x_n=0.66$ 代入上式，解得

$$x_D=0.975$$

(2) 离开第 n 层理论塔板的气相组成 y_n。

根据理论塔板的概念，y_n 与 x_n 成平衡，于是

$$y_n=\frac{\alpha x_n}{1+(\alpha-1)x_n}=\frac{2.47\times 0.66}{1+(2.47-1)\times 0.66}=0.8274$$

本例旨在熟悉精馏段操作线方程及气、液相平衡方程的应用。

2) 提馏段操作线方程

对图 5-19 中虚线范围(包括提馏段第 m 层塔板以下塔段及再沸器)做物料衡算，以单位时间为基准，即总物料衡算：

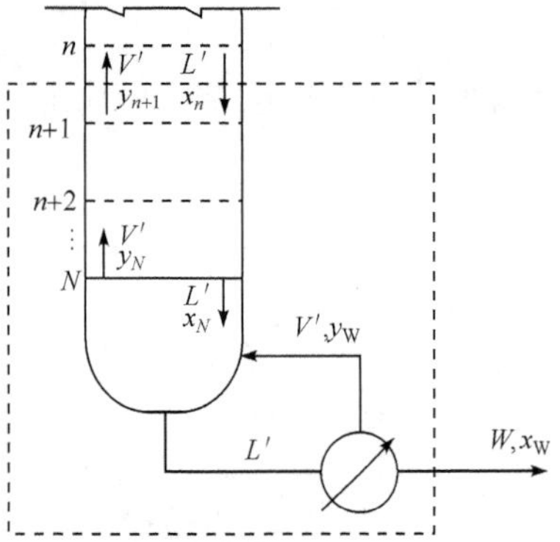

图 5-19　提馏段的物料衡算

$$L'=V'+W \tag{5-22}$$

易挥发组分物料衡算：

$$L'x_n=V'y_{n+1}-Wx_W \tag{5-23}$$

式中，x_n 为提馏段中第 n 层塔板下降液相中易挥发组分的摩尔分数；y_{n+1} 为提馏段中第 n+1 层塔板上升气相中易挥发组分的摩尔分数。

联立式(5-22)与式(5-23)，并整理得

$$y_{n+1}=\frac{L'}{V'}x_n-\frac{W}{V'}x_W \tag{5-24}$$

$$y_{n+1}=\frac{L'}{L'-V'}x_n-\frac{W}{L'-V'}x_W \tag{5-24a}$$

$$y_{n+1}=\frac{V'+W}{V'}x_n-\frac{W}{V'}x_W \tag{5-24b}$$

式中，L'/V'为提馏段的液气比。式(5-24)～式(5-24b)表示提馏段中相邻两层塔板之间的上升蒸气组成 y_{n+1} 与下降液体组成 x_n 之间的关系。精馏塔的进料热状况对提馏段的 L'及 V'有影响，进而直接影响提馏段操作线方程。

思考　操作线是表示哪一层塔板的气相组成与哪一层塔板的液相组成之间的关系？

5.5.3　进料热状态对精馏操作的影响

1. 进料热状态参数 q

前面已经提到精馏段的上升蒸气的摩尔流量 V 与提馏段的 V'不一定相等，下降液体的摩尔流量 L 与 L'也不一定相等，视进料的热状态而定。

从双组分混合物的气、液相平衡 t-$x(y)$图上可以看出，当进料组成 x_F 一定时，按进料温度从低到高，可有以下 5 种进料热状态：①温度低于泡点的冷液体；②泡点下的饱和液体；③温

度介于泡点和露点之间的气液混合物；④露点下的饱和蒸气；⑤温度高于露点的过热蒸气。

塔板上的液体和蒸气都是饱和状态，不同的进料热状态对精馏段和提馏段的下降液体量以及上升蒸气量会有明显的影响。

进料(流量为 F)引起的提馏段下降液体流量 L'与精馏段的 L 不同，其差值为$(L'-L)$。而单位进料流量引起的提馏段与精馏段下降液体流量之差以 q 表示为

$$q=\frac{L'-L}{F} \tag{5-25}$$

改写为

$$L'=L+qF \tag{5-25a}$$

1) 进料板物料衡算

对进料板做物料衡算(图 5-20)，得

$$F+L+V'=L'+V \tag{5-26}$$

由式(5-26)与式(5-25a)求得

$$V'=V+(q-1)F \tag{5-27}$$

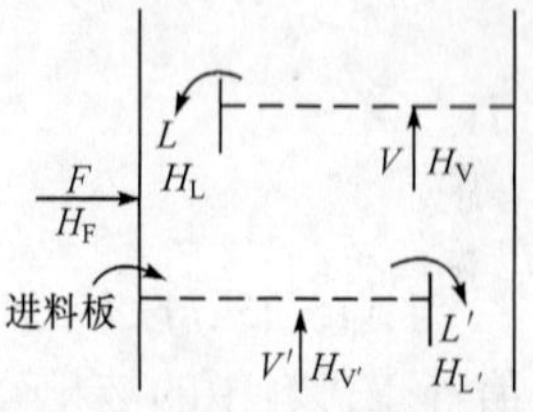

图 5-20　进料板的物料衡算与热量衡算

由式(5-25a)与式(5-27)可知，有了 q 值，就可以从已知的 F、L、V 求出 L'、V'。不同进料热状态的 q 值不同，故 q 称为进料热状态参数。

2) 进料板热量衡算

对进料板做热量衡算(图 5-20)，得

$$FH_F+V'H_{V'}+L_LH_L=VH_V+L'H_L$$

式中，H_F 为原料液的焓，kJ/kmol；H_V、$H_{V'}$分别为进料板上、下处饱和蒸气的焓，kJ/kmol；H_L、$H_{L'}$分别为进料板上、下处饱和液体的焓，kJ/kmol。

将式(5-26)代入上式，可得

$$\frac{L'-L}{F}=\frac{H_V-H_F}{H_V-H_L} \tag{5-28}$$

因此，进料热状态参数 q 的表达方式为

$$q=\frac{L'-L}{F}=\frac{H_V-H_F}{H_V-H_L} \tag{5-28a}$$

$(H_V-H_F)/(H_V-H_L)$的物理意义为：每千摩尔原料变成饱和蒸气所需的热量/原料的每千摩尔汽化热，因此进料热状态参数 q 又反映进料的热状态情况。不同进料热状态的影响如图 5-21 所示。

(1) q=1，泡点(饱和液体)进料。此种情况下有如下关系，即

$$L'=L+F \quad 及 \quad V'=V$$

(2) q=0，露点(饱和蒸气)进料。此种情况下有如下关系，即

$$L'=L \quad 及 \quad V=V'+F$$

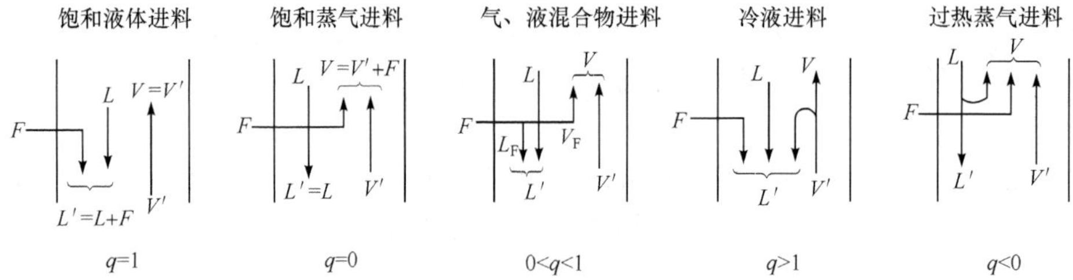

图 5-21　5 种进料热状态下精馏段与提馏段的气、液流量关系

(3) $0<q<1$，气、液混合物进料。进料中气相部分与提馏段上升蒸气合并进入精馏段，液相部分作为提馏段下降液相的一部分。此情况有如下关系，即

$$F = L_F + V_F$$

另有

$$L' = L + L_F \qquad V = V' + V_F$$

与式(5-25a)的 $L'=L+qF$ 对比，则有 $q= L_F /F$，即对于饱和液体、气液混合物及饱和蒸气，q 值等于进料中的液相分数。因此，气、液混合物进料时，q 值范围为 $0 < q < 1$。

若进料中的气相组成为 y，液相组成为 x，由物料衡算：

$$Fx_F = L_F x + V_F y$$

$$x_F = \frac{L_F}{F}x + \frac{F - L_F}{F}y$$

$$x_F = qx + (1-q)y$$

得

$$q = \frac{y - x_F}{y - x} \tag{5-29}$$

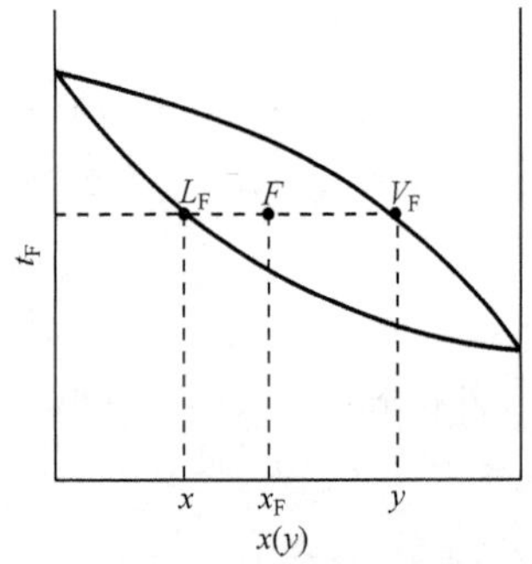

图 5-22　气、液混合物进料 t-$x(y)$图

因此，若已知进料组成 x_F 与温度 t_F，从 t-$x(y)$图(图 5-22)上可得气、液相组成 y 与 x，用式(5-29)(杠杆定律)计算出 q 值。

式(5-29)也可写成后面介绍的 q 线方程，即

$$y = \frac{qx}{q-1} - \frac{x_F}{q-1}$$

(4) $q>1$，冷液进料。原料液的温度低于泡点，入塔后由提馏段上升的蒸气有部分冷凝，放出的潜热将原料液加热至泡点。此种情况下，提馏段下降的液相由三部分组成，即精馏段下降液体 L、原料液 F 及加料板冷凝液。由于加料板蒸气的部分冷凝，因此有如下关系，即

$$L' > L + F \quad 及 \quad V' > V$$

(5) $q<0$，过热蒸气进料。过热蒸气进塔后首先放出显热变为饱和蒸气，而此显热将使进料板上液体部分汽化。此种情况下，进入精馏段的气相由 V、F 及部分汽化的气体三部分组成，此种情况下有如下关系，即

$$L' > L \quad 及 \quad V > V' + F$$

从以上的分析可看出，式(5-25)从另一个方面说明 q 值的意义，即以 1 mol/h 进料为基准，q 值即提馏段中液相流量较精馏段中流量的增大值。对于泡点和气、液混合物进料，q 值表示进料中的液相分数。

思考 什么是进料热状态参数？不同的进料热状态的 q 值有何不同？如何计算？

2. 进料热状态参数对操作线的影响

精馏段操作线方程：

$$y_n = \frac{R}{R+1}x_{n-1} + \frac{x_D}{R+1}$$

提馏段操作线方程：

$$y_{n+1} = \frac{L'}{L'-W}x_n - \frac{W}{L'-W}x_W$$

又

$$L' = L + qF$$

则提馏段操作线方程变为

$$y_{n+1} = \frac{L+qF}{L+qF-W}x_n - \frac{W}{L+qF-W}x_W$$

可见，q 值不影响精馏段操作线，但对提馏段操作线有影响。

【例 5-4】 在一连续操作的精馏塔中分离苯-甲苯溶液，其平均相对挥发度 α=2.46。进料流量为 250 kmol/h，其中苯的摩尔分数为 0.4。馏出液流量为 100 kmol/h，其中苯的摩尔分数为 0.97。塔顶泡点回流，试回答下列问题：(1) 计算塔顶第一层理论塔板的下降液体组成；(2) 精馏段每层塔板下降液体的流量为 200 kmol/h，试求塔顶第二层理论塔板的上升蒸气组成；(3) 若为冷液进料，其进料热状态参数 q=1.2，试求提馏段每层塔板上升蒸气的流量；(4) 写出本题条件下的提馏段操作线方程；(5) 试求塔釜上一层塔板的下降液体组成。

解 (1) 已知 x_D=0.97，α=2.46，因塔顶泡点回流，所以有 y_1=x_D=0.97，用相平衡方程计算 x_1：

$$x_1 = \frac{y_1}{\alpha - y_1(\alpha-1)} = \frac{0.97}{2.46 - 0.97\times(2.46-1)} = 0.929$$

(2) 已知 D=100 kmol/h，L=200 kmol/h，则塔顶回流比 R=L/D=200/100=2。已知 x_1=0.929，x_D=0.97，用精馏段操作线方程计算 y_2：

$$y_2 = \frac{R}{R+1}x_1 + \frac{x_D}{R+1} = 0.943$$

(3) 精馏段每层塔板上升蒸气的流量 V=L+D=200+100=300(kmol/h)，并已知 F=250 mol/h、q=1.2。

提馏段每层塔板上升蒸气的流量为

$$V' = V + (q-1)F = 300 + (1.2-1)\times 250 = 350(\text{kmol/h})$$

釜液流量：

$$W=F-D=250-100=150(\text{kmol/h})$$

(4) 提馏段操作线方程为

$$y_{n+1} = \frac{L'}{V'}x_n - \frac{W}{V'}x_W$$

已知 V'=350 kmol/h，而 $L' = L + qF = 200 + 1.2\times 250 = 500(\text{kmol/h})$ 或 $L' = V' + W = 350 + 150 = 500(\text{kmol/h})$，

代入提馏段操作线方程，求得本题的提馏段操作线方程为

$$y=\frac{500}{350}x-\frac{150}{350}\times 0.02=1.43x-0.008\ 57$$

(5) 塔釜上一层塔板的下降液体组成。

先用相平衡方程计算塔釜上升蒸气组成：

$$y_{\mathrm{W}}=\frac{\alpha x_{\mathrm{W}}}{1+x_{\mathrm{W}}(\alpha-1)}=\frac{2.46\times 0.02}{1+(2.46-1)\times 0.02}=0.0478$$

用提馏段操作线方程计算塔釜上一层塔板下降液体的组成：

$$x=\frac{y_{\mathrm{W}}+0.008\ 57}{1.43}=0.0394$$

或用塔釜的易挥发组分做物料衡算，求得

$$x=\frac{V'y_{\mathrm{W}}+Wx_{\mathrm{W}}}{L'}=\frac{350\times 0.0478+150\times 0.02}{500}=0.0395$$

3. 操作线的绘制与 q 线方程

当分离要求 x_{D}、x_{W} 及进料参数 x_{F}、q 等已知，并选定回流比 R，则可在 y-x 图上绘制操作线，如图 5-23 所示。

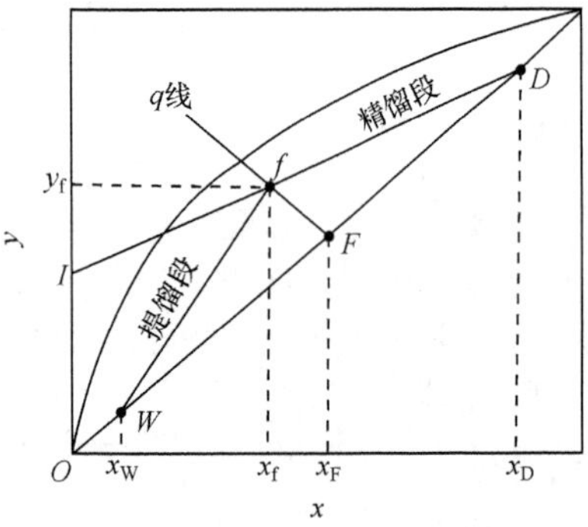

图 5-23　操作线的绘制

1) 精馏段操作线

精馏段操作线方程为一直线，在 y 轴上的截距为 $x_{\mathrm{D}}/(R+1)$，以 I 点表示。当 $x=x_{\mathrm{D}}$ 时，由操作线方程可得 $y=x_{\mathrm{D}}$，在对角线上以 D 点表示。D 点与 I 点的连线即为精馏段操作线，其斜率为 $L/V=R/(R+1)$。

2) 提馏段操作曲线

提馏段操作曲线也是一直线方程，当 $x=x_{\mathrm{W}}$ 时由操作线方程可得 $y=x_{\mathrm{W}}$，在对角线上以 W 点表示，操作线的斜率 L'/V'。从 W 点画出 Wf 直线，即为提馏段操作线。

3) 两操作线交点的坐标与 q 线方程

若已知两操作线交点 f 的坐标(x_{f}，y_{f})，则连线 fD 为精馏段操作线，连线 fW 为提馏段操作线。下面推导交点坐标(x_{f}，y_{f})的计算式。

将式(5-25a)和式(5-27)代入提馏段操作线方程式(5-24)，并利用 $Fx_{\mathrm{F}}=Dx_{\mathrm{D}}+Wx_{\mathrm{W}}$ 及 $R=L/D$，整理提馏段操作线方程的另一表达式为

$$y=\frac{RD+qF}{(R+1)D+(q-1)F}x+\frac{Dx_{\mathrm{D}}-Fx_{\mathrm{F}}}{(R+1)D+(q-1)F}\tag{5-30}$$

式(5-30)与精馏段操作方程式(5-20)联立可求得两操作线交点的坐标为

$$x_{\mathrm{f}}=\frac{(R+1)x_{\mathrm{F}}+(q-1)x_{\mathrm{D}}}{R+q}\tag{5-31}$$

$$y_{\mathrm{f}}=\frac{Rx_{\mathrm{F}}+qx_{\mathrm{D}}}{R+q}\tag{5-32}$$

为了使操作线的绘制更为方便，由式(5-31)、式(5-32)消去 x_D，求得 q 线方程(省略 x_f、y_f 的下标)为

$$y=\frac{qx}{q-1}-\frac{x_F}{q-1} \tag{5-33}$$

q 线方程是两操作线交点的轨迹方程。由 q 线方程可知，当 $x=x_F$ 时，$y=x_F$，即 q 线为通过图 5-23 中 F 点的一条直线，其斜率为 $q/(q-1)$。q 线与精馏段操作线的交点即为提馏段操作线与精馏段操作线的交点。这样绘制提馏段操作线比较方便。特别是当饱和液体进料时，$q=1$，q 线为垂直线；饱和蒸气进料时，$q=0$，q 线为水平线。5 种进料热状态下的 q 线在 y-x 图中的位置如图 5-24 所示。

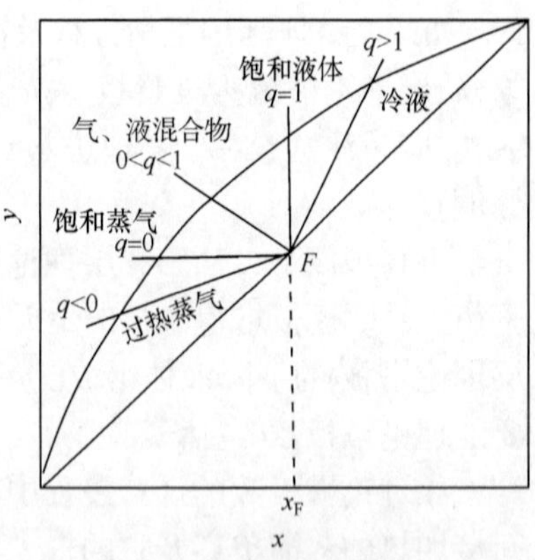

图 5-24 5 种进料热状态下的 q 线

5.5.4 理论塔板数的计算

理论塔板数的计算是精馏塔设计型计算的主要内容，通过塔板效率便可确定塔的有效高度。计算理论塔板数的基本步骤是：规定分离要求(如 D、x_D 或 η_A)，确定操作条件(如操作压强 $p_{总}$、进料热状态参数 q 及回流比)，利用平衡关系和操作关系计算所需理论塔板数。工程上，确定理论塔板数可采取逐板计算法、图解法和简捷算法。在此先介绍前两种方法。

1. 逐板计算法

逐板计算法是求解理论塔板数的基本方法，在已知 x_F、x_D、x_W、q 及 R 的条件下，应用相平衡方程与操作曲线方程从塔顶(或塔底)开始逐板计算，结果准确，可同时确定各层塔板上的平衡温度与气、液相组成，从而求得需要的理论塔板数。若利用计算机逐板计算则快捷明了，下面以如图 5-25 所示的精馏塔为例，讨论逐板计算法的步骤。由于塔顶为全凝器，从塔顶最上一层塔板(序号为 1)上升的蒸气全部冷凝成饱和温度下的液体，故馏出液和回流液的组成均为离开第一层理论塔板的气相组成 y_1，即

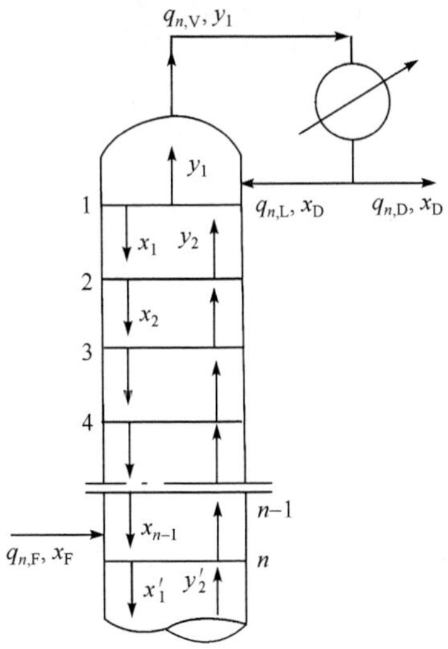

图 5-25 逐板计算法示意图

$$y_1=x_D$$

据理论塔板的概念，自第一层塔板下降的液相组成 x_1 与 y_1 互成平衡，则

$$x_1=\frac{y_1}{\alpha-(\alpha-1)y_1}$$

从第二层理论塔板上升的气相组成 y_2 与 x_1 符合精馏段操作关系，由 x_1 可求得 y_2，即

$$y_2=\frac{R}{R+1}x_1+\frac{x_D}{R+1}$$

同理，y_2 与 x_2 为平衡关系，由 y_2 通过平衡方程求 x_2，再利用精馏段操作线方程由 x_2 求

y_3，如此交替地利用平衡方程及精馏段操作线方程进行逐板计算，直至求得的 $x_n \leqslant x_F$ 时，则第 n 层理论塔板为进料板。按惯例，进料板算提馏段。因此，精馏段所需理论塔板数即为 $n-1$。应予注意，对于其他进料热状态，应计算至 $x_n \leqslant x_q$ 为止(x_q 为两操作线交点的 x 轴上坐标值)。

进料板以下，从第 n 层理论塔板的下降液体组成 x_n 开始交替使用提馏段操作线方程与相平衡关系，逐板求得各板的上升蒸气组成与下降液体组成。计算到离开某一理论塔板(如第 N 层理论塔板)的下降液体组成(x_N)等于或小于釜液组成 x_W，即 $x_N \leqslant x_W$ 时，塔板数 N 就是所需要的理论塔板数(包括蒸馏釜)。

在理论塔板数的计算过程中，每使用一次气、液相平衡关系，就表示需要一块理论塔板。间接加热的蒸馏釜离开它的气、液两相达到平衡状态，相当于一块理论塔板。

注意：①塔底再沸器相当于一块理论塔板，故塔内理论塔板数为 $N-1$，计算结果中应注明 N 包括或不包括蒸馏釜；②全塔理论塔板数等于精馏段和提馏段的理论塔板数之和；③应该清楚每一步计算和塔板情况的对应关系。

【例 5-5】 利用连续精馏塔分离正戊烷-正己烷混合液，已知 x_F=0.40，x_D=0.95，x_W=0.05，q=1.22，R=2.0。试用逐板计算法计算所需要的理论塔板数与进料板位置，正戊烷与正己烷的平均相对挥发度 α=2.92。

解 根据已知条件，相平衡方程为

$$x = \frac{y}{\alpha - y(\alpha - 1)} = \frac{y}{2.92 - 1.92y} \tag{a}$$

精馏段操作方程为

$$y = \frac{R}{R+1}x + \frac{x_D}{R+1} = 0.667x + 0.317 \tag{b}$$

提馏段操作线方程[式(5-30)]：

$$y = \frac{RD + qF}{(R+1)D + (q-1)F}x + \frac{Dx_D - Fx_F}{(R+1)D + (q-1)F} \tag{c}$$

两操作线交点的横坐标为

$$x_f = \frac{(R+1)x_f + (q-1)x_D}{R+q} = 0.438$$

理论塔板数计算：先交替使用相平衡方程式(a)与精馏段操作线方程式(b)计算如下：

$y_1 = x_D = 0.95 \xrightarrow{\text{相平衡}} x_1 = 0.867$ （操作线）

$y_2 = 0.895 \longrightarrow x_2 = 0.745$

$y_3 = 0.814 \longrightarrow x_3 = 0.600$

$y_4 = 0.717 \longrightarrow x_4 = 0.465$

$y_5 = 0.627 \longrightarrow x_5 = 0.365 < x_f$

第 5 层塔板为加料板，N_F=5。

以下交替使用提馏段操作线方程式(c)与相平衡方程式(a)计算如下：

操作线 ↙ $x_5=0.365$

相平衡

$y_6=0.504 \rightarrow x_6=0.258$

$y_7=0.350 \rightarrow x_7=0.156$

$y_8=0.202 \rightarrow x_8=0.0798$

$y_9=0.093 \rightarrow x_9=0.0339<x_W$

总理论塔板数为 9(包括蒸馏釜)，精馏段理论塔板数为 4，第 5 层塔板为进料板。

2. *图解法*

图解法又称麦克布-蒂利法(McCabe-Thiele method)，简称 M-T 法。图解法以逐板计算法的基本原理为基础，在 x-y 图上利用平衡线和操作线代替平衡方程和操作线方程，用简便的画阶梯方法求解理论塔板数。图解法简明清晰，便于分析影响因素，因而在双组分精馏计算中得到广泛应用，但该法准确性较差。

图解法的具体步骤如下：

(1) 在 x-y 图上作出平衡线与对角线。

(2) 在 x-y 图上作出操作线。精馏段和提馏段操作线性方程在 x-y 图上均为直线。实际作图时，先找出两操作线与对角线的交点，然后根据已知条件求出操作线的截距或两操作线的交点，再分别作出两操作线。

(3) 图解求理论塔板数。如图 5-26 所示，从 D 点开始，在精馏段操作线与平衡线之间作水平线与垂直线，构成直角梯级。当直角梯级跨过 f 点时，则改在提馏段操作线与平衡线之间作直角梯级，直至梯级的垂直线达到或跨过 W 点为止。所绘的梯级数就是理论塔板数。最后的梯级为蒸馏釜，跨过 f 点的梯级为进料板。图 5-26 所示的总理论塔板数为 6，精馏段理论塔板数为 3，第 4 梯级为进料板，从进料板开始为提馏段，其理论塔板数为 3(包括蒸馏釜)。

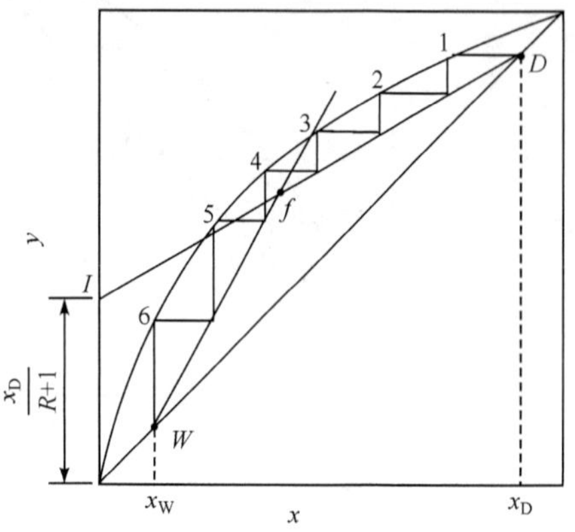

图 5-26　理论塔板数图解法

值得注意的是：①平衡线上各点代表离开该理论塔板的上升蒸气组成 y_n 与下降液体组成 x_n 的平衡关系；②操作线上各点代表相邻两层理论塔板之间的上升蒸气组成 y_{n+1} 与下降液体组成 x_n 的操作关系；③每一梯级的水平线代表液体向下流经每一理论塔板，其组成由 x_n 降至 x_{n+1}；④每一梯级的垂直线代表蒸气向上流经每一理论塔板，其组成由 y_n 升到 y_{n-1}；⑤进料板位置。在前面的理论塔板数计算中，当某梯级跨过两操作线交点 f 时，便由精馏段操作线改为提馏段操作线，跨过交点的这一梯级为进料板，这样绘制的梯级数最少。这个进料板位置称为最佳进料板位置。此时，进料组成与进料板的气、液相组成接近。如果提前改用精馏段操作线，或过了交点仍沿精馏段操作线绘制若干梯级后改用提馏阶操作线，如图 5-27 所示，梯级数增多。此时，改用提馏段操作线的梯级为进料板，属滞后进料。

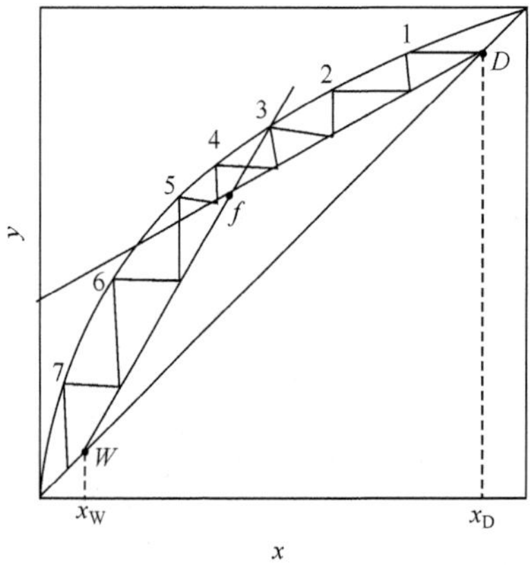

图 5-27　滞后进料对理论塔板数的影响

【例 5-6】 在常压连续精馏中分离苯-甲苯混合液，原料液流量为 100 kmol/h，组成为 0.44(苯的摩尔分数，下同)，馏出液组成为 0.975，釜残液组成为 0.0235。操作回流比为 3.5，采用全凝器，泡点回流。物系的平均相对挥发度为 2.47。试分别求泡点进料和露点进料时的理论塔板数和进料位置。

解 依题给物系的相对挥发度α，则相平衡方程为

$$y=\frac{\alpha x}{1+x(\alpha-1)}=\frac{2.47x}{1+1.47x}$$

根据方程可在 y-x 图上画出平衡线，如本题附图所示。

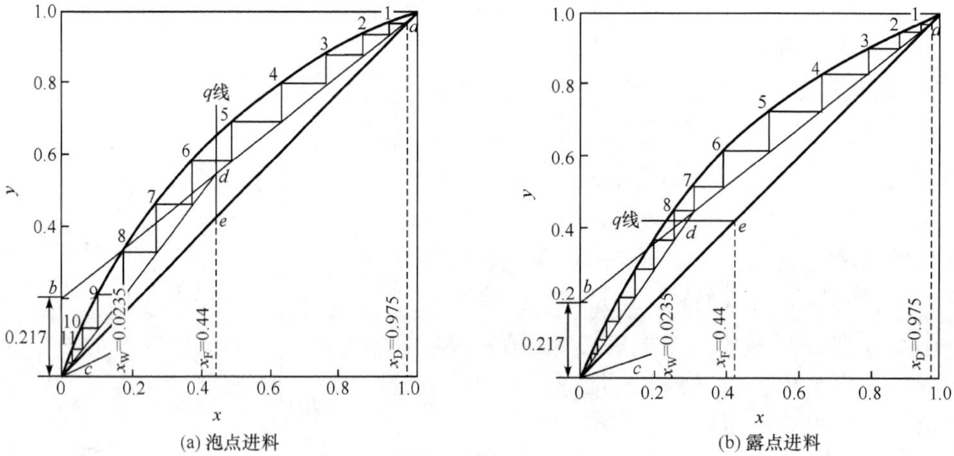

例 5-6 附图

(1) 泡点进料。由 $x_D=0.975$ 及 $x_W=0.0235$，在本题附图(a)的对角线上分别定出点 a 及点 c。精馏段操作线的截距为

$$\frac{x_D}{R+1}=\frac{0.785}{3.5+1}=0.217$$

在 y 轴上确定点 b，连接点 a 和点 b 即得精馏段操作线 ab。

因泡点进料，q 线为通过 $x_F=0.44$ 的垂直线 ed，点 d 即为两操作线的交点。连接点 c 与点 d，即得提馏段操作线 cd。按一般图解法从点 a 开始画阶梯，图解得理论塔板数为 11(不包括再沸器)，从第 6 层理论塔板进料。

(2) 露点进料。图解的方法步骤与泡点进料完全相同，不同之处在于露点进料时，q 线为通过 x_F=0.44 的水平线 ed，如本题附图(b)所示。图解结果为：所需理论塔板数为 14(不包括再沸器)，在第 8 层理论塔板进料。

由上面计算结果看出，q 值由大变小，提馏段操作线的斜率变大，使两操作线靠近平衡线，传质推动力减小，所需理论塔板数增加。同时，随 q 值减小，进料口位置下移。

5.5.5 回流比的选择

由精馏原理可知，回流是精馏塔内气、液相间传质过程得以连续稳定进行的必要条件。所以，回流比是精馏过程计算不可缺少的重要参数，精馏塔所需的理论塔板数、塔顶冷凝器和塔釜再沸器的热负荷均与回流比有关。这意味着精馏过程的投资费用和操作费用都与回流比的取值直接相关。因此，对于一定的分离任务，选择适宜的回流比十分重要。全回流与最小回流比是回流比的两个极限值，实际回流比介于这两个极限值之间。

1. 全回流和最小理论塔板数

上升至塔顶的气相冷凝后全部回到塔内的操作方式称为全回流。这种操作方式具有如下特点：

(1) 塔顶馏出液的流量为零，一般既不向塔内进料，也不从塔底排放釜液。

(2) 全塔没有精馏段和提馏段之分，两段的操作线方程合二为一，即

$$y_{n+1} = x_n$$

在 x-y 图上，操作线与对角线重合。

(3) 操作线与平衡线的距离最远，传质推动力最大，达到指定分离程度所需的理论塔板数最少，以 $N_{\min}$ 表示。$N_{\min}$ 可在 x-y 图上的平衡线与对角线之间绘阶梯图解，也可用平衡方程与对角线方程逐板计算得到。

全回流时，气、液相平衡方程可表示为

$$\frac{y_n}{1-y_n} = \frac{\alpha_n x_n}{1-x_n}$$

操作线方程：

$$y_{n+1} = x_n$$

参照图 5-28 与图 5-29，用上述相平衡方程和操作线方程可从塔顶逐板推导出全回流时的 $N_{\min}$ 计算式。

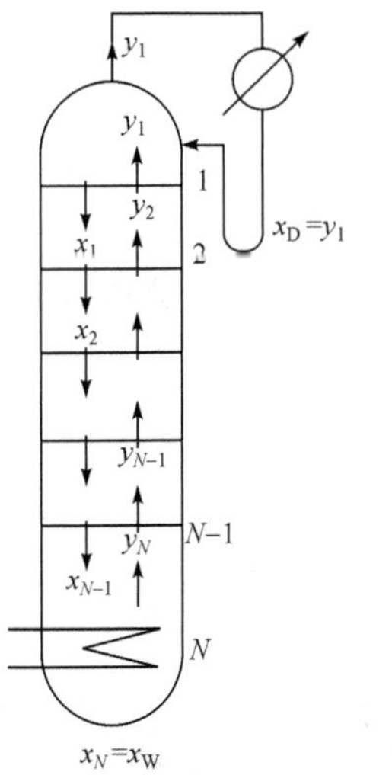

图 5-28 全回流流程

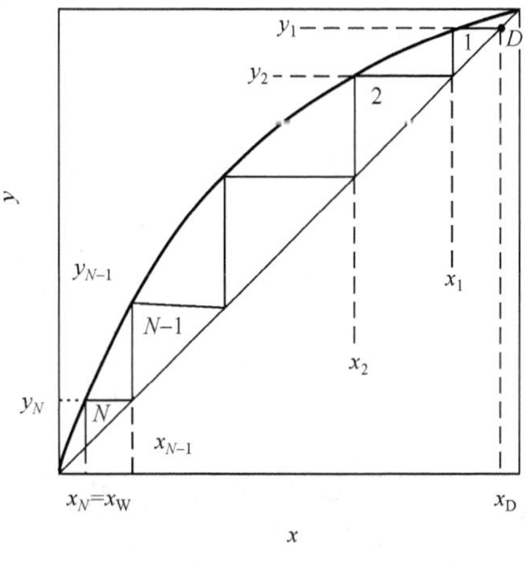

图 5-29 全回流时的理论塔板数

对于塔顶全凝器，则有

$$y_1 = x_D$$

第 1 层理论塔板的气、液平衡关系为

$$\frac{y_1}{1-y_1} = \frac{\alpha_1 x_1}{1-x_1} = \frac{x_D}{1-x_D}$$

第 1 层与第 2 层理论塔板之间的操作线关系为

$$y_2 = x_1$$

所以

$$\frac{x_D}{1-x_D} = \frac{\alpha_1 y_2}{1-y_2}$$

同时，第 2 层理论塔板气、液相平衡关系为

$$\frac{y_2}{1-y_2} = \frac{\alpha_2 x_2}{1-x_2}$$

则

$$\frac{x_D}{1-x_D} = \frac{\alpha_1 y_2}{1-y_2} = \frac{\alpha_1 \alpha_2 x_2}{1-x_2}$$

重复上述计算过程，直至塔釜(塔釜视作第 N+1 层理论塔板)为止，可得

$$\frac{x_D}{1-x_D} = \frac{\alpha_1 \alpha_2 \cdots \alpha_N x_W}{1-x_W}$$

相对挥发度 α 随溶液组成而变化，若取平均相对挥发度 α 代替各板上的相对挥发度，则

$$\alpha = \sqrt[N]{\alpha_1 \alpha_2 \cdots \alpha_N}$$

当塔顶、塔底的相对挥发度 α_1、α_N 相差不大时，可近似取 α_1 与 α_N 的几何平均值，即

$$\alpha = \sqrt{\alpha_1 \alpha_N}$$

则

$$\frac{x_D}{1-x_D} = \frac{\alpha^N x_W}{1-x_W}$$

对于全回流操作，以 N_{min} 代替上式中的 N，等式两边取对数，经整理得

$$N_{min} = \frac{\lg\left[\left(\dfrac{x_D}{1-x_D}\right)\Big/\left(\dfrac{x_W}{1-x_W}\right)\right]}{\lg \alpha} \tag{5-34}$$

式中，N_{min} 为全回流时的最小理论塔板数(含再沸器)；α 为全塔平均相对挥发度。式(5-34)称为芬斯克(Fenske)方程。

应予指出，全回流操作时，装置的生产能力为零，对正常生产并无实际意义。但在精馏的开工阶段或实验研究时，采用全回流操作可缩短稳定时间且便于操作控制。

【例 5-7】 分离正庚烷与正辛烷的混合液(正庚烷为易挥发组分)，$x_F = 0.45$，$x_D = 0.95$，$x_W = 0.05$，

均为摩尔分数。气、液相平衡数据(压强为 101.3 kPa)如本题附表 1 所示。

例 5-7 附表 1

温度/℃	98.4	105	110	115	120	125.6
x(摩尔分数)	1.0	0.656	0.487	0.311	0.157	0.0
y(摩尔分数)	1.0	0.810	0.673	0.491	0.280	0.0

试求全回流时的最小理论塔板数：(1) 用图解法；(2) 用芬斯克方程。正庚烷与正辛烷的饱和蒸气压数据如本题附表 2 所示。

例 5-7 附表 2

温度/℃	正庚烷(p_A^0)/kPa	正辛烷(p_B^0)/kPa
98.4	101.3	44.4
125.6	205.3	101.3

解 (1) 图解法求 N_{min}。

如本题附图所示，自对角线上的 D 点($x_D = 0.95$)开始，在对角线与平衡线间作直角梯级，直至第 8 级的液相组成 $x_9 < x_W$ (0.05)为止。所得 8 块理论塔板就是根据分离要求($x_D = 0.95$， $x_W = 0.05$)求得的全回流时最小理论塔板数，其中包括蒸馏釜。

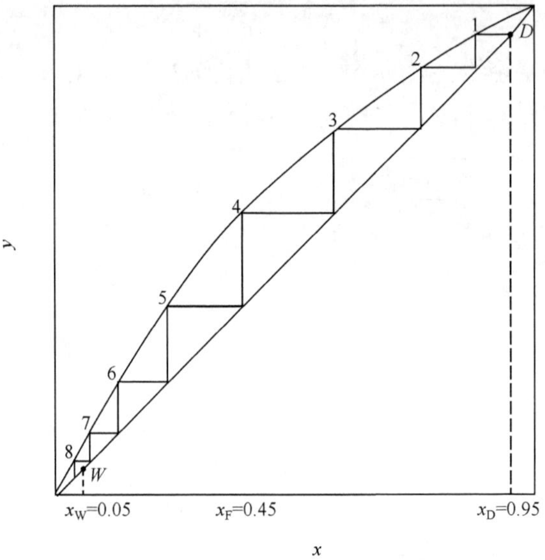

例 5-7 附图 正庚烷与正辛烷溶液全回流时的 y-x 图

(2) 用芬斯克方程求 N_{min}。

先计算相对挥发度，正庚烷-正辛烷混合液可视为理想溶液。

塔顶用 98.4℃时的相对挥发度：

$$\alpha_D = p_A^0 / p_B^0 = 101.3/44.4 = 2.28$$

塔底用 125.6℃时的相对挥发度：

$$\alpha_W = p_A^0 / p_B^0 = 205.3/101.3 = 2.03$$

平均相对挥发度

$$\alpha = \sqrt{2.28 \times 2.03} = 2.15$$

全回流时所需最小理论塔板数(包括蒸馏釜)：

$$N_{\min}=\frac{\lg\left[\left(\frac{x_D}{1-x_D}\right)\Big/\left(\frac{x_W}{1-x_W}\right)\right]}{\lg\alpha}=7.69$$

取整数，$N_{\min}=8$，与图解法计算结果相同。

2. 最小回流比

对于一定的进料和分离要求，减小回流比，精馏段操作线的斜率变小，截距增大，该操作线向平衡线移动，气、液两相间的传质推动力减小，达到指定分离程度所需的理论塔板数增多。精馏段操作线与 q 线交点 P(两操作线交点)也向平衡线靠近。这意味着，随回流比减小，提馏段也向平衡线移动。当回流比减小至某一数值时，两操作线的交点 P 落在平衡线上，如图 5-30 所示，这时不论画多少梯级都不能跨越交点 P，所需的理论塔板数为无穷大。此时的回流比称为最小回流比，用 $R_{\min}$ 表示。P 点称为夹点，其附近称为恒浓区或夹紧区。如图 5-30(a)所示，DP 线为最小回流比时的精馏段操作线。在点 D，$y_1=x_D$，精馏段操作线的斜率为

$$\frac{R_{\min}}{R_{\min}+1}=\frac{x_D-y_P}{x_D-x_P}$$

整理后，得出 $R_{\min}$ 的计算式为

$$R_{\min}=\frac{x_D-y_P}{y_P-x_P} \tag{5-35}$$

式中，x_P、y_P 为 q 线与平衡线交点的坐标，可用图解法从图中读出，也可用 q 线方程 $y_P=qx_P/(q-1)-x_F/(q-1)$ 与平衡方程 $y_P=\alpha x_P/[1+(\alpha-1)x_P]$ 联立求解得到。

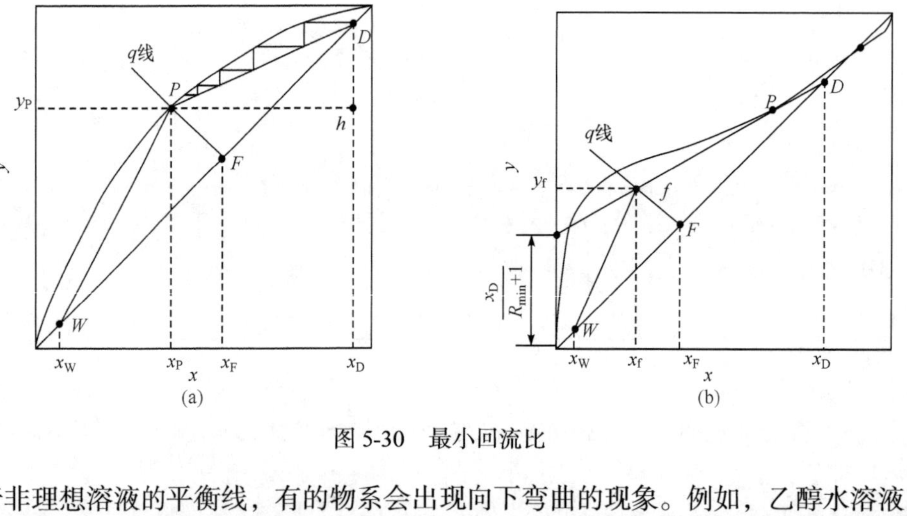

图 5-30　最小回流比

对于非理想溶液的平衡线，有的物系会出现向下弯曲的现象。例如，乙醇水溶液的平衡线如图 5-30(b)所示。随着回流比减小，操作线向平衡线靠近的过程中，在两操作线交点尚未达到平衡线之前，操作线与平衡线相切于 P 点，切点 P 即为夹点。与这条操作线相对应的回流比即为最小回流比 $R_{\min}$。在这种情况下，$R_{\min}$ 仍可用式(5-35)计算。式中的 x_P、y_P 改用 q 线与精馏段操作线交点(图中 f 点)的坐标(x_f，y_f)。也可以读取精馏段操作线的截距 $x_D/(R_{\min}+1)$，然后计算出 $R_{\min}$。

【例 5-8】　正戊烷-正己烷混合液(理想溶液)连续精馏，其 $x_F=0.4$，$x_D=0.98$(均为摩尔分数)，已知平

均相对挥发度α=2.92。试计算两种进料热状态下的最小回流比：(1) 冷液进料(q=1.2)；(2) 饱和液体进料。

解　依题给物系的相对挥发度α，则相平衡方程为

$$y_P = \frac{\alpha x_P}{1+(\alpha-1)x_P} = \frac{2.92x_P}{1+1.92x_P} \tag{a}$$

(1) 冷液进料，q=1.2，则 q 线方程

$$y_P = \frac{qx_P}{q-1} - \frac{x_F}{q-1} = 6x_P - 2 \tag{b}$$

由式(a)与式(b)求得 x_P=0.451，y_P=0.706，则

$$R_{\min} = \frac{x_D - y_P}{y_P - x_P} = \frac{0.98-0.706}{0.706-0.451} = 1.07$$

(2) 饱和液体进料，q=1，q 线为垂直线，故 $x_P = x_F = 0.4$，代入式(a)，得

$$y_P = \frac{2.92x_P}{1+1.92x_P} = \frac{2.92\times0.4}{1+1.92\times0.4} = 0.66$$

则

$$R_{\min} = \frac{x_D - y_P}{y_P - x_P} = \frac{0.98-0.66}{0.66-0.4} = 1.23$$

3. 适宜回流比的选择

前面介绍了全回流时的回流比 R_∞是回流比的最大值，最小回流比 $R_{\min}$是回流比的最小值。在实际设计时，回流比 R 在 $R_{\min}$与 R_∞之间取多大适宜呢？操作费用和设备费用之和最低时的回流比称为适宜回流比或最佳回流比，需通过经济衡算来确定。

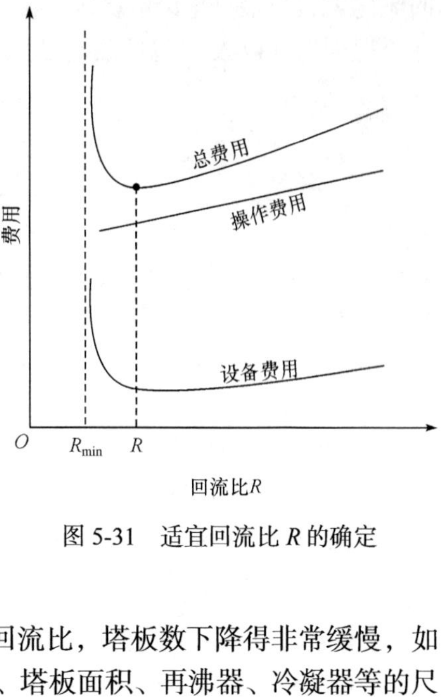

图 5-31　适宜回流比 R 的确定

精馏过程的操作费用主要取决于再沸器中加热介质消耗量、冷凝器中冷却介质消耗量及动力消耗等费用。当进料流量 F、进料热状态参数 q、塔顶馏出液 D 一定时，这些消耗随回流比而变。显然，R 加大时，加热介质及冷却介质的用量均随之增加，即操作费用增加。操作费用和回流比的关系如图 5-31 所示。

设备费用主要指精馏塔、再沸器、冷凝器及其他辅助设备的购置费用。当设备类型及材质选定后，此项费用主要取决于设备尺寸。当 R=$R_{\min}$时，对应的塔板数无穷多，故设备费用为无穷大。加大回流比，起初所需的塔板数显著降低，设备费用明显下降。再增大回流比，塔板数下降得非常缓慢，如图 5-31 所示。与此同时，塔内上升气量加大，致使塔径、塔板面积、再沸器、冷凝器等的尺寸相应加大，设备费用随之增加，如图 5-31 中的曲线所示。总费用(设备费用和操作费用之和)和 R 的关系示于图 5-31。适宜回流比即对应总费用最低的回流比。根据经验，适宜回流比的范围为

$$R=(1.1\sim2.0)R_{\min}$$

在精馏塔设计中，选取适宜回流比还应考虑一些其他因素，如难分离物系宜采用较大回

流比，而在能源紧张地区宜采用较小回流比。现在的总趋势是减小回流比，以节约能耗。

5.5.6 理论塔板数的简捷计算法

在精馏塔的初步设计计算中，常借助最小回流比 R_{mim} 以及全回流时对应的最小理论塔板数 N_{mim} 的概念，有时需用经验关联图快速估算理论塔板数，进行技术经济分析，确定适宜回流比，采用如图 5-32 所示的吉利兰(Gilliland)关联图进行简捷计算。

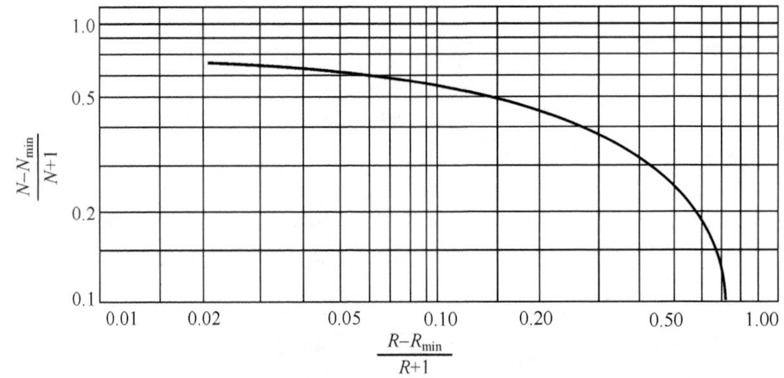

图 5-32　吉利兰关联图

吉利兰关联图为双对数坐标图，它对 50 多种双组分和多组分精馏进行逐板计算，以最小回流比 R_{min} 与最小理论塔板数 N_{min} 为基准，以$(R-R_{min})/(R+1)$为横坐标、$(N-N_{min})/(N+1)$为纵坐标，把理论塔板数 N(包括蒸馏釜)、回流比 R、R_{min} 与 N_{min} 四个变量关联起来。

关联图中的曲线可近似以式(5-36)表示：

$$\frac{N-N_{min}}{N+1}=0.75\left[1-\left(\frac{R-R_{min}}{R+1}\right)^{0.5668}\right] \tag{5-36}$$

式中，R_{min} 为最小回流比；R 为操作回流比；N_{min} 为全回流时的最小理论塔板数(包括蒸馏釜)；N 为操作回流比下的理论塔板数(包括蒸馏釜)。

利用关联图或关联式计算理论塔板数的步骤如下：

(1) 根据分离要求(x_D，x_W)、进料组成 x_F 与进料热状态参数(q 值)求出最小回流比 R_{min}，并选择适宜回流比作为操作回流比 R。

(2) 求出全回流时的最小理论塔板数 N_{min}(包括蒸馏釜)。

(3) 用已知的 R_{min}、R 计算$(R-R_{min})/(R+1)$，再用吉利兰关联图或关联式求出$(N-N_{min})/(N+1)$，进而求出理论塔板数 N(包括蒸馏釜)。

【例 5-9】 分离正庚烷-正辛烷溶液，饱和液体进料，$x_F=0.45$，$x_D=0.95$(均为摩尔分数)。在例 5-7 中已求出最小理论塔板数 N_{min}=7.69，y-x 平衡线如例 5-7 附图所示。取回流比 $R=1.5R_{min}$，试用简捷计算法求理论塔板数(包括蒸馏釜)。

解 已知 $x_F=0.45$，$x_D=0.95$。

(1) 求最小回流比 R_{min} 与操作回流比 R。

饱和液体进料，q 线为垂直线，与平衡线的交点为夹点 P，其坐标为 $x_P=x_F=0.45$，$y_P=0.636$。

$$R_{min}=\frac{x_D-y_P}{y_P-x_P}=\frac{0.95-0.636}{0.636-0.45}=1.69$$

$$R=1.5R_{min}=1.5\times1.69=2.54$$

(2) 简捷计算法求理论塔板数。

$$\frac{R-R_{min}}{R+1}=\frac{2.54-1.69}{2.54+1}=0.24$$

查吉利兰关联图，得

$$\frac{N-N_{min}}{N+1}=0.415$$

例 5-7 中已求出 $N_{min}=7.69$，代入上式求得全塔理论塔板数 $N=13.9$，取整数 $N=14$(包括蒸馏釜)。

5.5.7　实际塔板数和塔板效率

塔板效率有全塔板效率与单板效率之分，下面分别介绍。

1. 全塔板效率

在了解精馏塔的理论塔板数计算方法后，如何计算实际塔板数呢？

理论塔板的定义是离开塔板的气、液两相达到平衡状态，而实际塔板则不同，离开塔板的气、液两相达不到平衡状态。因此，实际塔板数要比理论塔板数多一些。

理论塔板数 $N_{理}$与实际塔板数 $N_{实}$之比称为全塔板效率(或称总塔板效率)，用 E_0 表示：

$$E_0=N_{理}/N_{实} \tag{5-37}$$

式中，$N_{理}$为理论塔板数(不包括塔釜)；$N_{实}$为实际塔板数，实际塔板数要取整。

全塔板效率反映了整个塔分离的综合性能，即为达到某一分离要求，理论上所需塔板数和实际需要塔板数之间的关系。

全塔板效率恒小于 1。若已知全塔板效率，就可以根据理论塔板数求出实际塔板数。

影响全塔板效率的因素很多，有混合物的物性、塔板结构及操作条件等。全塔板效率的可靠数据只能靠实验测定得到。

2. 单板效率

单板效率通常用默弗里(Murphree)提出的塔板效率表示方法表示，称为默弗里板效率。可以用气相组成表示，也可以用液相组成表示(图 5-33)。

以气相组成表示的第 n 层塔板单板效率为

$$E_{MV}=\frac{y_n-y_{n+1}}{y_n^*-y_{n+1}}=\frac{\text{实际塔板的气相组成增加值}}{\text{理论塔板的气相组成增加值}} \tag{5-38}$$

式中，y_n、y_{n+1}分别为离开第 n 层塔板的气相组成、离开第 $n+1$ 层塔板的气相组成(摩尔分数)；y_n^*为与离开第 n 层塔板的液体组成 x_n 平衡的气相组成(摩尔分数)。

以液相组成表示的第 n 层塔板单板效率为

$$E_{ML}=\frac{x_{n-1}-x_n}{x_{n-1}-x_n^*}=\frac{\text{实际塔板的液相组成降低值}}{\text{理论塔板的液相组成降低值}} \tag{5-39}$$

式中，x_{n-1}、x_n 分别为离开第 $n-1$ 层塔板的液相组成、离开第 n 层塔板的液相组成(摩尔分数)；x_n^*为与离开第 n 层塔板的气相组成 y_n 平衡的液相组成(摩尔分数)。单板效率通常由实验测定。

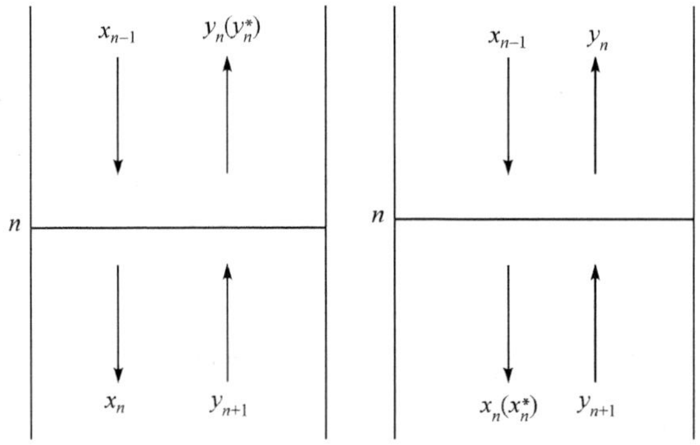

以气相组成表示的单板效率
实际塔板 y_n-y_{n+1}
理论塔板 $y_n^*-y_{n+1}$
y_n^*与x_n为相平衡关系
$y_n^*>y_n$

以液相组成表示的单板效率
实际塔板 $x_{n-1}-x_n$
理论塔板 $x_{n-1}-x_n^*$
x_n^*与y_n为相平衡关系
$x_n^*<x_n$

图 5-33　单板效率

【例 5-10】 某双组分混合液在一连续精馏塔中进行全回流操作，分别测得离开第 n–1 层与第 n 层塔板的液相组成为 x_{n-1}=0.75、x_n=0.60(易挥发组分摩尔分数)。在操作条件下，物系的平均相对挥发度为α=2.5。试求以液相组成表示的第 n 层塔板的单板效率。

解 用式(5-39)计算 E_{ML}，已知 x_{n-1}=0.75，x_n=0.60。

为了计算 E_{ML}，需用气、液相平衡方程，由 y_n 求出 x_n^*。在全回流操作条件下，$y_n= x_{n-1}$=0.75。

相平衡方程：

$$x_n^* = \frac{y_n}{\alpha - y_n(\alpha - 1)} = \frac{0.75}{2.5 - 0.75 \times 1.5} = 0.545$$

将已知数据代入式(5-39)，求得以液相组成表示的第 n 层塔板单板效率为

$$E_{ML} = \frac{x_{n-1} - x_n}{x_{n-1} - x_n^*} = \frac{0.75 - 0.60}{0.75 - 0.545} = 0.732$$

5.6　间 歇 精 馏

间歇精馏又称分批精馏，其操作流程如图 5-15 所示。间歇精馏的操作过程是将被处理物料一次加入精馏釜中，然后加热汽化，自塔顶引出的蒸气经冷凝后，一部分作为馏出液产品，另一部分作为回流液送回塔内，待釜残液组成降到规定值之后，停止精馏操作，将釜液一次排出，再进行下一批精馏操作。

工业生产中虽然以连续精馏为主，但间歇精馏应用也很广泛。它特别适用于处理批量生产的料液以及料液品种或组成变化的情况。根据分离目的和情况的不同，间歇精馏又可采用不同的操作方式。其中，常用的操作方式有两种：一是保持回流比恒定，让馏出液组成 x_D 随釜液组成 x_W 下降而下降；二是为保证馏出液组成恒定，随釜液组成 x_W 下降不断加大回流比。在实际操作中，常将上述两种操作方式联合应用，即在操作初期可逐步加大回流比以维持馏出液组成基本恒定，得到合格的塔顶产品。当回流比增加到一定程度时，为避免能耗过大，

则保持回流比不变，x_D 不再保持恒定，而将所得 x_D 较低的产品作为次级产品，或将它加入下一批料液再次精馏。下面分别简单介绍上述两种间歇精馏操作过程。

5.6.1　回流比恒定时的间歇精馏

在回流比恒定时的间歇精馏过程中，流出液组成逐渐减小，釜液组成 x_W 和馏出液组成 x_D 同时降低，因此操作初期的馏出液组成必须高出平均组成，以保证馏出液的平均组成符合质量要求。通常，当釜液组成降低到规定值后，即停止精馏操作。间歇精馏理论塔板数的确定原则与连续精馏完全相同。

在理论塔板数一定的条件下，间歇精馏的釜液在精馏过程中逐渐减少。若回流比保持恒定，则馏出液组成必将逐渐减小。

现以三层理论塔板的间歇精馏塔为例，说明操作过程中操作线是如何变化的。因回流比 R 保持恒定，则操作线斜率 $R/(R+1)$ 为一定值。随着精馏过程的进行，若釜液组成与馏出液组成分别由 x_{W1}、x_{D1} 减小到 x_{W2}、x_{D2}，则操作线平行下移，如图 5-34 所示。直到釜液组成达到规定值，操作即停止。所得馏出液组成是各瞬间组成的平均值。

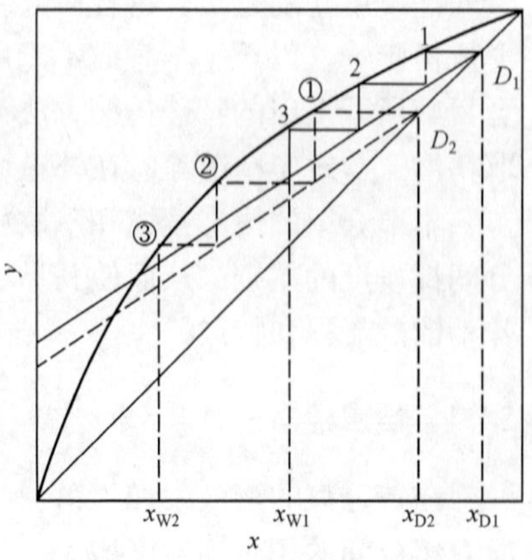

图 5-34　回流比恒定的间歇精馏

5.6.2　馏出液组成恒定时的间歇精馏

在理论塔板数一定的条件下，间歇精馏的釜液在精馏过程中逐渐减少。若回流比保持恒定，则馏出液组成必将逐渐减小。但为了保持馏出液组成恒定，必须逐渐增大回流比。

现以四层理论塔板的间歇精馏塔为例，说明操作过程中操作线是如何变化的。

如图 5-35 所示，若馏出液组成保持为 x_D，在回流比 R_1 下操作时釜液组成为 x_{W1}，此时的操作线为图中的实线。随着操作进行，釜液组成不断减小，回流比不断增大，使馏出液组成保持为 x_D。当釜液组成减小到 x_{W2}、回流比增大到 R_2 时，操作线为图中的虚线。这样不断增大回流比，直到釜液组成达到规定要求停止操作。

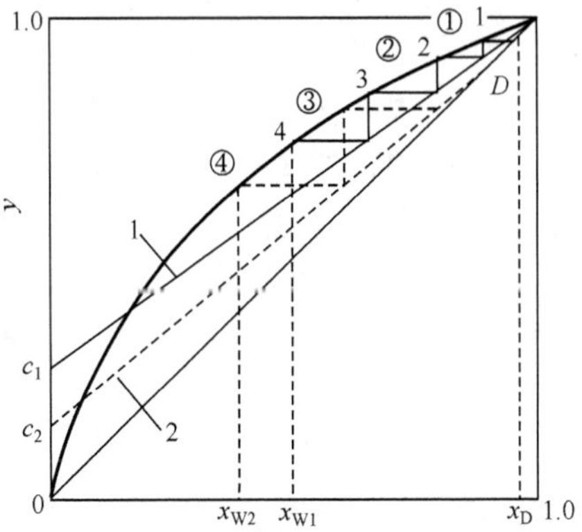

图 5-35　馏出液组成恒定的间歇精馏

上述两种操作方式各有优缺点。恒回流比操作时，虽操作方便，但馏出液组成为操作开始到终止时的平均值；而恒馏出液组成操作时，虽然馏出液组成较大，但连续增大回流比操作较困难。

如果将上述两种操作方式结合起来，使连续式增大回流比改为间断地增大回流比，即先在恒定回流比下操作一段时间，当馏出液组成减小到一定数值时，使回流比增大一定量，保持恒定再操作一段时间，如此间断地增大回流比，以保持馏出液组成基本不变。

在每批精馏的后期，釜液组成很低，回流比很大，馏出液量又很小，经济上不合算。因此，在回流比急剧增大时，须终止收集原定组成的馏出液，仍保持较小回流比，蒸出一部分中间馏分，直到釜液组成达到规定值为止。将中间馏分加入下一批料液中再次精馏。

5.7 特殊精馏

如前所述，一般的蒸馏或精馏操作是以液体混合物中各组分的挥发度差异为依据的。组分间挥发度差别越大，越容易分离。但对于某些液体混合物，组分间的相对挥发度接近 1 或形成恒沸物，以至于不宜或不能用一般精馏方法进行分离，此时需要采用特殊精馏方法。截至目前所开发出的特殊精馏方法有膜蒸馏、催化精馏、吸附精馏、反应精馏、恒沸精馏、萃取精馏、盐效应精馏等。在外磁场作用下分离恒沸物的工业装置也已问世。

本节介绍的恒沸精馏和萃取精馏都是在被分离溶液中加入第三组分以加大原溶液中各组分间挥发度的差别，从而使其易于分离，同时降低设备投资和操作费用。下面介绍这两种特殊精馏的流程和特点。

5.7.1 恒沸精馏

向待分离的溶液中加入第三组分，该组分与原溶液中的一个或两个组分形成恒沸物，使原有组分间的相对挥发度增大，从而使该溶液能用普通精馏方法进行分离，这种精馏操作称为恒沸精馏。加入的第三组分称为恒沸剂或夹带剂。如果形成的恒沸物是易挥发的塔顶产品，则塔板理论上可得纯组分，这种体系称为具有最低恒沸物的体系；若恒沸物是难挥发的塔底产品，则塔顶理论上可得纯组分，这种体系称为具有最高恒沸物的体系。恒沸精馏的流程取决于夹带剂与原有组分组成的恒沸物的性质。

1. 恒沸精馏的流程实例

图 5-36 为工业乙醇用苯作恒沸剂，进行恒沸精馏制取无水乙醇的流程示意图。工业乙醇是乙醇-水经普通精馏分离后的产品，其组分接近乙醇-水二元恒沸物(恒沸点 78.15℃，乙醇摩尔分数为 89.4%)，因此不能采用普通精馏的方法进一步提纯乙醇。在工业乙醇中加入适量的夹带剂苯后，苯、乙醇与水形成新的三元非均相恒沸物。恒沸物的摩尔分数为苯 53.9%、乙醇 22.8%、水 23.3%，相应的沸点为 64.85℃，可见这是具有最低恒沸物的体系。如图 5-36 所示，原料液与苯进入恒沸精馏塔 1，上述组成的三元非均相恒沸物从塔顶蒸出，塔底则可得到沸点为 78.3℃的无水乙醇。塔顶蒸气经冷凝冷却后送入分层器，此恒沸物在分层器中分层，20℃时两层液体中的组分(摩尔分数)分别如下：

上层苯相：苯 74.5%、乙醇 21.7%及少量水；

下层水相：苯 4.28%、乙醇 35.0%，其余为水。

其中，苯相返回恒沸精馏塔 1 回流，作为夹带剂循环使用。分层器中水相送入苯回收塔 2 的顶部，以回收其中的苯。塔 2 引出的蒸气经冷凝冷却后并入分层器中，底部的产品为稀乙醇，送入乙醇回收塔 3。塔 3 的塔顶产品是乙醇-水恒沸物，送回塔 1 作为原料，塔底产品几乎是纯水，从而实现了从乙醇-水二元恒沸物中提纯乙醇的操作。

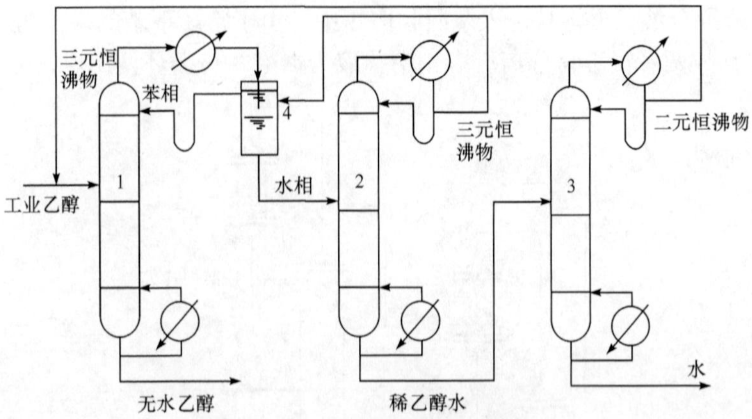

图 5-36　乙醇-水的恒沸精馏流程

1. 恒沸精馏塔；2. 苯回收塔；3. 乙醇回收塔；4. 分层器

2. 恒沸精馏中夹带剂的选择

在恒沸精馏中，需选择适宜的夹带剂。对夹带剂的要求是：

(1) 夹带剂能与原料液中的一个或两个组分形成双组分或三组分最低恒沸点的恒沸物。

(2) 夹带剂应与原料液中含量较少的组分形成恒沸物，从塔顶蒸出，以减少热能消耗。

(3) 相对于被夹带的组分，夹带剂用量要少。

(4) 新生成的最低恒沸点的恒沸物的挥发度应较大，使精馏分离更容易，釜液中不应含有夹带剂。

(5) 夹带剂应回收容易，新生成的恒沸物最好是非均相的，用分层法使夹带剂分离出来。

(6) 夹带剂与原料不发生化学反应，不腐蚀设备，汽化热小，黏度小，来源容易，价格低廉等。

5.7.2　萃取精馏

萃取精馏和恒沸精馏相似，也是向原料液中加入第三组分(称为萃取剂或溶剂)，以改变原有组分间的相对挥发度而达到分离要求的特殊精馏方法。不同的是要求萃取剂的沸点比原料液中各组分的沸点高得多，且不与组分形成恒沸液，容易回收。萃取精馏常用于分离各组分挥发度差别很小的溶液。例如，在常压下苯的沸点为 80.1℃，环己烷的沸点为 80.73℃，若在苯-环己烷溶液中加入萃取剂糠醛，则溶液的相对挥发度发生显著的变化，且相对挥发度随萃取剂量加大而增高，如表 5-1 所示。

表 5-1　苯-环己烷溶液加入糠醛后 α 的变化

溶液中糠醛的摩尔分数	0	0.2	0.4	0.5	0.6	0.7
相对挥发度 α	0.98	1.38	1.86	2.07	2.36	2.7

1. 萃取精馏的流程举例

图 5-37 为分离苯-环己烷溶液的萃取精馏流程示意图。原料液进入萃取精馏塔 1 中，萃取剂(糠醛)由塔 1 顶部加入，以便在每层塔板上都发挥作用。塔顶蒸出的为环己烷蒸气。为回收糠醛蒸气，在塔 1 上部设置萃取剂回收段 2(若萃取剂沸点很高，也可以不设回收段)。塔

底釜液为苯-糠醛混合液，再将其送入苯回收塔 3 中。由于常压下苯的沸点为 80.1℃，糠醛的沸点为 161.7℃，故两者很容易分离。塔 3 中釜液为糠醛，可循环使用。

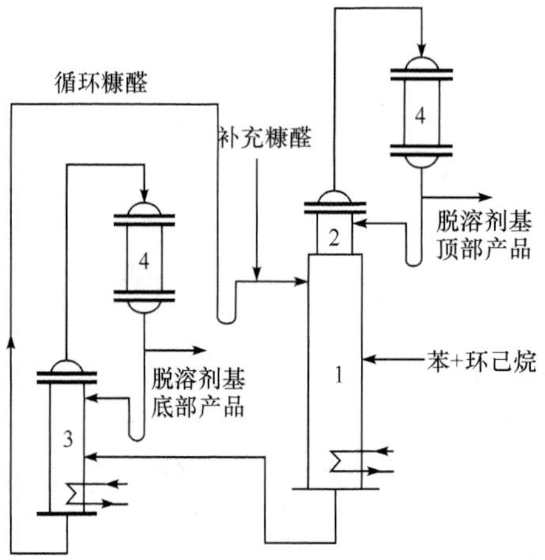

图 5-37　苯-环己烷的萃取精馏流程

1. 萃取精馏塔；2. 萃取剂回收段；3. 苯回收塔；4. 冷凝器

2. 萃取精馏中萃取剂的选择

选择萃取剂时，主要应考虑以下几点：

(1) 原液中加入少量萃取剂，就能使原液中两组分的相对挥发度有很大的提高。

(2) 萃取剂的挥发度相比原液中两组分的挥发度足够小，即沸点要足够高，使萃取剂回收容易。

(3) 萃取剂应与原液中各组分互溶，以保证液相中萃取剂的浓度，充分发挥萃取剂的分离作用。

(4) 萃取剂不与原液中任一组分发生化学反应，不腐蚀设备，黏度小，来源容易，价格低廉。

3. 萃取精馏与恒沸精馏的比较

萃取精馏与恒沸精馏的特点比较如下：①萃取剂比夹带剂易于选择；②萃取剂在精馏过程中基本上不汽化，也不与原料液形成恒沸液，故萃取精馏的耗量较恒沸精馏少；③萃取精馏中，萃取剂加入量的变动范围较大，而在恒沸精馏中，适宜的夹带剂量多为一定，故萃取精馏的操作较灵活，易控制；④萃取精馏不宜采用间歇操作，而恒沸精馏可采用间歇操作方式；⑤恒沸精馏操作温度较萃取精馏低，故恒沸精馏较适用于分离热敏性溶液。

5.8　板　式　塔

5.8.1　塔板的类型及性能评价

混合物的精馏可以在板式塔中进行，也可以在填料塔中进行。填料塔的结构及气、液两相流动特性已在第 4 章中做了介绍。本节重点介绍逐板接触的错流式(带降液管)板式塔。

1. 塔板类型

按照塔内气、液相流动的方式，可将塔板分为错流式与逆流式。错流式塔板上带有降液管，在每层塔板上保持一定的液层厚度，气体垂直穿过液层，但对整个塔来说，两相为逆流流动。错流式塔板广泛应用于精馏、吸收等传质操作中。

逆流塔板也称穿流板，板上不设降液管，气、液两相同时由板上孔道逆向穿流而过。栅板、淋降筛板等都属于逆流塔板。这种塔板的结构虽简单，板面利用率也高，但需要较高的气速才能维持板上液层，操作范围较小，分离效率也低，工业上应用较少。

1) 泡罩塔板

泡罩塔板是应用最早的气、液传质设备之一，长期以来，人们对泡罩塔板的性能做了较充分的研究，在工业生产实践中积累了丰富的经验。

泡罩塔板结构如图 5-38 所示。每层塔板上开有若干个孔，孔上焊有短管作为上升气体的通道，称为升气管。升气管上覆以泡罩，泡罩下部周边开有许多齿缝。泡罩分为圆形和条形两种，以圆形应用居多。圆形泡罩尺寸分为 Φ 80 mm、Φ 100 mm、Φ 150 mm 三种，其主要结构参数已系列化。

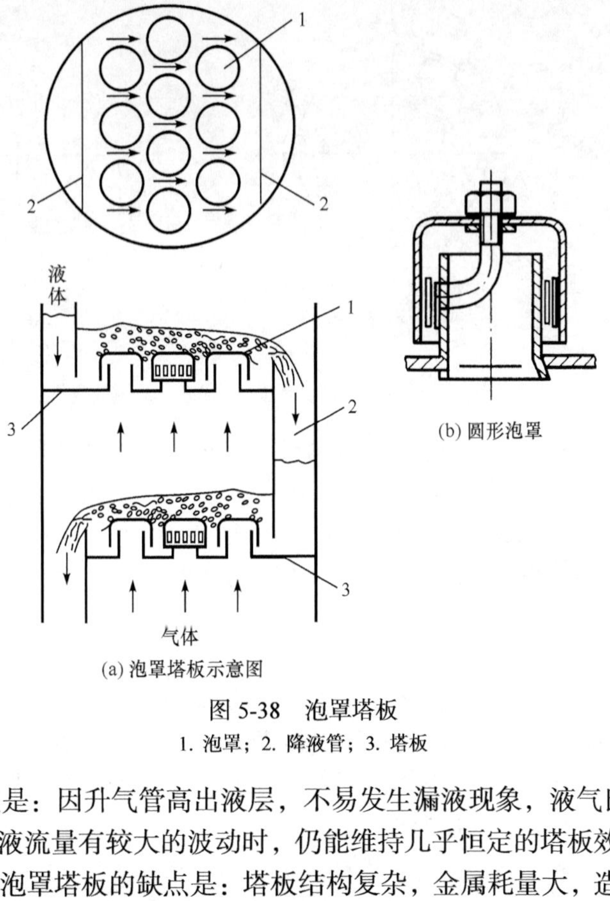

(a) 泡罩塔板示意图

(b) 圆形泡罩

图 5-38　泡罩塔板

1. 泡罩；2. 降液管；3. 塔板

泡罩塔板的优点是：因升气管高出液层，不易发生漏液现象，液气比范围大，有较大的操作弹性，即当气、液流量有较大的波动时，仍能维持几乎恒定的塔板效率；塔板不易堵塞，适合处理各种物料。泡罩塔板的缺点是：塔板结构复杂，金属耗量大，造价高；塔板压降大，生产能力及塔板效率均较低。泡罩塔板目前仍有采用。

2) 筛孔塔板

筛孔塔板简称筛板，塔板上开有许多均匀分布的小孔。根据孔径大小，分为小孔径(孔径为 3～8 mm)筛板和大孔径(孔径为 10～25 mm)筛板两类。筛孔在塔板上通常按正三角形排列。在正常的操作气速下，通过筛孔上升的气流应能阻止液体经筛孔向下泄漏。

筛孔塔板的优点是：结构简单，造价低廉，气体压降小，板上液面落差也较小，生产能力及塔板效率均比泡罩塔板高。其主要缺点是：操作弹性小，筛孔小时容易堵塞。采用大孔径筛板可避免堵塞，而且由于气速的提高，生产能力增大。

3) 浮阀塔板

浮阀塔于 20 世纪 50 年代初期在工业上开始推广使用，由于它兼有泡罩塔和筛板塔的优点，已成为国内应用最广泛的塔型，特别是在石油、化学工业中使用最普遍，对其性能研究也较充分。浮阀塔的结构特点是在塔板上开有若干大孔(标准孔径为 39 mm)，每个孔上装有一个可以上下浮动的阀片。浮阀的形式很多，目前国内已采用的浮阀有五种，但最常用的浮阀形式为 F1 型、V-4 型和 T 型，如图 5-39 所示。

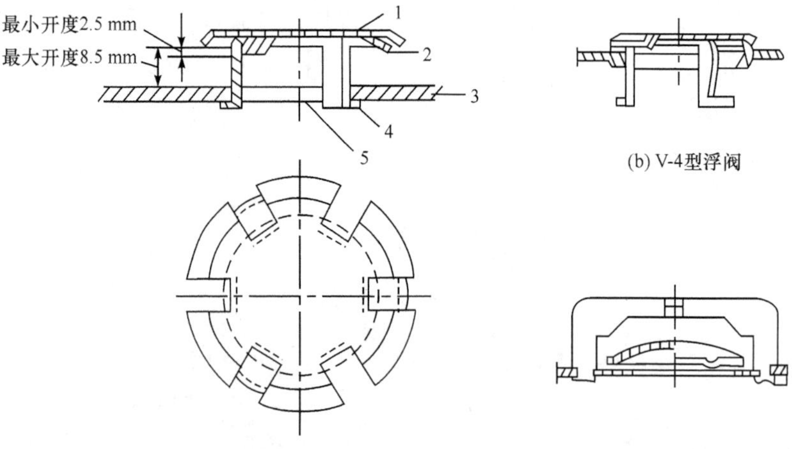

(a) F1型浮阀　　(b) V-4型浮阀　　(c) T型浮阀

图 5-39　几种浮阀形式

1. 阀片；2. 定距片；3. 塔板；4. 底脚；5. 阀孔

与泡罩塔板和筛板相比，浮阀塔板的综合性能优越，其具有如下特点：生产能力大(比泡罩塔大 20%，与筛板相当)，操作弹性大，塔板效率高，气体压降及液面落差小，构造简单，易于制造，塔的造价低(比泡罩塔低 20%～40%)。

浮阀塔不宜处理易结焦或黏度大的系统，但对于黏度稍大且有一般聚合现象的系统，浮阀塔也能正常操作。

4) 喷射型塔板

上述塔板存在不同程度的雾沫夹带现象。为了解决这一不利因素的影响，设计了斜向喷射的舌形塔板、斜孔塔板、浮舌塔板、浮动喷射塔板、垂直筛板等不同的结构，有些塔板结构还能减少因水力梯度造成的气体不均匀分布现象。高效、大通量、低压降的新型垂直筛板塔和立体传质塔板近几年得到快速的推广应用。

思考　板式塔有各种类型，评价板式塔优劣的标准有哪些？

2. 塔板的性能评价

提高传质速率是对传质设备性能的根本要求。为此，应保证分散相的良好分散、两相的适当湍动和最大可能地接近逆流流动，以期获得大的传质面积、增大传质系数、提高传质推动力。塔板的性能受诸多因素的影响，包括塔板类型、塔板的结构尺寸、被处理物料的性质、操作状况等。塔板的性能评价指标有以下几个方面：单位塔界面上气、液两相通量，塔板效率，压降，对生产负荷和物料的适应性(弹性)，制造难易和成本。

应予指出，现有的任何一种塔板均不可能达到上述评价指标的全面优化，它们各具特色。正是人们对于大通量、高效率、高弹性、低压降的追求，推动着新型塔板结构的不断开发和创新。工业上常用的几种塔板性能比较列于表 5-2。

表 5-2 工业上常用的几种塔板性能比较

塔板类型	相对生产力	相对塔板效率	操作弹性	压降	结构	相对成本
泡罩塔板	1.0	1.0	中	高	复杂	1.0
筛孔塔板	1.2～1.4	1.1	低	低	简单	0.4～0.5
浮阀塔板	1.2～1.3	1.1～1.2	高	中	一般	0.7～0.8
舌形塔板	1.3～1.5	1.1	低	低	简单	0.5～0.6
斜孔塔板	1.5～1.8	1.1	中	低	简单	0.5～0.6

5.8.2 板式塔结构与性能

1. 塔板结构

随着科学技术的发展，有多种类型的塔板在工业上应用。这里主要以如图 5-40 所示的筛孔塔板为例，介绍塔板结构。

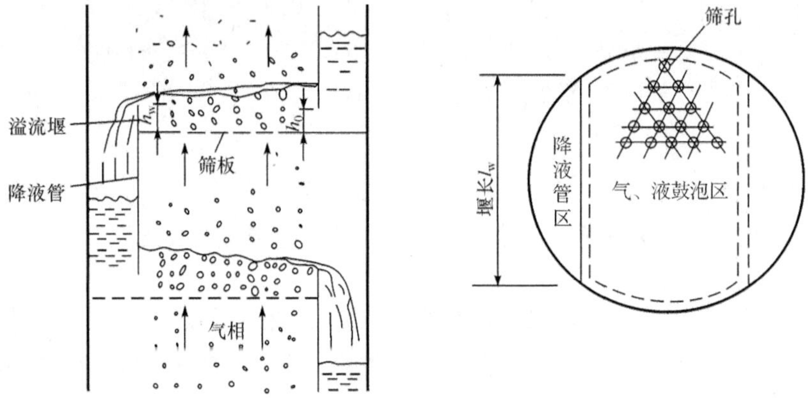

图 5-40 筛孔塔板

塔板上主要分为气、液鼓泡区与降液管区。

1) 气、液鼓泡区

在气、液鼓泡区开有许多筛孔，筛孔直径通常是 3～8 mm，也有用 12～25 mm 的大孔径筛孔。筛孔按正三角形排列，孔中心的距离一般为孔径的 3～4 倍。开孔率=开孔面积/开孔区面积，由孔径与孔间距决定，对塔板性能影响很大。

2) 溢流堰

为了使气、液两相在塔板上进行接触，塔板上需要有一定的液层高度。因此，在塔板的液体出口处安装溢流堰(overflow weir)。堰长 l_W 一般为塔径的 0.6～0.8 倍。

3) 降液管

降液管(downcomer)是液体从上层塔板溢流到下层塔板的管道。从降液管留下来的液体横向流过筛孔塔板，经溢流堰和降液管流到下层塔板。

降液管一般为弓形。降液管下端离下层塔板有一定高度(图 5-40 中 h_0)缝隙，使液体流出。为防止下层塔板上方的气相窜入降液管中，h_0 应小于溢流堰的高度 h_W。

4) 塔板上液体流动的安排

依据液体流量及塔径不同，塔板上液体流动有不同的安排，常用的有单流型与双流型。双流型的塔板结构较复杂，其优点是液体流动路程短，可减少液面落差，适用于液气比较大及塔径大的塔。

2. 板式塔的流体力学性能

塔的操作能否正常进行，与塔内气、液两相的流体力学状况有关。板式塔的流体力学性能包括：塔板压降、液泛、雾沫夹带、漏液及液面落差等。

1) 塔板上气、液两相的接触状态

塔板上气、液两相的接触状态是决定两相流体力学、传热及传质特性的主要因素。研究发现，当液相流量一定时，随着气速的提高，塔板上可能出现四种不同的接触状态，即鼓泡状态、蜂窝状态、泡沫状态和喷射状态，如图 5-41 所示。其中，泡沫状态和喷射状态均是优良的塔板工作状态。从减小雾沫夹带角度考虑，大多数塔都控制在泡沫接触状态下操作。

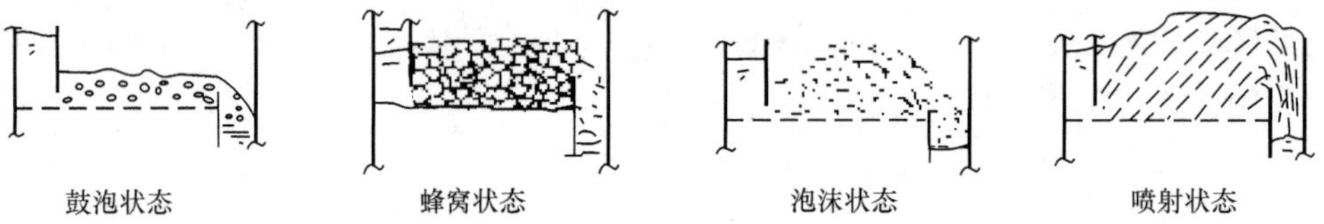

图 5-41 塔板上的气、液接触状态

2) 塔板压降

上升的气流通过塔板时需要克服以下几种阻力：塔板本身的干板阻力(板上各部件造成的局部阻力)、板上充气液层的静压力和液体的表面张力。气体通过塔板时克服这三部分阻力，就形成了该板的总压降。

气体通过塔板时的压降是影响板式塔操作特性的重要因素，因气体通过各层塔板的压降直接影响塔底的操作压强。特别是对于真空精馏，塔板压降成为主要性能指标，塔板压降增大，导致釜压升高，便失去了真空操作的特点。

然而，从另一方面分析，对于精馏过程，若使干板压降增大，一般可使塔板效率提高；若使板上液层适当增厚，则气、液传质时间延长，显然效率也会提高。因此，进行塔板设计时，应全面考虑各种影响塔板效率的因素，在保证较高塔板效率的前提下，力求减小塔板压降，以降低能耗及改善塔的操作性能。

3) 液面落差

当液体横向流过板面时，为克服板面的摩擦阻力和板上部件(如泡罩、浮阀等)的局部阻力，需要一定的液位差，则在板上形成由液体进入板面到离开板面的液面落差。液面落差也是影响板式塔操作特性的重要因素，液面落差将导致气流分布不均，从而造成漏液现象，使塔板的效率下降。因此，在塔板设计中应尽量减小液面落差。

3. 板式塔的操作特性

设计完善的板式塔，尚需良好操作，才能取得预期的分离效果，否则将会影响塔的操作特性。

塔板上的异常操作现象包括漏液、液泛和雾沫夹带等，是使塔板效率降低甚至使操作无法进行的重要因素，因此应尽量避免这些异常操作现象的出现。

1) 漏液

错流式塔板在正常操作时，液体应沿塔板流动，在板上与垂直向上流动的气体进行错流接触后由降液管流下。当上升气体流速减小，气体通过升气孔道的动压不足以阻止板上液体经孔道流下时，便会出现漏液现象。漏液发生时，液体经升气孔道流下，必然影响气、液相在塔板上的充分接触，使塔板效率下降，严重的漏液会使塔板不能积液而无法操作。为保证塔的正常操作，漏液量应不大于液体流量的 10%。

2) 液泛

塔内若气、液两相之一的流量增大，降液管内液体不能顺利流下，管内液体必然积累，当管内液体升高到越过溢流堰顶部时，两板间液体相连，并以此上升，这种现象称为液泛，也称淹塔。此时，塔板压降上升，全塔操作被破坏。操作时应避免液泛发生。

3) 雾沫夹带

上升气流穿过塔板上液层时，将板上液体带入上层塔板的现象称为雾沫夹带。雾沫的生成固然可增大气、液两相的传质面积，但过量的雾沫夹带造成液相在塔板间的返混，严重时会造成雾沫夹带液泛，从而导致塔板效率严重下降。影响雾沫夹带量的因素很多，最主要的是空塔气速和塔板间距。空塔气速增大，雾沫夹带量增大；塔板间距增大，雾沫夹带量减小。

5.8.3 板式塔工艺尺寸的计算

1. 塔高的计算

对于板式塔，通过塔板效率将理论塔板数换算为实际塔板数($N_{实}$)，再选择塔板间距(指相邻两层实际板之间的距离 H_T)，由实际塔板数和塔板间距可计算板式塔的有效高度，即板式塔的有效段(气、液接触段)高度由实际塔板数 $N_{实}$和塔板间距 H_T决定：

$$Z=N_{实}H_T \tag{5-40}$$

式中，Z 为板式塔的有效高度，m；$N_{实}$为实际塔板数(不包括塔釜)；H_T为塔板间距，m。

塔板间距与塔径有关，通常可参考表 5-3 选取。

表 5-3 不同塔径的塔板间距

塔径/mm	800～1200	1400～2400	2600～6600
塔板间距/mm	300，350，400，450，500	400，450，500，550，600，650，700	450，500，550，600，650，700，750，800

选取塔板间距时，还要考虑实际情况。例如，塔板数很多时，宜选用较小的塔板间距，适当加大塔径以降低塔的高度；塔内各段负荷差别较大时，也可采用不同的塔板间距以保持塔径的一致；对于易发泡物系，塔板间距应取大些，以保证塔的分离效果；对于生产负荷较大的场合，也需加大塔板间距以提高操作弹性。在设计中，有时需反复调整，选定适宜的塔板间距。

填料式精馏塔的填料层高度 Z 为

$$Z=\text{理论塔板数}\times\text{等板高度} \tag{5-41}$$

等板高度的数据可由实验测定。

2. 塔径的计算

按照圆管流体的体积流量公式，塔径可表示为

$$D=\sqrt{\frac{q_{V,\mathrm{V}}}{\frac{\pi}{4}u}} \tag{5-42}$$

式中，D 为精馏塔内径，m；u 为空塔气速，m/s；$q_{V,\mathrm{V}}$ 为塔内上升蒸气的体积流量，$\mathrm{m^3/s}$。

由式(5-42)可知，空塔气速的大小直接影响精馏塔的直径，显然计算塔径的关键在于确定适宜的空塔气速。而为了确定适宜的空塔气速，必须先求出最大允许空塔气速 $u_{\max}$，其值与气、液相密度有关。求得最大允许空塔气速后，再乘以安全系数，求得适宜空塔气速，即 $u=(0.6\sim0.8)u_{\max}$。

习 题

1. 甲醇(A)-丙醇(B)物系的气液平衡服从拉乌尔定律。试求：(1) 温度 t=80℃，液相组成 x=0.5(摩尔分数，下同)时的气、液平衡组成与总压；(2) 总压为 101.33 kPa、液相组成 x=0.4 时的气、液平衡温度与组成；(3) 液相组成 x=0.4、气相组成 y=0.84 时的平衡温度与总压。组成均为摩尔分数。用安托万方程计算饱和蒸气压(kPa)：甲醇 $\lg p_{\mathrm{A}}^{0}=7.197\,36-1574.99/(t+238.86)$；丙醇 $\lg p_{\mathrm{B}}^{0}=6.744\,14-1375.14/(t+193)$。

[0.781，116 kPa；79.5℃，0.702；82.4℃，140.9 kPa]

2. 甲醇(A)-乙醇(B)(可视为理想溶液)在 20℃下达到气、液相平衡，若液相中甲醇和乙醇各为 100 g，试计算气相中甲醇与乙醇的分压与总压，并计算气相组成。已知 20℃时甲醇的饱和蒸气压为 11.83 kPa，乙醇为 5.93 kPa。

[6.98 kPa，2.43 kPa，9.41 kPa，0.742]

3. 甲醇和丙醇在 80℃时的饱和蒸气压分别 181.1 kPa 和 50.93 kPa。甲醇和丙醇溶液为理想溶液。(1) 试求 80℃时甲醇和丙醇相对挥发度 α；(2) 在 80℃下气、液两相平衡时的液相组成为 0.5，试求气相组成；(3) 计算此时的气相总压。

[3.225；0.781；116 kPa]

4. 每小时将 5000 kg 含苯 30%和甲苯 70%的混合物在连续精馏塔中分离，要求馏出物中含苯不小于 98%，釜液中含苯不大于 3%(以上均为质量分数)，试求馏出液和釜液的流量(以摩尔流量表示)。

[18.18 kmol/h，39.12 kmol/h]

5. 将流量为 5000 kg/h 的正戊烷-正己烷混合液在常压操作的连续精馏塔中分离，进料液中正戊烷的摩尔分数为 0.4。要求馏出液与釜液中正戊烷的摩尔分数分别为 0.95 与 0.05。试求馏出液、釜液的流量以及塔顶易挥发组分的回收率。

[24.2 kmol/h，38 kmol/h，0.924]

6. 在一连续操作的精馏塔中分离苯-甲苯溶液。进料量为 100 kmol/h，进料中苯的组成为 0.4(摩尔分数，下同)，饱和液体进料。馏出液中苯的组成为 0.95，釜液中苯的组成为 0.04，回流比 R=3。试求从冷凝器回流入塔顶的回流摩尔流量以及从塔釜上升蒸气的摩尔流量。

[119 kmol/h，158 kmol/h]

7. 在一常压下连续操作的精馏塔中分离某双组分溶液。该物系的平均相对挥发度为α = 2.92。(1) 离开塔顶第二理论塔板的液相组成 x_2=0.75(摩尔分数，下同)，试求离开该塔板的气相组成 y_2；(2) 从塔顶第一理论塔板进入第二理论塔板的液相组成 x_1=0.88，若精馏段的液气比 L/V 为 2/3，试用进、出第二层理论塔板的气、液两相的物料衡算，计算从下面第三层理论塔板进入第二层理论塔板的气相组成；(3) 若为泡点回流，试求塔顶回流比 R；(4) 试用精馏段操作线方程，计算馏出液组成 x_D。

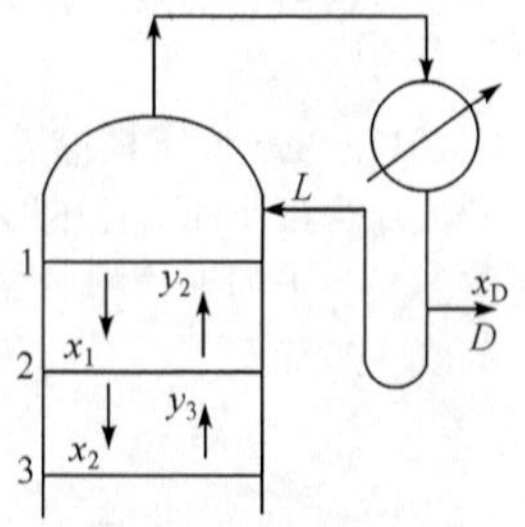

习题 7 附图

[0.898；0.811；2；0.934]

8. 利用一连续操作的精馏塔分离含甲醇 0.3(摩尔分数)的水溶液。要求得到含甲醇 0.95(摩尔分数)的馏出液及含甲醇 0.03(摩尔分数)的釜液。回流比 R=1.0，操作压强为 101.33 kPa。在饱和液体及冷液(q=1.07)两种条件下，试用图解法求理论塔板数及加料板位置。101.33 kPa 下的甲醇-水溶液相平衡数据见本题附表。

习题 8 附表

温度/℃	64.5	69.3	73.1	75.3	78.0	81.7	84.4	87.7	89.3	91.2	93.5	96.4	100
x(摩尔分数)	1.0	0.70	0.50	0.40	0.30	0.20	0.15	0.10	0.08	0.06	0.04	0.02	0.0
y(摩尔分数)	1.0	0.870	0.779	0.729	0.665	0.579	0.517	0.418	0.365	0.304	0.234	0.134	0.0

[饱和液体条件下，理论塔板数为 11(包括蒸馏釜)，加料板为第 8 层塔板；冷液 q=1.07 条件下，理论塔板数为 10(包括蒸馏釜)，加料板为第 7 层塔板]

9. 在一连续操作的精馏塔中分离某双组分溶液。进料组分为 0.3，馏出液组分为 0.95，釜液组分为 0.04，均为易挥发组分的摩尔分数。进料热状态参数 q=1.2，塔顶液相回流比 R=2。试写出该精馏操作条件下的精馏段及提馏段操作线方程。

[精馏段操作线方程 y_{n+1}=0.667x_n+0.317，提馏段操作线方程 y_{n+1}=1.68x_n−0.027]

10. 用连续精馏塔每小时处理 100 kmol 含 40%苯和 60%甲苯的混合物，要求馏出液中含苯 90%，残液中含苯 1%(组成均以摩尔分数计)。(1) 试求馏出液和残液的流量(以 kmol/h 计)；(2) 饱和液体进料时，若塔釜的汽化量为 132 kmol/h，写出精馏段操作线方程。

[D=43.8 kmol/h，W=56.2 kmol/h；y=0.667x+0.333]

11. 氯仿($CHCl_3$)和四氯化碳(CCl_4)的混合物在一连续精馏塔中分离。馏出液中氯仿的浓度为 0.95(摩尔分数)，馏出液流量为 50 kmol/h，平均相对挥发度α =1.6，回流比 R=2。试求：(1) 塔顶第二块塔板上升的气相组成；(2) 精馏段各塔板上升蒸气量 V 及下降液体量 L(以 kmol/h 表示)。

[0.93；V=150 kmol/h，L=100 kmol/h]

12. 用一连续操作的精馏塔分离丙烯-丙烷混合液，进料液含丙烯 0.8(摩尔分数，下同)，常压操作，泡点进料，要使塔顶产品含丙烯 0.95，塔釜产品含丙烷 0.95，物系的相对挥发度为 1.16，试计算：(1) 最小回流比；(2) 所需的最小理论塔板数。

[5.52；38.7(不包括再沸器)]

13. 在一连续操作的精馏塔中分离含 50%(摩尔分数，下同)正戊烷的正戊烷-正己烷混合物。进料为气、液混合物，其中气液比为 1 : 3(摩尔分数)。常压下正戊烷-正己烷的平均相对挥发度α =2.923，试求进料中的气相组成与液相组成。

[y=0.6929，x=0.4357]

14. 用常压下操作的连续精馏塔分离苯-甲苯混合液。进料中含苯 0.4(摩尔分数，下同)，要求馏出液含苯 0.97。苯-甲苯溶液的平均相对挥发度为 2.46。试计算下列两种进料热状态参数下的最小回流比：(1) 冷液进料，其进料热状态参数 q=1.38；(2) 进料为气、液混合物，气液比为 4∶3。

[1.29；2.29]

15. 在一连续精馏塔中分离双组分理想溶液，原料液组成为 0.4(摩尔分数，下同)，塔顶流出液组成 x_D=0.95，回流比为最小回流比的 1.5 倍。每千摩尔原料液变为饱和蒸气所需热量等于原料液的千摩尔汽化潜热的 1.2 倍。操作下的平均相对挥发度为 2.0，塔顶冷凝器为全冷凝。试求操作过程的回流比和第二块理论塔板上升的气相组成。

[3.7，0.914]

16. 用常压下连续操作的精馏塔分离含苯 0.4(摩尔分数，下同)的苯-甲苯溶液。要求馏出液含苯 0.97，釜液中苯的含量为 0.02，回流比 R=2.2，泡点进料。苯-甲苯溶液的平均挥发度 α=2.46，试用简捷法计算所需理论塔板数。

[16(包括蒸馏釜)]

17. 在一连续精馏塔中分离平均相对挥发度为 2.5 的二元理想混合物。回流比为 3，塔顶馏出液 x_D=0.96(摩尔分数，下同)，试求从塔顶算起相邻三层塔板中位于中间那层板的气相塔板效率。已知离开中间板的液相组成为 0.4，离开中间板上一层的液相组成为 0.45。

[44.7%]

第 6 章　工业反应器设计基础

6.1　化学反应和工业反应器

6.1.1　化学反应的分类

化学反应工程是研究工业反应规模的化学反应的规律，即伴有物理过程的化学反应。为研究其共性规律，通常可以按照所进行化学反应的特性、反应进行的条件、反应物料的状态等进行分类，具体见表 6-1。

表 6-1　化学反应的分类

按反应的化学特性分类	反应机理		(1) 单一反应；(2) 多重反应(平行反应、连串反应、连串-平行反应、集总反应)
	反应的可逆性		(1) 可逆反应；(2) 不可逆反应
	反应的分子数		(1) 单分子反应；(2) 双分子反应；(3) 三分子反应
	反应级数		(1) 一级反应；(2) 二级反应；(3) 三级反应；(4) 零级反应；(5) 分数级反应
	反应热效应		(1) 放热反应；(2) 吸热反应
按反应过程进行的条件分类	均相	催化反应	(1) 气相反应；(2) 液相反应
		非催化反应	
	多相	催化反应	(1) 液、液相反应；(2) 气、液相反应；(3) 液、固相反应；(4) 气、固相反应；(5) 固、固相反应；(6) 气、液、固三相反应
		非催化反应	
	温度		(1) 等温反应；(2) 绝热反应；(3) 非绝热变温反应
	压强		(1) 常压反应；(2) 加压反应；(3) 减压反应
	操作方法		(1) 间歇过程；(2) 连续过程；(3) 半间歇过程
			(1) 定态过程；(2) 非定态过程
	流动模型		(1) 理想流动模型(平推流、全混流)；(2) 非理想流动模型

6.1.2　工业反应器的基本类型

工业反应器是化学反应工程的主要研究对象，其类型繁多，根据不同的特性，可以有不同的分类。按结构原理的特点可分为如下几种类型，其中管式反应器与釜式反应器是化学工程基础课程中重点探讨的两种基本反应器。

1. 管式反应器

该类反应器的特征是长度远大于管径的尺寸，内部中空，通常不设置任何构件，如图 6-1 所示。多用于均相反应，如由轻油裂解生产乙烯所用的裂解炉便属此类。

图 6-1　管式反应器示意图

2. 釜式反应器

该反应器又称反应釜或搅拌反应器，其高度一般与其直径相等或稍高，见图 6-2。釜内设有搅拌装置及挡板，并根据不同的情况在釜内安装换热器以维持所需的反应温度。也可将换热器装在釜外通过流体的强制循环进行换热。如果反应的热效应不大，可以不安装换热器。釜式反应器是应用十分广泛的一类反应器，可用于进行均相反应(绝大多数情况是液相均相反应)，也可用于进行多相反应，如气液反应、液液反应、液固反应以及气液固反应。许多酯化反应、硝化反应、磺化反应以及氯化反应等均可使用釜式反应器。

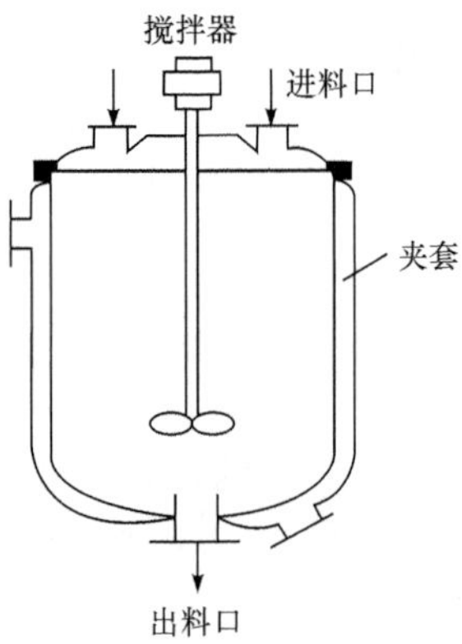

图 6-2　釜式反应器示意图

3. 塔式反应器

该类反应器的高度一般为直径的数倍甚至十余倍，内部设有增加两相接触的构件，如填料、筛板等。图 6-3 中(a)为板式塔，(b)为填料塔。塔式反应器主要用于两种流体反应的过程，如气液反应和液液反应。鼓泡塔[图 6-3(c)]也是塔式反应器的一种，用以进行气液反应，内部不设置任何构件，气体以气泡的形式通过液层。喷雾塔也属于塔式反应器[图 6-3(d)]，用于气液反应，液体呈雾滴状分散于气体中，情况正好与鼓泡塔相反。无论哪一种形式的塔式反应器，参与反应的两种流体可以呈逆流，也可以呈并流，视具体情况而定。

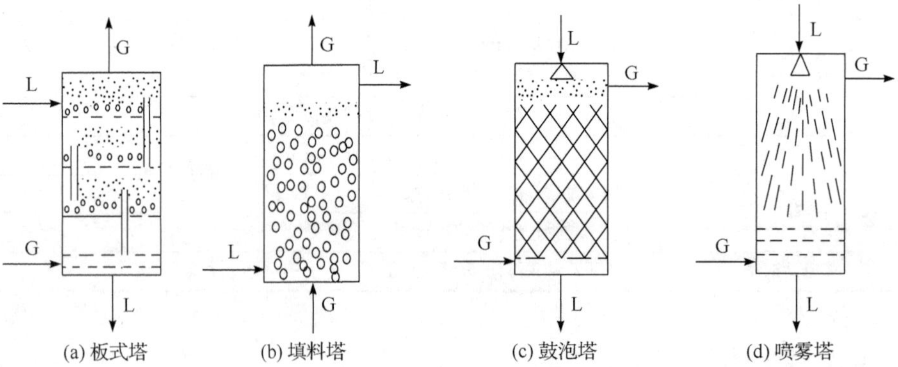

图 6-3　塔式反应器示意图

4. 固定床反应器

该反应器的特征是反应器内填充有固定不动的固体颗粒，这些固体颗粒可以是固体催化剂，也可以是固体反应物。固定床反应器是一种被广泛采用的多相催化反应器，如氨合成、甲醇合成、苯氧化以及邻二甲苯氧化等。图 6-4 为列管式固定床反应器，管内装催化剂，反应物料自上而下通过床层，管间则为载热体与管内的反应物料进行换热，以维持所需的温度条件。对于放热反应，往往使用冷的原

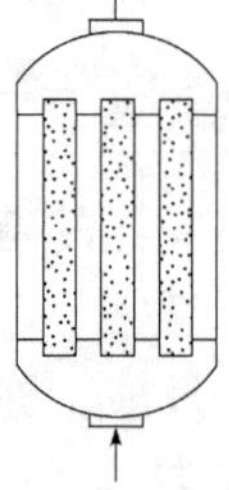
图 6-4　列管式固定床反应器示意图

料作为载热体，借此将其预热至反应要求的温度，再进入床层，这种反应器称为自热反应器。此外，也有在绝热条件下进行的固定床反应器。除多相催化反应外，固定床反应器还用于气固及液固非催化反应。

5. 流化床反应器

流化床反应器是一种有固体颗粒参与的反应器，与固定床反应器不同，这些颗粒处于运动状态，且其运动方向是多种多样的。一般可分为两类，一类是固体被流体带出，经分离后固体循环使用，称为循环流化床；另一类是固体在流化床反应器内运动，流体与固体颗粒构成的床层犹如沸腾的液体，故又称沸腾床反应器。这种床层具有与液体相似的性质，有人又把它称为假液化层。图 6-5 是流化床反应器示意图，反应器下部设有分布板，板上放置固体颗粒，流体自分布板下送入，均匀地流过颗粒层。当流体速度达到一定数值后，固体颗粒开始松动，再增大流速即进入流化状态。反应器内一般都设置挡板、换热器以及流体与团体分离装置等内部构件，以保证得到良好的流化状态和所需的温度条件，以及反应后的物料分离。流化床反应器可用于气固、液固以及气液固催化或非催化反应，是工业生产中使用较广泛的反应器。典型的例子是催化裂化反应装置，采用循环流化床，还有一些气固催化反应，如萘氧化、丙烯氨氧化和丁烯氧化脱氢等采用的是沸腾床反应器。流化床反应器用于固相加工也是十分典型的，如黄铁矿和闪锌矿的焙烧、石灰石的煅烧等。

6. 移动床反应器

移动床反应器是一种有固体颗粒参与的反应器，与固定床反应器相似，不同的地方是固体颗粒自反应器顶部连续加入，自上而下移动，由底部卸出，若固体颗粒为催化剂，则用提升装置将其输送至反应器顶部后返回反应器内。反应流体与颗粒呈逆流，此种反应器适用于催化剂需要连续进行再生的催化反应过程和固相加工反应。图 6-6 为移动床反应器示意图。

7. 滴流床反应器

滴流床反应器又称涓流床反应器，如图 6-7 所示。从某种意义上说，这种反应器也属于固定床反应器，用于使用固体催化剂的气液反应，如石油馏分加氢脱硫用的就是此种反应器。通常反应气体与液体自上而下呈并流流动，也有采用逆流流动操作的。

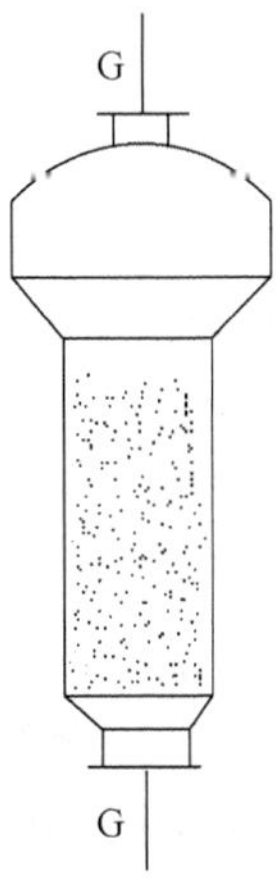

图 6-5　流化床反应器示意图

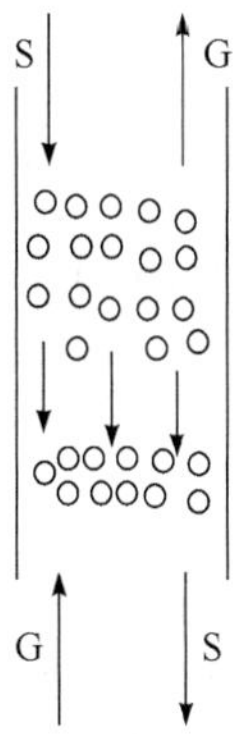

图 6-6　移动床反应器示意图

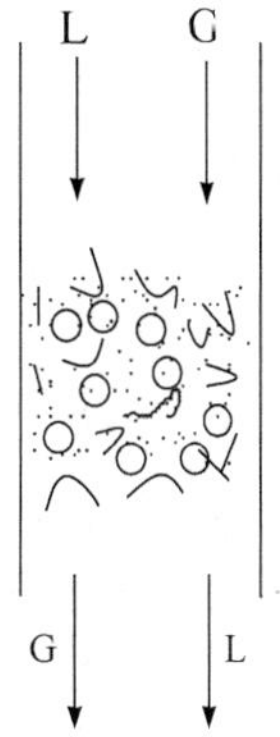

图 6-7　滴流床反应器示意图

以上简要地介绍了化学反应器的主要类型，由于反应器品种繁多、形式各异，上述内容显然不能将其全部涵盖，如用于气固反应和固相反应的回转反应器，依靠反应器自身的转动而将固相物料连续地由反应器一端输送至另一端，也是一种具有自身特征的反应器。

6.2 工业反应器的操作方式

通常工业反应器有三种操作方式，即间歇操作、连续操作与半连续(或半间歇)操作。

6.2.1 间歇操作

采用间歇操作的反应器称为间歇反应器，其特点是进行反应所需的原料一次装入反应器内，然后在其中进行反应，一定时间后，达到所要求的反应程度便卸出全部反应物料，其中主要是反应产物以及少量未被转化的原料。接着是清洗反应器，继而进行下一批原料的装入、反应和卸料。所以间歇反应器又称分批反应器。

间歇反应过程是一个非定态过程，反应器内物系的组成随时间而变，这是间歇过程的基本特征。图 6-8 是间歇反应过程中物质的浓度与时间关系的示意图。随着时间的延长，反应物 A 的浓度从开始反应时的起始浓度 c_{A0} 逐渐降低。若为不可逆反应，则 A 的浓度经过足够长的反应时间可降低至零；若为可逆反应，则达到极限浓度，即平衡浓度。对于单一反应，反应产物 R 的浓度则随时间的延长而增大。若反应物系中同时存在多个化学反应，反应时间越长，反应目的产物的浓度则不一定越高，连串反应(A→R→Q)便属于这种类型，产物 R 的浓度随时间的延长而增大，达到极大值后又随时间的延长而降低，所以并非延长反应时间都能获得理想的生产效果，需依照具体情况分析。

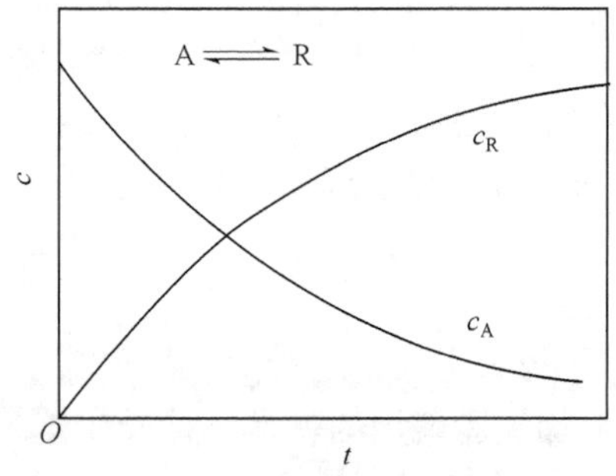

图 6-8 间歇反应过程中物质的浓度与时间关系

间歇反应器在反应过程中既没有物料的输入，也没有物料的输出，整个反应过程都是在恒容下进行的。采用间歇操作的反应器几乎都是釜式反应器，其余类型均罕见。间歇反应器适用于反应速率慢的化学反应，以及产量小的化学品的生产过程，对于那些批量少而产品品种较多的企业(如医药工业)尤为适宜。

6.2.2 连续操作

该操作方式的特征是连续地将原料输入反应器，反应产物也连续地从反应器流出。采用连续操作的反应器称为连续反应器或流动反应器。前面所述的各类反应器均可采用连续操作，而对于工业生产中某些类型的反应器，连续操作是唯一可采用的操作方式。

连续操作的反应器多数属于定态操作，此时反应器内任何部位的物系参数，如浓度及温度等均不随时间而改变，却随位置而变。图 6-9 为连续反应器中物质浓度随轴向距离的变化关系。反应物 A 的浓度从入口处的浓度 c_{A0} 沿着反应物料流动方向而逐渐降低至出口处的浓度 c_{AL}。与此相反，反应产物 R 的浓度则从入口处的浓度(通常为零)逐渐升高至出口处的浓度 c_{RL}。对于可逆反应，c_{AL} 和 c_{RL} 均以其平衡浓度为极限，但要达到平衡浓度，反应器需无限长。对于不可逆反应，反应物 A(不过量)虽可完全转化，但某些反应同样需要无限长的反应器才能办到。图 6-9 与图 6-8 类似，但一个是随时间而变，另一个是随位置而变，这反映了两种操作方式的根本区别。

大规模工业生产的反应器绝大部分都是采用连续操作，因为它具有产品质量稳定、劳动生产率高、便于实现机械化和自动化等优点，这些都是间歇操作无法与之相比的。虽然间歇操作系统较为灵活，但是连续操作系统一旦建成，要改变产品品种相当困难，有时甚至较大幅度地改变产品产量也不易办到。

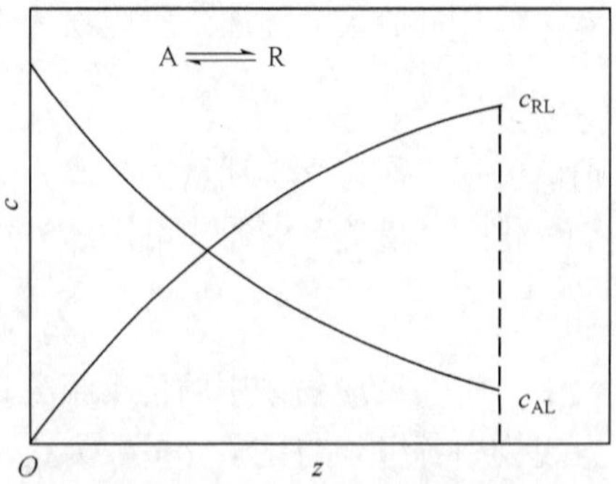

图 6-9　连续反应器中物质浓度随轴向距离的变化关系

6.2.3　半连续操作

原料与产物只要其中一种为连续输入或输出而其余为分批加入或卸出的操作均属半连续操作，相应的反应器称为半连续反应器或半间歇反应器。例如，由氯气和苯生产氯苯的反应，苯一次性加入反应器，而氯气则连续通入，未反应的氯气连续从反应器排出，当反应物系的产品分布符合要求时，停止通氯气，卸出反应产物。

由此可见，半连续操作具有连续操作和间歇操作的某些特征。有连续流动的物料，这与连续操作相似；也有分批加入或卸出的物料，因而生产是间歇的，这反映了间歇操作的特点。由于这些原因，半连续反应器的反应物系的组成既随时间而改变，也随反应器内的位置而改变。管式、釜式、塔式以及固定床反应器均有采用半连续操作的。

6.3　化学反应工程学基础理论中的重要概念

化学反应工程学是多种基础理论和工程技术的综合，它涉及化学热力学、化学动力学、传递工程学以及化学工艺学等学科的基础理论以及计算技术、最优化技术和经济学等技术与知识。为了便于学习，并避免过多的重复，以下将对本学科涉及的某些基本概念做简要说明。

6.3.1　化学热力学的有关基本概念

化学热力学主要为化学反应工程学解决以下方面的问题提供理论依据：

(1) 判别化学反应过程能否发生和进行的方向。化学热力学理论表明化学反应沿着自由能降低的方向进行，因此通过自由能的计算可确定化学反应过程进行的方向。

(2) 确定化学过程进行的最大限度。化学平衡原理和平衡常数的计算为确定化学反应过程进行的最大限度提供了理论依据和方法。

(3) 化学反应过程热效应的计算。

对于实际生产中的化学反应过程，在解决上述三个问题之后，需解决化学反应进行程度的实际度量、化学计量关系和体积变化关系等基本问题。

1. 化学计量关系

对于任何一种化学反应，反应物与生成物之间都按一定量的关系发生变化，这种关系称为化学计量关系。例如，反应物 A 和 B 与生成物 C 和 D 之间按如下关系发生化学反应：

$$a\mathrm{A}+b\mathrm{B} = cC+dD \tag{6-1}$$

则该关系式称为化学计量关系式。

化学计量关系的通式可表示为

$$\sum \nu_i \mathrm{B}_i = 0 \qquad (i = 1, 2, 3, \cdots, n) \tag{6-2}$$

式中，B_i 为反应物系中的各个组分；ν_i 为化学计量数。反应物中各组分的化学计量数为负，生成物中各组分的化学计量数为正。必须引起注意的是，反应方程式中的系数与化学计量数在数值上相等，但是没有正负之分。另外，化学方程式中的系数只表示化学反应过程中各组分之间按此计量关系进行反应，并不反映反应过程的反应分子数、反应级数和反应机理等。

2. 转化率

在一定条件下，关键组分在反应过程中转化的百分数称为转化率，其定义式可表示为

$$转化率 = \frac{关键组分\mathrm{B}_i反应消耗的物质的量}{关键组分\mathrm{B}_i的起始物质的量}$$

当体系中存在两种以上的反应物进行反应时，实际生产过程中不一定按化学计量关系的配比进行投料。某些反应物可以是过量的，其中也必有一种反应物不宜过量，称为限量反应物。这种限量反应物往往是价值较高的原料，其转化率高低直接影响经济效益，因而常选用限量反应物作为着眼反应物来计算转化率。

对于间歇系统，转化率可按式(6-3)表示：

$$x_i = \frac{n_{i0} - n_i}{n_{i0}} \tag{6-3}$$

式中，n_{i0} 为关键组分 B_i 的起始物质的量，mol；n_i 为关键组分 B_i 的瞬时物质的量，mol。

对于连续流动系统，转化率可按式(6-4)表示：

$$x_i = \frac{F_{i0} - F_i}{F_{i0}} \tag{6-4}$$

式中，F_{i0} 为关键组分 B_i 的起始摩尔流量，mol/s；F_i 为关键组分 B_i 的瞬时摩尔流量，mol/s。

如果在等温和恒容条件下进行反应，即在整个反应过程中物系体积保持不变，则式(6-3)等号右边分子分母都除以反应物系的体积，或者式(6-4)等号右边分子分母同除以体积流量，可得

$$x_i = \frac{c_{i0} - c_i}{c_{i0}} \tag{6-5}$$

式中，c_{i0} 为关键组分 B_i 的起始物质的量浓度，$\mathrm{mol/m^3}$；c_i 为关键组分 B_i 的瞬时物质的量浓度，$\mathrm{mol/m^3}$。

3. 产率

对于简单反应，用转化率足以表明反应进行的程度，因为转化率一定，产物的量随之而定。但对于复杂反应，由于存在不同形式的副反应，必然消耗部分原料或目的产物，故仅用

转化率难以说明，此时通常用产率表示，产率也称收率或得率：

$$产率=\frac{已转化为目的产物的关键组分B_i的物质的量}{关键组分B_i的起始物质的量}$$

$$Y_{ij}=\frac{n_{ij}}{n_{i0}}=\left|\frac{\nu_i}{\nu_j}\right|\frac{n_j}{n_{i0}} \tag{6-6}$$

式中，n_{i0}为关键组分 B_i起始物质的量，mol；n_{ij}为关键组分 B_i转化为目的产物 B_j所消耗的物质的量，mol；n_j为目的产物 B_j的物质的量，mol；ν_i、ν_j分别为关键组分 B_i、目的产物 B_j的化学计量数。

例如，某平行反应的化学计量关系为

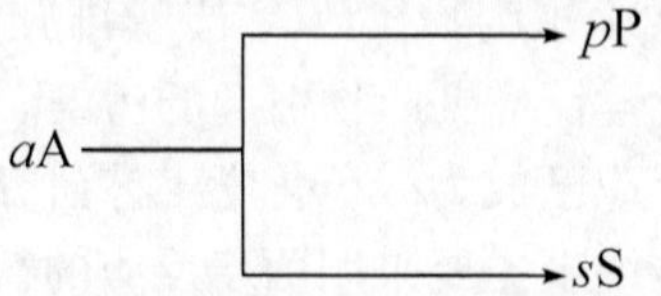

若反应物的起始物质的量为 n_{A0}，反应进行到一定程度后，物系中反应物和生成物的物质的量分别为 n_A和 n_P，则目的产物 P 的产率为

$$Y_{AP}=\frac{n_{AP}}{n_{A0}}=\frac{a}{p}\frac{n_P}{n_{A0}} \tag{6-7}$$

4. 选择性

复杂反应中主、副反应进行程度之间的相对关系常采用选择性的概念来表达。选择性表示关键组分 B_i因化学反应转化为目的产物的物质的量与其在反应中消耗的总物质的量之比，其定义式可表示为

$$选择性=\frac{关键组分B_i转化为目的产物所消耗的物质的量}{已经转化的关键组分B_i的物质的量}$$

$$S_j=\frac{n_{ij}}{n_{i0}-n_i}=\left|\frac{\nu_i}{\nu_j}\right|\frac{n_j}{n_{i0}-n_i} \tag{6-8}$$

式中，n_{ij}为关键组分 B_i转化为目的产物 B_j所消耗的物质的量，mol；n_j为目的产物 B_j的物质的量，mol；ν_i、ν_j分别为关键组分 B_i、目的产物 B_j的化学计量数。

比较式(6-3)、式(6-6)和式(6-8)可得转化率、产率及选择性三者之间的关系为

$$Y_{ij}=S_j x_i \tag{6-9}$$

由此可见，对于复杂反应，根据转化率、产率与选择性三者中的任一项，即可评价反应进行的程度。在实际应用中产率与选择性因侧重面不同而加以区分，前者侧重于产物分布，而后者侧重于复杂反应中主、副反应的相对差异性。

5. 原子经济性

化学反应的“原子经济性”概念作为绿色化学的核心内容之一，最早由美国斯坦福大学

的特罗斯特(B. Trost)教授于 1991 年提出，他针对传统上一般仅用经济性来衡量化学工艺是否可行的做法，明确指出应该用一种新的标准来评估化学工艺过程，即选择性和原子经济性，其中原子经济性考虑的是在化学反应中究竟有多少原料的原子进入产品之中，这一标准既要求尽可能地节约不可再生资源，又要求最大限度地减少废弃物排放。理想的原子经济反应是原料分子中的原子百分之百地转变成产物，不产生副产物或废物，实现废物的“零排放”。

化学反应的原子经济性则是指在化学反应中究竟有多少原料的原子进入产品之中。常用原子利用率来衡量化学过程的原子经济性，即化学反应中，到底有多少反应物的原子转变到了目的产物中。原子利用率的定义是目的产物占反应物总量的百分比，即

原子利用率 = (目的产物的分子量/全部反应物的分子量总和)×100%

原子利用率达到 100%的反应有两个最大的特点，即最大限度地利用了反应原料，最大限度地节约了资源；最大限度地减少了废物排放(零废物排放)，因而最大限度地减少了环境污染，或者说从源头上消除了由化学反应副产物引起的污染。

近年来，开发原子经济性反应已成为绿色化学工艺研究的热点之一。例如，环氧丙烷是生产聚氨酯塑料的重要原料，传统上主要采用两步反应的氯醇制法，产生大量污染环境的工业废水，在开发催化氧化丙烯制环氧丙烷的原子经济反应新方法上，国内外均取得良好的成绩。对于已在工业上应用的原子经济反应，还需要从环境保护和技术经济等方面继续研究和改进。可以通过开发新的反应途径实现反应的高原子经济性，如用催化反应代替化学计量反应等手段。1997 年美国总统绿色化学挑战奖的更新合成路线奖获得者 BHC 公司的工作就是一个很好的例子。该公司开发了一种合成布洛芬(布洛芬是一种广泛使用的非类固醇类的镇静、止痛药物)的新工艺，传统生产工艺包括 6 步化学计量反应，原子的有效利用率低于 40%，而新工艺采用 3 步催化反应，原子的有效利用率达 80%，如果再考虑副产物乙酸的回收利用，则原子利用率达到 99%。

6. 体积变化关系(膨胀因子)

对于反应前后物料总物质的量发生变化的连续流动气相反应系统，由于反应器内物料的体积流量发生了变化，因此反应物浓度和反应时间都应考虑因总物质的量变化而带来的变化。例如，以下气相反应，当反应时间为 t 时，化学反应使反应物料由初始物质的量 n_{A0} 和 n_{B0} 变化为 n_A 和 n_B 。

	$a\mathrm{A}$	+	$b\mathrm{B}$	$\longrightarrow$	$r\mathrm{R}$	+	$s\mathrm{S}$
当 t=0 时	n_{A0}		n_{B0}		0		0
当 t=t 时	$n_A = n_{A0}(1-x_A)$		$n_B = n_{B0} - \frac{b}{a}n_{A0}x_A$		$\frac{r}{a}n_{A0}x_A$		$\frac{s}{a}n_{A0}x_A$

$t = 0$ 时，反应系统的总物质的量 n_0 为

$$n_0 = n_{A0} + n_{B0}$$

$t = t$ 时，反应系统的总物质的量 n 为

$$n = n_{A0}(1-x_A) + \left(n_{B0} - \frac{b}{a}n_{A0}x_A\right) + \frac{r}{a}n_{A0}x_A + \frac{s}{a}n_{A0}x_A$$
$$= n_{A0} + n_{B0} + \left(\frac{s}{a} + \frac{r}{a} - \frac{b}{a} - 1\right)n_{A0}x_A$$
$$= n_0 + \left(\frac{s+r-a-b}{a}\right)n_{A0}x_A$$
$$= n_0 + \delta_A n_{A0}x_A$$

式中，$\delta_A = \dfrac{s+r-a-b}{a}$，称为膨胀因子或物质的量变化率，表示每变化 1 mol 反应物 A 所引起的反应混合物总物质的量的变化。

令 $y_A = \dfrac{n_{A0}}{n_0}$ 表示反应物 A 的起始物质的量分数，则反应时间 t 时，反应物 A 的物质的量分数为

$$y_A = \frac{n_{A0}(1-x_A)}{n} = \frac{n_0 y_{A0}(1-x_A)}{n_0(1+\delta_A y_{A0}x_A)} = \frac{y_{A0}(1-x_A)}{1+\delta_A y_{A0}x_A} \tag{6-10}$$

对于等温等压过程，反应物还可以用浓度 c_A 或分压 p_A 来表示：

$$c_A = \frac{c_{A0}(1-x_A)}{1+\delta_A y_{A0}x_A} \tag{6-11}$$

$$p_A = \frac{p_{A0}(1-x_A)}{1+\delta_A y_{A0}x_A} \tag{6-12}$$

显然，当 δ_A=0 时，$y_A = y_{A0}(1-x_A)$，$c_A = c_{A0}(1-x_A)$，$p_A = p_{A0}(1-x_A)$，与恒容的表达式相同。

上述膨胀因子的概念只适用于气相连续流动反应系统。因为液相反应系统在反应前后发生物质的量的变化，并不表现明显的体积变化，所以用反应器有效体积来计算空间时间不会带来很大误差。若是间歇操作，无论是气相反应还是液相反应都是恒容过程。

【例 6-1】　氨接触氧化的主、副反应为

$$4NH_3 + 5O_2 \rightleftharpoons 4NO + 6H_2O + Q_1 \qquad \text{(主反应)}$$

$$4NH_3 + 3O_2 \rightleftharpoons 2N_2 + 6H_2O + Q_2 \qquad \text{(副反应)}$$

反应器进、出口处物料组成见附表 1。

例 6-1 附表 1　反应器进、出口处物料组成

组成	进口处摩尔分数/%	出口处摩尔分数/%
NH_3	11.52	0.22
O_2	23.05	8.7
N_2	62.67	—
H_2O	2.76	—
NO	0	—

求氨的转化率、一氧化氮的收率和选择性。

解 以 100 mol 进料为计算基准，并设 x 和 y 分别表示 NO 和 N_2 的生成量，根据进料组成和化学计量关系可列附表 2。

例 6-1 附表 2 反应器进、出口处物料的物质的量

组成	进口处物质的量/mol	出口处物质的量/mol
NH_3	11.52	$11.52-x-2y$
O_2	23.05	$23.05-1.25x-1.5y$
N_2	62.67	$62.67+y$
H_2O	2.76	$2.76+1.5x+3y$
NO	0	x
总计	100	$100+0.25x+0.5y$

根据反应器出口处 NH_3 和 O_2 的摩尔分数得

$$\frac{11.52-x-2y}{100+0.25x+0.5y}=0.0022$$

$$\frac{23.05-1.25x-1.5y}{100+0.25x+0.5y}=0.087$$

联立求得

$$x=11.10\ \text{mol} \qquad y=0.096\ \text{mol}$$

NH_3 的转化量为

$$x+2y=11.29\ \text{mol}$$

NH_3 的转化率为

$$x_{NH_3}=\frac{11.29}{11.52}\times 100\%=98.0\%$$

NO 的收率为

$$Y_{NO}=\frac{11.10}{11.52}\times 100\%=96.4\%$$

NO 的选择性为

$$S_{NO}=\frac{Y_{NO}}{x_{NH_3}}=\frac{0.964}{0.980}\times 100\%=98.4\%$$

6.3.2 化学动力学的有关基本概念

如上所述，化学热力学可以解决化学反应进行的方向和限度问题，但化学反应进行的方式、过程的快慢及其影响因素等方面的问题则需要化学动力学来解决。化学动力学主要为化学反应工程学解决如下问题提供理论依据：

(1) 化学反应过程进行的机理。

(2) 根据反应机理建立化学动力学模型，确立反应过程的化学反应速率与其影响因素之间的函数关系式。

本节将从学习化学反应工程学的需要出发，对化学动力学中最基本的概念做进一步的讨论。

1. 化学反应速率

对于化学计量关系为$\sum \nu_i B_i = 0$的化学反应，其反应进度为

$$d\xi = dn_i / \nu_i \tag{6-13}$$

则其反应速率定义为

$$r_i = \frac{d\xi}{V dt} = \frac{1}{\nu_i} \frac{dn_i}{V dt} \tag{6-14}$$

式中，V 为反应系统的体积，m^3。上述反应速率的定义与关键组分的选择无关，即对于某一反应过程，无论选择其中何种反应物或生成物为关键组分，都应得到相同的速率数值，反应速率的单位为 $mol/(m^3 \cdot s)$。

目前，化工计算中尚未完全采用上述定义，大多采用反应物的消耗速率和生成物的生成速率表达化学反应过程的速率，即将速率定义为单位体积、单位时间内某关键反应物 B_i 因反应所改变的物质的量，即

$$r_i = \frac{|dn_i|}{V dt} \tag{6-15}$$

用反应物的消耗速率或生成物的生成速率表达反应速率时，因选择的组分不同而有不同的数值。例如，对于具有下列化学计量关系的化学反应：

$$aA + bB = cC + dD$$

各种物质的反应速率之间存在如下关系：

$$\frac{r_A}{a} = \frac{r_B}{b} = \frac{r_C}{c} = \frac{r_D}{d} \tag{6-16}$$

这里需要说明如下几点：

(1) 化学反应速率是只有数值的标量，并没有方向，它与反应速度不同。若某一反应物参与多个反应，该反应物的总反应速率为 $R_A = \sum r_A$ 。

(2) 在文献中，动力学模型(反应速率数学表达式)常以反应物的 dc_A/dt 、dx_A/dt 或 dp_A/dt 表达过程速率，它们与上述定义的反应物消耗速率之间存在如下关系：

$$r_A = \frac{-dc_A}{dt} \tag{6-17}$$

$$r_A = \frac{n_{A0}}{V} \frac{dx_A}{dt} \tag{6-18}$$

$$r_A = -\frac{1}{RT} \frac{dp_A}{dt} \tag{6-19}$$

式中，c_A、x_A 和 p_A 分别为关键组分 A 的浓度(mol/m^3)、转化率和分压(Pa)；R 为摩尔气体常量，$J/(mol \cdot K)$。

(3) 对于均相反应，由于反应物是以分子(或离子)状态在一个均相体系中进行反应，因此其反应过程的速率可以以反应体系的容积为基准来计量。而非均相反应则是在相界面上进行的表面反应过程，如在固体颗粒、气泡或液滴的表面上进行的反应过程，其反应速率则需采用其他基准来计量。

例如，对于气固相催化反应过程，若以固体催化剂的表面积 A_c 为基准，则反应物消耗速率的定义式和计量单位为

$$r_i = -\frac{dn_i}{A_c dt} \quad mol/(m^2 \cdot s) \tag{6-20}$$

若以固体催化剂的质量 m_c 为基准，则

$$r_i = -\frac{dn_i}{m_c dt} \quad mol/(kg \cdot s) \tag{6-21}$$

若以固体催化剂层的堆积体积 V_c 为基准，则

$$r_i = -\frac{dn_i}{V_c dt} \quad mol/(m^2 \cdot s) \tag{6-22}$$

当以固体催化剂颗粒为考察对象时，则上述定义式中表面积和体积又可以固体颗粒的表面积 A_p 和颗粒的真实体积 V_p 为基准。

(4) 在化学反应工程学的讨论中，当涉及化学反应速率时，需注意区分本征反应速率和表观反应速率的区别。本征反应速率是指在排除一切物理过程影响的条件下测得的真实的反应速率，表观反应速率是指在物理过程影响下测得的表观的反应速率。

2. 反应速率方程

影响化学反应速率的因素很多，主要有温度、浓度、压强、溶剂以及催化剂的性质等。其中，对任何化学反应的速率都产生影响的是温度和浓度这两个因素，溶剂和催化剂并不是所有化学反应都必须采用的，反应压强也不是普遍产生影响的。所以，通常在溶剂、催化剂(如果采用的话)和压强一定的情况下，定量描述反应速率与温度及浓度的关系，这一关系式称为速率方程或动力学方程，即

$$r=f(\boldsymbol{c}, T) \tag{6-23}$$

式中，$\boldsymbol{c}$ 为浓度向量，它包括影响反应速率的各种组分的浓度。对于化学反应工程学，速率方程之所以重要，是因为它是进行反应器分析和设计的重要依据之一。

在幂函数型速率方程中，以温度函数 $f_1(T)$ 体现温度对反应速率的影响。对于一定的温度，$f_1(T)$ 为定值，以反应速率常数 k 表示。所以，$f_1(T)$ 也就是 k 与温度的关系。根据物理化学的相关基础知识，可以应用阿伦尼乌斯方程定量表达温度的影响：

$$k = A\exp(-E / RT) \tag{6-24}$$

式中，A 为指前因子，其量纲与 k 相同；E 为活化能；R 为摩尔气体常量。

反应速率常数 k 又称比反应速率，其意义是所有反应组分均为单位浓度时的反应速率。反应速率常数的量纲与反应速率的表示方式、速率方程的形式以及反应物系组成的表示方式有关。例如，一级反应的反应速率以 $kmol/(m^3 \cdot s)$ 表示，反应物系组成用浓度 $kmol/m^3$ 表示，则 k 的单位为 s^{-1}；但若反应速率以 $kmol/(kg \cdot s)$ 表示，则 k 的单位变为 $m^3/(kg \cdot s)$。

对于气相反应，常用分压 p_i、浓度 c_i 和摩尔分数 y_i 表示反应物系的组成，相应的反应速率常数分别为 k_p、k_c 和 k_y，它们之间存在下列关系：

$$k_c = (RT)^{\alpha} k_p = (RT / P)^{\alpha} k_y \tag{6-25}$$

式中，P 为总压；α 为总反应级数。显然，这一关系只适用于理想气体，且反应的速率方程为幂函数型。

式(6-24)两边取对数可得

$$\ln k = \ln A - E / RT \tag{6-26}$$

由此可知，以 $\ln k$ 对 $1/T$ 作图可得一直线，由直线的斜率可得反应的活化能。还应指出，阿伦尼乌斯方程式(6-24)只能在一定的温度范围内适用，所以不能任意外推。虽然在大多数情况下，用阿伦尼乌斯方程能满意地表示反应速率常数与温度的关系，但在某些情况下 $\ln k$ 与 $1/T$ 并不呈线性关系。这可能主要是由于采用的速率方程不合适，或在研究的温度范围内反应机理发生了变化。也可能是受到外来因素的影响，如传质的影响使实际测得的反应速率不是真正的化学反应速率，自然 $\ln k$ 与 $1/T$ 就不呈线性关系。也有这样的反应，指前因子 A 与温度有关，$\ln k$ 与 $1/T$ 自然不呈线性关系。

式(6-24)也可写成下列形式：

$$\frac{\mathrm{d}\ln k}{\mathrm{d}T} = \frac{E}{RT^2} \tag{6-27}$$

如果可逆反应的正、逆反应速率常数均符合阿伦尼乌斯方程，则有

$$\frac{\mathrm{d}\ln \vec{k}}{\mathrm{d}T} = \frac{\vec{E}}{RT^2} \quad 及 \quad \frac{\mathrm{d}\ln \overleftarrow{k}}{\mathrm{d}T} = \frac{\overleftarrow{E}}{RT^2} \tag{6-28}$$

式中，$\vec{E}$、$\overleftarrow{E}$ 分别为正、逆反应的活化能。

$$\ln \vec{k} - \ln \overleftarrow{k} = \ln K_p \tag{6-29}$$

对温度求导则有

$$\frac{\mathrm{d}\ln \vec{k}}{\mathrm{d}T} - \frac{\mathrm{d}\ln \overleftarrow{k}}{\mathrm{d}T} = \frac{\mathrm{d}\ln K_p}{\mathrm{d}T} \tag{6-30}$$

由热力学知，对于恒压过程：

$$\frac{\mathrm{d}\ln K_p}{\mathrm{d}T} = \frac{\Delta H_\mathrm{r}}{RT^2} \tag{6-31}$$

将式(6-28)及式(6-31)代入式(6-30)，化简后有

$$\vec{E} - \overleftarrow{E} = \Delta H_\mathrm{r} \tag{6-32}$$

这就是正、逆反应活化能的关系式，对于吸热反应，$\Delta H_\mathrm{r} > 0$，所以 $\vec{E} > \overleftarrow{E}$；若为放热反应，则 $\Delta H_\mathrm{r} < 0$，故 $\vec{E} < \overleftarrow{E}$。

由式(6-24)知，化学反应速率总是随温度的升高而增加(极少数除外)，而且呈强烈的非线性关系，即温度稍有改变，反应速率的改变极为剧烈。所以，温度是影响化学反应速率的一个最敏感的因素，在反应器设计和分析中必须予以充分的考量。在实际反应器的操作中，温度的调节是一个关键环节。

可逆反应的反应速率等于正、逆反应速率之差，当温度升高时，毫无疑问正、逆反应的

速率都要增加，但两者之差是否也增加呢？为了方便起见，将其反应速率表示为如下形式：

$$r=\vec{k}f(x_A)-\overleftarrow{k}g(x_A) \tag{6-33}$$

对于一定起始原料组成，当组分 A 的转化率为 x_A 时，其余组分的浓度均可变为 x_A 的函数。式(6-33)中的 $f(x_A)$即是正反应速率方程中的浓度函数变为转化率函数的结果，$g(x_A)$则为逆反应的浓度函数以转化率 x_A 表示的形式。将式(6-33)对 T 求导：

$$\left(\frac{\partial r}{\partial T}\right)_{x_A}=f(x_A)\frac{d\vec{k}}{dT}-g(x_A)\frac{d\overleftarrow{k}}{dT} \tag{6-34}$$

若正、逆反应速率常数与温度的关系符合阿伦尼乌斯方程，则有

$$\frac{d\vec{k}}{dT}=\frac{\vec{k}\vec{E}}{RT^2} \tag{6-35}$$

$$\frac{d\overleftarrow{k}}{dT}=\frac{\overleftarrow{k}\overleftarrow{E}}{RT^2} \tag{6-36}$$

式中，$\vec{E}$、$\overleftarrow{E}$ 分别为正、逆反应的活化能。将式(6-35)、式(6-36)代入式(6-34)得

$$\left(\frac{\partial r}{\partial T}\right)_{x_A}=\frac{\vec{E}}{RT^2}\vec{k}f(x_A)-\frac{\overleftarrow{E}}{RT^2}\overleftarrow{k}g(x_A) \tag{6-37}$$

因为 $r\geqslant 0$，所以 $\vec{k}f(x_A)\geqslant\overleftarrow{k}g(x_A)$，对于可逆吸热反应，$\vec{E}>\overleftarrow{E}$，从而由式(6-34)知

$$\frac{\vec{E}}{RT^2}\vec{k}f(x_A)>\frac{\overleftarrow{E}}{RT^2}\overleftarrow{k}g(x_A) \tag{6-38}$$

即

$$\left(\frac{\partial r}{\partial T}\right)_{x_A}>0 \tag{6-39}$$

也就是说，可逆吸热反应的速率总是随着温度的升高而增加。图 6-10 为可逆吸热反应速率与温度及转化率的关系。图中的曲线为等速率线，即曲线上所有点的反应速率相等。$r=0$ 的曲线称为平衡曲线，相应的转化率称为平衡转化率，是反应所能达到的极限。由于可逆吸热反应的平衡常数随温度的升高而增大，故平衡转化率也随温度升高而增加。处于平衡曲线下方的其他曲线为非零的等速率线，其反应速率大小的次序是

$$r_4>r_3>r_2>r_1$$

由图可知，如果反应温度一定，则反应速率随转化率的增加而下降；若转化率一定，则反应速率随温度升高而增加。

对于可逆放热反应，由于 $\vec{E}<\overleftarrow{E}$，但 $\vec{k}f(x_A)>\overleftarrow{k}g(x_A)$，故由式(6-37)可知可逆放热反应速率随温度的升高有可能增加，也有可能降低，其关系如图 6-11 所示。图中曲线是在一定转化率下作出的，也称等转化率曲线。从图中可以看出，当温度较低时，反应速率随温度的升高而加快，到达某一极大值后，随着温度的继续升高，反应速率反而下降。这种现象可以解释为：

当温度较低时，反应过程远离平衡，动力学影响是主要矛盾，其斜率表现为$\left(\frac{\partial r}{\partial T}\right)_{x_A}>0$。但在高温时，由于平衡常数下降，对反应速率的影响逐渐明显，随着温度继续升高，平衡影响将成为主要矛盾，其斜率表现为$\left(\frac{\partial r}{\partial T}\right)_{x_A}<0$。对应于极大点的温度称为最佳温度 T_{OP}。

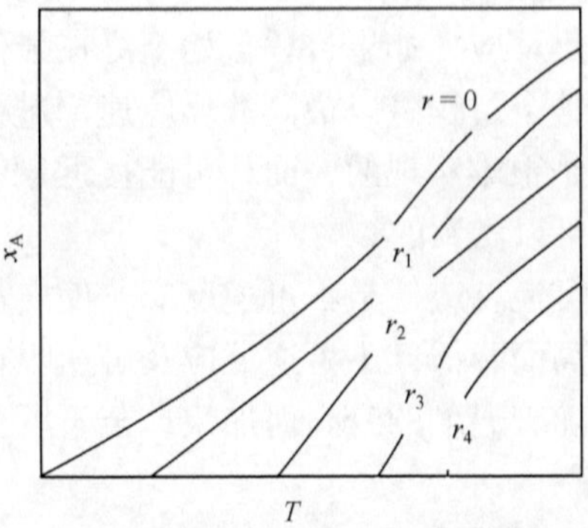

图 6-10　可逆吸热反应速率与温度及转化率的关系

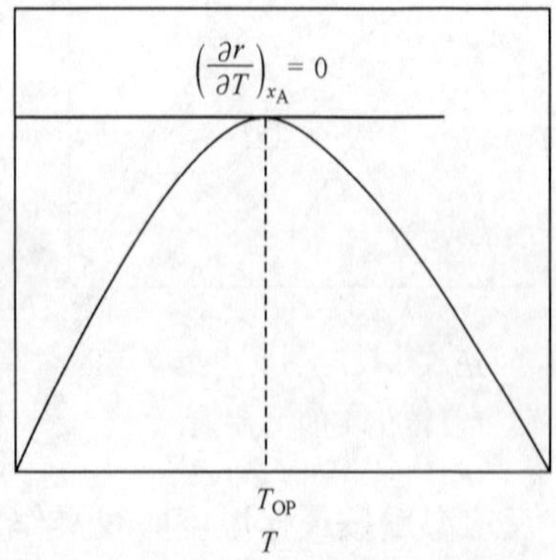

图 6-11　可逆放热反应速率与温度的关系

为找到最佳温度，可用一般求极值方法，令式(6-37)等号右边为零，得

$$\vec{E}\vec{k}f(x_A)-\overleftarrow{E}\overleftarrow{k}g(x_A)=0 \tag{6-40}$$

或

$$\frac{\vec{E}\vec{A}\exp(-\vec{E}/RT_{OP})}{\overleftarrow{E}\overleftarrow{A}\exp(-\overleftarrow{E}/RT_{OP})}=\frac{g(x_A)}{f(x_A)} \tag{6-41}$$

式中，$\vec{A}$、$\overleftarrow{A}$分别为正、逆反应速率常数的指前因子。

当反应达到平衡时，$r=0$，所以

$$\frac{g(x_A)}{f(x_A)}=\frac{\vec{k}}{\overleftarrow{k}}=\frac{\vec{A}\exp(-\vec{E}/RT_e)}{\overleftarrow{A}\exp(-\overleftarrow{E}/RT_e)} \tag{6-42}$$

式中，T_e 为对应于转化率为 x_A 的平衡温度。将式(6-42)代入式(6-41)得

$$\frac{\vec{E}\vec{A}\exp(-\vec{E}/RT_{OP})}{\overleftarrow{E}\overleftarrow{A}\exp(-\overleftarrow{E}/RT_{OP})}=\frac{\vec{A}\exp(-\vec{E}/RT_e)}{\overleftarrow{A}\exp(-\overleftarrow{E}/RT_e)} \tag{6-43}$$

将式(6-43)化简后两边取对数，整理后得最佳温度

$$T_{OP}=\frac{T_e}{1+\frac{RT_e}{\overleftarrow{E}-\vec{E}}\ln\frac{\overleftarrow{E}}{\vec{E}}} \tag{6-44}$$

从式(6-44)中看不出转化率与最佳温度的关系，但平衡温度 T_e 却是转化率的函数，故最佳温度 T_{OP} 是转化率的隐函数。因此，对应于任一转化率 x_A，必然有与其对应的平衡温度 T_e 和最佳温度 T_{OP}。

可逆放热反应的反应速率与温度及转化率的关系如图 6-12 所示，通常称为 T-x_A 图。图中 $r=0$ 的曲线为平衡曲线，为反应的极限。其他曲线为等反应速率线，反应速率大小的次序

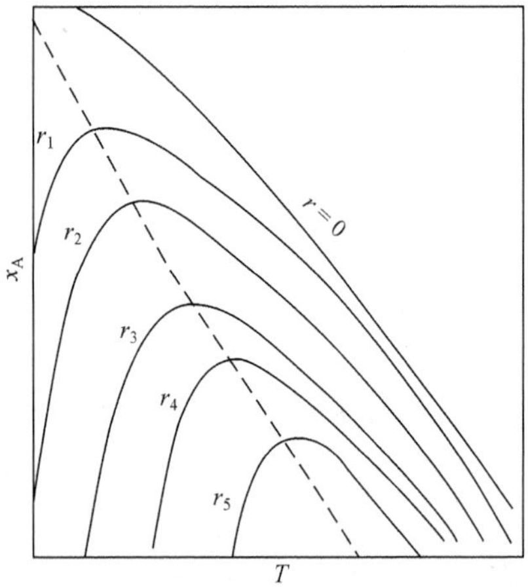

图 6-12　可逆放热反应的反应速率与温度及转化率的关系

如下：

$$r_4 > r_3 > r_2 > r_1$$

从图 6-12 中可以看出，每一条等反应速率线都有一个极点，即转化率最高，其对应的温度即为最佳温度。连接所有等速率线上的极值点构成的曲线称为最佳温度曲线(图 6-12 中的虚线)。该曲线也是式(6-44)的几何图示。对于可逆放热反应，如果过程自始至终按最佳温度曲线操作，那么整个过程将以最高的反应速率进行。但在工业生产中这是很难实现的，而尽可能接近最佳温度曲线的操作还是可以做到的。

总之，无论可逆反应还是不可逆反应，反应速率总是随转化率的升高而降低；不可逆反应及可逆吸热反应的反应速率总是随着温度的升高而加快；至于可逆放热反应，反应温度按最佳温度曲线操作，反应速率最大。

【例 6-2】　在实际生产中合成氨反应

$$\frac{1}{2}N_2 + \frac{3}{2}H_2 \rightleftharpoons NH_3 \tag{a}$$

是在高温高压下采用熔融铁催化剂进行的。合成氨反应为可逆放热反应，放热过程应尽可能按最佳温度曲线进行。现拟计算下列条件下的最佳温度：(1) 在 25.33 MPa 下，以 3∶1 的氢、氮混合气进行反应，氨含量为 17%；(2) 其他条件同(1)，但氨含量为 12%；(3) 把体系压强改为 32.42 MPa，其他条件同(1)。

已知该催化剂的正反应活化能为 58.618×10^3 J/mol，逆反应活化能为 167.48×10^3 J/mol。平衡常数 K_p 与温度 T(K)及总压 P(MPa)的关系如下：

$$\lg K_p = (2172.26 + 19.6478P)/T - (4.2405 + 0.02149P) \tag{b}$$

解　(1) 首先求出氨含量为 17%时混合气体组成，再利用平衡关系式算出 K_p 值，利用式(b)求得平衡温度 T_e，最后代入式(6-44)，即为所求。

合成氨反应时氢、氮的化学计量比为 3∶1，而原料气中氢、氮比也为 3∶1，故当氨含量为 17%时，混合气体组成为

NH_3：17%

N_2：

$$\frac{1}{4}\times(1-0.17)\times100 = 20.75\%$$

H_2：

$$\frac{3}{4}\times(1-0.17)\times100 = 62.25\%$$

式(a)的平衡常数：

$$K_p = \frac{p_{NH_3}}{p_{H_2}^{1.5}p_{N_2}^{0.5}} = \frac{0.17\times25.33}{(0.6225\times25.33)^{1.5}(0.2075\times25.33)^{0.5}} = 3.000\times10^{-2}(\text{MPa}^{-1})$$

将 K_p 值代入式(b)：

$$\lg(3.000\times10^{-2}) = (2172.26 + 19.6478\times25.33)/T_e - (4.2405 + 0.02149\times25.33)$$

解得

$$T_e = 818.5 \text{ K}$$

将 T_e 值代入式(6-44)，即得最佳温度：

$$T_{OP} = \frac{818.5}{1 + \frac{8.314 \times 818.5}{(167.48 - 58.618) \times 10^3} \ln \frac{167.48 \times 10^3}{58.168 \times 10^3}} = 768(\text{K})$$

(2) 由于氨含量的改变，气体组成也改变，K_p 值也变化，故引起 T_e 和 T_{OP} 的变化，计算过程同(1)，最后计算结果为

$$T_e = 872.5 \text{ K}$$
$$T_{OP} = 815.4 \text{ K}$$

(3) 虽然混合气体组成没有发生变化，但由于总压增加，K_p 值减小，最终结果为

$$T_e = 849.8 \text{ K}$$
$$T_{OP} = 795.6 \text{ K}$$

以上的计算结果表明，随着氨含量的增加(转化率增加)，最佳温度降低，如果反应系统的压强增加，而其他条件不变，则最佳温度上升。

3. 体积

在讨论反应器中进行的化学反应过程时，将涉及如下几种体积概念(图 6-13)：

(1) 反应器的体积：指反应器内全部空间所占的体积，记为 V。

(2) 反应器的有效体积：指反应器内实际进行化学反应的区域所占的体积，或称反应体积，记为 V_r。除有效体积外的那一部分空间所占的体积称为该反应器的自由体积。

(3) 反应器的流通体积：指反应器的反应体积内流体所能通过的体积，记为 V_0。

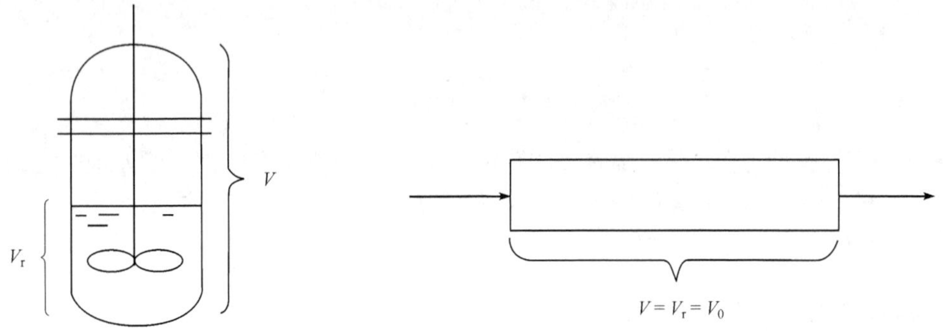

图 6-13　不同体积概念的图例

4. 时间

在化学动力学中，通常以反应物料在间歇反应器内持续进行反应的时间作为反应时间。但对于连续流动反应器，由于反应器中的物料是连续流动的，反应是连续不断地进行着的，难以用反应时间来衡量。因此，在化学反应工程学中，需用如下几种不同的时间概念。

1) 反应时间

在间歇反应器中，反应物料从开始反应至达到要求的转化率所持续的时间为反应持续时间，简称反应时间。

2) 停留时间和平均停留时间

在连续流动反应器中，物料质点从反应器入口到出口所经历的时间为停留时间。当物料流入反应器后，物料流中各质点在反应器内停留的时间是不确定的，而是因反应器结构和流

动状况而异，有可能所有质点停留时间完全一致，也有可能完全不一致。物料中各质点从反应器入口到出口所经历的平均时间称为平均停留时间。

3) 空间时间

在连续流动反应器中，反应器的有效体积(反应体积)V_r 与指定状态下的流体入口体积流量 q_{V0} 之比称为空间时间，简称空时。空时的定义式和计量单位为

$$\tau = \frac{V_r}{q_{V0}} \tag{6-45}$$

$$[\tau] = \frac{m^3}{m^3/s} = s$$

值得注意的是,空间时间既不等于反应持续时间,也不等于物料在反应器内的停留时间,只是表示反应器处理与反应体积相等的指定状态下的物料所需的时间,因而它只是表示连续流动反应器生产强度的一种表观量度。例如，某反应器的空间时间 τ 为 10 s，表示该反应器处理与反应器反应体积相等的物料需要 10 s。显然，空间时间越短，反应器的生产强度越大。

4) 空间速度

在连续流动反应器中，指定状态下的流体入口体积流量 q_{V0} 与反应器有效体积(反应体积)V_r之比称为空间速度，简称空速。显而易见，空间速度与空间时间互为倒数。空速的定义式和计量单位为

$$S_V = \frac{q_{V0}}{V_r} = \frac{1}{\tau} \tag{6-46}$$

$$[S_V] = \frac{m^3/s}{m^3} = s^{-1}$$

空间速度表示连续流动反应器在每单位时间内，每单位反应体积所能处理的在指定状态下的入口物料体积。例如，某反应器的空间速度为 10 s^{-1}，表示该反应器每 1 m^3 反应体积，每秒能处理 10 m^3 指定状态下的物料。

6.3.3 传递工程学的有关基本概念

如上所述，化学反应工程学在研究工业反应器中的化学反应过程时，不仅要考虑微观的动力学因素，同时要考虑设备结构和传递过程等宏观的动力学因素。因此，化学反应工程学不仅要求化学动力学提供必要的理论依据，同时要求传递工程学提供必要的理论依据。化学反应工程学是在化学动力学和传递工程学基础上，寻求解决工业实际中的化学反应过程问题的途径并由此引申出一系列新的概念和方法。

从本质上讲，化学反应过程的本征规律性并不因流体流动状况而改变，但在一定形式的反应器内，流体流动状况不同，必然导致反应器内温度和浓度在时间和空间上分布不同，由此造成总体的表观反应速率和最终转化率的差异。为了便于进一步讨论流动状况对反应过程的影响，必须对化学反应工程学中极为重要的混合、返混以及流动模型等概念进行了解。

1. 混合

混合是指同一时刻进入反应器的物料之间的相互掺和，可解释为在反应器内，过程进行

程度和状态相同的物料之间的相互掺和。

2. 返混

返混是指反应器内不同停留时间的物料之间的相互掺和，即反应器内过程进行程度和状态不同的物料之间的掺和。

混合与返混概念对于判定各类反应器的特性，寻求其流动模型十分重要。在间歇反应器中只存在混合，不存在返混，因而只是混合分散的程度对化学反应过程产生影响。在连续流动反应器中存在返混，因此返混程度不同，会导致物料在设备中的停留时间不同，从而影响化学反应的总结果。

根据返混程度，连续流动反应器内的流动状况可分为如下三种：

(1) 完全不返混，即物料流入反应器后，各质点沿同一方向按相同速度向前推进，犹如活塞在缸体内推进。这种理想的流动状况称为活塞流模型。凡属这种理想流动模型的反应器，物料各质点在器内的停留时间都相等。

(2) 完全返混，即物料流入反应器后，立即与反应器内存留的停留时间不同的物料混合均匀。这种完全返混流动的理想状况称为全混流模型。

(3) 部分返混，即物料流经反应器时存在不同程度的返混，造成不同的停留时间分布。这类流动状况的流动模型将在第 8 章中详细探讨。

6.4　反应器设计的基本方程

反应器设计最基本的内容及解决的问题包括以下三个方面：①选择合适的反应器形式；②确定最佳的操作条件；③针对选定的反应器形式，根据确定的操作条件，计算完成规定的生产任务所需的反应体积。

反应体积的确定是反应器设计的核心内容。在反应器形式和操作条件已定的前提下，如何确定反应体积呢？这种情况下反应体积的大小是由反应组分的转化速率决定的，而反应组分的转化速率又取决于反应物系的组成、压强和温度。但对大多数反应器而言，反应器内反应物系的组成、温度和压强总是随位置或时间而改变，或者随两者变化而变，所以在这些反应器内化学反应是以变速进行的。为了确定反应体积，就需要找出这些物理量在反应器内变化的数学关系式，即反应器设计的基本方程。

反应器设计的基本方程共分为三类：①描述浓度变化的物料衡算式或连续方程；②描述温度变化的能量衡算式或能量方程；③描述压强变化的动量衡算式。建立这三类方程的依据分别是质量守恒定律、能量守恒定律和动量守恒定律。

应用三大定律建立基本方程之前，首先需要确定变量，其次是确定控制体积。变量分因变量(状态变量)和自变量两种。在反应器设计和分析中，建立物料衡算式时通常以关键组分的浓度 c_i 作为因变量，根据需要也可采用关键组分的转化率 x_i、收率 Y_i 或分压 p_i 作为因变量。能量衡算式及动量衡算式则分别以反应物系的温度和压强作为因变量。

控制体积是指建立衡算式的空间范围，即在多大的空间范围内进行各种衡算。其选择原则是以能把化学反应速率视作等值的最大空间范围作为控制体积。例如，假定反应区内浓度均匀和温度均一的釜式反应器，则可取整个反应体积作为控制体积，因为此时反应体积内任何位置的化学反应速率都是一样的。如果这个假定不成立，则反应体积内各点的反应速率未必相同，这时只能取微元体积而不是将整个反应体积作为控制体积。变量和控制体积确定之后，建立各种衡算式。

首先讨论物料衡算式，它通常是根据质量守恒定律在控制体积范围内针对反应物中关键组分 i 而建立的方程，其通式为

$$\begin{matrix}\text{关键组分}\\ i\text{的输入速率}\end{matrix} = \begin{matrix}\text{关键组分}\\ i\text{的输出速率}\end{matrix} + \begin{matrix}\text{关键组分}\\ i\text{的消耗速率}\end{matrix} + \begin{matrix}\text{关键组分}\\ i\text{的累积速率}\end{matrix} \tag{6-47}$$

当反应器内只进行单个化学反应时，关键组分量的改变反映了化学反应的进程，其他非关键组分的浓度也能由此推算出来。若反应器中同时进行多个化学反应，这就需要根据具体情况，首先决定描述反应过程所需的关键组分的数目，然后选定合适的反应组分作为关键组分，分别对它们建立类似式(6-47)的物料衡算式，对于复合反应系统，需建立多个物料衡算式。

其次是建立能量衡算式。对于大多数反应器，常可把位能、动能及功等略去，实质上只做热量衡算，所以也称这一基本方程为热量衡算式，通式为

$$\begin{matrix}\text{单位时间内}\\ \text{输入的热量}\end{matrix} = \begin{matrix}\text{单位时间内}\\ \text{输出的热量}\end{matrix} + \begin{matrix}\text{单位时间}\\ \text{的反应热}\end{matrix} + \begin{matrix}\text{单位时间内}\\ \text{累积的热量}\end{matrix} \tag{6-48}$$

与物料衡算式不同的是，热量衡算式是对整个反应混合物列出的，而物料衡算式则是针对反应体系中各关键组分分别列出的。因此，一般情况下无论其中进行的化学反应数目有多少，只有一个热量衡算式。但是，当反应系统存在多相而各相温度不相同时，则需对各相分别做热量衡算且要考虑相间热量传递。式(6-48)的等号右边第二项为所有化学反应热的代数和，吸热反应的热效应取正号，放热反应则取负号。

至于动量衡算式，与物料、热量衡算式类似，可写成如下通式：

$$\text{输入的动量} = \text{输出的动量} + \text{消耗的动量} + \text{累积的动量} \tag{6-49}$$

对于流动反应器的动量衡算，只需考虑压力降及摩擦力。压力降不大(做恒压反应处理)时，动量衡算式可略去。通常许多常压反应器都可以这样处理。

综观上述三种衡算式，根据各自的守恒定律，都符合下列模式：

$$\text{输入} = \text{输出} + \text{消耗} + \text{累积}$$

上面对反应器设计的基本方程建立的基本思路和依据做了概括性的介绍。然而，反应过程极其错综复杂，要全面建立反映整个反应过程的所有基本方程是困难的，所以只要基本方程能反映过程的实质即可，可对过程做部分合理的简化，建立起描述反应过程实质的物理模型。然后，以此物理模型为依据，建立各类基本方程，这也是反应器的数学模型。在以后的章节中将介绍各式各样的模型，但其模型方程的建立仍遵循此处所阐明的基本思路与原则。

习 题

1. 在银催化剂上进行甲醇氧化为甲醛的反应

$$2CH_3OH + O_2 \longrightarrow 2HCHO + 2H_2O$$

$$2CH_3OH + 3O_2 \longrightarrow 2CO_2 + 4H_2O$$

进入反应器的原料气中，甲醇：空气：水蒸气=2：4：1.3(物质的量比)，反应后甲醇的转化率达 72%，甲醛的收率为 69.2%。试计算：(1) 反应的选择性；(2) 反应器出口气体的组成。

[96.11%；CH_3OH 6.983%，HCHO 17.26%，H_2O 34.87%，CO_2 0.6983%，O_2 0.7999%，N_2 39.39%]

2. 在一体积为 4 L 的恒容反应器中进行 A 的水解反应，反应前 A 的含量为 12.23%(质量分数)，混合物的密度为 1 g/mL，反应物 A 的分子量为 88。在等温常压下不断取样分析，测得组分 A 的浓度随时间变化的数据如本题附表所示，试求反应时间为 3.5 h 的 A 的水解速率。

习题 2 附表

反应时间/h	1.0	2.0	3.0	4.0	5.0	6.0	7.0	8.0	9.0
c_A/(mol/L)	0.900	0.610	0.420	0.280	0.170	0.120	0.080	0.045	0.030

[0.125 mol/(L · h)]

3. 已知在 Fe-Mg 催化剂上水煤气变换反应的正反应动力学方程为

$$r = k_w y_{CO}^{0.85} y_{CO_2}^{-0.4} \text{ kmol/(kg·h)}$$

式中，y_{CO} 和 y_{CO_2} 分别为一氧化碳和二氧化碳的瞬间摩尔分数，0.1 MPa 压强及 700 K 时反应速率常数 k_W = 0.0535 kmol/(kg · h)。如催化剂的比表面积为 30 m²/g，堆密度为 1.13 g/cm³，试计算：(1) 以反应体积为基准的速率常数 k_V；(2) 以反应相界面积为基准的速率常数 k_S；(3) 以分压表示反应物系组成时的速率常数 k_p；(4) 以物质的量浓度表示反应物系组成时的速率常数 k_c。

[60.46 kmol/(m³ · h)；1.78×10^{-6} kmol/(m² · h)；0.1508 kmol/(kg · $MPa^{0.45}$ · h)；0.33 $m^{1.35}$ · $kmol^{0.55}$/h]

4. 在等温下进行液相反应 A+B ⟶ C+D，在该条件下的反应速率方程为

$$r_A = 0.8 c_A^{1.5} c_B^{0.5} \text{ mol/(L·min)}$$

若将 A 和 B 的初始浓度均为 3 mol/L 的原料混合进行反应，求反应 4 min 时 A 的转化率。

[0.8276]

5. 在进行一氧化碳变换反应动力学研究中，采用 B106 催化剂进行试验，测得正反应活化能为 9.269×10^4 J/mol。如果不考虑逆反应，则反应温度为 550℃时的反应速率比反应温度为 400℃时的反应速率大多少倍？

[23 倍]

6. 常压下，在钒催化剂上进行 SO_2 氧化反应，原料气组成为 7% O_2 及 82% N_2。试计算转化率为 80%时的最佳温度。SO_2 在钒催化剂上氧化的正反应活化能为 9.211×10^4 kJ/mol，反应式为

$$SO_2 + \frac{1}{2}O_2 \rightleftharpoons SO_3$$

其平衡常数与温度的关系为

$$\lg K_p = 4905.5/T_c - 4.6455$$

该反应的热效应 $\Delta H_r = -4.815\times10^4$ J/mol。

[739 K]

7. 甲烷与水蒸气在镍催化剂及 750℃等温下的转化反应为

$$CH_4 + 2H_2O \longrightarrow CO_2 + 4H_2$$

原料气中甲烷与水蒸气的物质的量比为 1∶4，若这个反应对各反应物均为一级，已知 k=2 L/(mol · s)，则：(1) 反应在恒容下进行，系统的初始总压为 0.1013 MPa，当反应器出口的 CH_4 转化率为 80%时，CO_2 和 H_2 的生成速率是多少？(2) 反应在恒压下进行，其他条件如(1)，CO_2 的生成速率又是多少？

[5.447×10^{-6} mol/(L · s)，2.179×10^{-5} mol/(L · s)；3.126×10^{-6} mol/(L · s)]

8. 在一恒容反应器中进行下列液相反应：

$$A + B \longrightarrow R \qquad r_R = 1.6c_A \ \text{kmol/(m}^3 \cdot \text{h)}$$

$$2A \longrightarrow D \qquad r_D = 8.2c_A^2 \ \text{kmol/(m}^3 \cdot \text{h)}$$

式中，r_R 和 r_D 分别为产物 R 和 D 的生成速率。反应用的原料为 A 与 B 的混合物，其中 A 的浓度为 2 kmol/m^3，试计算 A 的转化率达到 95%时所需的反应时间。

[0.40 h]

第 7 章　均相反应过程与理想反应器

7.1　釜式反应器

7.1.1　釜式反应器的物料衡算式

设在釜式反应器中进行 M 个均相反应，描述该反应系统所需的关键组分数为 K，$K \leqslant M$。如果 M 个反应均是独立的，则 $K=M$；如果 M 个反应并非均为独立反应，关键组分数 $K<M$。理想状态下，搅拌器的作用是使反应器内物料浓度及温度处处相同，故可取整个反应体积 V_r 作为控制体积进行物料衡算。设在时间间隔 $\mathrm{d}t$ 内，反应物中关键组分 i 的变化量为 $\mathrm{d}n_i$，如图 7-1 所示，反应器进口和出口的物料体积流量分别为 q_{V0} 和 q_V，关键组分的浓度分别为 c_{i0} 与 c_i，进、出反应器的关键组分 i 的量分别为 $q_{V0}c_{i0}\mathrm{d}t$、$q_Vc_i\mathrm{d}t$，关键组分的消耗量为 $R_iV_r\mathrm{d}t$。根据质量守恒定律，在 $\mathrm{d}t$ 时间内，进入体系的关键组分量=离开体系的关键组分量+反应消耗的量+体系内积累的量，即

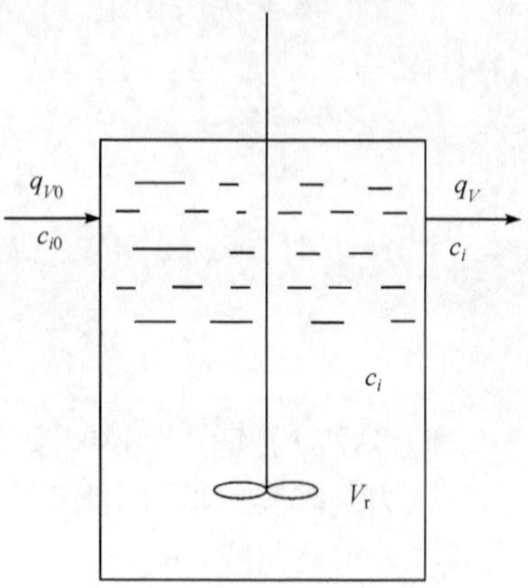

图 7-1　釜式反应器示意图

$$q_{V0}c_{i0}\mathrm{d}t = q_Vc_i\mathrm{d}t + R_iV_r\mathrm{d}t + \mathrm{d}n_i \tag{7-1}$$

式(7-1)可改写成

$$q_{V0}c_{i0} = q_Vc_i + R_iV_r + \frac{\mathrm{d}n_i}{\mathrm{d}t} \qquad (i=1, 2, \cdots, K) \tag{7-2}$$

式(7-2)为釜式反应器的物料衡算式，是一组常微分方程。值得注意的是，如果以产物作为关键组分，则体系中反应消耗的量应为负值。

若为定态操作的反应器，关键组分在体系中的累积量为零，则式(7-2)简化为

$$q_{V0}c_{i0} = q_Vc_i + R_iV_r \qquad (i=1, 2, \cdots, K) \tag{7-3}$$

式(7-3)为连续釜式反应器的物料衡算式，是一代数方程组。

如果采用间歇操作，反应过程中没有物料的输入与输出，即 $q_{V0}=q_V=0$，则式(7-2)变为

$$R_iV_r + \frac{\mathrm{d}n_i}{\mathrm{d}t} = 0 \qquad (i=1, 2, \cdots, K) \tag{7-4}$$

式(7-4)为间歇釜式反应器的物料衡算式，是一组常微分方程。由此可见，只有在非定态操作下的连续釜式反应器或半连续操作的釜式反应器才需要应用普遍式(7-2)。当然，如果半间歇釜式反应器连续进料而分批出料，或者相反，式(7-2)还可进一步简化。

7.1.2　间歇搅拌釜式反应器

间歇搅拌釜式反应器(batch stirred tank reactor，BSTR)的特点是分批装料和卸料，因此其操作条件较为灵活，适用于不同品种和不同规格的产品生产，特别适用于多品种而批量小的化学品生产。因此，其在医药、试剂、助剂、添加剂等精细化工部门中得到广泛的应用，生产规模小或者反应时间长的反应也常采用间歇反应器。

由于间歇反应器是分批操作，其操作时间由两部分组成：一部分是反应时间，即从装料完毕至达到要求的产品收率所需时间；另一部分是辅助时间，即装料、卸料及清洗等所需时间。设计间歇反应器的关键就在于确定处理每批物料所需的时间，其中反应时间的确定最重要，而辅助时间主要根据经验确定。

以反应物 A 为关键组分，若反应开始时关键组分的量为 n_{A0}，则 $n_A = n_{A0}(1-x_A)$，代入式(7-4)有

$$V_r R_A - n_{A0}\frac{dx_A}{dt} = 0 \tag{7-5}$$

当 $t=0$ 时，$x_A=0$，对式(7-5)积分，即可求 A 的转化率达到 x_A 时需要的反应时间：

$$t = \int_0^{x_A}\frac{n_{A0}dx_A}{V_r R_A} \tag{7-6}$$

间歇反应器是一个封闭系统，与环境没有物质的交换，若也无功的交换，则间歇反应过程可认为是等容过程，因此反应混合物体积 V_r 可视为常数。若为均相反应，则有 $n_{A0}/V_r = c_{A0}$，故式(7-6)可改写成

$$t = c_{A0}\int_0^{x_A}\frac{dx_A}{R_A} \tag{7-7}$$

对于单一反应，$R_A = r_A$，所以只要反应的速率方程已知，代入式(7-7)便可计算关键组分 A 的转化率达到 x_A 时所需的时间。由式(7-7)可知，对于单一反应，间歇反应器反应时间的求定是直接积分反应速率方程的结果。反应时间的长短取决于反应组分的初始浓度(一级反应除外)和要求达到的最终转化率。当然，这是对反应温度一定而言，反应温度不同，反应时间当然也不同。例如，在等温间歇反应器中进行 α 级不可逆反应，此时

$$R_A = r_A = kc_A^{\alpha} \tag{7-8}$$

$$R_A = kc_{A0}^{\alpha}(1-x_A)^{\alpha} \tag{7-9}$$

代入式(7-7)得

$$t = \frac{1}{kc_{A0}^{\alpha-1}}\int_0^{x_A}\frac{dx_A}{(1-x_A)^{\alpha}} = \frac{(1-x_A)^{1-\alpha}-1}{(\alpha-1)kc_{A0}^{\alpha-1}} \qquad (\alpha \neq 1) \tag{7-10}$$

式中，反应速率常数 k 为温度的函数，因为是在等温下反应，故 k 为常数，可移至积分号外。由式(7-10)可知，温度越高，k 越大，达到相同的转化率所需的反应时间也就越短。

思考　若进行的是可逆放热反应，这一结论是否也成立？

若进行一级不可逆反应，按照同样的方法可得反应时间为

$$t = \frac{1}{k}\ln\frac{1}{1-x_A} \tag{7-11}$$

对比式(7-10)和式(7-11)可知，一级反应与其他非一级反应有一个显著不同之处，就是反应时间与反应物料的起始浓度无关。

由间歇反应器的设计方程可以得出一个极为重要的结论：反应物达到一定的转化率所需的反应时间只取决于过程的反应速率，也就是说取决于动力学因素，而与反应器的大小无关。反应器的大小是由反应物料的处理量决定的。由此可见，上述计算反应时间公式既适用于小型设备，又可用于大型设备。所以由实验室数据设计生产规模的间歇反应器时，只要保证两者的反应条件相同，便可达到同样的反应效果。但应注意，要使两个规模不同的间歇反应器具有完全相同的反应条件并非易事，以等温间歇反应器为例，实验室所用小型反应器达到等温操作条件比较容易，而大型反应器就很难做到。又如，实验室反应器利用搅拌可使反应物料混合均匀、浓度均一，而大型反应器要做到这一点就比较困难。因此，生产规模的间歇反应器，其反应效果与实验室反应器相比，或多或少总是会有些差异。

间歇反应器的反应体积是根据单位时间的反应物料处理量 q_{V0} 及操作时间来决定。前者可由生产任务计算得到，而后者由两部分组成，一是反应时间 t，这可按式(7-7)求得；二是辅助时间 t_0，这只能根据实际经验来决定。由此可得，间歇反应器的反应体积为

$$V_r = q_{V0}(t + t_0) \tag{7-12}$$

值得注意的是，在间歇反应釜的计算与设计中，q_{V0} 为单位时间内处理物料的体积。

实际反应器的体积 V 要比反应体积 V_r 大，以保证反应物料上面有一定空间，通常由式(7-13)确定：

$$V = \frac{V_r}{f} \tag{7-13}$$

式中，f 为装填系数，其值为 0.4～0.85，一般由经验确定，根据反应物料的性质不同而选择。对于沸腾或起泡沫的液体物料，可取小的系数，如 0.4～0.6；对于不起泡沫或不沸腾的液体，可取 0.7～0.85。

思考　间歇反应器的优化设计中，产能和单位产品成本如何计算？

【例 7-1】　在 343 K 时，等物质的量的己二酸与己二醇以 H_2SO_4 为催化剂，在间歇搅拌釜式反应器中进行缩聚反应生产醇酸树脂。以己二酸为关键组分的反应动力学方程为 $r_A = kc_A^2$，$c_{A0} = 4\times10^{-3}$ kmol/L，$k = 1.97$ L/(kmol · min)。

若每天处理 2400 kg 己二酸，每批操作的辅助时间 $t_0 = 1$ h，装填系数 $f = 0.75$，要求转化率达 80%，试计算该反应器的容积。

解　(1) 计算达到规定转化率所需的时间。

因反应是二级反应，$c_{A0} = c_{B0}$，其化学反应速率方程的积分式为

$$t = \frac{1}{kc_{A0}}\frac{x_A}{1-x_A} = \frac{1}{1.97\times4\times10^{-3}}\frac{0.8}{1-0.8} = 508(\text{min}) = 8.47\,(\text{h})$$

(2) 计算反应器所需的体积 V。

每小时己二酸进料量 F_{A0} 为

$$F_{A0} = \frac{2400}{24\times146} = 0.685(\text{kmol/h})$$

式中，146 kg / kmol 为己二酸的摩尔质量，24 h 为每天生产时间，则每小时处理的己二酸体积流量 q_{V0} 为

$$q_{V0} = \frac{F_{A0}}{c_{A0}} = \frac{0.685}{4\times10^{-3}} = 171(\text{L / h})$$

故反应器的有效体积 V 为

$$V_{\rm r}=q_{V0}(t+t')=171\times(8.47+1)=1619({\rm L})=1.619({\rm m}^3)$$

间歇搅拌釜式反应器的实际体积 V 为

$$V=\frac{V_{\rm r}}{f}=\frac{1.619}{0.75}=2.159({\rm m}^3)$$

7.1.3 理想连续搅拌釜式反应器

理想连续流动釜式反应器操作时反应物料连续地进入和流出反应器，不存在间歇操作中的辅助时间问题，因此具有自动控制、操作简单、节省人力、产品质量稳定等优点，并且适合大产量的产品生产过程。由于强烈搅拌，反应器内物料达到全釜均匀的浓度和温度，这种连续流动反应器的流动状况称为全混流反应器。实际工业生产中广泛使用连续搅拌釜式反应器(continuous stirred tank reactor，CSTR)进行液相反应，只要达到足够的搅拌强度，其流型很接近全混流。根据全混流的定义，理想连续搅拌釜式反应器在搅拌器的作用下，使刚进入反应器的物料立刻与反应器内的原有物料混合均匀，出口物料的浓度和温度与反应器内物料的浓度及温度完全一致，因此又称理想混合反应器。该反应器在定态下操作，因此各股物流以及反应器的所有参数均不随时间而变，从而不存在时间自变量，以式(7-3)所示的代数方程式为其设计方程；另外，这类反应器多用于在液相中进行的反应，反应过程中液体体积的变化不显著，完全可以认为是在等容下进行反应。假定物料进、出口的流量相等，对设计计算的精确度带来的影响有限，这样式(7-3)可简化为

$$V_{\rm r}=\frac{q_{V0}(c_{i0}-c_i)}{R_{\rm A}} \tag{7-14}$$

式(7-14)就是连续釜式反应器反应体积的计算公式。只要原料的处理量及反应速率方程已知，便可由式(7-14)计算满足生产要求时所需的反应器体积。

如果反应器中只进行一个反应，并以反应物 A 为关键组分，则把式(7-14)写成如下形式更为简明：

$$V_{\rm r}=\frac{q_{V0}(c_{\rm A0}-c_{\rm A})}{R_{\rm A}} \tag{7-15}$$

式(7-15)也可写成转化率的函数，即

$$V_{\rm r}=\frac{q_{V0}c_{\rm A0}x_{\rm Af}}{R_{\rm A}} \tag{7-16}$$

定态操作的连续釜式反应器是在等温、等浓度下进行反应，因而也是在等反应速率下反应，式(7-14)～式(7-16)中的 $R_{\rm A}$ 在整个反应进程中均为定值，既不随空间而变，也不随时间而变，等速操作是连续釜式反应器不同于其他反应器的一个显著特点。还需指出，$R_{\rm A}$ 均应按反应器内的反应物料组成计算，由于此组成与出口物料组成相同，也可以认为是按出口物料组成计算。

当同时进行多个反应时，因式(7-14)往往是偶联的，所以需求解代数方程组才可以计算一定反应体积下出口物料的组成。如果进、出口物料组成及处理量已知，则无论同时进行多少个反应，只通过一个方程即可求出反应体积。

由 7.1.2 小节讨论可知，间歇反应器的反应体积是通过反应时间及物料处理量确定的。定

态操作的连续釜式反应器则是由物料衡算式直接计算反应体积。为了与连续反应器的生产能力进行比较，都应用第 6 章定义的空间时间这一概念[式(6-45)]，对于等容均相反应过程，空时也等于物料在反应器内的平均停留时间。

对于使用固体催化剂的反应，往往以催化剂的质量多少表示反应体积的大小，因此有质量空速与体积空速之分。前者为单位质量催化剂单位时间内处理的物料量；后者则基于单位体积催化剂计算，且一般是指催化剂的堆体积。

7.1.4　连续搅拌釜式反应器的串联

1. 串联釜式反应器的计算

图 7-2 是由 N 个反应体积分别为 V_{r1}、V_{r2}、…、V_{rN} 的反应釜组成的串联釜式反应器，根据式(7-3)对各釜中的关键组分 i 进行物料衡算，得下列方程组：

$$V_{rp}=\frac{q_{V0}(c_{ip-1}-c_{ip})}{R_i}\qquad (p=1, 2, \cdots, N;\ i=1,\ 2,\ \cdots, K)\tag{7-17}$$

其中关键组分数为 K，故每个釜可列出 K 个方程，方程总数则为 KN。若进料量及组成、各釜的反应体积和温度已定，利用式(7-17)可求最后一釜的出口物料组成。计算可从第 1 釜开始，由于该釜的进口组成已知，由式(7-17)可求出口组成，也就是第 2 釜的进口组成。依此类推，直至第 N 釜，即为所求。如果进行的反应不止一个，则需解代数方程组式(7-17)，才能求出物料组成，这种算法称为逐釜计算。

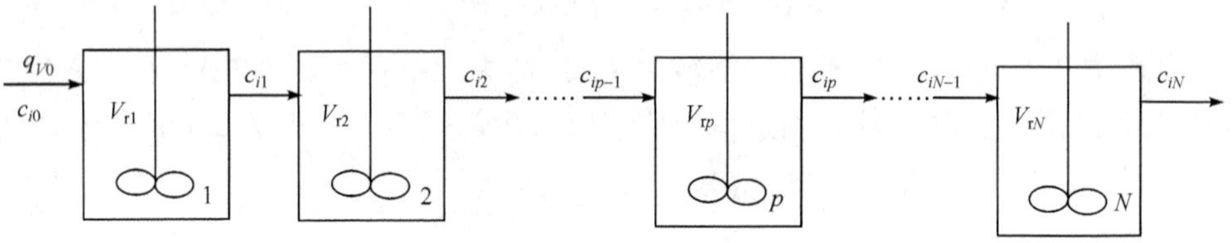

图 7-2　串联釜式反应器

实际设计中通常是已知进料组成，确定达到规定的输出物料组成时所需的反应釜数和各釜的反应体积。为简便起见，下面只讨论单一反应的情况，并以反应物 A 为关键组分，这时式(7-17)变为

$$V_{rp}=\frac{q_{V0}(c_{Ap-1}-c_{Ap})}{R_{Ap}}\qquad (p=1, 2,\ \cdots, N)\tag{7 18}$$

或

$$V_{rp}=\frac{q_{V0}c_{A0}(x_{Ap}-x_{Ap-1})}{R_{Ap}}\qquad (p=1, 2,\ \cdots, N)\tag{7-19}$$

对于一级不可逆反应，有

$$V_{rp}=\frac{q_{V0}(x_{Ap}-x_{Ap-1})}{k_p(1-x_{Ap})}\qquad (p=1, 2,\ \cdots, N)\tag{7-20}$$

假定各釜反应体积相等，则各釜的空时 τ 相等，若各釜的操作温度相同，则各釜的反应速率常数 k 相同，式(7-20)可变为如下形式：

$$\frac{1-x_{Ap-1}}{1-x_{Ap}}=1+k\tau \qquad (p=1, 2, \cdots, N) \tag{7-21}$$

将这 N 个方程相乘可得

$$\frac{1}{1-x_{AN}}=(1+k\tau)^N$$

或

$$\tau=\frac{1}{k}\left[\left(\frac{1}{1-x_{AN}}\right)^{1/N}-1\right] \tag{7-22}$$

当釜数一定时，由式(7-22)即可求出达到最终转化率 x_{AN} 所需的空时 τ，不难算出所需的反应体积。但应注意这里的空时是对一个釜而言，总空时应为 $N\tau$，因而总反应体积为 $q_{V0}N\tau$。

在各釜反应体积相等、操作温度相同的前提下，对于一级反应，不必进行逐釜计算便可由式(7-22)求空时，从而求所需的反应体积。然而，对于非一级反应，即使具备了这两个前提，也还要进行逐釜计算，通过试差才能求出达到规定的最终转化率所需的反应体积。例如，进行二级反应时：

$$r_A=kc_A^2=kc_{A0}^2(1-x_A)^2$$

代入式(7-19)并化为空时，得

$$\tau=\frac{x_{Ap}-x_{Ap-1}}{kc_{A0}(1-x_{Ap})^2} \qquad (p=1, 2, \cdots, N) \tag{7-23}$$

通过代数方程组式(7-23)很难将中间转化率 x_{Ap} 消去，得到如式(7-22)所示的方程。因此，只能利用式(7-23)进行逐釜计算，由进口组成求出口转化率。于是式(7-23)可写为

$$k\tau c_{A0}x_{Ap}^2-(2k\tau c_{A0}+1)x_{Ap}+k\tau c_{A0}+x_{Ap-1}=0$$

这是关于 x_{Ap} 的二次方程。若各釜的反应体积已知，即 τ 已定，可从第 1 釜开始，逐釜计算出口转化率，从而确定达到规定的最终转化率 x_{Ap} 所需的釜数 N。若釜数已规定，需要确定各釜的反应体积，则要假设 τ 值，然后按上述计算。若按规定的釜数计算的最终转化率 x_{Ap} 与规定值不符，说明原设的 τ 值不合适，则需重新假定再算，直至与规定的最终转化率相符为止，这显然是很麻烦的计算过程。特别是釜数较多时，如果反应速率方程又特别复杂，求解其他的非线性代数方程更为麻烦，此时采用图解法则较为简捷。

逐釜计算的图解法实质是以 R_A 对 x_A 作图，求各釜的出口物料组成。因为出口转化率既要满足反应速率方程，又要符合物料衡算式，所以可由两者的交点决定釜的出口状态。将式(7-19)改写为

$$R_A=\frac{c_{A0}}{\tau_p}x_{Ap}-\frac{c_{A0}}{\tau_p}x_{Ap-1} \tag{7-24}$$

由此可见，在 x_A-R_A 图上，物料衡算式为一直线，其斜率为 c_{A0}/τ_p（τ_p 为第 p 釜的空时)，如图 7-3 中 OM、Nx_{A1}、Px_{A2} 及 Qx_{A3} 所示，它们分别表示第 1、2、3 及 4 釜的物料衡算式。如果各釜的反应体积相同，那么这些直线是互相平行的。图中曲线 $MNPQ$ 是根据反应速率方程得到的动力学曲线。图中只给出一条动力学曲线，表明各釜的操作温度相同，否则需要根

据不同的操作温度给出不同的动力学曲线，因为反应速率为温度的函数。此时，应由物料衡算式与相应操作温度下的动力学曲线相交来决定该釜的出口转化率。

当各釜反应体积相同、操作温度也相同时，若釜的反应体积已知，则物料衡算线的斜率已定，不难求出达到最终转化率所需的反应釜数。如图 7-3 所示，过 O 点作第 1 釜的物料衡算线 OM，交动力学曲线于 M，M 点的横坐标即为第 1 釜的出口转化率。由于第 1 釜的进口转化率为零，所以从原点开始作图。过 M 点作横轴的垂直线 Mx_{A1}，x_{A1} 点对应于第 2 釜的进口状态，过 x_{A1} 点作直线 Nx_{A1} 与 OM 平行，前者与动力学曲线的交点 N 即为第 2 釜的出口状态，依此类推，便可决定所需的釜数。若釜数一定，要求各釜的反应体积，作图程序相同，但必须先假设 OM 的斜率，按上述方法作图，观察在规定的釜数下能否达到最终转化率，若不满足，需改变 OM 的斜率再次尝试，直至符合为止。此时，由物料衡算线的斜率便可求空时，然后由空时算出反应体积。

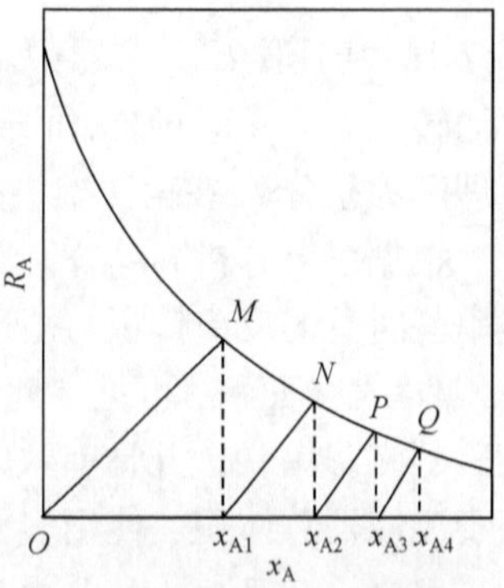

图 7-3　图解法确定串联釜式反应器各釜的出口转化率

2. 釜式反应器的串联对反应体积的影响

根据连续搅拌釜式反应器反应体积的计算，如进行单一反应的连续釜式反应器可用式(7-15)计算。由反应速率方程，可将 x_A 对 $1/R_A$ 作图(图 7-4)。一般情况下，反应速率 R_A 总是随着 x_A 的增加而降低，即正常动力学，而 $1/R_A$ 则随 x_A 的增加而升高，见图 7-4(a)。与此相反，则为反常动力学，反应级数为负数的反应，自催化反应等属此类，见图 7-4(b)。当用一个釜式反应器操作，使反应物 A 的转化率从 0 增至 x_{A2} 时，由式(7-16)可知所需的反应体积为 $q_{V0}c_{A0}x_{A2}/R_{A2}$，而由图 7-4(a)可看出 x_{A2}/R_{A2} 为矩形 $OADK$ 的面积。所以，对于一定的进料条件，反应体积与此矩形面积成正比。

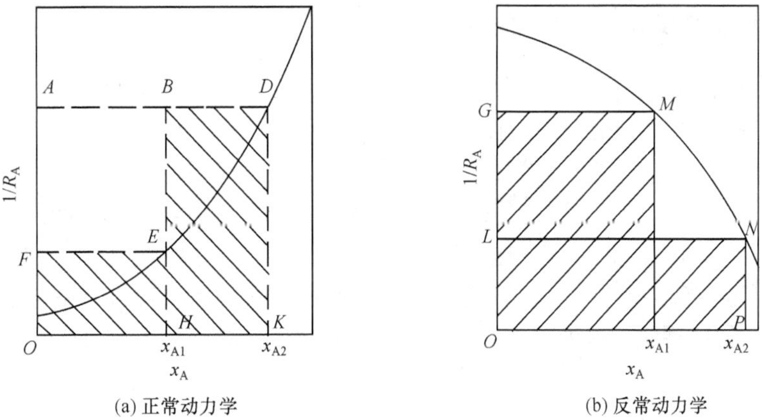

图 7-4　连续釜式反应器反应体积的几何图示

如果采用两个釜式反应器串联操作，如在第 1 釜中达到的转化率为 x_{A1}，然后在第 2 釜中反应，最后达到转化率 x_{A2}。由图 7-4(a)知，第 1 釜的反应体积与矩形 $OFEH$ 的面积成正比，第 2 釜则与矩形 $HBDK$ 的面积成正比。因为两釜串联，所以两釜的物料处理量相同，都为 q_{V0}，

另外转化率 x_{A1} 和 x_{A2} 都是以进入第 1 釜的原料为基准定义的，即都是对 c_{A0} 而言的。此时，式(7-16)用于第 2 釜时要做相应的修正，将分子的 x_A 改为 $x_{A2}-x_{A1}$，因为式(7-16)只适用于进料的转化率为零的场合，而第 2 釜进料为第 1 釜的出料，转化率为 x_{A1}，故要做修正，$x_{A2}-x_{A1}$ 可理解为组分 A 在第 2 釜中的净转化率。

根据以上分析并结合图 7-4(a)可知，单釜的反应体积与矩形 *OADK* 的面积成正比，而两釜串联时总的反应体积与矩形 *OFEH* 与 *HBDK* 面积之和成正比。显然，*OADK* 面积 > *HBDK* 面积+*OFEH* 面积，可见在此情况下两釜串联所需总的反应体积比单个反应釜小，这一结论可推广到多釜串联，并且串联的釜数越多，所需总的反应体积越小。所以，对于正常动力学，基于反应器总体积，使用多釜串联总是比单釜有利。

思考　如果发生的化学反应属于反常动力学，试基于图 7-4(b)分析串联反应器对反应总体积的影响。

【例 7-2】　在全混流反应器中用己二酸和己二醇反应生产醇酸树脂，其操作条件与例 7-1 相同：(1) 试计算单个全混流反应器所需有效体积；(2) 采用两个全混流反应器串联进行上述反应，第 1 釜中己二酸转化率为 60%，第 2 釜中达到的最终转化率为 80%，反应条件与产率同(1)，计算两釜串联反应器的有效体积。

解　(1) 已知 $c_{A0}=4\times10^{-3}\ \text{kmol/L}$，$q_{V0}=171\ \text{L/h}$，$k=1.97\ \text{L/(kmol}\cdot\text{min)}$，$x_A$=80%。

$$\tau=\frac{V_r}{q_{V0}}=\frac{c_{A0}x_A}{kc_{A0}^2(1-x_A)^2}=\frac{1}{kc_{A0}}\frac{x_A}{(1-x_A)^2}=\frac{1}{1.97\times4\times10^{-3}}\frac{0.8}{(1-0.8)^2}=2538(\text{min})=42.3(\text{h})$$

$$V_r=q_{V0}\tau=171\times42.3=7233(\text{L})=7.233(\text{m})^3$$

(2) 第 1 釜：

$$\tau_1=\frac{V_{r1}}{q_{V0}}=\frac{c_{A0}x_{A1}}{kc_{A0}^2(1-x_{A1})^2}=\frac{0.6}{1.97\times60\times0.004\times0.4^2}=7.93(\text{h})$$

第 2 釜：

$$\tau_2=\frac{V_{r2}}{q_{V0}}=\frac{c_{A0}(x_{A2}-x_{A1})}{kc_{A0}^2(1-x_{A2})^2}=\frac{0.8-0.6}{1.97\times60\times0.004\times0.2^2}=10.58(\text{h})$$

$$V_r=q_{V0}(\tau_1+\tau_2)=171\times(7.93+10.58)=3165(\text{L})=3.165(\text{m})^3$$

7.1.5　连续搅拌釜式反应器的热稳定性

任何化学反应都有一定的反应热，因此非常有必要讨论反应器的传热问题。尤其当反应器的放热强度较大时，传热过程对化学反应过程的影响往往是过程的关键因素。化学反应器的热量传递问题与一般的加热、冷却、换热过程中的传热问题有重要的区别，即反应器内的反应过程和传热过程之间有关联作用。对于放热反应，当某些外界因素使反应温度升高时，一般反应速率随之加快，然而反应速率增加越大，反应放热速率也越大，这使反应温度进一步上升，因而就可能出现恶性循环。但是这种恶性循环是吸热反应没有的，也是一般换热过程不存在的一类特殊现象，这种现象的存在对传热和反应器的操作及控制都提出了特殊的要求。

1. 热稳定性的概念

化学反应的热稳定性是指涉及的反应器能否实现稳定操作和控制的能力。如果一个反应器是在某一平衡状态下设计并进行操作的，就传热而言，反应器处于热平衡状态，即反应的放热速率应该等于移热速率。只要这个平衡不被破坏，反应器内各处的温度将不随时间变化而处于定态，但是实际上各有关参数不可能严格保持在给定值，总会有各种偶然的原因而引起扰动。扰动表现为流量、进口温度、冷却介质温度等有关参数的变动。如果某个短暂的扰动使反应器的温度产生微小的上升，将产生两种情况：一种是反应温度会自动返回原来的平衡状态，此时称该反应器是热稳定的，或具备自衡能力；另一种是该温度将继续上升直到另一个平衡状态为止，则称此反应器是不稳定的，或无自衡能力。

一般来说，热稳定条件比热平衡条件苛刻得多，热平衡条件只要移热速率等于放热速率，因此可以采用很大的传热温差，以减少必需的传热面，从而简化了反应器的结构；而热稳定条件则给传热温差以限制，要求传热温差小于某个规定值，因而增加了所需的传热面积，使反应器结构复杂化。热稳定性问题严格地说属于动态问题。但是按动态问题处理超出了作为本科生教材的范围，因此本小节只用定态的方法做简单的探讨。

2. 连续釜式反应器的定态操作

1) 连续釜式反应器的热量衡算式

假定反应过程中物料的密度变化可以忽略，以整个反应体积为控制体积，连续釜式反应器的热量衡算式表示为：带入的热量+反应放出的热量=移去的热量+传向环境的热量，即

$$q_{V0}c_{pt0}\rho T_0 + R_A V_r(-\Delta H_r) = q_{V0}c_{pt}\rho T + KA(T - T_c) \tag{7-25}$$

$$R_A V_r(-\Delta H_r) = q_{V0}\overline{c}_{pt}\rho(T - T_0) + KA(T - T_c) \tag{7-26}$$

式中，$\overline{c}_{pt}$ 为在体系温度 T 与环境温度 T_0 之间物料的平均定压比热容；K 为传热系数。式(7-26)为定态操作下连续釜式反应器的热量衡算式。

2) 连续釜式反应器的热稳定性

定态操作的连续釜式反应器的操作温度和所达到的转化率应满足物料及热量衡算式，假定体系进行的反应为一级不可逆放热反应，则

$$R_A = r_A = A\exp[-E/(RT)]c_A \tag{7-27}$$

代入式(7-15)得

$$\tau = \frac{x_A}{A\exp[-E/(RT)](1 - x_A)} \tag{7-28}$$

$$x_A = \frac{A\tau\exp[-E/(RT)]}{1 + A\tau\exp[-E/(RT)]} \tag{7-29}$$

$$q_{V0}\rho\overline{c}_{pt}(T - T_0) + KA(T - T_c) = \frac{V_r c_{A0}(-\Delta H_r)A\tau\exp[-E/(RT)]}{1 + A\tau\exp[-E/(RT)]} \tag{7-30}$$

式(7-30)的等号左边为移热速率 q_r，它由两项组成，第一项为使进料从温度 T_0 升高至操作温度 T 所需的热量；第二项则为冷却介质所带走的热量：

$$q_r = q_{V0}\rho\overline{c}_{pt}(T - T_0) + KA(T - T_c) \tag{7-31}$$

式(7-30)的等号右边则为反应的放热速率 q_g：

$$q_g = \frac{V_r c_{A0}(-\Delta H_r)A\tau\exp[-E/(RT)]}{1 + A\tau\exp[-E/(RT)]} \tag{7-32}$$

式(7-30)是关于 T 的非线性代数方程，解此式即得定态操作温度。如果用图解法求解，分

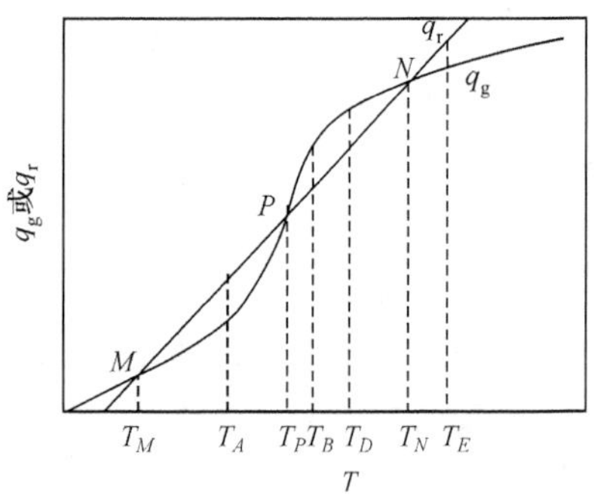

图 7-5　连续釜式反应器的定态操作温度

别以 q_r 及 q_g 对 T 作图，如图 7-5 所示。图中移热速率线 q_r 为一直线，该直线的斜率为 $q_{V0}\rho\bar{c}_{pt}+KA$。由式(7-32)可知，放热速率曲线 q_g 为一 S 形曲线。曲线 q_g 与直线 q_r 的交点 M、P 及 N 所对应的温度即为定态操作温度，因为只有两者的交点才能满足 $q_r=q_g$ 的要求，T_M、T_P 及 T_N 均满足物料及热量衡算式，显然按 T_M 操作，转化率最低，而按 T_N 操作则转化率最高。

图 7-5 中三个定态点除了温度和转化率不同之外，还具有另一种不同的特性，即稳定性问题。首先分析定态点 N，其温度为 T_N，由于外来的干扰，温度上升至 T_E，由图可见，此时 $q_r>q_g$，移热速率大于放热速率，当扰动消除后，反应体系必然降温恢复到 T_N；同样，若由于干扰而降温至 T_D，此时 $q_g>q_r$，当扰动消除后，必定升温至 T_E，所以定态点 N 是稳定的。对 M 点做同样的分析，也可得出 M 点是稳定的结论。然而，P 点的情况有所不同，当温度波动而上升至 T_B 时，由于 $q_g>q_r$，即使扰动消失，温度仍会继续上升至 T_N 为止；若波动使温度降至 T_A，因为 $q_g<q_r$，必然继续降低直至等于 T_M 为止，所以 P 点为不稳定的定态点，哪怕是极其微小的一点波动，定态不是向 M 点移动，就是向 N 点移动。因此，在设计连续釜式反应器时，应选择在稳定的定态点操作，一般选择温度较高的定态点，即图 7-5 上的 N 点，M 点虽然稳定，但因转化率低而失去了实际价值。

由图 7-5 可见，在稳定的定态点 M 及 N 处，移热速率线的斜率大于放热速率曲线的斜率，即

$$\frac{\mathrm{d}q_r}{\mathrm{d}T}>\frac{\mathrm{d}q_g}{\mathrm{d}T} \tag{7-33}$$

这是定态操作稳定的必要条件，只有满足式(7-33)，定态才可能是稳定的。若不满足式(7-33)，则定态一定是不稳定的。该条件通常又称为斜率条件，通常需加上其他条件方可构成定态稳定的充分必要条件。

7.2　活塞流反应器

7.2.1　活塞流反应器的理想假设

在连续管式反应器中，沿着与物料流动方向垂直的径向截面上总是呈现不均匀速度分布。在流速较大的湍流状态时，虽然速度分布较均匀，但在边界层中流动速度仍然因壁面的阻滞而减慢，造成了径向速度分布的不均匀性，使径向和轴向都存在一定程度的混合。这种速度分布的不均匀性和径向、轴向的混合给反应器的设计计算带来许多困难。为此，通常利用一种理想流动，即认为物料在反应器内像活塞一样向前流动，反应器内没有返混。这种流动称为平推流或活塞流，显然这是一种理想化的流动模型，实际反应器中流动状况只能不同程度地接近这种理想流动。活塞流反应器(plug flow reactor，PFR)具有以下特点：①在连续定态条

件下操作时，反应器的径向截面上物料的各种参数，如浓度、温度等只随物料流动方向变化，不随时间变化；②由于径向具有均匀的流速，也就是在径向不存在浓度分布，反应速率随空间位置的变化只限于轴向方向；③由于径向速度均匀，反应物料在反应器内具有相同的停留时间。

7.2.2　活塞流反应器的体积计算

前面述及的间歇反应器和全混流反应器的物料衡算方程都是基于以整个反应器的体积作为控制体积推导而来的，但对于活塞流反应器，其中物系的性质和状态以及反应速率虽在径向上是完全一致的，但沿轴向有明显的变化。就整个反应体积而言，反应速率是个变量。因此，这种理想反应器的物料衡算方程不能由整个反应器物料衡算基本方程简化得出，而应取微元体积作为控制体积进行物料衡算，然后按一定边界条件积分导出。为此，可以沿反应器轴向，在距进口任意距离 l 处截取长度为 dl 的一个微分段，其体积为 $dV=Adl$，如图 7-6 所示。由于在此微元体内，反应速率可视为一定值，若以反应物 A 为关键组分，在 dt 时间间隔内，该微元体系的物料衡算方程为

$$F_A-(F_A+dF_A)-r_A dV=\frac{dn_A}{dt} \tag{7-34}$$

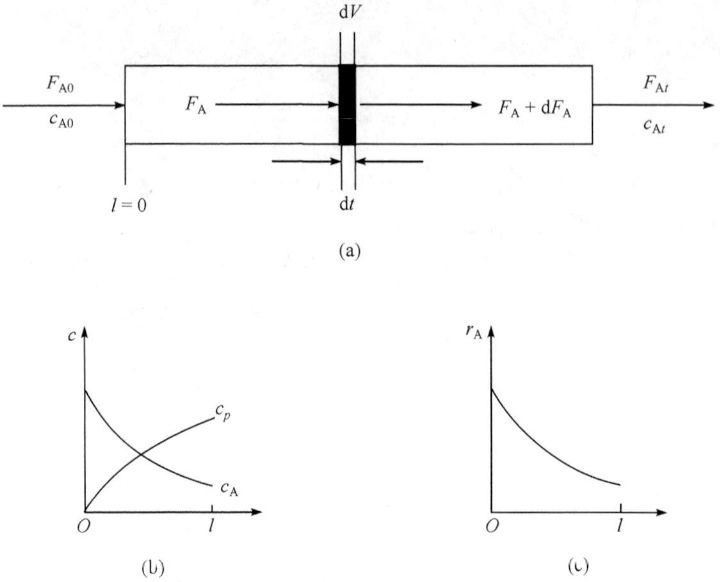

图 7-6　活塞流反应器及其性能示意图

对于定态过程，式(7-34)可以化简得到活塞流反应器的物料衡算微分方程：

$$-dF_A-r_A dV=0 \tag{7-35}$$

或者表示为

$$dV=\frac{-dF_A}{r_A} \tag{7-36}$$

若以关键组分 A 的转化率为自变量，则根据转化率定义式，式(7-36)可具体表达为如下形式：

$$\mathrm{d}V = \frac{F_{A0}\mathrm{d}x_A}{r_A} \tag{7-37}$$

对式(7-37)积分，可得活塞流反应器的物料衡算积分方程，简称活塞流反应器物料衡算基本方程：

$$V = F_{A0}\int_0^{x_A}\frac{\mathrm{d}x_A}{r_A} \tag{7-38}$$

将式(7-38)的等号两边同除以入口体积流量 q_{V0}，可得物料衡算基本方程的另一种表达方式：

$$\tau = \frac{V}{q_{V0}} = c_{A0}\int_0^{x_A}\frac{\mathrm{d}x_A}{r_A} \tag{7-39}$$

将式(7-38)与式(7-6)或将式(7-39)与式(7-7)加以比较可以发现，活塞流反应器与理想间歇反应器的物料衡算方程形式上十分相似，但是值得注意的是间歇反应器一般是在等容条件下进行的，而管式反应器则不一定。如果进行的都是等容反应，两者的反应速率表达式一样，此时 $t=\tau$，若管式反应器进行的是变容反应，$t\neq\tau$。例如，等容条件下的一级气相反应，其反应速率为

$$r=kc_A=kc_{A0}(1-x_A) \tag{7-40}$$

而变容条件下，其反应速率为

$$r = kc_A = \frac{kc_{A0}(1-x_A)}{1+y_{A0}\delta_A x_A} \tag{7-41}$$

【例 7-3】 应用活塞流反应器进行例 7-1 中己二酸与己二醇反应生产醇酸树脂，操作条件与产量均与前者相同，试计算活塞流反应器所需的体积。

解 已知 $c_{A0}=4\times10^{-3}\ \mathrm{kmol/L}$，$q_{V0}=171\ \mathrm{L/h}$，$k=1.97\ \mathrm{L/(kmol\cdot min)}$，$x_A=80\%$。因是二级反应，故

$$\tau=\frac{1}{kc_{A0}}\frac{x_A}{1-x_A}=\frac{1}{1.97\times4\times10^{-3}}\frac{0.8}{1-0.8}=508(\mathrm{min})=8.47(\mathrm{h})$$

$$V=q_{V0}t=171\times8.47=1448(\mathrm{L})=1.448(\mathrm{m})^3$$

从计算结果可以看出，活塞流反应器所需的体积正好等于间歇搅拌釜式反应器一个操作周期中去掉辅助时间计算得到的体积，因此活塞流反应器的生产能力要比间歇搅拌釜式反应器的大。

【例 7-4】 在活塞流反应器中进行丙烷裂解反应：

$$\underset{A}{C_3H_8} \longrightarrow \underset{B}{C_2H_4} + \underset{C}{CH_4}$$

其反应速率方程为 $r_A=k_p p_A$，在常压和 772℃的等温条件下反应时，$k=1\times10^{-4}\ \mathrm{s^{-1}}$。若丙烷的初始体积流量为 2×10^{-2} L/s，求转化率达 60%时所需反应器的有效体积。

解 由题可知，该反应为一级气相反应，反应前后发生分子数变化，属于非等容反应。

$$\delta_A=\frac{1+1-1}{1}=1 \qquad y_{A0}=1$$

$$p_A=\frac{p_{A0}(1-x_A)}{1+\delta_A y_{A0}x_A}=\frac{p_{A0}(1-x_A)}{1+x_A}$$

因 $c_{A0}=\dfrac{Py_{A0}}{RT}$，所以

$$r_A = k_p p_A = k_p \frac{p_{A0}(1-x_A)}{1+\delta_A y_{A0} x_A} = k_p \frac{P y_{A0}(1-x_A)}{1+\delta_A y_{A0} x_A}$$

$$\tau = c_{A0}\int_0^{x_A}\frac{dx_A}{r_A} = \frac{P y_{A0}}{k_p RTP y_{A0}}\int_0^{x_A}\frac{dx_A}{\frac{1-x_A}{1+x_A}} = \frac{1}{k}\int_0^{x_A}\frac{dx_A}{\frac{1-x_A}{1+x_A}}$$

$$= \frac{1}{k}\int_0^{x_A}\frac{1+x_A}{1-x_A}dx_A = \frac{1}{k}\int_0^{x_A}\frac{x_A-1+2}{1-x_A}dx_A$$

$$= \frac{1}{k}\left(\int_0^{x_A}-dx_A + 2\int_0^{x_A}\frac{dx_A}{1-x_A}\right)$$

$$= \frac{1}{k}(-x_A - 2\ln(1-x_A))\Big|_0^{0.6}$$

$$= \frac{1}{1\times10^{-4}}(-0.6-2\ln0.4) = 1.233\times10^4(\text{s})$$

$$V_r = q_{V0}\tau = 2\times10^{-2}\times1.233\times10^4 = 246.6\,(\text{L})$$

7.3　理想均相反应器的优化选择

对于理想均相反应器的优化选择，优化目标不同，将得到不同的结果，即使优化目标相同，对于不同的反应过程，优化结果也会大相径庭。由于均相反应过程多种多样，不可能对它们的反应器优化问题一一加以研究。现通过举例说明如何对理想反应器进行优化选择，其实质是基于各类反应器的生产能力和产品质量的影响等。

7.3.1　以生产强度为优化目标选择反应器

反应器的生产强度是指反应器的单位体积所具有的生产能力。在规定物料处理量 q_{V0} 和最终转化率 x_{Af} 的条件下，反应器所需反应体积的大小就反映了生产强度的大小，即在相同条件下某种理想反应器所需反应体积最小，则表明其生产强度最大。现以此为目标并以等温条件下进行的均相简单反应过程为例，对几种基本的理想均相反应器进行比较和做出选择。

对于在各种理想反应器中进行的等温均相简单反应(符合正常反应动力学)所需反应体积的计算，已在前面做了详细讨论。为了更加直观地分析，现以图解法进行比较，各种理想反应器所需的体积与图中阴影面积成正比，如图 7-7 所示，其中活塞流反应器(PFR)最小，全混流反应器(CSTR)最大，多级全混流反应器居于两者之间。如上所述，多级全混流反应器随串联级数的增多，所需反应体积减小且向活塞流反应器反应体积趋近。当串联级数为无限多时，多级全混流反应器反应体积等于活塞流反应器反应体积。这从图解法中可以得到更为形象的概念。

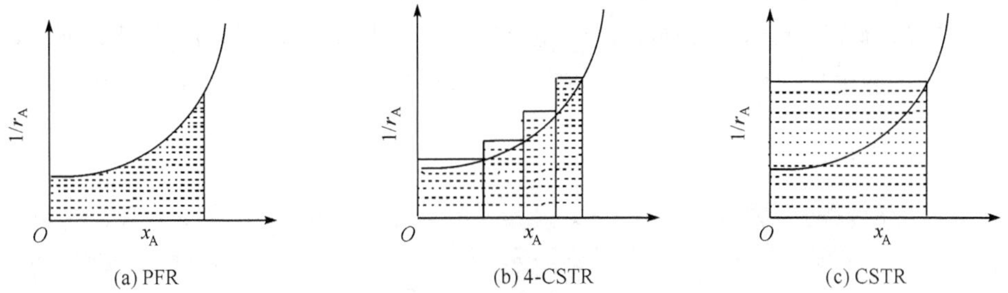

图 7-7　理想流动反应器反应体积的比较

上述各类理想流动反应器所需反应体积之所以有差别，其原因可从返混对化学反应过程的影响来分析。活塞流反应器由于完全不返混，物料进入反应器后，反应物浓度沿流动方向逐渐降低，其变化过程如图 7-8(a)中 *MN* 曲线所示。全混流反应器由于完全返混，物料进入反应器后，反应物浓度立刻降至与出口处相同的最低浓度，其变化过程如图 7-8(a)中 *MPN* 折线所示。由此可见，在全混流反应器中化学反应过程始终是在最低浓度条件下进行的；而在活塞流反应器中，尽管接近出口处的化学反应是在低浓度下进行，但在其他区域都是在高于出口浓度的条件下进行的。因此，在活塞流反应器中进行的化学反应过程，其平均推动力和反应速率必然高于全混流反应器，这是活塞流反应器的生产强度大于全混流反应器的主要原因。多级全混流反应器每一级虽然都是完全返混，但整体而言，随着串联级数增多，返混程度降低。如图 7-8(a)所示的梯度(*MabcdeN*)反映了三级全混流反应器的浓度变化过程。显而易见，在三级全混流反应器中进行同一化学反应过程，其推动力和反应速率比在单级全混流反应器中更大。对照图 7-8(a)、(b)还可以清楚地看到，随着串联级数的增多，浓度变化过程将接近活塞流反应器。

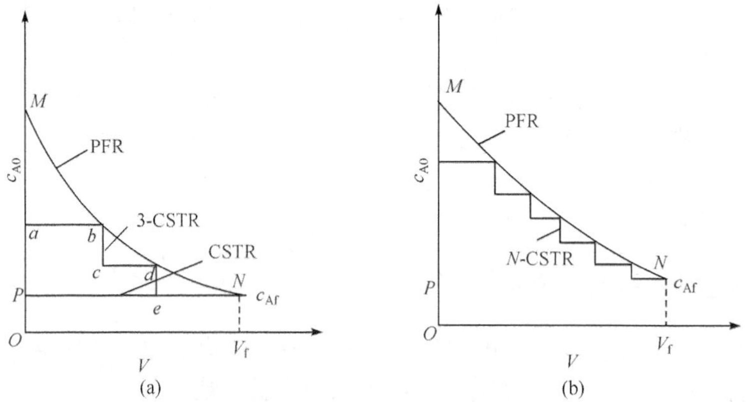

图 7-8　理想流动反应器物料浓度变化示意图

如上所述，间歇搅拌釜式反应器虽也通过搅拌使物料达到分子状态的微观混合均匀，但这种混合是相同性质、相同浓度和相同经历的物料之间的混合，而不存在反应器中不同停留时间物料之间的混合，也不存在返混。因此，在间歇反应器中物料的浓度随着持续的反应时间而变化，而活塞流反应器中物料的浓度则是沿着反应器流动方向而变化。由于间歇反应器需要花费装料、卸料和清洗等必需的辅助时间，即使间歇反应器所需反应时间 t 与活塞流反应器所需的空间时间 τ 相等，其生产强度仍低于活塞流反应器。

根据以上分析可以认为，以生产强度最大为优化目标，对于等温条件下进行的简单均相反应，以选用活塞流反应器为最优。但应注意的是，各种反应过程性质千差万别，即使上述讨论只是以均相简单反应为限，但并非所有反应都符合上述结论，还有不少例外情况。

1. 简单零级反应

若简单反应的反应级数为零，则该反应的反应速率与反应物的浓度无关，其动力学方程可表示为 $r_A = k$ 。在等温操作条件下，不论反应物浓度如何变化，其反应速率都为一定值(图 7-9)。因此，有无返混对这种反应过程都无影响，即不论采用哪一种理想流动反应器进行这种反应，所需反应体积都相同，即具有相同的生产强度。

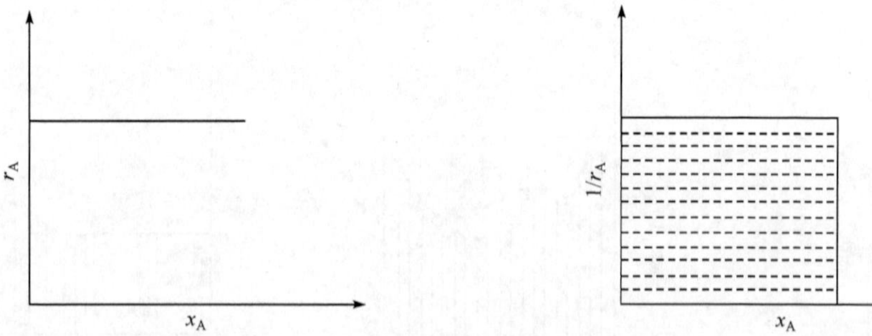

图 7-9　简单零级反应

对于除零级以外的正数级简单反应，当转化率一定时，其反应级数越高，返混对反应过程的影响就越显著。因此，全混流反应器与活塞流反应器所需反应体积的差别也就越大。

2. 简单自催化反应

自催化反应是指反应生成物之一对反应自身具有催化作用的一类反应。例如，酯类的水解，生成物 H^+ 具有催化作用；尿素生产中，氨基甲酸铵分解为尿素和水，作为生成物的水具有催化作用；以及某些生化反应中酶的催化作用等，都属于自催化反应。显然，自催化反应的反应速率既受反应物浓度的影响，又受具有催化作用的生成物浓度的影响。

设简单自催化反应的化学计量关系和动力学方程分别为

$$A + R = D + F$$

$$r_A = kc_A c_R$$

在转化率较低的反应前期，随着转化率的增大，反应物 A 的浓度由高变低，但是具有催化作用的生成物 D 却同时从无到有，浓度逐渐增大，这时后者对过程速度起主导作用，而使反应过程的速率呈上升的趋势。在转化率较高的反应后期，随着转化率的继续升高，具有催化作用的生成物 D 浓度虽也增大，但与此同时反应物 A 的浓度已经降至很低，因而对过程起主导作用，而使过程速率呈下降趋势。因此，这类过程在其中期必然存在一个与某一转化率相对应的反应速率最大值。例如，某一自催化反应的反应速率与关键组分反应物 A 的浓度的变化关系可以标绘成如图 7-10 所示的曲线，图中 c'_A 对应的 r_A 值即为反应速率的最大值。

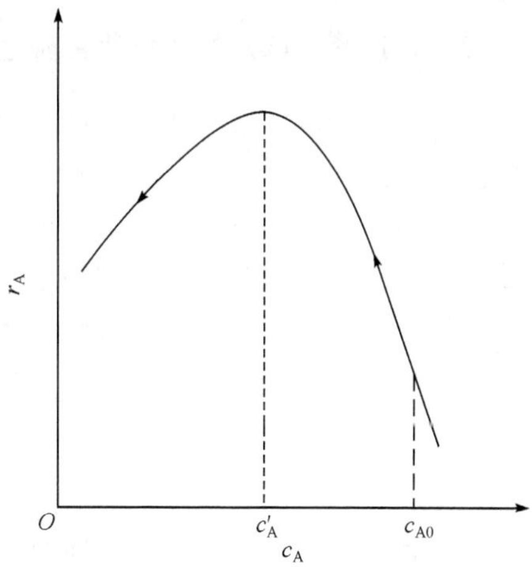

图 7-10　自催化反应的反应速率示意图

如果按照前述理想反应器反应体积的图解法，根据自催化反应动力学曲线提供的数据，如图 7-11 所示，则可根据该图对理想反应器的优化选择进行如下分析。

如果将最终转化率 x_{Af} 选定在等于或小于 x'_A 的范围内，则由图 7-11(a)的图解可见，采用全混流反应器所需的反应体积与图中矩形 *BODC* 面积成正比，显然小于采用活塞流反应器时所需反应器体积(与图中曲线 *AODC* 下阴影面积成正比)，这种情况与上述一般情况恰好相反，

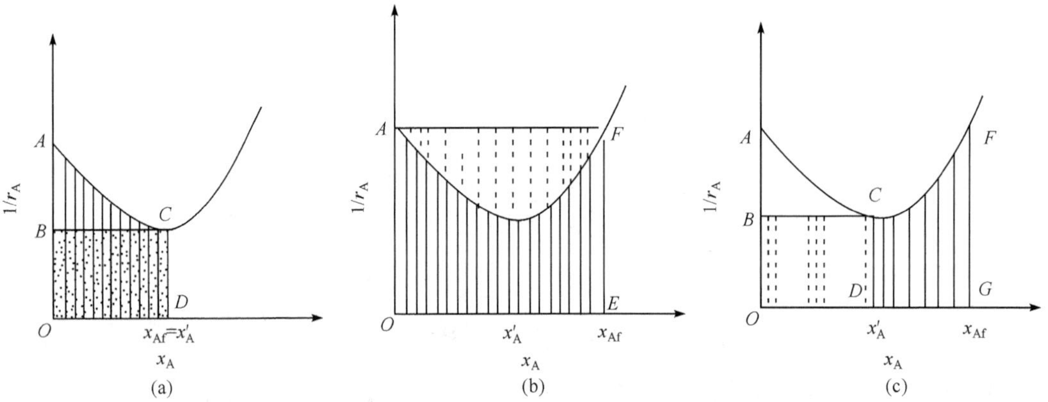

图 7-11　自催化反应过程的图解

返混不仅没有降低反应速率，反而有利于提高反应速率。这是由于返混虽使反应物 A 的浓度迅速下降，但同时也使得具有催化作用的生成物 D 的浓度迅速增加，因此在低转化率区域内的返混利大于弊。

如果操作的最终转化率 x_{Af} 要求大于 x'_A 并采用较高值，由图 7-11(b)的图解可见，采用全混流反应器时所需的反应体积(与图中矩形 *AOEF* 面积成正比)将大于采用活塞流反应器时所需的反应体积(与图中曲线 *AOEF* 下阴影部分面积成正比)。这时返混对自催化反应过程的弊大于利，原因也是不言而喻的。要实现这种高转化率要求，则以生产强度最大为优化目标的反应器的最优选择既不单纯是全混流反应器，也不单纯是活塞流反应器，而是两者的串联组合，先采用全混流反应器使转化率达到 x'_A，然后采用活塞流反应器使最终转化率达到所要求的 x_{Af}，这种组合方案所需的反应体积最小，如图 7-11(c)所示。

7.3.2　以产率和选择性为优化目标选择反应器

许多复杂反应常生成多种产物，这些产物中，目的产物和各种副产物以及它们的组成比例，或者简称为反应产物的分布，常随反应过程的条件不同而不同。因此，在优化选择适用于这类反应的反应器时，考虑目的产物的产率和选择性往往比考虑反应器的生产强度更为重要。否则，如果忽视了反应器形式及其操作状态对反应过程选择性的影响，将导致目的产物产率低而副产物量却很大。现举例说明以产率和选择性为优化目标的优化选择过程，而优化的核心问题在于返混对复杂反应产物分布的影响。

1. 平行反应

平行反应是指某一已知反应物同时发生生成目的产物和副产物的反应。例如，某种烃类化合物在等温操作条件下同时发生异构化和二聚反应，其化学反应式和动力学方程分别为

$$\mathrm{A} \xrightarrow{k_1} \mathrm{P} \qquad r_{\mathrm{A-P}} = k_1 c_{\mathrm{A}} \qquad \text{(主反应)}$$

$$2\mathrm{A} \xrightarrow{k_2} \mathrm{R} \qquad r_{\mathrm{A-R}} = k_2 c_{\mathrm{A}}^2 \qquad \text{(副反应)}$$

上述平行反应的相对速率可以用主、副反应的反应速率之比表示，即

$$\frac{r_{\mathrm{A-P}}}{r_{\mathrm{A-R}}} = \frac{k_1 c_{\mathrm{A}}}{k_2 c_{\mathrm{A}}^2} = \frac{k_1}{k_2} c_{\mathrm{A}}^{-1} \tag{7-42}$$

在等温操作条件下，k_1和k_2为定值，返混引起反应物 A 的浓度c_A下降，对主反应反应速率的影响没有对副反应影响显著，前者反应速率与c_A成正比，后者反应速率与c_A的平方成正比，或者说，选择性与浓度的负一次方成正比。因此，返混有利于提高目的产物的选择性。显然，若以异构化主反应的目的产物 P 的产率为优化目标，则采用全混流反应器比活塞流反应器为优。

由此可以得出如下一般化结论：

对于主反应为

$$A \xrightarrow{k_1} P \qquad r_{A-P} = k_1 c_A^{\alpha}$$

副反应为

$$A \xrightarrow{k_1} R \qquad r_{A-R} = k_2 c_A^{\beta}$$

因而其相对速率为

$$\frac{r_{A-P}}{r_{A-R}} = \frac{k_1 c_A^{\alpha}}{k_2 c_A^{\beta}} = \frac{k_1}{k_2} c_A^{\alpha-\beta} \tag{7-43}$$

在等温操作下，以目的产物的选择性为优化目标，则有：

(1) 当$\alpha < \beta$时，应以选用全混流反应器为优。

(2) 当$\alpha > \beta$时，应以选用活塞流反应器或理想间歇反应器为优。如果由于某种原因必须采用连续搅拌釜式反应器，也以采用多级全混流反应器为宜。

(3) 当$\alpha = \beta$时，选择性与浓度无关，即有无返混对选择性不产生影响。这时决策变量已不是反应物浓度，而可以从k_1/k_2的值另做考虑。如果活化能$E_1 > E_2$，则温度高有利于选择性的提高。因此，这种情况下，需另以操作温度为决策变量来进行反应器的选型。

2. 连串反应

连串反应是指某已知反应物生成目的产物之后，又能进一步发生生成副产物的反应，如许多卤化、氧化和水解等反应均属此类。现以如下连串反应为例：

$$A \xrightarrow{k_1} P \xrightarrow{k_2} S$$

若反应物 A 的消耗速率为$r_A = k_1 c_A$，副产物 S 的生成速率$r_S = k_2 c_P$，目的产物 P 的生成速率为$r_P = k_1 c_A - k_2 c_P$。起始物系的组成为c_{A0}、c_{P0}及c_{S0}，其中后两者数值为 0，则 A、P 和 S 的浓度c_A、c_P和c_S随反应持续时间的变化关系如图 7-12 所示。在反应过程中，反应物 A 的浓度c_A随反应持续时间变长不断降低，副产物 S 的浓度c_S随反应持续时间变长而不断增大，目的产物 P 的浓度c_P则随反应持续时间变长先增大后下降。反应前期，由于c_A较高而c_P较低，则$k_1 c_A > k_2 c_P$，c_P呈上升趋势；反应后期，由于c_A较低而c_P较高，则$k_1 c_A < k_2 c_P$，c_P呈下降趋势。因此，在整个反应过程中必定存在某一最优时刻，此时目的产物的浓度c_P达最大值，如图中所示最优时间t_{opt}时c_P的值。

由此可见，为了使目的产物 P 达到最大产率，反应过程应严格控制反应的持续时间。在间歇反应器中，物料根本不存在返混，所以物料质点在反应器内经历的时间相同，而且反应时间可以严格控制。在活塞流反应器中，由于物料完全不返混，因而也可以适当控制物料的

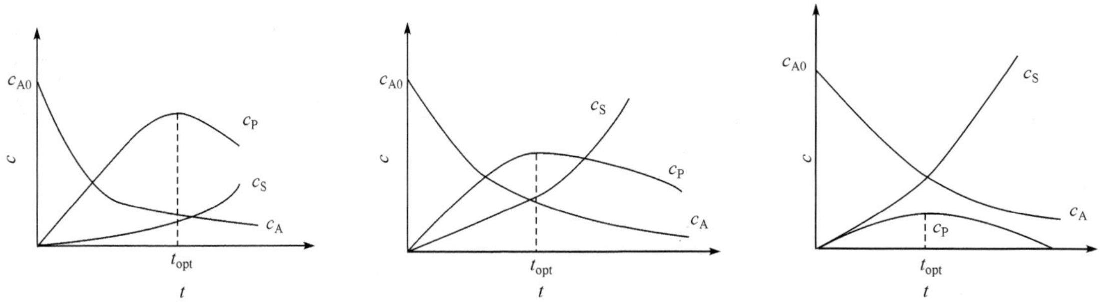

图 7-12　连串反应体系浓度变化示意图

停留时间，使目的产物的产率接近最大值。在全混流反应器中，由于不同停留时间的物料质点充分混合而完全返混，即使将物料维持在平均停留时间 $\bar{t}$ 等于最优时间 t_{opt} 条件下操作，物料流中各质点的停留时间还是各不相同，有的比最优时间长，有的则短。这样就必然会使目的产物的产率偏离最大值。因此，对于上述连串反应，以选用间歇反应器和活塞流反应器为优。

习　题

1. 拟在等温间歇反应器中进行氯乙醇的皂化反应：

$$CH_2ClCH_2OH + NaHCO_3 \longrightarrow CH_2OHCH_2OH + NaCl + CO_2$$

生产乙二醇，产量为 20 kg/h，使用 15%(质量分数)$NaHCO_3$ 水溶液及 30%(质量分数)氯乙醇水溶液作原料，反应器装料中氯乙醇和碳酸氢钠的物质的量比为 1∶1，混合液的相对密度为 1.02。该反应对氯乙醇和碳酸氢钠均为一级反应，在反应温度下反应速率常数等于 5.2 L/(mol · h)，要求转化率达到 95%。(1) 若辅助时间为 0.5 h，试计算反应器的有效体积；(2) 若装填系数取 0.75，试计算反应器的实际体积。

[956.5 L；1275 L]

2. 在一个体积为 300 L 的反应器中，86℃等温下将浓度为 3.2 kmol/m³ 的过氧化氢异丙苯溶液分解：

$$C_6H_5C(CH_3)_2COOH \longrightarrow CH_3COCH_3 + C_6H_5OH$$

生产苯酚和丙酮。该反应为一级反应，反应温度下反应速率常数等于 0.08 s^{-1}，最终转化率达 98.9%，试计算苯酚的产量。(1) 如果这个反应器是间歇操作反应器，并设辅助操作时间为 15 min；(2) 如果是全混流反应器；(3) 试比较(1)和(2)的计算结果；(4) 若过氧化氢异丙苯浓度增加一倍，其他条件不变，结果怎样？

[335.9 kg/h；285.9 kg/h]

3. 在反应体积为 490 cm³ 的 CSTR 中进行氨与甲醛生成乌洛托品的反应：

$$4NH_3 + 6HCHO \longrightarrow (CH_2)_6N_4 + 6H_2O$$

反应速率方程为

$$r_A = kc_Ac_B^2 \qquad mol/(L \cdot s)$$

式中，A 为 NH_3；B 为 HCHO；$k = 1.42\times10^{-3}\exp(-3090/T)$。氨水和甲醛水溶液的浓度分别为 1.06 mol/L 和 6.23 mol/L，分别以 1.50 cm³/s 的流量进入反应器，反应温度可取 36℃，假设该系统密度恒定，试求氨的转化率 x_A 及反应器出口物料中氨和甲醛的浓度 c_A 和 c_B。

[0.821，0.3634 mol/L，0.6602 mol/L]

4. 在一多釜串联系统中，2.2 kg/h 的乙醇和 1.8 kg/h 的乙酸进行可逆反应。各个反应器的体积均为 0.01 m³，反应温度为 100℃，酯化反应的速率常数为 4.76×10^{-4} L/(mol · min)，逆反应(酯的水解)的速率常数为 1.63×10^{-4} L/(mol · min)。反应混合物的密度为 864 kg/m³，欲使乙酸的转化率达 60%，求此串联系统釜的数目。

[3]

5. 在常压及 800℃等温下在活塞流反应器中进行下列气相均相反应：

$$C_6H_5CH_3 + H_2 \longrightarrow C_6H_6 + CH_4$$

在反应条件下该反应的速率方程为

$$r = 1.5 c_T c_H^{0.5} \quad \text{mol}/(\text{L} \cdot \text{s})$$

式中，c_T 及 c_H 分别为甲苯及氢的浓度，mol/L。原料处理量为 2 kmol/h，其中甲苯与氢气的物质的量之比等于 1。若反应器的直径为 50 mm，试计算甲苯最终转化率为 95%时的反应器长度。

[1531.1 m]

6. 在间歇操作搅拌釜反应器中进行液相反应：

$$A + B \longrightarrow R + S$$

反应温度为 75℃，实验测得的反应速率方程为 $r_A = kc_Ac_B$，k=3×10^{-3} m^3/(kmol · s)，当反应物 A 和 B 的初始浓度均为 5 kmol/m^3、A 的转化率达 80%时，该反应器每分钟能处理 0.684 kmol(A)。若将反应移到一个内径为 300 mm 的管式反应器中进行，其他条件不变，试计算管式反应器的长度。

[8.63 m]

7. 催化水和环氧乙烷反应生成乙二醇，其反应式如下：

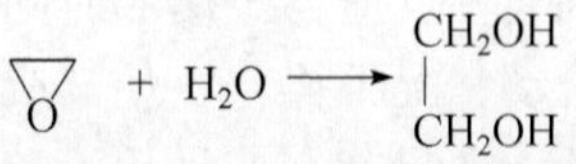

该反应以硫酸作催化剂，其反应动力学方程为 $r_A = kc_A$ (A 为关键组分环氧乙烷)，k=0.311 min^{-1}，环氧乙烷和硫酸分别以 0.04 kmol/L 和 0.90%(质量分数)的水溶液等体积注入全混流反应器中，若转化率达 80%，每天生产乙二醇 8500 kg：(1) 试计算全混流反应器的有效体积。(2) 若用两个有效体积均为 40 L 的全混流反应器串联,其最终转化率为多少？(3) 若用两个有效体积均为 40 L 的全混流反应器并联,其最终转化率为多少？(4) 若将反应改在活塞流反应器中进行，其余条件不变，则反应器的有效体积为多少？

[76.5 L；89.5%；80.7%；30.82 L]

8. 顺丁烯二酸酐的稀水溶液在 298 K 温度下进行连续水解，由于酸酐浓度仅为 0.15 kmol/m^3，可作为一级反应处理，k=0.0024 s^{-1}，物料初始体积流量为 1×10^{-5} m^3/s。现有两个 3×10^{-3} m^3、一个 6×10^{-3} m^3 的 CSTR 和两个 3×10^{-3} m^3、一个 6×10^{-3} m^3 的 PFR 可供采用：(1) 若用一个 6×10^{-3} m^3 的 CSTR 或两个 3×10^{-3} m^3 的 CSTR 串联操作，哪个的转化率较大？(2) 若用一个 6×10^{-3} m^3 的 PFR 操作，转化率为多少？(3) 若用两个 3×10^{-3} m^3 的 CSTR 并联操作，每个反应器取 1/2 的流量，转化率为多少？(4) 若将一个 3×10^{-3} m^3 的 PFR 放在一个 3×10^{-3} m^3 的 CSTR 之前或之后，哪个的转化率较高？(5) 若用两个 3×10^{-3} m^3 的 PFR 串联或并联操作，哪个的转化率较高？

[50.92%，66.2%；76.31%；59.02%；71.7%，71.7%；76.31%，76.31%]

9. 在等温间歇槽式反应器中进行系列液相反应：

$$A + B \longrightarrow L, \quad r_L = 2c_A \quad \text{kmol}/(\text{m}^3 \cdot \text{h})$$

$$2A \longrightarrow M, \quad r_M = 0.5c_A^2 \quad \text{kmol}/(\text{m}^3 \cdot \text{h})$$

反应开始时 A 和 B 的浓度均等于 1 kmol/m^3，L 为目的产物，试计算反应时间为 2 h 时 A 的转化率和 L 的收率。

[98.77%，79.87%]

第 8 章　停留时间分布与非理想反应器的计算

8.1　停留时间分布函数

目前已经讨论的理想连续搅拌釜式反应器与活塞流反应器中，即使在相同的条件下发生同一化学反应，两者的操作效果也可能产生明显的差别，根本原因是反应物料在反应器中的流动状况不同，即停留时间分布不同。前者反应釜内有良好的搅拌作用，使刚进入反应器的物料立即与原有物料充分混合，导致部分物料一进入反应器就很快离开反应体系，而部分物料可能在反应器中停留相当长的时间。活塞流反应器由于物料在反应器中流动方向与流动速度相同，所有物料从进入反应器到离开反应器经历的时间也完全一致。在工业实践中，一方面总是力图使反应器在上述理想流动状况下操作，使其成为理想流动反应器；另一方面却是许多反应器难以接近理想流动模型，而只能在非理想流动状况下操作，这类反应器称为非理想流动反应器或实际流动反应器。本章拟基于停留时间分布检验理想流动反应器的流动模型，同时对实际流动反应器的返混程度进行度量与描述，并对非理想流动反应器内发生的均相反应过程进行计算。

8.1.1　停留时间分布函数的定义

物料微团从进入反应器到离开反应器的时间即为该物料微团在反应器内的停留时间，记作 t。若进入反应器时有 n_0 份物料，停留时间为 $t \sim t+\Delta t$ 的只有Δn 份物料，则停留时间为 $t \sim t+\Delta t$ 的物料占进料物料的分数为

$$\frac{\Delta n}{n_0}=\frac{\text{停留时间为}t\sim t+\Delta t\text{的物料}}{\text{进入反应器的物料}}$$

表 8-1 是在某一连续操作反应器里，具有不同停留时间的物料Δn 在加料总量 n_0 中所占分数的情况。

表 8-1　用分数表示停留时间分布

停留时间范围 $t\sim t+\Delta t$/s	$\Delta n/n_0$	停留时间范围 $t\sim t+\Delta t$/s	$\Delta n/n_0$
0～1	0.035	4～5	0.214
1～2	0.107	5～6	0.143
2～3	0.178	6～7	0.071
3～4	0.242	7～8	0.010
$\sum\frac{\Delta n}{n_0}=1.000$			

由表 8-1 可以看出，具有某一停留时间的物料在物料总量中所占分数并不相同，其中停留时间为 3～5 s 的物料所占的分数最大，此分数变化的情况就称为物料在该反应器中的停留时间分布。

在直角坐标中，若用面积的大小表示表 8-1 中的分数，以停留时间为横坐标，则表 8-1 的数据可以用图 8-1 表示。图中每一个长方形面积的大小表示停留时间为 $t \sim t+\Delta t$ 的物料在进料总量中所占的分数，所以图中的纵坐标是 $\Delta n/(n_0\Delta t)$。在表 8-1 和图 8-1 中讨论的时间间隔 Δt 为 1 s，若时间间隔取得足够小，即 $t \sim t+\mathrm{d}t$，则图 8-1 中的长方形就会更加细密，最终可以用一条与停留时间 t 有关的函数曲线 $E(t)$下包括的面积来表示具有不同停留时间的物料在进料总量中所占分数$(\mathrm{d}n/n_0)$的变化，如图 8-2 所示。

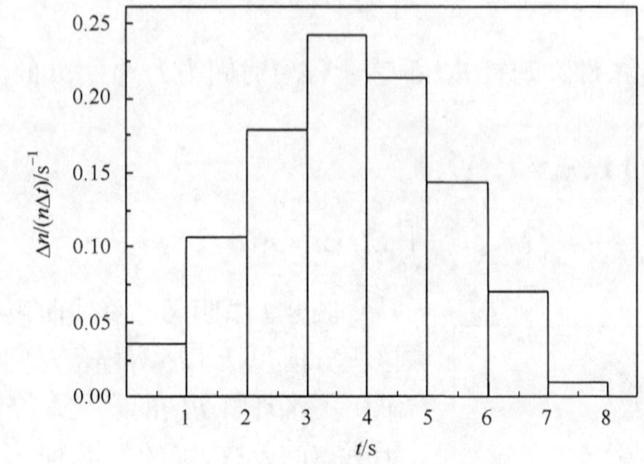

图 8-1　停留时间分布的直方图

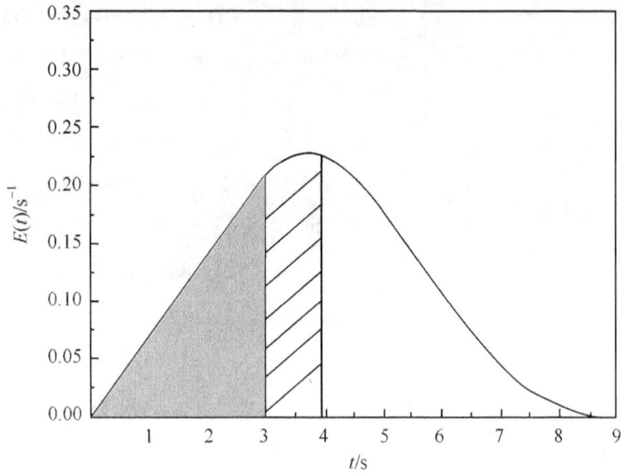

图 8 2　停留时间分布密度函数

在图 8-2 中，停留时间为 $t \sim t+\mathrm{d}t$ 的物料在进料总量中的分数 $\mathrm{d}n/n_0$ 是曲线下方 $t \sim t+\mathrm{d}t$ 的面积，即

$$\frac{\mathrm{d}N}{N}=E(t)\mathrm{d}t \tag{8-1}$$

必须注意，$E(t)$的大小并不是分数的大小，而 $E(t)$曲线下方 $t \sim t+\mathrm{d}t$ 的面积，即 $E(t)\mathrm{d}t$ 才是分数 $\mathrm{d}n/n_0$ 的大小，因此通常将 $E(t)$称为停留时间分布密度函数。

因此，只要知道停留时间的分布密度函数 $E(t)$，就可以利用式(8-1)计算任意停留时间范围的物料在进料中所占的分数。例如，在图 8-2 中停留时间为 3～4 s 的物料在进料中分数为

$$\frac{\Delta n}{n_0}=\int_3^4 E(t)\mathrm{d}t$$

根据 $E(t)$的性质，显然下列各式成立：

$$E(t)=0 \qquad (t<0) \tag{8-2}$$

$$E(t)\geqslant 0 \qquad (t\geqslant 0) \tag{8-3}$$

$$\int_0^\infty E(t)\mathrm{d}t=1 \tag{8-4}$$

式(8-4)称为归一化条件，既然 $E(t)\mathrm{d}t$ 表示停留时间为 $t\sim t+\mathrm{d}t$ 的流体粒子所占的分数，所以其总和应等于 1。

如果将 $E(t)$对 t 从 0 积分至 t，可得

$$\int_0^t E(t)\mathrm{d}t=F(t) \tag{8-5}$$

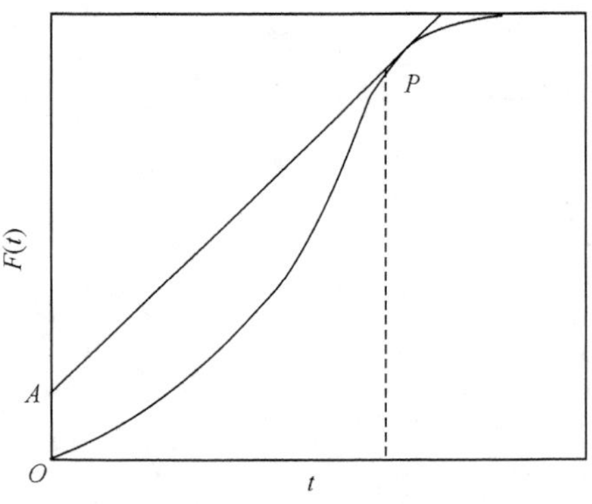

图 8-3　停留时间分布函数

图 8-2 中阴影部分的面积等于积分值 $F(t)$。由于该积分值包括了所有停留时间小于 t 的流体粒子的贡献，不难理解 $F(t)$的意义是停留时间小于 t 的流体粒子所占的分数，$F(t)$为量纲一的量，通常称为停留时间累积分布函数或停留时间分布函数。图 8-3 为典型的 $F(t)$图，$F(t)$曲线不同于 $E(t)$曲线，它是一条单调递增的曲线，其最大值为 1，或者可以写成 $F(\infty)=1$；而最小值则为零，或 $F(t)=0\ (t\leqslant 0$ 时)。总之，$F(t)$永远为正值。既然 $F(t)$为停留时间小于 t 的流体粒子所占的分数，那么$1-F(t)$则为停留时间大于 t 的流体粒子所占的分数。

式(8-5)可以改写成

$$E(t)=\frac{\mathrm{d}F(t)}{\mathrm{d}t} \tag{8-6}$$

由此可知，当 $F(t)$曲线已知时，在线上的一点作切线，如图 8-3 所示的直线 AP，该直线的斜率即等于相应的 $E(t)$值。反之，若 $E(t)$曲线已知，将其进行积分，即得相应的 $F(t)$值。所以，停留时间分布的两种不同方式，只要知道其中的一种，即可求出另一种。

有时为了应用方便，常使用无量纲停留时间θ，其定义为

$$\theta=\frac{t}{\bar{t}} \tag{8-7}$$

式中，$\bar{t}$ 为平均停留时间，对于在闭式系统中流动的不可压缩流体，其平均停留时间等于

$$\bar{t}=\frac{V}{q_V} \tag{8-8}$$

如果一个流体质点的停留时间在区间$(t,\ t+\mathrm{d}t)$内，则它的无量纲停留时间也一定在区间$(\theta,\ \theta+\mathrm{d}\theta)$内，所以 t 和θ 在这些区间的概率一定相等，即

$$E(t)\mathrm{d}t=E(\theta)\mathrm{d}\theta \tag{8-9}$$

将式(8-7)代入式(8-9)，化简后得 $E(\theta)$ 与 $E(t)$的关系为

$$E(\theta)=\bar{t}E(t) \tag{8-10}$$

由于 $F(t)$本身是累积概率，而 θ 是 t 的确定性函数，根据随机变量的确定性函数的概率应与随机变量的概率相等的原则，有

$$F(\theta)=F(t) \tag{8-11}$$

显然，式(8-4)～式(8-6)也可用无量纲停留时间表示如下：

$$\int_0^{\infty}E(\theta)\mathrm{d}\theta=1 \tag{8-12}$$

$$\int_0^{\theta}E(\theta)\mathrm{d}\theta=F(\theta) \tag{8-13}$$

$$E(\theta)=\frac{\mathrm{d}F(\theta)}{\mathrm{d}\theta} \tag{8-14}$$

8.1.2　停留时间分布的实验测定

停留时间分布通常由应答技术实验测定。用一定的方法将示踪剂输入反应器进口，然后在反应器出口物料中检验示踪剂信号，以获得示踪剂在反应器中停留时间分布规律的实验数据。可以采用的示踪剂物种有很多，利用其光学、电学、化学或放射性的特点，以相应的测试仪器进行检测。例如，最直观的方法是向物料中加入少量有色颜料，然后用光电比色仪测定流出液颜色的变化。采用何种示踪剂，要根据物料的物态、相系，以及反应器的类型等情况而定。示踪剂除了不与主流体发生反应外，其选择一般还应遵循下列原则：①示踪剂应当易与主流体融为一体，除了显著区别于主流体的某一可测性质外，两者应具有尽可能相同的物理性质；②示踪剂浓度很低时也能够检测，这样可使示踪剂添加量减少而不影响主流体流动；③用于多相系统检测的示踪剂不发生由一相转移到另一相的情况，如气相示踪剂不能被液体吸收，液相示踪剂不能挥发到气相中，各种示踪剂都不被器壁或催化剂颗粒吸附；④示踪剂本身应具有易转变为电信号或光信号的特点，从而能在实验中直接使用现代仪器或计算机采集数据做实时分析，以提高实验的速度与精度。

根据测定过程中示踪剂输入方式的不同，停留时间分布的测定方法可分为脉冲法、阶跃法等。

1. 脉冲法

脉冲法的实质是在极短的时间内，在系统入口处向流进系统的流体中输入一定量的示踪剂，图 8-4 为脉冲法测定停留时间分布的示意图。极快输入示踪剂是为了将全部示踪剂视为是在同一时刻输入系统的，并把输入时间定为 t=0，这样才可以比较准确地确定停留时间。这样的脉冲称为理想脉冲，如图 8-4(b)的 $c_0(t)$-t 图所示。在数学上可用 δ 函数表示这种输入信号。δ 函数是处理集中于一点的物理问题常用的数学工具。

输入示踪剂后，立刻检测系统出口处流体中示踪剂浓度 $c(t)$随时间的变化，图 8-4(c)为其示意图。这种检测应是连续的，否则得到的将是离散的结果。对于气体系统，常用的检测方法是导热分析，电解质溶液系统则多用电导率分析，当然还可采用其他方法，如检测放射性物质的放射速率等。总之，通过某些物理性质的变化来确定其浓度变化。

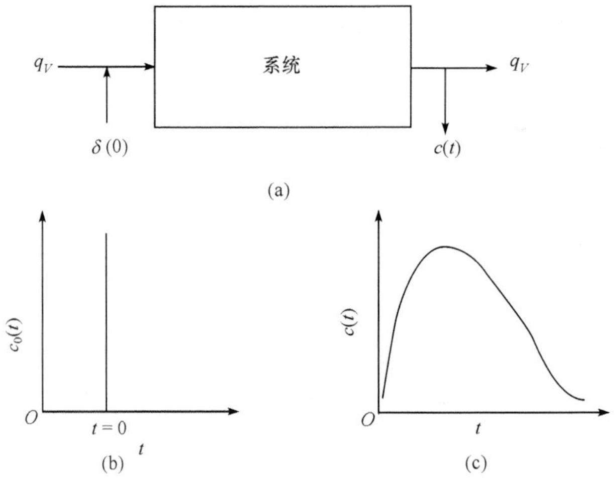

图 8-4　脉冲法测定停留时间分布

出口流体中示踪剂浓度 $c(t)$与时间 t 的关系称为响应曲线，由响应曲线即可计算停留时间分布曲线。根据 $E(t)$的定义得

$$q_V c(t)\mathrm{d}t = mE(t)\mathrm{d}t \tag{8-15}$$

所以

$$E(t) = \frac{q_V c(t)}{m} \tag{8-16}$$

式中，m 为示踪剂的起始输入量。由式(8-16)即可根据响应曲线求出停留时间分布密度函数 $E(t)$，可见由脉冲法直接测得的是 $E(t)$函数，至于 $F(t)$函数，可按式(8-5)由 $E(t)$求得。

示踪剂的起始输入量 m 有时不能准确地确定，可通过式(8-17)计算：

$$m = \int_0^{\infty} q_V c(t)\mathrm{d}t \tag{8-17}$$

若 q_V 为常量，则响应曲线下的面积乘以主流体的体积流量 q_V 应等于示踪剂的输入量，并将式(8-17)代入式(8-16)可得

$$E(t) = \frac{c(t)}{\int_0^{\infty} c(t)\mathrm{d}t} \tag{8-18}$$

如果系统出口检测的不是示踪剂的浓度而是其他物理量，由式(8-18)可知，只要这些物理量与浓度呈线性关系，就可直接将响应测定值代入式(8-18)求 $E(t)$，无须换算成浓度后再代入。还需指出，如果所得的响应曲线拖尾甚长，即有小部分流体的停留时间很长时，式(8-18)等号右边分母的积分值就不易准确计算，此时应已知示踪剂的输入量，以此来避免积分值计算带来的误差。

2. 阶跃法

阶跃法的实质是将在系统中做定态流动的流体切换为流量相同的含有示踪剂的流体，或者相反。前一种方法称为升阶法(或称正阶跃法)，后一种则称为降阶法(或称负阶跃法)。阶跃法和脉冲法的区别是前者连续向系统输入示踪剂，后者则在极短的时间内一次输入全部示踪剂。

图 8-5 为阶跃法测定停留时间分布的示意图，图中的(b)和(c)分别代表升阶法的输入信号和输出响应曲线。设 $c(\infty)$ 为含示踪剂的流体中示踪剂的浓度，在整个输入阶段均保持不变，并把开始切换含示踪剂的流体的时间定为 $t=0$，因此输入的阶跃函数可表示为

$$c_0(t)=0 \qquad t<0 \tag{8-19}$$

$$c_0(t)=c(\infty)=\text{常数} \qquad t\geqslant 0 \tag{8-20}$$

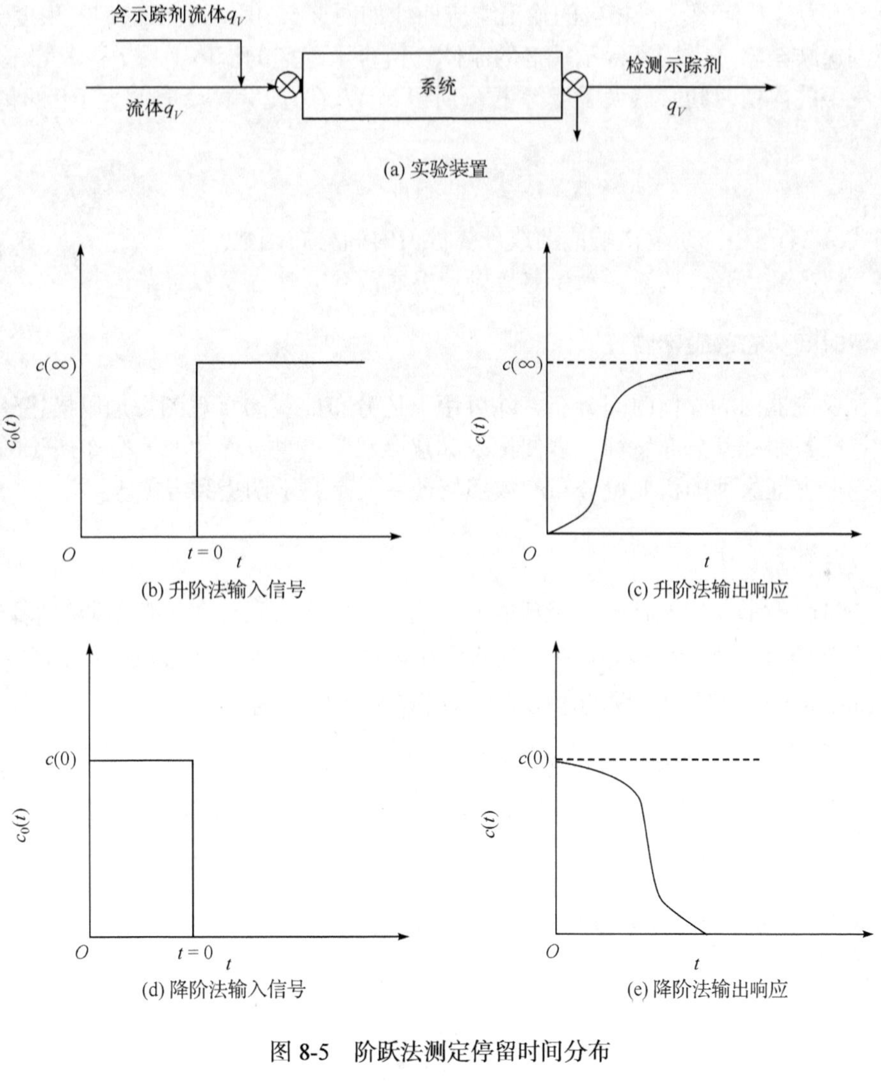

(a) 实验装置

图 8-5　阶跃法测定停留时间分布

无论是升阶法还是降阶法，切换前后进入系统的流体量必须相等。升阶法的出口流体中示踪剂从无到有，其浓度随时间单调递增[图 8-5(c)]，最终达到与输入的示踪剂浓度 $c(\infty)$ 相等。在$(t-\mathrm{d}t)\sim t$ 的时间间隔内，从系统流出的示踪剂量为 $q_V c(t)\mathrm{d}t$，这部分示踪剂在系统内的停留时间必定小于或等于 t，而在相应的时间间隔内输入的示踪剂量为 $q_V c(\infty)\mathrm{d}t$，所以由 $F(t)$的定义可得

$$F(t)=\frac{q_V c(t)\mathrm{d}t}{q_V c(\infty)\mathrm{d}t}=\frac{c(t)}{c(\infty)} \tag{8-21}$$

由此可见，由阶跃输出响应曲线直接求得的是停留时间分布函数，而由脉冲响应曲线求得的则是停留时间分布密度函数。

降阶法是以不含示踪剂的流体切换含示踪剂的流体，其输入函数为

$$c_0(t) = c(0) = 常数 \qquad t < 0 \tag{8-22}$$

$$c_0(t) = 0 \qquad t \geqslant 0 \tag{8-23}$$

图 8-5(d)为其几何图示，相应的输出响应曲线如图 8-5(e)所示，示踪剂的浓度 $c(t)$从 $c(0)$随时间单调递减至零。因用不含示踪剂的流体切换含示踪剂的流体，在 $t \sim t + \mathrm{d}t$ 检测到的示踪剂在系统中的停留时间必然大于或等于 t，所以 $c(t)/c(0)$ 应为停留时间大于 t 的物料所占的分数，从而有

$$1 - F(t) = c(t)/c(0) \tag{8-24}$$

利用式(8-24)可由降阶输出响应曲线计算停留时间分布函数。

思考 试述脉冲法、阶跃法测定停留时间分布的优、缺点及使用范围。

8.1.3 停留时间分布的数字特征

物料在反应器内的停留时间分布，除可用上述分布曲线的直观图像加以描述外，通常还采用一些特征数表征其分布特征，以便记录和建立数学模型。停留时间分布属于随机变量分布，概率论上表征这种随机变量分布的数字特征主要是数学期望和方差。

1. 停留时间分布的数学期望

随机变量的数学期望就是该变量预期的平均数，停留时间分布的数学期望也就是平均停留时间。若在设备出口处测取几个离散的停留时间值 $t_1, t_2, t_3, \cdots, t_n$, 以及与之相应的物料量 $\Delta n_1, \Delta n_2, \Delta n_3, \cdots, \Delta n_n$, 则停留时间的平均数，即平均停留时间为

$$\overline{t} = \frac{t_1\Delta n_1 + t_2\Delta n_2 + t_3\Delta n_3 + \cdots + t_n\Delta n_n}{\Delta n_1 + \Delta n_2 + \Delta n_3 + \cdots + \Delta n_n} = \frac{\sum_{i=1}^{n} t_i \Delta n_i}{\sum_{i=1}^{n} \Delta n_i} \tag{8-25}$$

将式(8-25)分子、分母同除以物料总量 n_0，可得

$$\overline{t} = \frac{\sum_{i=1}^{n} t_i \dfrac{\Delta n_i}{n_0}}{\sum_{i=1}^{n} \dfrac{\Delta n_i}{n_0}} \tag{8-26}$$

由 $\dfrac{\Delta n}{n_0} = E(t)\Delta t$ 可知，$\dfrac{\Delta n_i}{n_0} = E(t_i)\Delta t_i$，则由此可得离散型停留时间分布数学期望的定义式：

$$\overline{t} = \frac{\sum_{i=1}^{n} t_i E(t_i)\Delta t_i}{\sum_{i=1}^{n} E(t_i)\Delta t_i} \tag{8-27}$$

如果取等间隔时间的离散数据，即 Δt_i 为定值，则式(8-27)可化简为

$$\overline{t} = \frac{\sum_{i=1}^{n} t_i E(t_i)}{\sum_{i=1}^{n} E(t_i)} \tag{8-28}$$

由式(8-28)可知，若将 Δt_i 减小到足够小的微分量 dt，则可得连续型停留时间分布数学期望定义式：

$$\overline{t} = \frac{\int_0^{\infty} tE(t)\mathrm{d}t}{\int_0^{\infty} E(t)\mathrm{d}t} = \int_0^{\infty} tE(t)\mathrm{d}t \tag{8-29}$$

关于停留时间分布数学期望的计算，需要说明以下两点：

(1) 当实验测得停留时间分布密度曲线时，可在曲线上取若干等时间间隔的数据点，按式(8-29)计算平均停留时间，或者按式(8-29)进行数值积分，计算平均停留时间。

(2) 平均停留时间可由设备内的流通体积与体积流量进行计算，即

$$\overline{t} = \int_0^{V_0} \frac{\mathrm{d}V_0}{q_{V0}} \tag{8-30}$$

在均相反应器中，对于定常恒容过程，反应器的流通体积 V_0 即为反应体积 V_r，物料在设备内的体积流量 q_{V0} 为定值，则平均停留时间又可按式(8-31)计算：

$$\overline{t} = \frac{V_\mathrm{r}}{q_{V0}} \tag{8-31}$$

2. 停留时间分布的方差

停留时间分布的数学期望仅表征了停留时间的分布中心，不能反映停留时间分布的离散程度。而反应器内物料停留时间分布的离散程度反映的正是该物料的返混程度。如图 8-6 所示的两条停留时间分布密度曲线，其平均停留时间完全相同，但停留时间围绕这个中心分布的离散程度完全不同。图 8-6 中曲线 a 反映的离散程度显然比曲线 b 严重。因此，停留时间分布的离散程度需用另一个特征量——方差来表征。

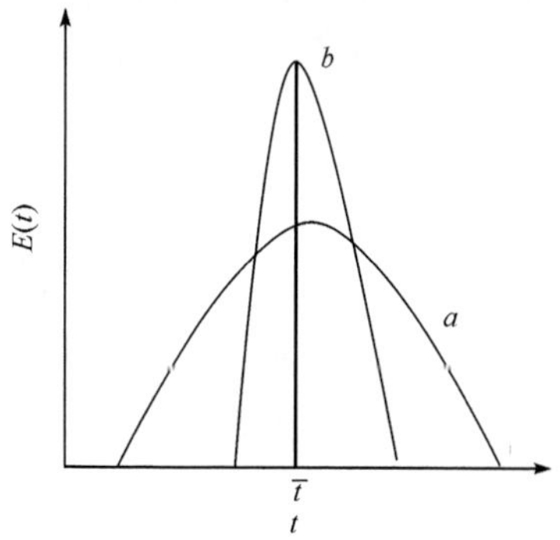

图 8-6　停留时间分布的离散程度

若停留时间与平均停留时间的离差平方 $(t-\overline{t})^2$ 的数学期望存在，则称 $(t-\overline{t})^2$ 的数学期望为停留时间分布的方差，记为 σ_t^2。

根据方差的定义，离散型停留时间分布的方差为

$$\sigma_t^2 = \frac{\sum_{i=1}^{n} (t_i - \overline{t})^2 E(t_i)\Delta t_i}{\sum_{i=1}^{n} E(t_i)\Delta t_i} \tag{8-32}$$

展开式(8-32)并整理后得

$$\sigma_t^2 = \frac{\sum_{i=1}^{n} t_i^2 E(t_i)\Delta t_i}{\sum_{i=1}^{n} E(t_i)\Delta t_i} - \bar{t}^2 \tag{8-33}$$

如果取等时间间隔，即 Δt_i 为定值，则式(8-33)可化简为

$$\sigma_t^2 = \frac{\sum_{i=1}^{n} t_i^2 E(t_i)}{\sum_{i=1}^{n} E(t_i)} - \bar{t}^2 \tag{8-34}$$

连续型停留时间分布的方差为

$$\sigma_t^2 = \frac{\int_0^\infty (t-\bar{t})^2 E(t)\mathrm{d}t}{\int_0^\infty E(t)\mathrm{d}t} \tag{8-35}$$

展开式(8-35)并整理后可得

$$\sigma_t^2 = \int_0^\infty t^2 E(t)\mathrm{d}t - \bar{t}^2 \tag{8-36}$$

3. 以无量纲时间为时标的数字特征

以无量纲时间 θ 为变量的数学期望：

$$\bar{\theta} = \int_0^\infty \theta E(\theta)\mathrm{d}\theta = \int_0^\infty \frac{t}{\bar{t}}\,\bar{t}\,E(t)\mathrm{d}\frac{t}{\bar{t}} = \frac{1}{\bar{t}}\int_0^\infty tE(t)\mathrm{d}t = \frac{\bar{t}}{\bar{t}} = 1 \tag{8-37}$$

所以，无论停留时间分布的数学期望为何值，其无量纲时间的数学期望 $\bar{\theta}$ 都应等于 1。

以无量纲时间 θ 为变量的方差：

$$\sigma_\theta^2 = \int_0^\infty (\theta-\bar{\theta})^2 E(\theta)\mathrm{d}\theta = \int_0^\infty \theta^2 E(\theta)\mathrm{d}\theta - 1 \tag{8-38}$$

$$\sigma_\theta^2 = \int_0^\infty \theta^2 E(\theta)\mathrm{d}\theta - 1 = \int_0^\infty \left(\frac{t}{\bar{t}}\right)^2 \bar{t}\,E(t)\mathrm{d}\left(\frac{t}{\bar{t}}\right) - 1 = \frac{1}{\bar{t}^2}\left[\int_0^\infty t^2 E(t)\mathrm{d}t - \bar{t}^2\right]$$

所以

$$\sigma_\theta^2 = \sigma_t^2 / \bar{t}^2 \tag{8-39}$$

8.1.4　理想反应器的停留时间分布

1. 活塞流模型

从停留时间分布的概念分析，活塞流即垂直于流体流动方向的横截面上所有流体粒子的寿命相同。因此，不存在不同寿命的流体粒子之间的混合，或者描述为不存在不同停留时间的流体粒子之间的混合，所以通常说活塞流不存在轴向混合，或者说返混为零。显然，活塞流是一种极端的流动状况，其停留时间特征就是同时进入系统的流体粒子也同时离开

系统，即系统出口的流体粒子具有相同的寿命。显然，若在 $t=0$ 时向活塞流反应器的进口以 δ 函数的形式脉冲输入示踪剂，则其出口流体中示踪剂的浓度也呈 δ 函数的形式，如图 8-7 所示。虽然脉冲法响应曲线表示的是示踪剂浓度分布曲线，但由 $E(t)=\dfrac{q_V c(t)}{m}$ 或 $E(t)=\dfrac{c(t)}{\int_0^\infty c(t)\mathrm{d}t}$ 可知，$E(t)$曲线与脉冲法响应曲线形状相同，所以图 8-7 直接表示为 $E(t)$曲线的形式，而不以 $c(t)$为纵坐标。因此，活塞流模型的停留时间分布密度函数为

$$E(t)=\delta(t-\overline{t}) \tag{8-40}$$

采用无量纲时间则为

$$E(\theta)=\delta(\theta-1) \tag{8-41}$$

利用 $\delta(t)$ 函数的性质，可由 $\overline{\theta}=\int_0^\infty \theta E(\theta)\mathrm{d}\theta$ 和 $\sigma_\theta^2=\int_0^\infty \theta^2 E(\theta)\mathrm{d}\theta-1$ 求出活塞流反应器的无量纲平均停留时间 $\overline{\theta}$ 和方差 σ_θ^2 为

$$\overline{\theta}=\int_0^\infty \theta\delta(\theta-1)\mathrm{d}\theta=\theta\big|_1=1 \tag{8-42}$$

$$\sigma_\theta^2=\int_0^\infty \theta^2\delta(\theta-1)\mathrm{d}\theta-1=\theta^2\big|_1-1=0 \tag{8-43}$$

由式(8-43)知，活塞流反应器停留时间分布的无量纲方差 σ_θ^2 为零，表明所有的流体粒子在反应器中的停留时间相同。方差越小，说明分布越集中，分布曲线就越窄。停留时间分布方差等于零这一特征说明系统内不存在返混。因此，当活塞流反应器的停留时间与间歇反应器相同时，两者的反应效果相同。

图 8-8 为活塞流反应器的停留时间分布函数 $F(t)$图。该函数为一阶跃函数，其数学表达式为

$$F(\theta)=\begin{cases}0 & t<\overline{t}\\ 1 & t\geqslant\overline{t}\end{cases} \tag{8-44}$$

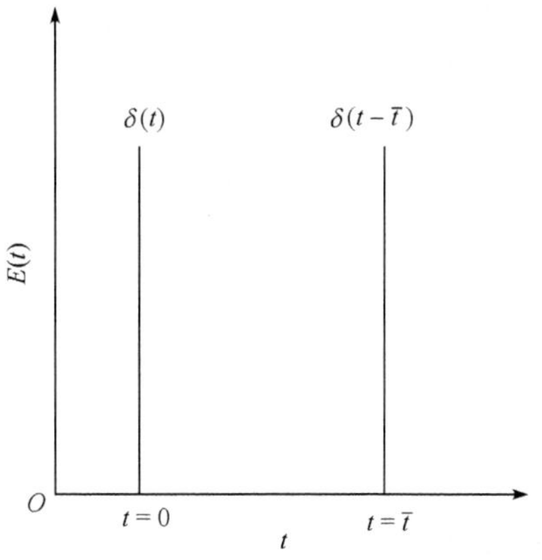

图 8-7　活塞流反应器的 $E(t)$图

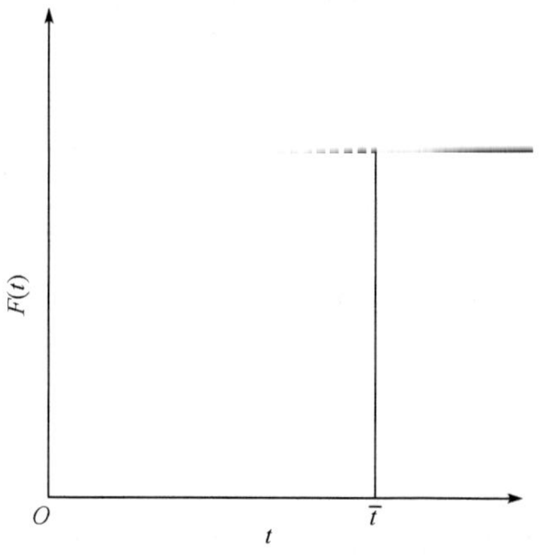

图 8-8　活塞流反应器的 $F(t)$图

采用无量纲时间则为

$$F(\theta)=\begin{cases}0 & \theta<1\\ 1 & \theta\geqslant 1\end{cases} \tag{8-45}$$

这个图形不难理解，因为活塞流反应器的停留时间均等于$\bar{t}$，不可能有小于$\bar{t}$的流体粒子，因此$t<\bar{t}$时，自然$F(t)$等于零；$t=\bar{t}$时，全部流体粒子的停留时间均为$\bar{t}$，所以$F(t)$等于1。从实验测定的角度也会明白这一结果，由于$F(t)$的测定是由阶跃输入示踪剂而得，既然系统不存在返混，输入为阶跃函数，其输出也必然是阶跃函数。

2. 全混流模型

理想连续搅拌釜式反应器的计算与设计中曾经假定反应器内物料浓度、温度均一，这实质上是全混流模型的直观结果。流体受搅拌作用，进入反应器的流体粒子可能有一部分立即从出口流出，以致停留时间甚短，也可能有些粒子到了出口附近，在搅拌器的作用下重新返回反应器中，致使这些粒子在系统中的停留时间极长。所以，流体粒子在连续搅拌釜式反应器中的停留时间是参差不齐的，存在程度不同的返混，即不同停留时间的流体粒子之间的混合。这种参差不齐的程度与搅拌作用有关，搅拌越强烈，这种参差不齐的程度越大，也就是说返混越严重。当返混程度达到最大时，反应器内的物料浓度处处相同，不同停留时间的流体粒子间达到最大的混合，或者说完全混合，这就是全混流模型。

设连续进入全混流反应器的流体中示踪剂的浓度为c_0，则单位时间内流入反应器及从反应器流出的示踪剂量分别为$q_V c_0$和$q_V c$。由于反应器内示踪剂的浓度均一且等于出口流出的示踪剂浓度，所以单位时间内反应器内示踪剂的累积量为$V_r \mathrm{d}c/\mathrm{d}t$，于是对反应器做示踪剂的物料衡算得

$$V_r\frac{\mathrm{d}c}{\mathrm{d}t}=q_V c_0-q_V c \tag{8-46}$$

由于$\dfrac{V_r}{q_V}=\tau$，所以式(8-46)又可以写为

$$\frac{\mathrm{d}c}{\mathrm{d}t}+\frac{1}{\tau}c=\frac{1}{\tau}c_0 \tag{8-47}$$

式(8-47)即为全混流模型的数学表达式。对式(8-47)积分得

$$\int_0^c\frac{\mathrm{d}c}{c_0-c}=\frac{1}{\tau}\int_0^t\mathrm{d}t \tag{8-48}$$

即

$$\ln\frac{c_0-c}{c_0}=-\frac{t}{\tau} \tag{8-49}$$

或

$$1-\frac{c}{c_0}=\mathrm{e}^{-t/\tau} \tag{8-50}$$

根据$F(t)$的定义，式(8-50)可写为

$$F(t)=1-\mathrm{e}^{-t/\tau} \tag{8-51}$$

将式(8-51)对t求导得

$$E(t) = \frac{1}{\tau} e^{-t/\tau} \tag{8-52}$$

式(8-51)及式(8-52)便是全混流反应器停留时间分布函数及分布密度函数的数学表达式。若采用无量纲时间，则式(8-51)及式(8-52)化为

$$F(\theta) = 1 - e^{-\theta} \tag{8-53}$$

$$E(\theta) = e^{-\theta} \tag{8-54}$$

图 8-9 和图 8-10 分别为全混流反应器的 $E(t)$和 $F(t)$图，分别由式(8-52)及式(8-51)绘出。一般来说，流动系统的停留时间分布密度 $E(t)$曲线都呈如图 8-2 所示的形式，即山峰形，然而全混流反应器的 $E(t)$曲线却随时间增加而单调下降，且当 $t \to \infty$时，$E(t) \to 0$。这说明流体粒子在全混流反应器中的停留时间极度参差不齐，从零到无限大，应有尽有。返混程度达到最大是宏观混合的另一极端情况。如图 8-10 所示的全混流反应器的 $F(t)$曲线与通常的流动系统的 $F(t)$曲线形式相同，都是随时间递增的曲线，差别只在于前者曲线的斜率随时间的增加而减小，后者则存在最大的斜率。

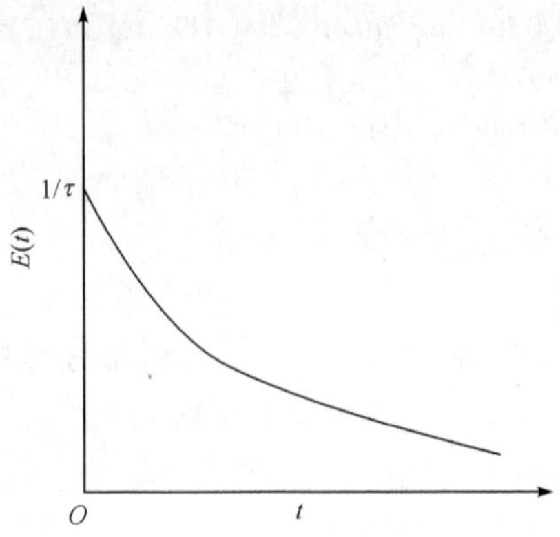

图 8-9　全混流反应器的 $E(t)$图

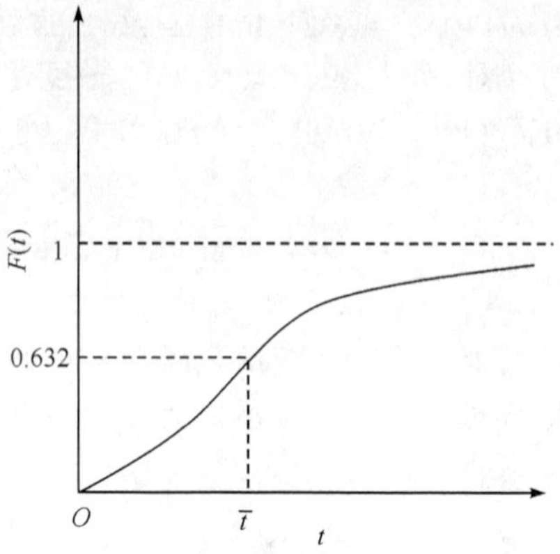

图 8-10　全混流反应器的 $F(t)$图

根据式(8-54)可得全混流停留时间分布的平均停留时间和方差为

$$\bar{\theta} = \int_0^{\infty} \theta e^{-\theta} d\theta = 1 \tag{8-55}$$

$$\sigma_\theta^2 = \int_0^{\infty} \theta^2 e^{-\theta} d\theta - 1 = 1 \tag{8-56}$$

由此可见，返混程度达到最大时，停留时间分布的无量纲方差 σ_θ^2 为 1，而前面已算出无返混时的方差 σ_θ^2 为零，因此一般情况下停留时间分布的方差应介于 0～1，其值越大，分布越不均匀。

在第 7 章中已对活塞流反应器和全混流反应器做了比较，结论是对于正常反应动力学，活塞流反应器优于全混流反应器，并且从两者的设计方程出发，比较两者的反应物浓度变化来证实这个结论。现在从停留时间分布的不同做进一步的说明。设两个反应器进行的反应相同，且平均停留时间相等。对于活塞流反应器，所有流体粒子的停留时间相等，且都等于平均停留时间。然而，全混流反应器并非如此，由式(8-51)可知，停留时间小于平均停留时间的流体粒子占全部流体的分数为 $F(\tau) = 1 - e^{-1} = 0.632$，且这部分流体的转化率小于活塞流反应

器是毫无疑义的。其余 36.8%的反应物料的停留时间大于平均停留时间，转化率大于活塞流反应器，但抵偿不了由于停留时间短而损失的转化率，所以活塞流反应器的转化率要高于全混流反应器。由此可见，停留时间分布集中，可以提高反应器的生产强度。

综上所述，停留时间分布是流动反应器的重要性质，应用广泛，直接影响反应器的效率及其计算，可了解反应器内的流动状况及设备的性能，预测反应结果或进行反应器体积及实际转化率的定量计算。

【例 8-1】 设 $F(\theta)$及 $E(\theta)$分别为闭式流动反应器的停留时间分布函数及停留时间分布密度函数，θ 为无量纲时间。(1) 若该反应器为活塞流反应器，试求(a) $F(1)$、(b) $E(1)$、(c) $F(0.8)$、(d) $E(0.8)$、(e) $E(1.2)$；(2) 若该反应器为全混流反应器，试求(a) $F(1)$、(b) $E(1)$、(c) $F(0.8)$、(d) $E(0.8)$、(e) $E(1.2)$；(3) 若该反应器为一个非理想流动反应器，试求(a) $F(\infty)$、(b) $F(0)$、(c) $E(\infty)$、(d) $E(0)$、(e) $\int_0^\infty E(\theta)\mathrm{d}\theta$、(f) $\int_0^\infty \theta E(\theta)\mathrm{d}\theta$。

解 (1) 因反应器属于活塞流反应器，故符合理想活塞流模型的停留时间分布，由式(8-41)及式(8-45)可得

(a) $F(1)=1.0$　(b) $E(1)=\infty$　(c) $F(0.8)=0$　(d) $E(0.8)=0$　(e) $E(1.2)=0$

(2) 因是全混流反应器，故符合理想全混流模型的停留时间分布，由式(8-53)及式(8-54)可得

(a) $F(1)=1-\mathrm{e}^{-1}=0.632$　(b) $E(1)=\mathrm{e}^{-1}=0.368$　(c) $F(0.8)=1-\mathrm{e}^{-0.8}=0.551$　(d) $E(0.8)=\mathrm{e}^{-0.8}=0.449$　(e) $E(1.2)=0.301$

(3) 因是一个非理想流动反应器，故可得

(a) $F(\infty)=1$　(b) $F(0)=0$　(c) $E(\infty)=0$　(d) $E(0)=0$　(e) $\int_0^\infty E(\theta)\mathrm{d}\theta=1$　(f) $\int_0^\infty \theta E(\theta)\mathrm{d}\theta=1$

8.2　非理想流动模型及实际反应器的计算

通常对于非理想反应器转化率及收率的计算是基于其流动状况建立适宜的流动模型，而建立流动模型的依据是该反应器的停留时间分布，普遍应用的技巧是对理想流动模型进行修正，或者将理想流动模型与滞留区、沟流和短路等进行不同的组合。建立的数学模型应便于数学处理，模型参数不应超过两个，且要能正确反映模拟对象的物理实质。下面介绍三种非理想流动模型。

8.2.1　离析流模型

假如反应器内的流体粒子之间不存在任何形式的物质交换，或者说它们之间不发生微观混合，那么流体粒子就像一个有边界的个体，从反应器的进口向出口运动。这样的流动称为离析流。由于每个流体粒子与其周围粒子不发生任何关系，就像间歇反应器一样进行反应，其反应程度取决于该粒子在反应器内的停留时间。设反应器进口的流体中反应物 A 的浓度为 c_{A0}，当反应时间为 t 时，其浓度为 $c_A(t)$。根据反应器的停留时间分布可知，停留时间在 $t\sim t+\mathrm{d}t$ 的流体粒子所占的分数为 $E(t)\mathrm{d}t$，则这部分流体对反应器出口流体中 A 的浓度 $\overline{c}_A$ 的贡献应为 $c_A(t)E(t)\mathrm{d}t$，将所有贡献相加，即得反应器出口处 A 的平均浓度 $\overline{c}_A$，即

$$\overline{c}_A=\int_0^\infty c_A(t)E(t)\mathrm{d}t \tag{8-57}$$

这里之所以采用平均浓度，是因为不同停留时间的流体粒子其 c_A 值不同，而反应器出口处 A 的浓度实质上是一个平均的结果。$c_A(t)$可通过积分反应速率方程求得。由此可见，只要反应器的停留时间分布和反应速率方程已知，便可预测反应器所能达到的转化率，当然，其

前提是必须符合离析流的假定。式(8-57)即为离析流模型方程。因为是直接利用停留时间分布来计算反应器，所以离析流模型也称停留时间分布模型。

根据转化率的定义，式(8-57)可改写为

$$1-\overline{x}_{\mathrm{A}}=\int_{0}^{\infty}\left[1-x_{\mathrm{A}}(t)\right]E(t)\mathrm{d}t=\int_{0}^{\infty}E(t)\mathrm{d}t-\int_{0}^{\infty}x_{\mathrm{A}}(t)E(t)\mathrm{d}t \tag{8-58}$$

所以

$$\overline{x}_{\mathrm{A}}=\int_{0}^{\infty}x_{\mathrm{A}}(t)E(t)\mathrm{d}t \tag{8-59}$$

由于离析流模型是将停留时间分布密度函数直接引入数学模型方程中，所以它不存在模型参数。如果是对已知的停留时间分布做数学模拟，则有模型参数。

应用式(8-59)计算不可逆反应时，需注意积分上限的使用。式(8-59)中的积分上限应为完全反应时间 t^*，即 $c_{\mathrm{A}}=0$ 时所需的时间。例如，半级反应的速率方程为

$$-\frac{\mathrm{d}c_{\mathrm{A}}}{\mathrm{d}t}=kc_{\mathrm{A}}^{1/2}$$

积分可得

$$\sqrt{c_{\mathrm{A}}}-\sqrt{c_{\mathrm{A0}}}=-kt/2 \tag{8-60}$$

完全转化时，$c_{\mathrm{A}}=0$，所以完全反应时间为

$$t^*=2\sqrt{c_{\mathrm{A0}}}/k \tag{8-61}$$

因为流体粒子的停留时间大于 t^*，c_{A} 仍为零，对反应毫无贡献，所以积分应到完全反应时间为止。当然，有些反应如一级反应，只有当时间为无限时，c_{A} 才为零，这样积分上限为无穷大才是正确的。另外，还应当注意的是上面的讨论都是针对等温情况下进行的反应。

8.2.2　多釜串联模型

前面对单个全混流反应器、活塞流反应器及多个全混流反应器串联时的反应效果进行了对比，发现多釜串联反应器的性能介于前两者之间，并且串联的釜数越多，其性能越接近活塞流，当釜数为无限多时，其效果与活塞流一样。因此，可以用 N 个全混釜串联来模拟一个实际的反应器。N 为模型参数，N=1 时为全混流；N=∞则为活塞流。N 的取值不同反映了实际反应器的返混程度不同，其具体数值由停留时间分布确定。

为此，首先求多釜串联时的停留时间分布。设 N 个反应体积为 V_{r} 的全混釜串联操作，且釜间无任何返混，并忽略流体流过釜间连接管线所需的时间。图 8-11 为多釜串联模型示意图，图中 q_V 为流体的流量，c 为示踪剂的浓度。假定各釜温度相同。对第 i 釜做示踪剂的物料衡算得

$$q_V c_{i-1}(t)-q_V c_i(t)=V_i\frac{\mathrm{d}c_i(t)}{\mathrm{d}t} \tag{8-62}$$

或

$$\frac{\mathrm{d}c_i(t)}{\mathrm{d}t}=\frac{1}{\tau}\left[c_{t-1}(t)-c_i(t)\right] \tag{8-63}$$

式中，τ 为流体在单个釜中的平均停留时间，等于 V_r/q_V。

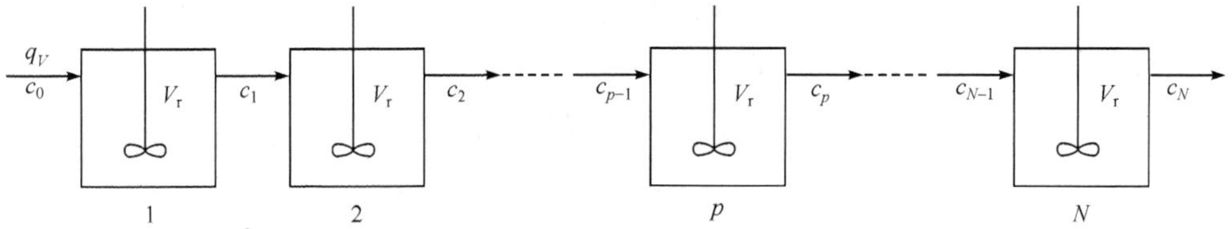

图 8-11　多釜串联模型示意图

若示踪剂呈阶跃输入，且浓度为 c_0，则式(8-63)的初始条件为

$$t=0,\ c_i(0)=0 \qquad (i=1, 2, \cdots, N)$$

当 i=1 时，式(8-63)可写成

$$\frac{\mathrm{d}c_1(t)}{\mathrm{d}t}=\frac{1}{\tau}\left[c_0(t)-c_1(t)\right]$$

此即第 1 釜的物料衡算式，即前面的式(8-47)，且已求出其解：

$$c_1(t)=c_0(1-\mathrm{e}^{-t/\tau}) \tag{8-64}$$

对于第 2 釜，由式(8-63)得

$$\frac{\mathrm{d}c_2(t)}{\mathrm{d}t}=\frac{1}{\tau}\left[c_1(t)-c_2(t)\right] \tag{8-65}$$

将式(8-64)代入则有

$$\frac{\mathrm{d}c_2(t)}{\mathrm{d}t}+\frac{c_2(t)}{\tau}=\frac{c_0}{\tau}(1-\mathrm{e}^{-t/\tau}) \tag{8-66}$$

解此一阶线性微分方程得

$$\frac{c_2(t)}{c_0}=1-\left(1+\frac{t}{\tau}\right)\mathrm{e}^{-t/\tau} \tag{8-67}$$

依次对其他各釜求解并根据数学归纳法可得第 N 釜的结果为

$$F(t)=\frac{c_N(t)}{c_0}=1-\mathrm{e}^{-t/\tau}\sum_{p=1}^{N}\frac{(t/\tau)^{p-1}}{(p-1)!} \tag{8-68}$$

此即多釜串联系统的停留时间分布函数式。若以系统的总平均停留时间 $\tau_t=N\tau$ 代入式(8-68)，则有

$$F(t)=1-\mathrm{e}^{-Nt/\tau_t}\sum_{p=1}^{N}\frac{(Nt/\tau_i)^{p-1}}{(p-1)!} \tag{8-69}$$

也可以写成无量纲形式：

$$F(\theta)=1-\mathrm{e}^{-N\theta}\sum_{p=1}^{N}\frac{(N\theta)^{p-1}}{(p-1)!} \tag{8-70}$$

要注意这里的 $\theta=t/\tau_t$，即根据系统的总平均停留时间定义，而不是每釜的平均停留时间 τ。由式(8-70)计算不同釜数串联的停留时间分布函数，结果如图 8-12 所示。由图可见，釜数越多，其停留时间分布越接近活塞流。

将式(8-70)对 θ 求导，可得多釜串联模型的停留时间分布密度：

$$E(\theta)=\frac{N^N}{(N-1)!}\theta^{N-1}\mathrm{e}^{-N\theta} \tag{8-71}$$

图 8-13 是根据式(8-71)对不同的 N 值计算的结果。图 8-13 表明不同的 N 值模拟不同的停留时间分布，N 值增加，停留时间分布变窄。将式(8-71)代入式(8-37)，可得多釜串联模型的平均停留时间为

$$\overline{\theta}=\int_0^\infty \frac{N^N\theta^N\mathrm{e}^{-N\theta}}{(N-1)!}\mathrm{d}\theta=1 \tag{8-72}$$

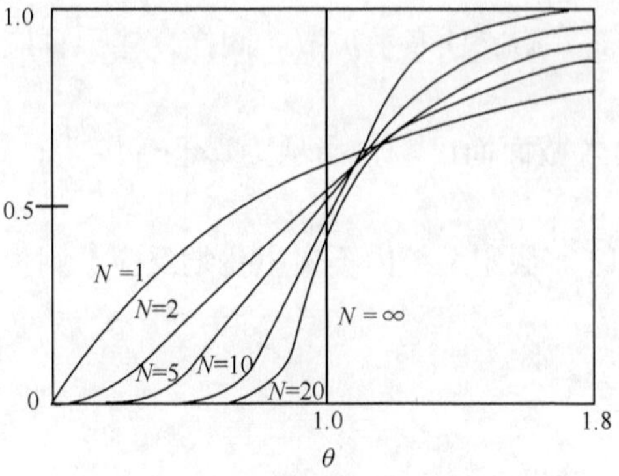

图 8-12　多釜串联模型的 $F(\theta)$图

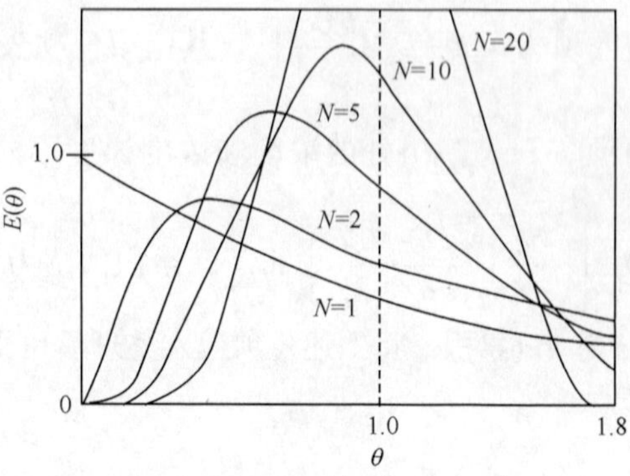

图 8-13　多釜串联模型的 $E(\theta)$图

把式(8-71)代入式(8-38)则得方差：

$$\sigma_\theta^2=\int_0^\infty \frac{N^N\theta^{N+1}\mathrm{e}^{-N\theta}}{(N-1)!}\mathrm{d}\theta-1=\frac{N+1}{N}-1=\frac{1}{N} \tag{8-73}$$

显然，由式(8-73)可知，当 $N=1$时，$\sigma_\theta^2=1$，与全混流模型一致；而当 $N\to\infty$ 时，$\sigma_\theta^2=0$，则与活塞流模型一致。所以，当 N 为任何正数时，其方差应介于 0～1。对 N 的取值不同，便可模拟不同的停留时间分布。

应用多釜串联模型模拟一个实际反应器的流动状况时，首先要测定该反应器的停留时间分布，然后求出该分布的方差，将其代入式(8-73)便可算出模型参数 N。也就是说，该反应器的停留时间分布与 N 个等体积全混釜串联时的停留时间分布相当，两者的平均停留时间相等、方差相等，但不能简单地认为两个停留时间分布完全相同。采用上述方法估计模型参数 N 的值时，可能出现 N 为非整数的情况，用四舍五入的办法圆整成整数是一个粗略的近似处理方法，精确些的办法是把小数部分视为一个体积较小的釜。

8.2.3　轴向扩散模型

当分子扩散、涡流扩散以及流速分布的不均匀等原因使流动状况偏离理想流动时，可用轴向扩散模型来模拟，这对于管式反应器尤为合适。该模型假定：①流体以恒定的流速 u 通过系统；②在垂直于流体运动方向的横截面上径向浓度分布均一，即径向混合达到最大；③由于湍流混合、分子扩散以及流速分布等传递机理而产生的扩散仅发生在流动方向(轴向)，并以轴向扩散系数 D_a 表示这些因素的综合作用，且用菲克第一定律加以描述：

$$J=-D_\mathrm{a}\frac{\partial c}{\partial Z} \tag{8-74}$$

同时假定在同一反应器内轴向扩散系数不随时间及位置而变，其数值大小与反应器的结构、操作条件及流体性质有关。

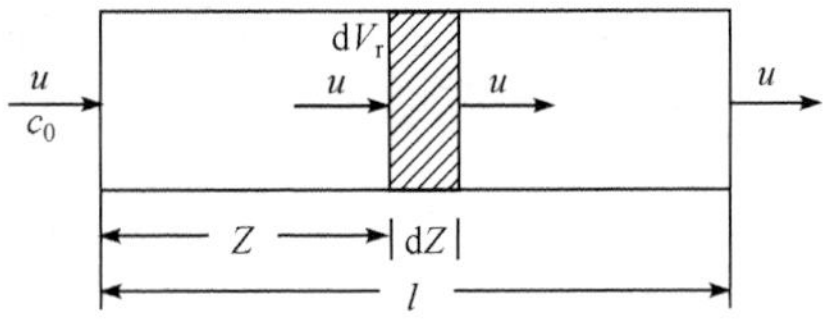

图 8-14　轴向扩散模型

根据上述假设，可建立轴向扩散模型的数学模型方程。由于这样的系统为一个分布参数系统，所以取微元体积 $\mathrm{d}V_r$ 为控制体积。因为通常反应器均为圆柱形，若其横截面积为 A，则 $\mathrm{d}V_r = A\mathrm{d}Z$(图 8-14)。对此微元体积做示踪剂的物料衡算，即得模型方程。输入应包括两项，一是通过对流；二是通过扩散。因此，输入项为 $uAc - D_a A\left(\frac{\partial c}{\partial Z}\right)_Z$ ，其中第一项表示对流，第二项表示扩散。同样，输出也应包括两项，只是输出处的浓度和浓度梯度不同于输入截面而已。输出项为 $uA\left[c+\left(\frac{\partial c}{\partial Z}\right)_Z \mathrm{d}Z\right]-D_a A\left[\left(\frac{\partial c}{\partial Z}\right)_Z+\frac{\partial}{\partial Z}\left(\frac{\partial c}{\partial Z}\right)_Z \mathrm{d}Z\right]$，累积项则为 $\frac{\partial c}{\partial t}A\mathrm{d}Z$ 。假定系统内不发生化学反应，则根据输入=输出+累积，将上述各项代入整理后可得

$$\frac{\partial c}{\partial t} = D_a \frac{\partial^2 c}{\partial Z^2} - u\frac{\partial c}{\partial Z} \tag{8-75}$$

式(8-75)即为轴向扩散模型方程。这里共有两个自变量，一是时间自变量 t；二是空间自变量，即轴向距离 Z，所以模型方程为偏微分方程。由式(8-75)可见，轴向扩散模型实质上是活塞流模型再叠加一扩散项，即式(8-75)等号右边第一项，通过此项反映系统内返混的程度。若 $D_a = 0$ ，则式(8-75)化为活塞流模型方程：$\frac{\partial c}{\partial t} = -u\frac{\partial c}{\partial Z}$，通过 D_a 值的大小不同，轴向扩散模型可以模拟从活塞流至全混流的任何非理想流动，但实际经验表明，只有返混程度不太大时才是合适的。

通常将式(8-75)化为无量纲形式，这样使用起来比较方便。为此，引入下列各无量纲量 $\theta = \frac{tu}{L}$、$\psi = \frac{c}{c_0}$、$\zeta = \frac{Z}{L}$ 及 $Pe = \frac{uL}{D_a}$。代入式(8-75)则得轴向扩散模型无量纲方程为

$$\frac{\partial \psi}{\partial \theta} = \frac{1}{Pe}\frac{\partial^2 \psi}{\partial \zeta^2} - \frac{\partial \psi}{\partial \zeta} \tag{8-76}$$

式中，Pe 为佩克莱数，其物理意义可由其定义式看出：

$$Pe = \frac{uL}{D_a} = \frac{\text{对流传递速率}}{\text{扩散传递速率}} \tag{8-77}$$

即表示对流流动和扩散传递的相对大小，反映了返混的程度。值得注意的是，在文献中对佩克莱数有不同的定义，其差别是特征长度的不同。例如，固定床反应器常用的特征长度是所填充的固体颗粒的直径 d_p ，此时 $Pe = ud_p / D_a$ 。也可以反应器的直径 d_t 作为特征长度定义佩克莱数，即 $Pe = ud_t / D_a$。因此，应用时必须谨慎。但是，无论哪一种定义式，其意义都是相同的，都反映了返混的程度。佩克莱数的倒数 D_a / uL 也称分散数。

当 $Pe \to 0$ 时，对流传递速率比扩散传递速率慢得多，属于全混流情况。反之，当 $Pe \to \infty$ ，即 $D_a = 0$ 时，变为活塞流情况，此时扩散传递与对流传递相比可略去不计。由此可见，Pe 越

大，返混程度越小。佩克莱数 Pe 也就是轴向扩散模型的模型参数。与多釜串联模型一样，都属于单参数模型。

根据各种反应器的不同边界条件(如进、出口有无返混)和示踪剂的输入方法，求解式(8-76)可以得到不同的解，如进、出口没有返混，采用阶跃输入示踪剂时，可得

$$\sigma_\theta^2 = \frac{2}{Pe} - \frac{2}{Pe^2}(1 - e^{-Pe}) \tag{8-78}$$

8.2.4 非理想反应器的计算

非理想反应器的计算基础是流动模型，前面已经对离析流模型计算转化率的方法进行了介绍。采用多釜串联模型时，当模型参数 N 确定后，可参照多釜串联反应器的计算方法。值得注意的是，若 N 不为整数，最后一釜通常用一个体积较小的釜代替。现以一级不可逆反应为例，讨论应用轴向扩散模型的计算方法。

定态操作的反应器应用轴向扩散模型模拟时，关键组分 A 的物料衡算式即为模型方程，其建立方法与式(8-75)相同。由于是定态操作，$\partial c_A / \partial t = 0$，所以无时间变量。此外，因为有化学反应存在，模型方程中应加上由于化学反应而消耗的组分 A 量这一项。经过这两项修正，便得模型方程为

$$D_a \frac{d^2 c_A}{dZ^2} - u \frac{dc_A}{dZ} - R_A = 0 \tag{8-79}$$

边界条件如下：

$$Z = 0, \quad uc_{A0} = uc_A - D_a \left.\frac{dc_A}{dZ}\right|_0 \tag{8-80}$$

$$Z = L, \quad \left.\frac{dc_A}{dZ}\right|_L = 0 \tag{8-81}$$

若在反应器中等温下进行一级不可逆反应，则 $r_A = kc_A$，代入式(8-79)有

$$D_a \frac{d^2 c_A}{dZ^2} - u \frac{dc_A}{dZ} - kc_A = 0 \tag{8-82}$$

式(8-82)为二阶线性常微分方程，可解析求解。结合边界条件[式(8-80)及式(8-81)]，所得的解为

$$\frac{c_A}{c_{A0}} = \frac{4\alpha}{(1+\alpha)^2 \exp\left[-\frac{Pe}{2}(1-\alpha)\right] - (1-\alpha)^2 \exp\left[-\frac{Pe}{2}(1+\alpha)\right]} \tag{8-83}$$

式中

$$\alpha = (1 + 4k\tau / Pe)^{1/2} \tag{8-84}$$

当 $Pe \to \infty$ 时，$\alpha \to 1$，因此可将 α 展开为

$$\alpha = 1 + \frac{1}{2}\left(\frac{4k\tau}{Pe}\right) - \frac{1}{8}\left(\frac{4k\tau}{Pe}\right)^2 + \cdots \tag{8-85}$$

将式(8-85)代入式(8-83)，整理后有

$$c_A / c_{A0} = \exp(-k\tau) \tag{8-86}$$

显然，式(8-86)是用活塞流模型对一级反应进行计算的结果。这也说明轴向扩散模型只不过是在活塞流模型的基础上迭加一轴向扩散项。

当 $Pe \to 0$，将 $\exp[-Pe(1-\alpha)/2]$ 做级数展开，略去高次项后代入式(8-83)可得

$$\frac{c_A}{c_{A0}} = \frac{4\alpha}{(1+\alpha)^2\left(1-\frac{Pe}{2}+\alpha\frac{Pe}{2}\right)-(1-\alpha)^2\left(1-\frac{Pe}{2}-\alpha\frac{Pe}{2}\right)} = \frac{4\alpha}{4\alpha-\alpha Pe+\alpha^3 Pe} = \frac{1}{1+k\tau} \tag{8-87}$$

式(8-87)与理想连续釜式反应器中进行一级反应时的计算式结果一样。

综上所述，具有闭式边界条件的轴向扩散模型，根据模型参数 Pe 的取值不同，可以体现从活塞流到全混流之间的任何返混情况。

【例 8-2】 已知在流量 q_{V0}=100 L/min 下某闭式反应器进行示踪测定，测得出口示踪剂浓度 $c(t)$随时间 t 的变化关系如本题附图所示：(1) 试求该反应器的反应体积；(2) 判断流型；(3) 当反应器中进行某一不可逆反应，其速率方程为 r_A=0.24c_A mol/(L · min)，计算反应器的出口转化率(分别用多釜串联模型和轴向扩散模型计算)；(4) 若按 PFR 或 CFTR 处理，出口转化率又分别是多少？

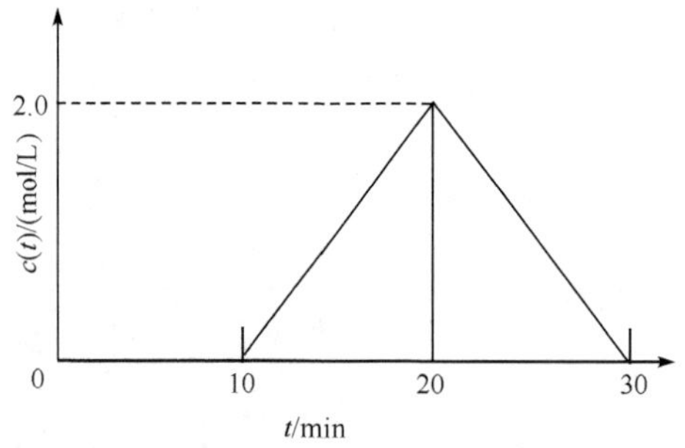

例 8-2 附图　反应器出口示踪剂浓度与时间的关系

解　(1) $V_r = q_{V0}\tau = q_{V0}\bar{t}$

因为体系中进行脉冲示踪测定，所以

$$E(t) = \frac{q_{V0}c(t)}{q_{V0}\int_0^\infty c(t)\mathrm{d}t} = \frac{c(t)}{\int_0^\infty c(t)\mathrm{d}t}$$

$$c(t) = \begin{cases} 0 & t<10 \\ 0.2t-2 & 10 \leqslant t \leqslant 20 \\ -0.2t+6 & 20 \leqslant t \leqslant 30 \\ 0 & t>30 \end{cases}$$

$$E(t) = \begin{cases} 0.01t-0.1 & 10 \leqslant t \leqslant 20 \\ 0.3-0.01t & 20 \leqslant t \leqslant 30 \end{cases}$$

$$\int_0^\infty c(t)\mathrm{d}t = \int_{10}^{20}(0.2t-2)\mathrm{d}t + \int_{20}^{30}(6-0.2t)\mathrm{d}t = 20$$

$$\bar{t} = \int_0^\infty tE(t)\mathrm{d}t = \int_{10}^{20}(0.01t-0.1)\mathrm{d}t + \int_{20}^{30}(0.3-0.01t)\mathrm{d}t = 20(\mathrm{min})$$

$$V_r = q_{V0}\bar{t} = 100\times 20 = 2000(\mathrm{L})$$

(2)
$$\sigma_t^2 = \int_0^\infty t^2 E(t)\mathrm{d}t - \bar{t}^2 = 16.67\ \mathrm{min}^2$$

$$\sigma_\theta^2 = \frac{\sigma_t^2}{\bar{t}^2} = \frac{16.67}{20^2} = 0.0417$$

(3) 一级反应

$$k\tau = 0.24 \times 20 = 4.8$$

根据多釜串联模型的计算方法，先求出模型参数 N：

$$N = \frac{1}{\sigma_\theta^2} = \frac{1}{0.0417} = 24$$

$$1 - x_{\mathrm{Af}} = \frac{1}{(1 + k\tau_s)^N} = \frac{1}{\left(1 + 0.24 \times \dfrac{20}{24}\right)^{24}} = 0.013$$

所以

$$x_{\mathrm{Af}} = 0.987$$

应用轴向扩散模型，首先求出模型参数 Pe，根据

$$\sigma_\theta^2 = \frac{2}{Pe} - \frac{2}{Pe^2}(1 - \mathrm{e}^{-Pe}) = 0.0417$$

试差法求得

$$Pe = 47$$

代入式(8-83)可知

$$1 - x_{\mathrm{Af}} = 0.011$$

$$x_{\mathrm{Af}} = 0.989$$

(4) 对于一级反应

PFR：

$$c_{\mathrm{Af}} = c_{\mathrm{A0}}\mathrm{e}^{-k\tau}$$

$$1 - x_{\mathrm{Af}} = \frac{c_{\mathrm{Af}}}{c_{\mathrm{A0}}} = \mathrm{e}^{-k\tau} = \mathrm{e}^{-4.8} = 0.008$$

所以

$$x_{\mathrm{Af}} = 0.992$$

CSTR.

$$1 - x_{\mathrm{Af}} = \frac{c_{\mathrm{Af}}}{c_{\mathrm{A0}}} = \frac{1}{1 + k\tau} = \frac{1}{1 + 4.8} = 0.172$$

所以

$$x_{\mathrm{Af}} = 0.828$$

习　题

1. 用阶跃法测定一闭式流动反应器的停留时间分布，得到离开反应器的示踪剂浓度与时间的关系如下：

$$c(t) = \begin{cases} 0 & t \leqslant 2 \\ t - 2 & 2 \leqslant t \leqslant 3 \\ 1 & t \geqslant 3 \end{cases}$$

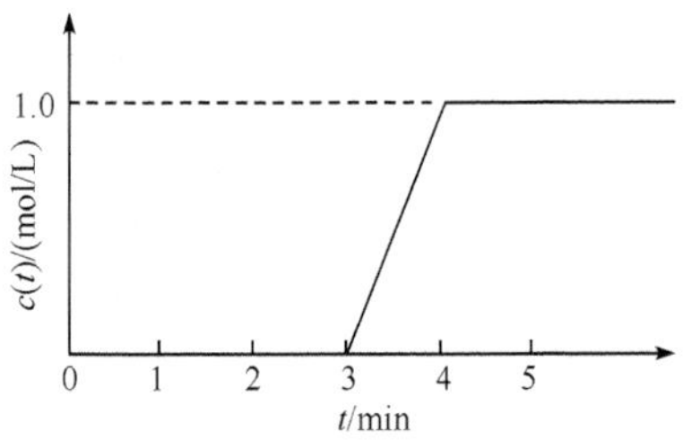

习题 1 附图

(1) 试求该反应器的停留时间分布函数$F(\theta)$及分布密度函数$E(\theta)$；(2) 计算数学期望$\overline{\theta}$及方差σ_θ^2；(3) 若用多釜串联模型模拟该反应器，则模型参数是多少？(4) 若用轴向扩散模型模拟该反应器，则模型参数是多少？(5) 若在此反应器内进行一级不可逆反应，反应速率常数k=1 min^{-1}，且无副反应，试求反应器出口转化率。

$$[F(\theta)=\begin{cases}0 & t\leqslant 2 \quad \theta\leqslant 0.8\\ t-2 & 2\leqslant t\leqslant 3 \quad 0.8\leqslant\theta\leqslant 1.2\\ 1 & t\geqslant 3 \quad \theta\geqslant 1.2\end{cases},\ E(\theta)=\begin{cases}0 & \theta<0.8\\ 2.5 & 0.8\leqslant\theta\leqslant 1.2\\ 0 & \theta>1.2\end{cases};$$

1，0.01333；75；150；0.9145]

2. 用阶跃法测定一闭式流动反应器的停留时间分布，得到离开反应器的示踪剂浓度与时间的关系如本题附表所示。

习题 2 附表

t/s	0	15	25	35	45	55	65	75	90	100
$c(t)$/(g/cm^3)	0.0	0.5	1.0	2.0	4.0	5.5	6.5	7.0	7.7	7.7

(1) 试求该反应器的停留时间分布及平均停留时间；(2) 若在该反应器内进行一级不可逆反应，反应速率常数 k=0.05 s^{-1}，预计反应器出口处的转化率。

[46 s；84.5%]

3. 为了测定一闭式流动反应器的停留时间分布，采用脉冲法，测得反应器出口物料中示踪剂浓度如本题附表所示。

习题 3 附表

t/min	0	1	2	3	4	5	6	7	8	9	10
$c(t)$/(g/L)	0.0	0.0	3.0	5.0	6.0	6.0	4.5	3.0	2.0	1.0	0.0

试计算：(1) 反应物料在该反应器中的平均停留时间$\bar{t}$和方差σ_θ^2；(2) 停留时间小于 4 min 的物料所占分数。

[4.853 min，0.1413；36.2%]

4. 已知一等温闭式液相反应器的停留时间分布密度函数 $E(t)=16t\exp(-4t)$，min^{-1}，试求：(1) 平均停留时间；(2) 空时；(3) 空速；(4) 停留时间小于 1 min 的物料所占分数；(5) 停留时间大于 1 min 的物料所占分数；(6) 若用多釜串联模型拟合，该反应器相当于几个等体积的全混釜串联？(7) 若用轴向扩散模型拟合，则模型参数 Pe 为多少？(8) 若反应物为一级不可逆反应，其反应速率常数为 6 min^{-1}，c_{A0}=1 mol/L，试分别采用轴向扩散模型和多釜串联模型计算反应器出口转化率，并加以比较。

[0.5 min；0.5 min；0.9084；90.84%；9.16%；2；2.56；0.8585]

5. 在具有如下停留时间分布的反应器中，等温进行一级不可逆反应 $A\longrightarrow P$，其反应速率常数为 2 min^{-1}。

$$E(t)=\begin{cases}0 & t<1\\ \exp(1-t) & t\geqslant 1\end{cases}$$

试分别采用轴向扩散模型及离析流模型计算该反应器出口的转化率，并对计算结果进行比较。

[0.9458，0.9459]

6. 若已知某闭式反应器的停留时间分布密度函数 $E(t)$，并计算出其 σ_θ^2=0.211，现在此反应器中进行一级不可逆液相分解反应，反应速率常数 k=0.307 min^{-1}，在停留时间 t=15 min 时，试用扩散模型求其转化率。

[0.9661]

第 9 章　多相催化反应

在实际化工生产过程中，存在许多类型的多相反应，包括气固相反应、气液相反应、不互溶的液液相反应、液固相反应以及气液固三相反应，通常称为多相反应或非均相反应，可以进一步分为催化反应和非催化反应两大类。非均相反应与均相反应的主要区别在于均相反应的反应物之间没有相界面，反应速率只与温度、浓度有关，而非均相反应是在两相界面上发生的，反应速率与相界面上两相的接触情况和不同物相之间的扩散速率等因素有关。由于非均相催化反应影响因素更多，因此反应器的结构和操作也有许多特殊之处。本章将着重讨论应用最广泛的气固相反应，特别是气固相催化反应。

9.1　工业催化简介

9.1.1　固体催化剂

固体催化剂通常由主催化剂、助催化剂和载体组成，部分催化剂只有活性组分及载体两部分。为了提高反应速率和生产强度，常将催化剂制成多孔的颗粒。主催化剂是指具有明显催化活性的成分。例如，二氧化硫催化氧化反应所用催化剂的主催化剂是五氧化二钒(V_2O_5)，但实际使用的钒催化剂中 V_2O_5 的含量仅为 6%～12%。助催化剂单独使用时不具有明显的活性，而与主催化剂组合后可明显地增强催化剂的活性和选择性，如合成氨用的铁催化剂中加入 Al_2O_3 和 K_2O 作为助催化剂。主催化剂和助催化剂通过一定的加工工艺附着在载体上，同时载体的组成与结构也会影响催化剂的活性与寿命。常用的催化剂载体有活性炭、硅胶、氧化铝等多孔材料。

近年来，化工生产过程的环保要求不断提高，产品质量标准更加严格，促使研究人员开发新型环境友好且具有优异催化活性的固体催化剂并用于工业催化。例如，分子筛催化剂已经广泛应用于石油化工中的催化裂化、加氢裂化、重整、异构化、聚合、歧化等多个工业过程中。光催化剂(TiO_2、ZnO 等半导体材料)在光照射下产生活性氧物种，降解化工废水中的污染物，还可用于分解水制氢，缓解能源危机。随着材料科学技术的突飞猛进，更多性能优异的固体催化剂问世，如金属有机骨架(MOF)、共价有机骨架(COF)、层状双氢氧化物(LDH)和 MXene，未来有望应用于工业催化领域。

9.1.2　工业催化剂的要求和特点

在化工生产中催化剂的性能决定了反应的转化率和选择性，因而对整个企业的经济效益具有决定性的影响。工业生产使用的催化剂要求具备如下条件。

1. 具有较高的活性和选择性

高活性的催化剂可提高反应的转化率，并使要求的反应温度有所降低。但并非所有催化反应都要求催化剂具有高活性。对于强放热反应，反应过快会造成散热困难，需要采取一些工艺措施以避免放热过度集中或增加散热。催化剂的高选择性能降低原料消耗，从而降低原料成本并减少分离副产品所需的设备。

2. 不易中毒，使用寿命长

催化剂长时间使用后，由于结炭、烧结和中毒，其活性逐渐降低。因此，需防止催化剂中毒，以延长其使用寿命。

3. 具有较好的物理结构参数和良好的机械强度

催化剂的物理结构参数有以下几种。

1) 比表面积

催化剂的比表面积(α)是指单位质量(或体积)的固体催化剂具有的总表面积。固体催化剂颗粒的内部由许多形状不规则的、孔径不一并形成网状结构的细微孔道。这些孔道使催化剂内部存在巨大的内表面积。化学反应可在催化剂的外表面发生，而更主要的是在其内表面发生。大部分固体催化剂的比表面积可达 5～1000 m^2/g。

2) 孔隙率和床层空隙率

化工生产所用的催化剂多制成内部充满孔隙的颗粒。颗粒孔隙率是催化剂颗粒中孔体积与颗粒总体积之比，用 ε_p 表示。它反映了催化剂颗粒的特征。对于整个催化剂床层，还必须引入床层空隙率，用 ε 表示。床层空隙率是颗粒间的空隙体积与床层体积之比。它反映了床层的总体特征。显然，床层空隙率越大，气流通过床层的阻力就越小，而颗粒孔隙率与床层阻力的关系很小。

$$\varepsilon_p = \frac{\text{颗粒的孔体积}}{\text{颗粒的总体积}} = \frac{V_g}{V_p} \tag{9-1}$$

式中，V_g 为孔体积，它是单位质量催化剂颗粒的孔隙体积；V_p 为颗粒的总体积，它们的单位均为 mL/g。

3) 孔半径和孔径分布

孔半径是催化剂颗粒内部各种孔的半径平均值，也就是平均孔半径。孔径分布是不同孔径的孔的分数的分布情况。多孔催化剂的有效反应表面主要集中在内表面上。而催化剂颗粒内部微孔的形状、大小、深度均很不规则。孔隙率相同的颗粒孔径越小，催化剂颗粒的内表面积越大；但孔径过小不利于反应物向孔内扩散，因而孔径分布也是催化剂特性的一项重要指标。大部分催化剂的孔径大小和孔的长度都是不均匀的。孔径在 100 nm 以上的为大孔，2～100 nm 的为中孔，在 2 nm 以下的为微孔。表 9-1 是一些催化剂和载体的物理结构参数。

表 9-1　一些催化剂和载体的物理结构参数

催化剂和载体	比表面积/(m^2/g)	孔体积/(mL/g)	平均孔半径/nm
碳化硅	<1	0.4	>80 000
硅藻土	2～30	0.5～6.1	约 10 000
氧化镁	30～140	0.3	约 500
合成氨 Fe 触媒	4～11	约 0.12	2 000～10 000
活性白土	150～225	0.4～0.52	约 1 000

续表

载体	比表面积/(m^2/g)	孔体积/(mL/g)	平均孔半径/nm
硅酸铝裂化触媒	200～500	0.2～0.7	350～1 500
活性氧化铝	100～200	0.2～0.3	300～500
硅胶	200～600	约 0.4	150～1 000
活性炭	500～1 500	0.6～0.8	100～200

9.2　气固相催化反应动力学

9.2.1　气固相催化反应的历程

一般而言，非均相反应过程的机理比均相反应更为复杂。气固相催化反应装置最常见的是固定床反应器，在固定床反应器中，催化剂颗粒填充在催化剂床层内是静止不动的，反应气流则连续流经床层，在催化剂的内、外表面发生化学反应。由于催化剂颗粒是静止的，气流流经催化剂表面时形成了一层流内层，反应物分子必须通过扩散才能穿过层流内层到达催化剂的表面。对于气固相催化反应 A ⟶ B，一般要经历如图 9-1 所示的几个步骤：①反应物 A 由气流主体向催化剂颗粒外表面扩散；②反应物 A 由催化剂外表面向内表面扩散；③反应物 A 被催化剂表面吸附；④在催化剂表面进行化学反应，形成生成物 B；⑤生成物 B 在催化剂表面脱附；⑥生成物 B 由颗粒内表面向外表面扩散；⑦生成物 B 由催化剂外表面向气流主体扩散。

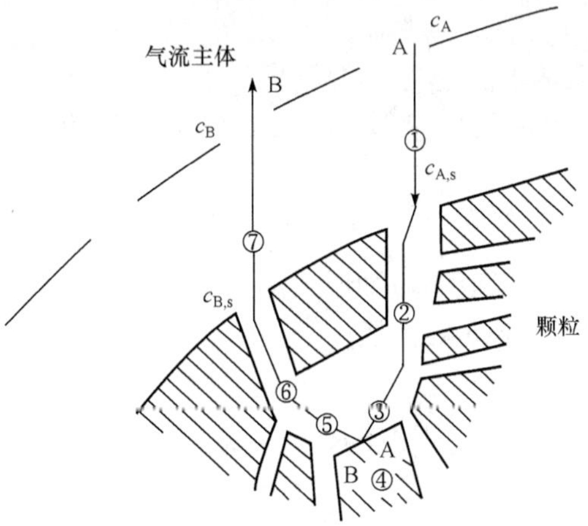

图 9-1　气固相催化反应过程的历程

上述全部历程可以归纳成三种过程，即表面反应过程(包括③、④、⑤三个步骤)；外部物质扩散过程，简称外扩散过程(包括①、⑦两个步骤)；内部物质扩散过程，简称内扩散过程(包括②、⑥两个步骤)。这三个步骤总称为表面动力过程，过程的速率与反应组分、催化剂性能和温度、压强等因素有关，整个气固相催化反应过程是这三类过程的综合。对于一个由若干个串联的子过程组成的稳态过程，整个过程的进行速率是最接近速率最缓慢的子过程的速率，速率最缓慢的子过程就是整个过程的速率控制步骤。下面将分别讨论这些控制过程的特点及其对整个反应的影响。

9.2.2　表面动力学控制

多相反应只在相界面上发生，反应的速率只取决于相界面上的温度和浓度。但在实际反应过程中，相界面上的温度和浓度往往很难测得，而较易测得的是流动主体中的浓度和温度。一般来说，相界面与流动主体的温度和浓度是不相等的，这一差别主要是由传质和传热的阻力造成的。

如果在整个催化过程中，表面动力学过程的速率最慢，则整个过程可认为是表面动力学控制。下面分别讨论表面动力学过程的表面反应控制、吸附控制和脱附控制的动力学方程。

1. 表面反应控制

若在固体催化剂表面发生 $A \longrightarrow B$ 单分子反应，则可认为反应按下列步骤进行：

吸附　　$A + \sigma \rightleftharpoons A\sigma$

反应　　$A\sigma \rightleftharpoons B\sigma$

脱附　　$B\sigma \rightleftharpoons B + \sigma$

式中，σ 为催化剂表面的活性中心。由于反应速率相对最慢，因此整个过程为表面反应控制。如果整个过程为表面动力学控制，整个过程的速率近似等于表面动力学过程的速率。由于吸附和脱附的速率均较快，可以认为它们总是处于平衡状态，在催化剂表面反应物和产物的浓度接近一定值。在反应物 A 的吸附达到平衡时，催化剂表面的活性中心被 A 覆盖的百分数 θ_A 可用朗缪尔(Langmuir)吸附等温式表示：

$$\theta_A = \frac{K_A p_A}{1 + K_A p_A} \tag{9-2}$$

式中，K_A 为 A 的吸附平衡常数；p_A 为 A 的气相分压。

由于过程为表面反应控制，反应速率应与 A 在催化剂表面的浓度成正比，即与 θ_A 成正比：

$$r = k_s\theta_A = \frac{k_s K_A p_A}{1 + K_A p_A} = \frac{k p_A}{1 + K_A p_A} \tag{9-3}$$

式中，k_s 为反应速率常数；$k=k_sK_A$，这种形式的动力学方程为双曲型方程。双曲型方程是根据朗缪尔和欣谢尔伍德(Hinshelwood)的假设导出的，因此也称朗缪尔-欣谢尔伍德方程。

若在固体表面发生双分子反应：

$$A + B \longrightarrow R + S$$

则反应机理为

A 的吸附　　$A + \sigma \rightleftharpoons A\sigma$

B 的吸附　　$B + \sigma \rightleftharpoons B\sigma$

表面反应　　$A\sigma + B\sigma \rightleftharpoons R\sigma + S\sigma$

R 的脱附　　$R\sigma \rightleftharpoons R + \sigma$

S 的脱附　　$S\sigma \rightleftharpoons S + \sigma$

反应速率为

$$r = k_s\theta_A\theta_B \tag{9-4}$$

如果产物 R 和 S 的吸附不能忽略，则可推导得

$$\theta_A = \frac{K_A p_A}{1 + K_A p_A + K_B p_B + K_R p_R + K_S p_S}$$

$$\theta_B = \frac{K_B p_B}{1 + K_A p_A + K_B p_B + K_R p_R + K_S p_S}$$

将上两式代入式(9-4)，得

$$r_A = \frac{k_s K_A p_A K_B p_B}{(1 + K_A p_A + K_B p_B + K_R p_R + K_S p_S)^2}$$

$$r = \frac{k p_A p_B}{(1 + K_A p_A + K_B p_B + K_R p_R + K_S p_S)^2} \tag{9-5}$$

式中，$k = k_s K_A K_B$。

如果上述反应为可逆反应，并且存在可能被吸附的惰性分子 I，反应的控制步骤为表面反应：

$$A\sigma + B\sigma \underset{k_2}{\overset{k_1}{\rightleftharpoons}} R\sigma + S\sigma$$

则反应速率方程为

$$\begin{aligned} r &= k_1\theta_A\theta_B - k_2\theta_R\theta_S = k_1\left(\theta_A\theta_B - \frac{\theta_R\theta_S}{K_r}\right) \\ &= \frac{k(p_A p_B - p_R p_S / K)}{(1 + K_A p_A + K_B p_B + K_R p_R + K_S p_S + K_I p_I)^2} \end{aligned} \tag{9-6}$$

式中，θ_A、θ_B、θ_R、θ_S 分别为催化剂表面的活性中心被 A、B、R、S 覆盖的百分数；K_r 为吸附平衡常数；$k = k_1 K_A K_B$；$K = k_1 K_A K_B / k_2 K_R K_S$；$K_I$、$p_I$ 分别为惰性分子 I 的吸附平衡常数、气相分压。

式(9-6)分母中各项之和的平方表示控制步骤牵涉到的两个活性位之间的反应，即当吸附了 A 的活性位和吸附了 B 的活性位相邻时才有反应的机会。

2. 吸附控制

当表面反应速率相对很快时，可以认为整个过程处于化学平衡状态。此外，只是一个组分不处于吸附平衡而成为控制步骤，其余组分均达到吸附平衡状态。以 A+B ⟶ R+S 反应为例，其控制步骤为 A 的吸附：

$$A + \sigma \rightleftharpoons A\sigma$$

因表面反应处于平衡状态，故 $r = k_1\theta_A\theta_B - k_2\theta_R\theta_S = 0$，即

$$\frac{\theta_R\theta_S}{\theta_A\theta_B} = \frac{k_1}{k_2} = K_r \tag{9-7}$$

因为 A 的吸附是控制步骤，所以除 A 以外的组分均达到平衡状态，它们的平衡分压就等于它们的气体分压。由于 A 吸附速率比表面反应速率慢，所以在催化剂表面上，A 的吸附分压不等于其气相主体中的分压，只相当于化学平衡时界面上的分压 p_A^*，所以

$$\theta_A=\frac{K_A p_A^*}{1+K_A p_A^*+K_B p_B+K_R p_R+K_S p_S} \tag{9-8}$$

同理，可求得 θ_B、θ_R、θ_S，代入式(9-8)化简后得

$$p_A^*=p_R p_S / p_B K \tag{9-9}$$

式中，$K=K_r K_A K_B / K_R K_S$，就是该反应的化学平衡常数。于是式(9-8)可写为

$$\theta_A=\frac{K_A p_R p_S / K p_B}{1+(K_A / K)(p_R p_S / p_B)+K_B p_B+K_R p_R+K_S p_S} \tag{9-10}$$

A 的吸附速率为

$$r_a=k_a p_A \theta_V$$

A 的脱附速率为

$$r_d=k_d \theta_A$$

式中，θ_V 为催化剂表面上活性中心未被覆盖部分的百分数：

$$\begin{aligned}\theta_V&=1-\theta_A-\theta_B-\theta_R-\theta_S\\&=\frac{1}{1+(K_A / K)(p_R p_S / p_B)+K_B p_B+K_R p_R+K_S p_S}\end{aligned} \tag{9-11}$$

由于反应速率等于 A 的净吸附速率，所以

$$r_A=k_a p_A \theta_V-k_d \theta_A=k_a(p_A \theta_V-\theta_A / K_A) \tag{9-12}$$

将式(9-10)和式(9-11)代入式(9-12)后化简得

$$r_A=\frac{k(p_A-p_R p_S / K p_B)}{1+(K_A / K)(p_R p_S / p_B)+K_B p_B+K_R p_R+K_S p_S} \tag{9-13}$$

式中，各个平衡常数 K 和速率常数 k 都是由实验测定的常数。

3. 脱附控制

采用类似的方法，同样可推导出脱附控制的速率方程。

例如，上述反应 $R\sigma \rightleftharpoons R+\sigma$ 为控制步骤时，可得到下列反应速率方程：

$$r_A=\frac{k[(p_A p_B / p_S)-p_R / K]}{1+K_A p_A+K_B p_B+K_S p_S+(K_R / K)(p_A p_B / p_S)} \tag{9-14}$$

从上述方法得到动力学方程的一般形式为

$$r=\frac{k(\text{推动力项})}{(\text{吸附项})^n} \tag{9-15}$$

如果某一组分的吸附相对小得多，则在吸附项中可以忽略不计。如果所有组分均为弱吸附，则吸附项近似等于 1，反应速率方程就与一般均相反应速率方程相同。

上面介绍的催化反应动力学方程仅是一般形式。由于实验测定困难、催化剂的性能差别等原因，这些方程必须通过实验测定。

9.2.3　外扩散过程

本节主要讨论等温条件下的外扩散对整个反应过程的影响。当气固相催化反应的反应热很小时，可以认为催化剂表面温度与气流的主体温度基本相等。

假设内扩散影响不大，整个过程只涉及传质和反应这两个相互串联的过程。传质过程的速率方程为

$$r = k_g \alpha (c_0 - c_s) \tag{9-16}$$

式中，k_g为气相传质膜系数，m/s；α为催化剂的比表面积，m^2/m^3；c_0为气流主体中反应组分的浓度，$kmol/m^3$；c_s为颗粒表面反应组分的浓度，$kmol/m^3$。

如果α以催化剂堆体积为基准，则式(9-16)中α应采用$\alpha(1-\varepsilon)$，其中ε为催化剂的床层空隙率。

对于反应过程，其速率方程可用式(9-17)表示：

$$r = k_s c_s^n \tag{9-17}$$

在稳定条件下，两个串联过程的速率必然相等，即

$$r = k_g \alpha (c_0 - c_s) = k_s c_s^n$$

在等温条件下，若用k_0(气流主体温度为T_0时的反应速率常数)代替上式中的k_s，则上式变为

$$r = k_g \alpha (c_0 - c_s) = k_0 c_s^n$$

两边同除以$k_0 c_0^n$，并移项可得

$$\left(\frac{c_s}{c_0}\right)^n + \frac{k_g \alpha c_0}{k_0 c_0^n}\left(\frac{c_s}{c_0}\right) - \frac{k_g \alpha c_0}{k_0 c_0^n} = 0$$

令

$$Da = \frac{k_0 c_0^n}{k_g \alpha c_0} \tag{9-18}$$

则有

$$\left(\frac{c_s}{c_0}\right)^n + \frac{1}{Da}\left(\frac{c_s}{c_0}\right) - \frac{1}{Da} = 0$$

$$\frac{c_s}{c_0} = f(Da)$$

式中，Da为达姆科勒(Damkohler)数，也称Da特征数，是量纲一的量。

由于k_0和c_0是流动主体中的反应速率常数和浓度，因此要使上述推导过程合理，就必须引入效率因子η_1，η_1可由式(9-19)求得

$$r = \eta_1 k_0 c_0^n$$

$$\eta_1 = \frac{k_0 c_s^n}{k_0 c_0^n} = \left(\frac{c_s}{c_0}\right)^n = \phi(Da) \tag{9-19}$$

式中，Da 为决定效率因子 η_1 的唯一参数。因此，Da 是表征外扩散对反应速率影响的基本量。

Da 的物理意义可用式(9-20)说明：

$$Da = \frac{k_0 c_0^n}{k_g \alpha c_0} = \frac{极限反应速率}{极限传质速率} \tag{9-20}$$

对于一级反应，该方程的求解较简单：

$$\frac{c_s}{c_0} = \frac{1}{1 + \dfrac{k_0}{k_g \alpha}}$$

因

$$Da = \frac{k_0 c_0^n}{k_g \alpha c_0}$$

当 n=1 时，有

$$Da = \frac{k_0}{k_g \alpha}$$

代入式(9-19)得

$$\eta_1 = \frac{c_s}{c_0} = \frac{1}{1 + Da} \tag{9-21}$$

同理，可导出二级反应的外扩散效率因子：

$$\eta_1 = \frac{\sqrt{1 + 4Da} - 1}{2Da} \tag{9-22}$$

由此可以得出以下结论：

(1) Da 越小，表明极限传质速率远大于极限反应速率，过程为反应控制；Da 越大，表明极限反应速率远大于极限传质速率，过程为传质控制。

(2) Da 越小，催化剂表面浓度 c_s 越接近主体浓度 c_0，η_1 越接近 1；反之，Da 越大，催化剂表面浓度 c_s 越趋向于零，因此 η_1 也越趋向于零。当反应级数 $n \neq 1$ 时，Da 依赖于流动主体的浓度 c_0，而 c_0 在反应器各处并不相等，因此反应器各处的 η_1 也不相等，此时 η_1 不是一个常数。

(3) 当过程为反应控制时，其表观动力学接近本征动力学；当过程为传质控制时，其表观动力学接近扩散动力学，此时表观级数趋向于一级，表观活化能明显降低。扩散过程对温度不敏感，其表观活化能比化学反应的活化能约小一个数量级，传质系数随温度的变化很小。

【例 9-1】 二元气体混合物流过直径为 5 mm 的球形无内孔的颗粒催化剂床层，反应为一级不可逆反应，其气相传质膜系数 k_g=5.65×10^{-2} m/s，以催化剂颗粒体积为基准的反应速率常数 k=0.833 s^{-1}。试计算达姆科勒数 Da 并说明由此可以得出的结论。

解 催化剂的比表面积 α 为

$$\alpha = \frac{\pi d_p^2}{\dfrac{1}{6}\pi d_p^3} = \frac{6}{d_p} = \frac{6}{5 \times 10^{-3}} = 1.2 \times 10^3 (\mathrm{m^2/m^3})$$

$$Da = \frac{k}{k_g \alpha} = \frac{0.833}{5.65 \times 10^{-2} \times 1.2 \times 10^3} = 0.012$$

由于 $Da \ll 1$，所以外部传递阻力可忽略不计。

工业生产中大多数反应器都采用较高的流速操作，外扩散阻力相对较小，因此外扩散控制的例子并不多见。只有少数速率非常快的反应，如氨的催化(铂网)氧化反应为外扩散控制。

在讨论外扩散时应注意使用同一基准的反应速率常数。本节使用的反应速率常数 k 都是以催化剂颗粒体积为基准的，因此比表面积的单位是用单位催化剂颗粒体积应具有的外表面积表示的。如果反应速率常数 k 是以反应器体积为基准的，那么比表面积 α 也应采用以单位反应器床层体积为基准的外表面积。反应器床层体积 V 和催化剂颗粒体积 V_p 之间的关系为

$$V_p = (1 - \varepsilon)V \tag{9-23}$$

式中，ε 为床层空隙率。

判断外扩散阻力大小及外扩散控制是否已经排除，一般有以下几种方法：

(1) 计算 Da 或 η_1 的值。η_1 趋近于 1 时，则可认为外扩散已经排除。

(2) 改变实验条件。通常采用两种方法来观察相应的实验结果：一是保持空速不变，改变床层高度，若反应速率常数不变，则可认为外扩散控制已经排除；二是床层高度不变，增大气速，若反应速率常数不变，则可认为外扩散控制已经排除。

(3) 由实验获得的表观活化能和表观反应级数识别。若表观活化能明显偏低，则外扩散阻力不能忽略。若从反应机理推断反应动力学不可能是一级，而实验结果却为一级反应时，则表明过程很可能处于外扩散控制。

9.2.4　内扩散过程

催化剂颗粒的内表面是进行催化反应的主要场所。反应物必须通过孔口向孔内扩散才能达到内表面。在反应组分向微孔内扩散的过程中，气固相催化反应就在微孔壁上进行。因此，内扩散过程不是一个串联过程，微孔壁面的化学反应与反应组分在孔内的扩散是同时进行的。由于反应消耗了反应组分，越深入微孔内部，反应物浓度就越小。若催化剂活性较大，反应组分浓度就下降得较快。图 9-2 显示了气固相催化反应内扩散过程的浓度变化。

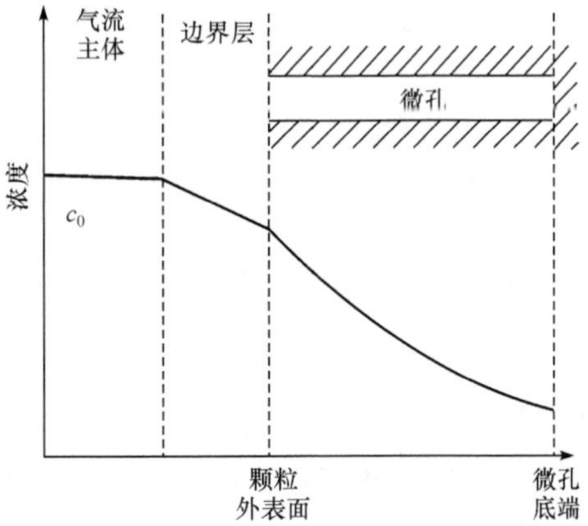

图 9-2　气固相催化反应内扩散过程的浓度变化

微孔中的气体扩散方式有正常扩散和克努森(Knudsen)扩散两种。当微孔直径(d_a)远大于气体分子运动的平均自由程 λ(判断标准 $\lambda/d_a \leqslant 10^{-2}$)时，孔内扩散属正常扩散，气体分子相互碰撞的机会远比与孔壁碰撞的机会多，因而其扩散速率主要受分子间相互碰撞的影响，而与孔径无关。对于压强超过 10 MPa(约 100 atm)的反应，或在常压下微孔半径大于 10 000 nm 的催化剂，气体在其孔内的扩散主要为正常扩散。

当微孔直径小于气体分子的平均自由程时，气体分子与微孔孔壁的碰撞机会远大于与其他分子的碰撞机会，孔内的扩散为克努森扩散。分子在微孔内的扩散系数只与孔半径 r_a 有关，而与系统中的其他气体无关。多数工业催化剂的微孔半径都在 10 000 nm 以下(表 9-1)，如果操作压强不高，气体在微孔内的扩散均属克努森扩散。内扩散因素的影响在大部分气固相反应中较为重要。由于内扩散的影响因素较多，常采用内扩散效率因子和内表面利用率判断内扩散过程对整个反应的影响。

1. 内扩散效率因子与内表面利用率

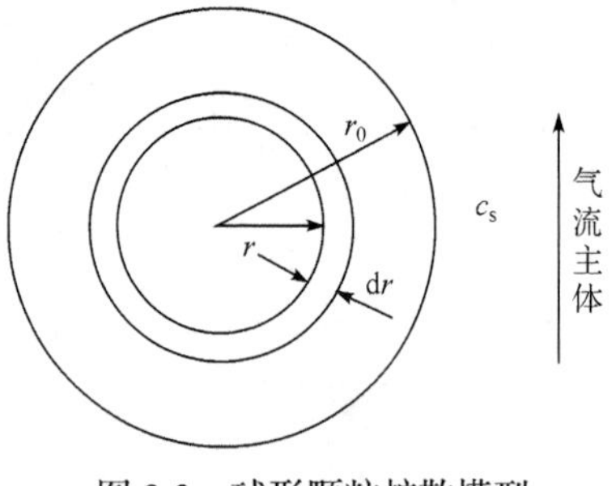

图 9-3　球形颗粒扩散模型

实际催化剂颗粒的微孔形状复杂，孔径不一，而且相互交叉形成网状，给内扩散过程的研究带来困难。对于这类复杂过程，只能先将其进行必要的简化，使其构成一个简化的模型，再进行研究。对于多孔的颗粒状催化剂，可以将孔径不同、形状各异、分布极不规则的微孔简化为孔径相同、长度一致的圆柱形直孔，如图 9-3 所示。

假设在球形催化剂颗粒内取一内径为 r、厚度为 $\mathrm{d}r$ 的微元壳体。在微元壳体内等温条件下发生一级不可逆反应 $\mathrm{A} \longrightarrow \mathrm{R}$。反应物 A 的消耗速率为

$$r_\mathrm{A} = -\frac{\mathrm{d}n_\mathrm{A}}{\mathrm{d}t} = \int_0^{V_\mathrm{p}} kc_\mathrm{A}\mathrm{d}V_\mathrm{p} \tag{9-24}$$

式中，k 为反应速率常数；V_p 为一个催化剂颗粒的体积；c_A 为反应物 A 在微孔内的浓度。

显然，c_A 是随反应物进入微孔的深度而变化的。这时，如果内扩散阻力非常小，则催化剂颗粒所有内表面上的反应物的浓度都近似相等，并接近催化剂外表面反应物的浓度 c_{As}。这一假设的状态是颗粒内部反应速率的极限。显然，存在内扩散阻力时的反应速率必然小于这一极限反应速率。

以下试用效率因子法来分析内扩散过程。首先将有内扩散影响时的实际反应速率与无内扩散影响的极限反应速率的比值定义为内扩散效率因子 η_2，即

$$\eta_2 = \frac{\int_0^{V_\mathrm{p}} kc_\mathrm{A}\mathrm{d}V_\mathrm{p}}{kc_{\mathrm{As}}V_\mathrm{p}} = \frac{\text{催化剂颗粒的实际反应速率}}{\text{无内扩散影响的极限反应速率}} \tag{9-25}$$

内扩散效率因子表明：微孔内如果存在内扩散阻力，则其内表面只有一部分被用于化学反应，而其余部分未被利用。所以内扩散效率因子也可以理解为内表面利用率。这样，只要求得 η_2，就可以求出实际反应速率。

对一球形催化剂颗粒进行分析，假设该颗粒的半径为 r_0，在距球心 r 处取厚度为 $\mathrm{d}r$ 的球

形微元壳体，并设微元内反应物浓度为 c，如图 9-3 所示，在稳态条件下，对反应物 A 进行物料衡算，对整个微元来说，反应物扩散进入微元的量与扩散离开的量的差值必等于在微元壳体内由于反应消耗的量，即

$$4\pi(r+\mathrm{d}r)^2 D\left(\frac{\mathrm{d}c}{\mathrm{d}r}\right)_{r+\mathrm{d}r}-4\pi r^2 D\left(\frac{\mathrm{d}c}{\mathrm{d}r}\right)_r=4\pi r^2\mathrm{d}rkc^n$$

由于 $\left(\frac{\mathrm{d}c}{\mathrm{d}r}\right)_{r+\mathrm{d}r}=\left(\frac{\mathrm{d}c}{\mathrm{d}r}\right)_r+\left(\frac{\mathrm{d}^2c}{\mathrm{d}r^2}\right)\mathrm{d}r$，将此代入上式，并略去 $\mathrm{d}r^2$ 项，可得

$$\frac{\mathrm{d}^2c}{\mathrm{d}r^2}+\frac{2}{r}\frac{\mathrm{d}c}{\mathrm{d}r}=\frac{kc^n}{D} \tag{9-26}$$

式(9-26)为等温条件下，球形颗粒内反应物 A 浓度分布的微分方程。

令

$$c^*=\frac{c}{c_0}\qquad z=\frac{r}{r_0}\qquad \phi=\sqrt{\frac{r_0^2kc_0^{n-1}}{D}} \tag{9-27}$$

则式(9-26)可变为

$$\frac{\mathrm{d}^2c^*}{\mathrm{d}z^2}+\frac{2}{z}\frac{\mathrm{d}c^*}{\mathrm{d}z}=\phi^2(c^*)^n$$

按下述边界条件求解：

$$z=0\ 时，\frac{\mathrm{d}c^*}{\mathrm{d}z}=0$$

$$z=1\ 时，c^*=1$$

显然，在上述微分方程及边界条件中只有唯一的参数 ϕ，因而其解必为

$$\frac{c}{c_0}=f\left(\frac{r}{r_0},\phi\right)$$

式中，ϕ 称为内扩散参数，也称蒂勒(Thiele)模数。

图 9-4 为等温一级不可逆反应中球形颗粒内反应物的浓度分布。图 9-5 为 η_2-ϕ 关系图。此图表明 ϕ 越大，η_2 越小。

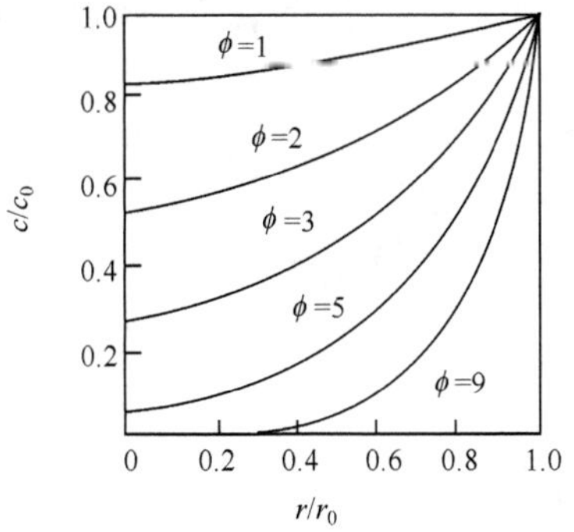

图 9-4　等温一级不可逆反应中球形颗粒内反应物的浓度分布

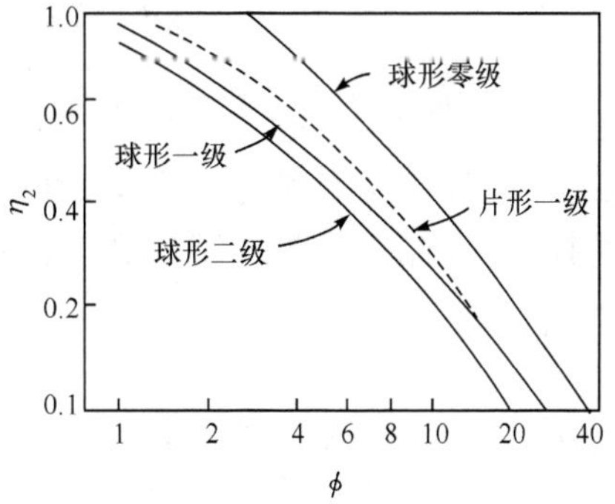

图 9-5　η_2-ϕ 关系图

2. 影响内扩散效率因子的因素

蒂勒模数 ϕ 是影响内扩散效率因子的唯一参数。从图 9-5 中可知，ϕ 越大，η_2 就越小。将 ϕ 改写为式(9-28)：

$$\phi = r_0\sqrt{\frac{kc_0^n}{Dc_0}} \tag{9-28}$$

式中，kc_0^n 为反应速率的极限，即没有内扩散阻力，内表面各处的反应物浓度均等于气流主体浓度时的反应速率；而 Dc_0 则表示内扩散速率的极限。所以蒂勒模数的物理意义是极限反应速率与极限内扩散速率之比。下面分析影响内表面效率因子的各项因素。

1) 催化剂颗粒度

从式(9-28)中可知，颗粒的尺寸越大，ϕ 的数值也越大，而 η_2 越小，说明小颗粒催化剂有利于颗粒内表面的有效利用。因此，对于固定床催化反应器，在压降允许范围内应用小颗粒催化剂有利于减小内扩散的阻力。也可以在大颗粒载体表面涂上薄层催化剂，这样既节约了催化剂的有效组分，又不影响床层的压降。如果由于反应条件的需要而必须采用小颗粒催化剂时，可考虑采用流化床反应器。

2) 催化剂的孔径和孔隙率

对于大部分催化剂颗粒，其内扩散主要是克努森扩散，内孔的孔径和曲折程度都会影响颗粒的有效扩散系数 D，最终影响蒂勒模数和内扩散效率因子。

3) 化学反应速率和反应温度

式(9-28)中的反应速率常数 k 是以单位催化剂颗粒体积为基准的，内表面积大，则 k 也大，蒂勒模数也随之增大，从而影响内扩散效率因子。反应温度既影响反应速率常数 k，也影响扩散系数 D，但一般来说温度对 k 的影响较为显著。温度升高，ϕ 增大，η_2 减小。

4) 反应物浓度和反应级数

极限反应速率与 c_0^n 成正比，而扩散速率则与 c_0 成正比，所以当 n=1 时，反应物的浓度对反应速率的影响与对扩散速率的影响是相同的。当 n>1 时，反应物浓度越高，ϕ 越大，η_2 越小，但总过程速率($r = \eta k c_0^n$)是增加的；反之，当 n<1 时，反应物浓度越高，η_2 越大。

3. 内扩散阻力大小的判断

(1) 根据表观活化能和反应级数：内扩散阻力很大时，其表观反应活化能趋向于 $\frac{1}{2}(E_{反}+E_{扩})$，而表观反应级数趋向于 $\frac{1}{2}(n+1)$。

(2) 根据反应速率和选择性减小催化剂的颗粒直径：观察反应速率和选择性。若反应速率和选择性随颗粒直径减小而提高，则表明内扩散阻力影响不能忽略。

(3) 根据 $\phi^2\eta_2$ 的数值实测反应速率 r，然后用 $\phi^2 = r_0^2\dfrac{r}{\eta_2 c_0 D}$ 求出 $\phi^2\eta_2$ 的值，若 $\phi^2\eta_2$<1，则表明内扩散阻力无明显影响；若 $\phi^2\eta_2$>15，则表示内扩散阻力影响显著。

【例 9-2】 某一气固相催化反应 A+B ⟶ R，反应温度为 473 K，催化剂颗粒的平均直径为 0.014 m，反应物 A 的分压为 p_A=50.6 kPa，B 组分过量，反应可视为一级反应。现实测得到的反应速率 r=12.4 mol/(m^3·s)，若扩散系数 D=2.4×10^{-4} m^2/s，试计算 $\phi^2\eta_2$ 并说明由此可以得出的结论。

解　用$\phi^2\eta_2$的值判定。

A 在气流主体中的浓度按理想气体计算：

$$c_0 = \frac{p_A}{RT} = \frac{50.6\times10^3}{8.314\times473} = 12.9(\text{mol/m}^3)$$

则

$$\phi^2\eta_2 = r_0^2\frac{r}{\eta_2 c_0 D}\eta_2 = 0.007^2\times\frac{12.4}{12.9\times2.4\times10^{-4}} = 0.19$$

因为$\phi^2\eta_2<1$，所以内扩散影响可以忽略。

9.2.5　反应过程的控制阶段

图 9-6 列出了不同控制阶段催化剂微孔中的反应物浓度分布。

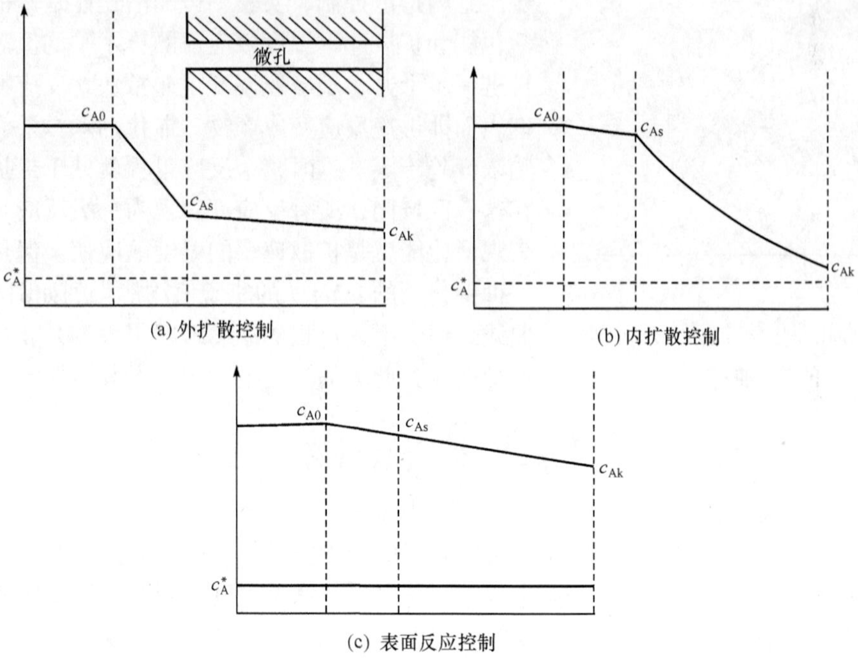

图 9-6　微孔内外反应组分 A 在不同控制阶段的浓度分布

若整个反应过程为外扩散控制，如图 9-6(a)所示，由于外扩散阻力很大，因此催化剂表面反应物的浓度 c_{As} 远低于主体中的浓度 c_{A0}，由于表面的浓度很低，微孔中的反应速率也很小。用实验方法测得的宏观动力学方程实际上反映的是扩散动力学，因而宏观动力学的反应级数总是一级。实测得到的表观活化能的值也较低。图 9-6(b)表示的是内扩散过程中微孔内反应物的浓度分布曲线。由于微孔中内扩散阻力是控制因素，因而催化剂表面的反应物浓度与气流主体中的反应物浓度十分接近，$c_{As}\approx c_{A0}$。如在相同的实验条件(相同的温度、浓度、空速)下，仅改变固体颗粒的大小，这时宏观测得的反应速率将随粒度的减小而显著增加。图 9-6(c)表示表面反应控制时反应物的浓度分布曲线，催化剂内、外表面反应物浓度接近气流主体中的浓度。实验测得的宏观动力学接近化学反应的本征动力学，宏观动力学测得的反应级数和活化能的值也接近本征动力学相对应的值。

另外，在实际的工业催化反应器中，由于存在温度分布、浓度分布和压强分布，在不同的操作条件下或在同一反应器的不同部位，可能存在不同的控制阶段。例如，在催化反应器中温度较高的区域，由于化学反应的速率随温度变化十分显著，因此微孔中内扩散的阻力就相对变得较严重，这时便处于内扩散控制阶段。而在床层的出口处，则可能由于反应物浓度已经很低，反应温度也较低，因此表面反应速率小于扩散速率，这时便处于动力学控制阶段。由于工业生产过程中通常采用较高的气速操作，因此在大部分情况下外扩散阻力不是主要问题。

如图 9-7 所示，在催化反应中用反应速率常数的对数值 ln$k$ 对 $1/T$ 作图，也可以看出温度对不同的控制阶段的影响。当温度较低时，化学反应的速率较慢，整个过程为化学反应控制，实验测得的表观活化能即为本征动力学的活化能。温度升高，化学反应的速率增加极快，而扩散速率的增加则较慢，过程逐渐过渡到内扩散控制，实验测得的活化能是本征动力学的活化能和扩散速率温度效应值的算术平均值。如果温度再进一步上升，反应速率变得非常快，反应物达到催化剂表面即迅速反应变成产物，催化剂颗粒外表面的反应物浓度趋于零。这时整个反应过程就处于外扩散控制。在这一区域内，所有反应都表现为一级反应。所测得的表观活化能就是扩散速率的温度效应值。但是，并非每一种催化剂的 ln$k$-$1/T$ 的实验值均能得到如图 9-7 所示的曲线。由于上述过程的温度跨度很大，并非每一种催化剂都能在如此大的温度范围内显示其活性。

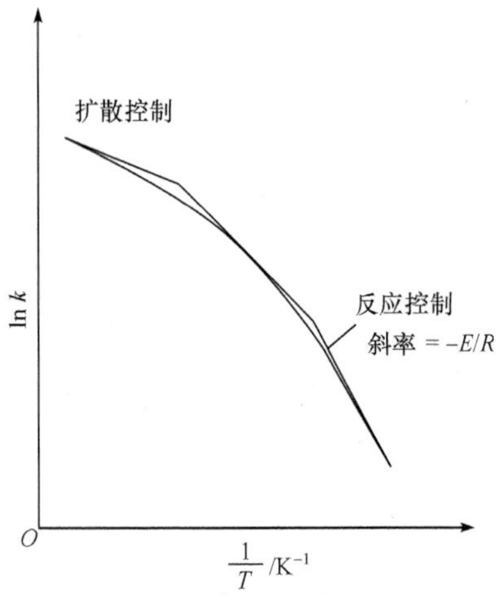

图 9-7　气固相催化反应温度与反应速率的关系曲线

9.3　非等温过程

在实际反应器的操作中，反应温度常随着反应器中空间位置的不同而改变。对于多相反应，非等温操作更为普遍。在非等温过程中，许多参数都是温度的函数，如反应速率常数、热容、反应热、平衡常数、黏度、密度等。温度的变化会引起这些参数变化，从而导致反应过程变化。气固相催化反应中温度对反应速率的影响更为显著。

9.3.1　操作温度的最优化

反应过程的最优温度的目标是使反应速率最大化。反应器中反应过程的最优温度取决于反应特性，对于不可逆反应和可逆吸热反应，反应速率总是随着温度的升高而加快，因而反应温度可选择生产工艺条件和操作设备所能允许的最高温度，其最佳温度分布如图 9-8(a)、(b) 所示。

但可逆放热反应存在反应温度的优化问题，如图 9-8(c)所示。以一级可逆放热反应为例，假设反应混合物中无惰性组分。因反应为放热反应，$\Delta H<0$。温度升高，化学平衡会偏向逆反应，从而不利于产物的生成；但正反应和逆反应的反应速率都随温度的升高而增大。显然，过高或过低的反应温度都不利于使生成物的速率达到最大。对于可逆的简单反应，由于存在化学平衡，所以需要同时考虑反应温度对化学平衡和反应速率的影响。

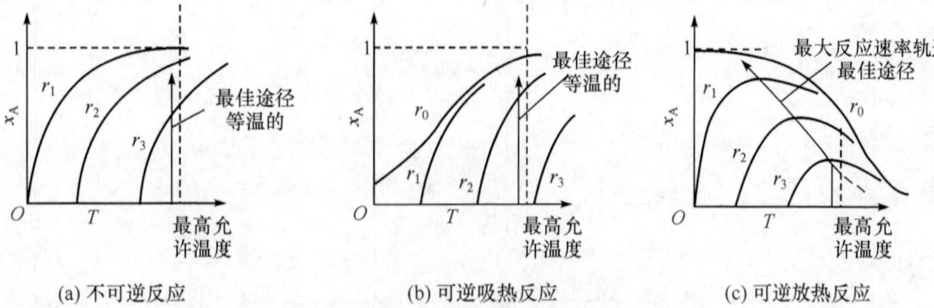

图 9-8　不同类型反应的最佳温度分布

$r_1 < r_2 < r_3$

$$A \underset{k_2}{\overset{k_1}{\rightleftharpoons}} P$$

根据动力学方程($r_A = k_1c_A - k_2c_P$)、平衡常数和反应速率常数之间的关系 $K_p = k_1/k_2$、范特霍夫(van't Hoff)等压方程 $\dfrac{d\ln K_p}{dT} = \dfrac{\Delta H_R}{RT^2}$ 以及正、逆反应速率常数与温度之间的关系($k_1 = A_1e^{-E_1/RT}$ 、$k_2 = A_2e^{-E_2/RT}$)，可得在一定的初始浓度和转化率下最优反应温度 T_m 为

$$T_m = \frac{E_2 - E_1}{R\dfrac{E_2A_2}{E_1A_1}\dfrac{x}{1-x}} \tag{9-29}$$

图 9-9 是在给定的初始浓度[$\varphi(SO_2)$=7%，$\varphi(O_2)$=11%，$\varphi(N_2)$=82%]下，不同转化率时 SO_2 氧化反应的反应速率曲线。

图中的每一条曲线都各代表一个确定的转化率下总反应速率与温度的关系。每一条曲线都有一个最优温度，这些最优温度的连线称为最优反应温度线。随着转化率的增大，反应温度沿着这条最优反应温度线而改变，使化学反应自始至终在最快的反应速率下进行。

当反应达到平衡时，$r_A= 0$，此时的温度称为平衡温度 T_e，即

$$T_e = \frac{E_2 - E_1}{R\ln\left(\dfrac{A_2}{A_1}\dfrac{x}{1-x}\right)} \tag{9-30}$$

T-*x* 图上的最优反应温度曲线应位于平衡曲线的下方且两曲线的走向相似，如图 9-10 所示的 SO_2 转化为 SO_3 以及氢气和氮气合成氨反应的两曲线的关系就是如此。

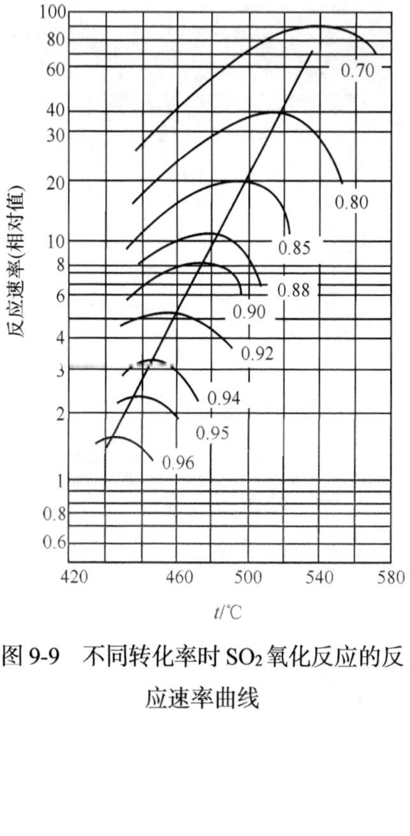

图 9-9　不同转化率时 SO_2 氧化反应的反应速率曲线

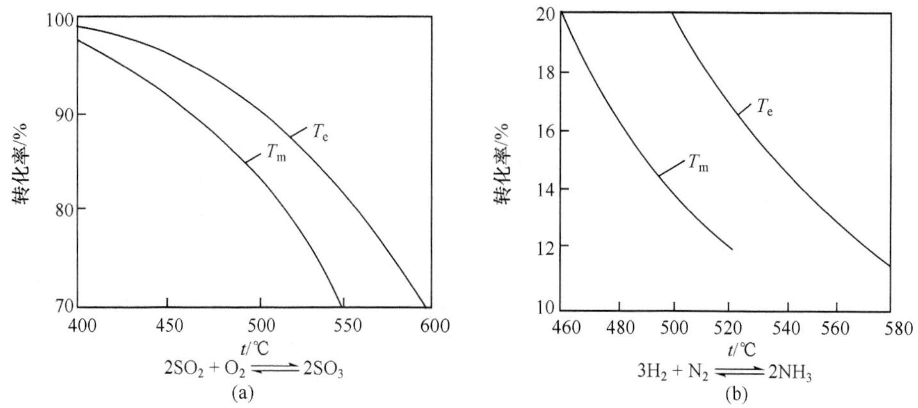

图 9-10　SO_2转化为SO_3反应(a)以及氢气和氮气合成氨反应(b)的T_e、T_m曲线

已知T_e和活化能的数据，即可用式(9-29)计算T_m。至于初始浓度和转化率的影响已包含在T_e中。式(9-29)是一个普遍适用的计算公式，不受推导过程中所采用的反应级数的限制。

9.3.2　热量衡算与绝热反应器

固定床催化反应器可根据其换热方式不同分为两大类：一类是在反应过程中与外界没有热量交换，或虽有热量交换，但相对于反应放出的热量其数值很小，这类反应器称为绝热反应器；另一类是与外界有热交换，称为换热式反应器。在这两类反应器中进行的催化反应过程都是非等温过程，其反应温度随着反应的进行而改变，反应速率也会随之变化。因此，在进行非等温反应器计算时，可以采用物料衡算式、热量衡算式和动力学方程联立求解。

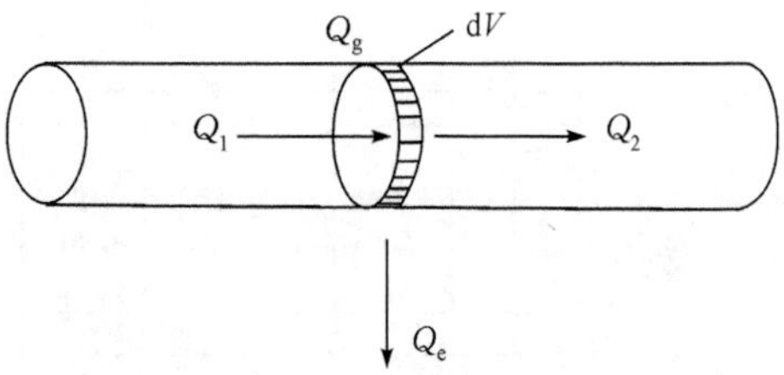

图 9-11　管式反应器的热量衡算

以流动系统的管式反应器为例计算反应器的热量衡算。为了简化，假定物料在器内呈活塞流流动，只考虑物料流向(轴向)的温度及浓度变化，忽略径向的变化。如图 9-11 所示，在反应器内取任意微元容积 dV 并对其建立热量衡算式。图中Q_1为单位时间物料带入的热量；Q_2为单位时间物料带出的热量；Q_e为单位时内通过管壁传给载体的热量；Q_g为单位时间反应放出的热量(假设为放热反应)。

根据热量守恒定律：

输入的热量=输出的热量+反应的热量+系统内累积的热量

对于稳态流动系统，系统内累积的热量为零，第一项为Q_1，第二项为Q_2及Q_e之和，第三项为Q_g。对微元容积 dV，建立热量衡算式：

$$Q_1 = Q_2 + Q_e - Q_g$$

如果以反应物 A 为研究对象，则上式中

$$Q_g = r_A \mathrm{d}V(-\Delta H) = q_{n,A0}\mathrm{d}x_A(-\Delta H)$$

$$Q_e = K(T - T_w)\mathrm{d}A$$

式中，K 为传热系数；$\mathrm{d}A$ 为微元的传热面积；T 为反应物温度；T_w 为热载体的温度。

反应物料经过微元容积后焓的变化为

$$Q_2 - Q_1 = \sum_{i=1}^{n} q_{n,i} c_{pm,i} \mathrm{d}T$$

式中，$q_{n,i}$ 为单位时间进入微元容积的组分 i 的摩尔流量，mol/s。将以上各项代入热量衡算式可得

$$q_{n,\mathrm{A0}} \mathrm{d}x_\mathrm{A}(-\Delta H) - K(T - T_\mathrm{w})\mathrm{d}A = \sum q_{n,i} c_{pm,i} \mathrm{d}T \tag{9-31}$$

式(9-31)是均相或拟均相管式反应器(或固定床反应器)中只考虑轴向温度分布时的热量衡算式。

对于绝热反应器，式(9-31)中的散热项 $K(T-T_\mathrm{w})\mathrm{d}A=0$，该式可写为

$$q_{n,\mathrm{A0}} \mathrm{d}x_\mathrm{A}(-\Delta H) = \sum_{i=1}^{n} q_{n,i} C_{pm,i} \mathrm{d}T \tag{9-32}$$

设在反应过程中，转化率从 $x_{\mathrm{A0}} \to x_\mathrm{A}$，物系温度相应从 $T_0 \to T$，如果忽略反应过程中物质的量(物质的总物质的量)的变化并用平均摩尔定压比热容替代各组分的比热容，则式(9-32)等号右边可写为

$$\int_{T_0}^{T} \sum_{i=1}^{n} q_{n,i} c_{pm,i} \mathrm{d}T = q_{n,0} \bar{c}_{pm} (T - T_0) \tag{9-33}$$

式中，$q_{n,0}$ 为物系起始进料的摩尔流量，mol/s；$\bar{c}_{pm}$ 为物系在 T_0～T 温度范围内的平均摩尔定压比热容。

$q_{n,\mathrm{A0}}$ 即反应物进口处 A 物质的摩尔流量，可写成总的摩尔流量 $q_{n,0}$ 与 A 物质的摩尔分数 y_{A0} 的乘积；同时将式(9-33)代入式(9-32)得

$$q_{n,0} y_{\mathrm{A0}} (x_\mathrm{A} - x_{\mathrm{A0}})(-\Delta H) = q_{n,0} \bar{c}_{pm} (T - T_0)$$

即

$$T - T_0 = \frac{y_{\mathrm{A0}}(-\Delta H)}{\bar{c}_{pm}} (x_\mathrm{A} - x_{\mathrm{A0}}) \tag{9-34}$$

令

$$\frac{y_{\mathrm{A0}}(-\Delta H)}{\bar{c}_{pm}} = \lambda$$

式(9-34)变为

$$T - T_0 = \lambda (x_\mathrm{A} - x_{\mathrm{A0}}) \tag{9-35}$$

式中，λ 称为绝热温升系数，其意义为当反应组分全部转化时，在绝热条件下反应混合物温度升高(或降低)的值。式(9-35)为绝热反应器简化后的热量衡算式。绝热操作的 x-T 关系如图 9-12 所示。

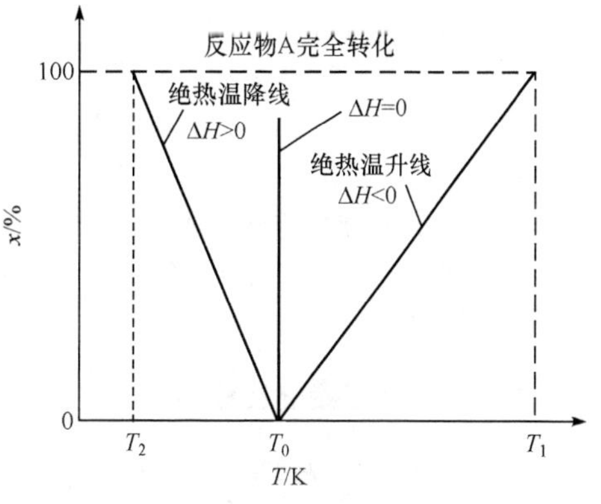

图 9-12　绝热操作的 x-T 关系

图 9-12 中转化率 x_A 与物系温度呈直线关系，其斜率为 $1/\lambda$。若反应为放热反应，则$\Delta H<0$，λ 为

正值，温度随转化率提高而升高，见图中右边的直线。线上的任一点表示对应于某一转化率的物料温度。若为吸热反应，则$\Delta H>0$，λ为负值，温度随转化率提高而降低，见图中左边的直线。由式(9-35)可知，λ值较大的强放热反应，较低的转化率能使物系的温度有较大幅度的升高。在实际生产过程中，温度过快升高可能会损坏催化剂的活性并造成操作的不稳定。这种情况下，可以采用两种方法来避免操作温度的大幅升高：一种方法是采用多段反应器，使反应物在其中的一段反应器中进行到一定程度后引出，适当冷却后再进入下一段反应器继续反应；另一种方法是在反应气体中加入稀释剂(如水蒸气)，降低混合气中反应组分的浓度(y_A)，以减小绝热温升。由于反应组分的摩尔定压热容也是随温度的变化而变化，且反应前、后物质的总物质的量也不一定相等，所以实际上绝热温升线并非直线。但在大多数情况下，将它当作直线处理既能使计算大为简便，又不会带来太大的误差。

【例 9-3】 在 SO_2 的催化氧化反应中，$SO_2+1/2O_2 \rightleftharpoons SO_3$，已知原料气体组成为$\varphi(SO_2)$=8%，$\varphi(O_2)$=12%，$\varphi(N_2)$= 80%，反应的平均温度为 723 K，在此温度下各组分的摩尔定压比热容为：$c_{pm}(SO_2)$=44.48 kJ/(kmol · K)，$c_{pm}(O_2)$=33.12 kJ/(kmol · K)，$c_{pm}(N_2)$=31.12 kJ/(kmol · K)，$c_{pm}(SO_3)$=75.49 kJ/(kmol · K)；反应热ΔH=–94.63 kJ/mol。试求使 SO_2 转化率达 97%时的绝热温升值，并说明反应系统应采取的措施。

解 先求出 723 K 时反应气体的摩尔定压比热容。

723 K 时原料气体的平均摩尔定压比热容为

$$\overline{c}_{pm}=\sum_{i=1}^{3}n_i c_{pm,i}/n_0=0.08\,c_{pm}(SO_3)+0.12c_{pm}(O_2)+0.8c_{pm}(N_2)=32.58[kJ/(kmol\cdot K)]$$

设进料量 $q_{n,0}$ 为 1 kmol/s，当 SO_2 转化率达到 97%时，各组分的摩尔流量为

$$q_n(SO_2)=0.08\times(1-0.97)=0.0024(kmol/s)$$

$$q_n(O_2)=0.12-1/2\times0.08\times0.97=0.0812(kmol/s)$$

$$q_n(N_2)=0.80\ kmol/s$$

$$q_n(SO_3)=0.08\times0.97=0.0776(kmol/s)$$

此时，反应后气体的平均摩尔定压比热容为

$$\overline{c}_{pm}=0.0024\,c_{pm}(SO_2)+0.0812\,c_{pm}(O_2)+0.80\,c_{pm}(N_2)+0.0776\,c_{pm}(SO_3)=33.55[kJ/(kmol\cdot K)]$$

取反应前、后摩尔定压比热容的算术平均值：

$$\overline{c}_{pm}=(32.58+33.55)/2=33.06[kJ/(kmol\cdot K)]$$

利用式(9-34)，可以计算出从 x_{A0}=0 到 x_A=0.97 时的绝热温升为

$$\Delta T=\frac{y_{A0}(-\Delta H)}{c_{pm}}x_A=(0.08\times94630/33.06)\times0.97=222(K)$$

SO_2用钒催化剂催化氧化的起燃温度一般为440℃，如绝热温升为222 K，反应终了时温度将达662℃(935 K)。然而，催化剂的活性温度不得超过 850 K，所以这一过高的温升是不可行的。这说明在催化氧化过程中必须采取冷却措施。

9.3.3 绝热反应器的容积计算

由于绝热反应器中温度是随着反应的进行而变化的，因此在计算反应器的容积时，需要将物料衡算式、能量衡算式和动力学方程联立求解。

固定床反应器中物料的流动状况接近活塞流，因此常用活塞流的特性方程进行有关的计算。在忽略因化学反应引起的分子数变化的条件下，反应器中某一截面上反应物 A 的浓度 c_A 可表示为

$$c_A = \frac{q_{n,A}}{q_V} = \frac{q_{n,A0}(1-x_A)}{q_{V0}\dfrac{T}{T_0}} = c_{A0}\frac{T_0}{T}(1-x_A) \tag{9-36}$$

假设反应为一级反应，将 c_A 值代入反应速率方程：

$$r_A = kc_A = kc_{A0}(1-x_A)\frac{T_0}{T} \tag{9-37}$$

将反应速率的表达式代入由物料衡算式导出的活塞流反应器的特性方程：

$$V_R = q_{n,A0}\int_{x_{A0}}^{x_A}\frac{dx_A}{r_A} = q_{n,A0}\int_{x_{A0}}^{x_A}\frac{dx_A}{kc_{A0}\dfrac{T_0(1-x_A)}{T}} = q_{V0}\int_{x_{A0}}^{x_A}\frac{Tdx_A}{k(1-x_A)T_0} \tag{9-38}$$

已知 $T - T_0 = \lambda(x_{A0} - x_A)$，由于积分号内的各参数与变量间的关系较复杂，且实际反应也不一定是一级反应，因此可采用图解法计算。计算方法如下：

(1) 根据化学动力学方程，以 T 为横坐标、x_A 为纵坐标，作出不同反应速率条件下的等 r_A 曲线(图 9-13)。图中曲线 AB 为平衡曲线。

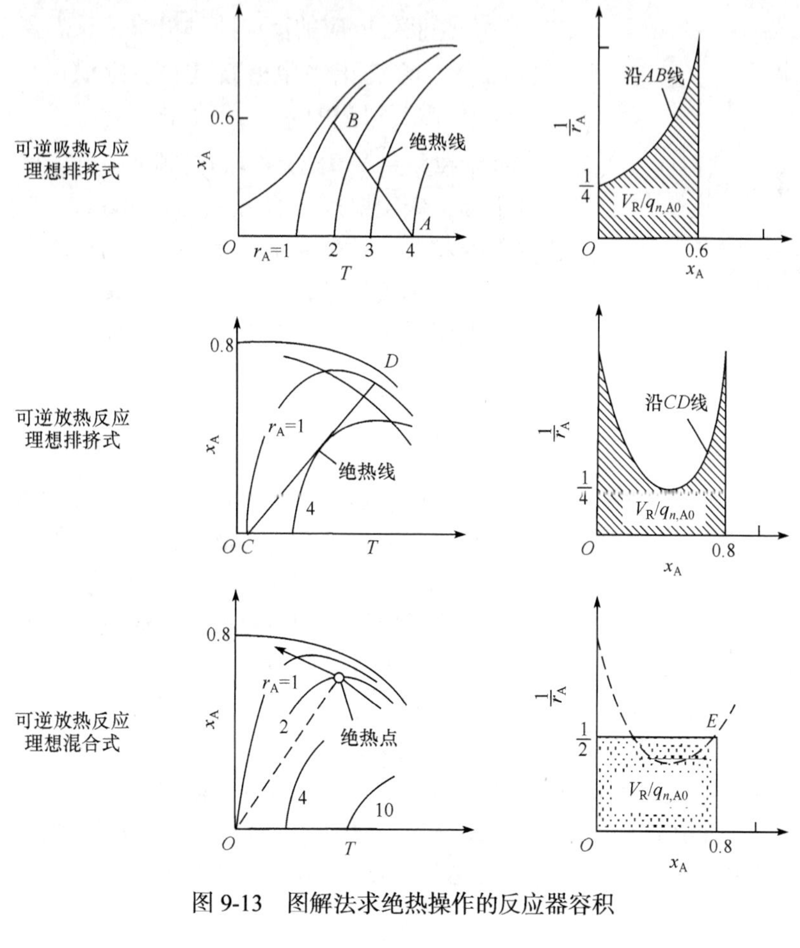

图 9-13　图解法求绝热操作的反应器容积

(2) 根据热量衡算式，作绝热温升线。绝热温升线实际上是一条操作线，线上每一点都对应于反应器中某一截面上的 x_A-T 关系。绝热操作线与等 r_A 线的交点反映了转化率与反应速率的关系。

(3) 根据(2)得到的 x_A-r_A 的关系作 $1/r_A$-x_A 曲线(图 9-13)。对于管式反应器或固定床反应器，曲线下方阴影部分的面积等于 $V_R/q_{n,A0}$，从而求得反应器的容积。

用图解法求解非绝热反应器的容积，其原理和顺序与对绝热反应器求解时相同，只是在热量衡算式的 x-T 关系中，须考虑非绝热反应器中的物料与外界进行了热交换。

另外，反应器实际容积的确定还涉及很多具体的工程因素，详细计算过程读者可参看有关专著。

9.4　气固相催化反应器

气固相反应器中应用最多的是气固相催化反应器。根据固体催化剂在反应器中的运动状况，气固相催化反应器有固定床反应器、流化床反应器和移动床反应器，其中固定床反应器应用较普遍。

9.4.1　固定床反应器

固定床反应器可分为绝热和非绝热反应器两类。

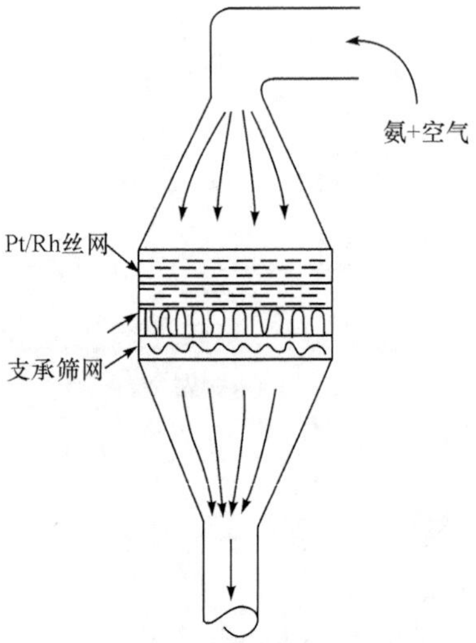

图 9-14　浅床层反应器

有些催化反应的反应速率极快，只需要很浅的床层。例如，甲醇氧化制甲醛反应($2CH_3OH+O_2 \xrightarrow{Ag} 2HCHO+2H_2O$)仅需要很浅的床层。氨催化氧化生成一氧化氮的反应($4NH_3+5O_2 \xlongequal{Pt} 4NO+6H_2O$)，其催化剂床层仅是几层铂铑合金网，床层厚度只有 6 mm(图 9-14)，这种浅床层无法安装冷却器。但对于反应速率较慢的反应，如氨的合成反应、二氧化硫的催化氧化反应、一氧化碳的变换反应等，它们的床层很厚，可以采用非绝热反应器，也可以用绝热反应器。

1. 绝热反应器

绝热反应器的催化剂床层内不设冷却管(或加热管)，催化剂均匀地堆放在反应器内，为了防止催化剂在反应器内松动，产生气流短路，反应气体总是由上而下流过床层。由于绝热反应器结构简单、价格低廉、装卸方便且容易控制，所以凡是能够使用绝热反应器的，总是优先考虑使用绝热反应器。

绝热反应器工作时，由于通过床层或壁面传递的热量相对于反应热其数值很小，反应产生(或需要)的热量将主要用来使床层温度上升(或下降)。

如果温度的上升(或下降)没有超过允许的反应温度范围，可以采用单段的绝热反应器，如图 9-14 所示；如果超过允许的反应温度范围，对于浅床层，应该通过降低反应物的浓度，如加入稀释剂(常用水蒸气)来降低温升，使之在允许范围内。对于较厚的床层，则可把床层分为若干段，在段间采用降温(或升温)措施，使反应器温度尽量接近最优反应温度，如图 9-15 所示。多段绝热反应器在段间进行冷却，除了采用换热器换热的方式外，还可以采用原料气冷激的方式。在图 9-15 中，左边为多段反应段间换热方式，右边为原料气冷激方式。冷激式反应器是用冷的原料气从段间喷入与反应气体混合而降温的。多段绝热反应器的最优温度曲线与操作曲线见图 9-16。

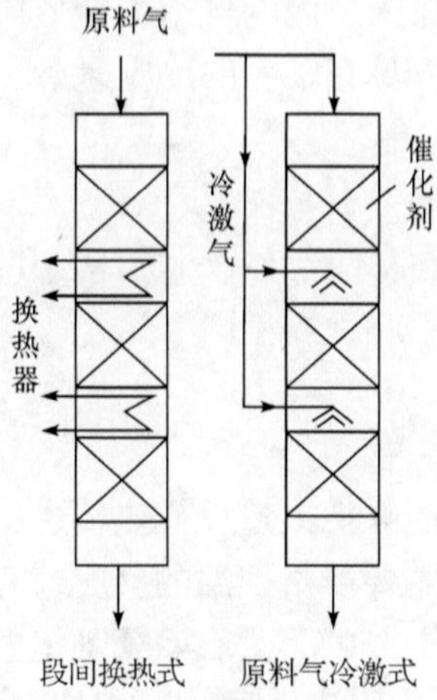

图 9-15　多段绝热反应器

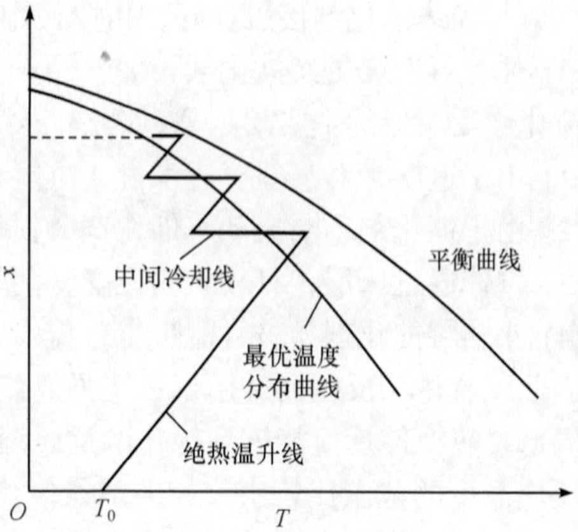

图 9-16　多段绝热反应器的最优温度曲线与操作曲线

2. 非绝热反应器

有些反应放热非常强烈或对温度十分敏感，可以选用非绝热反应器。非绝热反应器可以在反应过程中连续地加入或取出热量。非绝热反应器中使用最多的是换热式固定床反应器，其外形是大型的列管式换热器，在列管中装满催化剂，管外是加热或冷却的介质。有些非绝热固定床反应器把催化剂放在管子外面，传热介质在管内通过。换热式固定床反应器的结构如图 9-17 所示。列管的直径为 25～50 mm，管数可多达数千根。由于管径相对较小，为了避免趋壁效应，催化剂的颗粒直径不得超过管径的 1/8，一般采用直径为 2～6 mm 的颗粒。管间走热载体。根据管内催化剂的温度高低，热载体可以是冷水、沸腾水(加压水)、高沸点有机溶剂、熔盐或熔融金属等。

列管式反应器的优点是换热效果好、保证床层温度均匀一致，特别适用于以中间产物为目的的强放热反应，这种反应器放大时，只需要增加管数，所以也简单易行；其缺点就是结构比较复杂。

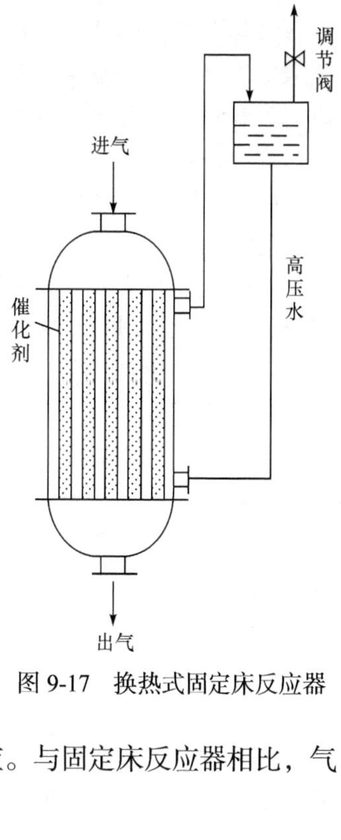

图 9-17　换热式固定床反应器

9.4.2　流化床反应器

自从 1942 年第一次大规模应用于重质油的催化裂化以来，流化床反应器得到了迅速发展，广泛应用于各种类型的反应。与固定床反应器相比，气固流化床反应器有以下优点：

(1) 传热效率高。流化床的传热效率[传热系数 250～350 W/(m^2 · K)]比一般反应器的传热效率[20～50 W/(m^2 · K)]大许多倍。这是催化剂颗粒不断地流动和冲刷传热壁面，使热阻降低的缘故。

(2) 床层温度均匀。由于床层内有大气泡的湍流流动和固体颗粒不断流动，整个床层不论是径向还是轴向，温度都是均匀的。

(3) 反应速率快。由于床层内催化剂不断翻动气体，在床层内的气泡不断形成和破碎，所以气体与固体催化剂接触良好，可以使用小颗粒催化剂，具有较大的反应速率。

(4) 便于再生或更换催化剂。

流化床反应器的主要缺点是：

(1) 由于返混，对某些反应来说，可能在不同程度上降低了转化率、选择性和产率等。

(2) 由于催化剂不断流动，催化剂磨损比较严重。

(3) 气体通过床层，有较大的压降，消耗较多的动力。

(4) 小颗粒催化剂易被气流带走，需要安置分离净化装置。

因此，流化床反应器常用于：①强放热反应，流化床能够把大量反应热传递出去，不会造成局部过热，使反应能够在优化的反应温度下进行；②需要严格控温的反应，有些反应的优化反应温度的范围比较窄，如丙烯氨氧化生产丙烯腈(约 450℃)，乙烯氧氯化生产氯乙烯(250～300℃)，重质油催化裂化生产轻质油(460～500℃)等，采用流化床反应器比较容易满足控温的要求；③原料气体浓度波动范围较大的反应，由于传热、传质速率极快，过程处于化学动力学控制，可以耐受原料气体浓度变化的冲击；④催化剂容易积炭，需要经常再生的反应。

随着流态化技术的发展，流化床反应器的应用日益广泛。为了充分发挥流化床的优点，克服其返混大的弱点，近年来工业上已采用多段流化床反应器。这种多段流化床反应器相当于多级串联搅拌釜式反应器，可以将返混局限于各段之内。而对整个反应器而言，随着串联段数的增多，物料流动状态将趋近于活塞流。气固系统的流化床一般属于聚式流态化。为了改善流化质量，除了研究采用各种形式的分布板和内部构件之外，还可以从如下几个方面进行研究改进：

(1) 采用细颗粒流化床，或选用合理的粒度分布，使聚式流态化向散式流态化转变。

(2) 采用加压流态化以减少气、固两相之间的密度差，使流化质量改进。

(3) 在其他引力场作用下进行流态化。例如，对于具有磁性的催化剂颗粒，在磁场作用下进行流态化，以防止大气泡的形成，从而提高床层操作的稳定性。

稀相流态化技术曾经只限于在气流输送和固体干燥等方面使用，近年来在气固相催化反应过程中也有不少应用。例如，在石油催化裂化反应过程中采用的提升管式催化裂化反应器就属于稀相流化床反应器。

此外，流态化技术不仅在气固相催化反应过程中得到日益广泛的应用，在其他反应过程和单元操作中的应用也方兴未艾。流态化技术在气固相催化反应过程中的应用还有大量理论和技术上的问题有待研究解决。

思考　如何设计符合绿色可持续发展理念的催化反应器？

习　题

1. 固体催化剂颗粒的孔隙率可用下法测得。汞能占满固体颗粒间的空隙，但不能占据颗粒内部孔隙，而氦气既能占满颗粒间空隙，也能占满颗粒内孔隙。利用这个差别可以测定颗粒内孔隙体积，然后算出孔隙率。

从一个活化硅胶粒状(4～12 目)样品测得以下数据：称得催化剂样品质量为 101.1 g，测得该质量样品排代的汞体积为 82.7 cm^3；测得该质量样品排代的氦气体积为 45.1 cm^3。试计算颗粒内微孔的体积及孔隙率。

[37.6 cm^3，0.454]

2. 用于石油馏分催化裂化的一种氧化硅-氧化铝催化剂，当它的球形颗粒直径为 0.43 cm 时，在一定条件下的反应速率为 2.75×10^{-5} mol/(s · cm^3)(粒子体积)。当它的颗粒直径为 0.086 cm 时。在相同条件下的反应速率为 1.10×10^{-1} mol/(s · cm^3)(粒子体积)。试估计这两种不同直径的催化剂颗粒的内表面利用率η_2。若要催化剂颗粒的表面积得到充分利用，估计应将催化剂颗粒压细到的直径大小。

[0.018 cm]

3. 气体 A 在催化剂粒子上发生如下分解反应：

$$A \longrightarrow R \qquad r_A = kc_A^2$$

管式反应器内填充有 1.6 kg 催化剂，在系统温度为 573 K、压强为 2 MPa 时通入纯粹的反应物 A，流速为 2 m^3/h，转化率为 65%。按照此实验条件放大，在系统温度为 573 K、压强为 4 MPa 时通入组成为φ(A)=60%及φ(惰性气体)=40%的原料混合气，进气速率为 100 m^3/h。为使转化率 x_A=0.85，需要填充多少催化剂?

[202.4 kg]

4. 某实验用填充床反应器，进料速率不变为 $q_{n,A0}$=10 kmol/h，在不同的催化剂用量时获得反应 A ⟶ R 的一些动力学数据如本题附表所示。

习题 4 附表

催化剂用量/kg	1	2	3	4	5	6	7
x_A/%	12	20	27	33	37	41	44

(1) 求转化率为 40%时的反应速率；(2) 在进料速率 $q_{n,A0}$=400 kmol/h 的大型填充床反应器中，为使转化率达到 40%，需要多少千克催化剂?

[0.416 kmol/(kg · h)；230 kg]

5. 气体 A 在固体颗粒催化剂作用下发生反应 A ⟶ R，其动力学方程为：$r_A = kc_A^2$，单位为 mol/(kg · h)。将 1.6 kg 催化剂装填在管式反应器中，在温度为 573 K、压强为 2 MPa 下进行反应，在操作条件下以 2 m^3/h 进料速率加入纯气体 A，转化率为 65%。在实际生产中，反应器的温度为 573 K、压强为 4 MPa，加料速率为 100 m^3/h。原料气中φ(A)=60%，φ(惰性气体)=40%。为使 A 的转化率达到 85%，求所需的催化剂量。已知催化剂的堆积密度 ρ_R=800 kg/m^3，求反应器的床层体积 V_R。

[202.4 kg，0.254 m^3]

第 10 章　合成氨工艺

10.1　概　　述

10.1.1　合成氨工业的重要性及发展概况

空气中含有大量的氮，约占 78%。蛋白质是生命的基础，氮是植物体内蛋白质、核酸和叶绿素的组成元素。蛋白质是细胞原生质的重要成分，核酸是合成蛋白质的必要成分。在植物生长发育过程中，细胞分裂和新细胞的形成必须要有蛋白质；而光合作用则离不开叶绿素。因此，在缺氮的情况下，由于新细胞形成受阻，植物的生长发育会迟缓或停滞；如果叶绿素含量下降，则直接影响光合作用的速率和光合作用产物的形成。同时，蛋白质含量的下降使作物的品质降低。所以，没有氮就不能形成蛋白质，但大气中的氮是以游离态存在的，不能被动植物吸收，因此必须将大气中的氮转化为能被植物吸收的化合物，这一过程称为氮的固定。

在自然界，通过氮的固定，空气中的氮转化为化合态的氮进入土壤被植物吸收转化为蛋白质，动物靠植物得到蛋白质，动植物的腐败物在土壤中被细菌分解变为含氮化合物，一部分被植物吸收，另一部分变成硝酸盐，经细菌分解后转化成氮气回到大气中。固氮分为生物固氮(豆科植物的根瘤菌可直接将大气中的氮转化为能被植物吸收的化合物)和人工固氮。人工固氮又分为多种方法，如电弧法、氰氨法、合成氨法等。因此，氨的合成是人类从自然界中制备含氮化合物最重要的方法。

1. 合成氨的重要性

氨是重要的无机化工产品之一，在国民经济中占有重要地位。除液氨可直接作为肥料外，农业上使用的氮肥，如尿素、硝酸铵、磷酸铵、氯化铵以及各种含氮复合肥都是以氨为原料的。氨也是重要的工业原料，基本化学工业中的硝酸、纯碱及各种含氮无机盐；有机工业各种中间体，制药中的磺胺药物，高分子中的聚纤维、氨基塑料、丁腈橡胶、冷却剂等；国防工业中三硝基甲苯、硝化甘油、硝化纤维等，这些产品的生产都需要氨作为原料。

合成氨是大宗化工产品之一，世界每年合成氨产量已达到 1 亿吨以上，其中约有 80%的氨用来生产化学肥料，20%作为其他化工产品的原料。

合成氨与硫酸和纯碱一样，是世界上较为重要的基础化工产品，它的重要性在于其用途广泛。

2. 合成氨发展概况

氨曾经是一种最难合成的基本化工原料，从第一次实验室发现到第一个以 H_2、N_2 为原料生产合成氨的工厂投产，经历了漫长而曲折的 150 多年。

在这 150 多年的历程中，合成氨一直处于不断发展中，尤其是近年来，无论国内、国外都有很大变化，出现了许多新的工艺和设备，而影响最深远的是原料路线的改变。合成氨生产的发展概括起来分为三个阶段。

第一阶段(1919～1945 年)：合成氨的原料主要是煤或焦炭、少量焦炉气，出现了不同压强(100～1000 atm)的合成方法。

第二阶段(1946～20 世纪 60 年代初)：由于石油工业的发展，出现了以天然气和石油为原料的合成氨工艺路线，其优点是投资少、成本低，合成氨生产的原料由固体燃料转向气体和液体燃料。原料路线的变化促进了原料气的制备和净化技术的发展。美国 1940 年合成氨用天然气占 5%，1955 年增加到 80%。

第三阶段(20 世纪 60 年代初至今)：合成氨原料路线基本上完成了由煤、焦炭到天然气、石油的转变，整个合成氨工业发展十分迅速，表现在以下几个方面：

(1) 生产规模的大型化。20 世纪 60 年代 10 万 t/a、70 年代 50 万 t/a、80 年代 75 万 t/a 的合成氨装置。

(2) 热能综合利用。合成氨工业是一个高耗能工业，综合利用热能是降低成本的有效途径。以天然气为原料的大型氨厂所需动力约有 85%可由余热供给，每吨耗电十几度，是早期同类装置耗电的 1/50～1/40，这样的氨厂可以看作以氨为副产品的一座电站。

(3) 高度自动化。由于单系列大型化工艺的设备紧凑，更加合理，整个过程全部采用计算机自动控制。

近年来，由于能源危机越来越突出，国外已开始推广以煤，特别是劣质煤为原料的生产流程，日本出现了以劣质煤为原料的 30 万 t/a 的合成氨装置。从国内情况看，20 世纪 60 年代以前基本上是以煤和焦炭为原料的生产流程，60 年代以后，由于石油工业的迅速发展，引进和新建了一批以石油和天然气为原料的合成氨工厂。我国煤炭资源丰富，因地制宜、采取两条路线并行是适合我国国情的正确路线。

中华人民共和国成立前，我国仅有两家合成氨工厂——南京永利宁厂和大连化肥厂，年生产能力不过几万吨。中华人民共和国成立以来，国家十分重视合成氨工业的发展，至今已发生了巨大变化，合成氨厂已有 1000 多个，从国外引进以天然气、石油为原料，年产 30 万 t 合成氨的大型装置。上海吴淞化工厂 30 万 t/a 的合成氨装置是我国自行设计和安装的，说明我国的合成氨生产水平已接近世界先进水平。我国合成氨的产量居世界第一位，1989 年统计日产化肥 40 多万 t，是 1949 年全年产量的 6.8 倍。

近年来，我国化肥工业稳步发展，产量逐年增加，国内自给率迅速提高。据国家统计局统计，2009 年，我国共有合成氨生产企业 496 家，合成氨产量 5135.5 万 t。2009 年进口液氨 28.1 万 t，出口量很少，表观消费量 5163.6 万 t，国内自给率 99.5%。总体上，我国合成氨工业能够满足氮肥工业生产需求，基本满足了农业生产需要。

2000～2009 年，我国氮肥产量由 2398 万 t 增至 4331 万 t，年均增长 7.7%；合成氨产量由 3364 万 t 增至 4995 万 t，年均增长 5.1%。氮肥实现了自给有余。我国还为东南亚几个发展中国家援建了一些中型合成氨工厂，这说明我们的合成氨工业已走向世界。

从氮肥供需情况来看，据统计，2015～2018 年我国氮肥产量逐年下降，随后开始回升，2020 年我国氮肥产量为 3679.1 万 t，较 2019 年同比增长 3.5%。反观，受部分经济作物有机肥替代化肥等因素影响，化肥需求量在下降。2019 年我国氮肥表观需求量为 2300.8 万 t，2020 年我国氮肥表观需求量为 2192.6 万 t，同比下降 4.7%。

我国是全球最大的氮肥出口国之一，出口量呈“V 字形”走势。据统计，2018 年我国氮肥出口量为近几年最低值，出口数量为 1005.50 万 t，随后不断增长，2020 年出口数量为 1489.72 万 t，进口数量为 3.24 万 t。

据统计，2019 年我国氮肥出口金额为 24.37 亿美元，进口金额为 0.66 亿美元；2020 年我国氮肥出口金额为 26.10 亿美元，进口金额为 0.17 亿美元。

3. 氮肥行业未来发展前景

全球谷物库存目前处于较低水平，氮肥供应紧张有可能对后期的谷物产量带来不利影响，由于至少需要两个种植季才能补充至较为安全的库存，因此预计全球作物价格仍将保持较高水平，并将给化肥行业带来强劲的需求，在未来一段时间内，国内化肥行业仍将面临一定保供压力。

海外氮肥价格迎来历史高位：目前 CFR 美湾尿素价格已经上涨至约 890 美元/吨的历史最高点，预计北美地区玉米种植成本中的化肥占比可能会上升至 45%以上，随着化肥投入成本的上升，北美玉米种植存在向大豆切换的压力。而巴西和印度的尿素到岸价格也已经上涨至约 890 美元/吨的历史最高水平，下游种植业面临较大的成本压力。

海外氮肥供应紧张局面加剧：随着我国和俄罗斯等国家对化肥出口的管制，巴西和印度等传统进口国和主要种植国化肥供应紧张压力加大。而欧洲买家进入全球流通市场后，加剧了与印度和巴西对有限货源的竞争。预计全球化肥需求或仍将超过全球供给，全球谷物产量可能会受到影响，对于化肥的强劲需求有望持续。

10.1.2 合成氨主要原料及原则流程

1. 合成氨的主要原料

氨是利用一定比例的氢气和氮气混合气在高温、高压并有催化剂存在的条件下直接合成的，所以合成氨的生产需要高纯氢气和氮气。氮气来自空气，氢气来自水和碳氢化合物，如天然气、焦炉气、炼厂气、石油等。

1) 氮气的来源

氮气的唯一来源是空气，空气中含 N_2 78%，是取之不尽的来源，但必须除去 O_2，方法有两种：一是化学法，是在高温下将燃料在空气流中燃烧消耗掉 O_2，剩下的就是 N_2；二是物理法，是将空气液化，然后利用 N_2 和 O_2 沸点不同，用高压蒸馏的方法分离 N_2 和 O_2。目前均采用化学法制取 N_2。

2) 氢气的来源

氢气的制备较困难，氢气的来源也有两种：一是水，将水电解制备氢气，耗电量大，目前仅有水电丰富的挪威采用；二是各类有机碳氢化合物，有工业价值的是固体燃料、天然气和石油。现在工业上常采用固体燃料气化法、天然气催化转化法和重油部分氧化法制取氢气。

2. 合成氨的原则流程图

合成氨的反应是

$$0.5N_2 + 1.5H_2 \xrightleftharpoons[\text{高温、高压}]{\text{催化剂}} NH_3 + Q$$

从化学方程式上看仅需要两步：①原料气的制备；②氨的合成。由于合成氨在催化剂作用下进行，为防止催化剂中毒，原料气需净化。另外，由于合成转化率较低，原料气需循环使用。合成氨的主要步骤如图 10-1 所示。

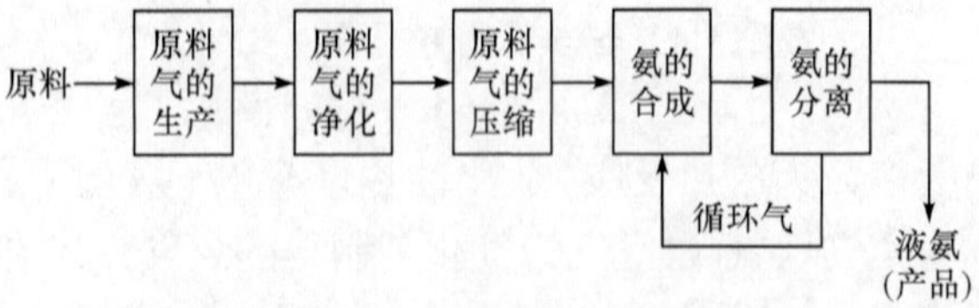

图 10-1　合成氨的原则流程图

在这个原则流程图中，氨的合成是核心，由于这一步最困难，工艺条件要求也最严格，所以是主要化学反应过程，应该首先进行优化。原料气的生产和净化过程是氨合成的前置过程，它的优化必须以满足氨合成的要求为前提；氨的分离和循环气返回合成塔既是氨合成的后续过程，也是氨合成的前置过程。因此，氨的合成和分离必须结合在一起统筹考虑。

合成氨的生产方法有很多种，其主要区别在于原料气的生产和净化方法不同，而氨的合成方法几乎都是一样的。下面按原则流程图的顺序进行讨论。

10.2　原料气的生产

前已述及，制取氨用的是氮、氢混合气。氮气的来源就是空气，而氢气主要由天然气、石脑油、重质油、煤、焦炭、焦炉气等原料制取。工业上通常先在高温下将这些原料与水蒸气和空气作用制得含氢、一氧化碳以及氮气等组分的合成气。这个过程称为造气。现在工业上常采用固体燃料气化法、轻质烃类蒸汽转化法和重质烃类部分氧化法来制取合成气。

由于资源结构的原因，在我国以油、气为原料制氨的原料成本较高，且供应往往难以保证。以煤为原料则成本较低，且来源丰富。所以下面重点介绍以固体燃料煤或焦炭为原料生产原料气的方法，即固体燃料气化法，而以轻质烃类和重质烃类为原料生产原料气的方法只做简单介绍。

10.2.1　固体燃料气化法

固体燃料气化是指用氧或含氧气化剂对固体燃料进行热加工，使碳转变为可燃性气体的过程。

1. 基本原理

固体燃料气化法是在煤气发生炉内，在近 1000℃的高温下，使煤或焦炭与交替通入的空气、水蒸气反应，生成混合气。此混合气统称为煤气(以 H_2、N_2 及 CO 为主)。

通入的气体(空气、水蒸气)称为气化剂。进行气化的过程称为固体燃料气化，简称造气。由于空气与水蒸气交替通入发生炉内，所以整个过程分为两个阶段。

1) 吹风阶段——氧与碳反应

向煤气发生炉内鼓入空气的过程称为吹风阶段。在此阶段，炙热的碳与空气中的氧发生下列主要反应：

$$C+O_2 = CO_2+4.02\times10^2\ kJ$$

$$2C+O_2 = 2CO+2.37\times10^2\ kJ$$

副反应主要为

$$2CO+O_2 = 2CO_2+5.67\times10^2\ kJ$$

$$C+CO_2 = 2CO-1.65\times10^2\ kJ$$

主反应及副反应绝大多数为放热反应，放出的热量蓄积于碳层中，温度可达 1000℃左右。吹风阶段产生的煤气称为空气煤气(以空气为气化剂制得的煤气)，其主要成分为 N_2、CO、CO_2。

2) 制气阶段——水蒸气与碳反应

向煤气发生炉内通入水蒸气的过程称为制气阶段。这一阶段，水蒸气与炙热的碳发生下列主要反应：

$$C+H_2O(气) = CO+H_2-1.23\times10^2\ kJ \qquad (1)$$

$$C+2H_2O(气) = CO_2+2H_2-80.4\ kJ \qquad (2)$$

副反应主要为

$$C+H_2 = CH_4+83.3\ kJ$$

$$CO+3H_2 = CH_4+H_2O+2.06\times10^2\ kJ$$

制气的目的是获得较多的 H_2 和 CO，所以希望反应(1)进行得越快越好。此反应是由化学反应速率控制的气固相吸热反应，升高温度，反应速率加快，平衡转化率提高。而副反应都是放热反应，高温不利于这些反应的进行。所以，适当升高炉温，延长水蒸气与碳的接触时间(提高碳层厚度)有利于制气。

制气阶段获得的煤气称为水煤气(以水蒸气为气化剂制得的煤气)，其主要成分为 CO 和 H_2。

上述两个阶段生产的水煤气和空气煤气在气柜中按一定比例混合，所得的煤气称为半水煤气。

将水煤气和空气煤气按合成氨原料的要求混合，便制得符合合成氨要求的原料气。

$$\frac{n(CO)+n(H_2)}{n(N_2)} = 3.1\sim3.2$$

一般为了满足原料气中氮、氢比例的要求，以及保持热量平衡，制得的水煤气需全部收集起来，而空气煤气只收集一部分，其余放空。

2. 造气的工艺流程

图 10-2 为间歇式制水煤气的工作循环。间歇法制造水煤气主要是由吹空气(蓄热)、吹水蒸气(制气)两个过程组成的。在实际生产过程中，考虑到热量的充分利用和安全，还包含一些辅助过程，共 5 个步骤，共同构成一个工作循环。

第一个步骤为吹风：吹入空气，升高燃料层的温度，空气由阀门 1 进入发生炉，燃烧后的吹风气由阀门 4、5 经过烟囱排出，或进入余热回收系统。

第二个步骤为一次水蒸气上吹制气：水蒸气仍由阀门 2 进入发生炉底部，在炉内进行气化反应，此时炉内下部温度降低而上部温度较高，制得的水煤气经阀门 4、6(阀门 5 关闭)进入水煤气的净化冷却系统，然后进入气体储罐。

第三个步骤为水蒸气下吹制气：关闭阀门 2、4，打开阀门 3、7，水蒸气由阀门 3 进入气化炉后，由上而下经过煤层进行制气，制得的水煤气经过阀门 7 后由阀门 6 进入净化冷却系统。该阶段使燃料层温度趋于平衡。

第四个步骤为二次上吹制气：阀门位置和气流路线与第二个步骤相同。主要作用是将炉底部的煤气吹净，为吹入空气做准备。

第五个步骤为空气吹净：切断阀门 7，停止向炉内通入水蒸气。打开阀门 1，通入空气，将残存在炉内和管道中的水煤气吹入煤气净化系统。

完成上述五个步骤即为一个工作循环，不断重复上述循环，就可以实现水煤气的间歇生产过程。

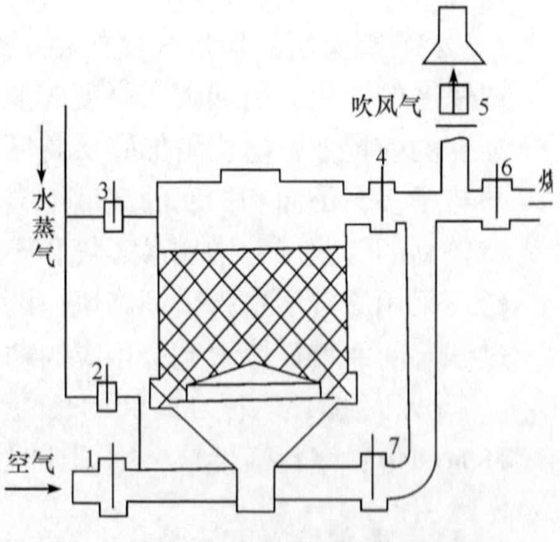

图 10-2　间歇式制水煤气的工作循环

由以上方法制得的水煤气的体积组成(%)为：CO_2，6.5；CO，37.0；H_2，50.0；N_2，5.5；CH_4，0.5；H_2S，0.3；O_2，0.2。由前所述可知，水煤气中的 $CO+H_2$ 和 N_2 之比不符合合成氨原料气的要求，通常是在上述生产水煤气的基础上，在一次上吹制气步骤鼓入水蒸气的同时适量鼓入空气(称为加氮空气)，这样制得的煤气中氮气含量增加，符合合成氨原料气中 $CO+H_2$ 和 N_2 之比为 3.1～3.2 的要求。但需注意的是，在加入加氮空气时，其送入时间应滞后于水蒸气，并在水蒸气停送之前切断。也就是说，为避免发生爆炸，开启时应先开水蒸气阀，然后开空气阀；关闭时，应先关闭加氮空气阀，再关闭水蒸气阀。通过这种方法制得的半水煤气的体积组成(%)大致为：CO_2，6.6；CO，33.3；H_2，37.0；N_2，22.4；CH_4，0.3；H_2S，0.2；O_2，0.2。

对于每一个工作循环，都希望料层温度稳定。一般而言，循环时间长，气化层的温度、煤气的产量和成分波动大；反之，则波动小，但阀门的开启次数频繁。在实际生产过程中，应根据具体使用的气化原料和阀门的控制条件确定。一般来说，气化活性差的原料需较长的循环时间；相反，气化活性好的原料，时间可适当缩短，因为活性好的原料气化时，反应速率大，料层温度降低得快，适当缩短时间对气化是有利的。制取合成氨原料气，每一工作循环一般为 2.5～3 min。

实际生产过程中除合理分配循环时间外，吹风速度的控制也非常重要。吹空气过程属于非生产过程，其作用是升高料层温度或对料层进行吹扫。因此，生产上尽量提高空气的鼓风速度，通常采用的鼓风速度是 0.5～1.0 m/s。水蒸气的鼓入速度慢，在炉内的停留时间长，有利于气化反应，太慢则会降低设备的生产能力，水蒸气的鼓入速度一般为 0.05～0.15 m/s。

实践证明，间歇法制造半水煤气时，在维持煤气炉温度、料层高度和气体成分的前提下，采用高炉温、高风速、高碳层、短循环(称为“三高一短”)的操作方法，有利于气化效率和气化强度的提高。

(1) 高炉温。在燃料灰熔点允许的情况下，升高炉温，碳层中积蓄的热量多，碳层温度高，对水蒸气的分解反应有利，可以提高水蒸气的分解率，相应半水煤气的产量和质量提高。

(2) 高风速。在保证碳层不被吹翻的条件下，提高煤气炉的鼓风速度，碳与氧气的反应速率加快，吹风时间缩短；同时，高风速还使二氧化碳在炉内的停留时间缩短，二氧化碳还原为一氧化碳的量相应减少，提高了吹风效率。但风速也不能太高，否则燃料随煤气的带出损失增加，严重时有可能在料层中出现风洞。

(3) 高碳层。碳层高度的稳定是稳定煤气化操作过程的一个十分重要的因素。加煤、出灰速度的变化会引起碳层高度的波动，进而影响炉内工况，煤气组成发生变化。在稳定碳层高度的前提下，适当增加碳层高度，有利于煤气炉内燃料各层高度的相对稳定，燃料层储存的热量多，炉面和炉底的温度不会太高，相应出炉煤气的显热损失减小；高碳层也有利于维持较高的气化层，增加水蒸气和碳层的接触时间，提高气体的分解率和出炉煤气的产量与质量；采用高碳层也是采用高风速的有利条件。但碳层太高，会增加气化炉的阻力，气化剂通过碳层的能量损耗增大，相应的动力消耗增加，因此要综合考虑高碳层带来的利弊。

(4) 短循环。循环时间的长短主要取决于燃料的化学活性，总的来讲，燃料活性好，循环时间短；燃料活性差，则循环时间长。

10.2.2 其他造气方法简介

1. 轻质烃类蒸汽转化法

轻质烃原料主要是天然气、油田气、炼厂气、轻油等，其中应用最多的是天然气，其主要成分是 CH_4。以轻质烃为原料生产原料气，有操作连续、工程投资少、能量消耗低等优点。

1) 化学反应及转化率

轻质烃在 $\alpha\text{-}Al_2O_3$ 为载体的镍催化剂的作用下，与水蒸气发生反应，生成氢与一氧化碳。以甲烷为例：

$$CH_4+H_2O = 3H_2+CO-206.4\ \text{kJ}$$

这是一个可逆吸热反应，温度越高，反应速率越快，转化率越高。为了获得 99%以上的转化率，反应温度需达到 1230℃以上。

2) 副反应及催化剂中毒

在反应条件下，还发生少量副反应：

$$CH_4 = C+2H_2$$

$$2CO = C+CO_2$$

$$CO+H_2 = C+H_2O$$

$$CH_4+2H_2O = CO_2+4H_2$$

其中，有三个反应生成了碳，称为析碳反应，析碳不仅降低了原料的利用率，而且析碳覆盖在催化剂的表面上将降低其活性。抑制析碳反应的有效措施是增加水蒸气的用量，生产上要求甲烷与水蒸气的物质的量比需达到 1∶3.5。

原料气中少量的硫会使镍催化剂中毒，因此要采取措施降低硫的含量。转化反应前必须脱硫。

3) 反应压强

主反应是体积增大的反应，而析碳副反应是体积缩小的反应，加压显然是不利的。但是加压有利于节能，而且其不利因素可用升高反应温度和加大水蒸气用量来解决，所以权衡利弊，综合考虑能量消耗和经济效益，实际生产的操作压强为 3.5～5.0 MPa。

4) 反应器

一段转化炉是烃类蒸汽转化的关键设备之一。采用外热法使原料气和催化剂在耐热合金管内发生造气反应。

二段转化炉燃烧之前，转化气与空气必须充分混合，以避免局部过热而损坏炉体，因而通入的空气先要经过一个空气分布器。整个炉体为立式圆筒，壳体材质是碳钢，内衬耐火材料，炉内装有催化剂。

5) 生产工艺流程

以轻质烃为原料生产原料气，有操作连续、工程投资少、能量消耗低等优点。烃类蒸汽转化法应用较多的是凯洛格法典型流程，该法的生产流程如图 10-3 所示。

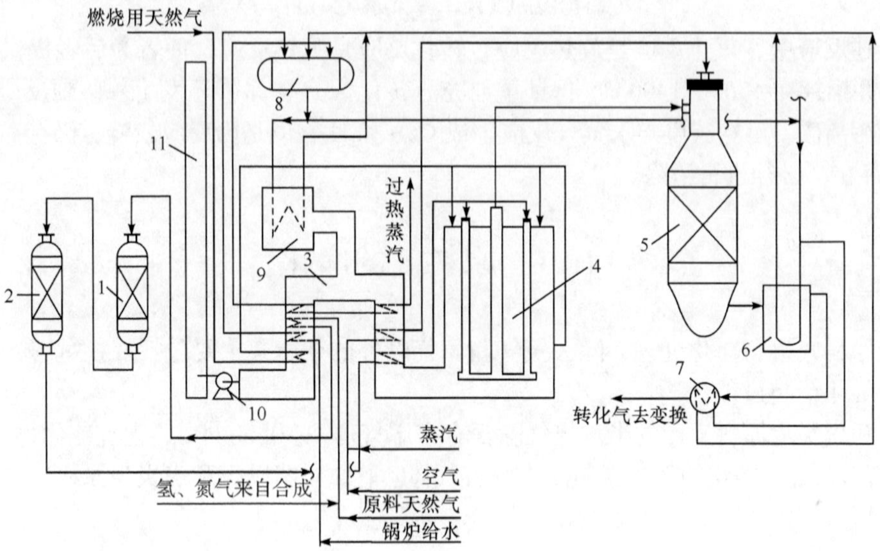

图 10-3　凯洛格法生产流程

1. 钴钼加氢反应器；2. 氧化硫罐；3. 对流段；4. 辐射段(一段炉)；5. 二段转化炉；
6. 第一废热锅炉；7. 第二废热锅炉；8. 汽包；9. 辅助锅炉；10. 排风机；11. 烟囱

配入含 0.25%～0.5%(体积分数)氢的天然气，在 3.6 MPa 压强下被烟道气预热到 380℃左右，在脱硫器中经脱硫后，使其总硫含量小于 0.5 μg/g。

在 3.8 MPa 下配入 3.5 倍体积的中压水蒸气，进一步加热到 500℃左右，进入装有以 α-Al_2O_3 为载体的镍催化剂的反应管内。气体在反应管内于 650～800℃下发生转化反应：

$$CH_4+H_2O = 3H_2+CO \qquad \Delta H_0 = 206.4\ \text{kJ/mol}$$

$$CH_4+2H_2O = 4H_2+CO_2 \qquad \Delta H_0 = 65.3\ \text{kJ/mol}$$

90%的 CH_4 发生转化，转化后的气体进入二段转化炉，出来的气体组成为 CH_4 0.3%、CO_2 27.6%、H_2 57%、CO 12.8%、N_2 2.3%，气体温度约为 1000℃，压强为 3.0 MPa。经余热利用，温度降到 70℃。

该工艺的优点是，获得的粗原料气与半水煤气相比，含氢量高，含 CO 量低，杂质气体也较少，后处理负担轻。

2. 重质烃类部分氧化法

重质烃类是原油经炼制提取汽油、煤油、柴油后余下的较重油品，是一种碳氢化合物(C_mH_n)。重质烃类部分氧化法是让氧、水蒸气、重质烃在气化炉中燃烧放热，使物系升温，同时气化的油发生裂化与重整。然后，燃烧物再发生转化反应，最终获得以 H_2 和 CO 为主的合成氨原料气。其反应式如下。

氧化反应：

$$4C_mH_n+(4m+n)O_2 \xlongequal{} 4mCO_2+2nH_2O+Q$$

转化反应：

$$2C_mH_n+2mH_2O \xlongequal{} 2mCO+(n+2m)H_2-Q$$

$$2C_mH_n+4mH_2O \xlongequal{} 2mCO_2+(n+4m)H_2-Q$$

$$2C_mH_n+2mCO_2 \xlongequal{} 4mCO+nH_2-Q$$

在上述反应中，氧化反应是放热反应，转化反应是吸热反应，前者为后者提供反应所需的热量，并维持在 1300～1400℃，保证重油充分转化为 H_2。另外还发生一些副反应，如重质烃裂解为游离碳，虽然碳可与水蒸气反应生成 CO_2 和 H_2，但是因反应较慢，仍有一部分游离碳(炭黑)存在，必须进行清除。

10.3　原料气的净化

对粗原料气进行净化处理，除去氢气和氮气以外的杂质，主要包括变换过程、脱硫脱碳过程以及气体精制过程。

以煤和焦炭为原料生产的半水煤气除含有有用气体 H_2 和 N_2 外，还含有硫化物、CO、CO_2 和 O_2 等有害气体，净化的任务就是除去有害气体。下面介绍以煤和焦炭为原料生产半水煤气的净化过程。

10.3.1　原料气的脱硫

脱硫的目的：硫化物是各种催化剂的毒物，对甲烷转化和甲烷化催化剂、中温变换催化剂、低温变换催化剂、氨合成催化剂的活性有显著影响。硫化物还会腐蚀设备和管道，给后面工段的生产带来许多危害。因此，对原料气中硫化物进行清除是十分必要的。

各种硫化物中，H_2S 和有机硫是最有害的杂质。硫的脱除根据原料的种类及其含硫量的多少，安排在适当的地方进行。天然气含硫极少，而且是气体，一般安排在转化前，成为氨生产的第一道工序。以煤为原料时，由于煤的脱硫比较困难，目前都在气化后进行。如果含硫量较高，通常是先脱硫后变换；如果含硫量较低，则放在变换后脱硫。变换后根据净化方法可以单独进行，也可以与脱除 CO_2 同时进行。

目前脱硫的方法很多，一般分为干法脱硫和湿法脱硫两大类。干法使用固体脱硫剂，如 ZnO、活性炭等，特点是脱硫率高，但仅适用于含 H_2S 少的情况。湿法脱硫是用碱性物质的水溶液或有机溶剂洗涤气体，目前国内广泛采用的方法是改良蒽醌二磺酸法，简称 ADA 脱硫法，这里仅介绍此法。

ADA 是蒽醌二磺酸(anthraquinone disulphonic acid)的英文缩写，在碱性溶液中以蒽醌-2, 6-二磺酸钠和蒽醌-2, 7-二磺酸钠的形式存在。

1. 脱硫液的组成

ADA 脱硫法是一种化学吸收法。吸收液的主要成分是蒽醌二磺酸钠盐，还含有起催化作用的偏钒酸钠、碱、三氧化二铁以及起稳定作用的酒石酸钠和乙二胺四乙酸(EDTA)等。

2. 反应原理

ADA 脱硫法的脱硫过程分为脱硫和再生两部分。

1) 脱硫

(1) 在 pH 8.5～9.5，吸收 H_2S，生成 NaHS：

$$H_2S+NaOH = NaHS+H_2O$$

(2) 在稀碱液中，NaHS 与偏钒酸钠($NaVO_3$)反应，生成还原性的焦钒酸钠(四亚钒酸钠 $Na_2V_4O_9$)并析出单质硫：

$$2NaHS+4NaVO_3+H_2O = Na_2V_4O_9+4NaOH+2S\downarrow$$

(3) 焦钒酸钠与氧化态的 ADA 反应，生成还原态 ADA，而本身被氧化成偏钒酸钠：

$$Na_2V_4O_9+2ADA(\text{氧化态})+2NaOH+H_2O = 4NaVO_3+2ADA(\text{还原态})$$

2) 再生

失去脱硫作用的 ADA 溶液，通入空气可使其氧化而再生：

$$2ADA(\text{还原态})+O_2 = 2ADA(\text{氧化态})+2H_2O$$

实际运行过程中因半水煤气中含有少量 CO_2，发生了下列反应：

$$2NaOH+CO_2 = Na_2CO_3+H_2O$$

所以，在脱硫过程中还需补充碱液。

3. ADA 脱硫法的优点

(1) 脱硫效率高，降低了成本；减少环境污染；回收有价值的硫，可作为其他工业原料。

(2) 溶液容易再生，可以循环使用。

(3) ADA 原料价廉易得，成本低，整个过程最经济，实现了环保生产，低碳经济。

思考 ADA 脱硫法的脱硫原理是什么？

10.3.2 一氧化碳的变换

合成氨粗原料气中的一氧化碳是氨合成催化剂的毒物，需在进入氨合成工段前予以清除。粗原料气中一氧化碳的含量因原料及方法不同有较大的差别。各种粗原料气中一氧化碳含量大致为：固体燃料气化制得的半水煤气中为 28%～30%；重油部分氧化气中为 44%～48%；烃类蒸汽转化气中为 12%～13%。一氧化碳的清除一般分为两步。首先，利用一氧化碳与水蒸气作用生成氢和二氧化碳的变换反应除去大部分一氧化碳，这一过程称为一氧化碳的变换，反应后的气体称为变换气。通过变换反应，既能把一氧化碳转变为易于除去的二氧化碳，又可制得等物质的量的氢，因此一氧化碳变换既是原料气的净化过程，又是原料气制造的继续。然后，采用铜氨溶液洗涤法或甲烷化法脱除变换气中残余的一氧化碳。

1. 反应原理

$$CO + H_2O \underset{350\sim500^\circ C}{\overset{\text{催化剂}}{\rightleftharpoons}} H_2 + CO_2 + 43\ \text{kJ/mol}$$

这是一个可逆的放热反应。这样既能把 CO 转变为易于清除的 CO_2，又可制得与反应了的 CO 等物质的量的 H_2，而消耗的只是廉价的水蒸气。

2. 变换工艺条件的优化

1) 催化剂

变换反应前、后体积不变，但放出热量，所以化学平衡不受压强影响，但降低温度、增加水蒸气或减少二氧化碳的含量，都能使一氧化碳的平衡浓度降低。工业上采用催化剂加快反应速率。一氧化碳变换催化剂(表 10-1)按活性温度和抗硫性能的不同分为铁铬系、铜锌系和钴钼系三种。

表 10-1　一氧化碳变换催化剂的性能

催化剂名称	铁铬系	铜锌系	钴钼系
主要成分	Fe_2O_3、Cr_2O_3	CuO、ZnO	CoO、MoO_3
活性组分	Fe_3O_4	Cu	MoS_2
堆积密度/(kg/L)	1～1.6	1.3～1.7	0.75～1
操作温度/℃	350～500	180～260	200～475
$n(H_2O)/n(CO)$	2.5～4	6～10	2.5～10
允许 H_2S 含量	<0.3 g/m^3	<1 ppm*	最高耐硫量 18 g/m^3

*1 ppm=1×10^{-6}。

(1) 铁铬系催化剂：由三氧化二铁、三氧化二铬的混合物组成，又称中温变换催化剂，活性温度范围为 350～450℃。活性组分为四氧化三铁，开工时需用氢气或一氧化碳将三氧化二铁还原成四氧化三铁。在此催化剂作用下气体中一氧化碳浓度可降到百分之几，如要进一步降低，需在更低温度下完成。

(2) 铜锌系催化剂：由铜、锌、铝(或铬)的氧化物组成，又称低温变换催化剂。活性组分为铜，其活性温度均为 170～280℃。开工时先用氢气将氧化铜还原，还原时放出大量反应热，操作时必须严格控制氢气浓度，以防催化剂烧结。采用此催化剂可把气体中一氧化碳浓度降到 0.3%(体积分数)以下。

中、低温变换催化剂耐硫性能差，其中硫化氢对变换催化剂是常见的有害毒物。催化剂活性组分被硫毒化的反应式，对于中温变换催化剂为

$$Fe_3O_4 + 3H_2S + H_2 \rightleftharpoons 3FeS + 4H_2O$$

对于低温变换催化剂为

$$Cu + H_2S \rightleftharpoons CuS + H_2$$

低温变换催化剂对硫特别敏感，而且其中毒属于永久性中毒。因此，在一氧化碳低温变换前，原料气必须经过精细脱硫，使总硫含量降低到体积分数为 1×10^{-6} 以下。

(3) 钴钼系催化剂：是 20 世纪 50 年代后期开发的一种耐硫变换催化剂，主要成分为钴、钼氧化物。钴钼系催化剂活性温度不同，有只适用于高温变换的，也有适用于高、低温变换

的。因活性组分为钼的硫化物，所以开工时需先进行硫化处理，使氧化钴、氧化钼完全转化为活性组分硫化钴、硫化钼。

2) 原料气的组成

增加水蒸气用量，既有利于提高一氧化碳的平衡变换率，又有利于提高变换反应速率，从而降低一氧化碳残余含量。为此，生产上均采用过量水蒸气。过量水蒸气的存在，保证了中温变换催化剂的活性组分四氧化三铁稳定，同时抑制了析碳及甲烷化副反应发生。过量水蒸气还起到热载体的作用，使床层温升减小。要降低水蒸气用量，首先应考虑采用低温高活性催化剂，使反应能在较低的温度下进行，平衡变换率较高，不需用很大的 $n(H_2O)/n(CO)$便可实现出口变换率。

例如，中变吨氨气耗曾为 1～1.5 t，变换气中一氧化碳含量为 3%～3.5%，后来中温变换催化剂起始活性温度降到 300℃左右，蒸汽用量降至 0.8 t 以下，使用低温变换催化剂，蒸汽用量则可降至 0.2 t。另外，应将一氧化碳变换与后工序脱除残余一氧化碳方法结合考虑，确定一氧化碳最终变换率或残余一氧化碳含量。例如，在联产甲醇的氨厂，当醇氨比达 30%以上时，变换气中一氧化碳含量需控制在 1.0%以上，以提供生产甲醇所需的一氧化碳。此外，催化剂床层段数要合适，段间冷却良好，注意提高变换系统的自产蒸汽量及余热回收等均可直接或间接降低蒸汽消耗。中温变换操作适宜的 $n(H_2O)/n(CO)$一般为 1.5～3，联醇厂应根据不同的醇氨比进行调整。经中温变换后气体中 $n(H_2O)/n(CO)$可达 15 以上，不必再添加蒸汽即可直接进行低温变换反应。

3) 反应温度

对于可逆放热反应，最大反应速率时的反应温度是随转化率的提高而降低的。所以反应的前阶段应使用中温变换催化剂，反应过程称为中温变换；反应的后阶段应使用低温变换催化剂，反应过程称为低温变换。

反应温度的控制采用水蒸气分阶段冷激的办法，既可使反应温度接近最优反应温度，又可只在后期提高 $n(H_2O)$和 $n(CO)$的比例，既获得更高的转化率，又不致使反应器的容积过大。

4) 反应压强

一氧化碳变换是体积不变的反应，压强与平衡转化率无关，但反应速率随压强增加而增大，所以提高压强对变换反应是有利的。且从压缩气体的动力消耗上看，由于目前合成氨工艺采用高压合成，而变换前干原料气体积小于干变换气体积，因此先压缩干原料气后再进行变换比常压变换后再压缩变换气的能耗低。因不同原料气中一氧化碳含量的差异，能耗可降低 15%～30%。此外，加压变换可提高过剩蒸汽的回收价值。加压还有利于传热、传质速度的提高，使变换系统设备更紧凑。当然，加压变换需用压强较高的蒸汽，对设备材质、耐腐蚀的要求也提高，设备投资增加，尽管如此，其优点仍是主要的。具体操作压强则是根据大、中、小型氨厂的工艺特点，特别是工艺蒸汽的压强及压缩机各段压强的合理配置而定。一般小型氨厂为 0.7～3.2 MPa，中型氨厂为 1.2～1.8 MPa，大型氨厂因原料及工艺的不同差别较大。

3. 工艺流程

图 10-4 为一个比较新的变换工艺流程，即全低变工艺流程。全低变工艺全部使用宽温区的钴钼系耐硫变换催化剂取代传统的铁铬系中温变换催化剂。国内全低变工艺自 1990 年实现工业生产后，经过几年的实践已获得成功，并在不断推广。

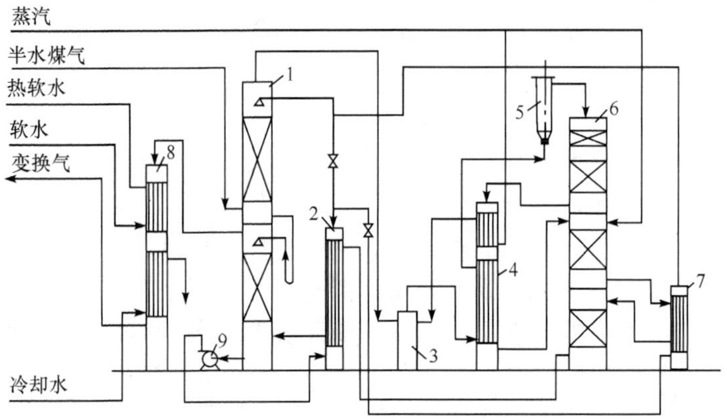

图 10-4　钴钼系宽温变换工艺流程

1. 饱和热水塔；2. 水加热器；3. 气水分离器；4. 热交换器；5. 电炉；6. 变换炉；7. 调温水加热器；8. 冷却塔；9. 热水泵

全低变工艺由于催化剂的起始活性温度低，变换炉入口温度及炉内热点温度都大大低于中变炉入口及热点温度，使变换系统在较低的温度范围内操作，催化剂对过低的汽/气不会发生析碳及生成烃类等副反应，因而只要在满足出口变换气中一氧化碳含量的前提下，就可不受限制地降低入炉蒸汽含量，使全低变流程蒸汽消耗比中变及中变串低变流程大大降低，合成废热锅炉副产的蒸汽供变换有余。而对于采用重油部分氧化法急冷流程的氨厂，因其制得的煤气温度约 200℃，并为水蒸气所饱和，可直接使用耐硫变换催化剂进行变换，从而大大简化了流程。但由于入炉原料气温度低，气体中的油污、杂质等容易直接进入炉内，催化剂活性下降。

10.3.3　二氧化碳的脱除

各种原料制取的粗原料气经一氧化碳变换后，变换气中除含氢、氮外，还有二氧化碳、一氧化碳和甲烷等杂质，其中二氧化碳含量最高。二氧化碳既是氨合成催化剂的有害物，又是制造尿素、碳酸氢铵、纯碱等化工产品的重要原料，但由于用途不同，使用不同原料制氨需要脱除的二氧化碳量差别很大。

脱除二氧化碳的方法很多，工业上常用吸收方法，可分为物理吸收、化学吸收和物理化学吸收三种方法。物理吸收法是利用二氧化碳能溶于水或有机溶剂这一性质，采用加压水洗、低温甲醇洗涤法等，一般小型合成氨厂采用。化学吸收法采用氨水、碳酸钾、有机胺等碱性溶液吸收二氧化碳。物理化学吸收法是以乙醇胺和二氧化四氢噻吩(又称环丁砜)的混合溶液作吸收剂，称环丁砜法，因乙醇胺是化学吸收剂，二氧化四氢噻吩是物理吸收剂，故此法为物理与化学效果相结合的脱碳方法。

1. 物理吸收法

最早采用加压水脱除二氧化碳，经过减压将水再生。此法设备简单，但脱除二氧化碳净化度差，出口二氧化碳一般在 2%(体积分数)以下，氢气损失较多，动力消耗也高，新建氨厂已不再用此法。后来开发了低温甲醇洗涤法、碳酸丙烯酯法、聚乙二醇二甲醚法等。与加压水脱碳法相比，它们具有净化度高、能耗低、回收二氧化碳纯度高等优点，而且还可选择性地脱除硫化氢，是工业上广泛采用的脱碳方法。下面只简单介绍低温甲醇洗涤法。

低温甲醇洗涤法是 20 世纪 50 年代初德国林德公司和鲁奇公司联合开发的一种脱碳方法，

最早用于煤加压气化后的煤气净化。20 世纪 60 年代，随着以重油和煤为原料的大型合成氨装置的出现，低温甲醇洗涤法在原料气的净化方面也得到了应用。

1) 基本原理

甲醇是一种无色透明的挥发性液体，有剧毒，沸点 64.7℃，熔点−97.8℃，自燃点在空气中为 473℃，在氧气中为 461℃。甲醇对二氧化碳、硫化氢、硫氧化碳等酸性气体有较强的溶解能力，而氢气、氮气、一氧化碳等气体在其中的溶解度甚微，因而甲醇能从原料气中选择吸收二氧化碳、硫化氢等酸性气体，而氢气、氮气损失很小。因为低温对气体的吸收有利，当温度从 20℃降至−40℃时，二氧化碳的溶解度约增加 6 倍，因此吸收剂用量可减少至 1/6。但是，氢气、氮气、一氧化碳、甲烷等的溶解度随温度变化很小。另外，低温下，如−50～−40℃时，硫化氢的溶解度比二氧化碳约高 6 倍，这就有可能选择性地从原料气中先脱除硫化氢，而在甲醇再生时先解吸回收二氧化碳。低温下，硫化氢、硫氧化碳及二氧化碳在甲醇中的溶解度与氢气、氮气相比至少要大 100 倍，与甲烷相比大 50 倍。因此，吸收过程中，有效气体损失很少。

2) 流程优点

(1) 气体的净化度高。净化气中总硫含量体积分数在 0.1×10^{-6} 以下，二氧化碳的体积分数可达到 10×10^{-6} 以下。低温甲醇洗涤法适用于对硫含量有严格要求的化工生产过程。

(2) 甲醇的热稳定性和化学稳定性好。甲醇不会被有机硫、氰化物降解。在生产操作中甲醇不起泡，纯甲醇也不腐蚀设备和管道，因此设备和管道可以用碳钢或耐低温的低合金钢制造。甲醇的黏度小，在−30℃时，与常温水的黏度相当。

(3) 低温甲醇洗涤法的操作温度为−70～−30℃，而液氮洗涤温度在−190℃左右，因此低温甲醇洗涤法既能清除原料气中的二氧化碳、硫化氢和硫氧化碳，又能为液氮洗涤提供条件，起到预冷作用。

2. 化学吸收法

化学吸收是采用氨水、碳酸钾、有机胺等碱性溶液吸收。国内小型合成氨厂采用氨水吸收制取碳酸氢铵化肥，反应式为

$$NH_3+CO_2+H_2O \xlongequal{} NH_4HCO_3$$

该法优点是脱除 CO_2 的同时，将氨水加工为固体肥料，便于运输、储存和施用，简化了流程。

大、中型合成氨厂采用改良热钾碱法[本菲尔德(Benfield)法]，这种方法是在活化剂的存在下，用热的碳酸钾溶液吸收 CO_2，总反应式为

$$K_2CO_3 + CO_2 + H_2O \underset{\text{解吸}}{\overset{\text{吸收}}{\rightleftharpoons}} 2KHCO_3$$

该法是在 105～115℃、1.82×10^3～2.84×10^3 kPa 的条件下进行的。吸收了 CO_2 的溶液进入再生塔，压强降至常压，并加热至沸腾，使 CO_2 解吸，溶液获得再生。

由于加入了活化剂二乙醇胺、有机硼酸盐等，吸收或解吸速率加快了 10～1000 倍，同时减轻了碱液对设备的腐蚀作用。

10.3.4 原料气的精制

经变换和脱碳后的原料气中还有少量残余的 CO、CO_2、H_2S 和 O_2。为了防止它们对氨合成催化剂的毒害，在送往合成工段以前还需要进一步净化，国内目前较多采用的方法是铜氨液洗涤法和甲烷化法。

1. 铜氨液洗涤法

铜氨液洗涤法就是利用含有铜氨配离子的溶液(铜液)作为吸收剂，洗涤除去原料气中微量的 CO、CO_2、H_2S 和 O_2，工业上简称铜洗。铜洗过程是一个化学吸收过程，其吸收剂为乙酸铜氨液，它是由乙酸(CH_3COOH，简写为 HAc)、紫铜(Cu)和氨气(NH_3)三种原料配制，经过化学反应生成由 $Cu(NH_3)_2Ac$(乙酸亚铜合二氨)和 $Cu(NH_3)_4Ac_2$(乙酸铜合四氨)配合物、游离氨和乙酸组成的混合物。

吸收过程在一个装有填料的铜洗塔内进行，其中吸收 CO 过程的化学反应为

$$Cu(NH_3)_2Ac+CO+NH_3 \rightleftharpoons [Cu(NH_3)_3CO]Ac+Q$$

吸收 CO_2 过程的化学反应为

$$2NH_3 \cdot H_2O+CO_2 \rightleftharpoons (NH_4)_2CO_3+H_2O+Q$$

吸收 O_2 过程的化学反应为

$$2Cu(NH_3)_2Ac+4NH_3+2HAc+1/2O_2 \rightleftharpoons 2Cu(NH_3)_4Ac_2+H_2O+Q$$

吸收 H_2S 过程的化学反应为

$$2NH_3 \cdot H_2O+H_2S \rightleftharpoons (NH_4)_2S+2H_2O+Q$$

精制后的气体称为铜洗气或精炼气。此法适用于固体燃料制气的中、小型合成氨厂。

2. 甲烷化法

甲烷化法是大、中型氨厂清除微量 CO 和 CO_2 时普遍采用的方法。它是在适当的温度、压强和有催化剂的条件下，使原料气中的少量 CO、CO_2 加氢反应生成对氨合成催化剂没有毒性的甲烷：

$$CO+3H_2 = CH_4+H_2O$$

$$CO_2+4H_2 = CH_4+2H_2O$$

甲烷化反应过程在甲烷化炉中进行，甲烷化炉中装填镍催化剂，镍催化剂的活性温度范围为 280～380℃。甲烷化是气体总体积缩小的反应，因此高压对反应有利。一般甲烷化的操作压强在 2.5 MPa 左右。

经甲烷化后的气体含 CO、CO_2 总量的体积分数在 10×10^{-6} 以下。这种方法省去了铜洗装置，设备简单，总投资可减少 7%。但由于反应消耗一部分 H_2，又生成无用的惰性气体 CH_4，对合成和原料利用率都不利，故只适用于 CO_2 和 CO 少(低于 1%)的情况。

10.4 氨的合成

获得 $n(H_2):n(N_2)$约为 3∶1 的原料气后，就要进行合成氨的最后一步关键反应：氨的合成。但要获得工业效益，合成条件必须为高温、高压。本节依据热力学原理与动力学原理的分析，确定最适宜的工艺条件。

将纯净的氢、氮混合气压缩到高压，在催化剂的作用下合成氨。氨的合成是提供液氨产品的工序，是整个合成氨生产过程的核心部分。氨的合成反应在较高压强和催化剂存在的条件下进行，由于反应后气体中氨含量不高，一般只有 10%～20%，所以采用未反应氢气、氮气循环的流程。

10.4.1 氨合成的热力学

氨合成反应式为

$$0.5N_2 + 1.5H_2 \rightleftharpoons NH_3 + Q$$

其特点是可逆、放热、体积缩小，在催化剂允许的反应温度下，反应的转化率很低，原料气须循环使用。因此，研究其热力学、提高转化率就成为至关重要的问题。

1. 平衡常数

通常把氨合成反应的气体当作理想气体，用压强表示的平衡常数为

$$K_p = \frac{p_{NH_3}}{p_{N_2}^{0.5} p_{H_2}^{1.5}}$$

从平衡的角度分析，温度越低，平衡常数越大，压强越高，平衡常数越大，所以低温、高压对合成氨有利。

高压下化学平衡常数 K_p 不仅与温度有关，而且与压强和气体组成有关，在高压下，气体的行为偏离理想状态的规律，平衡常数 K_p 可通过下式求出：

$$K_f = \frac{f_{NH_3}}{f_{N_2}^{0.5} f_{H_2}^{1.5}} = \frac{\gamma_{NH_3}}{\gamma_{N_2}^{0.5}\gamma_{H_2}^{1.5}} \frac{p_{NH_3}}{p_{N_2}^{0.5} p_{H_2}^{1.5}} = K_\gamma K_p$$

或

$$K_p = \frac{K_f}{K_\gamma}$$

式中，f、γ 分别为各平衡组分的逸度、逸度系数。

研究者计算出不同温度、压强下的 K_γ 值并绘制成图，如图 10-5 所示。当压强很低时，K_γ 值接近 1，此时 $K_p = K_f$。因此，K_f 可看作压强很低时的 K_p。

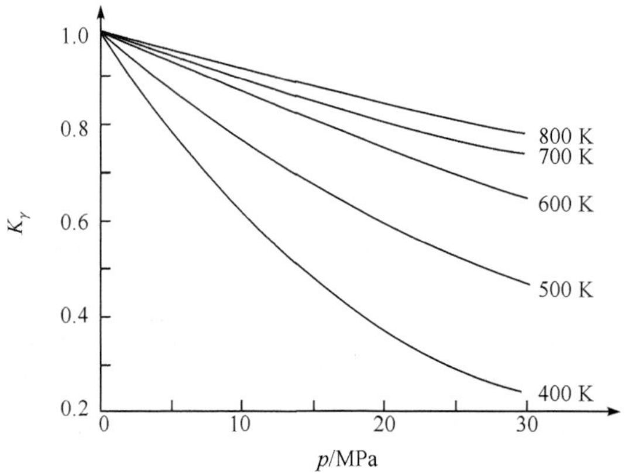

图 10-5　不同温度及压强下氨合成的 K_γ 值

2. 平衡氨含量的影响因素

在氨的合成反应中，设 P 为总压，y_{NH_3}、y_{N_2}、y_{H_2}、y_i 分别为 NH_3、N_2、H_2、惰性气体的摩尔分数，则

$$y_{N_2} + y_{H_2} + y_{NH_3} + y_i = 1$$

原始氢氮比：

$$R = \frac{y_{H_2}}{y_{N_2}}$$

$$p_{H_2} = P(1 - y_{NH_3} - y_i)\left(\frac{R}{1+R}\right)$$

$$p_{N_2} = P(1 - y_{NH_3} - y_i)\left(\frac{1}{1+R}\right)$$

整理得

$$\frac{y_{NH_3}}{(1 - y_{NH_3} - y_i)^2} = PK_p \frac{R^{1.5}}{(1+R)^2} \tag{10-1}$$

根据式(10-1)可分析影响平衡氨含量的因素。

1) 温度

氨合成反应是一个可逆放热反应。当反应温度升高时，平衡向着氨的分解方向移动；温度降低，反应向着氨的生成方向移动。因此，从平衡观点来看，要使氨的平衡含量提高，应该采取较低的反应温度。但是从化学反应速率的观点来看，升高温度总能使反应的速率加快，这是因为温度升高，分子的运动加快，分子间碰撞的概率增加，又使化合时分子克服阻力的能力加强，从而增加分子有效结合的概率。

总之，温度低时，反应有利于向氨的合成方向进行，平衡氨含量提高。但是氨合成的反应速率较低；升高温度不利于向氨的合成方向移动，但反应速率可以增加。在实际生产中，反应温度的选择主要取决于氨合成催化剂的性能。因此，研制低温催化剂是当前合成氨工业的一个重大课题。

2) 氢氮比

为了求取氨的摩尔分数最大时的 R 值，需要对式(10-1)求导，当导数为零时，可求得 $R=3$，即当 $R=3$ 时，平衡氨含量最大，即有最大平衡氨浓度。

3) 压强

氨合成反应是体积缩小的反应，增加压强，可使反应向着生成氨的方向进行。对于氨合成反应，增加压强就是提高反应气体的浓度，从而增加反应分子间碰撞的机会，加快了反应的速率。

总之，增加压强对氨的合成反应是有利的，既能增大平衡转化率，又能加快反应速率。但压强也不宜过高，否则不仅增加动力的消耗，而且对设备和材料的要求也较高。根据我国具体情况，目前在小型合成氨厂，设计压强一般为 31.4 MPa。图 10-6 也反映了温度、压强与平衡氨含量的关系。从图中也可看出：温度越低，压强越高，平衡氨含量越大。

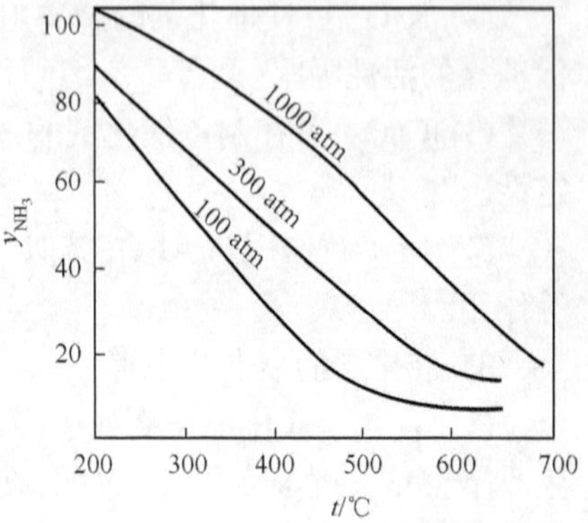

图 10-6　温度、压强对平衡氨含量的影响

4) 惰性气体含量

惰性气体的存在降低了反应物的分压，起到降低反应物浓度的作用，故 y_i 增大，平衡氨含量必然下降。因此，应尽量减小 y_i，才能保证有较大的平衡氨含量。

由此可知，要提高平衡氨含量，可采取降低操作温度、增加反应压强、维持氢氮比接近 3 以及降低惰性气体含量等措施。

10.4.2　氨合成的动力学

动力学主要阐明反应过程进行的速率，指出单位时间内，在一定工艺条件下可能得到的转化率，同时研究反应过程的机理(历程)，指出控制过程速率的环节。

1. 氨合成反应的催化剂

氨合成反应必须用催化剂，没有催化剂，即使在很高压强下反应速率也很小，生成的氨浓度很低。氨合成反应必须有适当的催化剂才有可观的反应速率，长期以来，人们对氨合成催化剂做了大量的研究工作，发现周期表中ⅥB、ⅦB、Ⅷ族的金属，如锇(Os)、铁(Fe)、钼(Mo)、锰(Mn)、钨(W)、铬(Cr)及镍(Ni)等对氨的合成有催化活性。目前国内外广泛使用铁系催化剂。

铁系催化剂以铁的氧化物为主体，并添加其他金属氧化物为助催化剂。该催化剂价廉易得、活性高、活性温度低、寿命长、对毒性物质灵敏度低(不易中毒)，而且机械强度高，因而获得了广泛应用。采用铁系催化剂可大大加快氨合成的反应速率。

1) 铁系催化剂的组成和作用

我国主要采用 A_{106} 和 A_{109} 型催化剂。这都是以 Fe_3O_4 为主体的催化剂，其中 Fe_3O_4 以 Fe_2O_3 和 FeO 的形态存在。当 $Fe^{2+}/Fe^{3+}=0.5$ 时，就相当于 Fe_3O_4 的组成，这时催化剂活性最大。铁催化剂的操作温度一般保持在 420～550℃。国产铁系催化剂的组成见表 10-2。

表 10-2　国产铁系催化剂的组成

型号	主催化剂	助催化剂				
A_{106}	Fe_3O_4	Al_2O_3	K_2O	CaO		微量杂质
A_{109}	Fe_3O_4	Al_2O_3	K_2O	CaO	SiO_2、MgO	微量杂质

2) 助催化剂的作用

(1) Al_2O_3：主要作用是提高催化剂的耐热性能，在催化剂中起到保持原结构骨架的作用，从而防止活性铁的微晶长大，增大了催化剂的表面积，提高了活性，是铁催化剂的一种稳定剂。

(2) K_2O：可使催化剂的金属电子逸出功降低，虽然减小了催化剂的表面积，但活性增大，促进氮的活性吸附。

(3) CaO：可在制备催化剂的过程中，降低熔炼时物料的熔点和黏度，提高催化剂的热稳定性。

(4) MgO：作用与 Al_2O_3 类似，还有增强催化剂抗毒能力、保护催化剂、延长催化剂寿命等作用。

3) 催化剂的衰老和中毒

(1) 衰老：催化剂长期处于高温下，特别是过热时间较长，有些微小的细晶在高温下发生晶格重整，逐渐变化，表面积减小，活性降低，这种现象称为衰老。防止衰老的措施是严格控制温度，不要过高。

催化剂的催化能力一般称为催化活性。有人认为，由于催化剂在反应前、后的化学性质和质量不变，一旦制成一批催化剂之后，便可以永远使用下去。实际上许多催化剂在使用过程中，其活性从小到大，逐渐达到正常水平，这就是催化剂的成熟期。接着，催化剂活性在一段时间里保持稳定，然后下降，直到衰老而不能再使用。活性保持稳定的时间即为催化剂的寿命，其长短因催化剂的制备方法和使用条件而异。

(2) 中毒：催化剂在稳定活性期间，往往因接触少量的杂质而使活性明显下降甚至被破坏，这种现象称为催化剂的中毒。一般认为是催化剂表面的活性中心被杂质占据而引起中毒。中毒分为暂时中毒和永久中毒两种。当有害杂质与催化剂反应是可逆的过程时，反应后催化剂中毒，一旦有害杂质去除，催化剂又恢复活性，这样的中毒称为暂时中毒。暂时中毒虽然是可逆过程，但多次中毒会加速衰老，成为不可逆过程。例如，对于合成氨反应中的铁催化剂，O_2、CO、CO_2 和水蒸气等都能使催化剂中毒。但利用纯净的氢气、氮气混合气体通过中毒的催化剂时，催化剂的活性又能恢复，因此这种中毒是暂时中毒。永久中毒是指有害杂质与催化剂发生了化学反应，从而使催化剂永久失去活性，是不可逆过程。例如，含 P、S、As 的化合物可使铁催化剂永久中毒。催化剂永久中毒后，往往完全失去活性，这时即使再用纯净的氢气、氮气混合气体处理，活性也很难恢复。

催化剂中毒会严重影响生产的正常进行。工业上为了防止催化剂中毒，要把反应物原料加以净化，以除去毒物，这样就要增加设备，提高成本。因此，研制具有较强抗毒能力的新型催化剂是一个重要的课题。合成氨工艺流程之所以长而复杂，原因之一就是需要解决合成催化剂中毒问题。

另外，还存在机械杂质覆盖问题，如从压缩机带来的润滑油及过程中带入或生成的固体颗粒附在催化剂表面，掩盖了活性中心，降低活性，其后果介于可逆与不可逆之间。

2. 氨合成反应动力学过程

氨合成在催化剂层中的反应不是一个单纯的化学反应，还包括一个传递过程，所以整个合成氨过程是化学动力学过程与传递过程的综合。

氢、氮混合气在催化剂表面上发生的反应主要包括下列几个步骤：

(1) 反应组分从气流主体扩散到催化剂外表面。

(2) 反应组分从催化剂外表面扩散到内表面。

(3) 反应组分在催化剂表面发生活性吸附：

$$N_2(\text{气}) \longrightarrow 2N(\text{吸附})$$

$$H_2(\text{气}) \longrightarrow 2H(\text{吸附})$$

(4) 吸附的氮和吸附的氢在催化剂表面上发生化学反应生成氨：

$$N(\text{吸附})+H(\text{吸附}) \longrightarrow NH(\text{吸附})$$

$$NH(\text{吸附})+H(\text{吸附}) \longrightarrow NH_2(\text{吸附})$$

$$NH_2(\text{吸附})+H(\text{吸附}) \longrightarrow NH_3(\text{吸附})$$

(5) 生成的氨从催化剂表面上脱附：

$$NH_3(\text{吸附}) \longrightarrow NH_3(\text{气})$$

(6) 脱附的氨从催化剂内表面扩散到外表面。

(7) 脱附的氨从催化剂外表面扩散到气流主体。

上述 7 个过程中，(1)、(7)属于外扩散过程；(2)、(6)属于内扩散过程；(3)、(4)、(5)属于化学动力学过程。在以上三个过程中，若某一过程与其他过程相比慢得多，则整个反应速率就取决于它的速率，这一最慢的过程称为控制过程。

外扩散是否为控制阶段，取决于气速以及催化剂的活性和粒径。由于高气速可以提高生产能力，所以氨的合成采用很高的气速，因此外扩散不会成为控制阶段。

氨合成的催化剂具有许多内孔，其内表面比外表面要大几万倍。在内表面上的反应过程是内扩散控制还是化学动力学控制，取决于反应温度和催化剂颗粒的大小等因素。

由于化学反应(含化学吸附)的活化能比扩散活化能高很多倍，温度对前者的影响比后者大，所以很有可能低温时是化学动力学控制，高温时是内扩散控制。

大颗粒的催化剂内扩散路程长，小颗粒的路程短，所以在同样的温度下，有可能大颗粒是内扩散控制，小颗粒是化学动力学控制，高温时是内扩散控制。

至于是内扩散控制还是化学动力学控制，要看它们速率的相对大小。催化剂主要是利用其内表面，实测直径为 2.4～2.7 mm 的氨合成催化剂外表面积为 0.4～0.7 m^2/kg，内表面积可达到 4000～14 000 m^2/kg，相差几十万倍，通常用内表面利用率表示内扩散的影响。下面分析过程速率。

内扩散速率和化学反应速率一样也是随温度的升高而加快，其速率常数 k 可用阿伦尼乌斯方程描述，即

$$k = A e^{-\frac{E}{RT}} \quad 或 \quad \ln k = \ln A - \frac{E}{RT}$$

式中，A 为常数；E 为活化能；T 为热力学温度；R 为摩尔气体常量。

由上式看出，温度越高，速率常数 k 就越大，但活化能大者，k 变化率大。

因为扩散的活化能远小于化学反应的活化能(前者为 4.18～18.85 kJ/mol，后者为 41.9～419 kJ/mol)，所以化学反应速率随温度升高的增长率远大于扩散速率的增长率。因此，当反应进入高温区而达到某一温度时，反应速率大于内扩散速率，此时为内扩散控制；当温度进入低温区而达到某一温度时，反应速率小于内扩散速率，此时即为化学动力学控制。

实践证明，氨的合成反应在催化剂层中的温度变化是先高温(提高反应速率)后低温(提高氨的平衡转化率)，相应地，先内扩散控制后化学动力学控制，所以整个过程为内扩散和动力学联合控制过程。认识这一规律，在实际生产中可以指导正确使用催化剂。

在氨合成塔中，反应气体由上而下穿过催化剂床层，反应初期(催化剂上层)远离平衡，可控制较高反应温度(440～470℃)以提高反应速率，此时为内扩散控制过程，故在上层应当使用小颗粒(0.6～3.7 mm)催化剂(减小内扩散阻力，充分利用催化剂内表面)；反应后期(催化剂下层)已接近平衡，可控制较低反应温度(420～440℃)，此时反应速率小，整个过程由化学动力学控制，故在催化剂下层应当使用较大颗粒(8～16 mm)催化剂，以减小系统阻力。

10.4.3　氨合成最佳工艺条件的确定

前面就氨合成的热力学、动力学及催化剂等问题进行了讨论。实际生产中，反应不可能达到平衡，合成工艺参数的选择除了考虑氨含量外，还要综合考虑反应速率、催化剂使用特性以及系统的生产能力、原料和能量消耗等问题，以期达到良好的技术经济指标。

氨合成是放热的、可逆的、体积缩小的反应，而且转化率低，为了提高转化率，反应需在高压下进行。由于转化率仍旧较低，因而采用了循环流程，原料的利用率是很高的。因此，氨合成过程中除了考虑平衡氨含量外，主要优化目标不是提高原料利用率，而是降低动力消耗和提高设备的生产强度。这些技术经济问题必将在讨论工艺条件、合成塔构造以及生产流程时起到决定性的影响。

1. 压强

从化学平衡(氨合成是体积缩小的反应)和化学反应速率的角度看，提高压强是有利的。合成装置的生产能力也可随压强的增加而增强。而且压强高时，氨分离的流程可以简化。

但是压强过高，对设备的材质、加工制造要求也高，会使设备费用增加，动力消耗增大。同时，高压下，反应温度一般也高，会使催化剂寿命缩短。

生产上，选择操作压强的主要依据是，使包括能量消耗、原材料费用、设备费用在内的综合费用最低，即取决于技术经济指标。目前生产上采用的压强可分为三类：低压法、中压法及高压法。

(1) 低压法。p=75～150 atm；t=350～430℃；国内小型合成氨厂采用，生产能力低，设备庞大，成本高，但易于上马。

(2) 中压法。p=200～450 atm；t=450～550℃；兼有高、低压法的优点，综合费用比低压法低 40%，设备又不太复杂，动力消耗低，生产能力大，成本低，是国内外广泛采用的一种方法。

(3) 高压法。p=450～1000 atm；t=500～600℃；一次合成转化率很高，不用循环压缩，氨分离简单，设备少，成本低，但设备材料要求高，动力消耗大，国外大型合成氨厂采用，国内尚无。

2. 温度

温度对氨合成的影响是一个复合情况，由热力学原理分析可知，温度越低，平衡氨含量越大；但根据动力学分析，温度越低，生产能力越低，对生产越不利。因而氨合成反应存在最适宜温度(最佳温度)，但必须在所用催化剂的活性温度范围(420～480℃)之内。

氨的合成反应存在一个使反应速率最大的温度，即最适宜反应温度，它除与催化剂活性有关外，还取决于反应气体组成和压强。最适宜反应温度与平衡反应温度之间存在确定的关系，如图 10-7 所示。

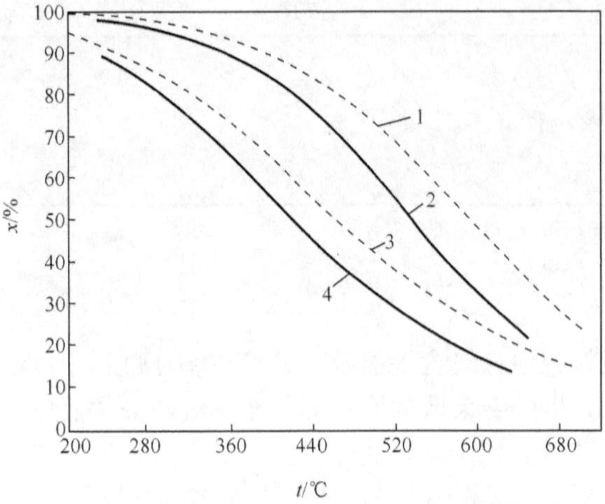

图 10-7 最适宜反应温度与平衡反应温度

1、2. 100 MPa 平衡反应温度与最适宜反应温度；3、4. 30 MPa 平衡反应温度与最适宜反应温度

由图 10-7 看出，随着平衡氨含量的逐步提高，最适宜反应温度逐步降低，所以沿最适宜反应温度线操作，不仅可获得最高转化率，而且瞬时反应速率也最快。从理论上讲，反应初期，产物浓度低，远离平衡，即平衡是次要矛盾，反应速率是主要矛盾，故反应初期控制较高温度，加快反应速率，尽快生成氨。反应后期，已接近平衡，这时平衡上升为主要矛盾，降低温度可提高平衡氨含量，总结果可提高产量，因此氨的合成采用先高温、后低温操作。但氨合成是放热反应，因而设备应有降温措施，方能保证反应按最适宜反应温度进行。

3. 氢氮比

前述从热力学角度看，当 R=3 时，可获得最大平衡氨含量；但实际生产中，不但要求氨浓度高，还要求反应速率快。所以从动力学角度分析，最适宜氢氮比随平衡氨含量的不同而变化。

动力学指出，氮的活性吸附是控制阶段，适当增加原料气中氮含量有利于提高反应速率。为达到高的出口氨浓度、生产稳定的目的，生产实践表明，新鲜氢氮混合气的氢氮比控制为 3，循环气的氢氮比控制在 2.5 左右，配合后 R=2.7～2.9。这样既保证出口氨浓度高，又保证有较大的反应速率。

4. 空间速度

气体与催化剂接触时间的长短通常用空速来表示，指单位时间内通过单位体积催化剂的标准气体体积，单位为[$m^3/(m^3 \cdot h)$]，简化为 h^{-1}。

当温度、压强、组成一定时，空速越大，气体与催化剂接触时间越短，出合成塔的气体中氨含量越低，这对生产不利。但空速提高，单位时间内通过催化剂的气体增加，生产强度(单位时间内单位体积催化剂产出的产物量)增强，氨产量增加。

但空速的增加是有限度的，因为空速增加，系统阻力增大，能量消耗也增加；空速增加，平衡氨含量下降，单位产量的气体处理量增加；空速增加，循环气量增加，氨分离器、循环气压缩机等的设备费用都将有所增加。表 10-3 列出了空速与生产强度的关系。

表 10-3　空速与生产强度的关系

空速/h^{-1}	氨浓度/%	生产强度/[$kg/(m^3 \cdot h)$]
15 000	23.0	2 657
30 000	18.2	4 204
45 000	16.5	5 717
60 000	14.6	6 745

5. 惰性气体含量

惰性气体在新鲜原料气中一般含量很低，只是在循环过程中逐渐积累增多，使平衡氨含量下降、反应速率降低。生产中采取放掉一部分循环气的办法。放掉的气体称为弛放气，另行处理以回收氨和其他有用的气体，但这样就浪费了宝贵的原料气，成本高。理论上惰性气体越少越好，但实际上这是不现实的。要确定一个合理的惰性气体含量范围，还需大量计算，综合各种操作因素作图比较分析得出。一般进塔气中的最优惰性气体含量应该在原料利用率和反应速率的经济效益对比中确定。

若以增产氨为主要目的，惰性气体含量应控制得低一些，为 10%～14%，此时排放气排出量大，由此造成的原料气和氨的损失较大。若以降低原料消耗为主要目的，惰性气体含量可控制在 16%～20%，此时排放气量少，原料气和氨的损失也小，生产成本下降，但反应器生产能力下降。进塔的氢氮比一般低于 3，这是因为反应尚未达到平衡，由反应动力学方程得出反应速率最大时的氢氮比都小于 3。

6. 催化剂的粒径

催化剂的粒径也必须优化，优化过程涉及的因素很多且难以定量描述，所以优化条件只能通过实验来确定。

实践证明，在氨合成塔中，反应气体由上而下穿过催化剂床层，反应初期(催化剂上层)远离平衡，可控制较高反应温度(440～470℃)以提高反应速率，此时内扩散为控制过程，故在上层应当使用小颗粒(0.6～3.7 mm)催化剂(减小内扩散阻力，充分利用催化剂内表面)。

反应后期(催化剂下层)已接近平衡，可控制较低反应温度(420～440℃)，此时反应速率小，整个过程由化学动力学控制，故在催化剂下层应当使用较大颗粒(8～16 mm)催化剂，以减小系统阻力。

10.4.4　氨合成流程

目前工业上使用的氨合成流程很多。中、小型合成氨厂广泛采用两级分氨流程。大型合成氨厂典型流程有凯洛格流程和托普索流程。图 10-8 为凯洛格流程。

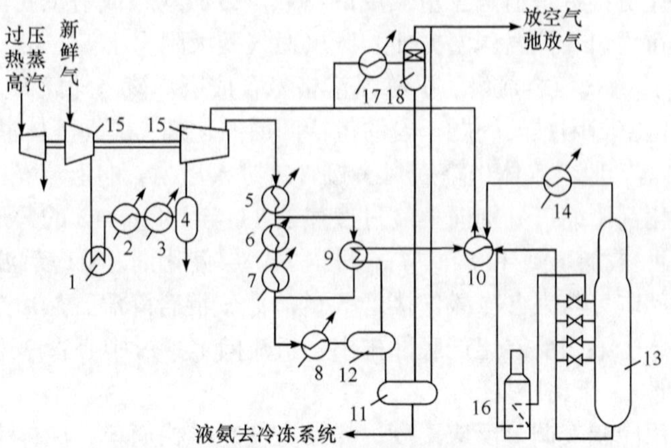

图 10-8　凯洛格流程

1. 新鲜气甲烷化气换热器；2、5. 水冷却器；3、6、7、8. 氨冷却器；4. 冷凝液分离器；9. 冷热换热器；10. 热热换热器；11. 低压氨分离器；12. 高压氨分离器；13. 氨合成塔；14. 锅炉给水预热器；15. 离心压缩机；16. 开工加热炉；17. 放空气氨冷器；18. 放空气分离器

新鲜原料气经几级压缩后与循环气混合冷却、升温并分几股进入氨合成塔。反应后气体温度较高，所以先经锅炉给水预热器后再向新鲜气供热；只分离很少部分氨(为维持浓度稳定分离需要排放部分惰性气体)后就进入循环压缩，与新鲜气混合后再经复杂冷冻流程逐步冷却到–23℃，经高压氨分离器分离氨后再升温进入氨合成塔。低压氨分离器是为了满足分离要求设置的。

流程特点：先循环混合，再冷却分离，冷冻功耗小但循环功耗大，能耗小。

10.4.5　氨合成的主要设备——合成塔

1. 结构特点及基本要求

合成塔是整个合成氨生产的最主要设备，合成塔的构造必须保证合成反应能在最佳条件下进行。其基本要求是：维持自热、有利于升温还原、催化剂生产强度大；催化剂床层分布合理、保持催化剂活性；气流均匀、压降小；换热强度大、换热体积小、塔内空间利用率高；生产稳定、操作灵活、操作弹性大；结构简单可靠、内件有自由余地。

合成塔包括外壳和内芯两个部分。

外壳需保证气体能够处于高压下，因此必须坚固。根据强度高、容积大、易加工等要求，外壳一般都制成长筒形。由于采取降温措施，外壳温度一般不超过 50℃。所以，对外壳材料并不强调要耐氢、氮腐蚀，外壳通常用高强度、低合金钢制成。

内芯用于气体预热、反应和冷却。内芯由于处于高温、高压下，必须采用耐氮、氢腐蚀的特种合金钢，但内芯处于外壳内，压差很小，可以单薄一些，即使腐蚀损坏了，也可以更换。由此可见，把合成塔分成外壳和内芯两部分是节省合金钢、降低投资的重要措施。

2. 典型合成塔结构

目前采用的合成塔的种类很多，按从催化剂床层移热的方式不同，合成塔分为连续换热式、多段间接换热式、多段冷激换热式三种。目前大型合成氨厂用冷激式多，它具有各床层温度调节方便、操作更接近最适宜反应温度的特点。冷激式合成塔主要优点是结构简单、催化剂分布和温度分布均匀、控温调温方便、床层通气面大阻力小。

图 10-9 是轴向冷激式氨合成塔，又称凯洛格氨合成塔。该塔外筒像热水瓶胆，在缩口部位密封以解决大塔径密封困难的问题。内件包括四层催化剂、层间气体混合装置(冷激管口挡板)以及列管式换热器。原料气体由塔底封头接管 1 进入塔内，向上流经内、外筒环隙以冷却外筒，气体穿过催化剂筐缩口分别向上流过换热器 11 与上筒体 12 的环形空间，折流向下穿过换热器 11 的管间，被加热到 400℃左右，进入第一层催化剂，反应后温度升到 500℃左右，在第一、第二层间反应气与来自冷激气接管 5 的冷激气混合降温，然后进入第二层催化剂。依此类推，最后气体由第四层催化剂底部排出，折流向上穿过中心管 9、换热器 11 的管内，换热后经波纹连接管 13 流出塔外。

该塔的优点是用冷激气调节反应温度，操作方便，结构简单，筒体上开设入孔，装卸催化剂方便；缺点是瓶式结构虽有利于密封，但在焊接合成塔封头前必须将内件装妥。日产 1000 t NH_3 的合成塔总重达 300 t，运输和安装均较困难。

图 10-10 是径向冷激式氨合成塔，又称托普索氨合成塔。图 10-9 的凯洛格氨合成塔，气体流向都为轴向，而本塔气体流向则是径向的。反应气体从塔顶接口进入向下流经内、外筒之间的环隙，再进入换热器的管间，冷副线由塔底封头接口进入，二者混合后沿中心管进入

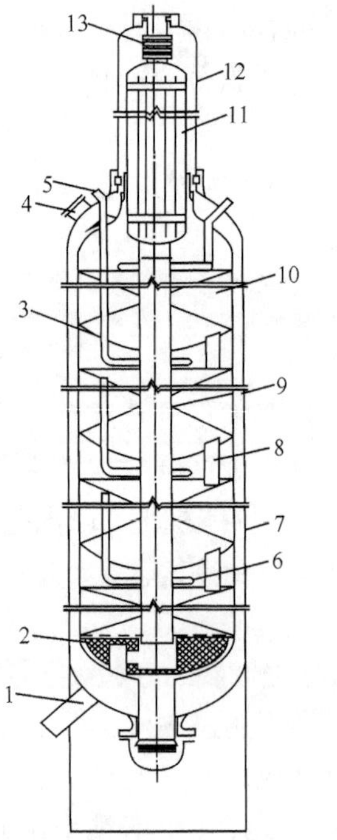

图 10-9　轴向冷激式氨合成塔

1. 塔底封头接管；2. 氧化铝球；3. 筛板；4. 入孔；5. 冷激气接管；6. 冷激管；7. 下筒体；8. 卸料管；9. 中心管；10. 催化剂筐；11. 换热器；12. 上筒体；13. 波纹连接管

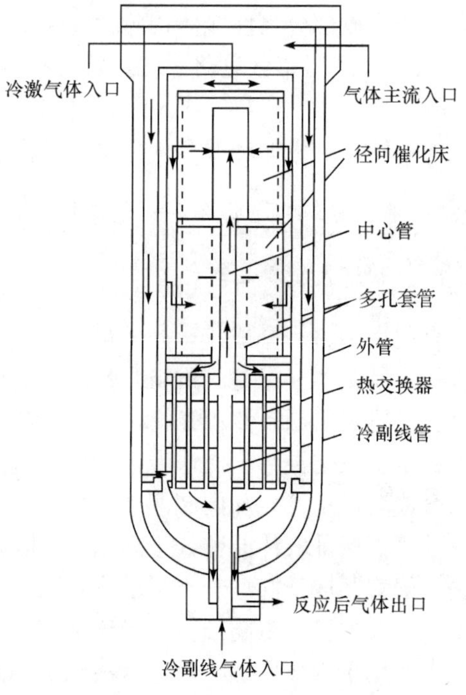

图 10-10　径向冷激式氨合成塔

第一段催化剂床层，气体沿径向呈辐射状流经催化剂层后进入环形通道，在此与由塔顶接口而来的冷激气混合，再进入第二段催化剂床层，从外部沿径向向内流动，最后由中心管外面的环形通道下流，经换热器管内从塔底接口流出塔外。

与轴向冷激式氨合成塔相比，其优点是气体呈径向流动，流速低，即使采用小颗粒催化剂，压降仍然较小(只有轴向的 10%～30%)，因而可以允许提高空速，增强塔的生产能力。通常采用粒径为 1.6～2.6 mm 的催化剂，比表面积大，内扩散影响小，有利于催化反应进行，从而可以提高氨净值，也有利于催化剂的还原。由于压降低，可采用离心式压缩机，降低动力消耗。该塔存在的问题是如何有效地保证气体均匀流经催化剂床层而不会偏流，更不允许发生短路，因为这对充分利用催化剂不利。根据这一点，径向塔不适用于小型塔。为了克服上述缺点，可在催化剂筐外设双层圆筒，与催化剂接触的一层均匀开上大量小孔，另一层圆筒开孔率很低，当气流以高速穿过此层圆筒时，受到一定的阻力，以使气体均匀分布。另外，在上、下两段催化剂层中，仅在一定高度上装设多孔圆筒。催化剂装填高度高出多孔圆筒，以防止催化剂床层下沉时气体短路。

此外，比较先进的合成塔还有凯洛格公司的卧式合成塔、球形合成塔和绝热冷激-内冷复合式两次氨合成塔等。卧式合成塔外形为一卧式瓶胆，具有上述径向合成塔的优点，不需要高大厂房框架和大型起重吊装设备，对基础也没有特殊要求，但占地面积较大。球形合成塔在国外常用，按外形可分为单球、联球及单球组合氨合成塔，按内件结构又可分为内冷式和绝热式两种。球形合成塔耐压，消耗钢材少，制造成本低，高度低，安装、维修时不需要大型起重设备和高大框架，工厂投资少。球形合成塔特别适用于大型氨合成装置。绝热冷激-内冷复合式两次氨合成塔把单层轴向催化剂分成上、下两层，热交换器分成内、外两个，成为两段串联式合成塔，一次合成后的高温气体经换热降温后由塔底引出，进入一次氨分离系统，分离氨后返回合成塔进行二次合成。由于将氨分离再合成，生产能力提高 40%，单位氨循环气量减少 60%，但工艺流程长、合成塔结构复杂、可靠性差，除适用于有两个以上氨合成系统的工厂以及当循环机能力不足时的改造外，一般较少采用。

10.5 氨的加工

合成氨可以制成氨水和铵盐做肥料，还可以合成尿素或用氧化法制硝酸。本节仅简介氨合成尿素的方法。

制造尿素的方法有 50 余种，但实现工业化的只有氰氨化钙(石灰氮)法和氨与 CO_2 直接合成法两种。氨与 CO_2 直接合成法生产尿素是用液氨和二氧化碳为原料，在高温、高压条件下直接合成尿素。合成尿素的反应分为两步，在合成塔内连续进行。

氨生产为氨与 CO_2 直接合成尿素技术提供了氨和 CO_2，因原料获得方便、产品浓度高，现在广泛采用此法生产尿素。我国尿素生产主要采用水溶液全循环法。

10.5.1 尿素概述

尿素(H_2NCONH_2)的化学名称为碳酰二胺，是用氨和二氧化碳合成的一种主要的氮肥。因人及哺乳动物的尿液中含有这种物质而得名，为白色针状或柱状结晶，熔点为 132.7℃，常压下温度超过熔点即分解。肥料用尿素制成颗粒，略有吸湿性，能在水中完全溶解，是一种中性物质。

将尿素制成亚异丁基二脲可降低溶解度，变成缓释肥料，也作为饲料添加剂。工业上还用作制造脲醛树脂、三聚氰胺-甲醛树脂、聚氨酯的原料，在医药、炸药、制革、浮选剂、颜料和石油产品精制(脱蜡)等方面也有广泛的用途。特别在肥料方面，随着国际粮食的涨价，将来国际农业对肥料的需求将大大增加，尿素生产工业也将得到长久的发展。

1828 年，维勒在实验室用氨和氰酸制得尿素，使尿素成为第一个人工合成的有机化合物，在化学发展史上具有重要意义。1868 年，俄国人巴扎罗夫提出用氨基甲酸铵脱水法生成尿素。1922 年，德国实现了用氨和二氧化碳合成尿素的工业化生产。

尿素应用在肥料方面发展较慢，其原因较多：①早期的生产技术不完善，生产费用较高，尿素合成塔存在严重的设备腐蚀问题，影响生产正常进行，直至 1953 年荷兰斯塔米卡本公司提出在 CO_2 原料气中加少量氧气，才基本上解决这一问题；②人们对它的肥效曾产生怀疑。由于尿素生产技术的不断发展，尿素合成逐渐成为最经济的氨加工生产氮肥的方法之一。只要施肥方法正确，尿素的肥效与其他氮肥相同，在水田作物中，它比硝态氮肥的效果好。

10.5.2　合成原理和工艺条件

1. 合成原理

生产尿素的原料是氨和二氧化碳，后者是合成氨厂的副产品。尿素合成反应分两步进行：①氨与二氧化碳作用生成氨基甲酸铵(简称甲铵)；②甲铵脱水生成尿素，其反应式为

$$2NH_3+CO_2 \longequal NH_2CO_2NH_4+159.47\ kJ$$

$$NH_2CO_2NH_4 \longequal NH_2CONH_2+H_2O-28.49\ kJ$$

第一个反应是强放热反应，在常压下反应速率很慢，加压下则很快。第二个反应是温和的吸热反应。

当温度为 170～190℃，氨与二氧化碳的物质的量比为 2.0，压强高到足以使反应物保持液态时，甲铵转化成尿素的转化率(以 CO_2 计)为 50%；其反应速率随温度的升高而增大。当温度不变时，转化率随压强的升高而增大，转化率达到一定值后，继续提高压强，不再有明显增大，此时几乎全部反应混合物都以液态存在。

提高氨与二氧化碳的物质的量比，可增大二氧化碳的转化率，降低氨的转化率。在实际生产过程中，由于氨的回收比二氧化碳容易，因此都采用氨过量，一般氨与二氧化碳的物质的量比≥3。反应物料中，水的存在将降低转化率，在工业设计中要把循环物料中的水量降低到最小限度。少量氧(空气)的存在能减缓材料的腐蚀。增加反应物料的停留时间能提高转化率，但并不经济，工艺设计中最佳条件的选择是在经济合理的情况下，追求单位时间的最大产量。典型的工艺操作条件是温度 180～200℃、压强 13.8～24.6 MPa、氨与二氧化碳物质的量比 2.8～4.5、反应物料停留时间 25～40 min。

2. 生产工艺

氨和二氧化碳在合成塔内，一次反应只有 55%～72%转化为尿素(以 CO_2 计)，从合成塔出来的物料是含有氨和甲铵的尿素溶液。在进行尿素溶液后加工之前，必须将氨和甲铵分离出去。甲铵分解成氨和二氧化碳是尿素合成反应中第一个反应的逆反应，是强吸热反应，用加热、减压和气提等手段能促进这个反应的进行。围绕如何回收处理从合成塔中出来的反应

混合物料，曾发展了尿素的多种生产工艺。

1) 不循环工艺和部分循环工艺

不循环工艺是指从合成塔出来的物料，经减压至常压并用蒸汽加热，将氨和二氧化碳分离出来，尿素溶液送去后加工系统，氨用于生产其他的铵盐。部分循环工艺是把从甲铵分解器内分解出来的部分氨和二氧化碳，以甲铵水溶液的形式循环回合成塔。不循环和部分循环工艺较简单、投资较少、操作费用也较低，缺点是要附设庞大的铵盐加工系统，经济上不合理，新的尿素厂则采用全循环工艺。

2) 全循环工艺

全循环工艺是把未转化成尿素的氨和二氧化碳经分离后全部循环返回尿素合成系统。这类工艺因分解、循环的方法不同而有不同，但主要是水溶液循环法和气提法(解吸法)。

(1) 甲铵水溶液循环法。

甲铵水溶液循环法是 20 世纪 60 年代起被广泛采用的一类全循环工艺，是 1932 年美国杜邦公司发明的水溶液全循环法的进一步改进。荷兰、日本、意大利、美国、瑞士和法国的几家公司都有各自的专利，它们的工艺基本相同，但在操作条件选择、热量回收方法和节能手段方面各有特点。典型流程的工艺要点是：二氧化碳和氨被水吸收生成甲铵的水溶液，返回尿素合成系统。水的返回降低了转化率，并增加了水的蒸发量，因此用水量必须降到最低限度。合成系统的条件是温度 190～200℃、压强 19.7～24.6 MPa、氨与二氧化碳的物质的量比 3.5～4.5。合成塔内二氧化碳的一次转化率为 62%～72%，氨总回收率大于 99%。甲铵分解采用逐级降压多级分解器法，每级中分解出来的气体用下一级生成的稀甲铵水溶液吸收，最后返回合成系统。此法工艺流程较多，但其设计都要求：①最大限度地回收热量；②甲铵水溶液的循环量和水量降低到最低水平；③最大限度地降低动力消耗；④氨回收达到最佳值。

(2) 气提全循环工艺。

这类工艺出现在 20 世纪 60 年代中期，与其他全循环工艺的不同点在于用氨、二氧化碳或其他气体作为气提剂，在高压(或与合成等压)下促使甲铵分解。具有代表性的二氧化碳气提工艺流程(图 10-11)是：从尿素合成塔出来的溶液依靠重力流入气提塔。气提塔的结构为列管式的降膜塔，温度保持在 180～190℃，溶液在列管内壁成膜，从塔顶流向塔底；二氧化碳

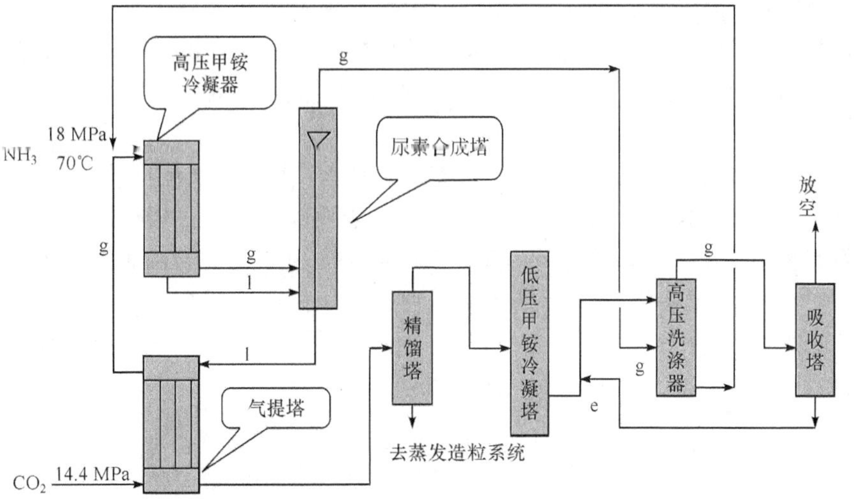

图 10-11　二氧化碳气提法工艺流程

原料气从塔底进入，向上流动。从气提塔出来的氨和二氧化碳流入高压甲铵冷凝器的顶部，同时还送入稀甲铵循环溶液和一部分由合成塔引出的溶液，保证有足够的溶剂，使甲铵不致析出。从高压甲铵冷凝器底部流出的溶液再返回尿素合成塔，形成循环。从气提塔出来的溶液通过阀降压，然后进入低压分解系统(包括精馏塔、加热器和闪蒸罐)。分离出来的氨和二氧化碳再凝缩成稀甲铵溶液，返回高压系统。

尿素合成塔操作条件：压强约 13.8 MPa、温度 180～185℃、氨与二氧化碳的物质的量比约 2.8。设备采用含钼的低碳不锈钢(气提塔用高镍铬不锈钢)。

气提法工艺还有多种类型，如意大利斯纳姆公司的氨气气提工艺、意大利蒙特爱迪生集团公司的氨与二氧化碳双气提工艺、日本东洋工程公司的节能型二氧化碳气提工艺、中国上海化工研究院等开发的变换气气提与合成氨脱除二氧化碳联合生产的工艺等。

气提技术的采用使甲铵的分解与回收可以在较高压强下进行，相应地可以回收压强 0.4～0.5 MPa 的蒸汽供本系统自用，使每吨尿素蒸汽耗量降至 1 t 以下。

由于二氧化碳原料气中含有低于 1%的氢气等可燃气体，它与为防腐蚀而加入的氧气混合在一起，在一定条件下有可能产生爆炸。特别是作为尿素生产的尾气排放时，正处于爆炸极限内(可加入蒸汽缩小其爆炸极限)。为此，荷兰斯塔米卡本公司提出采用铂(钯)催化剂在高温下脱除二氧化碳中的氢气，这样可保证尿素安全生产，但增加了投资费用及生产成本。

3. 尿素溶液加工

尿素溶液经过两段蒸发，即首先在 30 kPa 下把尿素溶液加热至 130℃以上，使其蒸发浓缩到 95%；然后在 3.3 kPa 下将尿素溶液加热至约 140℃，使其浓度达到 99.5%以上。采用两段蒸发的目的是保证在较低温度下蒸发大部分水分，以减少缩二脲的生成。蒸发器大多采用升膜式蒸发器。

根据不同要求，可以采用三种方法生产固体尿素：

(1) 结晶法。将尿素溶液蒸发浓缩到约 85%，再通过冷却、结晶、分离、干燥而得到产品。在结晶过程中，通入约 95℃的热空气，使结晶与干燥同时进行的方法称为无母液结晶法。也有的采用真空结晶法，以充分利用系统的反应热(如三井东压法)。结晶法的特点是成品中缩二脲含量<0.3%，但成品易吸湿、结块，一般作工业尿素用。

(2) 塔式喷淋法造粒。这是目前使用最广泛的方法。将 99.5%尿素溶液在造粒塔顶通过喷头(大多用旋转喷头)喷成液滴下落，与塔底通入的空气逆流接触凝结、冷却而形成粒径为 0.8～2.5 mm 的颗粒产品。此法优点是消耗动力很少，但产品机械强度不高，易破碎，且塔顶排出的空气含尿素大于 100 mg/m^3，污染大气，需在造粒塔顶加设庞大的净化装置。

(3) 颗粒成型法造粒。塔式喷淋法造粒的产品强度较低，粒径较小，抗碎、抗磨强度较差，不能满足掺混肥料及机械施肥的需要。20 世纪 60 年代起，发展了颗粒成型法造粒新技术，即把 96%以上的尿素溶液逐层凝结在晶种粒子表面而形成颗粒尿素。产品粒径为 2～4 mm(根据需要可达 7～11 mm)，不但强度高，而且不易吸湿结块，可以散装储存。此法造粒装置可分为盘式造粒、转鼓造粒和流动床造粒等。

习　题

1. 氨合成的原则流程图由哪几个工序组成？
2. 原料气的净化分为哪几个工序？

3. 为什么要把原料气中的 H_2S、CO、CO_2 及 O_2 除去?
4. 为什么氨合成必须采用循环流程?
5. 为什么氨合成温度采用先高温后低温控制?

第 11 章　硫酸生产工艺

11.1　硫 酸 概 述

硫酸是化学工业中产量大、用途广的重要产品之一，它不仅是上千种化工产品的重要原料，而且还广泛应用于其他许多部门，所以硫酸工业在国民经济中占有很重要的地位。

11.1.1　硫酸的性质

纯硫酸是无色、无味、透明的油状液体，呈强酸性。市售的工业硫酸为无色至微黄色，甚至红棕色。常用的浓硫酸中 H_2SO_4 的质量分数为 98.3%，其密度为 1840 kg/m^3。硫酸是一种高沸点、难挥发的强酸，有很强的吸水能力，能以任意比与水混溶。浓硫酸溶解时放出大量的热，因此浓硫酸稀释时应该“酸入水，沿器壁，慢慢倒，不断搅”。浓硫酸为无机强酸，腐蚀性很强。化学性质很活泼，几乎能与所有金属及其氧化物、氢氧化物反应生成硫酸盐，还能与其他无机酸的盐类作用。若在浓硫酸中继续通入三氧化硫，则会产生“发烟”现象，这样含有游离 SO_3 的硫酸称为发烟硫酸。

11.1.2　硫酸的用途和产品规格

1. 硫酸的用途

硫酸是基本化学工业的重要产品之一。它的应用范围日益扩大，需要量日益增加。硫酸主要用作无机化学工业的原料，号称“无机化工之母”，工业上将硫酸、盐酸、硝酸称为三酸。

硫酸的最大消费是化肥工业，用于制造磷酸、过磷酸钙和硫酸铵。国际上化肥工业在硫酸消费构成中约占 65%。我国化肥工业在硫酸消费上所占比例也一直保持在 50%～60%。在石油工业中，硫酸用于汽油、润滑油等产品的精炼，并用于烯烃的烷基化反应，以生产高辛烷值汽油。钢铁工业需用硫酸进行酸洗，以除去钢铁表面的氧化铁皮，这一工序是轧板、冷拔钢管以及镀锌等加工必需的预处理。在有色冶金工业中，湿法冶炼过程用硫酸浸取铜矿、铀矿和钡矿；电解法精炼铜、锌、镍、镉等，需用硫酸配制电解液。用萤石和硫酸可制取氢氟酸，它是现代氟工业的基础，与核工业及航天工业密切关联。在硝化棉、梯恩梯、硝化甘油、苦味酸等的制造中，硫酸是硝化工序不可缺少的脱水剂。在化学纤维工业中，硫酸用于配制黏胶纤维的抽丝凝固浴；维纶生产需用硫酸进行缩醛化；锦纶的制造过程中，硫酸可溶解环己酮肟而进行贝克曼重排。在塑料工业方面，环氧树脂和聚四氟乙烯等的生产也需用数量可观的硫酸。在染料工业中，硫酸用于制造染料中间体。硫酸与钛铁矿反应可制得重要的白色颜料二氧化钛。

2. 硫酸产品规格

按浓度的高低分类，硫酸可分为稀硫酸、浓硫酸和发烟硫酸；按用途分类，硫酸可分为工业硫酸、试剂硫酸和蓄电池硫酸等。硫酸产品的规格如表 11-1 所示。

表 11-1　硫酸产品的规格

指标名称(质量分数)/%	浓硫酸			发烟硫酸		
	优等品	一等品	合格品	优等品	一等品	合格品
硫酸 $w \geqslant$	92.5 或 98.0	92.5 或 98.0	92.5 或 98.0			
游离 SO_3 $w \geqslant$				20.0 或 25.0	20.0 或 25.0	20.0 或 25.0 或 65.0
灰分 $w \leqslant$	0.02	0.03	0.10	0.02	0.03	0.10
Fe $w \leqslant$	0.005	0.010	0.10	0.005	0.010	0.030

注：数据摘自国家标准《工业硫酸》(GB/T 534—2024)。

11.1.3　硫酸工业发展概况

硫酸工业是个古老的行业，迄今已有 270 多年的历史。很久以前，硫酸就因为在众多领域中不可或缺的用途而赢得“工业之母”的美誉。早期的硫酸生产采用硝化法，此法按主体设备的演变又有铅室法和塔式法之分。19 世纪后期，接触法获得工业应用，目前已成为生产硫酸的主要方法。

1. 早期的硫酸生产

距今 1000 多年前(公元 900 年)，在一个波斯炼金术士的文章中就已经提到了硫酸，最早用煅烧绿矾($FeSO_4 \cdot 7H_2O$)的方法，将分解物 SO_3 和水蒸气冷凝以制取浓硫酸。这样制得的产品黏度大，外观像油，所以当时称为“矾油”。国外把工业浓硫酸称为“矾油”就是起源于此。约 1740 年，英国人沃德(Ward)首先使用玻璃器皿从事硫酸生产，器皿的容积达 300 L。在器皿中间歇地焚燃硫磺和硝石的混合物，产生的二氧化硫和氮氧化物与氧、水反应生成硫酸，此即硝化法制硫酸的先导。

2. 硝化法

1746 年，英国人罗巴克(Roebuck)在伯明翰建成一座 6 ft(1 ft=0.3048 m)的铅室，这是世界上第一座铅室法生产硫酸的工厂。1805 年前后，首次出现在铅室之外设置燃烧炉焚燃硫磺和硝石，使铅室法实现了连续作业。1827 年，著名的法国科学家盖-吕萨克(Gay-Lussac)建议在铅室之后设置吸硝塔，用铅室产品(65% H_2SO_4)吸收废气中的氮氧化物。1859 年，英国人格洛弗(Glover)又在铅室之前增设脱硝塔，成功地从含硝硫酸中充分脱除氮氧化物，并使出塔产品的 H_2SO_4 浓度达 76%。这两项发明的结合实现了氮氧化物的循环利用，使铅室法工艺得以基本完善。

早期的铅室法工厂都以意大利西西里岛的硫磺为原料，随着硫酸需求的不断增加，原料供应日益紧张。19 世纪 30 年代起，英、德等国相继改用硫铁矿作原料。其后，利用冶炼烟气生产硫酸也获得成功。原料来源的扩大适应了当时以过磷酸钙和硫酸铵为主要产品的化肥工业的兴起，从而使硫酸工业获得更大的发展。

铅室法产品的 H_2SO_4 浓度为 65%，塔式法则为 76%。在以硫铁矿和冶炼烟气为原料时，产品中还含有多种杂质。19 世纪 40 年代起，染料、化纤、有机合成和石油化工等行业对浓硫酸和发烟硫酸的需求量迅速增加，许多工业部门对浓硫酸产品的纯度也提出了更高的要求，因而使接触法逐渐在硫酸工业中居于主导地位。

3. 接触法

接触法是将焙烧制得的 SO_2 与固体催化剂(开始是铂，后改用 V_2O_5，现为含铯钒催化剂)接触，在焙烧炉气中剩余氧的参与下(通常还需配入适当空气或富氧以控制 O_2 与 SO_2 比例恒定)，SO_2 被氧化成 SO_3。

1831 年，英国人菲利普斯(Philips)首先发明将 SO_2 和空气混合，并通过装有铂粉或铂丝的炽热瓷管制取 SO_3 的方法。1870 年，茜素合成法的成功导致染料工业的兴起，对发烟硫酸的需求量激增，为接触法的发展提供了动力。1875 年，德国人雅各布(Jacob)在克罗伊茨纳赫建成第一座生产发烟硫酸的接触法装置。他曾对铅室法产品进行热分解得到 SO_2、氧和水蒸气的混合物，将冷凝除水后的余气通过催化剂层，制成含 43% SO_3 的发烟硫酸。

第一次世界大战的爆发使欧美国家竞相兴建接触法装置，产品用于炸药的制造。这对接触法的发展颇具影响。1913 年，德国的巴登苯胺纯碱公司发明了添加碱金属盐的钒催化剂，活性较好，不易中毒，且价格较低，在工业应用中显示了优异的成效。从此，性能不断改进的钒催化剂相继涌现，并迅速获得广泛应用，最终完全取代了铂及其他催化剂。

第二次世界大战以后，硫酸工业取得了较大的发展，世界硫酸产量不断增长。

现代的硫酸生产技术也有显著的进步。20 世纪 50 年代初，联邦德国和美国同时开发成功硫铁矿沸腾焙烧技术。联邦德国的法本拜耳公司于 1964 年率先实现两次转化工艺的应用，又于 1971 年建成第一座直径 4 m 的沸腾转化器。1972 年，法国的于吉纳-库尔曼公司建造的第一座以硫磺为原料的加压法装置投产，操作压强为 500 kPa，日产 550 t(100% H_2SO_4)。1974 年，瑞士的汽巴-嘉基公司为处理含 0.5%～3.0% SO_2 的低浓度烟气，开发了一种改良的塔式法工艺，并于 1979 年在联邦德国建成一套每小时处理 10 km^3 焙烧硫化钼矿烟气(0.8%～1.5% SO_2)的工业装置。

4. 我国硫酸工业的发展

在我国，由于硫酸与化肥、继而与粮食之间的密切联系，硫酸工业在国计民生中占有举足轻重的地位，一直备受关注，因此在我国化学工业中，硫酸工业是建立较早的一种工业。1867 年，第一个铅室法硫酸厂在上海建成(上海江南制造局)；1934 年，河南首先采用了接触法生产硫酸。但是，中华人民共和国成立前我国的硫酸工业非常落后，1942 年我国最高年产量仅 18 万 t，1949 年产量仅有 4 万 t。中华人民共和国成立后，硫酸工业迅速发展，产量逐年上升，据 1979 年统计，当时全国大、中、小型硫酸企业已有 480 余家。该年产量已跃居世界第三位，仅次于美国、苏联，一些重点企业的主要工艺技术指标已达到国际先进水平。

改革开放以来，与我国其他行业一样，硫酸工业得到了迅速发展，其产业结构、原料构成、装置规模、技术装备水平、废物排放指标今非昔比，正在以崭新的面貌迈入现代化工业的行列。产品的终端用途性质以及十几亿人口的基本国情决定了我国必然是一个硫酸生产大国。改革开放以来，我国硫酸产能逐年递增，至 2004 年已达到 4435 万 t，并从此跃居世界首位。

近年来，我国硫酸工业发展更是突飞猛进。数据显示，2020 年我国硫酸(折 100%)产量达 9238 万 t，同比上升 1.3%；2021 年我国硫酸产量达 9383 万 t，同比增长 1.57%。

磷复肥是硫酸重要下游应用之一，我国硫酸产量的分布与需求关联密切，主要分布在磷复肥产量较大的云、贵、川、鄂地区和华东工业发达地区。数据显示，2021 年云南省硫酸产量稳居全国第一，产量为 1596.68 万 t；其次为湖北省，产量为 1120.71 万 t；安徽省排名第三，产量为 697.85 万 t。山东省、内蒙古自治区和河南省紧跟其后，产量分别为 590.69 万 t、542.80 万 t 和 510.92 万 t。

11.2　生产硫酸的原料和生产原则流程

11.2.1　生产硫酸的原料

生产硫酸的原料是含硫物质、空气、水。其中，含硫物质又分为四类。

制造硫酸可以用硫磺、硫铁矿(黄铁矿)、有色金属冶炼烟气、石膏等作为原料。从基建投资、加工费用及环境保护等方面考虑，硫磺制酸装置优于黄铁矿制酸装置。只要能以合理的价格得到硫磺，通常硫磺是制硫酸的首选材料，世界硫酸产量的 60%以上来自硫磺。另外，由于有色冶金工业的发展和日趋严格的环境保护法规，有色金属冶炼烟气制酸的产量逐年增加。相反，黄铁矿制酸的比例却呈下降趋势。20 世纪 90 年代初，世界硫酸生产的原料构成见表 11-2。

表 11-2　世界硫酸生产的原料构成

硫磺	黄铁矿	其他
65%	16%	19%(有色冶金烟气占 3/4)

1. 硫磺

硫磺包括天然硫磺和从石油、天然气等回收的硫磺。世界上有天然硫资源的国家不多，其中美国和墨西哥两个国家储量占全世界的 36%，日本、波兰等国也有。由于以硫磺为原料杂质少，生产简单，基建、操作费用低，成本也最低，因此国外采用得多，美国已达到 85%以上，我国 1.2%、最高 4.1%。

2. 硫铁矿

硫铁矿是硫元素在地壳中存在的主要形式之一，是硫化铁矿物的总称。硫铁矿有三种，即普通硫铁矿、浮选硫铁矿和含煤硫铁矿。其中，普通硫铁矿最常见，含硫量高的普通硫铁矿呈金黄色，有金属光泽，所以又称黄铁矿，是主要矿石来源。普通硫铁矿含硫量为 25%～52%，巴西黄铁矿储量大、品位高。广东的云浮硫铁矿是我国最大的硫铁矿山，含硫约 37%，其余多为贫矿，故常需进口。

3. 含硫工业废料

含硫工业废料主要是有色金属冶炼厂的废气。有色金属硫化矿的火法冶炼过程中排出的含二氧化硫烟气，早期因浓度较低，利用困难，常直接排入大气。随着环境保护法规日趋严格及冶炼工艺不断改进，冶炼烟气中二氧化硫浓度已提高，能够经济地用于硫酸生产。但是，由于有色冶炼装置炉型繁多，烟气条件多变，所以对硫酸生产工艺也有相应要求。炼铜厂副产大量二氧化硫、石油炼制厂副产硫、金属加工厂的酸洗液等废物利用，意义重大。

4. 硫酸盐

硫酸盐主要是石膏($CaSO_4 \cdot 2H_2O$)、芒硝($Na_2SO_4 \cdot 10H_2O$)加热分解生成二氧化硫。我国有以石膏矿为原料生产硫酸的工厂，但产量不多。

20 世纪 60 年代后期，奥地利首先开发了以湿法磷酸生产中的副产物磷石膏制取硫酸和水泥的工艺。由于石膏(磷石膏)制硫酸的工厂基建投资大、耗能高，所以通常只是在没有其他原料或为处理磷石膏废渣的情况下才作为一种选择方案。世界上仅有奥地利、波兰、德国、中国等国家和南非地区建有少数以石膏为原料的硫酸厂。

总之，可以用来生产硫酸的原料很多，随着原料不同，生产方法有很大差异。用硫磺作原料的生产最简单，目前国内外用硫磺制硫酸的比例在增长。此外，国外从天然气、石油精炼气中回收硫磺制成的硫酸产量增加特别快，而用硫铁矿制硫酸的比例逐渐下降。随着有色冶金工业的发展，当前用冶炼烟道气制硫酸的比例也增加得很快。表 11-3 列出了 1988～1992 年我国硫酸生产的原料构成。

表 11-3 1988～1992 年我国硫酸生产的原料构成(%，质量分数)

年份	黄铁矿	有色冶金烟气	硫磺	石膏	其他
1988	82.0	15.0	3.0	—	—
1989	83.2	14.9	1.8	—	0.1
1990	82.3	15.9	1.5	0.3	—
1991	83.01	15.2	1.2	0.59	—
1992	83.22	15.04	1.17	0.57	—

11.2.2 以硫铁矿为原料接触法生产硫酸的原则流程

原料不同，流程也不同，即使原料相同，具体生产过程也有差异。以硫铁矿为原料接触法生产硫酸主要发生下列三个化学反应：

$$4FeS_2+11O_2 = 2Fe_2O_3+8SO_2\uparrow+Q$$

$$SO_2+1/2O_2 = SO_3+Q$$

$$SO_3+H_2O = H_2SO_4+Q$$

因此生产硫酸有三个基本环节：①由含硫原料制备 SO_2；②SO_2 氧化为 SO_3；③SO_3 被吸收生成 H_2SO_4。为了实现上述三个基本环节，工业生产中还要一些辅助环节为之服务。以硫铁矿为原料接触法生产硫酸的原则流程如图 11-1 所示。

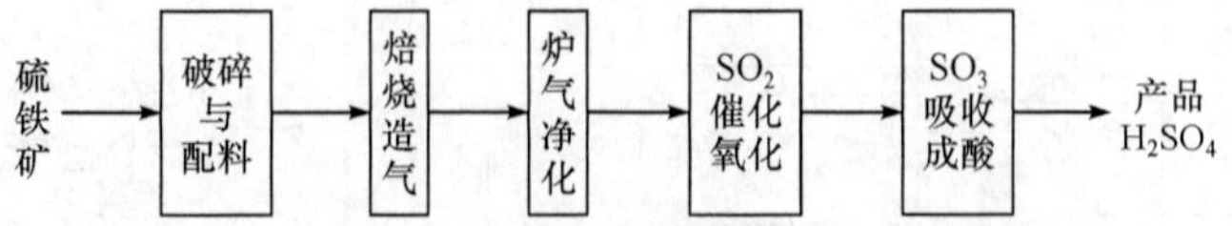

图 11-1　以硫铁矿为原料接触法生产硫酸的原则流程

除破碎与配料工序外，以下将按图 11-1 所示顺序对各工序分别进行讨论。

11.3　二氧化硫炉气的生产

11.3.1　硫铁矿焙烧原理

1. 焙烧反应

硫铁矿有块状与粉状两种。块状硫铁矿是专门从矿山开采供制酸使用的含硫量符合工业标准的原矿，也包括从煤矿中拣出的块状含煤硫铁矿；粉状硫铁矿包括专为制硫酸而开采的、经过浮选符合工业标准的硫精矿。块状硫铁矿在焙烧前要经过破碎、筛分等作业，一般不需进行干燥；粉状硫铁矿在焙烧前需进行干燥与筛分。

在工业生产条件下，硫铁矿的焙烧约在 900℃下进行。硫铁矿焙烧的主要化学反应是 FeS_2 的氧化，分两步进行，首先是 FeS_2 的热分解，然后是分解产物的氧化。

$$2FeS_2 \longrightarrow 2FeS+S_2\uparrow$$

$$S_2+2O_2 \longrightarrow 2SO_2\uparrow$$

$$2FeS+3O_2 \longrightarrow 2FeO+2SO_2\uparrow$$

$$4FeO+O_2 \longrightarrow 2Fe_2O_3$$

实际上焙烧炉中过剩空气较少，所以矿渣中的铁有 Fe_2O_3 和 FeO 两种形态，Fe_2O_3、FeO 的比例取决于炉中氧的分压。

硫铁矿焙烧总的反应式为

$$4FeS_2+11O_2 = 2Fe_2O_3+8SO_2\uparrow$$

当空气用量较少，氧气恰可满足反应需要而没有过量时，则发生如下反应，生成 Fe_3O_4：

$$3FeS_2+8O_2 = Fe_3O_4+6SO_2\uparrow$$

上述反应中硫与氧生成的二氧化硫及过量氧气、空气带入的氮气和水蒸气等其他气体统称为炉气，是制酸的原料气；铁与氧生成的氧化物及其他固态物统称为炉渣(或烧渣)。

通常在炉渣中 Fe_2O_3 与 Fe_3O_4 都存在，到底哪一种比例大，要视焙烧时空气过剩量和炉温等因素而定。一般工厂排出的炉渣中含 Fe_2O_3 比较多。如果在高温情况下，维持较少的过剩空气量(氧过剩量)，炉内呈较强的还原气氛，渣为黑色，且残硫量较高，这时炉渣中 Fe_3O_4 的含量会明显增大，这种炉渣常称为磁性炉渣。

硫铁矿的焙烧是强烈放热反应，除可供反应自热外，还需要移走反应余热。在空气中焙烧黄铁矿获得的含 SO_3 炉气，理论最高浓度为 16.2%。现代硫铁矿的焙烧都采用沸腾焙烧技术，其工艺流程见图 11-2。

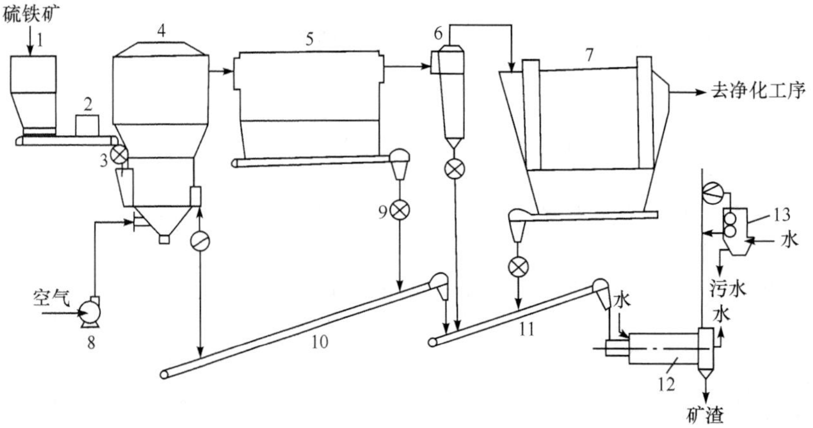

图 11-2　沸腾焙烧工艺流程

1. 矿储斗；2. 皮带秤；3. 星形加料器；4. 沸腾炉；5. 废热锅炉；6. 旋风除尘器；7. 电除尘器；8. 空气鼓风机；9. 星形排灰阀；10、11. 埋刮板输送机；12. 增湿冷却滚筒；13. 蒸汽洗涤器

除上述反应外，焙烧过程还有许多副反应发生。例如，在低温(450℃左右)情况下，硫铁矿焙烧时会有铁的硫酸盐生成：

$$2FeS_2+7O_2 = Fe_2(SO_4)_3+SO_2$$

此外，硫铁矿中含有铜、锌、钴、镉、砷、硒等的硫化物，在焙烧后一部分成为氧化物。其中，铜、锌、钴、镉的氧化物都留在炉渣中，而 PbO、As_2O_3、SeO_2 则部分或全部成为气态，随炉气进入制酸系统。如果矿石中含有氟化物，则有一部分分解进入炉气中。这些杂质对制酸过程是很有害的，特别是 As_2O_3 和 HF。因而清除这些杂质是炉气净化的重要任务之一。

2. 焙烧速率

硫铁矿的焙烧是非均相反应过程，反应在两相的接触表面上进行。从热力学角度看，反应可进行得很完全，因而对生产起决定性作用的是焙烧速率。

硫铁矿的焙烧反应过程由一系列依次进行的阶段组成。首先是 FeS_2 的分解；氧向硫铁矿表面的扩散；氧与一硫化铁反应生成二氧化硫，由表面向气流中扩散。在表面上除了 FeS 与 O_2 的反应外，还进行硫磺蒸气向外扩散和氧与硫的反应等。其中，哪一阶段速率最慢、阻力最大，就是整个焙烧过程速率的控制步骤。

实验证明，随着温度的升高，化学反应速率的增长远远超过扩散速率的增长。在实际生产中，由于反应温度较高(约 900℃)，所以硫铁矿的焙烧属于扩散控制。如上所述，扩散分为氧向硫铁矿表面的扩散和生成的二氧化硫由表面向气流中扩散两类。硫铁矿的焙烧速率属于哪一类扩散控制呢？实验进一步证明，提高焙烧剂(一般为空气)中氧的浓度，可加快焙烧过程总的速率，即在整个硫铁矿焙烧过程中，是氧的扩散控制了总反应速率。氧的扩散速率还与气固相的接触面积、氧通过气膜和氧化层的传质系数有关，而传质系数又取决于矿粒的大小(氧化层)、温度和气固相的相对运动速度等。因此，提高反应速率的途径如下：

(1) 升高反应温度。升高反应温度可加快扩散速率，但应低于炉渣的熔点，否则物料熔结会影响正常操作。所以控制操作温度为 850～900℃。

(2) 减小粒度。矿石粒度小，可增大焙烧剂与矿石的接触面，并减小内扩散阻力。所以矿料焙烧前需适当破碎。

(3) 增加焙烧剂与矿粒的相对运动。由于空气与矿粒间的相对运动越剧烈，气体的扩散阻力就越小，因而目前硫铁矿制酸普遍采用沸腾焙烧。

(4) 提高焙烧剂氧含量。提高氧气浓度有利于提高焙烧速率，但用富氧空气焙烧硫铁矿并不经济，通常只用空气焙烧即可。

11.3.2　焙烧工艺条件的确定

为了提高焙烧速率，获得高的硫烧出率，焙烧工艺条件的确定非常重要。下面主要从三个方面进行讨论。

1. 焙烧温度

温度升高，焙烧速率加快。所以，高温有利于焙烧。但是，温度过高，FeS 与炉渣中的 FeO 易形成熔点为 940℃的低熔物，使炉渣烧结，破坏焙烧正常进行。所以，焙烧温度一般控制在 900℃左右。

影响沸腾炉焙烧温度变化的主要因素是投矿量、矿料的含硫量和水分，以及空气的加入量。生产上为了保持炉温稳定，通常需要做到三个稳定，即稳定空气的加入量、矿石组成和投矿量。在炉内焙烧热量极不平衡的情况下，可用增减炉内的冷却元件数量的装置来控制炉床温度。有些矿料含硫量太低，炉温低得无法维持，可采用出口炉气与入炉空气换热方式来升高炉温，或与高含硫量的矿料混配使用。

2. 硫铁矿粒度

硫铁矿粒度小，单位质量硫铁矿的表面积增大，气体扩散时需穿过氧化铁的路程缩短，扩散阻力变小，矿渣中的残硫量降低，但粒度过小，破碎工作量大，而且会加大除尘净化工作量，所以一般要求粒度为 0.07～4.0 mm。

3. 空气用量

采用沸腾焙烧，使矿粉在空气流中呈沸腾状态，这样气流与矿粒间的相对运动剧烈，矿粒表面不断更新，可以减小气体扩散的阻力，提高脱硫率。风量大，可以提高扩散速率，降低矿渣残硫量，但风量不宜过大，否则带走大量矿尘，对炉气净化不利，而且还会使炉气中 SO_2 的浓度降低。所以，采用适宜的空气用量是很重要的。

11.3.3　固体流态化和沸腾焙烧炉

1. 固体流态化

固体流态化是一种使固体颗粒通过与流体接触而转变成类似于流体状态的操作。近年来，这种技术发展很快，许多工业部门在处理粉粒状物料的输送、混合、涂层、换热、干燥、吸附、煅烧和气固相反应等过程中都广泛地应用了固体流态化技术。

如果流体自下而上地流过颗粒床层，则根据流速的大小不同，会出现三种不同的情况，如图 11-3 所示。

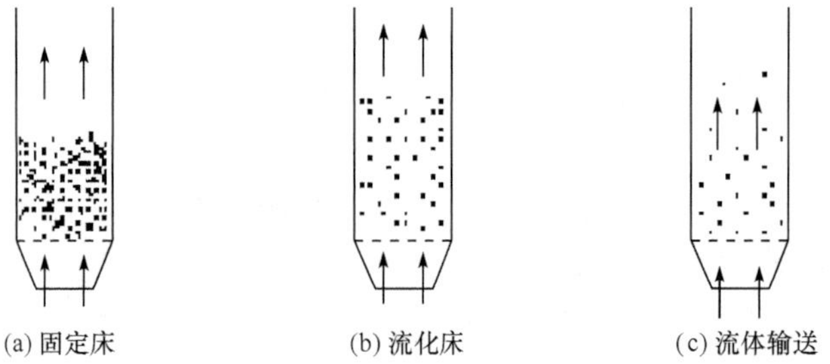

图 11-3　不同流速下的床层状态

1) 固定床阶段

如果流体通过颗粒床层的流速较低，则颗粒基本上保持静止不动，流体只是在颗粒之间的空隙流动，这种床层称为固定床[图 11-3(a)]。

2) 流化床阶段

当流体的流速加大到某一数值时，床层内较小的颗粒将松动或“浮起”，颗粒床层高度也有明显增大。继续加大流速到一定数值，颗粒床层膨胀到一定程度后将不再膨胀，此时所有颗粒悬浮于向上流动的流体中，并且可以自由运动，床层有一个明显的上界面，与沸腾液体的表面相似，这种床层称为流化床[图 11-3(b)]。

流化床在很多方面都呈现出类似液体的性质，如图 11-4 所示。例如，当容器倾斜时，床层上表面将保持水平[图 11-4(a)]；两床层相通，它们的床面将自行调整至同一水平面[图 11-4(b)]；床层中任意两点压强差可以用液柱压差计测量[图 11-4(c)]；流化床层也像液体一样具有流动性，如容器壁面开孔，颗粒将从孔口喷出，并可像液体一样由一个容器流入另一个容器[图 11-4(d)]，这一性质使流化床在操作中能够实现固体的连续加料和卸料。

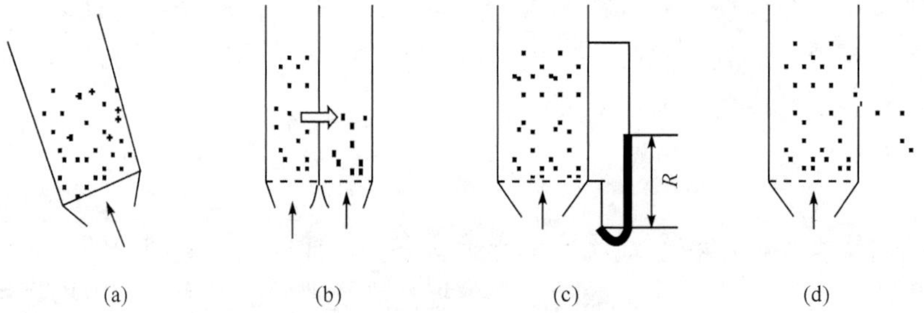

图 11-4　流化床类似于液体的性质

3) 流体输送阶段

如果在流化床的基础上继续提高流体的流速，达到某一极限值时，流化床上界面消失，颗粒分散在流体中，并被气流带走，此时流化床不复存在，这种状态称为流体输送[图 11-3(c)]。

2. 沸腾焙烧炉

沸腾焙烧又称流态化焙烧，是固体流态化技术在化工、冶金中的应用。沸腾焙烧炉中，矿石粒子在悬浮状态下进行焙烧，床层由上升的气流及运动着的烧渣粒子群构成，气体与固体粒子在床层中剧烈湍动，加快了气、固两相间的传递过程，因此焙烧强度高，且床层温度均匀。

用于硫铁矿沸腾焙烧的设备称为沸腾焙烧炉。硫铁矿沸腾焙烧技术是 20 世纪 50 年代初联邦德国的巴登苯胺纯碱公司和美国的多尔公司分别开发的。西班牙的福雷特公司帕洛斯工厂的硫铁矿沸腾焙烧炉于 1982 年建成，其炉床面积为 123 m^2，容积为 2800 m^3，设计生产能力为日产 910～1000 t 硫酸。

沸腾焙烧炉的特点是能保持较厚的焙烧层，空气从炉底通入，经分布器进入炉内，矿料入炉与炉料混合，整个料层在空气鼓动下上下翻腾，高度可达 1～1.5 m，使气、固相接触良好，大大强化了传热和传质过程，焙烧反应十分剧烈，反应温度高达 800～900℃，炉内热容量大，反应速率快，生产强度高，炉气含 SO_2 浓度高，热量容易回收。因此，目前几乎所有采用硫铁矿制酸的工厂都采用沸腾焙烧。其缺点是炉气中含矿尘较高，并要求较高的风压，动力费用大。

1) 结构

沸腾焙烧炉(图 11-5)炉体由钢壳内衬保温砖再衬耐火砖构成。为防止冷凝酸腐蚀，钢壳外面有保温层。炉子的最下部是风室，设有空气进口管，其上是空气分布板。空气分布板上是耐火混凝土炉床，埋设有许多侧面开小孔的风帽。炉膛中部为向上扩大的圆锥体，上部焙烧空间的截面积比沸腾层的截面积大，以减少固体粒子吹出。沸腾层中装有废热锅炉的冷却管，炉体还设有加料口、矿渣溢流口、炉气出口、二次空气进口、点火口等接管。炉顶有防爆孔。

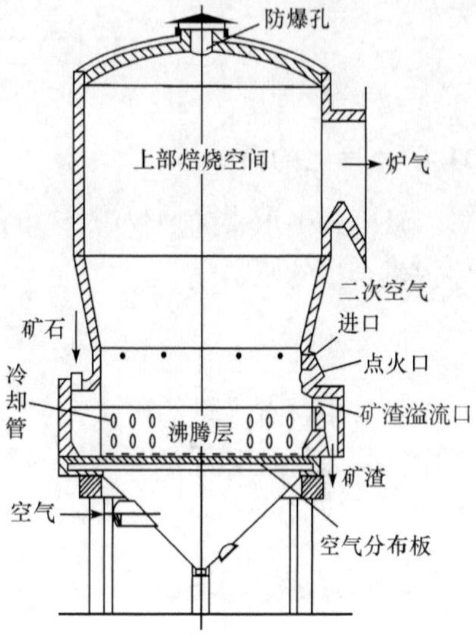

图 11-5　沸腾焙烧炉

2) 类型

沸腾焙烧炉分为直筒型炉和上部扩大型炉两种：①直筒型炉，多用于有色金属精矿的焙烧，焙烧强度较低，炉膛上部不扩大或略微扩大，外观基本上呈圆筒形；②上部扩大型炉，早期用于破碎块矿(作为硫酸生产原料开采的硫铁矿多呈块状，习惯称块矿)的焙烧。后来发展到用于各种浮选矿(包括有色金属浮选精矿、选矿时副产的含硫铁矿的尾砂，以及为了提高硫铁矿品位而通过浮选得到的硫精矿，这些矿粒度都很小)的焙烧，焙烧强度较高。

3) 操作指标和条件

主要是焙烧强度、沸腾层高度、沸腾层温度、炉气成分等。

(1) 焙烧强度。习惯上以单位沸腾层截面积一日处理含硫 35%矿石的吨数计算。焙烧强度与沸腾层操作气速成正比。气速是沸腾层中固体粒子粒度的函数，一般为 1～3 m/s。一般浮选矿的焙烧强度为 15～20 t/($m^2 \cdot d$)；对于通过 3 mm×3 mm 筛孔的破碎块矿，焙烧强度为 30 t/($m^2 \cdot d$)。

(2) 沸腾层高度。炉内排渣溢流堰离风帽的高度，一般为 0.9～1.5 m。

(3) 沸腾层温度。随硫化矿物、焙烧方法等不同而异。例如，锌精矿氧化焙烧温度为 1070～1100℃，而硫酸化焙烧温度为 900～930℃；硫铁矿的氧化焙烧温度为 850～950℃。

(4) 炉气成分。硫铁矿氧化焙烧时，炉气中二氧化硫含量为 13%～13.5%，三氧化硫含量 ≤0.1%。硫酸化焙烧空气过剩系数大，所以炉气中二氧化硫浓度降低而三氧化硫含量增加。

4) 特点

沸腾焙烧炉的特点包括：①焙烧强度高；②矿渣残硫量低；③可以焙烧低品位矿；④炉

气中二氧化硫浓度高、三氧化硫含量低；⑤可以较多地回收热能产生中压蒸汽，焙烧过程产生的蒸汽通常有 35%～45%是通过沸腾层中的冷却管获得；⑥炉床温度均匀；⑦结构简单，无转动部件，且投资少，维修费用低；⑧操作人员少，自动化程度高，操作费用低；⑨开车迅速而方便，停车引起的空气污染少。但沸腾炉炉气带矿尘较多，空气鼓风机动力消耗较大。

生产时，矿粉不断送入炉膛，具有一定风压的空气从炉底经过风帽进入炉膛。风速超过临界速率，使矿粉流态化而形成沸腾床，气体鼓泡通过床层，气泡在上升过程中不断变形，合并成大气泡，由于气泡与固体颗粒间的相互冲击，反应进行得十分迅速。反应生成的炉气从炉的上侧口排出，生成的炉渣，其粗粒部分从卸渣口溢流而出，其细粒部分则作为炉尘随炉气排出。

11.4 二氧化硫炉气的净化与干燥

11.4.1 净化的目的

从沸腾炉出来的炉气中含 SO_2 12%～14%，净化的目的是清除炉气中的杂质，为转化工序提供合格的原料气。

1. 矿尘

炉气中含有大量的矿尘，它们主要是 Fe、Pb、Cu、Ca、Ba、Sb、Bi 的氧化物和硫酸盐。矿尘能堵塞管道和催化剂床层，不仅增大系统阻力，而且降低催化剂活性，还会使气体分布不均、反应时间不均一、转化率降低，所以应首先除去。

2. SO_3 与水蒸气

在矿料焙烧过程中，SO_2 在 Fe_2O_3 存在下会生成 SO_3，而 SO_3 与水蒸气结合又会生成硫酸蒸气，冷凝后形成酸雾。酸雾进入催化剂层后，能覆盖在催化剂表面上，降低其活性。此外，酸雾能腐蚀管道和设备。

3. As_2O_3

在矿料焙烧过程中，矿料中的砷化物会转变为 As_2O_3。它能使催化剂遮盖性中毒，降低其活性。

4. HF

矿料中的氟化物在高温下与水蒸气反应生成 HF。HF 能与催化剂载体中的 SiO_2 反应，生成气态的 SiF_4，使载体遭到破坏而粉化，严重降低其活性。另外，HF 还能损坏耐酸材料、瓷环填料等。

5. SeO_2

SeO_2 也会降低催化剂的活性，且能使成品酸着色，应除去并加以利用。

不同的制酸流程对炉气净化程度要求不同。我国对炉气的净化指标[mg/m^3(标)]暂行规定如下：水分<100，酸雾<5，尘<2，砷<5，氟<10；气体温度<40℃。

11.4.2　净化方法

用硫铁矿制酸，SO_2 炉气的净化是很重要的环节。各种不同的制酸流程主要区别就在于炉气净化方法不同。所以习惯上以炉气净化过程的特点来区分各种不同的制酸流程。

SO_2 炉气的净化一般是先经旋风除尘器除去大颗粒矿尘，然后用各种方法除去细小粒尘和气态杂质。净化流程可分为干法净化和湿法净化两大类。下面分别做简单介绍。

1. 干法净化

干法净化的实质是用旋风分离器、电除雾器、布袋过滤器等在较高的温度下，除去炉气中的矿尘。干法净化流程短，在高温下进行，热利用率高，无污酸、污水排出，污染少。缺点是除 As、Se、F 等杂质能力差，只能除尘，基本上不能除 As、F、Se 等有害物，因此干法只适用于净化含 As、F 等杂质较少的炉气，不适用于含 As、Se、F 多的矿料。但是由于干法净化便于回收大量热能，因而越来越受到重视。干法净化原则流程如图 11-6 所示。

图 11-6　干法净化原则流程

对于气体中所含固体粉尘和液滴的分离，是按从大到小、由易到难的顺序，采用不同的设备进行逐级分离。

先用净化效能较低的设备分离掉大粒，再用效能较高的设备分离小些的粒子。前级净化是为了减轻后级净化的负担，最后一级净化是关键，它决定净化指标。

大于 100 μm 的矿尘可依赖矿尘重力自然沉降或借助惯性力作用强制分离，在焙烧炉后连接直管或 U 形管来实现。旋风分离器可分离 10～100 μm 的矿尘，其构造如图 11-7 所示。旋风分离器结构简单，应用范围广，压强损耗大。

0.5～50 μm 的矿尘采用水洗除尘方法——文氏管洗涤除尘。通常在文氏管后还连接一旋风分离器，将捕集了矿尘的液滴从气体中分离出来。图 11-8 为文氏管洗涤器。文氏管洗涤器结构简单，制造方便，分离效率高于旋风分离器，缺点是压强损失较大。

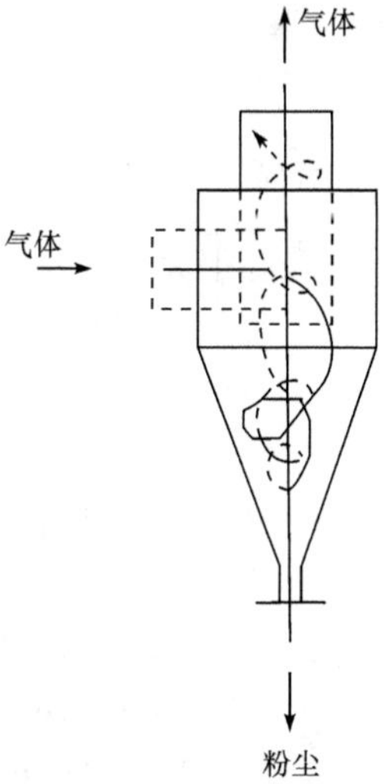

图 11-7　旋风分离器

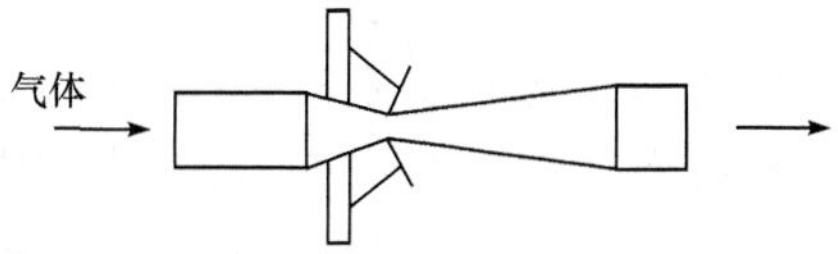

图 11-8　文氏管洗涤器

电除尘利用气流通过高压直流电场，小于 0.5 μm 的矿尘与气体分离。除尘效率高，阻力小，生产能力大，投资较大。

2. 湿法净化

湿法净化是用液体洗涤炉气，液体洗涤时，高温(350～400℃)炉气使液相中的水汽化，温度迅速降低。炉温至 190～230℃时，水蒸气和炉气中的 SO_3 形成硫酸蒸气；随炉气温度降低，炉气中的 As_2O_3 和 SeO_2 转化为微小结晶而悬浮于气相中，成为硫酸蒸气冷凝成酸雾的凝雾中心，形成 As、Se 和酸雾气溶胶体系。在 50～70℃，炉气中的 As_2O_3 和 SeO_2 除一部分溶解于液体中外，其余全部转化为酸雾。目前炉气的净化多采用湿法净化，湿法净化分为水洗净化与酸洗净化两类。

湿法净化的特点是：用水(水洗净化)或酸(酸洗净化)洗涤已除去大颗粒矿尘的炉气，使细小的矿尘 As_2O_3、SeO_2、SO_3、HF 及水蒸气等凝结或溶解而除去。所以，湿法净化是在使用干法净化已经除去大颗粒矿尘的基础上，再用湿法净化进一步除去细小的矿尘以及其他气态杂质。图 11-9 和图 11-10 分别为典型的酸洗净化原则流程和“文、泡、电”水洗净化原则流程。

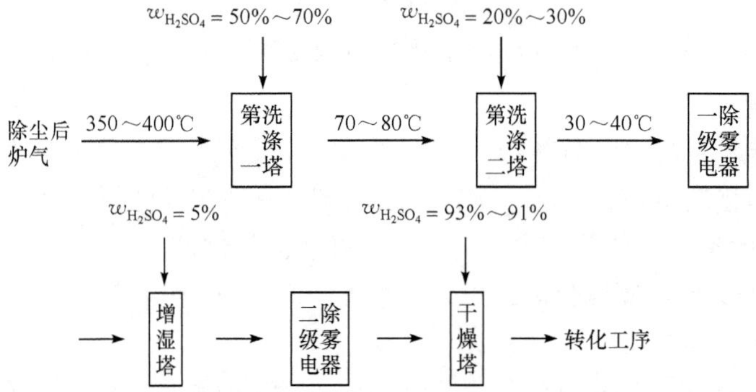

图 11-9　典型的酸洗净化原则流程

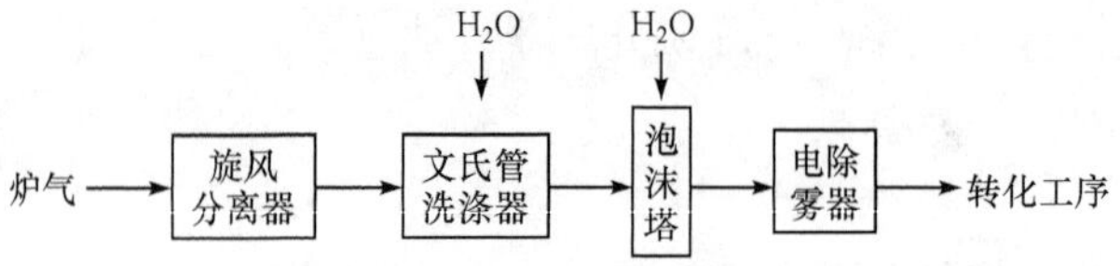

图 11-10　“文、泡、电”水洗净化原则流程

湿法净化除雾、除尘和除有害气体效果好。但缺点是能量消耗很大，设备复杂，投资大，产生大量污水和污泥。

11.4.3　二氧化硫炉气的干燥

二氧化硫炉气经过水洗净化，清除了矿尘、砷、硒、氟和酸雾等有害杂质，但还含有饱和水蒸气，炉气温度越高，饱和水蒸气的含量越多。如不将其除去，就会在 SO_2 的转化过程中与生成的 SO_3 反应形成“次生酸雾”。这个过程可能在热交换器中发生，造成设备、管道的腐蚀；也可能在开、停车时在触媒上发生而损坏触媒。此外，由于酸雾不易被吸收，这样不仅会造成硫的损失，而且会污染大气。因此，炉气进转化器前必须清除所含的水分。

1. 炉气干燥原理

具有较强的吸湿性是浓硫酸的特性之一。在同一温度下，硫酸的浓度越高，硫酸液面上水蒸气的平衡分压越小。当硫酸浓度为 98.3%、温度为 40℃时，水蒸气分压仅为 0.039 Pa。当炉气中的水蒸气分压大于硫酸液面上的平衡水蒸气分压时，炉气中的水蒸气就会被硫酸溶液吸收，从而使炉气得到干燥。这种用浓硫酸吸收炉气中水分的过程称为炉气干燥。

2. 炉气干燥工艺流程

炉气干燥是传质过程，一般在填料塔中进行，其工艺流程如图 11-11 所示。

经过净化除去杂质的湿炉气从干燥塔的底部进入，与塔顶喷淋的浓硫酸逆流接触，气相中的水分被硫酸吸收后进入转化工序。

吸收了水分后的干燥酸由于硫酸的稀释热效应，温度升高，由塔底流入淋洒式酸冷却器(铸铁排管)，温度降低后流入干燥酸储槽，再由泵进入塔顶喷淋。

为维持干燥酸浓度，必须由吸收工序引来 98% H_2SO_4，在干燥酸储槽中混合。干燥酸储槽中多出的酸再由循环酸泵出口引出，送回吸收塔酸循环槽中，或者把干燥塔出口浓度为 92.5%～93%的硫酸直接作为产品送入酸库。

为了保证良好的干燥效率，同时还应考虑 SO_2 的溶解损失及在干燥塔中形成酸雾等因素，工业上采用的干燥酸(喷淋酸)浓度为 92.5%～94%，温度为 40～45℃；喷淋密度为 10～15 $m^3/(m^2 \cdot h)$；进入干燥塔的炉气温度不应高于 40℃；干燥塔的空塔气速为 0.7～0.9 m/s。

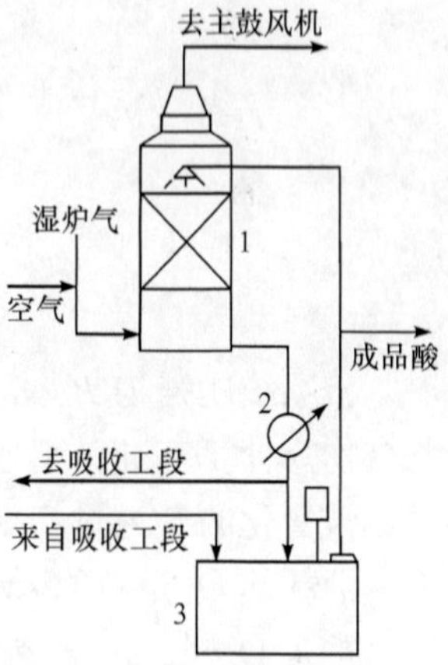

图 11-11　炉气干燥工艺流程
1. 干燥塔；2. 淋洒式酸冷却器；3. 干燥酸储槽

11.5　二氧化硫的催化氧化

11.5.1　二氧化硫催化氧化的基本原理

净化后的炉气进入 SO_2 转化系统。在一定的条件和催化剂作用下，SO_2 被氧化成 SO_3 的过程称为 SO_2 的转化。

$$SO_2+0.5O_2 \rightleftharpoons SO_3+Q$$

SO_2 的氧化反应是一个可逆、放热、体积缩小的反应，这个反应在工业上只有在催化剂存在的条件下才能实现。

11.5.2　平衡常数与平衡转化率

SO_2 催化氧化的平衡常数为

$$K_p = \frac{p^*_{SO_3}}{p^*_{SO_2} p^{*0.5}_{O_2}}$$

式中，$p^*_{SO_3}$、$p^*_{SO_2}$、$p^*_{O_2}$ 分别为 SO_3、SO_2、O_2 的平衡分压。在 400～700℃，其平衡常数与温度的关系为

$$\lg K_p = \frac{4905.5}{T} - 4.6455$$

由此可见，平衡常数在一定范围内随温度的升高而减小。表 11-4 列出了不同温度下的平衡常数。

表 11-4　不同温度下的平衡常数

温度/℃	K_p	温度/℃	K_p	温度/℃	K_p	温度/℃	K_p
400	442.90	450	137.40	525	31.48	600	9.37
410	345.50	475	81.25	550	20.49	625	6.57
425	241.40	500	49.78	575	13.70	650	4.68

平衡转化率 x_e 在某一温度下反映了该化学反应可以进行的程度，其表达式为

$$x_e = \frac{p_{SO_3}^*}{p_{SO_3}^* + p_{SO_2}^*} = \frac{K_p}{K_p + \frac{1}{\sqrt{p_{O_2}^*}}}$$

若系统压强为 P，a、b 分别为 SO_2、O_2 的起始含量(摩尔分数)，以 100 mol 的初始气体混合物为计算基准，则达平衡时

被氧化的 SO_2 量：ax_e mol

消耗的 O_2 量：$0.5ax_e$ mol

剩余 O_2 量：$b-0.5ax_e$ mol

平衡时混合气体的量：$100-0.5ax_e$ mol

所以氧的分压可以表示为

$$p_{O_2}^* = \frac{b - 0.5ax_e}{100 - 0.5ax_e} P$$

平衡转化率为

$$x_e = \frac{K_p}{K_p + \sqrt{\frac{100 - 0.5ax_e}{P(b - 0.5ax_e)}}}$$

由此可知，影响平衡转化率的因素有温度、压强和气体的起始浓度。当炉气的起始组成为 SO_2 7.5%、O_2 10.5%、N_2 82%时，可计算出不同压强、温度下的平衡转化率 x_e，结果示于表 11-5。

表 11-5　平衡转化率与温度和压强的关系

温度/℃	压强/MPa					
	0.1	0.5	1.0	2.5	5.0	10.0
400	0.9915	0.9961	0.9972	0.9984	0.9988	0.9992
450	0.9750	0.9820	0.9920	0.9946	0.9962	0.9972
500	0.9306	0.9675	0.9767	0.9852	0.9894	0.9925
550	0.8492	0.9252	0.9456	0.9648	0.9748	0.9820
600	0.7261	0.8520	0.8897	0.9267	0.9468	0.9616

从表 11-5 的数据可以看出，平衡转化率随反应温度的升高而减小，因此在操作时希望尽可能降低反应温度。压强对平衡转化率的影响与温度相比要小得多，特别在 400～450℃下压强对平衡转化率的影响甚微，因此可以考虑在常压下或低压下进行操作。

11.5.3 催化剂与反应速率

1. 催化剂

20 世纪 30 年代前，接触法硫酸生产中几乎全是采用金属铂作为催化剂(俗称触媒)。铂催化剂的活性比现在应用中的所有催化剂都好，在 300～400℃时就具有很高的催化活性。但因价格昂贵，对毒物敏感，故 20 世纪 30 年代后逐渐被其他金属催化剂替代。目前广泛使用的是钒催化剂。

钒催化剂是以 V_2O_5 作为主要活性组分。单纯的 V_2O_5 活性并不高，如果配以少量助催化剂，如 K_2O、Na_2O、BaO、Al_2O_3 等，则可成百倍地提高其活性和耐热性。钒催化剂以硅藻土(SiO_2)为载体，它可以改善催化剂的孔隙结构，提高单位体积的活性。钒催化剂的化学组成一般为 V_2O_5 5%～9%、K_2O 9%～13%、Na_2O 1%～5%、SO_3 10%～20%、SiO_2 50%～70%，并含有少量的 Fe_2O_3、Al_2O_3、CaO、MgO 及水分等。钒催化剂的生产方法是将活性组分 V_2O_5 与助催化剂均匀地沉积在载体的内、外表面上，制成直径 4～10 mm、长 6～15 mm 的实心或空心圆柱体，也有的制成环形、球形、片状或粒状。

2. 反应速率

在工业生产条件下，作为气固相催化反应的 SO_2 催化氧化，其气流速率已足够大，不会出现外扩散控制。

关于 SO_2 催化氧化反应机理，目前尚无定论，有人认为 SO_2 在催化剂表面的氧化过程包括以下四个步骤：

(1) 催化剂表面活性中心吸附氧分子，使氧分子中原子间的键松弛断裂，生成活泼氧原子，它比氧分子更易与 SO_2 反应。

(2) 催化剂表面活性中心吸附 SO_2 分子。

(3) SO_2 与氧原子在催化剂表面反应生成 SO_3。

(4) SO_3 分子从催化剂表面解吸，进入气相。

以上四个步骤中最慢的一步为整个反应的控制步骤。控制步骤不同，反应速率方程也不同；不同特性的催化剂，其相应的反应速率方程也有可能不相同。

经研究，在上述四个步骤中，第一步(氧分子均裂变成氧原子)进行得最慢，整个反应的速率受这个步骤控制，所以将它称为 SO_2 氧化为 SO_3 的控制阶段(或称控制步骤)。

以上讨论了在催化剂上发生的反应(称为表面反应)，实际上影响 SO_2 氧化成 SO_3 的反应速率还有另一些因素。例如，气流中的氧分子和 SO_2 分子扩散到催化剂外表面的速率，催化剂外表面上的氧分子和 SO_2 分子进入催化剂内表面(催化剂微孔中)的速率，SO_3 从催化剂内表面扩散到外表面，以及 SO_3 从催化剂外表面扩散到气流中的速率，包括表面反应在内，其中最慢者将成为整个化学反应的控制步骤，在工业生产中，应尽量排除或减弱扩散阻力，让表面反应成为控制步骤，此时采用高效催化剂就会对生产产生巨大的推动作用。

11.5.4　适宜工艺条件的确定

二氧化硫催化氧化的适宜工艺条件的确定，从热力学和动力学观点出发，应满足具有高的平衡转化率和高的反应速率。实际生产中还应结合原料的利用率、环境保护、生产强度的提高、成本与投资的降低等综合考虑。

1. 温度

温度是影响放热可逆反应的最重要因素。工业生产中，钒催化剂的使用有一定的温度范围，应在催化剂的起燃温度与耐热极限温度之间，通常为420～600℃。但不能长时间在耐热极限温度以上使用，不然就会烧坏催化剂，造成永久性失活。因此，二氧化硫催化氧化的反应温度首先应保证在催化剂的活性温度范围之内；其次，温度对二氧化硫氧化反应的平衡转化率和催化氧化速率均有很大影响。

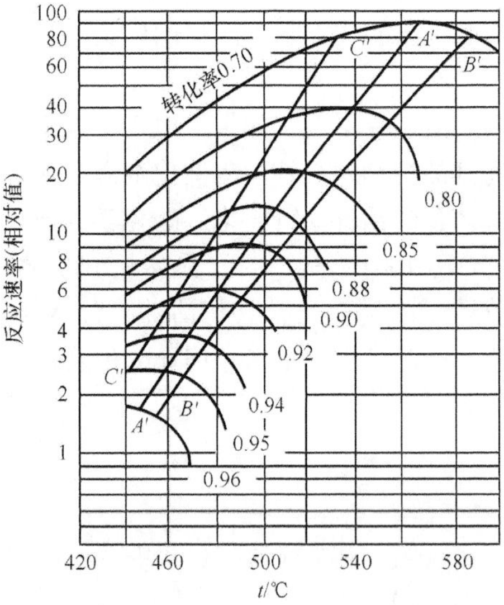

图 11-12　不同转化率下反应速率与温度的关系

从热力学角度考虑，温度低，平衡常数高，平衡转化率高，因此低温有利；但从动力学角度考虑，温度低，反应推动力小，导致反应速率低，因而高温有利。从以上分析可见，二氧化硫的催化氧化存在最适宜反应温度。图 11-12 是根据不同转化率下的反应速率与温度的实验数据作出的关系曲线。由图 11-12 可知：①在转化率一定时，反应速率有一极大值，与此值对应的温度称为最适宜反应温度，也就是说，在此最适宜反应温度下操作，可获得最快的反应速率；②转化率不同，最适宜反应温度也不同。最适宜反应温度随转化率的增加而下降，如图 11-12 中的 AA' 线和图 11-13 中的 CD 线所示，称为最适宜反应温度曲线。这是由于反应越接近平衡，反应速率受平衡的影响越大，因此最适宜反应温度越低。

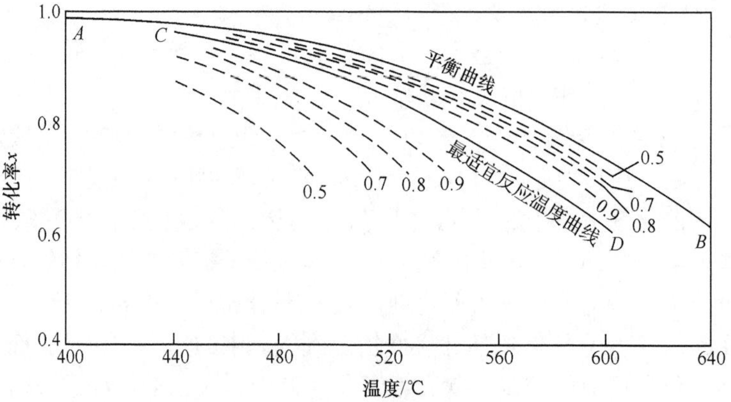

图 11-13　温度与转化率的关系

根据不同转化率及对应的最适宜反应温度，可作出最适宜反应温度曲线，如图 11-13 所示。图中还绘出温度与平衡转化率的关系曲线(平衡曲线)作为比较。

综上所述，确定 SO_2 转化反应温度的原则应是：在催化剂活性温度范围内，催化剂床层温度应尽量沿着最适宜反应温度曲线变化，此时达到同样转化率所需催化剂量最少。这就要求原料气需预热至催化剂的起燃温度，然后随着反应的进行，适当移走多余的反应热，使床层温度尽可能地沿着最佳值变化。特别在反应后期，为了达到高的 SO_2 转化率，反应须在较低温度下进行。因此，SO_2 转化反应及工业上多数可逆、放热反应过程总是与换热过程联系在一起。

所以，为保证反应以最大速率进行，充分发挥催化剂的作用，应该使反应由较高温度开始，随反应进行，转化率升高，设法使温度沿着最适宜反应温度曲线逐步降低。

对于任何组成的炉气，转化过程的最适宜反应温度都是先高后低。在最适宜反应温度下，反应所需催化剂量最少；或者说在最适宜反应温度下，一定量的催化剂生产能力最高。但是，催化剂的性能不同，炉气的组成不同，最适宜反应温度也不同。

2. SO_2 的起始浓度

进入转化器的最适宜 SO_2 浓度是根据经济比较的结果确定的。从减少催化剂用量来看，采用 SO_2 浓度低的炉气进入转化器是有利的；但是，降低炉气中 SO_2 浓度，将使生产每吨硫酸所需要处理的炉气量增大，这样在其他条件一定时，就要求增大干燥塔、吸收塔、转化器和输送 SO_2 的鼓风机等设备的尺寸，或者使系统中各个设备的生产能力降低，从而使设备的折旧费用增加。因此，进入转化器的 SO_2 的最适宜浓度必须根据具体流程和原料的具体情况，进行经济比较后选定。

因此，炉气中 SO_2 的原始浓度也存在一个最佳化问题。选择最佳的 SO_2 浓度的目标应是使硫酸生产的总费用最小。这主要反映在 SO_2 浓度对催化剂用量和设备生产能力的影响这两个方面。

用空气焙烧含硫原料时，一方面，随着 SO_2 浓度增加，O_2 浓度相应下降，由化学动力学模型可知，这两个因素都会使反应速率下降，则达到一定转化率时所需的催化剂用量将增加；但另一方面，炉气中 SO_2 浓度高，则生产每吨硫酸所需的原料气量减少。这对于同样设备，系统阻力较小，动力消耗较低；或对于生产能力相同的装置，所需设备、管道及鼓风机等的尺寸较小，投资较少，设备折旧费降低。

综合以上因素，根据硫酸生产总费用最低的原则，在硫酸工业发展初期，广泛采用“一转一吸”工艺，SO_2 的起始浓度定在 7.0%，氧气的浓度定在 11%。采用“二转二吸”工艺后，允许 SO_2 起始浓度大幅度提高，从而使生产装置的生产能力增强。“二转二吸”流程，SO_2 的起始浓度一般为 9.0%～10%，氧气的浓度为 8.3%～7.5%。

3. 压强

SO_2 的转化反应是一个体积缩小的反应，因此增大压强可提高平衡转化率，但压强对平衡转化率的影响不大，增大压强可以提高反应物的浓度，有利于加快反应速率、提高产量。但相对于常压，增大压强，转化率增加不明显，而且常压下，转化率已达 96%～97%，所以一般在常压操作。20 世纪 70 年代初期，国外出现了加压法，加压法从生产成本的角度看并不是很有利，主要优点是有利于环保和减少投资。

4. 最终转化率

最终转化率是硫酸生产的主要指标之一。提高最终转化率可以减少尾气中 SO_2 的含量，减轻对大气的污染，同时也可提高硫的利用率，所以最终转化率越高，原料利用率也越高，而且越有利于环境保护。但最终转化率的增加将导致催化剂用量和流体阻力增加，设备尺寸增大。因为最终转化率越高，越接近平衡转化率，反应速率越低。因此，最终转化率只要增加一点，催化剂用量就增加很多，如最终转化率由 95.0%增大到 98.5%，催化剂用量就增加到 4 倍。所以，最终转化率也有最佳值问题。最终转化率的最佳值与所采用的工艺流程、设备和操作条件有关。“一转一吸”流程，在尾气不回收的情况下，最终转化率为 97.5%～98%时，硫酸的生产成本最低。如果采用“二转二吸”流程，最终转化率则应控制在 99.5%以上。

11.5.5 二氧化硫转化流程

1. 二氧化硫转化器

SO_2 催化氧化反应器(俗称转化器)的类型很多，其设计和选用的原则都要考虑使催化剂用量少，并达到最大的生产能力，这就要求反应过程应尽可能地沿着最适宜反应温度进行，同时结构力求简单。

SO_2 的氧化反应是可逆放热反应，所放出的热量能使催化剂和反应气体本身的温度升高。但是，若不及时移走多余的反应热，就会带来不良后果：超过催化剂耐热温度上限而烧坏催化剂；此外偏离最适宜反应温度太远而使反应速率不高。因此，应及时移走多余的反应热。

目前工业转化器绝大多数采用固定床反应器。按换热方式，工业转化器可分为多段间接换热式转化器和多段冷激式转化器。

1) 多段间接换热式转化器

这种形式的转化器是将催化剂床分成 3～5 段，反应过程与换热过程分开，通过设置在转化器内部或外部的换热器进行间接换热。一方面降低反应气体的温度；另一方面又使进入转化器的原料气升温。一次绝热反应过程称为一段，段间进行换热。转化器中催化剂层数越多，操作线偏离最适宜反应温度线的程度越小，反应速率越大，催化剂用量越小，设备尺寸也越小。但是，催化剂段数越多，设备越复杂，操作也越复杂。因此，目前 SO_2 转化器多采用四段转化流程。

图 11-14 是四段中间换热式转化器。经预热的原料气由上部进入转化器，在第一段催化床中进行绝热反应，温度升高。一段反应气自篦子板向下进入列管式换热器的管程，与流经

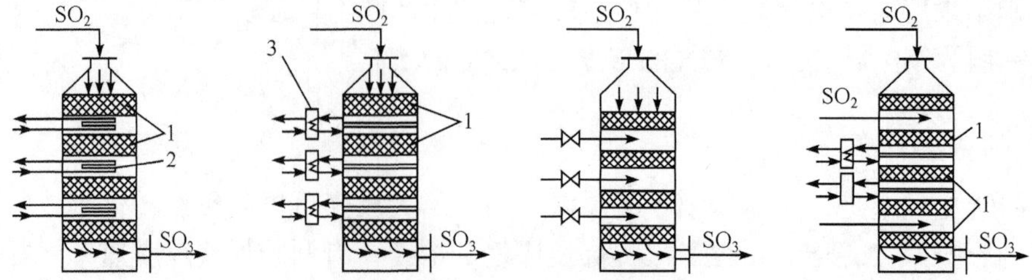

(a) 内部间接换热式　(b) 外部间接换热式　(c) 冷激式　(d) 部分冷激式催化床层

图 11-14 四段中间换热式转化器

1. 催化剂床层；2. 内部换热器；3. 外部换热器

壳程的冷原料气间接换热，冷却后的一段反应气向下进入二段催化床继续反应。依此类推，气体经第四段催化剂床反应后排出转化器，在器外再进行冷却。冷原料气则自下而上通过器内各换热器的壳程，加热至催化剂起燃温度(430℃左右)进入第一段催化床。

转化器本体通常由钢板焊制而成，内衬耐火砖。催化剂层由篦子板承载，通常在篦子板上铺有鹅卵石层，以防催化剂下漏。转化器外部包有保温层，以防热能损失。某日产 120 t 的硫酸厂四段间接换热式转化器主要尺寸为：上部直径 4.2 m，下部 5.1 m，高 16.6 m，装填催化剂量 31 m^3。四段催化剂量及所占百分数分别为：7 m^3(22.6%)、8 m^3(25.8%)、7 m^3 (22.6%)、9 m^3(29.0%)。每段催化剂量大体相等，但第一段的转化率由 0 提高到 70%左右，而第四段仅由 96.9%提高至 98%。

2) 多段冷激式转化器

这种形式的转化器的特点是在绝热反应后加入一定量的冷气体，使反应后气体降温，从而省去换热器。由于加入冷气体，反应系统快速降温，所以称为冷激式。冷激方式可分为原料气冷激和空气冷激，前者所用冷气体为 SO_2 炉气，后者为空气。以硫铁矿为原料时，由于炉气中 SO_2 含量较低，一般采用原料气冷激。图 11-15 为原料气冷激式转化器及其 *x*-*T* 图(转化器中 SO_2 转化率 *x* 和气体温度 *T* 的变化曲线，简称 *x*-*T* 图)。由于冷却时加入原料气，进入下一段气体中的 SO_2 浓度有所增加，转化率下降，所以冷却线不是水平线，而是向转化率下降的方向倾斜。

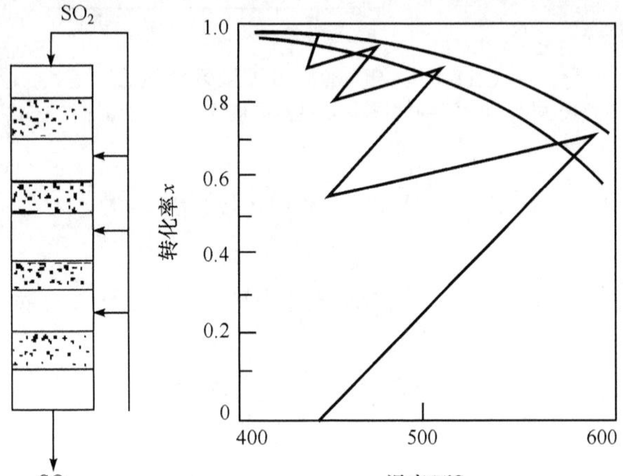

图 11-15　原料气冷激式转化器及其 *x*-*T* 图

原料气冷激式转化器由于省去了换热器，设备结构简单，这是它的突出优点。但由于中间加入的冷激气没有机会与前几段催化剂接触，所以在最终转化率相同的情况下，催化剂用量增加。因而在工业上采用原料气冷激时，也仅在一、二段之间采用冷激换热方式，而在后几段间仍采用间接换热。这样的好处是可省去处于最高温度下易损坏的一、二段间接换热器，而催化剂用量增加不多。

2. 二氧化硫转化流程图

图 11-16 为炉气冷激式五段转化流程。被鼓风机加压到 20 kPa 的炉气，大部分(约占总气量 85%)按顺序通过冷热换热器、中热换热器和热热换热器，被加热到 430℃左右进入转化器一段催化床。其余部分通过转化器一、二段间的冷激气直接掺入一段出口的热转化气中，使

转化气温度从 590℃左右降低到 490℃。然后依次通过二段催化床、热热换热器(管内)、三段催化床、中热换热器(管内)、四段催化床、内部换热器(管内走的冷炉气由鼓风机的出口引来。加热后送到热热换热器进口气道)、五段催化床。当炉气 SO_2 浓度为 8.0%～8.5%时，最终转化率可达 97%左右。温度约 425℃的转化气离开转化器后，经过冷热换热器(管内)和 SO_3 冷却器(管间用冷空气冷却)，冷却到 160℃左右送至吸收塔。为了控制各段催化床层的温度在最佳范围，还设有副线(旁路)及阀门，用来调节气温。

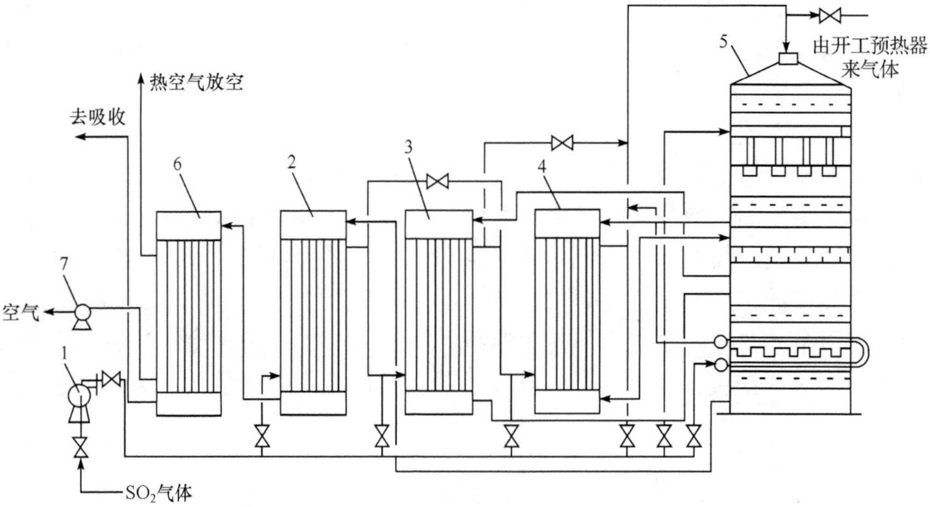

图 11-16　炉气冷激式五段转化流程

1. 主鼓风机；2. 冷热换热器；3. 中热换热器；4. 热热换热器；5. 转化器；6. SO_3 冷却器；7. 冷风机

11.6　三氧化硫的吸收成酸

从转化工序来的转化气中含 SO_3 一般不超过 10%，其余为氮、氧，以及微量尚未转化的 SO_2。

成酸过程的最佳目标是混合气中 SO_3 最大限度地被吸收成为产品硫酸；向大气排放的尾气(约占总量的 90%)基本上不含 SO_3，以符合排放标准。

11.6.1　吸收成酸的原理及影响因素

1. 吸收成酸的原理

转化工序生成的 SO_3 经冷却后在填料吸收塔中被吸收。吸收反应是 SO_3 与水的结合，即

$$n\mathrm{SO_3} + \mathrm{H_2O} = \mathrm{H_2SO_4} + (n-1)\mathrm{SO_3} + Q$$

当 $n>1$ 时，生成发烟硫酸；$n=1$ 时，生成无水硫酸；$n<1$ 时，生成含水硫酸。根据上式，似乎水和任意浓度的硫酸都可以作为 SO_3 的吸收剂，但实际上，在硫酸的生产中，SO_3 是用含有少量水的浓硫酸，即 98.3%硫酸来吸收的，使 SO_3 溶于硫酸溶液并与其中的水生成硫酸；或者用含游离态 SO_3 的发烟硫酸吸收，生成发烟硫酸。

2. 浓硫酸吸收过程的影响因素

1) 吸收酸的浓度

当用浓度低于 98.3%的稀硫酸或水作为吸收剂时，酸液上方的气相中虽不含或含极少 SO_3，但水蒸气的平衡分压大大超过转化气中水蒸气的分压。当吸收剂与转化气接触时，吸收剂中的水分会迅速由液相转入气相，并与气态的 SO_3 化合成大量的硫酸蒸气。

当气相中硫酸蒸气含量超过其平衡浓度时，硫酸蒸气在空间凝结成酸雾。酸雾是比硫酸分子大得多的、悬浮在气相中的液体微粒，比单个硫酸分子笨重得多，扩散速率很慢，且表面吸附大量气体，很难透过气膜而被酸溶液吸收，因此绝大部分进入尾气而逸出，不但降低硫的利用率造成浪费，而且对环境造成严重污染。

因此，用低于 98.3%的硫酸或水吸收 SO_3 时，就会吸收不完全，酸越稀，水蒸气分压越高，吸收进行得越不完全。

当用浓度大于 98.3%的硫酸作吸收剂时，虽然液面上水蒸气分压很低，不会形成酸雾，但 SO_3 的平衡分压较大，此时吸收推动力减小，SO_3 向酸中扩散较困难，吸收率较低，同样吸收不完全。

为了在吸收过程中避免生成酸雾，又力求使 SO_3 吸收完全，应该选择在液面上方的气相中，与液相成平衡的水蒸气分压和 SO_3 分压之和最小的吸收剂来吸收 SO_3。在任何温度下，浓度为 98.3%的硫酸沸点最高，蒸气压最低，液面上总蒸气压最小，不易形成酸雾(只要炉气是干燥的)且吸收的推动力最大，故用 98.3%硫酸吸收 SO_3，吸收速率快且完全。吸收率达到 99.9%。

用 98.3%硫酸吸收 SO_3 后，吸收酸的浓度升高，要向其中补充适量的水或来自干燥塔的 93%硫酸，以维持喷淋酸的浓度为 98.3%。多出来的吸收酸便作为产品硫酸。

若要生产标准发烟硫酸(含游离 SO_3 20%的硫酸)，可用标准发烟硫酸作吸收剂，浓度增大后，用 98.3%硫酸稀释到标准发烟硫酸的浓度，多出来的部分作为产品，其余部分作为循环酸。由于发烟硫酸的 SO_3 分压很高，SO_3 的吸收不完全，所以转化气经发烟硫酸吸收后，还必须再用 98.3%硫酸吸收。

2) 吸收酸的温度

按一般吸收原理，温度升高，吸收率下降。酸浓度低于或高于 98.3%时，温度升高，吸收率下降的幅度大；在 98.3%附近时，幅度小。单从吸收看，酸温度越低越好。但温度过低会增加酸冷却器面积，同时低温热不能有效利用。温度过高，除降低吸收率这一不利影响外，对于酸吸收这一特定过程，还会加剧设备的腐蚀速率，增大运行成本。所以硫酸生产中，一般将进入吸收塔的硫酸温度控制在 50℃以下，出塔酸的温度则控制在 70℃以下。

3) 进塔 SO_3 气体的温度

一般来说，进入吸收塔的 SO_3 气体温度低时，对吸收是有利的；但是 SO_3 进塔温度也不能太低，尤其在炉气干燥不彻底的情况下，气体温度即使并不太低，也会出现酸雾，使吸收后的尾气中产生酸雾白烟，不但造成硫的损失，也造成对环境的污染。一般控制进入吸收塔 SO_3 气体温度为 140～160℃。

11.6.2　吸收成酸的工艺流程

一种普遍采用的生产浓硫酸的一次吸收流程如图 11-17 所示。转化气从塔底送入，浓硫酸从塔顶喷淋。进塔气温度为 140～160℃，喷淋酸温度控制在 50℃以下，出塔酸温度用喷淋量控制，使出塔酸温度<70℃。吸收酸同样要冷却和稀释后循环。

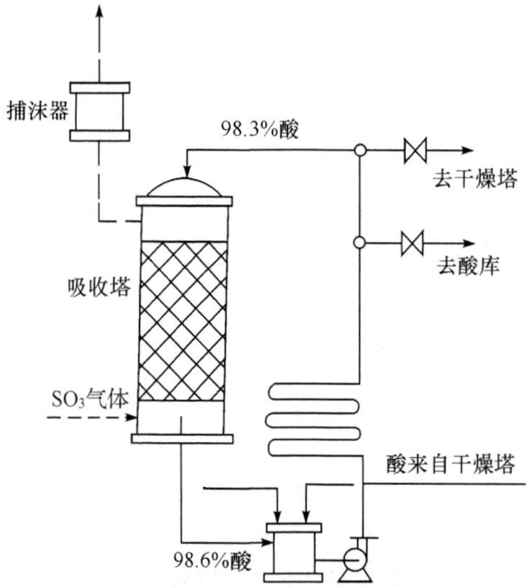

图 11-17　生产浓硫酸的一次吸收流程

图 11-18 是生产发烟硫酸的吸收流程。标准发烟硫酸含游离 SO_3 20%，H_2SO_4 80%。若按 100%无水硫酸折算，其浓度为 104.5%。该流程需要二次吸收，一次吸收用发烟硫酸，二次吸收用 98.3%硫酸，以保证吸收率。

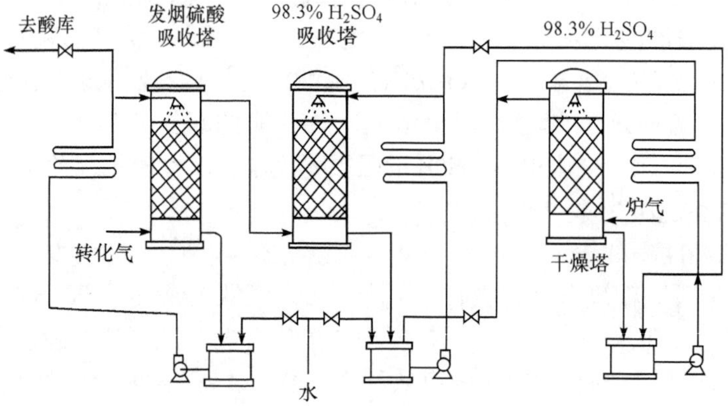

图 11-18　生产发烟硫酸的吸收流程

注意：吸收流程中由于吸收后酸温度升高，所以设有酸冷却器，并且循环酸还要稀释以保持操作稳定。

11.7　以硫磺为原料制硫酸

以硫磺为原料制硫酸，其炉气无需净化，经适当降温后便可进入转化工段，转化后经吸收即可成酸。该过程无废渣、污水排出，流程简单，成本低。

以硫磺为原料制硫酸的各种工艺流程，主要区别在于生产过程中热能回收利用的方式不同。硫磺制硫酸工艺流程如图 11-19 所示。

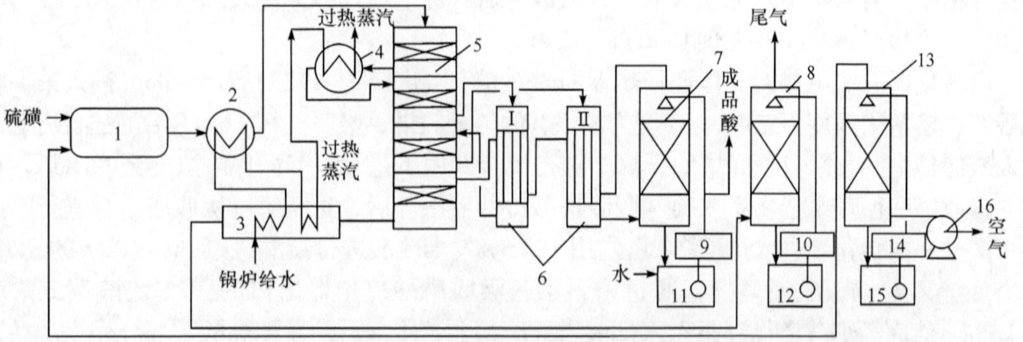

图 11-19　硫磺制硫酸工艺流程

1. 焚硫炉；2. 废热锅炉；3. 省煤-过热器；4. 第一过热器；5. 转化器；6. 第一换热器；7. 第一吸收塔；8. 第二吸收塔；9、10、14. 冷却器；11、12、15. 酸储槽；13. 干燥塔；16. 鼓风机

空气经鼓风机加压后送入干燥塔，用浓硫酸干燥，干燥的空气在焚硫炉内与喷入的液态硫磺反应，生成二氧化硫气体。高温二氧化硫气体直接进入废热锅炉，气温降到适合进转化器的温度后进入转化器。转化采用两次转化工艺，一次转化时，转化器分别通过一段床、第二过热器、二段床、第一换热器Ⅰ、三段床、第一换热器Ⅱ，再进入第一吸收塔。经过一次吸收后的转化器再次通过第一换热器Ⅰ、第一换热器Ⅱ，再进入转化器四段，进行第二次转化。从转化器四段出来的气体，在省煤-过热器冷却，然后进入第二吸收塔，用浓硫酸吸收第二次生成的三氧化硫，然后经过烟囱排入大气。具体分工段简单介绍如下。

1. 原料工段

固体硫磺由火车运至硫磺仓库，采用人工上料方式，通过一大倾角胶带式输送机将硫磺输送至快速熔硫槽加料口处。

2. 熔硫工段

来自原料工段的固体散装硫磺由胶带式输送机送入快速熔硫槽内熔化，经熔化后的熔融液硫自溢流口自流至过滤槽中，由过滤泵送入带助滤剂预涂层的液硫过滤器内过滤后流入液硫中间槽内，再由液硫输送泵输送到液硫储罐内，液硫由液硫储罐经精硫泵(屏蔽泵)送到焚硫转化工段的焚硫炉内燃烧。快速熔硫槽、助滤槽、液硫储罐、精硫槽等内均设有蒸汽加热管，用 0.5～0.6 MPa 蒸汽间接加热，使硫磺保持熔融状态。助滤槽内设有助滤泵将助滤剂硅藻土预涂到液硫过滤器上。

3. 焚硫及转化工段

液硫由精硫泵加压经磺枪机械雾化而喷入焚硫炉焚烧，硫磺燃烧所需的空气经空气过滤器过滤后，再经空气鼓风机加压、干燥塔干燥后送入焚硫炉。

4. 干燥及成品工段

空气鼓风机设在干燥塔上游，即硫磺焚烧及转化所需空气经过滤器过滤、鼓风机加压后进入干燥塔塔底，用 98%硫酸吸收空气中的水分使出塔干燥空气中水分为 0.1 g/Nm^3，经塔顶除雾器除去酸雾后的干燥空气进入焚硫炉。从干燥塔出来的浓度约为 97.8%的硫酸流入干燥塔循环槽中，与来自第一吸收塔的吸收酸混合后，经干燥塔酸循环泵加压后送入干燥塔酸冷却器中，冷却至约 70℃后送到塔顶进行喷淋。

由转化器三段出口的气体经换热器回收热量、温度降为 172℃后，一部分进入第一吸收塔塔底，塔顶用温度为 75℃、浓度为 98.0%的硫酸喷淋，吸收气体中 SO_3 后的酸自塔底流出进入酸储槽中，与来自干燥塔的干燥酸进行混合并用工艺水调节循环酸浓度至 98%后，再由第一吸收塔酸循环泵依次送入第一吸收塔酸冷却器冷却后，送至第一吸收塔塔顶进行喷淋。另一部分一次转化气进入烟酸塔。塔内用 104.5%发烟硫酸进行喷淋，吸收转化器中的 SO_3 后，由塔底流入发烟硫酸循环槽，通过来自第一吸收塔酸冷却器出口的 98%硫酸调节浓度为 104.5%，然后经烟酸塔循环泵送入烟酸塔酸冷却器，冷却后的发烟硫酸一部分作为产品送至成品工段，另一部分送入烟酸塔塔顶进行喷淋。吸收后的炉气与另一部分气体混合后再进入第一吸收塔。

由转化器四段出来的二次转化气经低温省煤-过热器换热降温后进入第二吸收塔塔底。该塔用温度为 75℃、浓度为 98%的硫酸喷淋，吸收 SO_3 后的硫酸自塔底流入吸收塔循环槽。然后经第二吸收塔酸循环泵加压，并经第二吸收塔酸冷却器冷却后进入第二吸收塔喷淋。

98%成品硫酸由干燥塔酸循环泵出口引出，再经成品酸冷却器冷却至 40℃后进入成品酸储罐。

11.8 硫酸生产中的环境保护

11.8.1 硫酸生产中余热的回收利用

在当今世界能源紧张的情况下，能量的综合利用显得越来越重要。任何生产过程都要消耗能量，如在硫酸工业中，每生产 1 t 硫酸，一般要消耗 80～100 kW · h 电能。但是很多化学反应过程常伴随热量放出，如果能合理地回收利用这些能量，就可以减少原始能量的消耗，甚至可以为生活或其他生产提供能量。硫酸生产过程中产生大量热能，热能品位从高到低均可回收加以利用。高品位热能最好的利用方式是发电，可以大大降低生产成本。

硫酸的原料可以是硫磺、硫铁矿以及冶炼厂的冶炼气，以这些原料制取 SO_2 炉气均产生高温热能，气体温度达 850～1100℃。根据生产经验，这部分高温余热可产生 1.1～1.3 t 蒸汽/t 硫酸。而在转化工段，主要是中温余热。一次转化完毕到吸收塔的转化气温度在 400℃左右。利用这部分余热，据生产实践估算，每生产 1 t 硫酸约可生产 0.2 t 蒸汽。在两次转化工艺中，这部分中温余热已转移到酸吸收系统的低温余热中。低温余热的回收利用主要在干燥系统。当采用高温吸收工艺，把中间吸收塔酸温度升高到 165℃时，出塔酸温度可达 200℃。这部分低温余热可以用来发电。每小时进塔气量为 111 000 m^3，温度为 194℃条件下，可产生 185℃、压强为 1043 kPa 的蒸汽 29.7 t，供 9000 kW 汽轮电机发电。

例如，以硫铁矿为原料的硫酸工业，主要是利用在沸腾焙烧炉炉膛和 SO_2 炉气出口处安装废热锅炉产生蒸汽，然后利用产生的蒸汽发电。以硫磺为原料的硫酸工业，每制造 1 t 100%硫酸，燃烧硫磺放出的热量约为 3.05×10^6 kJ，SO_2 氧化反应放出的热量约为 0.96×10^6 kJ，仅二者合计约为 4.01×10^6 kJ/t 酸，相当于 137 kg 标准煤的发热量。不仅将余热作为热源，而且要根据能量的数量和质量，用于做功或发电，从而使生产工艺系统和动力系统紧密结合起来，以形成工艺动力综合体。这样做的结果无疑将节约大量能源，降低产品成本，从而提高经济效益，实现绿色环保、低碳经济。

11.8.2　硫酸生产中的“三废”治理

硫铁矿烧渣、净化污水和吸收后的尾气中都含有害杂质，这些“三废”若不经处理而乱排放，不但污染土壤、水系和大气等环境，严重影响人们身体健康，而且会危害周围农作物生长。为了保护环境，应当对“三废”进行治理和综合利用，变废为宝，变无用为有用。

1. 硫铁矿烧渣的综合利用

硫铁矿烧渣是硫铁矿制硫酸中在沸腾炉高温熔烧后的产物。我国每年排出的硫铁矿烧渣有数百万吨，既占用了大量土地，又污染了环境和地下水。据业内人士分析，硫铁矿烧渣含有很多有用组分，具有较高的利用价值，烧渣中一般含 30%～50%的铁及少量的铝、铜、锌、金、银等，如对硫铁矿烧渣的综合利用进行认真分析，其产品附加值较高，具有可持续发展的特点，符合国家提出的循环经济的发展要求。其主要的利用途径有以下几个方面。

1) 炼铁及回收有色金属

硫铁矿烧渣可以直接用于炼铁、选矿后炼铁、氯化焙烧法生产炼铁球团及回收有色金属。硫铁矿烧渣直接炼铁可在炼铁厂烧结机中掺烧后炼铁，要求硫铁矿烧渣含铁量>48%，含硫量<1%，并掺一定量的铁矿石。采用选矿后炼铁，过去一般将硫铁矿烧渣还原熔烧成磁性渣(Fe_3O_4)，然后磁选获得高品位铁精矿(含铁量≥58.5%)，再入炉冶炼。近年来则通过控制硫铁矿品位的硫含量≥35%和控制炉子排气口 SO_2 浓度为 13.3%～13.5%，使排出的硫铁矿烧渣以磁性铁为主，再进行磁选获得精矿，此法处理更为经济。氯化焙烧法着重回收有色金属，分为高温、中温两种。高温氯化焙烧是将含有色金属的硫铁矿烧渣与氯化剂(氯化钙)等均匀混合、造球、干燥，并在回转窑或立窑内经 1150℃焙烧，使有色金属以氯化物挥发后，经分离处理回收，同时获得优质球团供高炉炼铁。中温氯化焙烧是将硫铁矿烧渣、硫铁矿与食盐混合，然后投入沸腾炉内，在 600～650℃下进行氯化、硫酸化焙烧，使矿渣中的有色金属由不熔物转为可熔的氯化物或硫酸盐，从浸出物中回收有色金属。

2) 生产净水剂

硫铁矿烧渣可分别用盐酸法和硫酸法生产铁铝净水剂和聚合羟基硫酸铁净水剂。盐酸法采用 15%盐酸在 60～70℃浸取硫铁矿烧渣，其中 Fe_2O_3 和 Al_2O_3 与盐酸作用生成 $AlCl_3$ 和 $FeCl_3$，经过滤、蒸发、干燥可制得树脂状氧化铝铁。硫酸法是把一定量的硫铁矿烧渣、20%钛白废硫酸及 93%硫酸加到反应釜中，再加入少量 MnO_2，加压缩空气并搅拌，维持温度，反应 25 min 后，趁热过滤，向铁溶液中加入絮凝剂，浓缩后即得外观为浅棕黄色液体的成品——聚合羟基硫酸铁。

3) 制铁系颜料

用硫铁矿烧渣可生产氧化铁红、氧化铁黄和磁性铁粉等。目前国内主要是用硫铁矿烧渣制氧化铁红颜料。其制法首先是制得硫酸亚铁溶液，再与合适浓度的碱性沉淀剂(纯碱或碳酸铵)溶液在常温下反应制取蓝色沉淀 $FeCO_3$，通入压缩空气氧化沉淀，得到赭红色的胶状沉淀物，然后沉降、压滤、洗涤，并于适宜温度下干燥焙烧，即得氧化铁红。

4) 在建筑材料中的综合利用

用于制砖时，将粗细硫铁矿烧渣适当搭配，再加入煤渣、煤灰，经配料、碾压、加压成型、蒸汽养护等工序制得成品砖。

用硫铁矿烧渣代替铁矿粉烧成的助熔剂是综合利用的一个方向，特别适合含铁量低或含硫、砷等杂质较多的硫铁矿烧渣的处理。另外，硫铁矿烧渣还可代替黄沙作建筑用砂浆的配料。

5) 活化制脱硫剂

以硫铁矿烧渣为主要原料研制的 ST801 脱硫剂，可广泛用于化肥、轻工、军工、冶金、城市煤气的脱硫工艺。此法是实现"以废治废，化废为宝"，减少工业污染的有效途径。

6) 其他综合利用

经加工磨细的硫铁矿烧渣和磁选富集的磁性精矿粉可用作选煤加重剂。硫铁矿烧渣在还原气中于 700℃下磁化熔烧，经盐酸溶解、过滤、浓缩、结晶、干燥、压块、氢还原制得的还原铁粉可用作电焊条或粉末冶金的原料。另外，硫铁矿烧渣内含有色金属，可作为综合微量元素肥料，其效果与硫酸铜相同。

对于硫铁矿烧渣的开发利用应根据各种金属含量的不同、市场的需求、产品经济效益以及处理所需投资等因素综合考虑，选择其中一种或几种方法进行处理，并且应尽可能回收其中有用的有色金属元素，使其得到充分合理利用，从而获得良好的环境效益和经济效益。

2. 废水的处理

硫铁矿原料品种杂、品位低，硫酸生产过程中排放的废水通常具有色度大、酸度高、含有多种有害物质的特点。如果该类废水不经过处理而直接排放到环境中，不仅会使水体或土壤酸化，对生态环境造成危害，还会浪费大量的资源。因此，处理时不仅要改善其外观和去除其强腐蚀性，更重要的是去除其中的砷、氟、重金属等有害物质。

国内以硫铁矿为原料生产硫酸的净化工艺主要有酸洗和水洗两种流程。我国的硫酸生产工艺中，用水洗流程净化炉气的大、中、小厂约占 88%，每生产 1 t 硫酸，要产生 5～15 t 废水，是酸洗净化工艺的 200～300 倍，废水中砷、氟、重金属含量高，致使硫酸工业成为化学工业污染的主要行业。

硫酸工业废水的处理通常均采用中和法处理工艺，而中和法处理系统一般分为三个组成部分：中和药剂的制备和投配、中和反应及沉降、污泥处置等。

中和药剂有生石灰、石灰石、电石渣等，最常用的仍是生石灰，优点是经济，缺点是在使用时环境卫生较差。在中和反应之前，需将生石灰配制成一定浓度的石灰乳溶液。

中和反应的工艺技术将依据废水水质确定，最常用的是石灰法和石灰-铁盐法。

污泥处置一直是硫酸废水处理中较难解决的课题。近年来，随着新的污泥脱水设备的出现，已有了较大的进展。另外，有的厂将沉降槽排出来的湿污泥替代工业冷却水，直接送入焙烧工段的排渣增湿器中，省去了污泥脱水系统。随着技术的进步，国外技术和设备已在硫酸污水中成功运行，如采用美国戈尔公司的专利膜分离技术，将中和处理后介质进行过滤、固液一次分离，出水清澈、透明，达到国家排放标准，可以循环使用，实现废水的零排放。有硫酸工业废水需要处理的单位，也可以到"污水宝"项目服务平台咨询具备类似污水处理经验的厂家。对于含有 As 及重金属的硫酸废水，国外一般采用氧化-铁盐-石灰法多级处理方法。先将 As^{3+}氧化成溶解度及毒性较低的 As^{5+}，然后加入铁盐石灰乳，使之产生砷酸钙沉淀去除 As，同时沉淀析出 Cu、Ag、Pb、Au 等贵金属。

以往国内制酸净化流程大多数为水洗净化工艺，该工艺的最大缺点是废水危害严重，通常每产 1 t 酸，外排废水 5～15 t。现在水洗净化工艺早已被酸洗净化工艺代替。酸洗净化工艺的排污酸量一般可减少到 30～50 L/t，相当于水洗净化时的 1/300～1/200，因此处理工艺可大大简化。

水洗净化投资费用虽低于酸洗净化，但操作费用高，废水排放量大，而且这种含水量大的污泥处理比较困难，因此新建工程或老厂技术改造都应优先考虑采用酸洗净化工艺。

由于酸洗净化工艺投资较大、操作要求高，新建的小型硫酸厂很多仍采用水洗净化工艺。就目前来说，国内净化流程中仍以水洗净化为主，因此必须加强这种流程的废水处理，使之达到标准后才排放。废水中砷、氟含量不高时可用石灰中和法，此法最简单。如用此法达不到要求，则采用石灰-铁盐(再加絮凝剂)法。石灰-铁盐法处理的废水中砷、氟含量太高(如用高砷硫铁矿制酸)时仍达不到排放要求。因此，硫铁矿中砷、氟含量不能超过硫铁矿专业标准的规定值。至于硫化法，虽然净化效率高，能回收有色金属，但投资大、流程复杂、操作费用和操作技术要求都较高，目前不建议在硫铁矿制酸厂中采用。

石灰法和石灰-铁盐法处理废水时生成的污泥经沉淀过滤后，含水量在 50%以上。这种量大而水分又高的污泥处理比较困难。如堆置则不但占用大量场地，而且会引起二次污染，这是采用水洗净化工艺必须解决的一个课题。某化工厂利用这种污泥生产水泥不会引起砷的二次污染，将中和沉淀后的污泥浆全部送入增湿器代替清水加入热硫铁矿烧渣中，与硫铁矿烧渣一起供给水泥厂。目前国内已有一些硫酸生产系统采用此法处理污泥。此法不但简化工艺、消除污染，而且可对资源进行综合利用。

3. 尾气中有害物质的处理

工业上以硫铁矿为原料制硫酸产生的尾气中主要有 SO_2、微量的 SO_3 和酸雾。如不进行净化处理、回收利用，不但浪费资源，而且会造成大气污染，形成酸雨，危害人体健康和工农业生产。

为了保护环境，同时提高硫酸工业的综合经济效益，应尽可能将尾气中的 SO_2 转化为有用的副产品。

目前，SO_2 回收方法中应用较多的是氨酸法。氨酸法是用氨水和浓硫酸吸收废气中的 SO_2，达到净化回收目的，现已广泛用于硫酸尾气处理和其他废气中 SO_2 的处理。氨酸法处理尾气的基本原理如下：

$$SO_2(g)+2NH_3\cdot H_2O(aq) = (NH_4)_2SO_3(aq)+H_2O$$

$$(NH_4)_2SO_3(aq)+SO_2(g)+H_2O = 2NH_4HSO_3(aq)$$

同时，尾气中少量 SO_3 及酸雾发生下列反应：

$$2(NH_4)_2SO_3+SO_3+H_2O = 2NH_4HSO_3+(NH_4)_2SO_4$$

$$2(NH_4)_2SO_3+O_2 = 2(NH_4)_2SO_4$$

$$2NH_3\cdot H_2O+H_2SO_4 = (NH_4)_2SO_4+2H_2O$$

吸收过程中，$(NH_4)_2SO_3$ 浓度降低，吸收能力下降，因此要不断补充氨，保持操作稳定：

$$NH_3(g)+NH_4HSO_3 = (NH_4)_2SO_3$$

为了保持亚硫酸铵和亚硫酸氢铵的比例稳定，要移出部分母液去分解。分解系统反应如下：

$$H_2SO_4+(NH_4)_2SO_3 = (NH_4)_2SO_4+SO_2+H_2O$$

$$H_2SO_4+2NH_4HSO_3 = (NH_4)_2SO_4+2SO_2+2H_2O$$

为使亚硫酸铵盐反应完全，硫酸要过量。分解后要吹出溶解的 SO_2，并加入氨或氨水使过量硫酸中和再返回系统：

$$2NH_3+H_2SO_4 = (NH_4)_2SO_4$$

由于氨水吸收 SO_2 本质上是酸碱化学反应，平衡常数很大，所以平衡时溶液中 SO_2 浓度很大，吸收率一般很高。主要考虑因素是溶液循环利用和综合效益。

习　题

1. 掌握硫酸生产的原料及原则流程。
2. 掌握硫铁矿的焙烧原理。
3. SO_2 炉气中含有哪些杂质？
4. 掌握 SO_2 的转化原理及工艺条件的确定。
5. 若要生产标准发烟硫酸(含游离 SO_3 20%的硫酸)，可用什么作吸收剂？
6. 98.3%硫酸吸收三氧化硫后，其浓度有何变化？其成分有何变化？再如何制成 98.3%硫酸？

第 12 章　化工过程开发

12.1　概　　述

化工过程开发是指化工新产品、新工艺、新技术、新设备的研究开发。开发具有开拓、发展、扩张的含义。它是指研制新产品，开拓新方法，发展现有过程，扩大应用领域。

现代化学工业的发展极为迅速，近代的化工产品日新月异，新技术、新工艺和新设备也不断涌现，产品质量日益提高，产品数量日益扩大。因此，尽快缩短从实验室过渡到工业化的开发周期是至关重要的，谁开发得快，谁就占领市场。但目前每年大批的成果仅为实验室技术，而能实现工业化的只是很少一部分。在实验室研究和工业生产之间，由于处理物料量等诸多条件相差悬殊，两者的差别很大。实验室研究成果往往不能真实反映工业生产的实情。

(1) 实验室研究一般为间歇操作，而工业生产则多数为包括若干分离步骤在内的连续操作。连续化后可能出现的工艺技术问题，以及在整个生产工艺流程中各工艺步骤之间的配合问题，在实验室研究中难以了解。

(2) 实验室研究一般不考虑物料的综合回收利用，而化工生产则多数应考虑未转化物料的返回利用。物料返回循环引起的杂质积累对工艺过程和产品质量的影响，在实验室研究中无法了解。

(3) 由实验室研究获得的产品往往是经过精密控制工艺条件，采用较纯净的化学试剂，并在严格物料配比的条件下制备的；而工业生产中的原料纯度和工艺条件控制都很难达到实验室研究的精度水平，因此实验室研究获得的产品产率、质量和其性能都不足以作为生产样品的标准。

(4) 实验室研究的设备容量很小，较难对大型工业设备中出现的传热、传质，以及物料的流动与混合等工程因素做充分的考察。

(5) 实验室研究常用的设备多为玻璃仪器，玻璃性脆，其使用功能往往受到限制，致使实验操作参数(如温度和压强)的变动范围受到限制，因此在实验研究中确定的操作参数未必是工业生产的最佳工艺条件。

(6) 在实验室研究中较少涉及设备腐蚀给生产过程和产品质量带来的影响，而工业生产则必须考虑设备材料被腐蚀及防腐蚀问题。

此外，工业生产还必须从技术经济角度考虑原材料的品级及供应渠道、产品质量及市场销售、能源供应及消耗、建设投资和生产成本以及“三废”治理和环境保护等。这些都是在实验室研究中很少考虑的一些问题。因此，实验室研究成果直接用于大规模生产是不合适的。还必须在实验室研究成果的基础上，采用不同形式的研究方法和手段考察实验室条件下未能获得的各种技术经济信息。同时，还应论证该研究成果放大成为工业规模的可行性。只有经过科学论证，确认其工艺技术路线在技术上的可靠性，在经济上的合理性，并提供设计生产装置的准确数据，才有条件建立生产装置。这种由实验室研究过渡到建立生产装置的全过程，就是化工新产品、新工艺、新技术的研究开发过程，统称为化工过程开发。

化工过程开发是从一个化学新产品、新工艺概念的形成开始，通过实验室研究、中试放大、工艺设计、技术经济评价等环节，直至付诸工业化的全部过程，涉及化学工艺、化学工程、机械设备、自控仪表、材料与防腐、技术经济等领域。整个开发过程包括科研、设计、制造、建设、试生产等多个环节，是范围极广的一门综合性工程技术。它包括概念形成、市场调查、实验室研究、工程设计及工程建设等一系列步骤，实现研究成果向产业化转化的全过程。虽然化工过程开发的步骤很多，所研究的问题与考察的内容又十分广泛，但归纳起来主要是放大和优化两项工作。如果能够保证这两项工作顺利进行，则化工过程开发的整个任务就可以较为圆满地完成。

化工过程开发可简单分为进取型开发和防御型开发两类。进取型开发是指开发的产品是以前未涉足的，是一种创新性的开发工作，它所需投资大，开发周期长，并面临技术和市场两方面的问题，具有较大的不确定性，风险很大，但若开发成功，将可获得巨大利润，可以说这是一种高收益、高风险开发。防御型开发是指对已有产品的工艺流程、设备等进行改进，这种开发投资不大，市场风险小。随着科技的进步及世界经济一体化进程的加快，市场经济规律作用充分显现，化学工业面临的竞争将会日趋激烈，这就迫使企业投入大量资金用于新产品、新工艺、新技术开发，以不断推出具有质量、成本、性能优势的产品占领市场，使企业立于不败之地。由此可以看出，化工过程开发对企业生存和发展有着重要作用。

12.2　化工过程开发内容

12.2.1　化学工业在人类社会中的地位

凡是运用化学方法改变物质组成、结构，合成新物质的生产过程和技术都称为化学工艺(chemical technology)。运用化学工艺生产化学品的产业部门即化学工业(chemical industry)。研究化学工业生产过程中的共同规律，解决规模放大、设计和生产操作的科学称为化学工程(chemical engineering)。化学工程包括传递过程(特别是流体力学)、化工热力学、化学反应工程、过程工程和过程系统工程五个分支。习惯上把化学工艺、化学工业和化学工程统称为化工。

化工涉及国民经济、国防建设、资源开发和人类衣食住行的各个方面，对解决人类社会面临的人口、资源、能源和环境可持续发展的重大问题也起到十分重要的作用。化工是工业革命的助手、农业发展的支柱、战胜疾病的武器、改善生活的手段。化工是国民经济的支柱产业之一。

化学工业的任务主要在于发展满足国民经济各部门所需的化工新产品，同时化学工业本身需要不断完善和发展。对老产品的工艺生产方法进行改造、高效催化剂的开发、新型分离技术的应用、节能设备的开发等都需从实验室研究开始，逐步过渡到工业化装置。目前，化学工业蒸蒸日上，化工过程开发任重道远。表 12-1 简要地列出化工产品在国民经济各个领域中的应用。

表 12-1　化工产品在国民经济各个领域中的应用

领域	所需化工产品
农业	农药、化肥、薄膜、饲料、生长激素等
能源	能源物质开采与加工、太阳能转化、燃料电池等
交通	燃料、涂料、结构材料、润滑剂等
建筑	建筑材料、装饰材料、水泥改性等
制造	工程塑料、复合材料、陶瓷材料等
纺织	化学纤维、染整剂等
日用品	洗涤剂、化妆品、天然物质加工、表面活性剂等
医药	药品合成、医用材料、DNA 技术等
环境	“三废”治理、降解材料、清洁生产技术等
信息	各种功能材料、纳米技术等

12.2.2　化工过程开发的内容

在化工生产中，从原料到产品，物料经过了一系列物理和化学加工处理步骤，这一系列加工处理步骤称为化工过程(chemical engineering process)。化工过程是围绕核心(主要)反应器组织的，其上游为原料(反应物)的前处理，以满足主要化学反应工艺条件为目标；下游为产品(生成物)的后处理，通过分离、纯化等手段，以达到产品标准为目标。除主要化学反应器外，化工过程主要由进行物理过程的单元操作(输送、加热、冷却、分离等)和进行化学过程的单元过程(化学法净化、氧化、加氢、硝化、磷化等)组成，有时也将生化处理引入化工过程，如脱硫或废水处理。

化工过程研究与开发是指从一个有关新产品、新技术或新工艺的概念的形成，到科研、设计、建设工厂，从实验室研究成功地过渡到第一套工业规模生产装置，付诸实施的全部过程。

化工过程研究与开发的目的为：①产品开发，即开拓满足国民经济需要的新产品；②工艺过程开发，包括创造已有产品的新生产工艺和开发适用于新产品的新工艺；③工艺改进，对现有设备进行改造，达到提高产品质量、节约能耗、减少环境污染等目的；④应用开发，为现有产品寻找新的用途，延长产品寿命，使其持续赢利。

研究包括基础研究(含应用基础研究)和工程技术研究两个阶段。

基础研究以发现物质世界的规律为目标，核心是高水平的理论创新，包括新的化合物、新的化学反应、新的合成方法等，不强调特定的商业目的。基础研究的成果往往孕育了新发现、新理论、新规律与新定律，其表现形式是学术论文或学术著作的推出。在化工领域中，主要研究物理过程和化学过程的基本规律，目前研究领域主要集中在化工热力学、界面现象与传递过程、新型分离技术、化学反应工程、生物工程和绿色化工等方面。

工程技术研究的成果是将实验室的研究成果转化为第一套工业装置，表现形式是研究报告、论文、专利、图纸以及装置、设备、产品等。化工过程开发(chemical engineering process development)属于工程技术研究阶段。化工过程开发的基本内容为：根据基础理论研究的成果和有关工程资料，按照科学的方法，寻求技术可靠、经济合理的途径来制备该化学品，然后进行扩大实验，评价过程的可行性，设计工业装置，实现工业化。

12.3　化工过程开发基本方法

化工过程的开发是从化学实验室成果开始，直至实现工业化的全部技术活动。一般来说，这一阶段需要经过小型实验和中间(工厂)实验等若干步骤，其中多层次的中间实验往往是一项耗资巨大、旷日持久的工作。采用科学的研究方法，减少中间实验的层次，缩小中间实验的规模，是化工开发过程中的一项重要任务。

化工过程开发所面临的实际问题往往非常复杂，主要表现是：化工过程涉及的物料种类众多，物性千变万化；过程进行的几何边界(如设备壁面、催化剂填充层中的孔道)十分复杂；动量传递、热量传递、质量传递和化学反应器多种形式同时存在，互相影响。

化工过程开发采用的研究方法主要是模拟研究法，即用模型来研究化工过程发生的各种现象和规律，从中取得开发放大的依据。

模拟化工过程的模型有“实物模型”和“数学模型”两种形式。前者是采用与生产装置或设备构型相似，但规模小于生产装置或设备的实验装置进行试验；后者是一组描述化工过程动态规律，并采用与过程运行的实际情况等效的数学方程进行模拟。凡根据模型来模拟生产过程，并从实验所得的结果将过程放大的方法统称为模拟放大法。

化工过程开发常用的模拟放大法有四种：经验放大法、数学模型法、部分解析法、相似放大法。无论哪一种方法，在应用时都比较复杂，而且各有其适应的对象和条件，并不是任一过程都可任意取四种方法之一，就可以获得简洁而有效的开发放大。有时为了取得良好的开发效果，对于一些较复杂的过程，往往还需考虑用几种方法的综合。因此，在化工过程开发中如何选择合适的开发放大方法就成为优化开发过程的一项重要工作。

下面简述最基本的两种研究方法：实验研究方法和数学模型方法。

12.3.1　实验研究方法

长期以来，化工过程研究与开发较多地依赖实验研究。但是，实验研究的结果往往只包含个别数据和个别规律，反映实验条件下各种现象及特点。为达到由此及彼、以小见大的目的，就需要有一套完整的理论和方法进行数据整理并加以推广应用，其中包括对安排实验时必然遇到的问题做出正确的回答。例如，在实验中要测量哪些物理量，如何整理实验数据以导出结果，实验结果的推广应用限于什么条件和范围。

实验研究方法有量纲分析法和相似论方法。这两种方法主要用于传递过程和单元操作的实验研究，都以无量纲数群的形式来表达实验结果，使实验工作大为简化，对化学工程学科的形成和发展有重大作用。

对于某些复杂的化工过程，如果既不能利用量纲分析法和相似论方法来安排实验，也不能通过对过程的合理简化建立数学模型，则往往只能求助于规模逐次放大的实验来寻找过程的规律，这种研究方法称为经验放大。在采用逐级的经验放大来开发化工过程时，通常首先进行小型的工艺实验，以确定优选的工艺条件，然后进行规模稍大的模型实验，验证小型实验的结果，再建立规模更大(如中间工厂规模)的装置，进行逐级搜索，最后才能设计工业规模的大型生产装置。多层次的中间实验，每次放大倍数很低，显然是相当费时、费钱的，但目前这种方法还不能完全排除。

12.3.2　数学模型方法

对于简单过程，可根据对过程机理的了解，利用普遍适用的物理和化学原理，对过程进行数学描述，然后结合定解条件求解方程，以预测过程的结果，这种方法称为解析法。但是，大多数实际化工过程是无法列出数学方程的，因而应用有限。

首先对实际过程做出合理的简化，然后进行数学描述，再通过实验求取模型参数，并对模型的适用性进行验证，这种研究方法称为数学模型方法。数学模型方法用于过程的开发和放大时，其步骤为：①将过程分解成若干个子过程，如将反应过程分解为化学反应和各种传递过程；②分别研究各子过程的规律并建立数学模型，如反应动力学模型、流动模型、传热模型、传质模型等；③过程综合，或称计算机模拟，即通过数值计算联立求解各子过程的数学模型，以预测不同条件下大型装置的性能。目的是优化设计和操作。

进行过程分解的目的是：减少各子过程数学模型包含的待定模型参数，以减少确定模型参数所需的实验工作量和提高求得的模型参数的可靠性；不同的子过程可以在不同类型的实验装置中进行研究。例如，化学反应的规律不因设备尺寸而异，完全可以在小型装置中进行研究，物料流动和热量传递、质量传递规律一般随设备尺寸而变，因此有必要在大型装置中进行试验，但无需涉及化学反应，以节约资金和节省时间。为反应过程开发所进行的不带化学反应的大型实验称为冷模实验。

用计算机进行数学模拟放大，是在充分利用现有的技术情报资料、化工数据、化学工程的理论和小实验结果的基础上整理成抽象的理论模型(初级模型)，然后在电子计算机上进行运算，与实验结果(一般取中间实验结果)比较，并反复对模型进行修正，若模型在一定的精度要求热力学能符合实验结果，则可以直接用于放大设计。数学模拟的优点是可以实现高倍数的放大，并且用数学模型在电子计算机上进行“试验”可大量节省人力、物力和时间。例如，石油加工中流化床催化裂化过程和丁苯橡胶乳液聚合的开发，采用逐级放大的方法，放大倍数不超过 50 倍。但是在曼哈顿工程(美国原子弹研制工程)设计中，根据化学工程的基础理论工作，如扩散分离过程、流体的流动、过滤速度和传热过程的研究，以及借鉴已有的工程技术经验，使工程放大高达千倍，有些装置的放大倍数甚至更高。曼哈顿工程设计的成功，极大地推动了在过程开发中数学模型的应用。

应该指出的是，数学模拟放大并不意味着不要中试。相反，在许多情况下，一个正确的数学模型往往要经过小试、中试，甚至通过工业生产的检验后才能完整地建立。

目前，化工过程的开发处于逐步从经验过渡到科学的过程。长期以来，化学工业中采用传统的相似模拟放大。这种放大方法在电子计算机技术尚未得到广泛应用时，对于如何合理组织实验，以及解决一些变量不多的物理过程的放大问题，确实起了一定的作用。但是对于复杂的化工过程，其无法同时满足各种相互矛盾的相似条件，如对于化学反应器的放大，相似方法是无能为力的。化工过程的数学模型化和计算机的应用，使化工过程的分析与合成有可能按系统工程的理论进行优化。数学模型方法放大无疑是过程开发研究中的一个重要方向。由于化工过程的复杂性，当前在化工过程的开发中，还不能完全排斥经验或半经验放大的方法。重要的是通过实验设计，力求减少从实验室过渡到工业生产间的实验级数。

12.4　化工过程开发主要步骤

化工过程开发是从立项前的可行性研究开始，途经实验研究形成技术方案、设计和建设生产装置、开车调试，直到投入正常生产等过程。图 12-1 为化工过程开发工作框图。

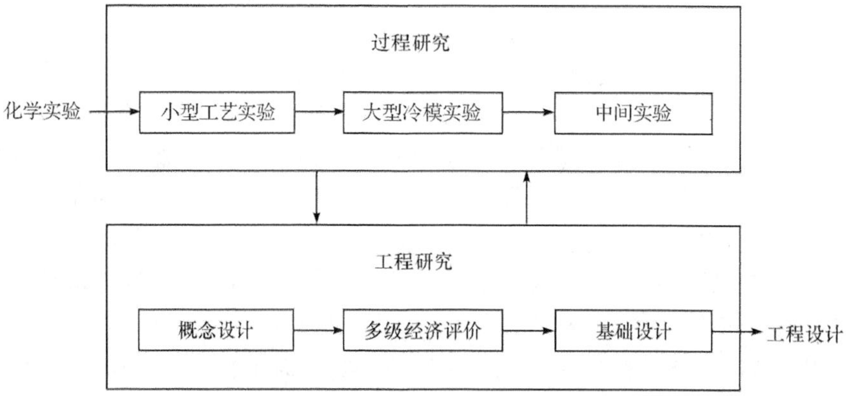

图 12-1　化工过程开发工作框图

12.4.1　过程研究

过程研究是根据化学理论基础研究和应用研究以及其他信息形成的概念，具备工业化可能并经过讨论立项后进行的系统研究工作。它包括确定原料路线，掌握设备结构特征，选择流程，确定基本工艺条件、催化剂性能、化学及化工热力学、化学反应动力学、传递过程规律及获得所需数据而进行的一系列实验。过程研究一般包含小型工艺实验、必要的大型冷模实验和中间实验三个环节。

(1) 小型工艺实验。小型工艺实验的目的是研究化学反应规律：①反应过程的特征，主反应是吸热还是放热，量级为多少，副反应是否存在，是串联还是并联，对主反应影响多大；②反应的影响因素，对于选定的反应器和催化剂，温度及温度分布、浓度及浓度分布等反应条件对反应结果的影响如何；③反应的特殊性，均相或拟均相、绝热或等温、反应控制或传递控制、高转化率或低转化率等。通过定量的研究，给出反应动力学。在小型工艺实验中，研究人员要充分注重项目方案的创新性、先进性与实用性、经济性的关系，确保整个研究工作的连续进行。

(2) 大型冷模实验。冷模实验是采用物料性质与实际工业生产物料相近的惰性物质进行试验，不发生化学反应，只单纯考察过程的物理规律。如果化学工程理论及技术资料不能提供传递规律，常通过大型冷模实验了解过程的传递规律。例如，宏观混合或微观混合，单相或多相体系，流场、温度场、浓度场。前已述及，传递规律与设备尺寸大小有关，所以冷模实验设计要有一定的规模。

(3) 中间实验。小型工艺实验获得化学反应动力学规律与大型冷模实验中提出的传递规律，在计算机上综合，即可建立反应器的数学模型。对可能存在的几种方案，考虑工艺、工程、技术经济等多方面因素进行优选，并通过中间实验进行验证，进行结果评价，提出改进意见。

过程研究阶段要进行规范的工艺条件、生产流程、设备结构、放大效应、控制方法、物料平衡、能量平衡、材质选择、“三废”处理、安全技术、长期运转、杂质影响、产品应用、市场开发及数学模型验证等方面的研究工作，取得基础设计所需整套数据，并对技术经济指标进行充分考核，解决工业化过程必须解决的一系列问题。

过程研究均是通过各种实验认识、掌握化学反应和相关过程的规律，获得所需的各种工艺数据、指标，为工业化设计和多级经济评价提供信息和依据，因此是通过实践活动认识自然规律的过程。

12.4.2　工程研究

工程研究包含概念设计、多级经济评价、基础设计三个环节。

(1) 概念设计。以过程研究(或文献资料)中间结果或最终结果为基础，内容包括：过程合成，形成最佳工艺流程，给出物料流程图(supplies flow diagram)；进行物料与热量衡算；设备计算与辅助设备选型；确定单耗指标；确定“三废”处理方案；估算基建投资与产品成本等。

概念设计介于过程研究与多级经济评价之间，具有两方面的任务。其一，接受过程研究提供的数据与资料进行设计，如发现过程研究中有不足之处，以及有利于过程开发的工程经验应及时反馈，以提高过程研究成果质量；其二，为多级经济评价提供较为可靠的依据，主要包括投资、成本、利润、环境保护、项目建设难点(如材料)等。

根据概念设计提供的素材，在多级经济评价(含社会效益、环保效益)环节，根据评价指标(返本期、投资回收率等)进行评估，如出现不利前景，则应及时终止开发。

(2) 基础设计。工程研究的最后环节，也是化工过程开发的成果形式，是完成工程设计的依据。它包括设计基础、工艺流程说明、物料流程图、带控制点管道流程图(piping flow diagram)、设备名称表和设备规格说明书、工程设计的要求、设备布置图、装置操作说明、“三废”及处理、自控设计说明、消耗定额、有关技术资料、安全技术与劳动保护说明。其中，最关键的是生产规模，它涉及中间实验装置的放大倍数这一敏感问题。

工程研究是依赖研究人员和工程人员的知识、经验和思维进行再创造的过程，是根据对自然规律的认识创造新的概念的工作。工程研究就是在不同研究阶段，不断发展某种设想，最终形成对一套工业装置的详细描述及其如何操作的相关信息，即开拓出一个工艺系统。

总之，在化工过程开发全过程中，工程研究与过程研究是经常交换信息，反复交替展开工作的。依据过程研究结果进行概念设计时，可能有一系列不同方案供选择；概念设计过程中缺乏数据时，反过来要求过程研究补充实验数据。概念设计提出的问题借助过程研究(包括中间实验、冷模实验)得到解决并预测放大结果后，进入工程研究中的基础设计阶段，才能给出工程设计所需的信息。

过程研究不断发现并解决问题后，项目技术经济指标将有所变化，因此将通过工程研究中的技术经济评价工作来判断开发工作各个阶段结果的有效程度以及项目是否适宜继续进行。技术经济评价达不到要求的项目应及时终止，以避免浪费。

12.5　化工过程开发案例

为了便于学生更好地了解从一个有关化学新产品、新工艺概念的形成，通过科学研究、工程放大、技术经济比较，直到设计付诸实施的全过程，对已学的基础知识和实际应用之间的渠道建立起清晰的概念，着重介绍研究与开发中涉及的共性问题，科学的选题、实验室研究、过程放大、技术经济评价、安全与环保、过程分析与合成、知识产权保护等内容，并简要介绍表述开发结果必然涉及的工艺设计的基本知识。化学工业对人类生存环境有重要的影响，对绿色化学与化工进行简单介绍，以开阔眼界、拓展思路。下面通过几个开发案例加深读者对化工过程开发的理解。

12.5.1　煤化工发展史

随着我国国民经济的快速发展，能源消费及化工产品需求快速增长，原油对外依存度不断提高。截至 2019 年，我国年原油进口量为 5.06 亿 t，石油对外依赖度上升为 72%。基于国家能源安全、经济稳定发展和促进产业升级等因素，利用我国化石资源中储量相对丰富的煤炭来满足日益增长的能源需求，加快煤炭的深度清洁和高效利用具有重要的意义。按照产业发展成熟度和发展历程，煤化工可分为传统煤化工和新型煤化工两大类。传统煤化工主要包括煤焦化、煤气化制甲醇、煤经合成氨制尿素以及煤经电石制聚氯乙烯(PVC)等过程。新型煤化工是以先进的煤气化技术为龙头的能源化工产业体系，主要包括煤液化生产油品、煤气化生产甲醇进而生产烯烃和油品、煤基合成气甲烷化、煤制乙二醇以及整体煤气化联合循环(IGCC)发电等。与传统煤化工产业相比，新型煤化工装置规模大、技术含量高、产品附加值高，可以补充石油化工产品的不足，乙烯、丙烯、芳烃、乙二醇及下游的聚烯烃、聚酯等产品市场广阔，经济发展潜力巨大。简而言之，煤制油工艺就是将煤炭经过化学加工生产处理，将煤炭转化为汽油、柴油、乙烯等石油化工产品的一项技术，其工艺技术主要是通过对煤直接或者间接加氢，让其转化为混合烃类液体燃料或者甲醇。目前我国煤制油工艺主要有煤直接液化工艺技术和煤间接液化工艺技术。

12.5.2　煤液化

1. 煤直接液化工艺

煤直接液化工艺在煤制油工艺中处于主导地位，其技术源于德国，第一代工艺生产线在 20 世纪 30 年代实现应用，但是反应条件非常苛刻。之后，20 世纪 70 年代、21 世纪分别发展了第二代、第三代煤直接液化技术。其中，德国 IGOR 技术、美国 HTI 工艺和我国的中国神华能源股份有限公司(简称“中国神华”)自主研发的技术使用最广泛，已经实现了大规模的工业应用。目前，全球煤直接液化制油的工艺技术主要集中在德国和美国，在美国和德国煤直接液化制油工艺被广泛应用。其直接液化的原理为：在特定的反应条件下，煤发生催化加氢反应，生成油品和少量气态烃类，同时将煤中的氮、氧、硫等杂原子脱出。煤直接液化典型流程(图 12-2)是：首先采用物理碾压方式使煤炭转变为细粉，然后对煤炭细粉进行加温加压处理，同时注入氢气和催化剂使煤炭发生反应，从而使其转变为油类产品。

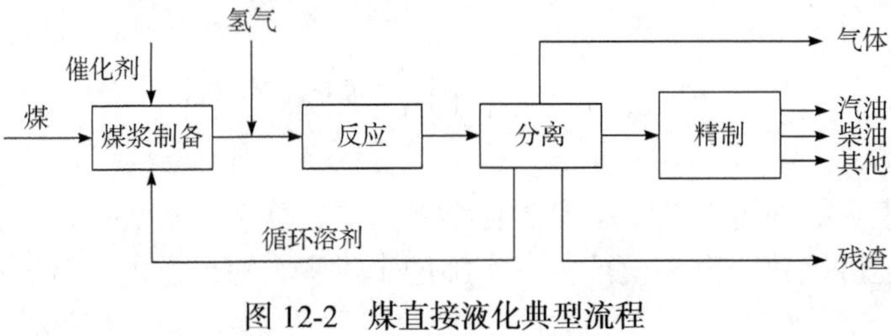

图 12-2　煤直接液化典型流程

这种煤直接液化的工艺要求比较高，不仅需要品种优和质量高的煤炭，还需要严格控制处理工艺的反应条件和操作条件；而处理后的尾气中芳烃、硫化物和氮杂质含量比较高，在发动机上无法直接点燃。但是，煤直接液化工艺之所以被石油化工企业广泛应用，主要是因为这种工艺生产效率高，1 t 优质原煤可转化出产量大于 0.5 t 的成品油。我国建立了煤直接液化和油品改质实验室，经过多次对比实验同时结合实际情况得出，长焰炭、褐炭等 15 种煤炭比较适合煤的直接液化；而且研发出能促进煤液化的高效率的催化剂，使液化效率超过了 50%。目前我国广泛使用的煤直接液化工艺技术既满足了半数以上的原油生产需求，又实现了煤炭残渣的可循环利用。

2. 煤间接液化工艺

煤间接液化工艺比煤直接液化工艺多了一道工艺的转化工序，原料仍然是煤炭，但是需要对煤炭先进行气化处理，再使气体转化为液体。煤间接液化的典型流程(图 12-3)是：首先通过物理手段将煤炭转变为一氧化碳气体；然后使用氢气对一氧化碳进行一系列化学手段的处理，如脱硫、脱氧、脱氮等；最后使用氢气和催化剂发生费-托(Fischer-Tropsch)合成反应，生成液化燃料，整个转化过程要求在高温、高压条件下进行。此工艺流程复杂，且生产成本高，但对煤炭种类要求低，目前国内很多类别的煤炭都适用于这种工艺。另外，此工艺过程反应比较温和，可节省大量能源。同时，过程中产生附加物价值比较高且不含污染大气的物质，因此使用过程中能减少空气污染，达到环保要求。煤间接液化工艺中核心部分多以费-托合成为重点。就目前的情况来讲，煤间接液化工艺已经取得了巨大的进步，其中以南非的 Sasol 公司、中国科学院山西煤炭化学研究所、兖矿能源集团股份有限公司等为代表，通过多次研究优化，有效实现了优化的目的。其中，3 套煤间接液化系统是 Sasol 公司在世界上最早投入工业生产的费-托合成工艺。3 套煤间接液化系统作用均不同，其中 Sasol-Ⅰ主要负责柴油、石蜡生产工艺，故为了优质生产，给予固定床和流化床反应器，并逐渐被浆态床反应器取代；Sasol-Ⅱ和 Sasol-Ⅲ这两套系统均负责汽油、烯烃生产工艺，所以配备了最先进的气相流化床反应器，相比于 Sasol-Ⅰ，Sasol-Ⅱ和 Sasol-Ⅲ工业产能更高。总体来说，煤间接液化工艺就是将反应器结构优化，化繁为简，进而提高传热率，简化操作流程。但是这项工艺也存在一定的限制，其传质阻力较高。

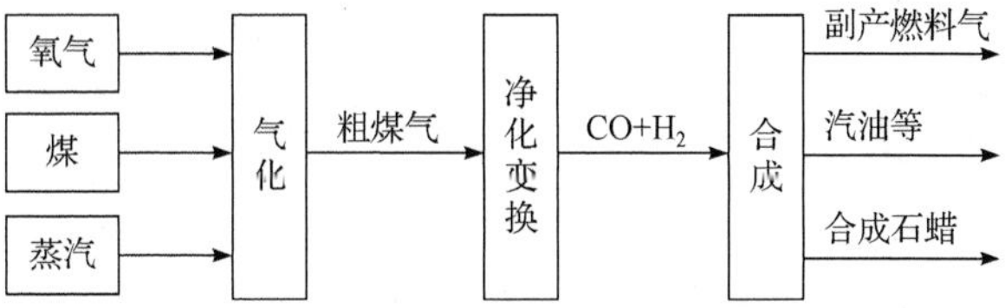

图 12-3　煤间接液化典型流程

12.5.3　煤直接液化制油催化剂研究进展

催化剂是煤直接液化过程的核心物质，在煤液化过程中起着非常重要的作用。优良的催化剂可以降低煤液化温度，减少副反应并降低能耗，提高氢转移效率，增加液体产物的收率。德国的贝吉乌斯(Bergius)早在 1913 年就进行了煤液化催化剂的研究，他将赤泥作为煤液化的催化剂，并取得了世界上第一个煤直接液化专利。此后，人们开始使用催化剂来催化煤的直接液化。到目前为止，研究的催化剂主要有廉价的铁基催化剂、稍贵的钼基催化剂、利用金属间协同作用的复合催化剂以及一些新型的改性催化剂。煤直接液化催化剂主要分为铁基催化剂、金属卤化物催化剂和钴(Co)、钼(Mo)、镍(Ni)过渡金属氧化物催化剂3种。

1. 铁基催化剂

铁基催化剂的研究一般可分为两类：一类是天然矿物或矿渣催化剂；另一类是发展超细微粒的铁基催化剂。铁基催化剂的活性较低，一般和S一起使用可以产生较好的液化效果。虽然铁基催化剂在加氢裂解活性上不如Co和Mo等催化剂，但由于经济和环保方面的优势，并且煤灰分中也含有铁元素，因此开发高效铁基催化剂成为近年来研究的重点。

2. 钼基催化剂

1925年，人们开始使用过渡金属钼及钼酸盐催化剂用于煤的加氢液化研究，但对煤液化取得重要进展的是钼基硫化物催化剂的应用。它对煤液化的催化活性优于铁基催化剂，特别是对煤大分子结构中$C_{ar}—C_{ar}$、$C_{ar}—O$化学键的断裂具有一定的选择性，因而备受研究者的关注。常用的钼基催化剂有铵溶性的钼酸铵、水溶性的四硫代钼酸铵和二硫代钼酸铵，以及油溶性的有机金属钼化物如$(C_5H_5)Mo(\mu\text{-}SH)_2(\mu\text{-}S)_2$等。

3. 复合催化剂

由于铁基催化剂的活性相对较低，而昂贵的钼基催化剂又很难投入实际应用，因此人们开始将铁基催化剂和昂贵的钼、镍等复合，希望在提高铁基催化剂活性的同时减少贵金属的用量。

12.5.4 煤间接液化制油催化剂研究进展

高效费-托合成催化剂的开发是费-托合成技术研究与工业化的关键。制备出价格低廉、活性高、稳定性好且具有工业应用前景的催化剂对煤间接液化技术的成功产业化具有重要意义。自20世纪20年代费-托合成反应发现以来，催化剂的研究一直是费-托技术研究的核心之一，最常用的费-托合成催化剂的金属主活性组分有Fe、Co、Ni以及Ru等过渡金属。目前使用较成熟的煤间接液化催化剂主要有铁系和钴系两大类，费-托合成催化剂主要由Co、Fe、Ni、Ru等Ⅷ族金属制成。

12.5.5 煤制油化工工艺

1. 煤直接液化化工工艺

煤直接液化化工工艺指的是将煤炭相对直接地转化制成液体油类能源。该工艺的基本技术程序是首先对煤炭进行物理性的碾压，使其变为细腻的粉末状，然后对粉末化的煤炭进行物理加热、物理加压，加入氢气和其他相关的催化剂，使煤炭发生物化反应，从而实现煤炭到液体油类能源的转化。在对煤炭进行加热的过程中，温度不低于300℃，这会对煤炭碳分子之间的构造产生影响，使其碳分子化学键断裂，有效地对煤炭的固态构造进行破坏和改变，产生自由基。随后，加入的氢气和催化剂与自由基发生反应，使碳自由基转化为原油物质。氢原子的持续加入可促进油类不断发生分裂，可以有效去除杂质原子，如氧原子、硫原子，从而得到质量较高、杂质含量较少的原油。在实际的生产工作中，如果要采用煤直接液化化工工艺实现煤制油，重点是要对煤的质量进行严格的控制。一般来说，长焰炭、褐炭等才能得到高品质的原油，而且在进行煤制油之前还要对原料进行有效的干燥化处理，不能存在过多的水分，否则会影响煤制油过程中的化学反应。煤炭加热的方式必须是不间断的，中间不能停止，这样才能使碳离子更好地分裂，否则会重聚碳离子或者出现其他改变，进而影响煤制油的质量。目前国内应用的这种煤直接液化工艺技术可以实现 70%的原油生产量，并且因为氢原子在生产产品的残渣中，所以能够实现应用的循环性，在提纯氢气之后可以在生产过程中二次应用。

2. 煤间接液化化工工艺

煤间接液化化工工艺与煤直接液化工艺的不同之处是煤间接液化工艺的转化过程。煤间接液化工艺的原料是煤炭，先借助物理手段将其转化为气体，再借助物理方式与化学方式转化为液体。具体来讲，其制作程序是先将煤炭转化为一氧化碳，再借助氢气对其进行脱氧和脱硫处理，最后借助氢气与催化剂转化为液态的煤炭，该过程需要在高压与高温环境下进行。对于煤间接液化工艺技术，其需要的原料要求不高，目前国内很多的煤炭类别都能够应用这种工艺技术。煤炭在气化之后还应净化处理气体，将杂质、灰尘等去除，从而防止反应中其他化学反应的发生。这种技术有别于煤直接液化工艺，其要求 15～40 atm 和约 250℃的高温环境。

12.5.6　目前我国煤制油技术的发展现状与产业的发展方向

1. 煤直接液化技术的发展现状

煤直接液化工艺技术的发展已历经百年，国内外很多国家都独自开发出了拥有自主知识产权的加氢液化技术。2000 年左右，中国神华经过工艺开发创新，形成了具有自主知识产权的品牌液化工艺技术。2008 年，中国神华单系列处理干煤量为 6000 t/a 的百万吨级煤直接液化示范装置产出合格的柴油和石脑油，使我国成为世界上唯一实现百万吨级煤直接液化关键技术工业化的国家。但由于煤直接液化工艺反应条件苛刻，且受到技术条件的限制等，目前此技术还存在很多问题，需要科研人员不断研究，以提高煤直接液化工艺技术的核心竞争力。

2. 煤间接液化技术的发展现状

我国最早在 20 世纪 60 年代运行煤间接液化工厂，后来因种种原因中断了研究；直至 20 世纪 80 年代，由于油品需求的快速增加，中国科学院山西煤炭化学研究所对此工艺技术又重新展开了系统的研究。2002 年，中国科学院山西煤炭化学研究所千吨级浆态床合成油中试装置工艺流程的顺利打通和运行，使我国煤制油工艺取得了阶段性成果。2008 年，山西潞安集团年产 16 万 t 煤基合成油示范项目的正式出油，标志着我国煤制油产业化试验取得了重大突破。目前我国工业上应用较为广泛的煤间接液化工艺一般有高温间接液化和低温间接液化两种。其未来的发展方向，一是在技术上研制出高效的催化剂，同时设计和控制适合高温运行的反应器；二是高效利用高活性催化剂和优化反应器的设计等。

3. 我国煤制油技术产业化的现状

在近几十年的快速发展过程中，我国现代煤化工科技创新取得了一系列重大突破，技术水平和产业化规模均已位居世界前列，有些已达到国际领先水平。先后突破了大型先进煤气化、煤直接液化、煤间接液化(合成气费-托合成)、煤制烯烃(甲醇制烯烃)、煤制乙二醇、煤制芳烃等一批煤转化与后续加工的核心技术难题，并取得了自主知识产权。我国从 20 世纪 80 年代开始对煤制油工艺进行系统的研究，并于 2008 年建成 0.02 t/a、0.1 t/a 和 0.12 t/a 的新型煤炭直接利用液化燃料试验装置 3 套，生产研制出各种合格的汽油、柴油等石油化工产品。1996 年，我国开始和美国、日本、德国等公司进行技术合作，分别开展了国产神华焦煤、黑龙江依兰煤等大型液化油气试验。目前我国煤制油工艺技术已形成良好的规模化产业。2009 年，山西潞安集团、内蒙古伊泰集团以及中国神华集团建成了 3 套大于 16 万 t/a 的工业示范装置。2016 年，神华宁煤(图 12-4)、内蒙古伊泰、山西潞安集团日产百万吨以上的煤间接液化工业示范装置建成投产，工艺技术达到国际领先水平。我国科研人员目前对新型催化剂的开发和新型溶剂的研制与应用正在进行深入研究，为进一步推动我国煤液化产业发展奠定技术基础。

图 12-4　宁东 400 万 t/a 产品煤间接液化制油工业化升级示范项目

习　　题

1. 化工过程开发的主要内容是什么？主要方法有哪些？
2. 化工过程开发的主要步骤是什么？哪个步骤最重要？
3. 试述实验室研究与化工生产的主要不同点。为什么实验室成果一般不能作为放大成工业规模的设计依据？

参 考 文 献

柴诚敬. 2006. 化工原理(下册). 北京: 高等教育出版社.

柴诚敬, 贾绍义. 2017. 化工原理. 3 版. 北京: 高等教育出版社.

陈敏恒, 潘鹤林, 齐鸣斋. 2008. 化工原理. 上海: 华东理工大学出版社.

大连理工大学. 2002. 化工原理(下册). 北京: 高等教育出版社.

蒋维新, 余立新. 2005. 化工原理. 北京: 清华大学出版社.

李德华. 2007. 化学工程基础. 2 版. 北京: 化学工业出版社.

梁其煜, 李式模, 邵皓平. 1997. 变压吸附技术的发展. 低温工程, 5: 7-11.

毛薛刚, 张玉迅, 周洪富, 等. 2007. 变压吸附技术在合成氨厂的应用. 低温与特气, 25(5): 39-43.

宁平, 唐晓龙, 易红宏. 2003. 变压吸附工艺的研究与进展. 云南化工, 30(3): 28-31.

皮耐安. 1985. 气体分离膜进展. 自然杂志, 8(11): 784-786.

上海师范大学, 福建师范大学. 2006. 化工基础(上、下册). 3 版. 北京: 高等教育出版社.

汪东. 2008. 气体膜分离的原理及其应用于酸性气体净化的研究进展. 气体净化, 6: 1-3.

汪林进. 1992. 变压吸附分离技术与节能. 节能, 3: 31-33.

王志魁. 2004. 化工原理. 3 版. 北京: 化学工业出版社.

武汉大学. 2001. 化学工程基础. 北京: 高等教育出版社.

武汉大学. 2002. 化工过程开发概要. 2 版. 北京: 高等教育出版社.

杨云. 1999. 变压吸附分离技术的研究进展. 广西化工, 28(1): 28-31.

姚玉英. 2005. 化工原理. 修订版. 天津: 天津科学技术出版社.

于海江, 苏志远. 2005. 气体膜分离技术的应用. 油气田环境保护, 15(1): 34-36, 61.

张浩勤, 章亚东, 陈卫航. 2002. 化工过程开发与设计. 北京: 化学工业出版社.

张近. 2002. 化工基础. 北京: 高等教育出版社.

张菀乔, 张雷, 廖礼, 等. 2008. 气体膜分离技术的应用. 天津化工, 22(3): 20-22.

张贤, 杨晓亮, 鲁玺. 2023. 中国二氧化碳捕集利用与封存(CCUS)年度报告(2023).

钟理, 伍钦, 曾朝霞. 2008. 化工原理(下册). 北京: 化学工业出版社.

附　　录

附录一　干空气的物理性质(101.3 kPa)

温度 t/℃	密度 ρ /(kg/m^3)	定压比热容 c_p /[kJ/(kg · ℃)]	导热系数 λ /[10^2 W/(m · ℃)]	黏度 μ /(10^5 Pa · s)	普朗特数 Pr
−50	1.584	1.013	2.035	1.46	0.728
−40	1.515	1.013	2.117	1.52	0.728
−30	1.453	1.013	2.198	1.57	0.723
−20	1.395	1.009	2.279	1.62	0.716
−10	1.342	1.009	2.360	1.67	0.712
0	1.293	1.009	2.442	1.72	0.707
10	1.247	1.009	2.512	1.77	0.705
20	1.205	1.013	2.593	1.81	0.703
30	1.165	1.013	2.675	1.86	0.701
40	1.128	1.013	2.756	1.91	0.699
50	1.093	1.017	2.826	1.96	0.698
60	1.060	1.017	2.896	2.01	0.696
70	1.029	1.017	2.966	2.06	0.694
80	1.000	1.022	3.047	2.11	0.692
90	0.972	1.022	3.128	2.15	0.690
100	0.946	1.022	3.210	2.19	0.688
120	0.898	1.026	3.338	2.29	0.686
140	0.854	1.026	3.489	2.37	0.684
160	0.815	1.026	3.640	2.45	0.682
180	0.779	1.034	3.780	2.53	0.681
200	0.746	1.034	3.931	2.60	0.680
250	0.674	1.043	4.268	2.74	0.677
300	0.615	1.047	4.605	2.97	0.674
350	0.566	1.055	4.908	3.14	0.676
400	0.524	1.068	5.210	3.31	0.678
500	0.456	1.072	5.745	3.62	0.687
600	0.404	1.089	6.222	3.91	0.699
700	0.362	1.102	6.711	4.18	0.706
800	0.329	1.114	7.176	4.43	0.713
900	0.301	1.127	7.630	4.67	0.717
1000	0.277	1.139	8.071	4.90	0.719
1100	0.257	1.152	8.502	5.12	0.722
1200	0.239	1.164	9.153	5.35	0.724

附录二　IS 型离心泵性能参数(摘录)

型号	流量 Q		扬程	转速 N	功率/kW		效率	叶轮名义	汽蚀余量
	/(m^3/h)	/(L/s)	H/m	/(r/min)	轴功率	电机功率	/%	直径/mm	/m
	7.5	2.08	22		0.96		47		2.0
IS50-32-125	12.5	3.47	20	2900	1.13	2.2	60	130	2.0
	15	4.17	18.5		1.26		60		2.5
IS50-32-125A	11.2	3.1	16	2900	0.84	1.1	58	116	2.0
	7.5	2.08	34.3		1.59		44		2.0
IS50-32-160	12.5	3.47	32	2900	2.02	3	54	158	2.0
	15	4.17	9.6		2.16		56		2.5
IS50-32-160A	11.7	3.3	28	2900	1.71	2.2	53	148	2.0
IS50-32-160B	10.8	3	24	2900	1.41	2.2	50	137	2.0
	7.5	2.08	52.5		2.82		38		2.0
IS50-32-200	12.5	3.47	50	2900	3.54	5.5	48	198	2.0
	15	4.17	48		3.95		51		2.5
IS50-32-200A	11.7	3.3	44	2900	3.16	4	45	186	2.0
IS50-32-200B	10.8	3	38	2900	2.60	3	43	173	2.0
	7.5	2.08	82		5.87		28.5		2.0
IS50-32-250	12.5	3.47	80	2900	7.16	11	38	250	2.0
	15	4.17	78.5		7.83		41		2.5
IS50-32-250A	11.7	3.3	70	2900	6.47	7.5	35	234	2.0
IS50-32-250B	10.8	3	60	2900	5.51	7.5	32	217	2.0
	15	4.17	21.8		1.54		58		2.0
IS65-50-125	25	6.94	20	2900	1.97	3	69	130	2.5
	30	8.33	18.5		2.22		68		3.0
IS65-50-125A	22.4	6.2	16	2900	1.47	2.2	66	116	2.0
	15	4.17	35		2.65		54		2.0
IS65-50-160	25	6.94	32	2900	3.35	5.5	65	165	2.0
	30	8.33	30		3.71		66		2.5
IS65-50-160A	23.4	6.5	28	2900	2.83	4	63	154	2.0
IS65-50-160B	21.7	6	24	2900	2.35	4	60	143	2.0
	15	4.17	53		4.42		49		2.0
IS65-40-200	25	6.94	50	2900	5.67	7.5	60	200	2.0
	30	8.33	47		6.29		61		2.5
IS65-40-200A	23.4	6.5	44	2900	4.92	5.5	57	188	2.0
IS65-40-200B	21.8	6.1	38	2900	4.13	5.5	55	175	2.0
	15	4.17	82		9.05		37		2.0
IS65-40-250	25	6.94	80	2900	10.89	15	50	254	2.0
	30	8.33	78		12.02		53		2.5
IS65-40-250A	23.4	6.5	70	2900	9.10	11	49	238	2.0
IS65-40-250B	21.7	6	60	2900	7.51	11	47	220	2.0
	15	4.17	127		18.5		28		2.5
IS65-40-315	25	6.94	125	2900	21.3	30	40	315	2.5
	30	8.33	123		22.8		44		3.0

附录三　冷拔或冷轧无缝钢管规格

外径/mm	壁厚/mm		外径/mm	壁厚/mm		外径/mm	壁厚/mm	
	从	到		从	到		从	到
6	0.25	2.0	20	0.25	6.0	40	0.40	9.0
7	0.25	2.5	22	0.40	6.0	42	1.0	9.0
8	0.25	2.5	25	0.40	7.0	44.5	1.0	9.0
9	0.25	2.8	27	0.40	7.0	45	1.0	10.0
10	0.25	3.5	28	0.40	7.0	48	1.0	10.0
11	0.25	3.5	29	0.40	7.5	50	1.0	12
12	0.25	4.0	30	0.40	8.0	51	1.0	12
14	0.25	4.0	32	0.40	8.0	53	1.0	12
16	0.25	5.0	34	0.40	8.0	54	1.0	12
18	0.25	5.0	36	0.40	8.0	56	1.0	12
19	0.25	6.0	38	0.40	9.0			

注：壁厚有 0.25 mm、0.30 mm、0.40 mm、0.50 mm、0.60 mm、0.80 mm、1.0 mm、1.2 mm、1.4 mm、1.5 mm、1.6 mm、1.8 mm、2.0 mm、2.2 mm、2.5 mm、2.8 mm、3.0 mm、3.2 mm、3.5 mm、4.0 mm、4.5 mm、5.0 mm、5.5 mm、6.0 mm、6.5 mm、7.0 mm、7.5 mm、8.0 mm、8.5 mm、9.0 mm、9.5 mm、10 mm、11 mm、12 mm。

附录四　水的物理性质

温度 t/℃	饱和蒸气压 p/kPa	密度 ρ /(kg/m³)	焓 H /(kJ/kg)	定压比热容 c_p /[kJ/(kg · K)]	导热系数 λ /[10^{-2} W/(m · K)]	黏度 μ /(10^{-5} Pa · s)	体积膨胀系数 α /(10^{-4} K^{-1})	表面张力 σ /(10^{-3} N/m)	普朗特数 Pr
0	0.6082	999.9	0	4.212	55.13	179.21	0.63	75.6	13.66
10	1.2262	999.7	42.04	4.197	57.45	130.77	0.70	74.1	9.52
20	2.3346	998.2	83.90	4.183	59.89	100.50	1.82	72.6	7.01
30	4.2474	995.7	125.69	4.174	61.76	80.07	3.21	71.2	5.42
40	7.3766	992.2	165.71	4.174	63.38	65.60	3.87	69.6	4.32
50	12.31	988.1	209.30	4.174	64.78	54.94	4.49	67.7	3.54
60	19.932	983.2	251.12	4.178	65.94	46.88	5.11	66.2	2.98
70	31.164	977.8	292.99	4.178	66.76	40.61	5.70	64.3	2.54
80	47.379	971.8	334.94	4.195	67.45	35.65	6.32	62.6	2.22
90	70.136	965.3	376.98	4.208	67.98	31.65	6.95	60.7	1.96
100	101.33	958.4	419.10	4.220	68.04	28.38	7.52	58.8	1.76
110	143.31	951.0	461.34	4.238	68.27	25.89	8.08	56.9	1.61
120	198.64	943.1	503.67	4.250	68.50	23.73	8.64	54.8	1.47
130	270.25	934.8	546.38	4.266	68.50	21.77	9.17	52.8	1.36
140	361.47	926.1	589.08	4.287	68.27	20.10	9.72	50.7	1.26
150	476.24	917.0	632.20	4.312	68.38	18.63	10.3	48.6	1.18
160	618.28	907.4	675.33	4.346	68.27	17.36	10.7	46.6	1.11
170	792.59	897.3	719.29	4.379	67.92	16.28	11.3	45.3	1.05
180	1 003.5	886.9	763.25	4.417	67.45	15.30	11.9	42.3	1.00
190	1 255.6	876.0	807.63	4.460	66.99	14.42	12.6	40.8	0.96
200	1 554.77	863.0	852.43	4.505	66.29	13.63	13.3	38.4	0.93
210	1 917.72	852.8	897.65	4.555	65.48	13.04	14.1	36.1	0.91
220	2 320.88	840.3	943.70	4.614	64.55	12.46	14.8	33.8	0.89
230	2 798.59	827.3	990.18	4.681	63.73	11.97	15.9	31.6	0.88
240	3 347.91	813.6	1 037.49	4.756	62.80	11.47	16.8	29.1	0.87
250	3 977.67	799.0	1 085.64	4.844	61.76	10.98	18.1	26.7	0.86
260	4 693.75	784.0	1 135.04	4.949	60.84	10.59	19.7	24.2	0.87
270	5 503.99	767.9	1 185.28	5.070	59.96	10.20	21.6	21.9	0.88
280	6 417.24	750.7	1 236.28	5.229	57.45	9.81	23.7	19.5	0.89
290	7 443.29	732.3	1 289.95	5.485	55.82	9.42	26.2	17.2	0.93
300	8 592.94	712.5	1 344.80	5.736	53.96	9.12	29.2	14.7	0.97
310	9 877.96	691.1	1 402.16	6.071	52.34	8.83	32.9	12.3	1.02
320	11 300.3	667.1	1 462.03	6.573	50.59	8.53	38.2	10.0	1.11
330	12 879.6	640.2	1 526.19	7.243	48.73	8.14	43.3	7.82	1.22
340	14 615.9	610.1	1 594.75	8.164	45.71	7.75	53.4	5.78	1.38
350	16 538.5	574.4	1 671.37	9.504	43.03	7.26	66.8	3.89	1.60
360	18 667.1	528.0	1 761.39	13.984	39.54	6.67	109	2.06	2.36
370	21 040.9	450.5	1 892.43	40.319	33.73	5.69	264	0.48	6.80

附录五　一些气体-水体系的亨利系数

气体	温度/℃								
	0	10	20	30	40	50	60	80	100
	$E/(10^6$ kPa)								
H_2	5.87	6.44	6.92	7.39	7.61	7.75	7.73	7.65	7.55
N_2	5.36	6.77	8.15	9.36	10.54	11.45	12.16	12.77	12.77
空气	4.38	5.56	6.73	7.81	8.82	9.59	10.23	10.84	10.84
CO	3.57	4.48	5.43	6.28	7.05	7.71	8.32	9.56	8.57
O_2	2.58	3.31	4.06	4.81	5.42	5.96	6.37	6.96	7.10
CH_4	2.27	3.01	3.81	4.55	5.27	5.58	6.34	6.91	7.10
NO	1.71	1.96	2.68	3.14	3.57	3.95	4.24	4.54	4.60
C_2H_6	1.28	1.57	2.67	3.47	4.29	5.07	5.73	6.70	7.01
C_2H_4	0.559	0.778	1.03	1.29	—	—	—	—	—
	$E/(10^4$ kPa)								
N_2O	—	14.29	20.06	26.24	—	—	—	—	—
CO_2	7.38	10.54	14.39	18.85	23.61	28.68	—	—	—
C_2H_2	7.30	9.73	12.26	14.79	8.01	—	—	—	—
Cl_2	2.72	3.99	5.37	6.69	7.55	9.02	9.73	—	—
H_2S	2.72	3.72	4.98	6.17	1.35	8.96	10.44	13.68	15.00
SO_2	0.167	0.245	0.355	0.485	0.661	0.871	1.11	1.70	—

附录六　散装陶瓷拉西环填料的特性参数

公称直径 D_g/mm	外径×高×厚 /(mm×mm×mm)	比表面积 σ/(m^2/m^3)	空隙率 ε/(m^3/m^3)	堆积个数 /(个/m^3)	堆积密度 /(kg/m^3)	填料因子 Φ/m^{-1}
8	8×8×1.5	570	0.64	1 465 000	600	2 500
10	10×10×1.5	440	0.70	720 000	700	1 500
15	15×15×2	330	0.70	250 000	690	1 020
25	25×25×2.5	190	0.78	49 000	505	450
40	40×40×4.5	126	0.75	12 700	577	350
50	50×50×4.5	93	0.81	6 000	457	205

附录七　物质的扩散系数(293 K，101.3 kPa)

体系	气体间的扩散系数 $D/(10^{-4}\ m^2/s)$	物质	物质在水中的扩散系数 $D/(10^{-9}\ m^2/s)$
空气-二氧化碳	0.153	氢	5.0
空气-氦	0.644	空气	2.5
空气-水	0.257	CO	2.03
空气-乙醇	0.129	氧	1.84
空气-正戊烷	0.071	CO_2	1.68
二氧化碳-水	0.183	乙酸	1.19
二氧化碳-氮	0.160	草酸	1.53
二氧化碳-氧	0.153	苯甲酸	0.87
氧-苯	0.091	水杨酸	0.93
氧-四氯化碳	0.074	乙二醇	1.01
氢-水	0.919	丙二醇	0.88
氢-氮	0.761	丙酮	1.00
氢-氨	0.760	丁醇	0.89
氢-甲烷	0.715	戊醇	0.80
氢-丙酮	0.417	苯甲醇	0.82
氢-苯	0.364	甘油	0.82
氢-环已烷	0.328	丙酮	1.16
氮-氨	0.223	糠醛	1.04
氮-水	0.236	尿素	1.20
氮-SO_2	0.126	乙醇	1.13